균류생물학 제4판

균류생물학 제4판

균류생물학번역위원회 역

월드사이언스

균류생물학 제4판

2006년 8월 20일 인쇄
2006년 8월 30일 발행

역　자/균류생물학번역위원회
발행인/박선진
발행처/도서출판 월드사이언스

주소/서울특별시 동작구 사당5동 240-15
등록일자/1987년 12월 14일
등록번호/제 3-136 호
대표전화/(02) 581-5811~3
팩스/(02) 521-6418

E-mail/worldscience@hanmail.net
URL/http://www.worldscience.co.kr
http://월드사이언스.com

정가/20,000원
ISBN/89-5881-066-1
ISBN/978-89-5881-066-7

이 도서의 국립중앙도서관 출판시도서목록(CIP)은 e-CIP 홈페이지(http://www.nl.go.kr/cip.php)에서
이용하실 수 있습니다.(CIP제어번호: CIP2006001781)

차례

저자서문

『균류생물학(Fungal Biology)』(제4판)은 "Modern Mycology"라는 서명으로 3번 출간된 책의 후속판이다. 이 교과서는 완전히 개편되었는데, 균류의 생물학에 관한 최신의 내용을 모두 수록하기 위하여 원고의 양을 늘렸다. 총 17장으로 구성되었으며, 각 장은 독립적인 제목을 붙이고 해당 주제의 참고문헌을 일일이 제공하였으므로 특정한 주제에 관해서는 해당되는 장들을 선택하여 이용할 수 있도록 배려하였다.

앞부분의 장들은 균류 및 유사균류의 구조와 구성을 다루었으며, 균류의 생물학에 대한 최신의 실험적 연구성과와 더불어 환경인자에 대한 반응도 포함하고 있다. 이 부분에서는 균류의 다양성뿐만 아니라 면역억제제, 항생물질, 균독소 등 균류의 대사산물에 관한 내용도 담고 있다.

균류의 유전학, 분자유전학, 유전체학에 대한 최신의 연구성과를 "생화학 및 분자생물학의 연구재료"라는 주제에서 다루고 있다. 특히 밤나무 줄기마름병의 방제에서 dsRNA의 역할에 관한 내용과 느릅나무 마름병의 집단동태학에 관한 내용은 심도있게 다루었다. 식물병원체 및 해충의 생물적 방제제로 실제 사용되는 균류의 개발에 관한 내용도 본문에서 다루었다. 더구나, 새로 추가된 제13장에서는 식물 및 동물과 균류의 공생관계를 상세하게 다루었다. 독립된 제14장에서는 식물병원균으로서의 균류와 식물의 방어기작에 대한 내용을 발병체계(pathosystem)의 대표적인 사례를 들어가면서 심도있게 다루었다.

제16장과 제17장에서는 인간과 균류의 관계를 설명하였는데, 주요 인체병원체로서의 균류에 대한 생물학, 병원성, 발병력 등 본질적인 내용뿐만 아니라 병의 치료에 이용되는 항진균제에 대한 설명도 빠뜨리지 않았다.

이 책은 학부 학생들과 대학원 학생들이 모두 사용할 수 있도록 교과서 방식으로 구성되었다. 이 책은 균류의 functional biology에 주안점을 두었는데, 이에 대한 최신의 연구사례와 많은 표 및 그림을 제공하였다. 또한, 이 교과서는 상세한 웹사이트(www.blackwellpublishing.com/deacon)와 연결되어 있는데, 여기에는 600장 이상의 사진(대부분 원색)과 더불어 "Special Focus Topics" 및 "Profiles of Significant or Interesting Fungi"라는 특별란도 제공하고 있다. 저자가 직접 찍은 사진은 따로 표시하였으며 누구든지 제한 없이 무료로 이용할 수 있다. 이 웹사이트에는 독자들이 스스로 좀 더 공부할 수 있도록 많은 질문란을 마련하였다.

이 책을 위하여 많은 사진과 자료를 제공한 수많은 동료들에게 감사의 말씀을 드린다. 특히 저자의 박사과정학생들과 University of Edinburgh의 Nick Read연구단의 연구진들은 시종일관 격려와 협조를 아끼지 않았다.

Edinburgh에서 Jim Deacon

역자서문

이 책의 전판은 1997년에 출판된 Modern Mycology 제3판이었으며, 이를 1998년 말에 "균학개론"이라는 이름으로 번역하여 출판한 바 있다. 2006년 초에는 전판을 상당히 바꾼 새로운 이름의 책이 출간되어 우리를 흥분시켰는데, 이것이 바로 동일한 저자 J.W. Deacon에 의한 Fungal Biology 제4판이었다. 저자가 서명을 바꾸었을 정도로 내용도 크게 바뀌었는데, 이는 그 동안 균류학이 크게 발전하고 변화하였음을 반증하는 것이다. 저자가 이 책에서 강조한 부분과 개선한 내용에 관해서는 저자서문을 참고하기 바란다.

전판의 번역에 참여하였던 분들과 더불어 균류학의 최신 분야를 공부한 소장파 학자들이 의기투합하여 이 책을 번역하기로 결정하였다. 단순히 전판을 번역하였기에 새판을 번역해야 한다는 인연의 끈이 아니라 이처럼 잘 정리한 교과서를 번역함으로써 더 많은 사람들에게 놀랍고도 새로운 균류의 세계를 알리고 대학에서 좀 더 나은 강의를 하기 위한 필연의 꿈을 실현하는 작업이었다. 다만 균류학의 학술용어가 다소 낯설고 한자식 표현이 많은 것에 대하여 한국어가 갖는 본질적인 면도 있지만 번역에 참여한 우리는 이를 독자의 편에서 개선해야 한다는 큰 의무감을 느낀다.

이 책은 학부과정에서 한 학기의 강의내용으로 다소 분량이 많고 어떤 부분은 매우 구체적인 연구사례를 소개하였으므로 그 내용을 모두 소화하기는 어렵다고 생각된다. 그럼에도 불구하고 이 책이 갖는 장점은 균류학을 체계적으로 정리하였으며 인접학문과 잘 연계될 수 있도록 서술되어 있다는 점이다. 특히 균류가 인간생활과 매우 밀접하게 관련되어 있음을 설명하고 생태학적 존재로서의 균류를 강조하였다. 또한 많은 그림과 사진을 통하여 쉽게 이해될 수 있도록 배려한 점, 이 책에서 다 실을 수 없었던 방대한 사진과 보충자료를 웹사이트를 통하여 모든 사람들에게 제공한 점, 최신의 정보와 구체적인 연구사례가 관련문헌과 함께 제공된 점 등은 독자들에게 특별한 만족감을 줄 것이다. 이러한 점에서 이 책이 균류학의 입문서이자 교과서로서 매우 탁월하면서도 적합하다는 인식을 독자들과 공유하고 싶다.

끝으로 어려운 여건에도 불구하고 기꺼이 출판을 맡아주신 월드사이언스 박선진 사장님을 비롯한 임직원 여러분께 진심으로 감사의 말씀을 드린다. 그리고 원고를 정리하고 색인을 만드는 등 편집작업에 고생한 고려대학교 대학원의 최영준, 박미정, 한재구 등 세 사람의 노고를 잊을 수 없다. 아무쪼록 이 책이 균류학을 공부하는 후학들에게 교과서이자 지침서로서의 역할을 다 할 수 있다면 더 바랄 것이 없겠다.

2006년 7월

역자 일동

제1장

서론: 균류와 균류의 역할

이 장은 다음과 같은 주요 부분으로 구성되어있다:

- 계통수에서 차지하는 균류의 위치
- 균류의 특징: 균류계의 정의
- 기생체, 공생체 및 부생체로서 균류가 수행하는 주요 역할
- 생명공학에서의 균류

균류는 행동양식과 세포구조가 다른 생명체들과는 구별되는 독특한 집단의 생명체이다. 균류는 또한 작물 및 인간의 병원체로서, 분해자로서, 유전학 및 세포생물학 연구에 사용되는 실험용 "모델 생명체"로서, 그리고 많은 중요 대사산물의 생산자 등으로서 대단히 다양한 역할을 수행한다. 균류의 특유성을 다룬 것이 이 책의 두드러진 특징이며, 균류의 생물학 그 자체의 흥미로움과 흔히 접하고 있는 중요한 주제에 초점을 맞추어 균류의 기능을 소개하는 방식을 채택한 것도 또 다른 특징이다.

균류의 특유성은 균류가 식물계 및 동물계와 대등한 **계**(界; **Kingdom**)의 위치에 있다는 사실로도 잘 반영된다. 따라서 균류는 다세포생물체의 주요한 3가지 진화경로 중 하나에 해당된다.

생물다양성의 관점에서 적어도 150만 종의 균류가 존재하는 것으로 추정되지만, 현재까지 단지 75,000종(전체의 5%)의 균류가 기술되어있다. 참고로 절지동물은 490만 종, 종자식물은 42만 종이 존재하는 것으로 추정된다 (Hawksworth 2001, 2002).

우리가 알고 있는 균류만으로도 많은 중요한 역할을 하고 있기 때문에, 만일 균류 종 수의 추정치가 정확하다면 우리가 탐구해야할 대상은 한층 더 많아진다. 배경 설명으로서 균류의 역할에 관한 몇 가지 예를 들어본다.

- 균류는 **작물 병**의 가장 중요한 원인으로서 매년 수십억 달러에 해당하는 손실과 주기적인 대발생을 일으킨다.
- 균류는 균류 특이적인 특수한 효소 시스템을 활용하여 섬유소와 목재를 분해하는 등 유기물의 주요 **분해자**이며 재순환자이다.
- 균류는 인간의 식품과 동물의 사료에서 **발암성 아플라톡신(aflatoxins)**과 기타 **균독소(mycotoxins)** 등 매우 독성이 강한 몇 가지 대사산물을 생성한다.
- 후천성면역결핍증(AIDS)과 이식수술의 빈도가 증가함에 따라, 균류는 **면역저하** 또는 **면역억제환자**들에게 가장 심각한 사망원인 중 하나가 되었다. 한때 매우 드물었던 균류병이 오늘날 이 부류의 사람들에게 아주 흔한 일이 되었다.
- 균류는 항생제(예, **페니실린**), **스테로이드**(피임용), **ciclosporins**(이식수술에서 면역 억제제로 사용), 식품가공 및 청량음료 산업에 사용되는 효소 생산과 같은 상업적으로 이용되는 많은 **생화학적 역할**을 하고 있다.
- 균류는 **중요한 식량자원**이다. 균류는 빵 제조, 버섯 생산, 몇 가지 전통발효식품, 균 단백질인 Quorn™(현재 슈퍼마켓에서 손쉽게 구입할 수 있으며 1900년대 후반에 생긴 많은 "단세포 단백질" 생산 벤처 중 유일하게 남아있음)의 생산과 알코올음료 생산에 이용된다.
- 균류는 **이종(외래) 유전자 생산물**을 생산하는 "세포공장"으로 이용될 수 있다. 인간에게 사용하도록 허용된 최초의 유전공학 백신(vaccine)은 B형간염바이러스의 표면항원 유전자를 효모(*Saccharomyces cerevisiae*)의 유전체(genome)에 삽입하여 생산되었다. 이런 방법으로 항원을 생산하여 세포 외로 분비시키고 생산 배지로부터 회수할 수 있다.

- 몇몇 균류에서 **유전체 염기서열**이 결정됨에 따라 여러 경우에 균류의 유전자가 인간의 유전자와 유사함이 밝혀졌다. 따라서 균류는 생의학 연구와 관련된 세포분열이나 분화의 조절을 포함하여 많은 기본적인 세포생물학적 과정(cell-biological process)의 탐구에 이용될 수 있다.
- 상업적인 **생물적 방제제**로서의 균류 사용이 증가하고 있으며, 해충, 선충, 식물병원균류의 방제를 위하여 화학농약을 대체하고 있다.

이 책의 전반부(제1~9장)에서는 생명공학에서의 균류의 역할을 포함하여 균류의 생장, 생리, 행동, 유전, 그리고 분자 유전을 다루고 있다. 이 부분에서는 주요 균류군의 개요(제2장)도 포함된다. 후반부(제10~16장)는 유기물의 분해자, 부패인자, 식물의 병원체, 식물의 공생체 및 인간의 병원체와 같은 다양한 균류의 생태학적 역할을 다루고 있다. 마지막 장에서는 현대 "균류생물학"의 주요 과제가 되는 균류의 생장을 억제하고 조절하는 주요 방법들을 다루었다.

'계통수(系統樹)'에서 균류의 위치

계통수 웹 프로젝트(Tree of Life Web Project)는 인터넷에 기반을 둔 중요한 공동연구의 결과이다(이 장 끝의 온라인 자료 참조). 이 프로젝트의 목표는 지구상의 모든 중요한 생명체의 유형을 자연적인 계통발생적 유연관계에 따라 연관시키는 것이다. 이것은 현재 약 36~38억 년 전(10억년=백만 년의 1,000배; 10^9년)으로 추정되는 지구상의 생명의 기원에 근접시킨다는 희망을 주고 있다. 그러나 균류는 훨씬 늦게 무대에 등장하였다. 가장 오래된 것으로 알려진 균류 화석은 육상 최대의 식물이 선태류(우산이끼와 이끼류)였을 시기인 4억6천만 년 전에서 4억5천5백만 년 전 사이인 오르도비스기(Ordovician era)로 거슬러 올라간다. 이것은 다음에 논의될 유전자 염기서열의 비교에 기초한 최근의 계통발생학적 분석과 놀랍게도 일치한다.

미국 Urbana-Champaign에 있는 Illinois 대학의 Carl Woese는 분자계통발생학의 이용을 지지하였다. 이것의 기본은 모든 살아있는 생명체에 존재하며 필수적인 역할을 수행하는 유전자를 동정하는 것으로서, 유전자들은 오랜 기간에 걸쳐 진화를 거치는 동안 아주 작은 변화들(돌연변이, 역돌연변이)만 축적되면서 매우 잘 보존된 것 같다. 이들 염기서열을 비교하면 상이한 생명체간의 유연관계를 나타낼 수 있다. 이러한 접근방법은 종간의 유전자 전이(lateral gene transfer) 가능성과 다른 생명체 그룹 간에 유전자 진화(gene evolution)의 속도가 다양하다는 사실이 알려져 있기 때문에 한계와 불확실성이 있다. 그러나 여러 개의 잘 보존된 유전자와 유전자집단(gene family)을 사용하면 비교 데이터를 도출할 수 있다.

대부분의 계통발생학적 분석체제는 기본적으로 **리보솜 RNA(ribosomal RNA)**의 생성을 암호화하는 유전자에 기초를 두고 있다. 리보솜은 단백질을 합성하는 곳이기 때문에 모든 살아있는 생명체의 필수적인 구성요소이다. 리보솜은 모든 세포 내에 무수히 존재하며 RNA 분자(리보솜 내에서 구조적인 역할을 하는)와 단백질의 혼합체로 구성되어있다. **원핵생물**(原核生物; prokaryotes, 무핵세포)에서 리보솜은 자당(sucrose) 용액에서 원심분리하면 침강속도(S값, Svedberg 단위로도 알려짐)가 상이한 3개의 다른 크기의 리보솜 RNA(**rRNA**)밴드로 분리되며, 이 3개의 rRNAs는 23S, 16S, 5S로 명명되었다. **진핵생물**(眞核生物; eukaryotes, 유핵세포)에도 3개의 rRNAs(28S, 18S, 5.8S)가 있다. 이 모든 rRNAs를 암호화하는 유전자들은 유전체에서 복수로 존재하며, 서로 다른 rRNA 유전자는 다른 단계에 있는 생명체들 간의 차이점을 설명하는 데 사용될 수 있다.

대부분의 계통발생학적 분석에 16S rRNA(원핵생물)와 이에 대응하는 18S rRNA(진핵생물)를 암호화하는 유전자가 사용된다. 이들 **small subunit rDNAs**는 계통발생학적 스펙트럼(phylogenetic spectrum)을 통해 생명체들 사이를 구분할 수 있는 충분한 정보를 갖고 있다. 이 방법을 통하여 몇 개의 상이한 계통수가 작성되었으나 이들 대다수는 기본적으로 비슷한데, 한 가지 예를 그림 1.1에서 볼 수 있다.

그림 1.1에서 일반적인 용어와 특히 균류와 관련된 몇 가지 요점을 볼 수 있다.

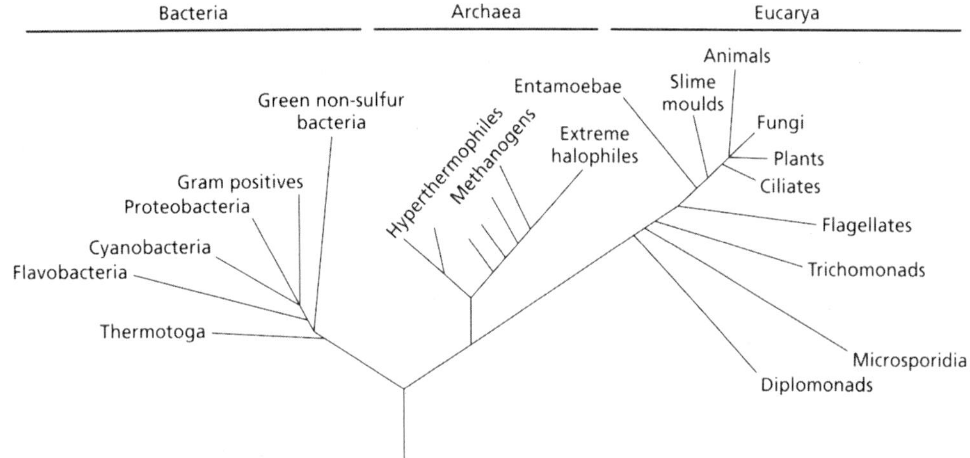

그림 1.1 Small-subunit(16S 또는 18S) rRNA를 암호화하는 유전자의 비교에 기초한 **생물 공통 계통수(Universal Phylogenetic Tree)**의 모식도. 생물체들을 가장 가까운 가지(branch)의 지점으로 연결하는 선의 길이는 진화의 거리(rRNA 유전자 염기서열의 차이)를 나타냄 [Woese (2000)의 그림에 기초하였으나 단지 생물의 일부 주요 집단만을 보여 줌].

- 리보솜 DNA염기서열을 분석하면 계(kingdom)의 상위수준에서 진화적으로 뚜렷이 구분되는 3개의 생명체 그룹이 존재한다는 것이 확실히 증명된다. 이들 세 개의 그룹은 **세균**(細菌; **Bacteria**), **고세균**(古細菌; **Archaea**), **진핵생물(Eucarya)**이라는 **영역**(領域; **domain**)으로 정의되고 이들 간의 차이는 세포구조와 생리학적인 많은 차이와 일치한다.
- 영역의 하위수준에서는 생물체들에 해당되는 분류학적 계급에 관한 불확실성이 여전히 존재한다. 식물, 동물 그리고 균류는 거의 일반적으로 독립된 **계**(界; **kingdom**)로 간주된다(Whittaker 1969). 그러나 이 상황은 많은 세균의 "계(kingdoms)"에, 특히 대부분의 그람 음성세균이 포함되는 거대한 **원핵세균계(Proteobacteria)**에 적용될 수 있다. 그리고 단세포 진핵생물 [아메바(amebae), 점균(slime moulds), 편모충(flagellates)] 등 별개의 많은 그룹들도 rDNA 염기서열의 차이에 의해 판단된 장기간의 구분에 기초하여 계로 간주되어야 한다고 주장할 수 있다. 그러나 많은 하등 진핵생물에 관하여는 아직도 연구가 부족하기 때문에 이들은 유연관계가 좀 더 규명될 때까지 흔히 "원생생물(protists)"이라고 통칭된다.
- 동물, 식물, 균류 등 주요 다세포 생물체들은 진핵생물 영역(Eucarya Domain)의 최상위 단계에 집단(cluster)을 형성한다. 그래서 이들을 흔히 "**관**(冠) **진핵생물(crown eukaryotes)**" 이라고 불린다. 이 그룹의 흥미로운 특징은 거의 동일한 시기에 서로 분화되고, 크고 빠르게 확장되고 다양화되었다는 점이다. 이 시기는 약 5억 년 전으로, 지표면에 선태류(이끼와 우산이끼) 같은 원시식물들이 정착하였고, 단지 3개의 큰 대륙만 존재했던 시기와 일치한다: 3개의 큰 대륙은 (i) 적도부근에 위치하고 있던 현재의 북미와 유럽을 포함하는 대륙, (ii) 북쪽으로 현재의 시베리아, (iii) 현재의 남미, 아프리카, 남극대륙, 인도와 남반구의 호주로 구성된 대륙 등이다.
- 현재, 균류의 **최초 화석기록**은 4억6천만년과 4억5천5백만 년 전 사이인 오르도비스 기(Ordovician era)로 거슬러 올라가나, 수생균류는 그 이전인 약 10억 년 전에 존재했다는 것이 거의 확실하다. 병꼴균문(Chytridiomycota)의 균류는 유리수(free water) 의존성을 나타내는 운동성의 편모세포를

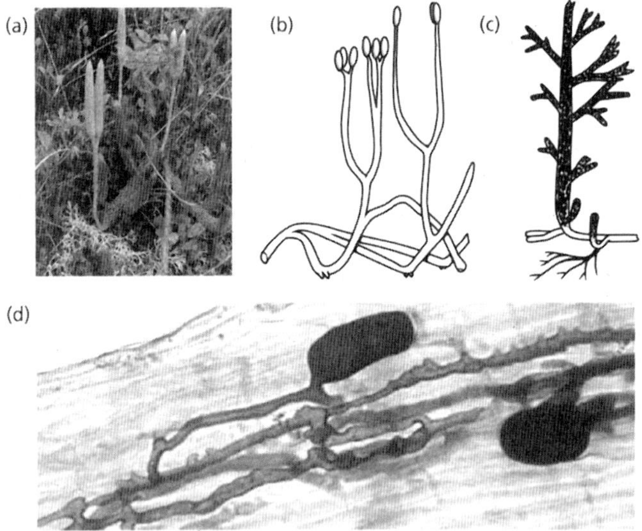

그림 1.2 (a) 오늘날의 "곤봉형 이끼" 석송(Lycopodium), 양치류의 원시 멤버의 일례임. (b,c) Rhynie chert 퇴적층에서 발견된 두 종의 양치류 (Asteroxylon mackiei 와 Rhynia major) 화석. (d) 오늘날의 균근균류의 부푼 소낭(vesicles)은 Rhynie 퇴적층(417~354백만년 전)의 화석에서 발견된 소낭과 매우 유사함.

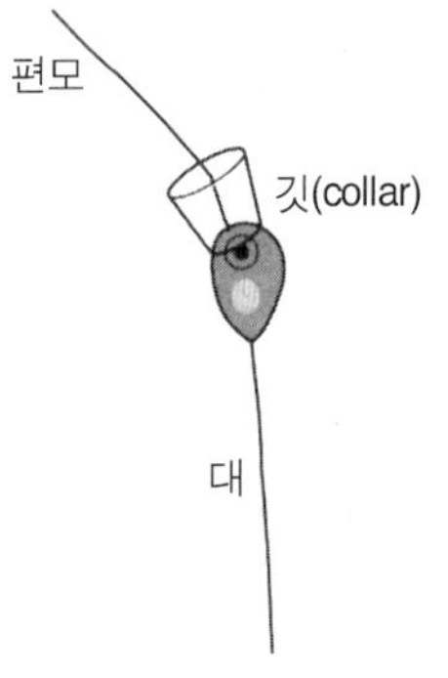

그림 1.3 Codosiga gracilis, choanoflagellate(단편모와 깃을 가진 생물체)의 하나로서 균류와 동물의 공동 조상으로 여겨짐. [http://microscope.mbl.edu/scripts/microscope.php?func=imgDetail&imageID=4275 의 그림에 기초]

가지고 있기 때문에 현재 알려진 균류 중 가장 오래된 것 중의 하나로 널리 인식되어있다. 반면에, 데본기(Devonnian era, 4억1천7백만 년~3억5천4백만 년 전)에는 원시 육지식물과 연관이 있는 화석균류에 관한 많은 기록이 있다. 예를 들면, 균류의 몇 가지 중요 그룹의 대표적인 균들이 데본기 시대를 나타내는 스코틀랜드, 애버든주(Aberdeenshire)의 Rhynie Chert 퇴적층에서 발견되었다. Rhynie 퇴적층의 초기 화석균류는 매우 잘 보전되어 있고, 흥미롭게도 초기 육지식물의 지하기관과 밀접하게 연관되어 나타난다. 새롭게 동정된 그룹인 Glomeromycota (그림 2.4) 속하는 이들 초기 육상균류는 현 육지식물 중 약 80%의 뿌리에 정착하는 수지상균근균류(arbuscular mycorrhizal fungi)와 매우 유사하다(그림 1.2). 따라서 이들 균류는 초기 육지식물과 함께 공진화하였고, 그들의 균사는 오늘날 그들이 하는 것과 같이 토양으로부터 무기양분과 물의 흡수를 촉진시킬 수 있었던 것으로 보인다(Lewis 1987; 제13장).

- 균류와 육지식물 사이의 장기간의 연관성에 대하여 우리는 광범위하게 갖고 있는 오류를 교정할 필요가 있다: 현재, **균류가 식물보다는 동물과 좀 더 밀접하게 관련되어 있다는 확실한 증거**가 있다(Baldaruf & Palmer 1993). 균류는 동물계통으로부터 초기 가지로 진화하였고 이 두 그룹은 아마도 단순한 단세포 진핵생물 중의 하나에서 공통된 기원을 갖고 있다. 오늘날 균류계와 동물계의 가장 그럴듯한 공통조상은 **choanoflagellates**로 명명되었고, 또한 깃편모충류(collar-flagellates)로도 알

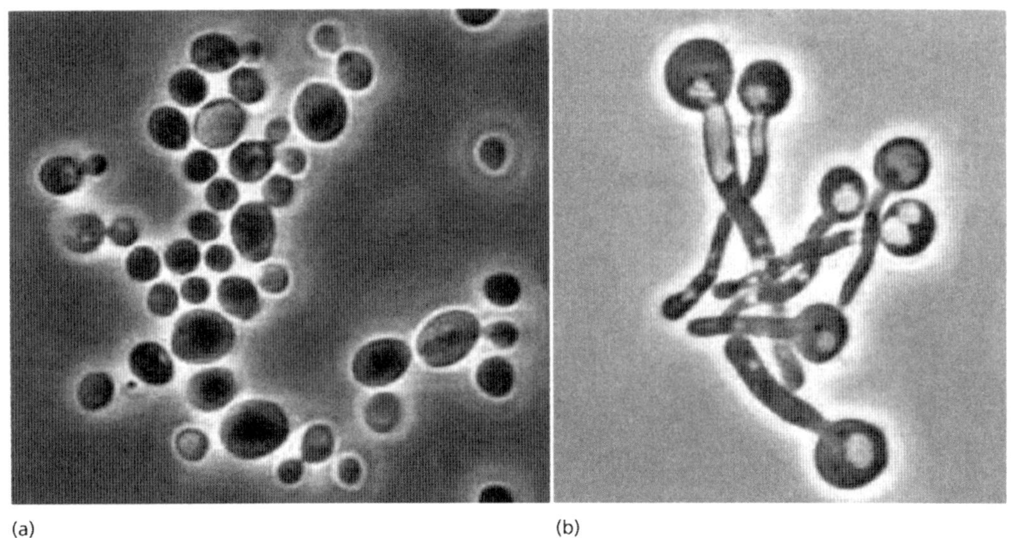

그림 1.4 *Candida albicans*, 인간의 점막에서 자라는 이형성 균류. 보통은 출아 효모(a)로 관찰되나, 효모 세포는 조직 침입을 위해 균사(b)를 형성할 수 있다.

려져 있는 원생동물(protozoan)이다(그림 1.3). 이들은 동물의 가장 초기 가지(해면동물, sponges)와 균류의 가장 초기 가지(병꼴균류, chytrids)와 비슷하다. 인간이 이와 같은 어떤 것으로부터 진화되었어야 한다는 것은 겸손한 생각이다!

균류의 특징: 균류계의 정의

이 절을 시작하면서 우리는 **진균**(眞菌; **true fungi**)과 균학자들이 전통적으로 연구해 왔지만 진균과는 기본적으로 다른 일련의 **유사균류**(類似菌類; **fungus-like organism**)를 명백히 구별해야 한다. 여기서는 **Mycota** 또는 **Eumycota** 라고 불리는 진균에 초점을 맞출 것이다. 유사균류에 관하여는 제2장에서 논의할 것이다.

모든 진균은 다른 생물체와 확연히 구별되며 **균계**(菌界; **Mycota**)의 정의를 내리게 하는 일련의 특징을 갖고 있다. 그 특징을 요약하면 다음과 같다:

- 모든 균류는 **진핵생물**이다. 다시 말해, 이들은 여러 개의 염색체가 있는 막으로 둘러싸인 핵과 일련의 막으로 둘러싸인 세포소기관(미토콘드리아, 액포 등)을 갖고 있다. 모든 진핵생물과 공유하는 다른 특징은 세포질 유동, intron으로 불리는 비암호화 영역을 갖는 DNA, 전형적으로 스테롤을 갖는 막, 세균의 70S와 대조되는 80S의 리보좀('S'는 앞에서 언급한 Svedberg 단위) 등이 있다.
- 균류는 전형적으로 **균사**(菌絲; **hyphae**, 단수 **hypha**)라고 불리는 가는 실 모양으로 자라며, 오직 선단에서만 생장한다. 즉, 세포 사슬 내에서 반복되는 세포분열에 의하여 절간생장(節間生長; intercalary growth)하는 많은 다른 사상형 생물체(예, 사상형 녹조류)와는 달리, 균류는 **정단생장**(頂端生長; **apical growth**)을 한다. 균류의 균사는 선단 뒤에서 반복하여 분지하고 **균사체**(菌絲體; **mycelium**)라고 불리는 망상조직을 형성한다. 그러나 일부 균류는 단세포의 효모(예, *Saccharomyces cerevisiae*)로서 생장하고, 일부는 환경조건에 반응하여 효모상(yeast phase)과 균사상(hyphal phase)을 전환할 수 있다. 이와 같이 두 형태를 갖는 **이형성 균류**(二型性 菌類; **dimorphic fungi**)에는 인간의 중요한 병원체가 다수 포함되어있다(제16장).

표 1.1 균류, 동물, 식물의 몇 가지 특징 비교

형질	*균류(참고할 장)*	*동물*	*식물*
생육습성	균사 선단생장 또는 출아효모 (3, 4)	균사가 아님	다세포 조직
영양	종속영양, 가용성 양분의 흡수 (6, 11)	종속영양, 음식 섭취	광합성
세포벽	전형적으로 카이틴 함유 (3)	없음. 단 곤충의 외골격에는 카이틴이 존재함	주로 섬유소
핵	보통 반수체; 분열중 핵막이 존재 (9)	전형적으로 배수체; 핵분열 중 핵막이 깨짐	배수체; 핵분열 중 핵막이 깨짐
히스톤	히스톤 2B	히스톤 2B	식물 히스톤
미세소관	벤지미다졸과 그리세오풀빈에 감수성 (17)	콜히친에 감수성	콜히친에 감수성
라이신 합성	AAA경로에 의하여 합성됨 (6)	합성되지 않음, 공급이 필요함	DAP경로에 의하여 합성됨
골지체(골지조)	층을 이루지 않음, 관 모양 (3)	층을 이룸, 판 모양	층을 이룸, 판 모양
미토콘드리아	판 또는 원반 모양의 cisternae (3)	판 또는 원반 모양의 cisternae	관 모양의 cisternae
전이탄수화물	폴리올(만니톨, 아라비톨 등), 균당 (7)	곤충의 균당	포도당, 과당, 자당
저장물질	글리코겐, 지질, 균당 (7)	글리코겐, 지질, 일부에서는 균당	전분
미토콘드리아 유전암호	UGA는 Tryptophan유전암호	UGA는 Tryptophan유전암호	UGA는 사슬 종결유전 암호
막스테롤	에르고스테롤 (7, 17)	콜레스테롤	Sitosterol과 다른 식물 스테롤

AAA, alpha-amino adipic acid 경로; DAP, diamino-pimelic acid 경로.

이들은 흔히 체액 내에서 증식할 때는 효모상 세포로 자라지만 조직을 침입할 때는 균사로 전환된다(그림 1.4).

- 균류는 **종속영양생물**(從屬營養生物; **heterotroph**, 화학적 유기영양생물)이다. 다시 말해서, 이들은 에너지원과 세포형성을 위한 탄소골격을 위하여 기존의 유기화합물을 필요로 한다. 세포벽이 존재하므로 균류는 식작용(食作用; phagocytosis)으로는 먹이를 섭취할 수 없고 세포벽과 세포막을 통하여 단순한 가용성 양분을 흡수해야 한다. 많은 경우에 균사 선단에서 효소를 분비하여 복잡한 중합체를 분해하고 중합체분해효소에 의하여 방출되는 단순한 가용성 양분을 흡수한다.
- 균류는 독특한 **세포벽 구성성분(wall components)**을 갖고 있는데, 여기에는 전형적으로 **카이틴(chitin)**과 **글루칸(glucan**; β-1,3 와 β-1,6 결합을 갖고 있는 포도당 중합체)이 포함된다. 일부 균류의 세포벽, 특히 일부 원시 균류에서는 짧은 섬유소(cellulose; β-1,4 결합 포도당 중합체)가 검출된다. 그러나 균류는 섬유소가 풍부한 세포벽을 갖고 있지 않다는 점에서 식물과 구별된다.
- 균류는 **만니톨(mannitol)**과 기타 당 알코올, **균당**(菌糖; **trehalose**, 포도당의 이당류), **글리코겐(glycogen)**을 포함하여 특징적인 가용성 탄수화물과 저장물질을 갖고 있다. 이는 일부 동물(특히 절지동물)의 물질들과 유사하지만 식물이 갖고 있는 물질들과는 다르다.
- 균류는 전형적으로 **반수체 핵**(半數體 核; **haploid nuclei**)을 갖고 있는데, 이는 거의 모든 다른 진핵생물들과 매우 다른 점이다. 그러나 균류의 균사에는 대부분 개개의 균사 구획 내에 여러 개의 핵이 존재하며, 많은 출아효모는 배수체이다. 이러한 핵의 상태 및 배열의 차이는 균류 유전학에서 중요하게 응용된다(제9장).

- 균류는 유성 및 무성적인 방법으로 증식하며 전형적으로 **포자**(胞子; **spores**)를 형성한다. 균류의 포자는 형태, 크기 및 기타 특징이 매우 다양하며 전파 및 휴면 생존의 다양한 역할과 관련되어있다(제10장).

요약하면, 다음과 같은 특징으로 균류를 정의할 수 있다(표 1.1):

- 진핵생물이다.
- 전형적으로 균사로서 정단생장을 하지만, 때로는 효모로서 생장한다.
- 종속영양생물이므로 이들은 기존의 유기양분에 의존한다.
- 전형적으로 반수체 핵을 갖고 있다.
- 주로 카이틴과 글루칸으로 구성된 세포벽을 갖고 있다.
- 세포벽과 원형질막을 통하여 가용성 양분을 흡수한다.
- 포자를 형성한다.

균류의 중요한 역할: 병원체, 공생체 및 부생체

앞에서 언급한 바와 같이, 모든 균류는 그들의 에너지원과 세포합성을 위한 탄소영양으로 유기양분을 필요로 한다. 그러나 이들의 양분 획득방식에 따라 균류를 크게 구분할 수가 있다: (ⅰ) 다른 살아있는 생물에서 **기생체**(寄生體; **parasite**) 즉, **병원체**(病原體; **pathogen** - 발병인자)로 생장하는 경우; (ⅱ) 다른 생물과 협력하여 **공생체**(共生體; **symbiont**)로 생장하는 경우; (ⅲ) 생명이 없는 물질에서 **부생체**(腐生體; **saprotroph**)로 생장하는 경우. 이 주제는 제11~14장에서 자세히 다룬다.

식물의 기생성 균류

많은 균류는 양분의 일부 또는 전부를 기주의 살아있는 조직으로부터 획득하며 생물의 기생체로서 적응하며 생장한다. 이들 중 상당수의 균류는 오직 한 종류의 기주에만 감염하기 때문에 매우 특이적이며, 때로는 너무 특이적이기 때문에 균류가 실험실 배양에서는 전혀 생장하지 못한다. 이러한 균류는 오직 기주조직에서만 생장할 수 있는 절대기생체이다. 이에 관한 많은 예를 녹병균류와 흰가루병균류에서도 볼 수 있으며(제14장), 또 다른 예를 유사균류인 노균병균류(제2장)와 무사마귀병균류(제2장)에서 볼 수 있다. 이러한 기주특이적 균류는 살아있는 기주 세포를 죽이지 않고 양분을 얻기 때문에 **생체영양성 기생균**(生體營養性 寄生菌; **biotrophic parasites**) (*bios* = life; *trophy* = feeding)이라고 부르며, 이들은 대개 특수한 양분흡수조직을 만들어 기주의 저장양분을 흡수한다.

기생성 균류의 다른 한편에는 식물 조직을 공격적으로 침입하는 많은 균류가 있다. 이들은 양분 흡수과정에서 독소나 분해효소를 생성하여 기주 조직을 죽이기 때문에 **살생영양성 기생균**(殺生營養性 寄生菌; **necrotrophic parasite**) (*necro* = death)이라고 부른다. 흔한 예로 딸기, 나무딸기, 포도 같은 연과류를 신속히 파괴하여 과실 표면을 회색 포자로 뒤덮는 잿빛곰팡이병균(*Botryotinia fuckeliana*; *Botrytis cinerea* 라는 구명으로 더 잘 알려짐)이 있다.

식물의 기생성 균류(유사균류 포함)는 매우 중요하며, 모든 주요 작물병의 70% 이상의 원인이 되고 수많은 파괴적인 유행병의 원인이 된다. 몇 가지 예를 들어본다.

- 유사균류에 속하는 *Phytophthora infestans*에 의한 감자 역병으로 인하여 1840년대에는 아일랜드의 감자밭이 황폐화되었는데, 100만 명에 달하는 인구가 굶어죽었고, 수많은 사람들이 유럽의 다른 지역과 미국으로 대규모 이민을 떠났다. 오늘날에도 감자 역병균(*P. infestans*)과 이와 유사한 노균병균의 방제에 전 세계 살균제 판매량의 15%가 소비된다. E. C. Large(1940)가 저술한 "**The Advance of the Fungi**"은 감자 역병과 그 유산에 관한 흥미있는 읽을거리를 제공한다.
- *Ophiostoma novo-ulmi* 와 *O. ulmi*에 의한 느릅나무

그림 1.5 미국 유타주의 Arches 국립공원에 있는 간판. **우리의 미생물을 밟지 마세요!**

마름병(제10장)은 1900년대 북미에서 그랬듯이, 지난 30년간 영국과 서유럽의 프로세라느릅나무(*Ulmus procera*) 대부분을 황폐화시켰다. 또한 *Cryphonectria parasitica*에 의한 밤나무 줄기마름병은 미국에서 재래종 미국밤나무(*Castanea dentata*)의 군집을 황폐화시켰다. 이 병의 대발생은 그 시작이 1904년 뉴욕동물원 정원에서 처음 기록된 병든 밤나무로 거슬러 올라갈 수 있다. 그리고 이 책을 집필하는 중에 *Phytophthora*의 신종(*P. ramorum*)이 미국 남서부의 참나무를 죽이는 **참나무 급사병(sudden oak death)**을 일으켰으며, 이 병은 이미 유럽의 여러 지역으로 전파되었다(제14장).

식물의 공생 균류

많은 균류는 식물과 공생관계를 형성하는데, 이 경우에는 양자에게 모두 도움이 된다. 두 가지 대표적인 예를 들면 **지의류**(地衣類; **lichens**)와 **균근**(菌根; **mycorrhizas**)이다. 지의류는 광합성 하는 공생체(녹조류 또는 시아노세균)와 균류의 친밀한 결합으로서 지구상의 일부 가장 혹독한 환경에서 견딜 수 있는 엽상체(葉狀體; thallus)를 형성한다(그림 1.5). 전형적으로 이 균류는 광합성 세포를 감싸고 보호할 뿐 아니라 환경 내의 극소량의 무기양분을 흡수하는 반면에, 광합성을 하는 공생체는 균류에 탄소영양원을 제공한다. 지구상에는 약 13,500종의 지의류가 있으며, 이들은 바위 표면과 불안전하고 메마른 무기토양을 포함한 다른 생물이 살 수 없는 서식지에서 초기 정착자로서 중요한 역할을 한다(제13장).

균근은 균류와 식물의 뿌리 및 지하기관 사이의 친밀한 결합을 말한다. 많은 종류의 균근균류가 있으며, 이들은 서로 독립적으로 진화하여 왔고 다른 역할을 담당하고 있다. 거의 모든 경우에서 이 균류는 탄소영양원의 공급을 식물에 의존하는 반면에 식물은 토양으로부터의 무기영양원(인, 질소)의 공급을 균류에 의존한다. 제13장에서 언급할 예정이지만 토양 중의 인산은 유기물이나 2가의 양이온(Ca^{2+}, Mg^{2+})들과 신속하게 불용성의 복합체를 형성하기 때문에 식물 뿌리로 쉽게 확산될 수 없으므로 인은 흔히 식물 생장에 결정적인 제한인자가 된다. 균근균류는 넓은 균사망을 만들어 무기양분을 취하고 뿌리로 다시 수송함으로써 이런 문제를 완화하는데 도움이 된다. 그러나 일부 다른 균근균류는 아주 다른 역할을 한다. 난과식물 및 일부 비광합성식물들은 식물 생존의 전부 또는 일부를 절대적으로 균류에 의존하는데, 그 이유는 이 식물이 토양균류에 의하여 공급되는 당을 양분으로 이용하기 때문이다.

지의류와 균근이 공생의 유일한 예는 아니다. 최근 많은 식물이 식물세포 내 또는 세포간극에 서식하면서도 병징을 나타내지 않는 **내생균류**(內生菌類; **endophytic fungi**)를 갖고 있음이 확인되었다. 이들 균류는 식물에 해를 주지 않는 것이 확실하다. 반면에 이들은 식물 방어 유전자의 활성화와 맥각 알칼로이드와 같은 곤충의 섭식저해 화합물의 생성을 도와주기 때문에 식물에는 도움이 될 수 있다. 그러나 이것은 칼의 양날과 같은데, 그 이유는 이 독소들이 말, 젖소, 양 등 목초를 먹는 동물들에게 심각한 해를 줄 수 있기 때문이다(제11장).

인간의 병원균류

식물기생성 균류는 대단히 많지만, 인간과 온혈동물을 감염시키는 균류는 단지 200 여종에 불과하다. 실제로 인간은 흔히 피부, 손톱, 머리에 감염증을 일으키는 피부병균류를 제외하고 균류에 대하여 높은 수준의 고유한 면역을 갖고 있다. 그러나 면역체계가 약해지면 상황은 급변하는데, AIDS환자, 면역체계를 의도적으로 억제시킨 이식수술환자, 암이나 심한 당뇨병을 가진 환자, 장기간 부신(副腎)피질 호르몬 치료를 받고 있는 환자들에게 감염은 흔한 일이 된다. 이들에게는 어떤 경우이든 건강한 사람에게는 심각한 위험이 되지 않는 균류에 감염될 수 있는 기회가 많다. 예를 들어, 널리 분포하며 아주 흔한 공기 전파성 균류인 Aspergillus fumigatus는 보통 퇴비와 토양에 서식하지만, 큰 외과수술 과정에서 가장 위험한 침입균류 중 하나가 되며, 이때 생존율은 30% 이하가 될 수도 있다. 37℃에서 자랄 수 있는 다른 많은 균류는 폐로 들어가 폐포에 도달할 수 있는 아주 작은 포자를 갖고 있다. 이러한 균류는 최근까지는 잘 알려지지 않았지만 현재는 면역결핍환자들에게 아주 흔한 감염의 원인이 되고 있다. 예를 들어, 유사균류에 속하는 Pneumocystis jiroveci(이전에는 P. carinii로 불렸음)는 인간면역결핍바이러스(human immunodeficiency virus; HIV)에 감염된 환자에게 폐렴(肺炎)을 잘 일으킨다. HIV 감염 환자가 이 균에 감염되어 폐렴이 시작되면 AIDS 증상 중의 하나로 여겨지고 있다.

불과 몇몇 항진균성 약품만 인간의 중요한 진균증 치료에 이용될 수 있으며, 과도한 독성을 피하기 위하여 오랜 기간에 걸쳐 적은 양을 복용해야 한다. 이들 약품의 대부분은 비싸기 때문에 개발도상국의 가난한 사람들에게는 별 희망을 줄 수 없다. 제16장은 인간의 진균증을 다루었고 제17장은 이를 치료하는 데 이용할 수 있는 약품을 다루었다.

생물적 방제제로서의 기생균류

균류는 다른 균류 (**균류기생체**; 菌類寄生體; **mycoparasites**; 제12장), 곤충 (**곤충병원체**; 昆蟲病原體; **entomopathogens**; 제15장), 선충 (**선충포식균**; 線蟲捕食菌; **nematophagous fungi**; 제15장) 등 많은 종류의 기주에 기생한다. 과거에는 이러한 균류가 신기한 것으로 취급되어 왔으나, 현재는 이들 기주의 중요한 개체군 조절자로서 그리고 주요 해충 또는 식물병원체의 잠재적인 **생물적 방제제**(生物的 防除劑; **biological control agent**)로 인식되고 있다. 이 책에서는 생물적 방제를 여러 관점에서 다루는데, 특히 제12장과 제17장에서 논의한다.

부생균류

부생체(腐生體; saprotroph 또는 saprophyte) (*sapros* =

death; *trophy* = feeding)는 죽은 유기물에서 양분을 얻는 생물이다. 균류는 탄수화물, 섬유소, 단백질, 카이틴, 항공등유, 각질(角質), 그리고 심지어는 목재와 같이 매우 복잡한 리그닌 물질과 같은 복합 중합체를 분해하는 다양한 효소를 생성하기 때문에 이런 관점에서 매우 중요한 역할을 한다. 사실상 하나 또는 다른 종류의 균류에 의하여 분해될 수 없는 천연 유기화합물은 거의 없다. 몇 가지 예외 중의 하나가 화분립의 세포벽에서 발견되는 고도의 저항성 중합체인 sporopollenin이다.

식물세포벽 물질의 약 40%를 차지하고 있고 지구상에 가장 풍부한 천연 중합체인 섬유소의 분해에는 균류가 가장 중요한 역할을 담당한다. 초식동물(반추동물)도 상당한 양의 섬유소를 소비하며 이 섬유소는 위(첫째 위; 사실상 대형의 혐기성 발효조)에서 분해되는데, 위에 서식하는 균류가 분해과정에서 중요한 역할을 하는 것으로 생각된다. 균류에 의해 중합체가 분해 됨으로써 균류가 침입할 수 있으며 세포외효소의 분비와 이어서 일어나는 효소분해산물의 재흡수를 할 수 있게 하는 균사생장과 밀접하게 연관되어있다(제6장). 그러나 서로 다른 균류는 서로 다른 형태의 중합체를 잘 분해하므로 부생균류는 흔히 복합 군락을 이루어 증식하는데, 이는 그들의 서로 다른 효소활성을 반영하는 것이다(제11장).

그림 1.6 페인트가 벗겨진 목욕탕 천정의 일부. 그을음 균류의 광범위한 생장과 포자 형성을 보임.

비록 분해균류가 주요 양분의 재순환에 중요한 역할을 하지만 이들은 중요한 부패인자가 될 수도 있다. 잘 알려진 예가 건부균(乾腐菌) *Serpula lacrymans*로서 건물의 목재부후의 중요 요인이 된다(제5장). 또한 부엌과 욕실의 벽에서 흔히 발생하는 '그을음균류(sooty mould)'는 박멸이 극히 어렵다(그림 1.6). 이들은 페인트 유제의 안정제나 벽지 접착제로 사용되는 가용성의 섬유소 겔을 이용하여 자란다. 이들 균류에는 진한 색소가 있는 균사와 포자로 인해 벽을 변색시키는 *Alternaria*, *Cladosporium*의 종들과 *Sydowia polyspora* (전에는 *Aureobasidium pullulans*로 불렸음)가 포함된다. 그러나 이들의 자연서식처는 식물 잎의 표면이나 부패한 줄기 조직이며, 이들은 자연 환경과 유사한 조건(기질)을 찾았을 때만 건물 내에서 발생한다(제8장). 현재 공공위생당국은 작업장에서의 안전에, 특히 유아 침대사망과 관련(미약하게) 되어있는 "건물질병증후군(sick building syndrome)"에서 균류가 발휘하는 잠재적인 역할에 점차 주목하고 있다. 건물 내의 환기조건이 양호하지 못하면 다른 그을음균류인 *Stachybotrys chartarum*을 포함한 곰팡이의 생장이 촉진된다. 그러나 이들 균류가 건물질병증후군과 연관이 있다는 명확한 증거는 없다.

일부 부생성 균류는 저장 식량에서 자라면서 **균독소**(菌毒素; **mycotoxins**)를 생성하므로 인간과 동물의 건강에 심각한 위험이 된다. 이들은 균류의 다양한 2차대사산물로서 부적당하게 저장된 물질에서 흔히 발견된다. 예를 들어 **아플라톡신(aflatoxins)**은 땅콩과 면실박에서 흔히 생성된다. 이들은 가장 잘 알려진 발암물질이며 간장해와 밀접한 연관이 있다. 또한 곡류에서 여러 종의 *Fusarium*이 생성하는 독소들은 아프리카에서의 식도암 및 신장암 발생과 연관이 있다. 이들 독소화합물의 생성경로는 제7장에서 논의되며, 안전한 저장조건의 유지는 제8장에서 다룬다.

생명공학과 균류

균류는 생명공학분야에서 여러 가지 전통적인 역할뿐 아니라 일부 새로운 역할도 갖고 있으며, 장차 상

(a)

(b)

그림 1.7 (a,b) 표고버섯 *Lentinula edodes*의 상업적인 원목재배. [사진제공: Robert L. Anderson and USDA Forest Service; www.forestryimages.org].

업적 발전 전망이 크다(Wainwright 1992). 이들 역할 중 몇 가지를 여기서 개략적으로 설명한다.

식품과 식품조미료

1994년도 식용버섯의 세계 총 생산량은 500만 톤 이상으로서 140억 달러의 가치로 추정된다. 대부분의 버섯 재배산업은 제5장과 제11장에서 논의되는 가장 많이 재배하는 버섯인 양송이(*Agaricus bisporus* 또는 *A. brunnescens*)가 차지하는 비중이 크다. 그러나 *Lentinula edodes*(원목재배하는 표고; 그림 1.7), *Volvariella volvacea*(볏짚재배하는 풀버섯), 그리고 *Pleurotus ostreatus*(느타리; 그림 1.8)는 전통적으로 일본과 동남아에서 재배되며, 현재는 서양의 슈퍼마켓에서도 쉽게 구입할 수 있다.

균류는 몇 가지 전통식품과 알코올음료(효모 *Saccharomyces cerevisiae*로부터의 에탄올)를 포함한 각종 음료 그리고 빵 제조에 이용되는데, 빵에서는 효모가 빵 반죽을 부풀리는 탄산가스를 생성한다. *Penicillium roqueforti*는 Stilton이나 Roquefort 같은 블루치즈(blue veined cheese)의 생산에 이용되는데, 이 균은 치즈에 독특한 향미를 준다. *P. camemberti*는 Camembert와 Bries 같은 연질 치즈 생산에 이용되며, 이 균은 치즈 표면에서 자라면서 "외피"를 형성하고 단백질분해효소를 생성하며 치즈를 점진적으로 분해하여 부드럽게 만든다. 전 세계의 전통식품 발효에 있어서 잘 알려지지는 않았지만 무엇보다도 중요한 것은 균류의 역할이다. 예를 들어, *Rhizopus oligosporus*는 조리한 콩 "grits"를 **템페(tempeh)**라는 (그림 1.8) 영양가 있는 주식으로 전환시키는 데 사용된다. 이것은 단지 짧은 배양시간(24~36시간)만 소요되는데, 이때 균은 콩의 몇몇 지방과 trypsin 저해제를 분해하여 콩의 천연 고단백질이 식품 중에서 쉽게 이용될 수 있고 이 과정 중에 "뱃속에 가스가 차는 요인(flatulence factor)"이 제거된다. 남부 나이지리아에서 주식의 하나인 **가리(gari)**라는 식품은 다수확 뿌리작물인 카사바로 만들어지는데, 이것은 그 가공형태인 타피오카(tapioca)로 더 잘 알려져 있다. 가공되지 않은 카사바에는 linamarin이라는 독성 시안화배당체(cyanogenic glycoside)가 함유되어 있는데, 이것은 마을 공동체에서 오랫동안 방치되어 발효되는 동안에 제거된다. 이 과정의 대부분에 세균이 관여하지만, 균류인

(a) (b)

그림 1.8 (a) 영국의 한 슈퍼마켓에 있는 외국산 버섯의 상자로서 표고(중앙)와 최음제로 알려진 느타리가 들어있다. (b) 보기보다는 맛이 좋은 자가제조 템페 덩어리를 만드는 모습.

표 1.2 전통 단백질원과 비교한 Quorn 균류단백질의 영양분 조성 [Trinci 1992.]

	단위	*Quorn*	*체다치즈*	*닭고기*	*쇠고기*	*생대구*
단백질	g $100g^{-1}$	12.2	26.0	20.5	20.3	17.4
식이섬유	g $100g^{-1}$	5.1	0	0	0	0
총지방	g $100g^{-1}$	2.9	33.5	4.3	4.6	0.7
지방비율	다중불포화: 포화	2.5	0.2	0.5	0.1	2.2
콜레스테롤	mg $100g^{-1}$	0	70	69	59	50
에너지	kJ $100g^{-1}$	334	1697	506	514	318

Galactomyces geotrichum(무성세대; *Geotrichum candidum*)은 생성물에 훌륭한 향미를 제공한다. 여러 가지 아시아 전통 발효식품의 생산에 관한 상세한 내용은 Nout & Aidoo(2002)의 저술에서 볼 수 있다.

최근의 큰 발전은 **Quorn™ 균단백질**(그림 1.9)이라는 완전히 새로운 형태의 식품의 출현이다. 이것은 균(*Fusarium venenatum*)을 대형 발효조(醱酵槽)에서 배양하고 균사를 수확한 후 인조육이나 각종 오븐처리용 식품으로 가공함으로써 상업적으로 생산된다. Quorn(현재 이렇게 불리고 있음)은 영국과 유럽의 슈퍼마켓에서 널리 판매되고 있다. 이것은 단백질 함량이 높고 지방함량이 낮으며 콜레스테롤이 없기 때문에 아주 이상적인 영양구성을 갖는다. Quorn의 생산에 관하여는 제4장에서 자세히 논의한다.

균류의 대사산물

대사산물은 2개의 큰 범주로 구분된다(제7장):

- **1차대사산물**: 모든 생물체의 일반 대사경로의 최종산물 또는 중간산물(당, 아미노산, 유기산, 글리세롤 등)로서 균류의 정상적인 세포기능에 필수적인 것.
- **2차대사산물**: 특정 생물체의 특수 대사경로에서 생성되는 다양한 화합물; 이들을 생성하는 생물체에 도움을 줄 수는 있지만 생장에 필수적인 것은 아님(예, 항생물질, 균독소 등).

두 그룹의 여러 대사산물이 균류 배양에 의하여 상업

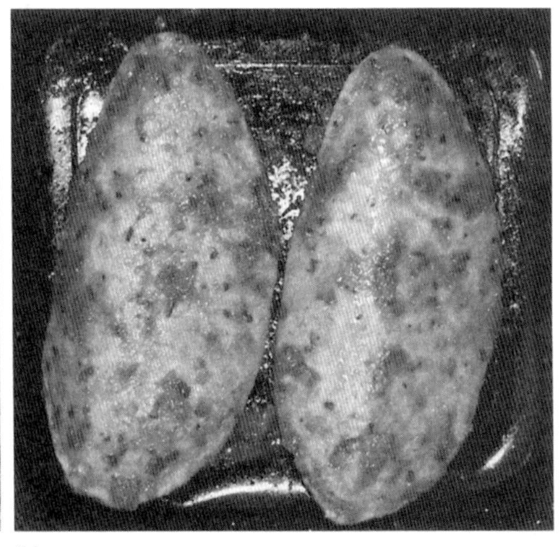

(a) (b)

그림 1.9 Quorn: (a) 포장한 상품, (b) 여러 생산품 중의 하나로서 "토마토, 적포도주 및 허브로 가미한 지중해식 마리네이드 요리에 사용된 Quorn 덩어리"

적으로 생산된다(Turner 1971; Turmer & Aldridge 1983). 균류의 1차대사산물 중에서 가장 좋은 예 중의 하나가 **구연산**(枸櫞酸; **citric acid**)으로서 2000년도 세계 총 생산량이 900,000톤으로 추정된다. 구연산은 신맛이 있고, 향을 증가시키며, 단맛을 줄이고 항산화성 및 보존성을 갖고 있기 때문에 구연산의 대량생산은 청량음료 산업(레몬에이드 등)의 기본이 된다. 구연산의 상업적 생산에 *Aspergillus niger*의 대량 생산계통이 특히 선택적으로 이용되지만, 다른 여러 조건이 필요하다. 배지에는 쉽게 대사될 수 있는 고농도의 당(20% 또는 그 이상)이 포함되어야 하며 균류의 생장량을 억제시키기 위하여 인 또는 질소의 농도가 낮아야 한다. 이런 조건에서 배지에 공급된 당의 80% 또는 그 이상이 구연산으로 전환되어 세포 외부로 수송되며 배지에 축적된다. 이 영향으로 배지의 pH가 3.0 또는 그 이하로 내려가며, 균류는 이를 잘 견딜 수 있다. 균류 세포들이 세포 내의 pH를 정확히 조절하기 때문에 이러한 산의 분비는 아주 중요한 특징이 된다. 최근의 연구결과에 따르면 *A. niger*의 세포는 외부 pH가 1.5~6의 범위에 노출되더라도 세포 내의 pH를 7.7로 유지한다는 사실이 밝혀졌다.

다른 유기산들도 균류의 발효에 의하여 상업적으로 생산된다. **글루콘산**(**gluconic acid**; 연간 세계 생산량이 50,000~100,000 톤으로 추정)은 주로 식품첨가제로 사용되며, 정상적인 pH에서 자라는 *A. niger*의 특수한 계통에 의해 생산된다. 이 산은 포도당의 직접산화에 의하여 생산되며 포도당 산화효소에 의하여 촉매반응이 일어난다. **이타콘산**(**itaconic acid**; 세계 생산량 70,000~80,000톤)은 *Aspergillus terreus*에 의하여 생산되며 페인트, 접착제 등의 제조에 쓰이는 조중합체(co-polymer)로 사용된다.

어떤 면에서 보면 구연산과 이타콘산의 생산은 알코올 음료산업의 기본인 *Saccharomyces* spp.에 의한 **에탄올 생산**과 유사하다. 이들 두 종류의 대사산물은 어떤 요인에 의해 **생장이 제한**되지만 기어를 중립에 둔 자동차의 엔진처럼 생화학 장치가 계속해서 작동할 때 배양배지 내에 축적된다. 예를 들어, 대사에 좋은 당이 풍부한 배지이지만 세포생장이 억제되는 **혐기성 조건**에서 효모를 배양하면 대사 최종산물로서 에탄올이 축적된다.

위에서 언급한 대량생산되는 대사산물에 비하여 광범위한 종류의 **2차대사산물**이 균류에 의하여 생성되는데, 여기에는 의약적으로 이용되는 여러 가지의 부가가치가 높은 생산물이 포함된다. 이에 관한 몇 가지 예를 들면 표 1.3에서 보는 바와 같다. 가장 잘 알려진 예가 **페니실린(penicillins)**인데, 이는 작은 펩타이드

표 1.3 균류에 의해 상업적으로 생산되는 수 종의 귀중한 2차대사산물

대사산물	*균류원*	*응용*
Penicillins	*Penicillium chrysogenum*	항세균제
Cephalosporins	*Acremonium chrysogenum*	항세균제
Griseofulvin	*Penicillium griseofulvum*	항진균제
Fusidin	*Fusidium coccineum*	항세균제
Ciclosporins	*Tolypocladium* spp.	면역억제제
Zearalenone	*Gibberella zeae*	가축 생장촉진제
Gibberellins	*Gibberella fujikuroi*	식물호르몬
Ergot alkaloids 및 관련 화합물	*Claviceps purpurea* 및 관련 균류	항편두통, 혈관수축, 혈관확장, 항파킨스, 정신장애 등에 대한 다양한 효과

로부터 천연으로 합성되는 β-lactam계 항생물질과 구조적으로 연관된 그룹이다. 제7장에서 설명하였지만 페니실린G(*Penicillium chrysogenum*이 생성)와 같이 천연적으로 생산되는 페니실린들은 상대적으로 작용범위가 좁다. 그러나 많은 종류의 다른 페니실린들은 천연 페니실린을 화학적으로 구조변경시킴으로써 생산된다.

현대의 모든 페니실린은 반합성화합물로서, 이들은 1차적으로 발효에 의하여 얻어지지만 특이적인 성질을 구비시키기 위하여 구조를 변경한다. Schmidt(2002)는 구조적으로 페니실린과 연관된 **세팔로스포린(cephalosporins)**을 포함한 β-lactam 항생제의 생산과 치료 효과에 관하여 고찰하였다. 1940년대 후반에 최초로 상업적으로 생산된 페니실린은 세월이 많이 지났음에도 불구하고 놀랍게도, 아직도 β-lactam 항생제가 세계 합성항생제 시장의 50%를 점유하고 있는데, 1998년도의 판매량은 페니실린이 40억불, 최근에 개발된 세팔로스포린이 70억불에 달하였다. 여러 종류의 비(非) β-lactam 항생제도 균류에 의해 생산된다. 여기에는 **그리세오풀빈(griseofulvin**; *P. griseofulvum* 에서 생산)을 예로 들 수 있는데, 비록 최근에는 독성이 감소된 약품으로 대체되었지만, 수 년 동안 인간의 피부, 손톱, 머리카락의 피부병균 감염을 치료하기위해서 사용되었다(제17장). **Fusidic acid**(많은 균류가 생산)는 penicillin에 저항성으로 변화된 포도상구균(staphylococci)의 감염치료에 사용되고 있고, 균류에 의한 전신감염치료를 위해서 균류가 생산하는 다양한 천연산물에 관심이 새롭게 집중되고 있다(제17장). 여러 균류(주로 *Tolypocladium*이 생산)가 생산하는 **ciclosporins**는 이식 수술시 기관거부 반응을 방지하기 위한 면역반응 억제제로 사용된다. 사실상 17종류의 균류가 ciclosporins을 생성하는 것으로 보고 되어있다. 또 다른 강력한 면역억제제는 *Trichoderma virens*가 생산하는 항생물질 **gliotoxin**인데, 이는 식물병원균류에 대한 생물적 방제제로 더 잘 알려져 있다(제12장). 이러한 면역억제제의 생산과 이용에 관하여는 Kürnsteiner *et al*.(2002)에 의하여 고찰되었다. 마지막 예로, 맥각병균 *Claviceps purpurea*가 생성하는 **맥각알칼로이드(ergot alkaloids)**와 관련 독소를 들 수 있는데(제12장), 이들은 약학적으로 중요하게 다방면으로 이용된다(Keller & Tudzynsk 2002). 4개의 환으로 구성된 맥각알칼로이드의 D-lysergic acid 유도체는 신경 전달물질[dopamine, epinephrine (adrenaline), serotonin : 그림 1.10]의 환상구조와 유사하다. 그러나 현재 많은 ergot 유도체들은 작용기작이 너무 비특이적이기 때문에 인간 질환을 치료하기 위한 목적으로는 사용하기 곤란하다.

이들은 몇 가지 사례에 불과하지만, 균류의 2차대사산물의 역할에 관한 매력적인 질문을 갖게 한다. 이들은 균류에게 어떤 역할을 하며, 어떤 경쟁적 이득을 주는가? 최근 2차대사산물 생합성경로의 유전암호를 가진 많은 유전자들이 동정되고, 염기서열이 결정되었

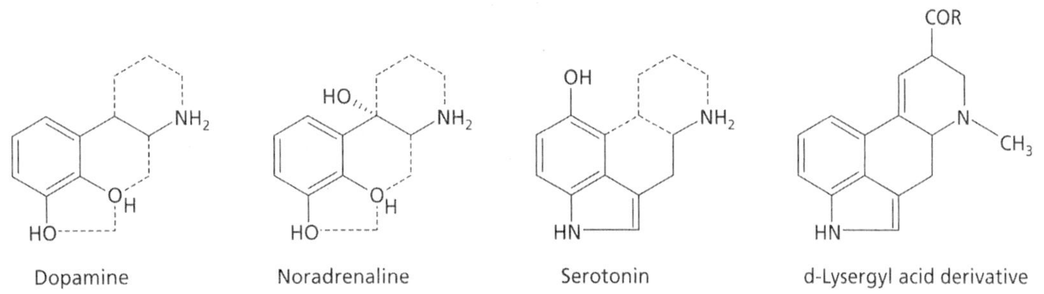

Dopamine Noradrenaline Serotonin d-Lysergyl acid derivative

그림 1.10 세 가지의 신경 전달물질(dopamine, noradrenaline, serotonin)과 맥각알칼로이드의 D-lysergic acid 유도체 간의 구조적 유사성.

다. 이러한 정보를 이용하면 2차대사산물의 역할에 관한 이해가 촉진될 뿐 아니라, 귀중한 대사산물을 과발현하는 형질전환균류의 제작이 가능하게 될 것이다.

균류가 생산하는 어떤 다당류에는 잠재적인 상업적 가치가 내재되어있다. **Pullulan**은 α-1,4-glucan(포도당 중합체)으로 그을음균류에 속하는 *Sydowia polyspora* (이전에는 *Aureobasidium pullulans*)가 세포외 피막으로 생산한다. 이 중합체는 일본에서 식품용 랩(film wrap)을 만드는 데 사용된다. 균류의 세포벽 중합체 또는 이들의 부분적 분해산물이 식물방어반응의 강력한 유도인자가 될 수 있으므로(제14장), 이들이 식물의 면역접종시킬 수 있다는 사실이 발견되었으므로, 새로운 시장이 개발될 가능성이 있다. 예를 들어, 효모 *Saccharomyces cerevisiae*의 세포벽에서 얻은 β-glucan 분획은 이러한 효과를 나타내며, 균류 세포벽에 존재하는 카이틴의 탈아세틸 형태인 **키토산(chitosan)**도 역시 이러한 효과를 발휘한다(제3장 및 제7장). 현재 키토산은 일본에서 하수정화용으로 대규모로 사용되고 있는데, 이 키토산의 원료는 갑각류의 외골격이다. 균류는 이것과 다른 중합체를 대체할 수 있는 재생가능한 자원이다.

효소와 효소 전환제

부생균류와 일부 식물병원균류는 상업적으로 중요한 역할을 하는 일련의 세포외효소를 생성한다(표 1.4). 균류의 **펙틴분해효소(pectic enzymes)**는 과일주스를 맑게 가공하기 위하여 사용되고, 균류의 **아밀라제(amylase)**는 빵의 제조시 전분을 맥아당(maltose)으로 전환시키기 위해서 사용되며, 균류의 응유효소(凝乳酵素; rennet)는 치즈 제조에서 우유의 응고제로 사용된다. 특별한 목적에는 균류의 특수한 계통이 선택되기는 하지만, 단일 균류로서 *Aspergillus niger*는 균류로부터 얻어지는 이들 주요 효소의 상업적 생산량의 약 95%를 차지하고 있다. 메탄올 이용 효모(*Candida lipolytica, Hansenula polymorpha, Pichia pastoris*)는 세제의 표백제로 사용할 수 있는 **alcohol oxidase**를 다량 생산하므로 잠재적인 상업적 가치를 갖고 있다. 목재부후균 *Phanerochaete chrysosporium*은 리그닌 분해 활성이 매우 크며, 농업쓰레기와 목재펄프산업 부산물의 리그닌분해제로 개발될 가능성을 구비하고 있으므로 이들 물질에 함유된 섬유소는 효모에 의한 알코올 연료 생산을 위한 값싼 기질로서 사용될 수 있다(제11장).

이처럼 대량으로 생산되는 효소의 사례 외에도 균류는 의약품 같은 화합물의 생물학적 전환에 이용될 수 있는 많은 세포내효소와 효소 경로를 갖고 있다. 예를 들어, 균류의 효소는 매우 특이적인 탈수소화(dehydrogenations), 수산화(hydroxylations) 등을 일으키기 때문에 균류는 스테로이드의 복합 방향족환계(complex aromatic ring system)에서 스테로이드의 생물학적 전환에 이용된다. 저영양배지에 스테로이드 전구체를 첨가하여 균류를 배양하거나 불활성담체에 고정시키면, 이 스테로이드는 균류에 흡수되어 생체 내에서 구조가 변형된 후 다시 배양액으로 방출되어 원하는 물질을 얻을 수 있다.

표 1.4 상업적으로 생산되는 균류 효소의 예 [Wainwright 1992.]

효소	*균류원*	*적용*
α-Amylase	*Aspergillus niger, A. oryzae*	전분 전환
Amyloglucosidase	*A. niger*	전분 시럽, 포도당 시럽
Pullulanase	*Aureobasidium pullulans*	전분 가지 절단
Glucose aerohydrogenase	*A. niger*	Gluconic acid 생산
Proteases (acid, neutral, alkaline)	*Aspergillus* spp. etc.	단백질 분해 (제과, 양조 등)
Invertase	Yeasts	자당 전환
Pectinase	*Aspergillus, Rhizopus*	과즙 청징
Rennet	*Mucor* spp.	우유 응고
Glucose isomerase	*Mucor, Aspergillus*	고과당 시럽
Lipases	*Mucor, Aspergillus, Penicillium*	낙농업, 세제
Hemicellulase	*A. niger*	제과, 껌
Glucose oxidase	*A. niger*	식품 제조

이종유전자 생산물

균류, 특히 *Saccharomyces cerevisiae*의 유전공학은 B형 간염 백신에서 이미 알고 있는 바와 같이 이종(異種) 유전자를 도입함으로써, 세포가 약품을 생산하는 공장으로 이용될 수 있는 단계로 발전되었다. 실제로 효모는 인간의 사용이 허용된 유전공학 생물체로부터 최초의 백신을 생산하는 데 사용되었다. 이런 생산물의 합성에 효모를 사용하는 데는 여러 가지 이점이 있다. *S. cerevisiae*는 이미 산업적 규모로 대량으로 배양되기 때문에 회사는 이 배양에 대해 잘 알고 있다. 이것을 GRAS 생물체라고 하는데 이는 "일반적으로 안전하다고 생각되는 (generally regarded as safe)" 생물체라는 뜻이다. 이 유전체의 염기서열이 처음으로 결정되었으며 유전학과 분자유전학은 잘 연구되어있다(제9장). 더욱이 효모는 유전자 생산물을 배양배지로 이동시키는 잘 밝혀진 분비시스템을 갖고 있다. 효모로부터 실험적으로 생산되는 이질유전자 생산물의 예로는 **상피세포성인자**(상처 치유와 관련), **나트륨뇨(尿)배설 항진인자**(고혈압치료에 사용), **인터페론**(항바이러스, 항종양활성이 있음) 그리고 **α-1-항트립신**(잠재적인 기종(氣腫) 제거제) 등이 있다. 그러나 *S. cerevisiae*의 사용에는 불리한 점도 있다. 특히 이 효모는 어떤 아미노산에 대해서는 다른 균류 및 다른 진핵생물과는 다른 codon을 사용하는 것을 포함하여 유전학적으로 완전히 다르며, 따라서 도입된 유전자가 항상 정확하게 번역되지는 않는다. 이런 이유로 분열효모 *Schizosaccharomyces pombe* 및 사상균 *Emericella (Aspergillus) nidulans* 같은 일부 다른 균류로 관심을 돌리게 되었고 현재 이 두 종은 유전체의 염기서열이 결정되었다.

온라인 자료

Forestry Images. http://www.forestryimages.org. [Many high-quality images of fungi, diseases, forestry practices, etc.]
Fungal Biology. http://www.helios.bto.ed.ac.uk/bto/FungalBiology/ [The website for this book.]
Tree of Life Web Project. http://tolweb.org/tree?group=life. [A major source of information on fungal systematics and phylogeny.]

참고도서

Alexopoulos, C.J., Mims, C.W. & Blackwell, M. (1996) *Introductory Mycology*, 4th edn. John Wiley, New York.
Carlile, M.J., Watkinson, S.C. & Gooday, G.W. (2001) *The Fungi*, 2nd edn. Academic Press, London.

Jennings, D.H. & Lysek, G. (1999) *Fungal Biology: understanding the fungal lifestyle*, 2nd edn. Bios, Oxford.

Kendrick, B. (2001) *The Fifth Kingdom*, 3rd edn. Mycologue Publications, Sidney, Canada.

Turner, W.B. (1971) *Fungal Metabolites*. Academic Press, London.

Turner, W.B. & Aldridge, D.C. (1983) *Fungal Metabolites. II*. Academic Press, London.

Wainwright, M. (1992) *An Introduction to Fungal Biotechnology*. Wiley, Chichester.

Webster, J. (1980) *Introduction to Fungi*, 2nd edn. Cambridge University Press, Cambridge.

참고문헌

Baldauf, S.L. & Palmer, J.D. (1993) Animals and fungi are each other's closest relatives: congruent evidence from multiple proteins. *Proceedings of the National Academy of Sciences, USA* **90**, 11558–11562.

Hawksworth, D.L. (2001) The magnitude of fungal diversity: the 1.5 million species estimate revisited. *Mycological Research* **105**, 1422–1432.

Hawksworth, D.L. (2002) Mycological Research News. *Mycological Research* **106**, 514.

Keller, U. & Tudzynski, P. (2002) Ergot alkaloids. In: *The Mycota X. Industrial Applications* (H.D. Osiewicz, ed.), pp. 157–181. Springer-Verlag, Berlin.

Kürnsteiner, H., Zinner, M. & Kück, U. (2002) Immunosuppressants. In: *The Mycota X. Industrial Applications* (H.D. Osiewicz, ed.), pp. 129–155. Springer-Verlag, Berlin.

Large, E.C. (1940) *The Advance of the Fungi*. Henry Holt, New York.

Lewis, D.H. (1987) Evolutionary aspects of mutualistic associations between fungi and photosynthetic organisms. In: *Evolutionary Biology of the Fungi* (eds Rayner, A.D.M., Brasier, C.M. & Moore, D.), pp. 161–178. Cambridge University Press, Cambridge.

Nout, M.J.R. & Aidoo, K.E. (2002) Asian fungal fermented food. In: *The Mycota X. Industrial Applications* (H.D. Osiewicz, ed.), pp. 23–47. Springer-Verlag, Berlin.

Ruijter, G.J.G., Kubicek, C.P. & Visser, J. (2002) Production of organic acids by fungi. In: *The Mycota X. Industrial Applications* (H.D. Osiewicz, ed.), pp. 213–230. Springer-Verlag, Berlin.

Schmidt, F.R. (2002) Beta-lactam antibiotics: aspects of manufacture and therapy. In: *The Mycota X. Industrial Applications* (H.D. Osiewicz, ed.), pp. 69–91. Springer-Verlag, Berlin.

Trinci, A.P.J. (1992) Myco-protein: a twenty-year overnight success story. *Mycological Research* **96**, 1–13.

Woese, C.R. (2000) Interpreting the universal phylogenetic tree. *Proceedings of the National Academy of Sciences, USA* **97**, 8392–8396.

제2장

균류 및 유사균류의 다양성

이 장은 다음과 같은 주요 부분으로 구성되어있다.

- 균류 및 유사균류의 개관
- 진균(진균계): 병꼴균문, 글로메로균문(Glomeromycota), 접합균문, 자낭균문, 담자균문, 유사분열포자균류(mitosporic fungi)
- 세포벽이 섬유소로 구성된 유사균류(스트라미니필라계)
- 그 밖의 다른 유사균류: 끈적균류, 세포성 끈적균류(아크라시드균, 딕티오스텔리드균), 무사마귀병균류

본 장에서는 균류의 다양성을 전반적으로 폭넓게 대변할 수 있는 진균류와 유사균류에 속하는 주요 그룹에 역점을 두고자 한다. 이들 주요 그룹의 균류에 대한 핵심적 특징 및 생물학적 중요성을 설명하기 위해 선별된 사례들을 이용할 것이다. 본 장을 통하여 놀라운 사실을 알게 될 것이다. 예를 들면, 엄청난 피해를 일으키는 식물병원균류 중 몇몇은 균류가 아니라 완전히 구분되는 다른 분류계에 속하는 생명체라는 것이다. 한때 가장 원시적인 생명체인 microsporidia, trichomonads, diplomonads (그림1.1 참조) 등에 속하는 것으로 생각되었던 생명체 중 일부는 균류가 미토콘드리아를 비롯한 기존에 지니고 있던 특성을 잃어버리면서 파생하였다는 것을 알게 될 것이다. 또한 생명체간의 관계를 규명하기 위한 분자적 방법의 발달이 어떻게 여러 면으로 균류에 대한 이해를 증대시켰는지에 대해 살펴볼 것이며, 한편으로는 여전히 어떤 방법이 계통수(phylogenetic tree)를 작성하는 최적의 방법인지에 대한 논란이 계속되고 있다는 사실에 관해서도 알아볼 것이다. Patterson & Sogin(온라인 정보: Tree of Life Web Project 참조)은 이와 관련해 다음과 같이 말했다: "결과적으로는... 1990년대의 모델을 붕괴시키려고만 했지 이를 좀 더 좋은 모델로 대체시키지는 못했다"

균류 및 유사균류의 개관

해설 2.1은 현재 넓은 의미에서 균류로 생각되는 모든 균류와 유사균류를 보여준다. 대다수를 차지하는 것은 진균(true fungi)으로서 때로는 Eumycota (진균계; 眞菌界) (*eu* = 진정한)라는 용어를 쓴다. 최근까지 모든 진균은 병꼴균문(Chytridiomycota), 접합균문(Zygomycota), 자낭균문(Ascomycota), 담자균문(Basidiomycota)이라는 4개의 문(phylum)으로 구분되었다. 그러나 2001년에 5번째 문으로 글로메로균문(Glomeromycota) (수지상균근균 및 근연균류)이 채택되었다. 이 균류는 접합균문에 속해 있었다. 제1장에서의 내용을 되돌아 볼 때 글로메로균문은 오래전 초기 육상식물과 연계되어 있었고 (Schuesser *et al.* 2001) 오늘날에도 여전히 많은 식물과 연계되어있다.

진균계(眞菌界; **Kingdom Fungi**)에 속해 있는 자낭균문과 담자균문은 서로 많은 공통점을 지니고 있는데, 이는 이들 균류가 공통조상에서 유래했음을 명확히 말해준다. 병꼴균문은 전통적으로는 하나의 후편모를 지닌 운동성 세포들을 기준으로 그 특징을 분류해 왔는데, 최근에는 리보좀의 작은 단위체[small subunit(SSU)]인 18S rDNA를 암호화하는 핵유전자의 염기서열 분석에 근거하여 재분류되었다. 18S rDNA 염기서열 분석 결과로부터 기존에 접합균문에 속해 있던 몇몇 비운동성 균류가 병꼴균문에 가깝다는 사실이 밝혀짐에 따라 재분류 되었다. *Basidiobolus*

해설 2.1 넓은 의미에서 균류에 포함되는 여러 종류의 생명체들.

진균계(眞菌界; **Kingdom Mycota**)
원생동물의 일종인 깃편모류(choanoflagellate) 조상에서 유래했을 것으로 추정
- **병꼴균문**(壺狀菌門; Phylum **Chytridiomycota**)
- **접합균문**(接合菌門; Phylum **Zygomycota**)
- **글로메로균문**(Phylum **Glomeromycota**)
- **자낭균문**(子囊菌門; Phylum **Ascomycota**)
- **담자균문**(擔子菌門; Phylum **Basidiomycota**)

스트라미니필라계(**Kingdom Straminipila**)
황갈조류, 규조류 등을 포함하는 원생생물 그룹에서 유래했을 것으로 추정
- **난균문**(卵菌門; Phylum **Oomycota**)
- **전모병꼴균문**(Phylum **Hypochytridiomycota**)
- **라비린술로균문**(Phylum **Labyrinthulomycota**)

유연(類緣) 관계가 명확치 않은 유사균류
- **점균문**(粘菌門, 끈적균문, 변형균문, Phylum **Myxomycota**) (변형체성 끈적균; plasmodial slime moulds)
- **무사마귀병균문**(근류병균문; 根瘤病菌門; Phylum **Plasomodiophoromycota**) (근류병균; plasmodiophorids)
- **딕티오스텔리드균문**(Phylum **Dictyosteliomycota**) (딕티오스텔리드 끈적균; dictyostelid slime moulds)
- **아크라시드균문**(Phylum **Acrasiomycota**) (아크라시드 끈적균; acrasid slime moulds)

ranarum(제4장)이 한 예로서 이 균은 현재 병꼴균문으로 옮겨졌다. 글로메로균문이 제외된 현재의 접합균문은 분류상의 위치가 아직 명확치 않다. 어쩌면 여기에 속하는 균류의 일부는 새로운 그룹으로 분리되어야 할지도 모른다.

그럼에도 불구하고 진균계에 속하는 모든 균류는 현재 동물과 여러 가지 유사한 점을 지닌(공통조상에서 유래한) 하나의 단일계통 그룹인 것으로 보고 있다(표 1.1 참조). 유전자 염기서열 분석은 자연계통분류에 있어서 기초를 제공하는데, 특히 SSU rDNA 데이터가 튜불린(tubulin)이나 액틴(actin) 같은 다른 유전자들의 염기서열 분석에 의해 지지를 받을 때 그러하다.

스트라미니필라계(Kingdom Straminipila) (straminipiles 또는 stramenopiles)는 이제 보편적으로 진균과는 확연히 구분되는 존재로서 인식되고 있다. 여기에는 하나의 매우 크고 중요한 문인 난균문(Oomycota)을 비롯하여 2개의 작은 문인 역모병꼴균문(Hypochytridiomycota, 약 25종이 속함)과 라비린술로균문(Phylum Labyrinthulomycota, 약 40종을 포함)이 속해 있다. 난균문은 여러 면에서 두드러지는데, 여기에는 아주 심각한 피해를 주는 식물병원균인 감자역병균(*Phytophthora infestans*), 미국 캘리포니아주에서 발생한 참나무 급사병균(*Phytophthora ramorum*), 호주의 유칼리나무 뿌리썩음병균(*Phytophthora cinnamomi*) 그리고 또 다른 중요한 식물병원균인 *Pythium* 및 *Aphanomyces* spp. 등이 속해 있다. 그러나 무엇보다도 가장 중요한 점은 거의 모든 면에서 난균문의 균류가 진균의 생활양식을 닮게 진화했다는 사실이다. 본 장의 후반부를 비롯하여 이 책의 곳곳에서 이들 난균류에 대해 좀 더 자세히 논의할 것이다.

유연관계가 명확치 않은 유사균류(fungus-like organisms of uncertain affinity)는 아크라시드 세포성끈적균(acrasid celluar slime moulds), 딕티오스텔리드 세포성끈적균(dictyostelid celluar slime moulds), 변형체성 끈적균(plasmodial slime moulds) (점균문; Myxomycota), 무사마귀병균(plasmodiphorids) 등 4 종류의 균류를 포함한다. 이들 균류는 대부분의 생활사는 세포벽이 없으며 나출된 원형질 덩어리 또는 아메바상의 세포로 자라며, 포자형성이 개시될 때는 세포벽이 있는 형태로 전환된다. 이들이 진균과 관련된다는 증거는 없지만 지금까지 균학자들에 의해 연구되어 왔고 여러 흥미로운 점을 지니고 있는데, 본 장의 후반부에서 논의되어있다.

지금까지 서술한 배경지식을 토대로 이제 각 균문에 대하여 좀 더 자세히 알아보기로 하자.

진균계(Kingdom Mycota)

병꼴균문

일반적으로 병꼴균류(chytrids)라고 통칭되는 병꼴균문(Chytridiomycota)에 속하는 균류는 약 1,000종에 이르며(Barr 1990), 약 10억 년 전에는 진균계통발생분지도의 초기 가지에 해당하는 위치에 있었을 것으로 보고 있다. 이들 균류는 주로 **카이틴(chitin)** 및 **글루칸(glucan)**으로 구성된 세포벽을 가지며 다른 진균

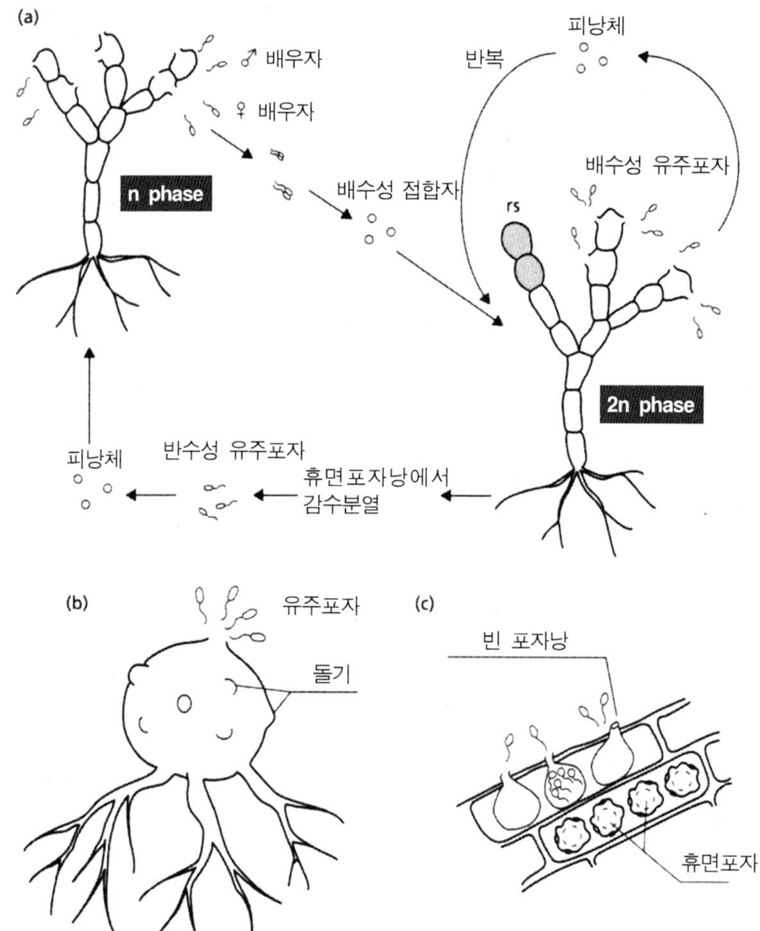

그림 2.1 병꼴균문. (a) 반수체(n) 세대와 이배체(2n) 세대를 교번하는 *Allomyces*의 생활환. 반수체인 균체는 운동성의 배우자를 방출하는 웅성 및 자성 배우자낭을 형성한다. 이들 배우자는 쌍으로 융합한 다음에 2n의 접합자를 형성하는 피낭포자를 형성한다. 이 접합자는 발아하여 2n의 균체를 형성한다. 2n의 균체는 포자낭을 형성하며, 이 포자낭은 이배체 유주포자를 방출하여 2n 세대 단계를 반복한다. 부적절한 환경조건에서 균체는 두꺼운 세포벽을 가진 휴면포자낭(rs)을 형성하고, 휴면포자낭은 감수분열 후에 발아하여 반수성 유주포자를 방출한다. (b) 토양에서 서식하는 흔한 섬유소분해균 *Rhizophlyctis rosea*. 이 균은 끝이 뾰족한 가근을 지닌 하나의 큰 세포로서 직경 200㎛까지 자란다. 성숙단계로 돌입했을 때 크게 부풀려진 세포는 포자낭으로 분화한다. 포자낭의 세포질은 각각의 반수체 핵 주변을 따라 분할되어 많은 수의 유주포자를 형성하며, 이들 유주포자는 유두돌기를 통하여 방출된다. (c) *Olpidium brassicae*는 양배추 뿌리 세포에서 나출된 원형질체로 자란다. 성숙되면 원형질체는 포자낭으로 변환되고 포자낭으로부터 유주포자가 토양으로 방출된다. 이들 포자는 기주 뿌리 표면에서 피낭체를 형성하고 발아한 후에 기주 안으로 원형질체를 집어넣는다. 부적절한 환경조건에서는 두꺼운 세포벽을 지닌 휴면포자가 형성되며, 휴면포자는 토양에서 수년간 생존할 수 있다(그림 2.3 참조).

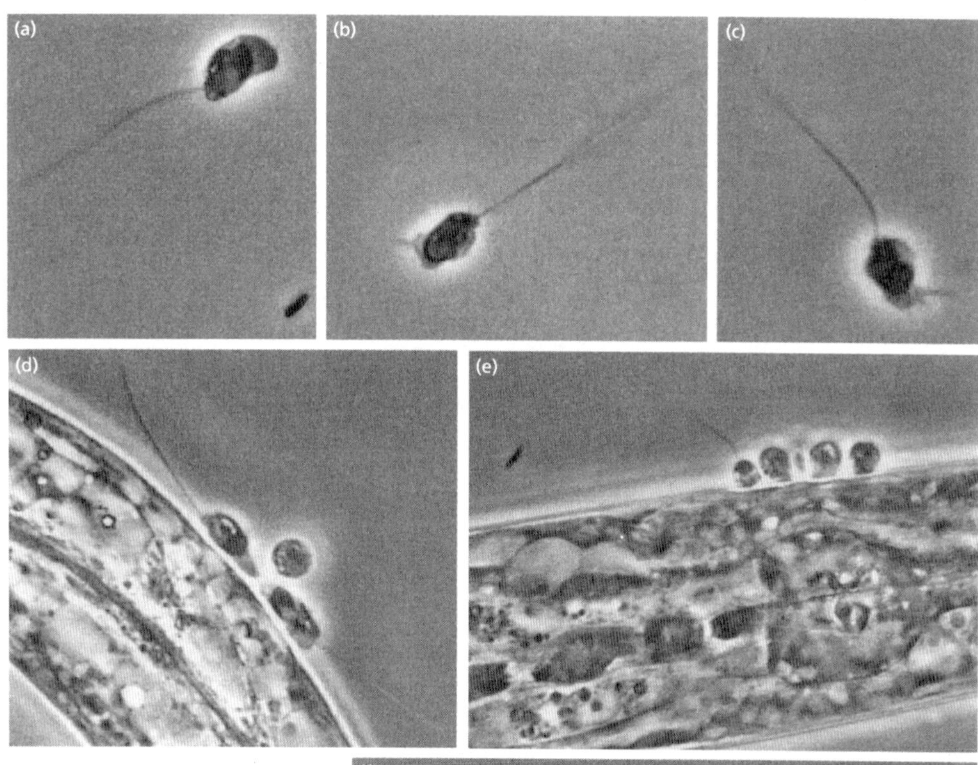

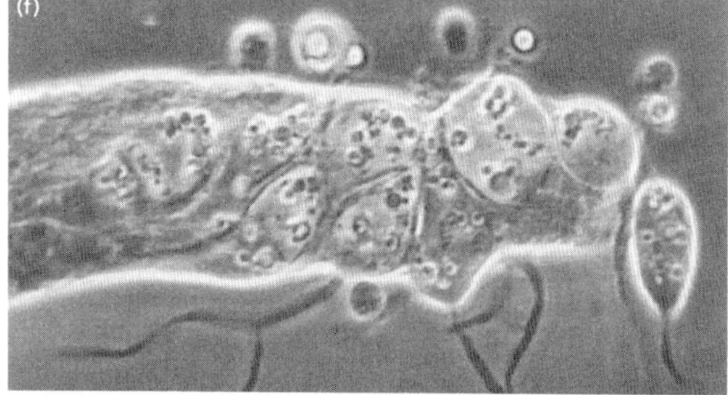

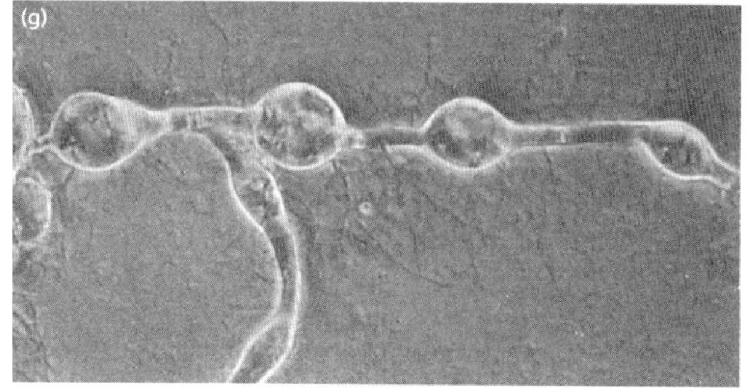

그림 2.2 선충류 및 몇몇의 진균 포자에 조건기생균인 *Catenaria anguillulae.* (a-c) 현미경 슬라이드의 물 피막에서 아메바처럼 움직임을 보이고 있는 3개의 유주포자 (세포 후부에 단편모와 세포 앞쪽에 돌출된 위족과 같은 구조에 주목할 것). 두 개의 유주포자가 살아있는 선충류의 표면을 기어가고 있고(d), 선충의 심장부위 위에서 피낭체를 형성하고 있는(e) 모습. (f) 피낭체를 형성한 유주포자가 발아하여 침입한 후에 죽은 기주 내부에서 부푼 소낭을 형성하는 모습. (g) 죽은 선충으로부터 자라나온 사슬 모양의 세포들 모습. [출처: Deacon & Saxena 1997.]

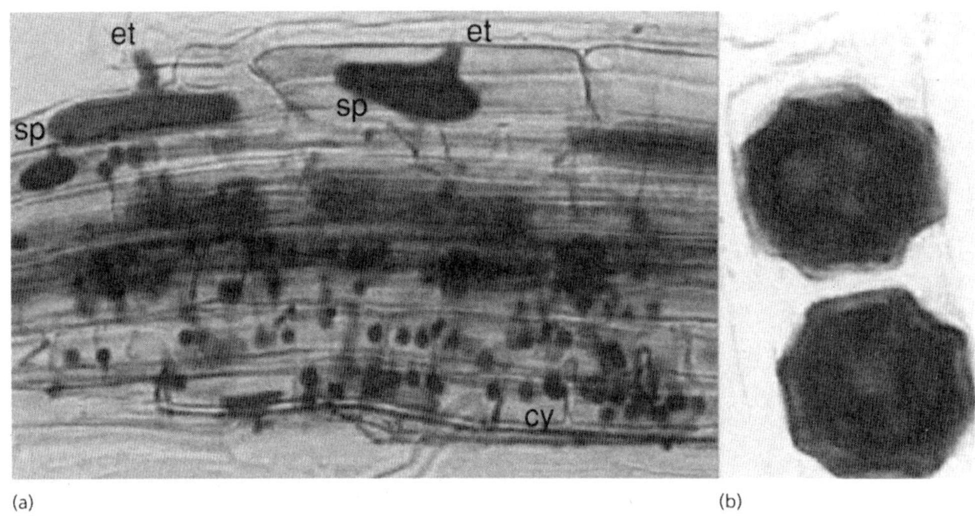

그림 2.3 양배추 뿌리에서 흔히 발견할 수 있는 절대기생균 *Olpidium brassicae*. 뿌리 내에 있는 진균 구조를 보기 위해서 뿌리 세포 내용물질을 가열한 KOH를 이용하여 파괴한 후에 헹구고 산성화시킨 다음 trypan blue로 염색한 모습. (a) 30㎛ 정도 길이의 두 개의 포자낭(sp), 방출관(et), 그리고 많은 발아하는 유주포자 피낭체(cy). (b) 하나의 뿌리 세포 안에 형성된 직경 25㎛ 정도의 두꺼운 세포벽을 가진 두 개의 *O. brassicae* 휴면포자.

의 전형적인 특성(표 1.1 참조)을 많이 지니고 있다. 그러나 운동성 편모를 가진 **유주포자**(游走胞子; **zoospore**)를 만드는 유일한 진균이라는 점에서 이들 균만의 독특한 면도 가지고 있다. 전형적인 유주포자는 하나의 후단 민꼬리형 편모를 가지고 있는데, 동물의 반추위에서 자라는 일부 병꼴균류는 여러 개의 편모(제8장)를 가지고 있고 또 어떤 일부 병꼴균류(예, 최근 18S rDNA 분석 결과에 따라 병꼴균문으로 옮겨진 *Basidiobolus ranarum*)는 편모를 가지고 있지 않다. 이는 생명체의 진정한 계통발생 관계를 결정하는 데 있어서 DNA 염기서열 분석이 가치가 있음을 보여주는 좋은 사례이다.

생태 및 중요성

대부분의 병꼴균은 습한 토양이나 수생환경에 있는 유기물에서 단세포 또는 원시적으로 분지하는 세포 사슬 형태로 자라며 작고 눈에 띄지 않는 생물군이다. 이들은 그러한 환경에 존재하는 유기물의 초기 서식자 및 분해자로서 중요한 역할을 하는 것으로 생각된다. 대표적인 균류의 예는 그림 2.1에서 보이는 *Rhizophlycitis rosea*(자연토양에 흔히 존재하는 강력한 섬유소분해균)와 *Allomyces arbuscula*이다.

병꼴균류는 흔히 균사처럼 효소를 분비하거나 영양원을 흡수하는 기능을 지닌 가늘고 끝이 뾰쪽한 **가근**(假根; **rhizoids**)을 자신들의 기질에 고정시킨다. 때로는 가근을 확장시키거나 가근의 네트워크를 따라 일정한 간격으로 부풀어진 세포를 형성하므로 균류의 몸체인 **균체**(菌體; **thallus**)가 구슬을 엮은 줄 같이 보이기도 한다. 이 경우의 한 예는 그림 2.2에 보이는 *Catenaria anguilluiae*이다. 몇몇 병꼴균류는 식물(예, 그림 2.1c, 그림 2.3의 *Olpidium brassicae*), 미소동물(예, *Coleomyces*; 그림 15.5 참조), 조류, 진균포자 등의 세포 내에서 절대기생균으로 자란다. 반면에 아주 적은 수이지만 일부 병꼴균류는 경제적으로 중요한데, 가장 잘 알려진 예로 감자 암종병을 일으키는 *Synchytrium endobioticum*이 있다. 이 균에 감염되면 감자 괴경이 발달하면서 외관상 좋지 않은 혹이 생겨 시장에서 팔 수 없게 된다.

이러한 특성 외에도 병꼴균류의 중요성은 사실 이

들 균류의 탁월한 생물학적 특성에 있다. 침입 부위를 찾기 위해 선충 몸체의 주변을 아메바처럼 맴돌다가 편모를 집어넣고 피낭체를 형성하며 기주를 침입하는 과정을 직접 관찰하게 되면 그 감흥을 결코 잊지 못할 것이다(그림 2.2 참조). 이런 모든 과정은 현미경 슬라이드 위에 만들어진 간단한 공간(glass chamber)에서 관찰할 수 있다(Deacon & Saxena 1997).

병꼴균류는 토양을 희석해서 한천배지에 도말하는 일반적인 방법으로는 분리하기 쉽지 않다. 대신에 자연수 표면이나 접시에 담은 물에 잠긴 토양에 미끼를 사용하면 쉽게 분리할 수 있다. 이때 섬유소, 카이틴, 케라틴, 곤충의 외골격, 화분립 등을 미끼(bait)로 쓰면 병꼴균의 유주포자들이 미끼에 모여든다. 모여든 유주포자는 피낭체를 형성하고 가근을 만들며 미끼로 쓰인 기질에 단단히 정착한다. 유력한 실험 연구 결과에 따르면 유주포자는 미끼의 종류에 따라 선택적(selectively)으로 모여든다고 한다(Mitchell & Deacon 1986). 예를 들어 섬유소나 게 껍데기로부터 정제한 카이틴을 유주포자 현탁액에 첨가하였을 경우에 유주포자들은 처음에는 임의적으로 첨가물질에 접근하지만 점차 빈번히 방향을 바꿀 수 있도록 유영방식을 전환한 후 대개 3~5분 안에 피낭체를 형성한다. *Allomyces arbuscula* 와 *A. javanicus* 유주포자는 섬유소와 카이틴 모두에 모여들어 피낭체를 형성하는 반면에 *Chytridium confervae* 유주포자는 카이틴을 선호하고, *Rhizophlyctis rosea* 유주포자는 오직 섬유소에만 모여들어 피낭체를 형성한다. 이러한 선택적 행동은 유사균류인 난균문에 속하는 균류의 유주포자(제10장)에서 잘 알려진 현상처럼 병꼴균류 유주포자의 표면에 수용체가 존재하여 구조가 다른 중합체를 인식할 수 있기 때문인 것으로 설명될 수 있다.

분류 및 유연관계

현재 병꼴균문은 서로 다른 계보에 있어서 진화적으로 보존된 패턴을 잘 대변해 주고 있는 것으로 보이는 유주포자의 미세구조에 근거하여 후벽낭균목(厚壁囊菌目; **Blastocladiales**), 병꼴균목(**Chytridiales**), 모노블레파리드균목(**Monoblepharidales**), 네오칼리마스티그균목(**Neocallimastigales**), 스피젤로균목(**Spizellomycetales**) 등 5개의 목으로 나뉜다. 한 예로 *Catenaria anguillulae*를 포함하는 Blastocladiales에 속하는 모든 균류의 유주포자들은 핵을 둘러싸고 있으면서 리보솜으로 채워진 뚜렷한 핵피막을 가지고 있다(그림 10.12 참조). 그러나 병꼴균문에 속하는 다른 균목에서는 이러한 세포기관들이 배열을 달리하고 있다. 편모의 고정과 연계한 미세소관 원소의 배열, 미토콘드리아 및 지질 저장의 배열과 관련하여 병꼴균류 사이에 나타나는 여러 가지 다른 점들이 유주포자의 이동에 필수적인 것들을 보존시키고 있다. 이 점에 대한 자세한 사항은 제10장의 유주포자의 미세구조에서 다시 다룰 것이다. 또 주목해야 할 사항으로는 Neocallimastigales가 독특하게 혐기성 절대기생체라는 점이다. 최근 이 균류는 에너지를 만들기 위해서 미토콘드리아 기능과 유사한 **하이드로게노솜(hydrogenosome)**을 지니고 있는 것으로 밝혀졌다. 그러나 Neocallimastigales가 자연적인 계통분류 그룹인지에 관해서는 아직 불분명하므로 좀 더 다양한 병꼴균류의 SSU rDNA에 대한 분석이 이루어진다면 이들 균류의 명확한 관계 규명에 도움이 될 것이다.

병꼴균류의 생식 및 다른 특성

대부분의 진균은 반수체의 유전체를 가지고 있는데 *Allomyces*에 속하는 몇 종은 반수체 세대와 이배체 세대 사이를 교대할 수 있다(그림 2.2). 이러한 경우는 *Blastocladiella*에 속하는 몇 종에서도 알려져 있다. *Allomyces*에 속하는 종들에 있어서 생활환이 다르지만 특히 *A. arbuscula*와 *A. macrogynus*에서는 이배체 세대가 지배적이다(그림 2.1). 포자낭은 이배체 균총에서 생겨나며 포자낭 내에서의 세포질 분할은 이배체 유주포자의 방출로 이어진다. 방출된 유주포자는 피낭을 형성하고 이배체 균총을 더 만들기 위해 발아하는데, 이 과정은 적합한 환경조건 하에서는 계속 반복되지만 환경이 좋지 않으면 두꺼운 벽을 지닌 휴면포자낭을 만든다. 감수분열은 휴면포자낭에서 진행되고, 그 결과로 반수체의 유주포자가 방출된다. 방출된 유주포자들은 피낭체를 만든 후에 발아하여 반수체 집락을 만들게 된다. 반수체 집락은 배우자낭을 만들고 암수의 반수체 배우자들이 이들 배우자낭으로부터 형성된다. 성이 다른 배우자끼리 접합하여 이배체인 접합체를 형성하면 접합체는 피낭을 만든 후에 발아하여 앞서 서술한 이배체 세대의 생활환을 반복하게 된다. *Allomyces*에 속하는 다른 종은 독립된 배우체 세대가 없지만 대신에 발아해서 또 다른 무성의 이배체 균총을 만드는 피낭을 가지는 것으로 나타나고 있다.

병꼴균류 유주포자의 가장 독특한 특성은 위족과 같이 확장된 세포 구조를 만듦으로써 아메바와 같은 움직임을 오랫동안 유지할 수 있다는 점이다. 이런 구조는 유리 표면이나 잠정적 기주인 선충 표면에서 관찰할 수 있다(피낭형성을 위해 적합한 침입자리를 찾고 있는 모습, 그림 2.2 참조). 적합한 자리를 찾으면 세포 내용물 전체 또는 대부분을 회전시키면서 편모를 끌어 모아 세포 안으로 넣는다(Deacon & Saxena 1997).

병꼴균류에 관한 많은 세부사항은 Fuller & Jaworski (1987)의 저서에서 찾아볼 수 있다.

글로메로균문

제1장(그림 1.2 참조)에 언급한 것처럼 보편적으로 널리 존재하고 경제적으로 중요한 **수지상균근균**(樹枝狀菌根菌; **arbuscular mycorrhizal fungi, AM fungi**)을 닮은 균류의 화석이 약 4억 년 전 데본기 화석인 라이니 처트(Rhynie chert)에 내재된 식물화석에서 발견되었다. 이들 균류는 식물의 육상 정착에 중요한 역할을 했을 것으로 보인다. 최근 SSU rDNA 염기서열에 기초한 이들 균류에 대한 자세한 분석 결과에 근거하여 이들 균류가 다른 모든 주요한 균류와 별개라는 설득력 있는 증거를 내놓음으로써 새로 **글로메로균문**(**Glomeromycota**)으로 명명되었다(Schuessler *et al.* 2001). 이들 균류와 다른 균류와의 관계는 아직 명확치 않으나 그림 2.4를 보면 이들 글로메로균문에 속하는 균류가 모두 연계되어 있음을 부트스트랩(bootstrap, 반복표본추출을 통해 분지도를 평가하는 방법) 수치가 강하게 지지하고 있다.

수지상균근은 제13장에서 더 자세히 다룰 것이기

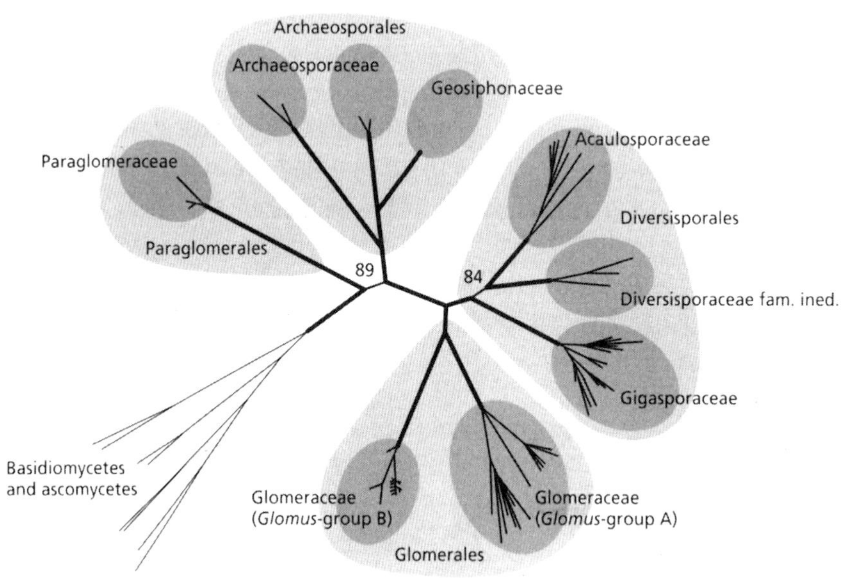

그림 2.4 수지상균근균류 및 관련 균류(Glomeromycota)의 관계를 일반화시켜 제안된 계통분류학적 구조. 두꺼운 선은 95% 이상의 bootstrap 값(2개의 중심 가지와의 연관성을 나타내는 통계적 수치)에 의해 지지됨을 나타낸다. 낮은 bootstrap 값(89%와 84%)은 여러 가지 중 두 개의 가지에서 보이고 있다. [출처: Schuessler *et al.* 2001 and the British Mycological Society.]

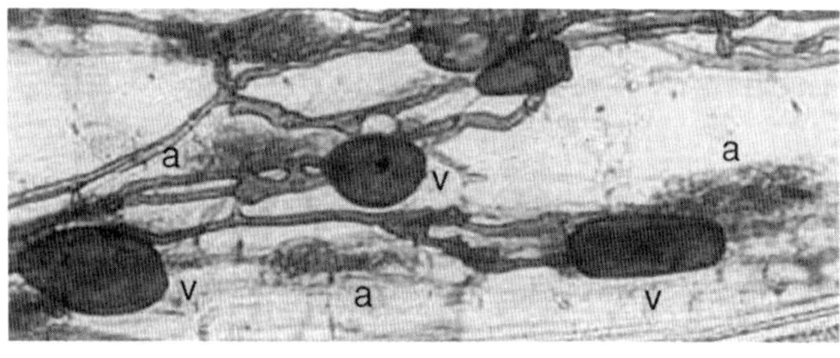

그림 2.5 토끼풀 뿌리에서 보이는 오늘날 수지상균근균의 구낭(v)과 수지상체(a).

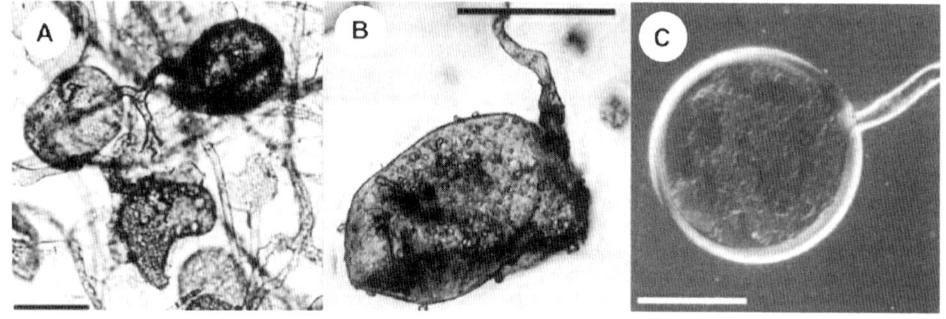

그림 2.6 4억 6천 만 년 전인 오르도비스기(Ordovician) 시기의 화석에서 발견된 균사와 포자(A,B)를 오늘날의 *Glomus* 종(수지상균근균의 일종)의 포자(C)와의 비교. 모든 비례자는 50㎛임. [사진제공: Dick Redecker. 출처: Dick Redecker *et al.* 2000.]

때문에 본장에서는 간략히 살펴보기로 하자. 이들 균류는 여러 가지 특성과 아주 두드러진 모습들을 공유하고 있다.

- 많은 식물의 뿌리에서 자라는 것이 발견되나 식물 없이는 독립적으로 자라지 못한다.
- 식물 뿌리를 침입해서 자라게 될 때 대부분 뿌리 피층세포 사이에서 자라면서 항상 그렇지는 않으나 대개 영양저장 장소 기능을 하는 것으로 알려진 크게 부푼 구낭(球囊; visicles)을 만든다.
- 수지상균근균류의 균사는 각각의 뿌리 피층세포를 침투하여 얽히면서 분지된 나뭇가지 같은 구조인 **수지상체**(樹枝狀體; **arbuscules**)를 만든다. 그러나 기주세포를 죽이지 않으며 대신에 기주식물과 상호 이득을 주는 영양공급 관계를 형성한다. 그림 2.5는 식물 원형질을 투명하게 한 후 트리판블루(trypan blue) 시약으로 염색한 뿌리에서 이런 유형의 관계를 보여주고 있다.

최근 미국 위스콘슨주에서 발견된 균사와 포자의 화석은 4억6천만년 내지 4억5천5백만 년 전의 오르도비스기(Ordovician) 까지 거슬러 올라가기 때문에 (Redecker *et al.* 2000) 유관속식물 (물관 조직을 가지고 있는 식물) 보다 앞서 생겨난 것이다. 이렇게 오래된 균류화석의 예는 그림 2.6에서 볼 수 있는데, 비록 식물과 연계되지 않았다고 강조되고 있지만 놀랍게도 수지상균근균류와 유사하다. 이러한 균의 화석은 그림 2.7에서 보이는 것처럼 계통발생분석에 있어서 보정점을 제공할 수 있다.

마지막으로 더욱 놀라운 점은 1996년에 처음 보고된 새로운 유형의 공생관계로서 오직 독일의 몇몇 자연지역에서만 알려져 있다. 이 공생관계에서 수지상균근균류는 식물의 뿌리에 붙어서 토양 표면으로 자라나와 투명한 낭(囊; bladder)을 만든 후에 시아노세균의 일종인 *Nostoc punctiforme* 세포들을 삼켜서 낭 안에 유지시킨다. 그리하여 균류는 세균에게 환경을 제공하고 세균으로부터 당류를 공급 받는다. 이러한 공생을

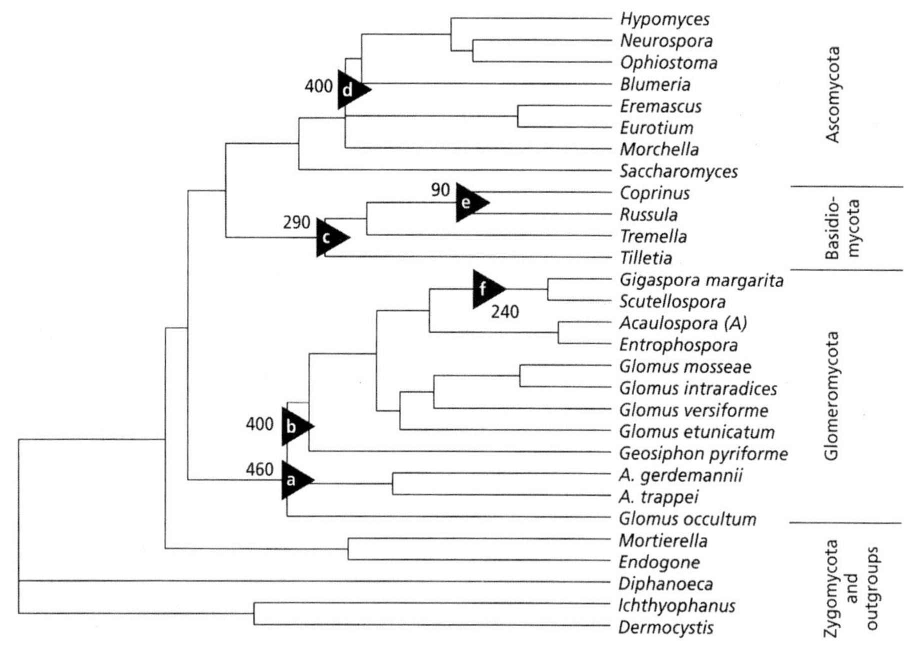

그림 2.7 리보솜 RNA의 작은 단위체 유전자(SSU rDNA) 염기서열에 기준하여 작성한 계통발생분지도. 삼각형 a는 오르도비스기(4억6천만 년 전)의 화석포자를 나타낸다. 삼각형 b는 스코틀랜드 라이니에서 발견된 각암(라이니 처트; 4억 년 전)에서 나온 수지상균근균류로 추정되는 화석포자를 나타낸다. 삼각형 c는 담자균류(2억9천만 년 전) 존재의 가장 초기 증거인 화석 꺾쇠연결체(제4장)를 지시한다. 삼각형 d는 라이니 처트(4억 년 전)에서 나온 자낭균류를 지시한다. 삼각형 e는 지질시대의 수지가 석화한 호박(9천만 년 전)에 존재하는 어떤 주름버섯을 나타낸다. 삼각형 f는 삼첩기(약 2억4천만 년 전)의 *Gigaspora* 유형의 수지상균근균류를 나타낸다. 계통발생분지도 작성을 위한 비교 시기 점으로서 외집단(outgroup)은 *Diphanoeca*(진균이 유래했을 것으로 보이는 깃편모류의 일종)과 2개의 동물 분화 초기 그룹인 *Ichthyophanus*와 *Dermocystis*가 사용됨. [출처: Redecker *et al.* 2000.]

보이는 균은 그림 2.4에 보이는 *Geosiphonaceae* (Glomeromycota에 포함됨)에 속하는 *Geosiphon pyriforme*이다. 이 균에 대한 자세한 사항은 제13장에서 다시 다루게 될 것이다.

접합균문

접합균문(Zygomycota)은 아래 5가지 주요 특징을 가지고 있다.

1. 세포벽이 **카이틴**과 **키토산**(카이틴이 아세틸화가 되지 않았거나 아주 조금된 구조) 그리고 **다포도당산**(多葡萄糖酸; **polyglucuronic acid**)의 혼합으로 구성되어있다.
2. 균사를 가르는 격벽이 없어 모든 핵이 하나의 세포질에 존재하는 다핵균사(多核菌絲; coenocytic mycelium)이다.
3. 두꺼운 세포벽을 가진 휴면포자인 **접합포자**(接合胞子; **zygospore**)를 형성한다. 이는 두 배우자의 융합이 일어나는 유성생식 과정에 의해 형성된다.
4. 포자낭 안에서 세포질의 분할에 의해 **무성포자**(無性胞子; **asexual spore**)를 형성한다.
5. 유전체가 반수체이다.

생태 및 중요성

접합균류는 다른 행동 양식을 보이는 많은 종을 포함하는데, 편의상 **털곰팡이목(Mucorales)**에 속하는 가

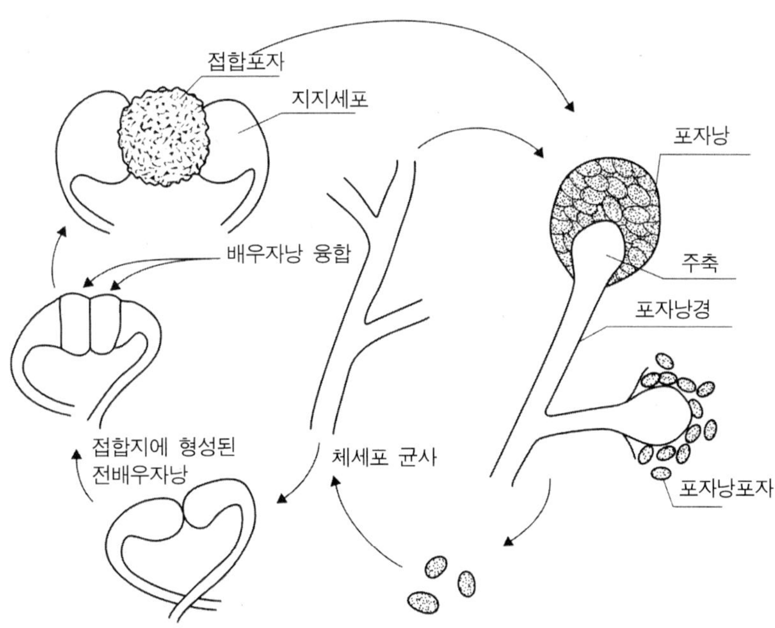

그림 2.8 털곰팡이목 균류의 일반적인 생활환. 무성생식은 포자낭에서의 반수체 포자를 형성함으로써 일어난다. 유성생식은 접합지 끝에서 배우자낭의 융합에 의해 일어나는데, 나중에는 이배체 접합포자가 감수분열하여 반수체 포자를 방출한다.

장 잘 알려진 예를 들어서 알아보기로 하자. 털곰팡이목은 *Mucor, Rhizopus, Phycomyces, Thermomucor*(약 60℃에서도 자랄 수 있는 고온성 균) 속 등에 속하는 여러 흔한 종들을 포함한다. 이들 균류는 모두 토양, 동물배설물, 퇴비(고온균의 경우)에서 또는 과숙한 과실 같은 다양한 기질에서 주로 부생균으로 자란다. 대체로 24시간 내지 36시간 안에 한천배지를 덮을 정도로 빨리 자라는 이들 균류는 토양희석평판법에서 가장 흔하게 발견되는 균류 중의 일부이다. 흔히 간단한 수용성 탄소 영양원에 의존하는 성향 때문에 당이용균류(sugar fungi)라고 부른다. 그러나 *Rhizopus stolonifer* 같이 과실을 썩히는 몇몇 종들은 펙틴분해효소를 분비하기 때문에 사과나 부드러운 과실을 단시간에 물컹물컹하게 만들 수 있다(그림 14.6 참조). 그리고 *Mortierella*에 속하는 몇몇 종은 여러 병꼴균류처럼 카이틴 분해효소를 분비하여 카이틴을 분해할 수 있다. 카이틴은 흔하면서도 중요한 중합체인데, 이는 균류의 세포벽을 비롯하여 곤충과 다른 무척추동물의 외골격에 있어서 주요한 구성성분이기 때문이다. 접합균류의 일반적인 생활사는 그림 2.8에 나타나 있다. 빠른 체세포(영양체) 생장을 한 후에 균총 끝 부분에 직립의 기중가지인 **포자낭경**(胞子囊梗; **sporangiophore**) 을 만들고 가지 끝에 얇은 벽을 지닌 **포자낭**(胞子囊; **sporangium**)을 형성한다. 포자낭 내용물은 각각 핵을 지닌 둥그런 형태로 분할되면서 많은 단핵의 **포자낭포자(sporangiospore)**로 분화한다. 세포벽에 존재하는 멜라닌으로 인하여 포자낭포자는 어두운 색을 띤다. 얇은 포자낭이 파열되면서 이들 포자는 대부분 바람에 의해 분산되지만 어떤 종은 물에 의해 분산되기도 한다. 포자낭경 끝에서 포자낭 안으로 돌출된 부분인 **중축**(中軸; **columella**)은 포자가 방출된 이후에도 남아 있다(그림 2.8). 포자낭포자는 적절한 조건에서 빨리 발아할 수 있으며 무성세대 생활을 계속 반복하게 된다.

접합균류 내에서 포자낭과 포자낭경을 형성하는 방식에 있어서 여러 차이가 있다. 어떤 종들은 길고 가지를 만들지 않은 포자낭경 끝에 포자낭을 형성(그림 2.9a)하는 반면에, 고온균의 경우에는 흔히 분지된 포자낭경을 형성한다(그림 2.10b). *Thamnidium elegans*는

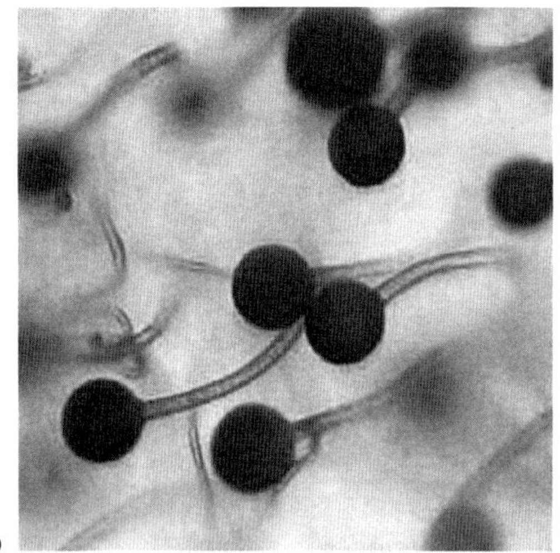

그림 2.9 (a) 대부분의 *Mucor*류에서 나타나는 분지하지 않는 특징적인 포자낭경. 포자낭은 여전히 붙어있으며 멜라닌화 세포벽을 가진 검게 착색된 많은 포자들을 담고 있다. (b) 접합균류의 포자낭경 형성에 있어서 여러 다른 모습 중의 하나를 보여주는 *Thamnidium elegans.* 이 균은 전형적으로는 긴 포자낭경에 포자낭을 형성하지만 포자낭경에서 복잡한 가지들을 분지시켜 포자가 몇 개 들어있지 않은 작은 **소포자낭(sporangiole)**을 형성하기도 한다.

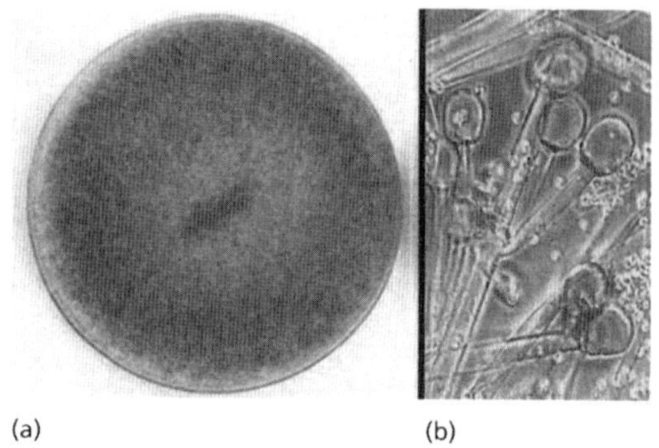

그림 2.10 (a) 퇴비에 흔히 존재하는 호열성균류의 일종인 *Thermomucor pusillus*(예전에 *Mucor pusillus* 로 불림)가 배지에서 2일간 생장한 균총 모습. (b) 이 곰팡이의 독특한 특징인 분지된 포자낭경; 포자는 발산되었지만 북채 모양의 포자낭경과 중축은 남아있다.

저온성균으로서 저온저장 중인 육류에서 자랄 수 있다. 한때 스테이크 육질을 부드럽게 하는 용도로 특허를 받기도 하였다. 이 균은 분지되지 않은 긴 포자낭경 끝에 커다란 포자낭을 형성할 뿐만 아니라 동시에 복잡하게 분지된 포자낭경에 포자가 몇 개 들어있지 않은 많은 **소포자낭**(小胞子囊; **sporangiole**)을 형성하기도 한다(그림 2.9b).

그 밖의 다른 점들은 접합균문의 다른 과 및 속에 속하는 균들에서 찾아볼 수 있다(그림 2.11). 이러한 관점에서 보면 균류의 포자를 형성하는 구조체가 중요한 기능을 한다는 점을 인식할 필요가 있는데, 이들 구조체의 역할은 곰팡이 포자가 새로운 균총을 만들 수 있는 곳으로 전파될 기회를 최대화하는 것이다. 이 점에 관해서는 제10장에서 더 자세히 논의될 것이다.

털곰팡이목에 속하는 여러 균류는 유성세대도 지니고 있다. 적합한 배양조건에서 **접합지**(接合枝; **zygophore**)라고 부르는 기중균사가 서로를 향하여 자라면서 균사 끝을 부풀려 **전배우자낭**(前配偶者囊; **progametangium**)을 형성한다(그림 2.8). 전배우자낭은 다시 격벽을 만들면서 지지균사로부터 **배우자낭**(配偶者囊; **gametangium**)을 분리시킨다. 배우자낭은 융합하여 하나의 세포로 된 후에 두꺼운 세포벽을 가지며 표면돌기가 있는 휴면포자인 **접합포자**(接合胞子; **zygospore**)로 분화한다. 이때 양측 접합지의 끝은

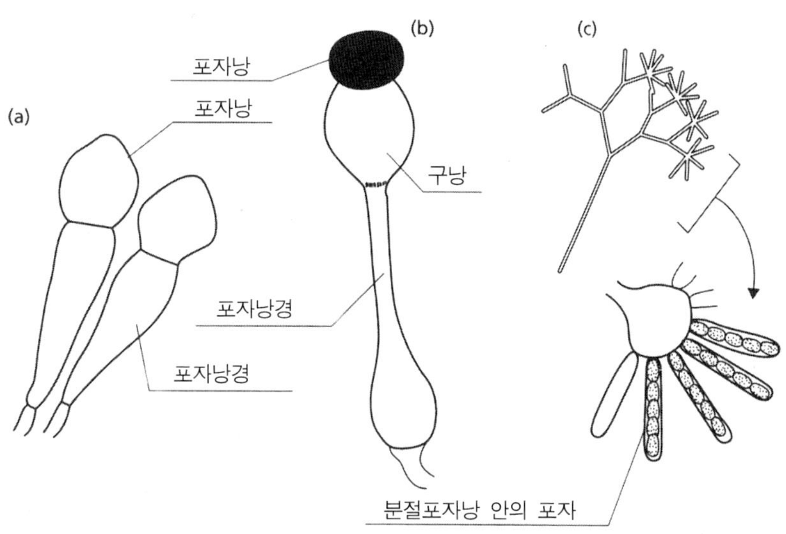

그림 2.11 (a) 파리곰팡이목(예, *Entomophthora, Pandora* spp.)에 속하는 곤충병원균류의 포자낭은 분산되어 포자와 같은 기능을 한다. (b) 초식동물의 똥에서 흔히 발견되는 *Pilobolus*는 많은 포자를 가진 포자낭을 만든다. 이것은 구낭 위에 형성되고, 구낭은 성숙되어 터지면서 포자낭을 주변의 초목으로 사출한다. (c) *Piptocephalis*는 다른 접합균류에 기생하는 균의 일종이다. 이 균은 가지 끝에 (각 포자낭이 몇 개의 직선적으로 배열된 포자를 담고 있는) **분절포자낭(merosporangia)**을 형성하는 분지된 포자낭경을 만든다.

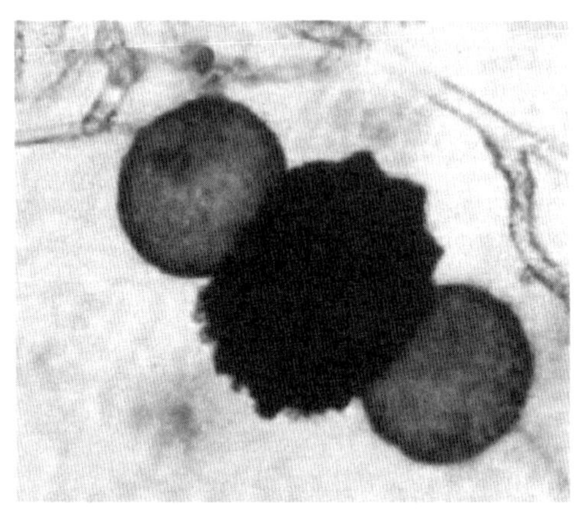

그림 2.12 세포벽이 두껍고 돌기가 있는 성숙한 *Rhizopus sexualis*의 접합포자는 2개의 배우자낭 융합에 의해 형성된다. 접합포자 양 쪽에 구근처럼 부푼 것은 지지세포이다.

구근처럼 부풀면서 지지세포(suspensors)를 만든다(그림 2.8; 2.12). 접합포자는 한 동안 휴면상태를 나타내지만 결국 발아하여 포자낭을 형성하고 반수체인 포자를 방출한다. 털곰팡이목에 속하는 많은 균종이 자웅이체성(이종교배형)이며 한천배지 상에서 서로 다른 교배형(+와 −로 표시함)이 만날 경우에만 접합포자를 만든다. 핵융합과 감수분열은 접합포자 내에서 일어난다. 이러한 전 과정은 제5장에서 논의되는 휘발성 호르몬인 **trisporic acids**에 의해서 조정된다.

털곰팡이목 외에도 접합균문은 선충, 미소 무척추동물, 다른 균류 등을 비롯한 여러 미소생물체에 기생하는 다양한 균류를 포함하고 있다. 한 예로 **Zoopagales** 목에 속하는 *Piptocephalis* 속은 다른 접합균류 및 다른 균류에 기생하는 여러 종을 포함하고 있다. *Piptocephalis* 속은 포자가 몇 개 들어있지 않으면서 일렬로 정렬된 **분절포자낭**(分節胞子囊; **merosporangium**) 을 가지는 여러 속 중의 하나이다. *Piptocephalis* spp.는 비록 비타민을 첨가한 순수 배지에서 키울 수는 있지만 자연에서는 다른 균류 특히 다른 접합균류의 절대기생균으로 자란다. 이 균류는 영양을 흡수하는 특별한 균사인 **흡기**(吸器; **haustorium**)를 이용하여 기주균의 균사를 죽이지 않고 침입하여 자신들의 생장에 필요한 영양원을 얻는다. 이러한 유형의 상호작용은 특이적 인식 요소들(렉틴; lectins)에 의해 조정되는 것 같은데, 이에 관하여 제12장에서 논의하였다(그림 12.10 참조).

파리곰팡이목(Entomophthorales)은 곤충에 기생하는 많은 균류를 포함하기 때문에 주목할 만한데, 이들 균류는 숙주 곤충의 밀도를 급격히 낮출 수 있다(제15장에서 논의). 대부분 전형적으로 좁은 숙주범위를 갖는 기주특이적인데, 일부는 넓은 기주범위를 가지고 있다. 고체 또는 액체 배양 체제를 통하여 이들 균류 중의 일부를 대량생산하는 기술이 개발되면서 해충을 생물적 방제에 이들 균류를 이용할 가능성이 전망되고 있다. 파리곰팡이목은 자신들의 포자를 전파하는 방법에 있어서도 주목할 만한데, 그림 2.11a에서 나타난 바와 같이 죽은 곤충으로부터 뻗어 나온 균사가 포자낭경을 만들고 각 포자낭경 끝에 하나의 커다란 포자낭을 형성한다. 포자낭경의 끝은 부풀어서 포자가 되고 2개의 벽(한 벽은 주축 끝에 위치하고 다른 한 벽은 포자낭에 위치)을 형성하는 **중축**(中軸; **columella**)을 가지고 있다. 점차적으로 증진된 팽압은 주축으로부터 포자낭을 갑자기 방출시키면서 4cm 거리까지 쏘아 올리게 한다(Wester 1980). (사실 이런 식으로 방출되는 포자낭은 하나의 포자이다. 그래서 학술적으로 표현한다면 자낭균류에서 만들어지는 많은 포자들처럼 분생포자(conidium)라고 할 수 있다 - 나중에 논의). 이렇게 형성된 포자낭(분생포자)은 끈적끈적하며 곤충에 침입하기 위해서 반드시 곤충에 달라붙어야 한다. 만일 곤충에 달라붙지 못하면 2차적인 분생포자를 다시 형성하고 앞서 서술한 것처럼 분산되는데, 이러한 과정은 분생포자가 적절한 숙주에 달라붙을 때까지 또는 영양원이 소진될 때까지 반복된다. 제15장은 이 같은 균류와 다른 곤충병원균류에 대해서 좀 더 다각적으로 다루고 있다.

파리곰팡이목에 속하는 다른 몇몇 균류도 앞서 기술한 균류와 유사한 방법으로 분산하는 전략을 보이고 있다. 한 예로 토양에서 부생하는 흔한 곰팡이인 *Conidiobolus coronatus*와 또 다른 예로 곤충을 포식하는 파충류 및 양서류(이 곰팡이의 종명인 *ranarum*은 개구리 속명에서 유래되었음)의 소화관, 배설물, 장 등에서 발견되는 *Basidiobolus ranarum*을 들 수 있다. 이 곰팡이는 SSU rDNA 염기서열 분석에 근거하여 최근에 병꼴균문으로 옮겨졌다. 세번째 예로는 털곰팡이목에 속하는 *Pilobolus*(그림 2.11b)로서 포자분산 방식이 2단계로 동시에 일어나는 모습을 보인다. 이 곰팡이는 동물의 분변에서 보통 발견되며 분변으로부터 커다란 포자낭을 형성한 후에 방출한다. 방출된 포자낭은 터져서 많은 개개의 포자를 흩트리게 된다. 포자 방출에 관해서는 제10장에서 포자의 분산을 다룰 때 다시 논의하기로 하자.

인체 병원균으로서의 접합균류

몇몇 털곰팡이목에 속하는 흔한 균류 중 특히 *Rhizopus arrhizus, Absidia corymbifera, Rhizomucor pusillus* (고온균의 일종) 등은 인간의 생명을 위협하는 심각한 감염증을 일으킬 수 있다. 이와 유사한 감염증이 때로는 *Conidiobolus*(파리곰팡이목)와 *Basidiobolus ranarum*에 의해서도 일어날 수 있다. 이러한 균류에 의해 일어나는 질병을 총체적으로 **접합균증**(接合菌症, **zygomycosis**; 접합균문에 속하는 균류에 의해 일어나는 감염증)이라고 부른다. 많은 경우에 이러한 감염은 선행요인(predisposing factor)과 관련이 깊다. 한 가지 예로서 케토산증(ketoacidosis)을 동반한 당뇨병 환자는 감염가능성이 더욱 높은데, 흔히 코털뇌(rhino-cerebral area; 코에서 뇌로 가는 경로에 있는 부위)에서 발생한다. 그 밖에도 어린이에 있어서의 심한 영양실조를 비롯하여 심한 화상, 암, 림프종, 면역결핍, 면역억제 등의 다른 선행요인이 관여할 수 있다.

이러한 접합균증은 동맥 및 동맥 주변의 조직을 침입하여 퍼짐으로써 급격히 진전될 수 있다. 이에 따라 치료를 위해 감염 조직의 제거가 필요한 경우가 많다. 하지만 그 예후는 낙관적이지 못한데, 전체적인 치사율이 약 50%에 이르며 코털뇌 감염환자의 경우에는 85%까지 될 수 있다. 접합균증은 인체의 방어체제가 부전한 상태에서 발생하기 때문에 명확히 기회감염증의 범주에 속한다. 그리고 급속하게 침습적으로 퍼지기 때문에 치료하기 매우 어려운 감염증이다.

자낭균문

자낭균문(Ascomycota)은 지금까지 밝혀진 균류의 약 75%를 포함하고 있으며 가장 중요하면서도 가장 다양하다. 그러나 여기에 속하는 많은 균류의 유연관계가 아직 현대의 분자적 방법에 의하여 규명되지 않고 있다. 이 균문에 속하는 모든 균을 특징짓는 것은 **자낭**(子囊; **ascus**)이다. 자낭 세포 안에서는 2개의 교배형이 다른 친화적인 반수성 핵이 융합하여 이핵체 핵이 된 후에 감수분열하고 반수성의 유성포자인 **자낭포자**(子囊胞子; **ascospore**)가 형성된다. 대다수의 종에 있어서 감수분열 이후에는 한번의 유사분열이 일어나므로 각 자낭마다 8개의 자낭포자를 형성한다(그림 2.13). 좀 더 진화된 종들은 자실체인 **자낭과**(子囊果; **ascocarp**) 안에 많은 자낭을 만든다. 자낭과의 형태로는 플라스크 모양으로 위쪽 끝에 구멍이 있는 **자낭각**(子囊殼; **perithecium**), 컵 모양의 **자낭반**(子囊盤; **apothecium**), 폐쇄된 구조이나 성숙 후에는 열개되는 **자낭구**(子囊球; **cleistothecium**), 대개 자좌(stroma)라고 불리는 세포조직층에 박혀있으면서 모양은 자낭각과 비슷한 **위자낭각**(僞子囊殼; **pseudothecium**) 등이 있다. 그 외의 경우로는 자낭들이 하나씩 형성되고 자실체에서 싸여있지 않은 형태인데, 이러한 예로는 출아효모인 *Saccharomyces cerevisiae*(노출된 자낭에 4개의 자낭포자 형성)와 분열효모인 *Schizosaccharomyces octoporus*(8개의 자낭포자 형성)를 들 수 있다. 이러한 자낭형태의 몇 가지 모습은 그림 2.13~2.15에서 볼 수 있다.

자낭균문의 많은 균류는 유사분열을 통해 무성포자를 형성한다. 감수분열에서 유래한 감수분열포자(meiospore)에 상반되는 개념인 이러한 **유사분열포자**(有絲分裂胞子; **mitospore**)는 아주 흔하며 분산의 역할을 맡는다. 사실 자낭균문에 속하는 상당수의 균이 단지 유사분열포자형성세대(무성세대)만 알려져 있다. 이들의 유성세대는 앞으로 밝혀져야 하는 상태이고 어떤 경우는 어쩌면 유성세대가 없어졌을 수도 있다. 그러나 SSU rDNA 염기서열 분석으로 이들이 자낭균문에 관계됨을 보여줄 수 있다. 이에 대한 예로 아주 흔한 곰팡이인 *Aspergillus fumigatus*를 들 수 있는데, 지금까지 이 균이 유성세대를 형성하는 것이 알려진 바 없다. 이 균은 중증의 수술을 받는 병원 환자들의 사망에 있어 중요한 사인 중의 하나로 점차 더 보편화되고 있으며 동시에 중요한 호흡기질병인 **아스페르길루스증**(**aspergillosis**)을 일으킬 수 있다(제8장, 제16장). 이 경우에 우리는 유전적 변이의 원천이 무엇인지 아는 것이 중요하다 - 우리가 아직 발견하지 못한 유성세대가 존재하는가?

자낭균문의 다른 많은 균처럼 *N. crassa*는 유성세대를 가지고 있어서 자낭포자를 담고 있는 자낭을 형성할 수 있다. 이 균은 자웅이체성으로서 유성세대로의 발전을 위해서는 서로 다른 교배형(A와 a로 구분) 균주를 필요로 한다. 자성기관인 **조낭기**(造囊器; **ascogonium**)는 코일처럼 감기는 형태를 띠며 수정모(trichogyne)를 지닌 다핵의 균사체이다. 조낭기가 부동정자(不動精子; spermatium) (발아하지 못하는 단핵의 작은 세포) 또는 분생포자와 접촉됨으로써 수정된다. 수정 후에 조낭기는 자낭을 형성시키는 균사인 **조낭사**(造囊絲; **ascogenous hypha**)를 형성한다. 이러한 진행과정은 그림 2.16에 나타나 있다.

분류 및 유연관계

자낭균문은 단계통군(모든 균류가 공통조상을 가짐)으로 생각되는데, 그 기원은 적어도 3억 년 전의 석탄기까지 거슬러 올라간다. 이 균문은 유사한 특징을 공유하는 자매 그룹으로서 담자균문(버섯류 등을 포함하는 균문)과 가까운 관계를 가지고 있다. 비록 초기 분화 균류의 일부에 대한 분류학적 위치가 아직 명확하지는 않지만 자낭균문은 크게 3개의 소그룹으로 나누어진다.

1. **원생자낭균강**(原生子囊菌綱; **Archaeascomycetes**): 분열효모 *Schizosaccharomyces pombe* 및 몇몇의 *Taphrina* spp. 같은 식물병원균이 포함된다.
2. **효모성자낭균강**(酵母性子囊菌綱; **Hemiascomycetes**): 알코올 생산이나 제빵에 쓰이는 *Saccharomyces cerevisiae* 같은 진정한 효모들이 포함된다. 이 균류는 자낭과를 만들지 않는다.
3. **진정자낭균강**(眞正子囊菌綱; **Euascomycetes**): 균사

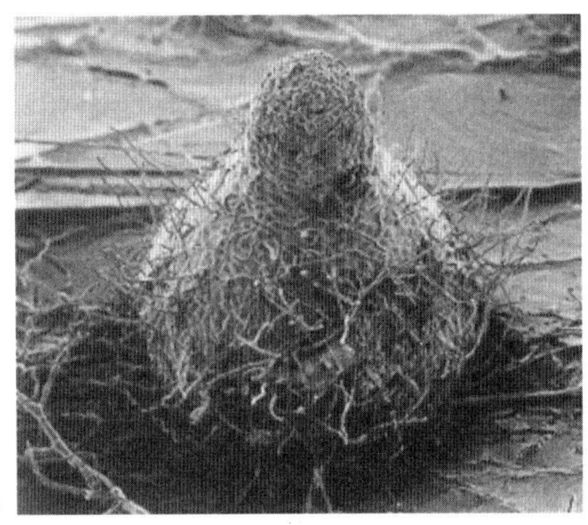

(a)

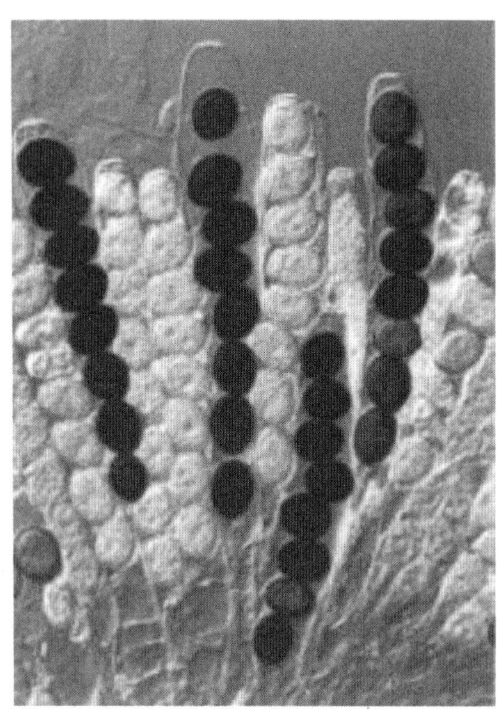

(b)

그림 2.13 (a) *Sordaria macrospora*의 자낭각이 발생하는 모습. 발달하여 성숙하면 자낭각 끝에 구멍이 생기고 그 구멍으로 자낭포자가 방출된다. (b) 자낭각 안에는 몇 개의 서로 다른 발달 단계의 자낭이 보인다; 각 자낭은 직경이 약 20㎛에 달하는 8개의 자낭포자를 담고 있다. [사진제공: N. Read. 출처: Read, N.D. & Lord, K.M. 1991. *Experimental Mycology* 15, 132-139.]

(a)
정단구멍
(b)
자낭반
(c)
8개의 자낭포자를
가진 자낭
자낭구

그림 2.14 자낭균류가 형성하는 몇 가지 자실체 구조의 개략적인 모습. (a) 8개의 자낭포자를 가진 자낭. 이 자낭은 성숙하면 좁은 정단구멍(apical pore)을 통해 자낭포자를 힘차게 사출한다. (b) 컵 모양의 **자낭반(apothecium)**에는 많은 자낭과 불임 균사인 측사들이 빽빽하게 배열되어있다. 측사는 자낭의 측면에서 자낭의 발달을 도와 자낭이 컵 표면 위로 돌출하여 자낭포자를 방출할 수 있게 한다. (c) 몇몇 *Aspergillus* spp. 의 유성세대인 *Eurotium* 의 자낭구(닫힌 자낭과). 8개의 자낭포자를 가진 자낭은 자낭구 벽이 성숙되어 부서질 때 자낭포자를 방출한다.

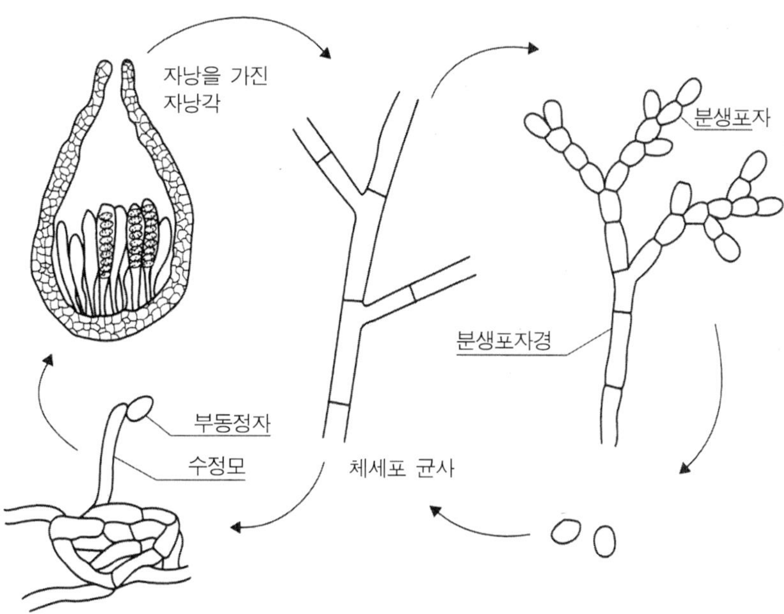

그림 2.15 자낭균문에 속하는 *Neurospora crassa* 및 많은 유사한 균류의 생활환에서 보이는 단계들.

그림 2.16 조낭사로부터 자낭을 형성하는 초기단계. (a) 조낭사가 얼마간 자란 후에는 그 끝이 뒤쪽으로 말려 구형돌기를 형성한다. (b) 구형돌기가 구부러져 원래의 조낭사에 닿으면 핵분열이 동시에 일어난다. (c) 핵분열 후에 격벽이 생겨나면서 (가장 위에 위치한) 조낭사 끝에서 두 번째 세포는 교배형이 다른 2개의 핵을 갖게 된다. 핵융합이 일어날 때 이 세포는 확장하여 첫 번째 자낭을 발생시킨 다음 감수분열을 하고 한 주기의 체세포 분열을 하여 8개의 자낭포자를 형성한다. 자낭포자가 형성되는 동안에 한편으로는 끝이 말린 구조의 첨단세포가 조낭사 몸체 균사와 융합하고 핵을 균사로 옮긴다. (d) 이 융합된 세포로부터 새로운 가지가 발달하고, 이 새로운 가지 끝에 구형돌기가 다시 형성되면서 앞의 과정이 반복된다. 결국 이러한 과정의 반복을 통하여 많은 자낭시원체를 형성하고 수많은 자낭을 만든다. 이러한 과정의 마지막 단계는 자낭을 둘러싼 자실체 조직의 발달이다. 반수체 자낭포자는 A 또는 a 교배형이며, 발아하여 반수체 균총을 만들고 생활환을 완성한다.

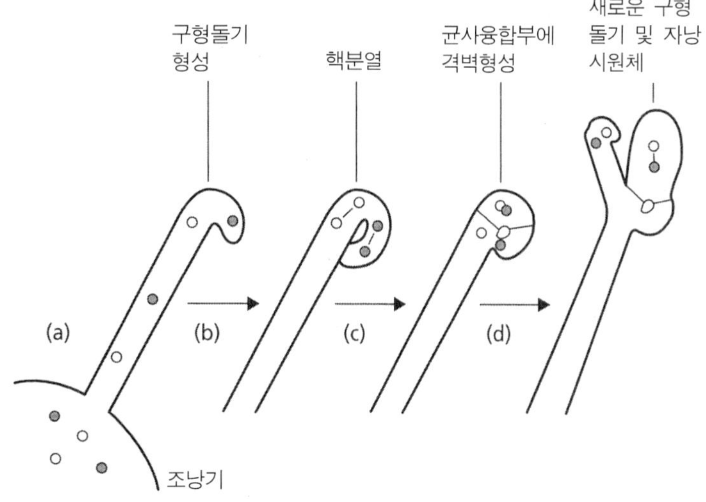

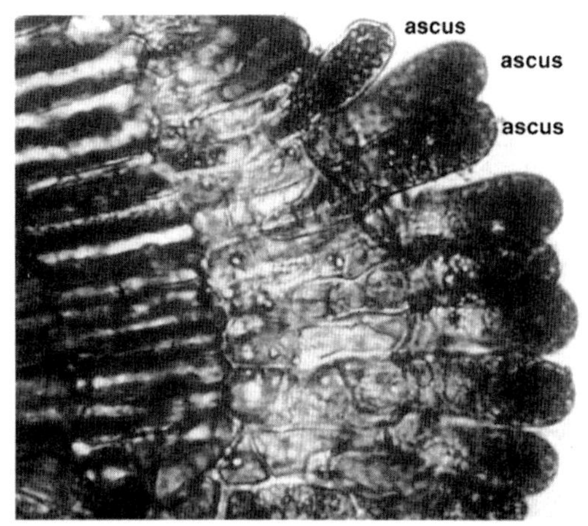

그림 2.17 원생자낭균문(Archaeascomycota)에 속하는 식물기생균 *Taphrina populina*로서 포플러나무(*Populus* spp.) 잎에 노란색의 융기증상(yellow blister)을 일으킨다. 이 균은 잎에서 균사체를 형성하여 생장하면서 식물 잎을 뒤틀리게 만들며, 잎의 표면에 돌출된 나출 자낭을 형성한다. 대개 자낭 안에서 자낭포자가 출아하므로 자낭은 자낭포자와 출아하는 효모세포(특히 자낭 끝에 뚜렷하다)가 혼재된 모습으로 채워진다(보다 자세한 모습을 보기 위해서는 본 서적을 위해 마련된 온라인 자료 참조).

와 자낭과를 형성하는 다수의 종을 포함한다.

자낭이라는 주요한 구별특성 외에도 자낭균문은 세포벽이 주로 카이틴과 포도당질로 구성되는 특성, 균사에는 중앙에 구멍이 있어서 핵과 다른 세포 내용물질이 이동할 수 있는 격벽이 일정한 간격으로 존재한다는 특성, 여러 가지 방법으로 이동성이 없는 무성포자(유사분열포자인 분생포자)를 형성하지만 결코 포자낭에서 세포질을 파열하면서 형성하지는 않는다는 특성 등을 가지고 있다.

자낭균류의 생활사

자낭균류 생활사의 중요한 요소를 설명하기 위해 *Neurospora crassa*를 한 예로 설명하였다(그림 2.15). *Neurospora*는 구멍이 있는 격벽을 가진 균사가 뻗어서 네트워크를 이루는 형태로 자라나 기중균사를 만드는데, 나중에 기중균사는 분생포자(무성포자)가 가지형 사슬로 달린 형태로 분화한다. 이 과정은 가지에 눈이 나오는 것처럼 부풀고 격벽이 생기는 과정을 반복하면서 이루어진다. 포자는 성숙하면서 핑크색을 띠고 공기 흐름에 의해 쉽게 분리된다. 이러한 포자의 형성, 분산, 발아 과정은 이용할 영양기질이 존재하는 동안 계속 반복된다.

자낭균문의 유성생식체계에는 여러 다른 형태가 존재하는데 간단히 언급만 하도록 하겠다. *N. crassa*와 *N. sitophila*는 자웅이체성(이종교배)인데 반하여 어떤 종들(*Neurospora tetrasperma, Podospora anserina*)은 각 자낭에 단 4개의 이핵성의 자낭포자를 형성하며 자웅동체성이다.

생태 및 중요성

자낭균문은 매우 크고 중요하기 때문에 이들 균류의 생물학에 대한 많은 면을 이 책의 후반부에 다루었다. 대체적으로 이들 균류에는 경제적으로 중요한 식물병원균류가 다수 포함되어있다. 대표적인 예로는 많은 작물을 기주로 하는 흰가루병균류(제14장), 지난 세기 유럽과 북미에서 느릅나무 마름병으로 커다란 황폐를 일으킨 물관시들음병균 *Ophiostoma ulmi* 및 *O. novo-ulmi*(제10장), 미국에서 역시 밤나무 줄기마름병으로 커다란 황폐를 일으킨 *Cryphonectria parasitica*(제9장), 그리고 *Claviceps purpurea*(곡류 맥각병, 제7장)와 같은 독소생성 균류 등이 있다.

자낭균문에는 여러 인체 및 가축 병원균도 있다. 한 예로 아주 흔히 발생하는 버짐(ringworm)의 경우 전체 인구의 반 정도, 특히 열대와 아열대 지역에서, 감염하는 것으로 추정되는데 선진국에서는 무좀이 일반적이다. 자낭균성 효모인 *Candida albicans*는 인체의 위장 및 다른 점막에 서식하는 공생적인 미생물인데 의치를 하고 있는 사람들이나 월경기 또는 임신 중인 여성들에게 염증을 일으키기도 한다. 몇몇의 자낭균(*Blastomyces dermatitidis, Histoplasma capsulatum*)은 면역이 결핍 또는 약화된 사람들에게 생명을 위협하는 질병을 일으킬 수 있다. 인체에 관계하는 균류에 대해서는 제16장에서 다루어진다.

병원균과는 다른 맥락에서 자낭균문에 속하는 어떤 균류는 산림에서 나무와 균근의 관계를 형성한다(예; *Tuber* spp., 덩이버섯류). 그리고 알려진 13,500종의 지의류 중 96% 정도가 자낭균문의 균류를 공생 파트너로 가지고 있는 것으로 추정된다. 이런 지의류를 형성하는 균류 중 극소수만 홀로 살아갈 수 있다. 숫자적 측면에서 본다면 자낭균성 지의균류는 아마도 전체 진균계에 있어서 생물다양성을 대표하는 가장 커다란 단일 구성체라고 볼 수 있다(제13장). 많은 자낭균 효모류(*Saccharomyces, Candida oleophila* 등)는 흔히 식물의 잎이나 과실 표면에서 부생적으로 자라는데 어떤 효모들은 과실부패를 방지하는 생물적 방제균으로서 최근 제품화되고 있다(11, 12장). 많은 다른 자낭균은 섬유소와 다른 구조적 중합체를 분해한다. 이에 대한 예로는 토양과 퇴비에 존재하는 *Chaetomium*, 목재부후균 *Xylaria*와 *Hypoxylon*, 초식동물의 똥에서 자라는 *Sordaria*와 *Ascobolus*, 그리고 강어귀의 염분환경에 있는 나뭇조각 등에서 발견되는 *Lulworthia* 등을 들 수 있다(제11장).

담자균문

Kirk *et al*. (2001)에 따르면 담자균문(Basidiomycota)은 약 3만 종이 알려져 있는데, 이는 알려진 전체 진균의 37%에 달한다. 비록 이 균류에 속하는 가장 친숙한 예로 버섯류가 있지만 담자균문은 담자균 효모를 포함해서 많은 중요한 식물병원균과 몇몇 심각한 인체병원균에 이르기까지 커다란 종 다양성을 가지고 있다. 이 그룹의 특징 중의 하나는 **담자기**(擔子器; **basidium**)를 가지고 있는 점인데, 담자기에서 감수분열이 일어나고 **담자포자**(擔子胞子; **basidiospore**)가 형성된다. 담자포자는 대개 담자기 **외부표면**에 생기는 소병(小柄; sterigmata)이라는 조그만 돌기 위에 형성된다(그림 2.19).

그 밖에도 여러 특징이 담자균문에서 발견된다. 균사는 흔히 균사 내의 서로 다른 구획 사이를 핵이 이동하지 못하도록 하는 정교한 **유연공격벽**(有緣孔隔壁; **dolipore septum**)을 가지고 있다(제3장). 세포벽은 전형적으로 카이틴과 글루칸으로 구성되어 있는데, 효모 의 경우에는 카이틴과 만난으로 구성되어있다. 핵은 전형적으로 반수체이나 균체의 생활사 중 대부분 각 균사의 구획된 세포에서 2개의 서로 다른 교배형의 핵이 존재하는 **이핵체**(二核體; **dikaryon**) 상태이다. 이것의 중요성은 간략하게 설명될 것이다.

분류 및 유연관계

담자균문은 단계통군(單系統群; 모든 균류가 공통조상을 가짐)으로 생각되는데, 유사한 특징을 공유하는 자낭균문과 자매 그룹이다. 다시 말하면, 자낭균문과 담자균문의 조상이 같다는 것이다. 담자균문 내에는 크게 3개의 그룹이 있다.

1. **녹병균강(Urediniomycetes)**: 많은 작물과 야생식물에 있어서 경제적으로 중요한 **녹병균(rust fungi) (Uredinales)**을 포함한다.
2. **깜부기병균강(Ustilagomycetes)**: 일부가 중요한 식물병원균이며 검은 숯가루 같은 포자에서 유래한 이름의 **깜부기병균(smut fungi)**(Ustilaginales)을 포함하고 있다.
3. **담자균강(Hymenomycetes)**: 버섯류, 말불버섯류, 목이류 등을 포함한다.

그러나 이들 3개 그룹 사이와 각 그룹 내에서의 계통학적 유연관계는 아직 명확하지 않다.

담자균류의 생활사에 있어서 중요한 특징

버섯의 일반적인 생활사를 살펴보며 중요한 특징을 알아보자(그림 2.18). 한 개의 반수성 핵을 가지고 있는 담자포자들은 발아하고 자라나서 균사의 격벽에 의해 나누어진 구획마다 단핵을 지닌 균사체로 분화한다. 이 단계를 **단핵체**(單核體; **monokaryon**; 각 균사 구획마다 하나의 핵형이 존재한다는 의미)라고 한다. 단핵체는 **분열자**(分裂子; **oidia**)를 형성할 수 있는데 이는 수정에 관여하는 인자를 만들거나 아니면 발아해서 또 다른 단핵체를 형성한다. 두 개의 서로 다른 교배형을 지닌 단핵체가 서로 융합하였을 때 또는 수정에 관여하는 인자를 만든 분열자가 상대되는 교배형의 균사를 유인하여 접촉하게 되었을 때에는 생활환의 다음 단계로 발전한다. 이러한 분열자의 유인은 교배형이 다른 균사로 하여금 강한 귀소반응(homing response)을 일으키는데, 그 유인물질이 무엇인지는

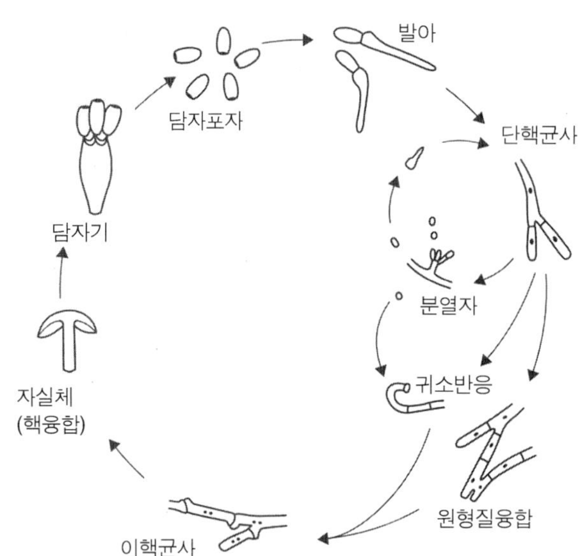

그림 2.18 버섯의 일반적인 생활환; 세부사항은 본문을 참조. [그림제공: Maria Chamberlain.]

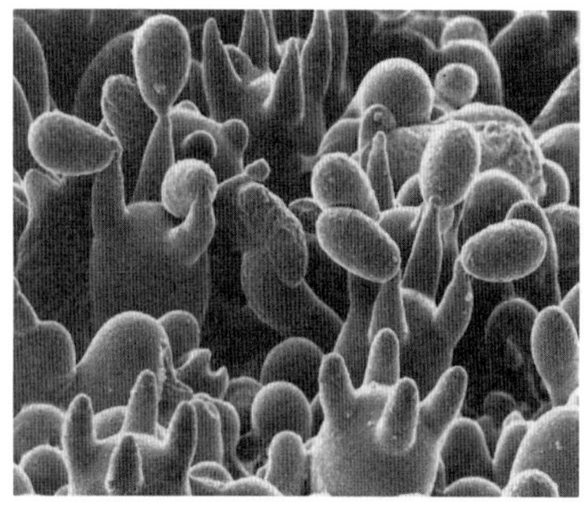

그림 2.19 재먹물버섯(*Coprinus cinereus*)의 담자기 모습을 담은 주사전자현미경 사진. 팽창한 담자기 위에 형성된 4개의 소병과 그 위에 형성된 담자포자들. 일부 담자포자는 이미 방출되었고 일부는 시료 준비 도중 일그러졌다. [사진제공: Dr. Chris Jeffree.]

아직 밝혀지지 않았다. 일단 교배형이 다른 균주 간에 **원형질융합**(原形質融合; **plasmogamy**)이 이루어지면 그 후의 모든 생장은 **이핵성**(二核性; **dikaryotic**) 균사(서로 다른 교배형에서 온 2개의 핵이 균사의 한 구획에 존재)에 의해서 진행된다.

이핵성 균사는 몇 주에서부터 몇 달 심지어는 몇 년 동안 이러한 이핵체의 균사로 된 네트워크를 형성하면서 계속 자랄 수 있다. 그러나 환경적인 자극(신호)이 주어지면 버섯 또는 다른 자실체를 형성한다(제5장). 버섯의 모든 조직은 이핵체 균사로 이루어져 있지만 상대적으로 버섯 발달 후기에 버섯 주름은 (이핵성) 담자기로 줄을 서듯이 배열된다. 각 담자기 내에서 2개의 핵은 **핵융합**(核融合; **karyogamy**)을 통하여 배수체가 되며 배수체는 감수분열을 행하게 된다. 그 후 담자기의 끝에 소병이 형성되며 소병 끝에 담자포자가 형성되는데, 동시에 감수분열로 생겨난 4개의 반수성 핵이 담자포자로 이동한다(그림 2.19). 때로는 4개의 담자포자 대신 2개의 담자포자가 형성되는데 이에 대한 예는 재배 버섯인 *Agaricus bisporus*(양송이)에서 볼 수 있다. 이는 담자기에서 감수분열 후에 한 개의 포자로 핵이 각각 2개씩 들어가기 때문이다. 따라서 이 경우에 발아하는 담자포자는 이핵체성 균사가 되며 자웅동체성이다. 그러나 버섯을 형성하는 많은 다수의 균류(90% 정도)가 자웅이체성이다. 이들 균류의 교배형에 대해서는 제5장에서 논의될 것이다.

담자포자가 방출되는 기작은 아직 완전히 밝혀지지는 않았는데, 방출 바로 직전에 배꼽 액체(hilar droplet)라 불리는 작은 물방울이 포자 밑에 보인 다

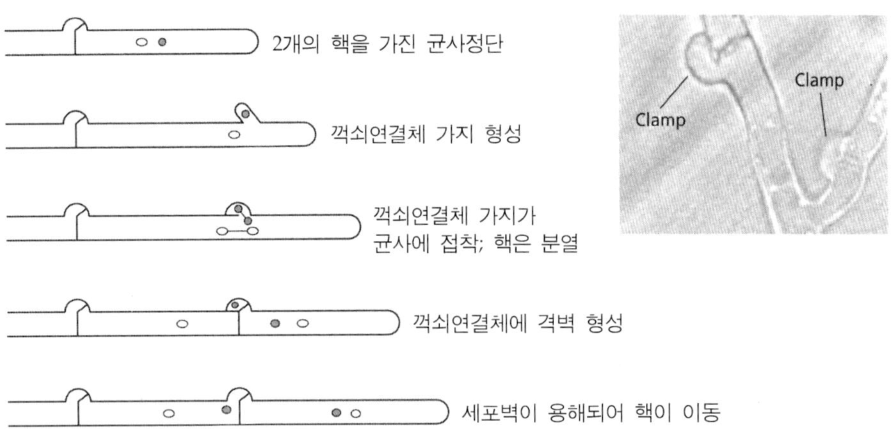

그림 2.20 이핵체를 유지하는 데 있어서 꺽쇠연결체의 역할.

음에 포자는 소병에서 주름사이의 공간으로 튀어나와 수직방향으로 떨어지면서 자실체로부터 방출된다. 방출된 담자포자는 일정한 휴면기간을 가진 후에 발아하여 단핵성 균사를 형성하면서 다시금 담자균의 전체적인 생활환을 반복한다.

이러한 담자균류의 생활환에 있어서 가장 독특한 면은 이핵체가 발달하는 양식인데, 그림 2.20에 나타내었다. 이핵체 균사 끝의 세포가 확장하면서 적절한 양의 세포질을 만들 때까지 원형질을 합성한다. 그 후 가느다란 균사가 확장 방향과 반대 방향으로 분지되면서 두 개의 핵이 동시에 분열하기 시작한다. 이 중 한 핵은 확장균사세포에서 다른 한 핵은 분지된 균사 방향에서 각각 분열하는데, 분열 결과로 형성된 핵 중의 하나가 분지된 균사 쪽으로 들어가면서 격벽이 형성되어 분지균사는 확장균사세포와 단절된다. 확장균사세포 내에서도 격벽이 형성되면서 확장균사세포는 둘로 나누어진다. 이 결과 균사 끝의 세포는 2개의 교배형 핵을, 끝에서 두 번째 세포는 한 개의 핵을, 격벽으로 나누어진 분지된 균사 세포도 한 개의 핵을 갖게 된다. 분지 균사의 세포는 두 번째 세포와 나누어져 있던 세포벽을 분해 하면서 융합을 하게 되고 동시에 핵을 두 번째 세포로 이동시킴으로써 두 번째 세포는 이핵체 상태를 회복하게 된다. 이 과정은 핵이 분열할 때마다 계속 반복된다. 이 과정이 끝날 때마다 균사에 돌출된 돌기 같은 것을 광학현미경으로 쉽게 관찰할 수 있는데 이것을 **꺽쇠연결체(clamp connection)**라고 한다(그림 2.20). 모든 담자균문의 균류가 꺽쇠연결체를 형성하는 것은 아니나 여전히 이핵체로 자라기 때문에 여기에는 다른 어떤 조절기작이 관여됨을 시사하고 있다.

그림 2.16에서 보았던 자낭 발달을 돌아보면 담자균의 꺽쇠연결 행동과 자낭균의 자낭발달 사이에 놀랄 만한 유사성이 있음을 볼 수 있다. 두 경우 모두 핵의 분배가 균사 자신을 지지하는 균사가 근처에 있는 다른 세포와 융합하면서 유지된다. 또한 비록 자낭균의 경우 자낭생성 초기에 잠시 나타나지만 두 경우 모두 이핵체 시기를 가지고 있다. 이러한 증거들은 자낭균문과 담자균문이 가까운 유연관계에 있다는 견해를 강하게 뒷받침한다.

생태 및 중요성

담자균류는 다른 어느 곰팡이 그룹보다도 큰 다양성을 나타낸다. 비록 자낭균성 효모에 비하여 수적으로 크게 뒤질지라도 식물 표면에 서식하는 효모 중의 몇몇은 담자균류이다. 이 중 한 예가 연어색(핑크빛)을 띠는 효모로 노쇠한 잎의 표면에서 자라는 *Sporobolomyces roseus*이다. 이 균은 잎 표면에서 서식하는 균류 중에서 흔히 발견되는 종인데, 이 종의 공기 중의 포자밀도는 인체에 호흡기 알러지를 일으키기에 충분할 수도 있다. 일부 담자균 효모는 인체에 생명을 위협하는 병원균이 될 수 있으므로 매우 중요하다. 특히 면역방어체계가 손상된 사람들에게 치명적인 병원체로 작용할 수도 있다. 여기에 잘 알려진 예로는 *Blastomyces dermatitidis, Cryptococcus neoformans, Histoplasma capsulatum* 등을 들 수 있다. 이들 균류는 실험실에서 서로 다른 교배형의 균주를 교배시켰을 때는 유성세대를 형성하지만 자연에서는 유성세대가 거의 관찰되지 않는다. 사람의 폐를 감염하기 시작하는 감염원의 출처는 새의 분변이나 유칼리나무의 수피 같은 흔한 환경시료에 있다(제16장). 위와 같은 사실로부터 알 수 있는 것은 식물 표면이나 다른 물질에 사는 중요치 않은 부생균이 인체의 건강에 중요한 영향을 끼칠 수도 있다는 점이다.

식물병원균으로서 매우 중요한 몇몇 그룹도 담자균문에 속해 있다. 여기에는 특별한 유형의 기주식물에만 침해하는 많은 **녹병균류**(녹病菌類; **rust fungi**)의 속과 종이 포함된다. 가장 잘 알려진 예로는 밀 줄기 녹병균 *Puccinia graminis*가 있다. 이 균은 아주 복잡한 생활환을 가지고 있는데, 4가지 유형의 포자를 생활환 중의 각각 다른 시기에 형성한다(제14장). 또 다른 중요한 병원균 그룹인 **깜부기병균류**(黑穗病菌類; **smut fungi**)는 기주식물에서는 사상형으로 인공배지에서는 효모형태로 자라기 때문에 특별하다. 이것도 제14장에 논의되어있다.

담자균문에서 가장 익숙한 균류는 균심강에 속하는 균류일 것이다. 여기에 속하는 균류의 거의 대부분은 대형균주이다. 여기에는 버섯류(흔히 toadstools로도 알려짐)를 비롯하여 말굽버섯, 말불버섯, 방귀버섯, 찻잔버섯, 목이 등과 같은 구조를 가진 것들이 있다. 이들 대형균류의 대부분은 섬유소, 헤미셀룰로스, 리그닌 등과 같은 중합체를 분해한다. 이들 균류가 발견되는 곳은 퇴비(먹물버섯류, *Coprinus*), 낙엽층(애주름버섯류, *Mycena*), 오래된 잔디밭의 죽은 풀더미("균륜"을 형성하는 선녀낙엽버섯 *Marasmius oreades*; 제10장), 부후시키는 주요 기능을 하는 곳인 목재 기질(제10장) 등이다. 이들 중 일부는 주요한 수목병을 일으킨다; 예로 활엽수에 뿌리썩음병을 일으키는 *Armillaria* spp.와 침엽수에 뿌리썩음병을 일으키는 *Heterobasidion annosum*가 있다(제12장).

많은 다른 버섯을 형성하는 균류는 산림수와 균근관계를 형성한다. 이러한 관계는 지구상에서 덥지 않은 지역에 주로 나타나고 있다. 왜냐하면 열대와 아열대 지역의 수목은 수지상균근을 가지고 있기 때문이다. 한대지역의 보편적인 균근균의 예로는 *Amanita*(광대버섯), *Russula*(무당버섯), *Cortinarius*(끈적버섯), *Boletus*(그물버섯), *Hebeloma*(자갈버섯), *Lactarius*(젖버섯) 등을 들 수 있다. 이들은 토양에서 무기염류의 흡수에 주요한 역할을 하는 반면에, 대부분의 육상식물에 존재하는 수지상균근균류는 토양으로부터 주로 인의 흡수에 관여하는 것으로 보이고(제1장), 산림수(열대와 아열대지역 제외)에 존재하는 외생균근균류는 토양에 존재하는 단백질을 분해하여 수목에 질소를 공급하는 중요한 역할을 하는 것으로 보인다(제13장).

담자균문에 속하는 균류 중에는 상업용 버섯으로 재배되는 것도 있다(양송이 *Agaricus bisporus*, 풀버섯 *Volvariella volvacea*, 표고 *Lentinula edodes* 등). 또 다른 균류는 곤충의 군집에 먹이를 제공하기 위해 곤충에 의해 배양된다. 이러한 사실에 대한 2가지 알려진 전형적인 예는 가위개미(*Atta* 종)가 형성한 곰팡이정원(fungus gardens)과 장에 세균을 가지고 있지 않은 일부 흰개미에서 볼 수 있다. 이들 곤충의 경우에는 식물의 잎이나 다른 물질을 서식처로 가지고 온 후에 담자균류 포자로 접종을 시킴으로써 자신들의 주요 먹이를 얻는다. 이들 곤충의 군집은 접종하여 자라나온 곰팡이의 균사를 섭취하고 오염된 곰팡이는 제거해 낸다. 계통진화분석에 따르면 이들 곤충과 곰팡이의 상호 공생관계의 기원은 약 5천만 년 전에서 6천만 년 전까지 거슬러 올라간다(제13장).

그 밖의 다른 담자균문에 속하는 "destroying angel"이라는 이름의 알광대버섯(*Amanita phalloides*)은 세포골격 단백질에 결합하여 피해를 주는 독소를 형성한다. 이들이 생성하는 독소는 세포생물학에서 세포의 활력을 연구하는 중요한 재료가 되고 있다(제3장).

담자균류의 다양한 자실체

담자균류 자실체의 매우 다양한 형태는 기능을 나타내기 위하여 그림 2.21~2.34에 설명을 붙여 나열하였다. 이러한 예는 모두 이 책에 동반한 웹사이트에서 내려받기 할 수 있다(온라인 자료 참조).

유사분열포자균류

진균계에 속하는 균류에 대한 마지막 설명으로서 가장 많은 수를 차지하고 분생포자를 형성하나 유성세대가 없거나 드물게 발견되거나 아직 밝혀지지 않은 자낭균성 균류에 대해서 알아보자. 예전에 이들 균류는 불완전균류(Deuteromycota 또는 Fungi Imperfecti)로 불렸는데, 좀 더 정확히 부르자면 유사분열포자균류(有絲分裂胞子菌類; mitosporic fungi)이다. 이는 포자형성이 오직 유사핵분열에 의해서 이루어지는 것을 나타내기 때문이다. 많은 수의 이런 균류는 유전자 염기서열 비교를 통하여 자낭균문의 여러 속에 소속되는 것으로 나타났다. 그러나 현재 알려진 유성세대가 없는 속과 종은 잠정적인 속명인 **형태속**(形態屬; **form genus**)을 부여한다. 유성세대가 발견되면 이름이 다시 붙여지고 소위 완전세대라고 불리는 유성세대의 특징에 따라 기재된다(무성세대는 anamorph, 유성세대는 teleomorph라는 용어로 쓰이기도 한다).

그림 2.21 직경이 약 1cm에 이르는 찻잔버섯류(*Cyathus* spp.)의 담자과. 이 버섯은 나무 조각으로 인하여 영양이 풍부해진 토양에서 흔하게 발견된다. 작은 회갈색의 컵이 성숙하면 얇은 상층의 막(화살표 참조)이 파열되면서 열리고 새알 모양의 **소피자(peridiole)**들이 모여 있는 모습이 드러난다. 담자과는 물 튀기는 컵과 같은 역할을 한다. 빗방울이 소피자를 때리면 소피자는 컵 밖으로 튀어 나온다. 각각의 소피자는 얇은 **소피자병 끈(funicular cord)**에 연결되어 있고 소피자병 끈은 끈적한 교질성의 **부착균사(hapteron)**를 밑에 가지고 있다. 부착균사는 소피자가 튀어나와 부딪치게 되는 (잎사귀 같은) 물질에 부착하는 것을 돕는다.

(a)

(b)

그림 2.22 (a,b) 자작나무 아래의 낙엽층에서 자라는 직경이 약 6cm에 이르는 방귀버섯류(*Geastrum* spp.)의 모습. 이들 버섯의 담자과는 말불버섯의 담자과처럼 생겼으나 처음에는 두꺼운 외벽에 싸여있다. 나중에 외벽은 별 모양으로 쪼개지고 말려서 담자과가 낙엽층 위로 돌출된다. 담자포자는 닫힌 내벽의 자실체 내에서 발생하여 성숙하는데, 자실체는 나중에 꼭대기에 구멍을 만든다. 빗방울이 종이 같은 내벽으로 싸인 자실체를 때릴 때 포자는 이 구멍을 통해서 내뿜어진다.

(a)   (b)

그림 2.23 직경이 약 3cm에 이르는 말불버섯(*Lycoperdon* spp.)으로서 미성숙시기(a)에는 흰색이나 방귀버섯류는 대부분 성숙시기(b)에는 갈색이다. 말불버섯류는 그림 2.22에서 보여준 방귀버섯과 유사하나, 나무기질에 붙어서 자란다. 말불버섯은 자실체 안에서 발달하는 담자기로부터 담자포자를 형성한다. 담자포자는 소병으로부터 사출되지는 않으나, 발달중인 자실체 안에 떨어져 모인다. 성숙한 말불버섯은 얇고 종이 같은 외부막을 지니는데, 꼭대기에는 구멍이 있다. 포자는 빗방울에 의해서 구멍을 통해 방출된다.

(a)   (b)

그림 2.24 스코틀랜드자작나무에서 자라는 두 종의 대표적인 목재부후균. (a) 직경이 약 20cm에 이르는 말굽버섯(*Fomes fomentarius*)은 딱딱하고 목질화된 다년생 버섯으로서 아주 흔하다. 목질부에서 자라는 균사는 갈색부후를 일으킨다. 담자기의 아랫부분에는 미세한 구멍이 있는데, 이 구멍에서 담자포자들이 떨어져서 바람을 통하여 분산된다. (b) 선반 모양의 구멍장이버섯의 일종인 자작나무버섯(*Piptoporus betulinus*)으로서 면도칼을 가는 데 사용했다.

(a)   (b)

그림 2.25 (a) 노쇠한 포플러나무에 자라고 있는 직경 25cm 정도의 시들어가는 흑덕다리벌집버섯(*Polyporus squamosus*). 포자는 아랫면의 구멍을 통하여 방출되나, 버섯은 몇 달 안에 쇠하여 썩으며, 매년 새로 형성된다. (b) 침엽수 뿌리에 기생하는 해면버섯(*Phaeolus schweinitzii*)의 커다란 원추 모양의 자실체. 갓의 직경은 약 15cm에 이르는데 가장자리는 크림색이나 가운데는 진갈색이다. 이 신선한 버섯의 윗부분은 솜털 같은 털로 덮여있다.

그림 2.26 (a) 자작나무와 근균관계를 이루며 자라는 *Boletus scaber*의 담자과 (직경 10cm, 담자색을 띠는 갈색). (b) 아랫부분은 담자포자가 주름이 아닌 구멍에서 형성됨을 보여준다. 이로 인해 이들 균류에 대한 일반명으로 '구멍장이버섯'이 쓰이게 되었다.

그림 2.27 축축하고 젤리 같은 외형을 지닌 목이류의 두 가지 예. (a) 목이(*Auricularia auricula*)의 귀 모양의 담자과. 일반적으로 죽은 딱총나무(*Sambucus* spp.) 가지에서 부생체로 발견된다. 진갈색의 자실체(약 6cm)는 완전히 말라서 쭈그러들 수 있다. 그러나 비가 온 후에는 부풀고 그 모양을 다시 회복한다. (b) 죽은 나뭇가지에서 부생체로 자라는 황금목이(*Tremella mesenterica*) (약 5cm 직경). 목이류는 몇 가지 독특한 구조 및 미세구조적 특징을 지니는데, 여기에는 담자기가 소리굽쇠처럼 깊이 나누어진 것, 4개의 긴 소병을 지닌 것, 격벽을 지닌 것 등이 포함된다. 일부는 반수체 효모 같이 출아하는 시기를 가질 수 있고, 목이류는 담자포자가 출아하여 분생포자를 형성할 수도 있다.

(a)

(b)

그림 2.28 (a) 목이류의 다른 예; 나무의 썩어가는 그루터기 조직 밑에서 자라는 싸리아교뿔버섯(*Calocera viscosa*)의 갈라진 모양의 담자과(약 5cm 높이, 등황색). (b) 자작나무의 균근균으로서 흔히 발견되는 큰붉은젖버섯(*Lactarius torminosus*)의 담자과(연어핑크색). 이 독버섯은 양모 같은 냄새 때문에 'wooly milk cap'이라고 부른다. 사진의 버섯은 직경이 약 10cm 이다.

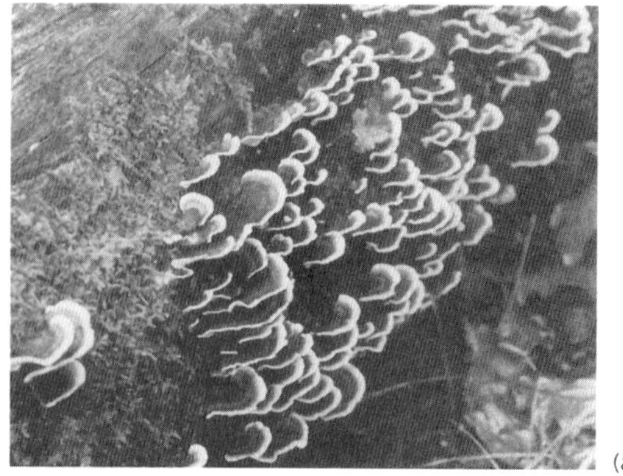

(a)

(b)

그림 2.29 (a, b) 통나무나 쓰러진 활엽수목에서 흔하게 다량으로 발견되는 구멍장이버섯인 구름버섯(*Coriolus versicolor*)의 얇고 가죽 같은 자실체(지름 약 5~7cm). 이 버섯은 가장자리에서 자라므로 흔히 다른 색을 띠는 동심원을 나타내기 때문에 종명을 *versicolor* 라고 한다.

(a) (b)

그림 2.30 식용 주름버섯의 두 가지 예. (a) 통나무에서 자라는 느타리(*Pleurotus ostreatus*)의 전형적인 담자과 다발 (각 담자과의 직경이 약 10cm에 달함). 주름은 순백색이고, 갓의 표면은 담자색을 띠는 갈색이다. (b) 전형적으로 자작나무 아래의 이끼가 자라는 축축한 곳에서 발생하는 주황색의 꾀꼬리버섯(*Cantharellus cibarius*).

(a) (b) (c)

그림 2.31 동물의 똥이나 퇴비에서 흔히 발견되며 "ink caps"라고도 불리는 먹물버섯(*Coprinus* spp.) 및 관련 버섯류. 전형적으로 담자과는 빠르게 형성되나 지속시간이 짧다. 주름을 포함하는 갓은 곧 기부로부터 위쪽으로 쇠퇴하기 시작하는데, 이때 까만 담자포자를 담고 있는 먹물액을 떨어뜨린다. 균학에 열성적인 사람들은 이 먹물액으로 글을 쓰는 것을 알았으나, 그것은 컴퓨터가 나오기 전이다! (a) shaggy cap 또는 lawyer's wig라고도 불리는 먹물버섯(*Caprinus comatus*)은 성숙하면 키가 약 15cm에 이른다. (b) 성숙 후 2~3일이 지나면 먹물버섯 담자과가 용해된다. (c) 관련 속인 눈물버섯(*Psathyrella*)이 한천배지에서 자라는 모습. *Coprinus* 및 관련 종들은 한천배지에서 쉽게 키워서 버섯을 형성시킬 수 있는 균류 중의 일부이다. 따라서 이들 균류는 유전학 및 발생학 연구에서 광범위하게 이용되어왔다. [사진제공: Maria Chamberlain.]

그림 2.32 광대버섯 (*Amanita muscaria*) (직경 약 12cm). 갓은 선홍색이며, 흰 비늘을 가지고 있다. 버섯대는 갓 바로 아래에 턱받이를 가지고 있고, 밑에는 컵 모양의 대주머니를 가지고 있다 (사진에는 명확히 보이지 않으므로 그림 13.6 참조). 이 종은 일반적으로 자작나무류 및 소나무류와 균근관계를 형성하는데, 맹독성 버섯이다.

아주 일반적이고 중요한 곰팡이들의 일부는 오직 무성세대만 알려져 있다. 여기에 속하는 예로는 형태속인 *Alternaria*(한 종의 경우는 유성세대가 *Lewia infectoria*라는 것이 알려짐), *Aspergillus* (*Aspergillus flavipes*와 *Aspergillus nidulans*는 각각 *Fenellia flavipes*와 *Emericella nidulans*로 유성세대가 알려짐), *Cladosporium, Humicola, Penicillium, Phialophora* 등을 들 수 있다.

여기에 흥미로운 의문이 있는데, 그것은 왜 많은 균류가 부분적으로 또는 완전히 유성세대를 버렸을까? 라는 것이다. 이에 대한 대답은 아마도 이들 균류가 *Aspergillus*나 *Penicillium* 같은 형태속 균류에서 나타나는 준유성생식 주기(parasexual cycle)처럼 기존방식과 다른 유전적 재조합의 수단을 발달시켰기 때문일 것이다.

포자형성 방법

유사분열포자균류는 자낭균류의 무성세대처럼 다양한 방법으로 분생포자를 형성하지만 결코 포자낭 안에서 세포질을 분할하면서 포자를 형성하지는 않는다. 이들 균류가 나타내는 포자형성 방법 중 몇 가지가 그림 2.33에 도식되어있다. 분생포자 발달은 주로 분절형 발달(*Geotrichum candidum*처럼 세포에 격벽이 생기는 과정에 의함; 그림 2.33g 참조) 또는 출아형 발달(격벽에 의해서 구분되기 전에 분생포자가 부풀기 시작함; *Cladosporium*(그림 2.33a) 및 *Alternaria*(그림 2.33b) 등의 형식에 의하는 것으로 알려져 왔다.

대부분의 분생포자 발달 양식은 출아형(出芽形; blastic type)에 속한다. 한 예로 지금은 유성세대의 발견으로 *Sydowia polyspora*로 다시 명명된 *Aureobasidium pullulans*의 분생포자는 격벽 또는 격벽 근처에서 형성된다(그림 2.33h). *Humicola* spp.의 분생포자는 분생포자경의 끝이 풍선처럼 부풀어지면서 생겨난다(그림 2.33d). 많은 균류에 있어서 분생포자는 플라스크 형태의 세포인 **분생포자원세포**(分生胞子原細胞; **phialide**)에서 밖으로 나오면서 형성된다(예, *Aspergillus, Penicillium, Phialophora,* 그림 2.33c,e,f). 그 밖의 다른 양상은 분생포자경이 배열되는 방식에 따라 나타난다. 한 예로 *Penicillium* 종은 전형적인 브러쉬 모양의 분생포자경을 가지고 있는데, 그 끝에 분생포자원세포들이 존재하여 분생포자를 분출한다. 연속적으로 만들어지는 분생포자는 사슬처럼 이어진 모습으로 보인다(그림 2.33e). *Aspergillus* 종은 전형적으로 부푼 구낭위에 배열된 분생포자원세포들을 가지고 있으며, 이곳에서 역시 사슬처럼 이어진 분생포자를 형성한다(그림 2.33c). 분생포자는 분생포자경이 다발로 배열되면서 하나의 막대 모양 구조를 지닌 **분생포자경다발**(分生胞子梗束; **synnema** 또는 **coremium**; 예, *Pesotum,* 그림 2.33i), 또는 한 층의 조직 구조인 **분생포자반**(分生胞子盤; **acervulus**; 예, *Gloeosporium,* 그림 2.33k), 그리고 플라스크 모양의 **분생포자각**(分生胞子殼; **pycnidium**) 안에서 형성될 수 있다(예, *Phomopsis,* 그림 2.33j).

생태 및 중요성

지금까지의 설명에서 뚜렷이 알 수 있는 것처럼 유사분열포자균류는 아주 흔하며 바람, 비, 동물 등에 의해 분산되는 분생포자를 상당히 많이 형성한다. 이들 균류 중의 많은 수가 영양물질의 순환에 중요한 역할

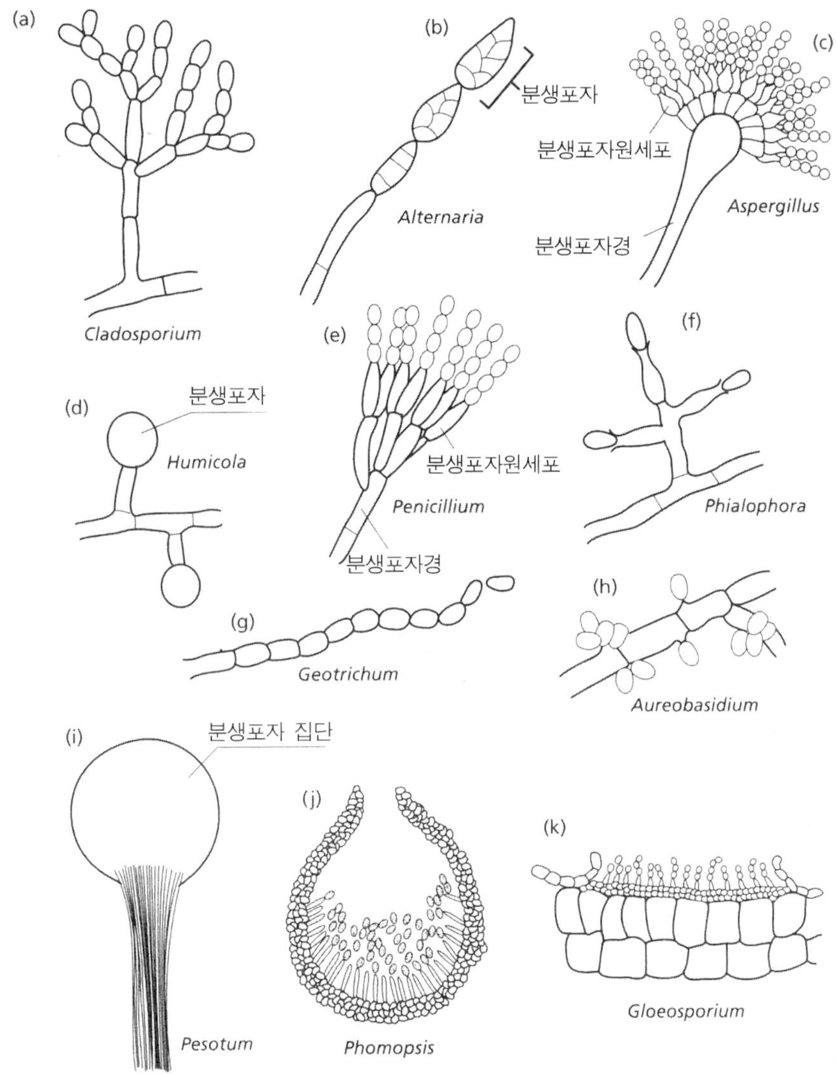

그림 2.33 유사분열포자균류가 분생포자를 형성하는 몇 가지 대표적인 방법.

을 하는 흔한 부생균이다. 일부 균의 분생포자는 20~40㎛ 정도로 사람의 코털에 충돌할 만큼 큰데, 건초열(乾草熱; hay-fever) 증상을 일으킨다(예, *Alternaria*). 어떤 균의 분생포자는 약 4㎛ 정도로 작아 호흡기 상부에서 걸림이 없이 허파꽈리까지 도달하여 그곳에서 급성 알러지 반응(제10장)을 일으키거나 장기적으로 병소가 되도록 정착할 수 있다(예, *Aspergillus fumigatus*). *Penicillium*, *Aspergillus*, *Fusarium* 같은 균들은 저장식품의 부패를 일으킬 수 있으며 여러 가지 치명적인 균독소를 생성한다(예, *Aspergillus flavus*, 제7장에서 논의됨). 유사분열포자균류의 일부는 주요한 식물병원균으로서 *Verticillium dahliae*, *Fusarium oxysporum* 같은 유관속 시들음병균을 포함한다(제14장). 또 다른 일부는 많은 곤충기생균을 포함하는데 이에 대한 예로는 해충의 생물적 방제에 이용될 가능성을 지닌 여러 *Metarhizium*(녹강균)

과 *Beauveria*(백강균)의 균주를 들 수 있다(제15장). 유사분열포자균류는 그 밖에 여러 가지 유용한 기능을 지니고 있기에 이들의 다양하고 유용한 대사물질이 상업적으로 개발되고 있다(항생물질, 효소, 면역억제제, 유기산 등).

유사균류

진균류 외에도 여러 유사균류(fungus-like organisms)가 전통적으로 균학자들에 의하여 연구되어왔다. 균학자들의 유사균류 취급은 오래 전부터 유증되어온 사실이기 때문에 우리들이 인정하는 한 유사균류가 진균이 아니라는 사실은 옹호될 수 있다. 넓은 의미(해설 2.1 참조)에서 곰팡이로 간주될 수 있는 유사균류는 아래와 같다.

- **난균문**(卵菌門; **Oomycota**), 스트라미니필라계 **(Straminipila)** (stramenphiles; Dick 2001)에 속하며 황갈조류 및 규조류와 근연관계에 있다.
- 아크라시드(acrasid) 및 딕티오스텔리드(dictyostelid) 끈적균류 (**Acrasiomycota** 및 **Dictyosteliomycota**)
- 변형체성 끈적균류(plasmodial slime moulds) (점균문(粘菌門), 변형균문; **Myxomycota**)
- 무사마귀병균류(plasmodiophorids) (무사마귀병균문; **Plasomodiophoromycota**)

난균문

난균문(卵菌門; **Oomycota**)은 경제적으로 가장 중요한 유사균류로서 많은 환경 처리과정에서 매우 중요한 역할을 한다. 이들은 식물병원균으로 특히 중요한데, **감자 역병**(*Phytophthora infestans*에 의해 발생), **참나무 급사병**(*Phytophthora ramorum*에 의해 발생), *Pythium*균에 의한 많은 유묘병 및 **쇠락병**(衰落病; **decline disease**), 그리고 각종 **노균병**(露菌病; **downy mildew**) 등과 같은 막대한 피해를 주는 식물병을 일으킨다. 이러한 병에 대한 사항은 제14장에서 자세히 취급되며, 그 외의 다른 난균문에 대한 사항은 제3장과 제10장에서 다루고 있다.

난균문에서 가장 눈에 띄는 특징 중의 하나는 이들이 정확히 진균처럼 행동한다는 것이다. 이들의 균사는 정단생장을 하며 세포벽 분해효소를 분비하여 식물세포를 침입한다. 또 이들은 기주침입을 위해서 진균과 유사한 전략을 사용한다. 그래서 놀라울 정도의 수렴진화(收斂進化; convergent evolution)를 통해서 난균문의 균류는 진균의 생활양식에 버금가는 생활양식을 갖도록 발달했다(Latijinhouwers *et al.* 2003). 그렇지만 이들은 전적으로 진균과 관련되어 있지 않다. 광합성 색소를 가지고 있지 않은 점을 제외하고는 난균문은 다음과 같이 식물과 유사한 특징을 많이 가지고 있다.

- 세포벽이 섬유소 유사 중합체를 포함한 글루칸으로 주로 구성됨.
- 반수성 핵을 지닌 대부분의 진균과 달리 이배체 핵을 지님.
- 진균의 스테롤인 에르고스테롤 대신 식물스테롤이 세포막을 구성함.
- 에너지 저장물질이 대부분의 진균이 가지고 있는 폴리올(당알코올)과 균당이 아닌 식물저장 물질과 유사함.
- 일련의 미세구조 모습이 진균의 구조보다 식물의 구조에 더 가까움. 골지체의 시스터나(cisternae)는 겹쳐진 판상 구조(진균은 관상의 골지체 시스터나를 가짐)와 관상의 미토콘드리아 시스터나(진균은 평판형 또는 디스크형 미토콘드리아 시스터나를 가짐)를 가짐.
- 여러 항균물질에 대한 민감도에 차이가 있음.

난균류의 독특한 생활환 특징

그림 2.34는 식물병원균 *Phytophthora infestans*와 수생균류인 *Saprolegnia* spp.로 대표되는 난균문 생활환에 있어서 주요한 특징을 보여주고 있다.

전형적으로 체세포성(영양체) 시기는 **넓고 빨리 자라는 이배체 핵(diploid nuclei)**을 가진 균사이다. 이

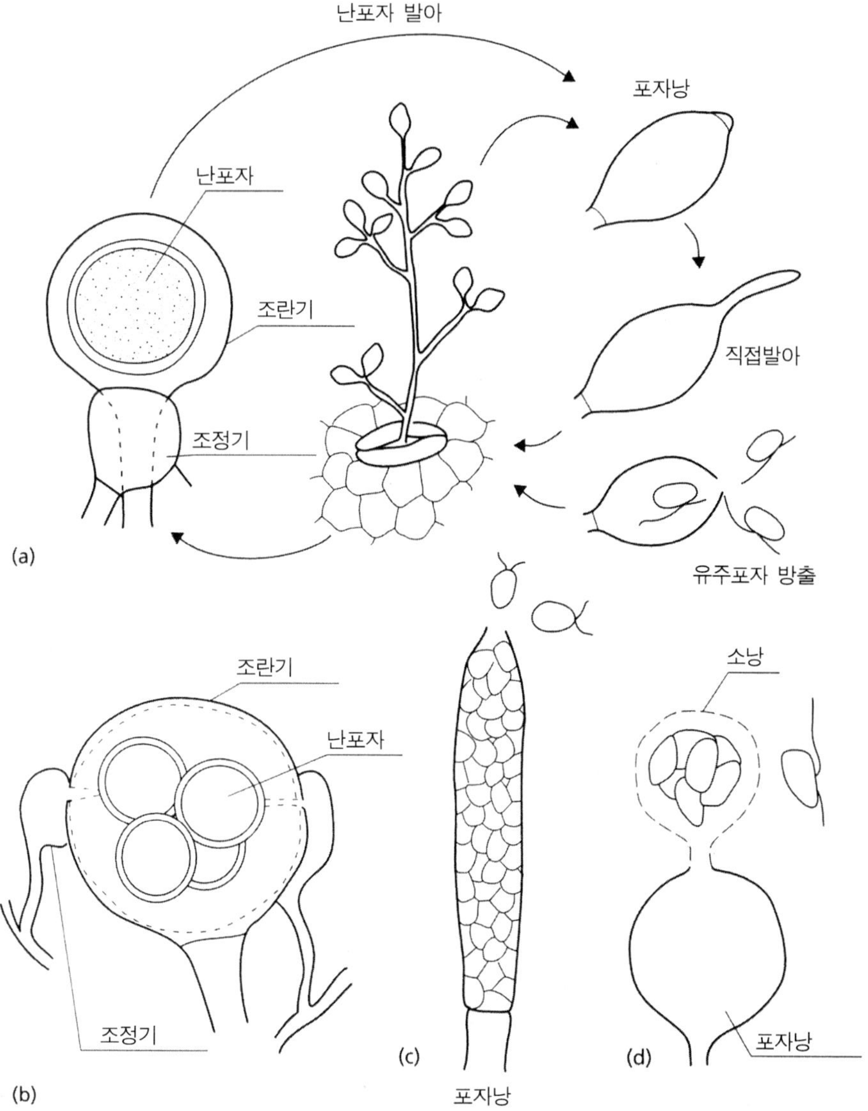

그림 2.34 난균류의 특징적인 모습 (a) *Phytophthora infestans* (감자역병균)의 감염환에 있어서 여러 단계들. 기주조직 내에서 서로 다른 교배형이 각각 조정기와 조란기를 형성한다. 수정을 통하여 두꺼운 세포벽을 지닌 휴면포자(난포자)를 형성한다. 휴지기 이후에 난포자는 균사가 밖으로 뻗으며 발아하고 바람에 의해서 전파되는 레몬 모양의 포자낭을 형성한다. 포자낭은 (따뜻한 조건에서) 균사를 뻗으며 발아하거나 또는 서늘하고 습한 조건에서 세포질분할을 통하여 2개의 편모가 달린 운동성 유주포자를 형성하여 기주침입을 시작한다. 감염된 잎은 기공을 통하여 포자낭경을 형성하고 포자낭을 전파시켜 다른 식물을 감염시킨다. (b) *Saprolegnia* 의 유성생식: 여러 개의 난포자가 각각의 조란기에 형성된다. (c) *Saprolegnia* 의 무성생식: 균사의 선단에 포자낭이 형성된 다음에 세포질이 분할하여 1차 유주포자(앞쪽에 2개의 편모가 있음)를 방출한다. 유주포자는 바로 피낭체를 형성하고, 이 피낭체들은 새로운 곳으로 전파되는 유주포자(후면에 2개의 편모가 있음)를 방출한다. (d) *Pythium* 의 무성생식. 성숙된 포자낭이 그 내용물을 얇은 막에 싸인 소낭으로 배출한다. 소낭 안에서 후면에 2개의 편모를 가진 유주포자들이 형성되는데, 소낭이 터지면 유주포자가 방출된다.

균사는 생식구조로부터 분리되기 위해 완전한 구멍이 없는 격벽을 형성할 때를 제외하고는 격벽을 가지고 있지 않다.

무성생식(無性生植; **asexual reproduction**)은 **다핵 포자낭**(多核胞子囊; **multinucleated sporangium**) 형성을 포함하는데 포자낭은 격벽에 의해 분리된다. 포자낭 내용물은 각 핵 주변에서 분리되어 이배체의 **유주포자**(游走胞子; **zoospore**)를 형성한다. 각 유주포자는 앞을 향하는 깃털형 편모(tinsel-like flagellum)와 후방을 향한 민꼬리형 편모(whiplash flagellum)를 가지고 있다. 유주포자는 포자낭 끝이 터질 때 방출된다. 그러나 어떤 종(예, 감자역병균)의 경우는 포자낭 전체가 떨어지면서 포자분산의 역할을 한다. 포자낭은 환경 조건(특히 온도)에 따라 균사를 내면서 발아하거나 세포질 분할을 수행하여 유주포자를 방출할 수도 있다. 여러 작물에 있어서 중요한 병원균인 **노균병균**(露菌病菌; **downy mildew pathogen**)은 바람에 의해 전파되는 포자낭을 형성하며 기주를 침입하기 위해 발아하여 균사를 만든다.

유성생식(有性生殖; **sexual reproduction**)은 전형적으로 웅성생식 기관인 **조정기**(造精器; **antheridium**)와 한 개 또는 여러 개의 난자를 지닐 수 있는 자성생식 기관인 **조란기**(造卵器; **oogonium**)의 형성을 포함한다. 감수분열은 이들 생식기관에서 일어나며 수정은 하나의 반수체 핵이 수정관을 통하여 각 반수체의 난자에 이동됨으로써 이루어진다(그림2.34b). 어떤 *Phytophthora* 종(예, *P. cactorum*)에 있어서는 조정기가 조란기 측면에 부착된다. 그러나 다른 종(예, *P. infestans*)에 있어서는 조란기의 균사가 조정기를 관통하여 자라고 부풀어서 난포자를 형성한다. 어느 경우이든 간에 수정을 통하여 한 개 또는 그 이상의 두꺼운 벽으로 싸인 이배체의 **난포자**(卵胞子; **oospore**)를 형성한다.

이러한 기초적인 생식과정에 있어서 난균류 간에 많은 차이가 있다. 예를 들어, 난균류 중의 일부는 자웅동체성이고 일부는 자웅이체성이다. 어떤 종들(예, *Pythium oligandrum*)은 유성생식 과정 없이 단위생식으로 난포자를 형성한다. 수생균류(*Saprolegniales*) 중 일부는 포자낭에서 유주포자를 방출한 후에 즉시 피낭체를 형성한다. 그 후 피낭체는 발아하여 좀 더 장시간 동안 헤엄칠 수 있는 2차 유주포자를 형성한다. *Pythium* spp.는 포자낭의 정단을 분해 시켜서 직접적으로 유주포자를 방출시키지 않는다. 대신에 포자낭은 짧은 방출관을 형성하여 그 끝에 세포막으로 쌓인 소체를 형성한 다음 포자낭 내에 있는 물질을 소체로 보낸다(그림 2.34b). 그 결과 소체 안에서 유주포자가 분화 형성되고 소체가 터지면서 방출된다.

분류, 생태 및 중요성

난균문에는 5~6개의 목을 포함하여 약 500~800 종이 있는 것으로 추정된다. 그러나 이들 목 중에서 일부의 목은 불과 몇 종만 포함하고 있는데 이 책 후반부의 적절한 곳에서 언급될 것이다. 본 장에서는 2개의 주요 목인 **물곰팡이목**(水生菌目; **Saprolegniales**)과 **노균병균목**(露菌病菌目; **Peronosporales**)에 주안점을 둘 것이다.

물곰팡이목은 일반적으로 수생균으로 알려져 있는데, 담수 서식처나 일부 기수가 있는 강어귀 환경에서 아주 흔하다. 자연수에 대마 종자를 침지하여 미끼로 쓰면 쉽게 유인된다. 그러나 세균의 오염으로부터 분리하기는 아주 어렵다. *Achlya*와 *Saprolegnia*속에 속하는 여러 종은 담수에서 흔한 부생균으로서 유기물의 순환에 기여한다. 그러나 *Saprolegnia diclina*는 연어에 중요한 병원균이다. 가까운 유연관계에 있는 *Aphanomyces* 종들은 아마도 공격적인 뿌리병원균으로 잘 알려져 있을 것이다(예, 완두와 강낭콩에 가해하는 *A. euteiches*). 그러나 *A. astaci* 는 가재의 병원균이며 실제적으로 유럽가재를 거의 멸종시켰다[가재 역병(crayfish plague)으로 알려져 있음]. 유럽에 도입된 미국가재는 이 병에 저항성이어서 현재 유럽의 거의 모든 지역에서 유럽가재를 대체시켰다.

노균병균목은 가장 크고 경제적으로 매우 중요한 그룹으로서 다수의 심각한 식물병원균을 포함한다. 많은 *Pythium* 종들은 유묘에 병을 일으키고 거의 모든 작물의 잔뿌리를 공격한다(제14장). 그러나 일부 *Pythium* 균은 다른 곰팡이에 기생할 수 있어서 식물병의 생물적 방제균으로서의 가능성을 가지고 있다(제12장). 노균병균목은 감자 역병(*P. infestans*) 같은

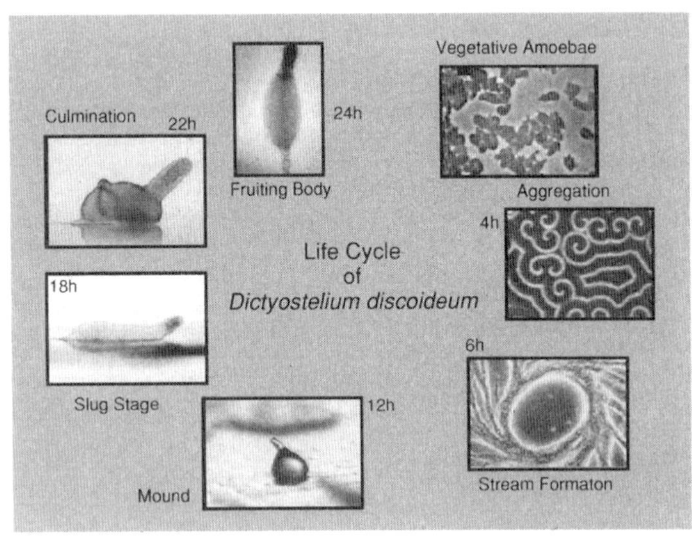

그림 2.35 *Dictyostelium discoideum*의 생활환. [사진제공: Florian Siegert. 출처: http://www.zi.biologie.unimuenchen.de/zoologie/dicty /dicty.html]

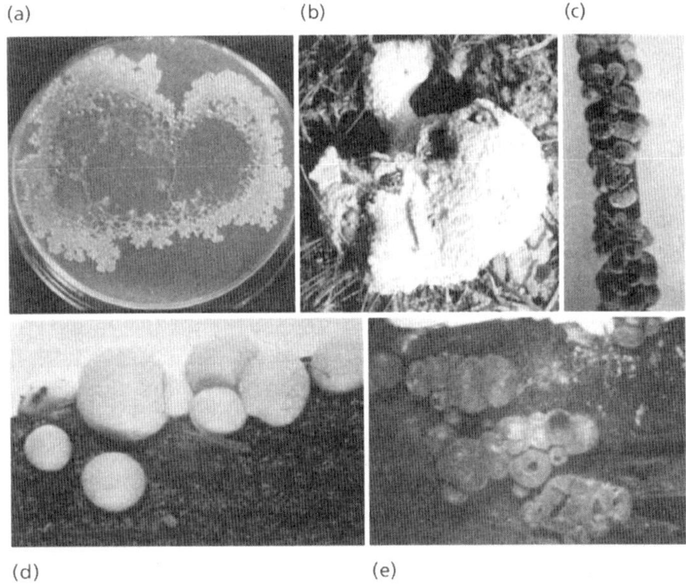

그림 2.36 변형균문 (a) 한천배지에서 자라는 *Physarum polycephalum*의 변형체 모습. 배지 중앙에 접종한 변형체가 어떻게 가장자리로 옮겨가서 원형질체를 축적하였는지 주목할 것. (b) 썩어가는 담자균 자실체(직경 약 15cm)가 크림색을 띠는 점균 *Fuligo septica*의 포자형성 구조물로 완전히 덮인 모습. (c) 직경 4mm 되는 풀잎에 끈적균 *Physarum cinereum*의 성숙한 포자낭이 형성된 모습; 이 중 많은 포자낭이 짙은 회색의 포자를 방출하기 위해서 열려있다. (d) 썩은 나무 표면에 있는 미성숙한 *Lycogala*의 핑크색 포자낭 모습; 각각의 포자낭은 직경 1cm에 달한다. (e) 유사한 포자낭의 5일 후 모습, 성숙되어 회색으로 바뀌었고, 깨져서 포자를 방출하기 위해서 가늘고 얇은 낭으로 구성되어있다.

병을 일으키는 모든 *Phytophthora* 종들을 포함한다. 이 중 병원성이 가장 강한 식물병원균 중의 하나는 넓은 기주범위를 가지고 있는 *Phytophthora cinnamomi* 이다. 이 병원균은 소나무류, 유칼리나무류, 유실수, 그리고 지구상의 온대지역에 있는 많은 다른 식물에 있어서 뿌리썩음병을 일으키는데, 경종지역이 아닌 자연지역 식물에 까지 침입하여 식물환경을 황폐시킬 수 있다. 이에 못지않게 병원력이 강한 종인 *Phytophthora ramorum*은 미국 캘리포니아주에서 참나무를 급속히 고사시키고 있는데(제14장), 현재 유럽지역에 걸쳐서 퍼지고 있어서 많은 유럽 토종의 수목에 위협을 주고 있다. 노균병균목은 절대순활물 기생체인 **노균병균류**

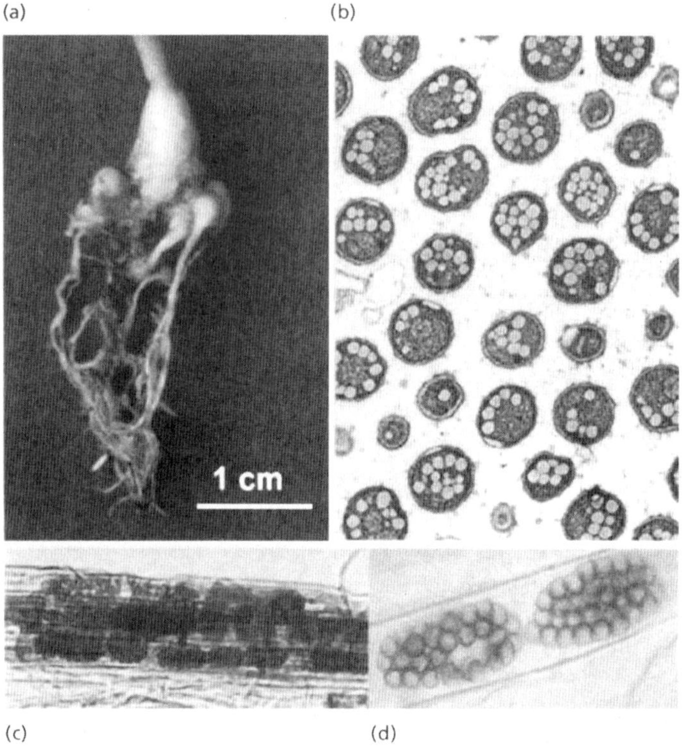

(a) (b) (c) (d)

그림 2.37 무사마귀병균류 (a) *Plasmodiophora brassicae*에 의해 십자화과식물의 유묘에 나타난 뿌리혹 병징; 심하게 변형된 뿌리조직을 주목할 것. (b) 뿌리혹 조직 안에서 볼 수 있는 *P. brassicae*의 두꺼운 벽을 지닌 휴면포자로서 세포벽이 두꺼움. (c,d) 풀뿌리에 존재하는 두꺼운 세포벽을 지닌 *Polymyxa grominis*의 휴면포자 덩어리를 서로 다른 배율로 본 모습. [사진제공: J.P. Braselton, Ohio University. 출처: http://oak.cats.ohio.edu/~braselto/plasmos/]

(露菌病菌類; **downy mildews**) (예, 상추 노균병균 *Bremia lactucae*, 포도나무 노균병균 *Plasmopara viticola*)를 포함한다(제14장).

그 밖에 남아있는 목으로는 **Leptomitales**와 **Lagenidales**가 있다. **Leptomitales**목은 하수로 오염된 물에서 주로 발견되는 *Leptomitis lacteus* 같은 수생균류를 포함하는 소그룹이다. 이들 균류는 몇 가지 흥미롭고도 특별한 특징을 가지고 있는데, 즉 호흡대사보다는 발효대사를 하고(제8장), 무기태 황을 이용하지 못하기 때문에 황을 함유한 아미노산을 필요로 하며, 소시지 사슬과 같이 일정간격을 두고 수축되어 잘록해진 균사를 가지고 있다. 일부 종은 (난균문에서는 일반적이지 않은) 세포벽에 상당한 양의 카이틴을 가지고 있으며 균사의 수축된 부분은 대부분 카이틴으로 구성된 셀룰린 입자에 의해 막히기도 한다.

Lagenidales목은 식물 뿌리(예, *Lagena radicicola;* Macfarlane 1970) 또는 조류, 진균, 무척추동물(예, 선충, 모기 유충 등에 기생하는 *Lagenidium giganteum*) 등에 병징 없이 기생하는 기생체이다. 일반적으로 이들 균류는 기주가 없는 인공배지에서는 순수 배양되지 않는다.

세포성 끈적균류

세포성 끈적균류(cellular slime molds)는 **딕티오스텔리드** 세포성 끈적균류(dictyostelid cellular slime moulds)와 **아크라시드** 세포성 끈적균류(acrasid celluar slime moulds)로 구성되어있다. 이 두 그룹은 생물학적으로 서로 유사한데, 딕티오스텔리드균은 단계통 그룹으로 보이나 아크라시드균은 그렇지 않은 것으로 보인다. 두 균류 모두 자라서 식균작용에 의해 세균과 다른 먹이입자를 섭취하는 반수체의 단핵인 아메바로 분열한다. 또한 습하고 유기물이 풍부한 토양, 낙엽층, 동물분변, 그리고 이런 물질과 유사한 기질에서 일반적으로 발견된다. 영양원이 고갈되면 아메바는 많은 복잡한 발달 단계를 진행하는데 수천의 아메바세포가 모여서 대와 같은 자실체를 형성한다(그림 2.35). 이 과정은 딕티오스텔리드 끈적균인 *Dictyostelium discoideum*에서 집중적으로 연구되어 왔다. 그리하여 이 균은 세포 커뮤니케이션과 분화연구의 모델균이 되었다.

영양원의 고갈이 시작되면 몇몇 아메바는 응집의 중심으로서 역할을 하는데 주기적인 신호로서 cyclic AMP(cAMP) 물질을 생성한다. 이 물질은 다른 아메바들에게 응집에 참여토록 하는 신호가 되므로 주화성에 의해 모여들게 된다. 이에 따라 아메바들은 한정된 방향을 따라 흘러들고 종국에 아메바무더기가 형성된다. 무더기가 형성되면 이곳에 있던 세포들은 전경세포(pro-stalk cells)와 전포자세포(pro-spore cells)로 분화하여 나중에 정해진 위치에서 각각 대와 포자가 된다. 이 시기쯤 되면 무더기는 무너지게 되고 무더기에서 유래한 아메바 덩어리인 **위변형체**(僞變形體; **grex**)가 기질표면으로 이동하여 그곳에서 대와 포자를 담은 둥근 머리를 가진 **누적자실체**(累積子實體; **sorocarp**)로 분화한다. 결국에는 세포벽을 가진 포자가 방출되어 바람에 의해 분산된다.

두꺼운 세포벽을 가진 배수성 **대형피낭체**(大型被囊體; **macrocyst**)를 형성하는 유성세대 시기도 알려졌는데, 대형피낭체는 감수분열을 한 후에 유사분열을 거듭한다. 이렇게 해서 세포질이 분할되면 많은 반수성 아메바가 방출되고 생활환을 반복하게 된다. 딕티오스텔리드균에 대한 자세한 내용은 Raper(1981)의 문헌에서 찾아볼 수 있다.

점균문 — 변형체성 끈적균류

변형체성 끈적균은 세포벽이 없는 다핵의 원형질체가 망상구조를 가진 덩어리 모양의 **변형체**(變形體; **plasmodium**, 그림 2.36)로 이루어져 있는데, 이들 원형질은 빠르고 규칙적인 흐름을 보인다. 이들 균은 가을철에 다습한 썩은 목재, 퇴화하는 균류 자실체, 세균이 번성하는 유기체 등에서 쉽게 볼 수 있다. 이들은 식작용에 의하여 세균이나 기타 먹이입자를 섭취한다. 변형체는 전형적으로 기질 내에서 발달하지만 기질 양분이 고갈되면 표면으로 이동하여 변형체 모두가 바람에 의해 분산되는 많은 반수체 포자를 담고 있는 자실체 구조인 포자낭(sporangium)으로 변한다. 이 포자는 발아하여 점균아메바(myxamoeba)나 편모가 있는 유주포자를 형성하며 이들은 2개씩 쌍으로 융합하고 그 결과 생기는 이배체 세포는 자라서 변형체가 된다. *Physarum polycephalum*이 아마도 가장 잘 알려진 예 일 것이다. 이 균은 조성이 밝혀진(무세균) 배지에서 배양이 가능하기 때문에 형태 유전학자들에 의하여 집중적인 연구가 이루어져왔다. 점균류에 관한 자세한 내용은 Martin & Alexopoulos(1969)의 저서에서 찾아볼 수 있다.

무사마귀병균류

무사마귀병균류(plasmodiophorids) (그림 2.37)는 식물, 조류 또는 균류의 세포 내에 기생하는 절대기생체로서 기주에서만 자라며 실험실 배지에서는 배양되지 않는다. 그룹으로 볼 때 이 균류는 진균이나 유사균류에 대해 뚜렷한 연관관계를 보이고 있지 않다. 그래서 이들의 계통발생학적 위치가 여전히 명확치 않다(Down *et al.* 2002). 이 그룹에서 가장 중요한 균은 십자화과작물에 무사마귀병을 일으키는 *Plasmodiophora brassicae* 이다. 이 병에 걸리면 식물호르몬 생성에 의해서 세포분열이 급증함에 따라 뿌리가 심한 기형으로 되는데, 이는 심각한 수량 감소를 초래할 수 있다. 근연 균인 *Spongospora subterranea*는 감자 괴경에 가루더뎅이병을 일으킨다. 이들 균 외에도 *Polymyxa* spp. 같은 여러 일반적인 무사마귀병균들은 많은 식물의 뿌리에서 병징을 나타내지 않는 기생체로 자라면서 피해를 주지 않거나 경미하게 주지만 몇몇 경제적으로 중요한 식물바이러스의 매개균으로 작용할 수 있다.

비록 몇몇 단계에 대한 자세한 사항에 대해서는 아직도 확실치 않은 점이 있지만 *P. brassicae*의 생활환에 있어서 중요한 단계가 그림 2.38에 나타나 있다. 세포벽이 두꺼운 휴면포자는 토양 속에서 여러 해 동안 견딜 수 있으며 어느 한 해에는 오직 낮은 비율의 포자만 발아하게 된다. 이 때문에 어느 곳에 일단 이 균이

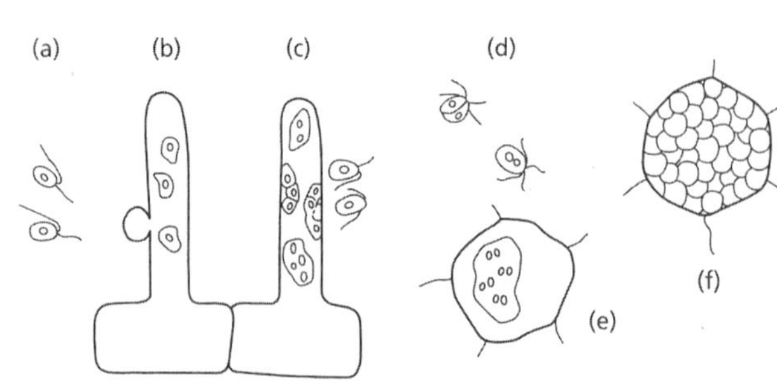

그림 2.38 십자화과작물에 뿌리혹병을 일으키는 *Plasmodiophora brassicae*의 생활환 단계. (a) 단핵의 **1차유주포자(primary zoospore)**는 토양에서 발아하는 휴면포자에서 방출된다. (b) 유주포자는 뿌리털이나 뿌리 표피세포에서 피낭체를 형성하고 기주세포 내로 원형질체를 주입한다. (c) 원형질체는 작은 1차변형체로 자란 후에 포자낭으로 전환되고, 포자낭은 뿌리세포가 죽거나 방출관이 형성이 되었을 때 토양으로 유주포자를 방출한다. (d) 유주포자는 쌍을 이루어 융합한다. (e) 융합된 유주포자는 뿌리의 피층세포를 침입하여 **2차변형체(secondary plasmodium)**로 분화한다. (f) 2차변형체는 성숙하여 **휴면포자(resting spore)**로 전환되고, 대개 피층세포를 완전히 채우게 된다. 이 포자는 뿌리가 썩으면 토양으로 방출된다. 결국에 휴면포자는 발아하여 반수체의 유주포자를 방출함으로써 다시 감염환을 반복한다.

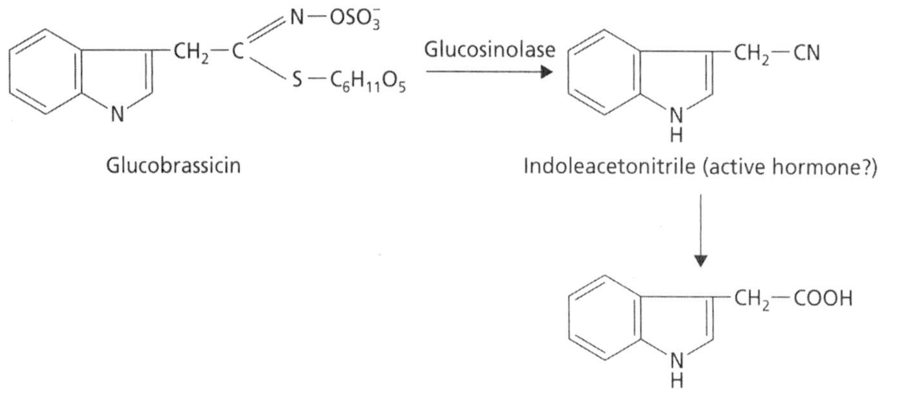

Glucobrassicin —Glucosinolase→ Indoleacetonitrile (active hormone?) → Indoleacetic acid (1 AA) (active hormone)

그림 2.39 *Plasmodiophora brassicae*에 의해 글루코브라시킨이 식물호르몬 인돌초산으로 전환되는 것으로 추정되는 경로.

정착하게 되면 제거가 거의 불가능하다. 휴면포자는 발아하여 2개의 편모를 가진 유주포자를 방출하고 유주포자는 화학주성에 의하여 기주 뿌리에 정착한 후에 기주표면에서 피낭체가 된 다음 총알 같은 구조체를 이용하여 기주 뿌리의 표층세포나 뿌리털 세포 속으로 피낭체의 원형질체를 주입한다. 주입된 원형질은 작은 **1차변형체**(一次變形體; **primary plasmodium**)로 발육한 다음 포자낭으로 변형된다. 뿌리세포가 죽거나 방출관이 형성되면 포자낭에서 유주포자들이 방출된다. 이 시기에 유주포자는 쌍을 이루어 융합한 후에 다시 뿌리의 피층세포를 침입하여 그곳에서 나중에 두꺼운 세포벽을 가진 **휴면포자**(休眠胞子; **resting spore**)를 형성하게 될 커다란 **2차변형체**(二次變形體; **secondary plasmodium**)로 발육한다. 감수분열은 휴면포자가 형성되기 바로 전에 일어난다는 증거가 있기 때문에 1차유주포자는 반수체이고 2차유주포자와 유주포자낭은 이배체로 생각된다.

무사마귀병균에 의한 주요 피해는 뿌리가 무사마귀병균에 의한 피층의 침입에 반응하여 급속도로 세포 확장(비후; hypertrophy)과 세포분열(증생; hyperplasia)을 진행하여 커다란 혹이 발달함에 기인된다. 혹을 만드는 부위로 식물영양이 전환되면 꽃양배추와 같은 작물들은 신초 생장과 수확량이 심하게 감소되고, 혹이 발생한 근채류는 시장에 출하할 수 없으므로 경제적 피해를 입는다. 혹 발달의 원인은 십자화과식물에 존재하는 특정물질인 글루코브라시킨(glucobrassicin)이 글루코시놀라제(glucosinolase)란 효소에 의해서 식물호르몬인 인돌아세트산(IAA)으로 전환되는 데 기인하는 것으로 제안되고 있다.

무사마귀병균류는 실험실 배지에서 배양할 수 없어 연구에 어려움을 겪고 있다. 그 결과 이들 균의 생물학에 대한 많은 기초적인 사항들이 아직까지 명확하게 밝혀지지 않은 실정이다. 이들은 다른 유사균류와 뚜렷한 근연 관계를 가지고 있지 않기에 초기 진핵생물의 기본계보를 대표하는 것으로 생각된다. 어떤 종류의 초본식물이든 간에 뿌리의 원형질을 제거하고 trypan blue로 염색하면 대부분 *Polymyxa graminis* (그림 2.37) 또는 그 유사체인 *Ligniera* spp. 같은 것을 쉽게 볼 수 있기 때문에 이들 균류가 매우 흔함을 알 수 있다. 그렇지만 이들 균은 뿌리에 기형을 일으키지 않는다. *P. brassicae*도 흔한 잡초인 냉이(*Capsella bursa-pastoris*)를 포함하여 많은 십자화과식물의 뿌리에서 혹을 발생시키지 않으면서 자랄 수 있는 것으로 보인다. 그 이유는 이들 식물이 글루코브라시킨(glucobrassicin)을 많이 함유하고 있지 않거나 활성 있는 호르몬 분비를 하면서 이 균의 침입에 반응하지 않기 때문인 것으로 보인다. 이 그룹에 관한 전반적인 내용은 Karling(1968)과 Buczacki(1983)의 저서에서 찾을 수 있다.

온라인 자료

Fungal Biology. http://www.helios.bto.ed.ac.uk/bto/FungalBiology/ [The website for this book.]

Plasmodiophorid Home Page. http://oak.cats.ohiou.edu/~braselto/plasmos/

Slime moulds. Superb images from George Barron (also including many fungi). http://www.uoguelph.ca/~gbarron/myxoinde.htm

Tree of Life Web Project. Major source of information on fungal systematics and phylogeny. http://tolweb.org/tree?group=life

Zoosporic Fungi online. http://www.botany.uga.edu/zoosporicfungi/

참고도서

Buczacki, S.T. (1983) *Zoosporic Plant Pathogens: a modern perspective*. Academic Press, London.

Dick, M.W. (2001) *Straminipolous Fungi*. Kluwer Academic Publishers, New York.

Fuller, M.F. & Jaworski, A., eds (1987) *Zoosporic Fungi in Teaching and Research*. Southeastern Publishing Corporation, Athens, GA.

Hawksworth, D.L., Kirk, P.M., Sutton, B.C. & Pegler, D.N. (1996) *Ainsworth and Bisby's Dictionary of the Fungi*, 8th edn. CAB International, Wallingford, Oxon.

Karling, J.S. (1968) *The Plasmodiophorales*. Hafner Publishing Co., New York.

Kirk, P.M., Cannon, P.F., David, J.C. & Stalpers, J. (2001) *Ainsworth and Bisby's Dictionary of the Fungi*, 9th edn. CAB International, Wallingford, Oxon.

Martin, G.W. & Alexopoulos, C.J. (1969) *The Myxomycota*. Iowa University Press, Iowa City, IA.

Raper, K.B. (1984) *The Dictyostelids*. Princeton University Press, Princeton, NJ.

참고문헌

Barr, D.J.S. (1990) Phylum Chytridiomycota. In: *Handbook of Protoctista* (Margulis, L., Corliss, J.O., Melkman, M. & Chapman, D.J., eds), pp. 454–466. Jones & Bartlett, Boston.

Buczacki, S.T. (1983) *Zoosporic Plant Pathogens: a modern perspective*. Academic Press, London.

Deacon, J.W. & Saxena, G. (1997) Orientated attachment and cyst germination in *Catenaria anguillulae*, a facultative endoparasite of nematodes. *Mycological Research* **101**, 513–522.

Dick, M.W. (2001) *Straminipolous Fungi*. Kluwer Academic Publishers, New York.

Down, G.J., Grenville, L.J. & Clarkson, J.M. (2002) Phylogenetic analysis of *Spongospora* and implications for the taxonomic status of the plasmodiophorids. *Mycological Research* **106**, 1060–1065.

Fuller, M.F. & Jaworski, A., eds (1987) *Zoosporic Fungi in Teaching and Research*. Southeastern Publishing Corporation, Athens, GA.

Karling, J.S. (1968) *The Plasmodiophorales*. Hafner Publishing Co., New York.

Kirk, P.M., Cannon, P.F., David, J.C. & Stalpers, J. (2001) *Ainsworth and Bisby's Dictionary of the Fungi*, 9th edn. CAB International, Wallingford, Oxon.

Latijnhouwers, M., de Wit, P.J.G.M. & Govers, F. (2003) Oomycetes and fungi: similar weaponry to attack plants. *Trends in Microbiology* **11**, 462–469.

Macfarlane, I. (1970) *Lagena radicicola* and *Rhizophydium graminis*, two common and neglected fungi. *Transactions of the British Mycological Society* **55**, 113–116.

Martin, G.W. & Alexopoulos, C.J. (1969) *The Myxomycota*. Iowa University Press, Iowa City, IA.

Mitchell, R.T., & Deacon, J.W. (1986) Selective accumulation of zoospores of Chytridiomycetes and Oomycetes on cellulose and chitin. *Transactions of the British Mycological Society* **86**, 219–223.

Raper, K.B. (1984) *The Dictyostelids.* Princeton University Press, Princeton, NJ.

Read, N.D. & Lord, K.M. (1991) *Experimental Mycology* **15**, 132–139.

Redecker, D., Kodner, R. & Graham, L.E. (2000) Glomalean fungi from the Ordovician. *Science* **289**, 1920–1921.

Schuessler, A., Schwarzott, D. & Walker, C. (2001) A new fungal phylum, the Glomeromycota: phylogeny and evolution. *Mycological Research* **105**, 1413–1421.

Webster, J. (1980) *Introduction to Fungi*, 2nd edn. Cambridge University Press, Cambridge.

제3장

균류의 구조와 미세구조

이 장은 다음과 같은 주요 부분으로 구성되어있다:

- 균사의 구조
- 균사의 미세구조
- 집락의 부분으로서의 균사
- 효모의 구조
- 균사 세포벽과 세포벽 성분
- 격벽
- 균류의 핵
- 세포소기관
- 균류의 세포골격과 분자적 원동기

균류는 구조, 세포성분, 세포구성에 있어서 여러 가지 독특한 성질을 가지고 있다. 이와 같은 성질은 균류의 생장기작과 밀접하게 관련되어 있으므로 부생균으로서, 식물병원균으로서, 인체병원균으로서 균류의 다양한 역할과도 관련이 깊다. 이 장에서는 균류의 주요 구조와 미세구조적 특징 및 살아있는 균사의 미세구조적 구성물의 역동성의 관찰을 통해 균류의 생장방식의 내면을 보여주는 유용한 실험기법을 소개하고자 한다.

개요: 균사의 구조

균사는 견고한 세포벽을 가진 일종의 관으로서 움직이는 원형질 덩어리를 포함하고 있다(그림 3.1). 균사의 길이는 정해져 있지 않으며, 직경은 종과 생장조건에 따라 다르지만 비교적 일정하여 2~30㎛ 또는 그 이상에 이르기도 한다(흔히 5~10㎛). 균사는 **확장대**(擴張帶; **extension zone**)라고 불리는 끝 쪽으로 얇아진 정단부위에서만 생장하는데, 확장대는 *Neurospora crassa*(붉은빵곰팡이) 같이 분당 40㎛씩 자라는 균의 경우에는 30㎛의 길이에 이른다. 생장하는 정단 뒤쪽에서는 균사가 점차 노화되면 가장 오래된 부분에서 자가분해(autolysis)에 의하여 파괴되거나 다른 생물의 효소로 인하여 파괴된다(타가분해; heterolysis). 정단부위가 생장하는 동안 원형질은 쉬지 않고 균사의 오래된 부분으로부터 정단을 향하여 이동한다. 이와 같이 균류의 균사는 생장에 따라 원형질을 앞쪽으로 끌어당기며 한 쪽 끝에서는 계속 길어지고 다른 쪽 끝에서는 계속 노화가 진행된다.

대부분의 균류는 비교적 규칙적인 간격으로 **격벽**(隔壁; **septum**)이라는 횡단벽이 있으나, 대부분의 난균류와 접합균류의 균사에는 격벽이 나타나지 않고 예외적으로 오래된 부위 또는 생식부위를 다른 균사로부터 분리하기 위한 수단으로 완벽한 격벽이 형성되기도 한다. 그럼에도 불구하고 격벽성과 비격벽성 균류의 차이는 생각보다 크지 않은데, 이것은 이들 격벽에는 격벽공이 있으므로 세포질은 물론 핵까지도 이 통로를 통하여 이동이 가능하기 때문이다. 엄밀하게 말해서, 격벽성 균사는 세포로 이루어졌다기보다는 기차의 칸과 같이 연결된 구획이라고 할 수 있다. 뒷장에서 배우게 되겠지만 이와 같은 균사의 구조는 세포 구성물을 정교한 경로를 통하여 전방 또는 후방으로 움직이게 하여 균사가 하나의 통합체로서 역할을

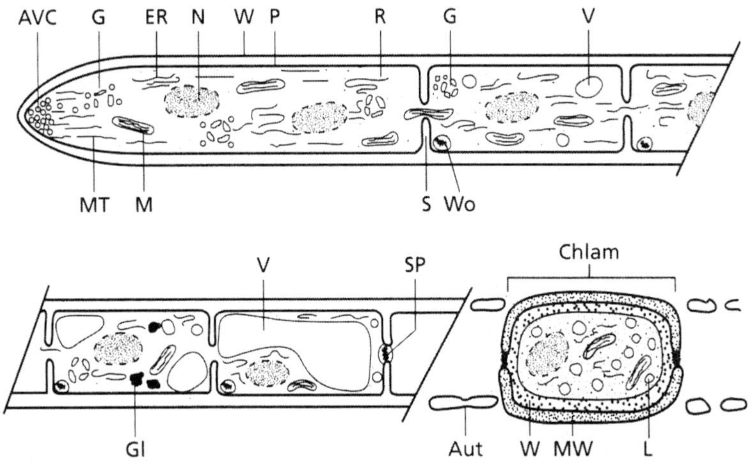

그림 3.1 균사의 정단 뒤쪽에서 점차 노화와 액포화가 진행됨을 보여주는 균사의 모식도. 가장 노화된 부분에서 세포벽이 자가분해에 의하여 파괴되거나 균사내의 영양분이 후벽포자(휴면생존을 가능케 하는 두꺼운 세포벽을 가진 휴면포자) 내에 축적되기도 한다. Aut= 자가분해; AVC= 정단소낭군; Chlam= 후벽포자; ER= 소포체; G= 골지체; Gl= 글리코겐; L= 지질; M= 미토콘드리아; MT= 미세소관; MW= 멜라닌화된 벽; N= 핵; P= 원형질막; R= 리보솜; S= 격벽; SP= 격벽공마개; V= 액포; W= 세포벽; Wo= Woronin체.

수행하도록 한다.

후에 설명되겠지만 모든 균사는 복잡한 구성을 가진 세포벽으로 싸여있다. 세포벽은 균사 정단에서 얇지만(*Neurospora*의 경우 50nm), 정단에서 250㎛ 떨어진 뒷부분에서는 125nm나 된다. 원형질막은 세포벽과 접하고 있으며 균사가 원형질분리가 일어나지 않는 것으로 보아 세포벽에 매우 밀착되어 있는 것으로 판단된다.

균의 미세구조

균사의 박편을 사용하는 투과전자현미경법은 균사의 행동을 이해하고 균사의 정단생장의 기작을 밝히는 가장 중요한 수단이 되어왔다. 처음에는 균의 미세구조를 연구하기 위해 **화학고정법**(化學固定法; **chemical fixation**)에 의존하였는데, 뚜렷한 관찰을 위해 균사를 글루타르알데히드와 같은 알데히드 고정액에 담근 후 전자밀도를 가진 물질(사산화오스뮴과 초산우라늄)을 써서 후고정하는 방법이다. 그림 3.2 및 3.3에 있는 난균류의 훌륭한 전자현미경 사진은 이와 같은 방법으로 찍은 최고의 사진으로 널리 알려져 있다. 그 후 1970년대에 **동결대체법**(凍結代替法; **freeze substitution**)이라는 새로운 방법이 개발되었는데(Howard & Aist 1979), 이 방법은 전보다 훨씬 더 나은 해상력을 제공하였으며 현재 투과전자현미경법의 표준방법으로 쓰이고 있다. 이 방법은 살아있는 균사를 액체 프로판(−190℃)에 집어넣고 순간적으로 얼려 균사의 내부구조를 보존시키고 사산화오스뮴과 초산우라늄을 함유하는 −80℃의 아세톤에 옮긴 후에 서서히 실내온도로 상승시키는 방법이다.

위에 소개한 두 가지 방법에 의한 전자현미경 사진을 비교할 때 특히 유의해야 할 두 가지 이유를 아래에 설명한다:

1. 화학고정법을 채택한 균사는 *Pythium*의 한 종(난균류)인데, 이 균은 진균류가 아니며 세포내부 기관의 해상력을 최대로 높이도록 염색시켰으므로 세포벽 염색이 낮게 되었다.
2. 동결대체법에 따른 이 균사는 진균류인 *Athelia* (*Sclerotium*) *rolfsii*의 것이다. 이 균의 소기관 중의

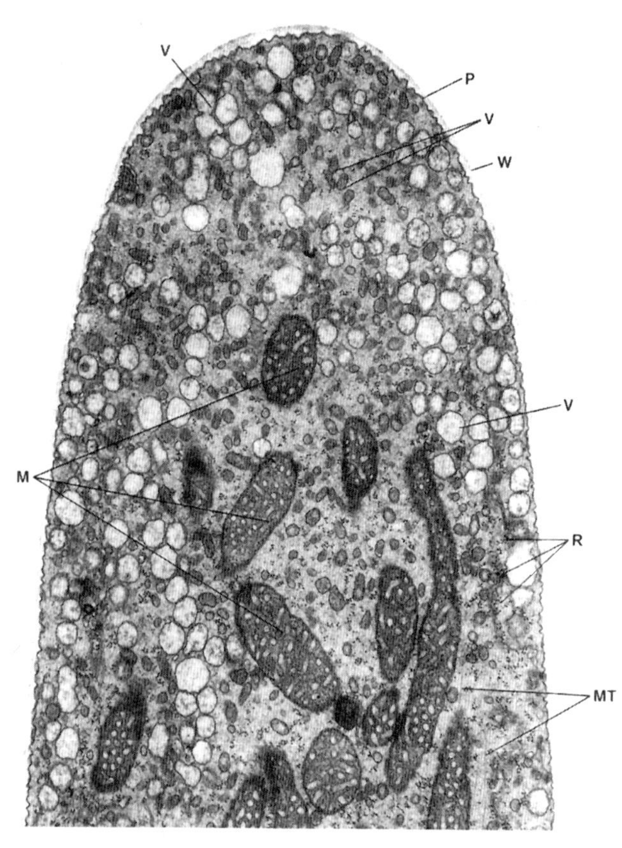

그림 3.2 화학고정법으로 찍은 난균 *Pythium aphanidermatum*의 균사정단 전자현미경 사진. 균사정단은 골지체에서 만들어지는 두 가지 종류의 소낭(V)들의 집합체를 포함하고 있다. 전자밀도가 낮은 대형 소낭과 전자밀도가 높은 소형 소낭. 미토콘드리아(M)는 정단 뒷부분에서 흔하지만 정단 맨 끝에는 존재하지 않는다. 기타 구성물은 균사벽(w), 화학고정으로 인한 함몰된 원형질막(P), 낮게 염색된 미세소관(MT)과 리보솜 집합체들을 들 수 있다. [사진제공: C. Bracker. 출처: Grove & Bracker 1970.]

어떤 것은 이 장의 뒷부분에 설명한 바와 같이 난균류의 소기관과 다르다.

그렇지만 위에 지적한 균류에 따른 본질적인 차이가 있기는 하지만, 동결대체법이 균사의 구조를 보존하는 데 훨씬 유리함을 알 수 있다. 특히 동결대체법을 사용할 경우에는 원형질막의 단면이 매우 매끄러운데 비하여 화학고정법의 경우에는 안쪽으로 수많은 함몰이 생기며, 동결대체법이 세포소기관도 더욱 분명하게 나타내준다.

정단구획내 세포소기관의 분포양상

활발하게 생장하는 모든 균사(난균류의 균사 포함)는 세포소기관의 배열에 있어서 균사정단 세포의 앞쪽 끝부분과 뒷부분이 서로 다르다. 균사 맨 끝(그림 3.2, 3.4)에는 막으로 싸인 소낭(vesicle)이 다수 모여 있으며 다른 소기관은 발견되지 않는다. 이들 소낭은 전자밀도가 다른 것을 볼 수 있는데, 이것은 이들이 서로 다른 내용물을 가지고 있음을 의미한다. 이들 소낭의 대부분은 균사정단구획의 훨씬 뒷부분에 존재하는 **골지체**(golgi bodies 또는 균류의 기능적 유사 골지체)로부터 만들어진 후 정단생장이 일어나는 정단부분으로 수송된 것이다. 이러한 견해를 지지하는 몇몇 소낭의 세포화학 염색 결과는 이들이 균사의 세포벽 성분인 카이틴을 형성하는 데 필요한 효소인 **카이틴합성효소**(-合成酵素; **chitin synthase**)를 포함하고 있음을 보여준다.

균사의 정단에 있는 소낭들의 집합체를 **정단소낭군**(頂端小囊群, **AVC, apical vesicle cluster**)이라고 한다. 고배율에서 보면 진균류의 경우에는 정단소낭군의 중앙은 **액틴미세사**(-微細絲; **actin microfilament**)

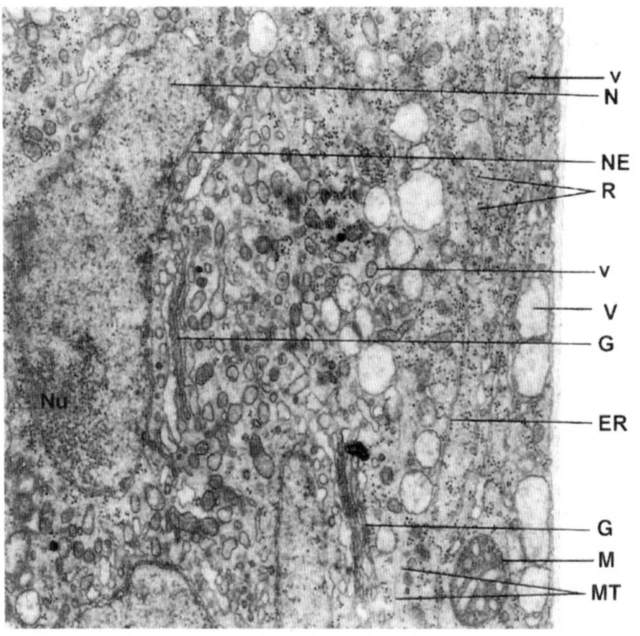

그림 3.3 난균 *Pythium aphanidermatum*의 균사정단 아랫부분. 소포체(ER); 동물과 난균문에서 전형적으로 나타나는 팬케익 모양의 시스터나 더미로 구성된 골지체(G), 뒷장의 균들의 것과는 구분된다 (그림 3.4 참조); 미토콘드리아(M); 미세소관(MT); 핵(N); 핵막(NE); 인(Nu); 리보솜(R); 대형 및 소형 소낭(V, v). [사진제공: C. Bracker. 출처: Grove & Bracker 1970.]

의 망구조를 가진 무소낭지대임을 알 수 있는데, 미세소관(微細小管; microtubule)이 이 부분을 통과하며, 어떤 경우에는 통과한 미세소관이 정단 맨 끝에 도달하기도 한다. 초기에 격벽성 균사를 광학현미경으로 관찰하는 과정에서 위상차현미경 하에서는 검은 덩어리 모양으로 정단소낭군이 존재함을 발견한 바 있다. 이것을 **첨단소체**(尖端小體; Spitzenkörper)라고 하며, 균사의 정단에 약간의 자극을 주어 균사생장을 멈추게 하면 사라지고 생장이 시작되면 다시 나타남이 알려졌다. 뿐만 아니라 첨단소체는 균사가 생장방향을 바꿀 경우에는 균사 정단의 측면으로 위치가 바뀐다는 사실도 발견되었다. 또한 최근 원래의 하나의 균사에서 두 개의 정단이 형성되어 분지가 생길 경우에는 이에 앞서 첨단소체가 두 개로 나누어진다는 사실이 발견되었다. 이상과 같은 모든 증거들은 균사의 정단생장에서 첨단소체가 중추적 역할을 한다는 것을 의미한다 — "정단생장체(tip-growth organelle)"에 해당하는 기능을 가진 소기관.

정단 맨 끝의 뒤에는 주요 세포소기관이 매우 적거나 없는 짧은 부위가 있다. 그 뒤쪽에는 **미토콘드리아(mitochondria)**가 풍부하게 나타나는 부위가 있다 (그림 3.2, 3.4). ATPase의 작용에 의하여 이 부위는 제6장에 설명된 균사정단의 영양분 흡수를 가능케 하는 양성자 구동력(陽性子 驅動力; proton-motive-force, 세포막 사이에 형성되는 수소이온 구배)이 형성된다 (그림 6.3). 균류의 미토콘드리아는 동물 및 식물과 비슷한 판형의 cisternae를 가지는 반면에(그림 3.12 참조), 난균류는 관형 미토콘드리아를 가진다(그림 3.2, 3.3). 정단구획의 훨씬 뒤쪽으로는 분지형 관상액포계의 발달이 증가한다(그림 3.4). 관상액포계는 격벽을 통하여 균사구획의 뒤쪽으로 뻗어 인산염과 같이 부족하기 쉬운 대사물의 이동을 위한 수송계 역할을 한다.

핵(核; **nuclei**)의 분포는 균류 사이 또는 균류 내에서도 일정하지 않다. 무격벽성 균류(예, 접합균류)와 유사균류(예, 난균류)는 동일 세포질 내에 여러 개의 핵을 가지고 있으므로 coenocytic(무격벽 다핵체)이다. 대부분의 격벽성 균류(예, 자낭균류와 불완전균류)는 정단세포에 여러 개의 핵을 가지나 정단 뒤쪽의 세포는 경우에 따라 한 두 개의 핵을 갖는다. 그러나 균류의 핵은 격벽공(隔壁孔; septal pore)을 통하여 다음 칸으로 빠져 나갈 수 있으므로 하나의 핵이 일정한 양의 세포질에 대한 기능을 가진다는 개념은 대부분의

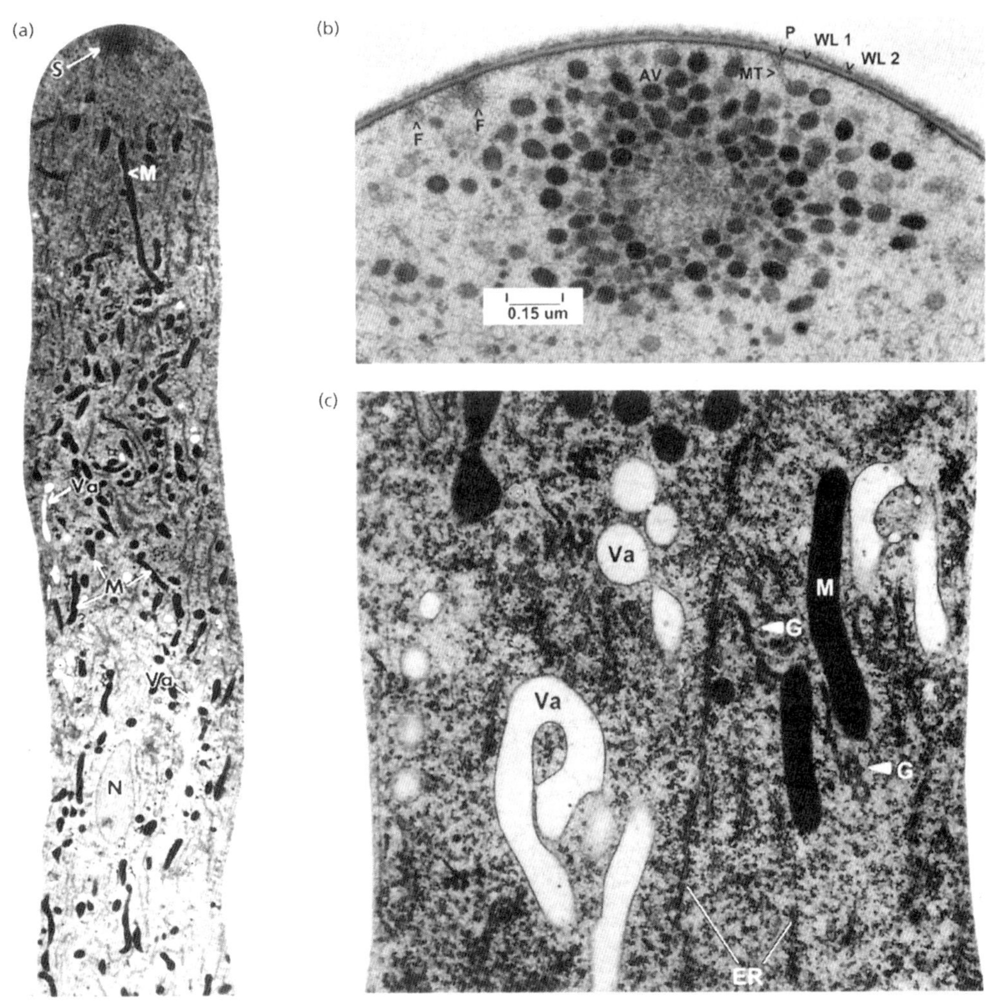

그림 3.4 동결대체법을 이용한 *Athelia* (*Sclerotium*) *rolfsii* 균사의 전자현미경 사진. (a) 약 7㎛의 직경을 가진 정단구획의 일부분. 다음과 같은 주요 세포소기관이 분포되어 있음을 보여준다. 첨단소체(S); 미토콘드리아(M); 관상액포(Va); 핵(N). (b) 정단세포의 맨 끝에 위치한 첨단소체는 다양한 전자밀도를 가진 정단소낭(AV)의 집합체와 원형질막까지 뻗어있는 미세소관으로 이루어져 있으며, 소낭 집합체는 소낭 중앙의 무소낭 부위를 둘러싸고 있다. 원형질막의 근처에 자리잡고 있는 것은 F-액틴(섬유상 액틴, filasome, F)이다. 세포벽은 전자밀도가 다른 두 층으로 구성되어있다 (WL1, WL2). (c) 균사의 정단 뒷부분. 미토콘드리아, 관상액포(Va), 소포체(ER), 골지체(G)를 보여주고 있다. [출처: R. Roberson. 참고: Roberson & Fuller 1988, 1990.]

균류에게는 맞지 않는다고 할 수 있다. 그렇지만 많은 균류에서 여러 개의 핵이 동일한 세포질체를 공유한다는 점을 주시할 필요가 있다. 이와 같은 점은 제9장에서 소개하는 유전적 유동성(遺傳的 流動性; genetic fluidity)과 깊은 관련이 있다.

많은 담자균류(식용버섯, 독버섯 등)는 단핵체 균사의 각 구획에 한 개의 핵을 가지는 규칙적인 배열을 하나 이핵체 균사의 경우 2개의 핵(각기 다른 교배친화성 그룹의)을 가진다(그림 2.20 참조). 이러한 핵의 배열은 항상 **유연공격벽**(有緣孔隔壁; **dolipore septum**)이라 불리는 특수한 형태의 격벽과 함께 나타나며, 유연공격벽은 핵이 통과하기에 너무 작은 좁은 구멍을 가진다.

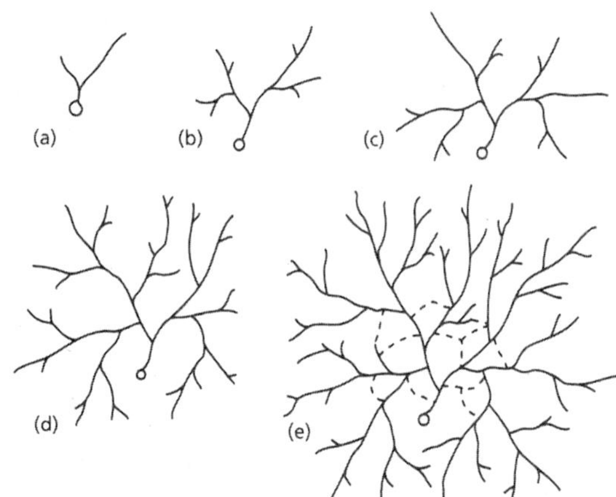

그림 3.5 (a-e) 발아하는 포자로부터 집락이 형성되는 과정. (e)의 점선은 집락중심 근처의 좁은 망상균사조직을 나타낸다.

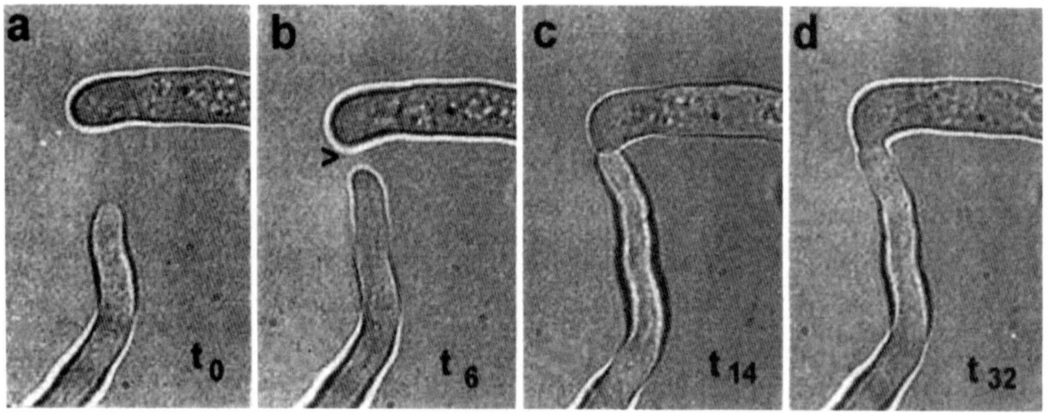

그림 3.6 비디오로 촬영된 *Rhizoctonia solani* 두 균사의 융합과정. 표시된 시간은 촬영 시작부터의 시간(분)을 나타냄. 상단의 균사는 t_0에서 생장을 중지하였지만 가까이 오는 하단 균사의 정단에 반응하여 t_6에서 분지를 형성하기 시작한다(화살촉). 두 균사의 정단은 t_{14}에서 만난다. 정단 균사벽의 용해와 완전한 융합이 t_{32}에서 이루어진다. [사진제공: McCabe *et al.* 1999.]

집락의 부분으로서의 균사

균류의 집락은 한 개의 포자가 발아하여 **발아관**(發芽管; **germ tube**, 어린 균사)을 만들어 생장하고 정단의 뒤쪽에서 분지를 이룸으로써 발달한다. 원래의 균사와 1차분지가 생장함에 따라 정단 세포의 뒤쪽으로 계속하여 분지를 만든다. 이들 분지는 각각 다시 분지하여 결국 전체 집락이 원형을 이룬다(그림 3.5). 그 후, 영양분이 고갈된 집락의 오래된 부분에서 균류는 더 이상 분지하는 대신 상대방 분지 쪽으로 향하는 좁은 균사를 만든 후에 균사 정단끼리 접촉하면 접촉부위의 세포벽이 부분적으로 용해되어 융합하게 된다(그림 3.6). 이와 같은 **균사융합**(菌絲融合; **hyphal anastomosis**)을 통하여 원형질이 모아지고 재이동함으로써 후벽포자 또는 기타의 큰 분화 구조체를 형성하게 된다(제5장).

그림 3.5와 3.6이 나타내는 현상들은 몇 가지 점에서 의미가 있다.

- 영양분이 풍부한 조건에서 집락의 가장자리에 위치한 균사와 분지는 항상 서로로부터 분지하여 기존하는 균사들 사이에서 생장할 수 있도록 적당하

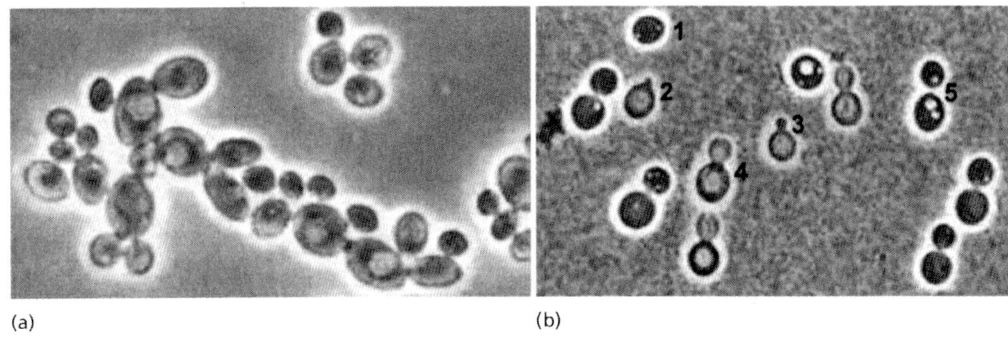

그림 3.7 (a) 위상차현미경으로 보여주는 보통의 출아효모 *Saccharomyces cerevisiae.* (b) 먹물(india ink)입자의 현탁액에 장치하여 보여주는 효모 *Cryptococcus albidus.* 이 효모는 세포 표면에 두꺼운 다당류의 캡슐을 생성한다. 출아가 진행되는 각기 다른 시기를 1(출아하지 않은 세포)부터 5(세포분리)로 표시하였다. 몇 세포의 초점면에서 보여주는 밝은 지방체(예, 5)와 다른 세포의 초점면에서 대형 액포(예, 2, 3, 4)를 볼 수 있다.

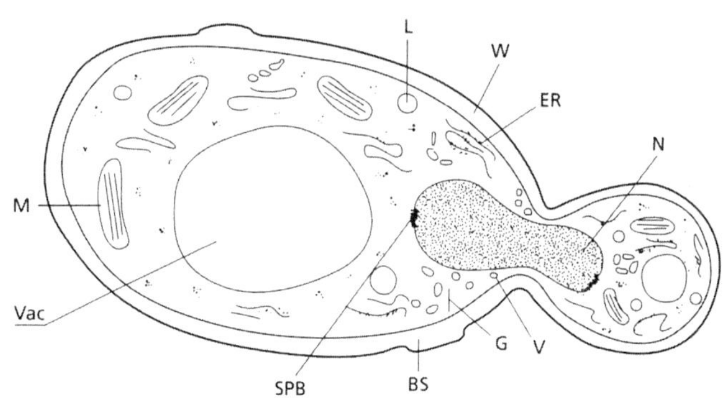

그림 3.8 출아효모 *Saccharomyces cerevisiae* 의 모식도. 직경 약 5㎛. BS = 출아흔; ER = 소포체; G= 골지; L = 지방체; M = 미토콘드리아; N = 핵; SPB = 방추극체; V = 소낭; Vac = 대형 중앙액포; W = 세포벽.

게 자리 잡는다. 이와 같은 위치조절 기작은 매우 정교하지만 이 현상을 일으키는 원인에 관한 증거를 찾지 못하고 있는데, 이산화탄소나 기타 생장 대사물질의 부분적인 구배가 원인인가?

- 위와 정확하게 반대되는 현상이 영양분이 고갈된 집락의 중앙에서 나타난다. 이 경우에 균사는 서로를 향하여 생장하고 접촉부위에서 융합한다. 그림 3.6이 보여주는 바와 같이 이 경우에도 역시 균사 정단생장의 정교한 방향잡기가 적용된다. 왜냐하면 "귀소반응(homing response)"은 매우 정확하며 항상 정단-정단 융합이 일어나기 때문이다. 어떤 요인이 관련 되었는지 알려지지 않았다.
- 균사융합은 같은 종의 집락 사이에서만 일어나며 다른 종과는 일어나지 않는다. 같은 종 내에서라도 유전적으로 다른 균과 융합은 하지만 결국 융합된 균사구획은 급속히 죽는데, 이는 이핵체 불화합성(*het*) 유전자좌에 의하여 지배되는 반응이다.
- 난균류의 균사는 영양체 균사망상조직을 형성하지 않지만 이 균들이 상대방 교배형의 유성균사를 만들 경우 서로 융합한다. 이 경우에 상대방 교배형 균사의 발생은 성호르몬에 의하여 조절된다.

효모의 구조

몇 가지 균류는 균사가 아닌 단핵성 효모로서 출아법에 따라 생장한다. 흔한 예로 *Saccharomyces cerevisiae*

(자낭균, 그림 3.7), *Cryptococcus* spp. (자낭균, 그림 3.7), *Sporobolomyces roseus* (담자균) 등이 여기에 포함된다. 또 어떤 균류는 독특한 **이형성**(二型性; **dimorphism**)을 나타내어 환경조건의 변화에 따라 효모형과 균사형을 전환한다(제5장). *Candida* spp. (자낭균)은 이에 대한 매우 좋은 예로서 여기에 속하는 *Candida albicans*는 사람에게 중요한 병원체이다(제16장). 이 때문에 효모는 사상균류와 원천적으로 다르지 않고 단지 양분이 풍부한 수막이나 이와 비슷한 환경에서 번식하는 데 적응한 하나의 생장형이라고 할 수 있다.

그림 3.8에 보여주는 바와 같이 각기 효모세포는 한 개의 핵과 크고 잘 발달된 액포, 몇 개 정도의 반짝거리는 지방체 등과 같은 효모가 가지는 전형적인 소기관을 가진다. 광학 현미경으로 보면 액포와 지방체는 항상 또렷하게 보인다. 대부분의 효모는 세포 표면의 하나 내지 여러 지점에서 출아하여 번식한다. 출아지점에 작은 돌출부가 생기고, 이 돌출부가 점차 신장된 후에 세포 전체표면에 새로운 세포벽 구성물질이 합성되어 둥글게 확장된다. 싹처럼 생긴 새로운 세포가 거의 최종 크기에 도달하면 모세포의 핵이 분아 부위로 이동한 후에 핵분열이 일어나는데, 하나의 핵은 모세포 내에 남고 다른 핵은 딸세포로 들어간다.

두 세포의 최종 분리는 세포 사이에 격벽이 생겨야 끝난다. *Saccharomyces*는 카이틴 환이 목 부위(두 세포의 접합지점)에 생긴 후에 환이 안쪽으로 확장되어 완전한 카이틴판이 모세포와 딸세포 사이에 형성되면 세포분리가 일어난다. 기타 세포벽 물질들도 이 카이틴판의 양쪽에 쌓인 후에 카이틴판과 딸세포 사이의 세포벽에서 효소적 분해가 일어남에 따라 두 세포가 분리된다. 이 과정에 따라 모세포에 **출아흔**(出芽痕; **bud scar**)을 딸세포에 **출생흔**(出生痕; **birth scar**)을 남기게 된다. 이와 같은 세포 표면의 흔적은 광학현미경으로는 뚜렷하지 않으나 효모를 카이틴과 결합하는 cellufluor(calcofuor) 같은 형광증진제로 처리한 후에 형광현미경으로 관찰하면 청색형광으로 나타내므로 모세포의 카이틴판을 매우 뚜렷하게 확인할 수 있다.

카이틴과 결합하는 형광염색물질을 사용하면 세포 표면의 출아흔의 수를 셀 수도 있다. 이 방법에 따르면 *Saccharomyces cerevisiae*는 **다극출아성**(多極出芽性; **multipolar budding**) 효모로서 출아는 항상 세포 표면의 다른 지점에서 일어나며 출아했던 지점에서는 절대로 일어나지 않는다. 반면에 어떤 효모는 **양극출아성**(兩極出芽性; **bipolar budding**)을 나타내는데, 출아는 항상 같은 지점에서 일어나며 보통 세포의 끝부분에서 일어난다. 이론적으로 양극출아성 효모는 출아횟수에 제한이 없으므로 죽지 않을 것이며, 반면에 다극출아성 효모는 궁극적으로 사용할 수 있는 출아지점이 더 이상 남아있지 않게 되므로 계산상으로 100개까지 가능하지만 한 개의 세포에서 40개의 출아흔이 관찰된 바 있을 뿐이다. 그렇지만 실제로는 이러한 차이는 중요하지 않다. 왜냐하면 지수적으로 생장하는 배양액(단위 시간에 한 개의 세포가 두 개로, 다음 단위 시간에 두 개의 세포가 네 개로 등등) 내에서 모든 세포의 절반은 일차 모세포일 것이며 1/4만 이차 모세포이고 극히 적은 수만 아주 오래된 모세포일 것이다. 실제로 어떤 효모집단의 전형적인 카이틴 함유량은 전체 세포벽 물질의 1~2%에도 미치지 못하며 이 카이틴의 대부분은 효모세포벽의 다른 부분에서는 발견되지 않고 출아흔에서만 나타난다. 이 주제는 제4장에서 다루게 될 것이며 노벨상 수상자인 Paul Nurse 경의 연구실에서 세포주기 돌연변이체를 사용한 생장극성의 기작에 대한 중요한 사실들이 밝혀진 바 있다.

효모는 형태적으로 뚜렷한 특징이 없으므로 분류가 쉽지 않으며 근년에 이르러 효모 분류는 분자생물학적 접근에 거의 의존하고 있다. 효모는 수 천 종은 되지 않을지라도 수 백 종정도가 명확하게 구분되고 기록될 것으로 추정된다. 자낭균성 출아효모에 대한 최근의 증거에 따르면 효모들은 모두가 공통 조상을 가진 단원적 그룹이며, 이들은 단순히 균사형 자낭균으로부터 유래한 축소형이 아니라는 것이다. 이들 효모는 출아하지 않고 사상세포를 벽돌 모양의 세포(분절포자 또는 분절분생포자)로 칸을 만들어 분리시키는 *Schizosaccharomyces* 종과 같은 분열효모와도 다르다.

균류의 세포벽과 세포벽 성분

표 3.1 균류 세포벽의 주요 구성성분

분류군	*구조(섬유소성) 구성성분*	*기질구성성분*
병꼴균류	카이틴	글루칸?
	글루칸	
접합균류	카이틴	폴리글루큐론산
	키토산	만노단백질
자낭균류	카이틴	만노단백질
	β-(1→3), β-(1→6)-글루칸	α-(1→3)-글루칸
담자균류	카이틴	만노단백질
	β-(1→3), β-(1→6)-글루칸	α-(1→3)-글루칸
난균류	β-(1→3), β-(1→6)-글루칸	글루칸
(진균류가 아님)	섬유소	

최근 균류의 세포벽은 구조적인 방벽이라는 눈에 보이는 역할과는 아주 달리 여러 가지 중요한 기능을 하는 것으로 밝혀졌다. 예를 들어 균이 원통형의 균사나 효모로서 생장하는 방식이 세포벽 성분과 이들 물질이 모여서 조립되고 부착되는 방식에 따라 결정된다는 것이다. 또한 세포벽은 균과 환경과의 경계면이다. 즉, 세포벽은 삼투적 분해작용에 맞서서 세포를 보호하며 세포벽의 작은 공간을 통과하는 고분자들의 출입을 조절하는 분자체(molecular sieve)로 역할하며 세포벽이 멜라닌 같은 색소를 가질 경우에는 자외선이나 다른 생물체의 분해효소로부터 세포를 보호한다. 이러한 사실 외에도 세포벽은 몇 가지 생리학적 기능을 가진다. 세포벽은 효소에 대한 결합부위를 이루는데, 이것은 여러 가지 이당류(예, 자당 또는 셀로비오스)와 작은 펩티드 등은 세포막을 통과하기 전에 단량체로 분해될 필요가 있는데 세포벽 결합 효소들이 이러한 분해활성을 가진다(제6장). 균류의 세포벽은 균류가 숙주동물 또는 숙주식물과 같은 다른 생물과의 상호작용을 중재해주는 세포 표면 물질을 함유한다. 이와 같은 특징들은 세포벽 구조와 체계에 대한 자세한 지식을 필요로 한다.

주요 세포벽 성분

균류의 세포벽 구성을 조사하기 위한 일차적 접근은 균류세포를 파괴하고 세척제와 기타 약한 화학처리를 통하여 세포벽을 순화시킨 다음에 산, 알칼리, 효소 등을 사용하여 순차적으로 세포벽을 분해시켜야 한다. 현재까지 몇 종의 균류에서만 자세하게 분석된 바 있지만 균류의 세포벽은 주로 다당류로 구성되어 있으며 소량의 단백질 및 기타 성분도 포함하고 있다. 주요 세포벽 성분은 두 가지 주요 형태로 나눌 수 있다: (i) 세포벽의 구조적 견고성을 유지시켜주며 주로 직쇄분자로 이루어진 **구조적(섬유소성) 중합체**와 (ii) 구조적 중합체를 포매시키고 씌워주며 섬유소를 교차결합시키는 **기질성분**.

세포벽을 구성하는 주요 다당류는 표 3.1이 보여주는 바와 같이 주요 균류군 간에 서로 다르다. 병꼴균류, 자낭균류, 담자균류는 항상 주요 세포벽 다당류로서 카이틴과 글루칸(포도당의 중합체)을 포함한다. 카이틴은 β-1,4-*N*-아세틸 글루코사민 잔기로 연결된 긴 직쇄로 구성되어 있으며(제7장), 반면에 글루칸은 주로 짧은 β-1,6 결합 곁가지를 가진 β-1,3 결합 골격으로 이루어진 분지상의 중합체이다. 접합균은 대개 카이틴과 키토산(약간의 아세틸기를 갖거나 갖지 않은 상태의 카이틴)의 혼합체, 글루큐론산과 같은 유론산 중합체 및 만노단백질 등을 세포벽 물질로 가진다. 난균류(진균류가 아님)는 카이틴이 거의 없고 섬유소와 유사한 β-1,4-결합 글루칸과 기타 글루칸을 가진다.

이러한 점에서 보았을 때, 균류의 세포벽 성분이 일정하게 고정되어 있지 않고 균류의 생활사 중 시기에 따라 상당히 변함을 알 수 있다. 이것은 균사상태로 또는 출아성 효모와 유사한 세포로 생장하는 이형성 균류도 마찬가지이다(제5장).

세포벽의 구조

균류의 주요 세포벽 성분을 벽돌과 회반죽으로 생각해 볼 수 있는데, 실제로 균류 세포벽의 구조를 이해하기 시작한 것은 1970년에 이르러서였다. 이 연구와 관련하여 Hunsley & Burnett은 **효소적 해부**(酵素的解剖; **enzymatic dissection**)라고 불리는 효율적이고 간단한 방법을 고안하였다. 이들은 균류 세포를 기계적으로 파괴하여 세포벽만 남긴 후에 여기에 여러 가지 다른 효소를 적당히 조합하여 순서대로 처리한 것을 전자현미경으로 관찰하여 효소처리에 의한 변화를 확인하였다. 예를 들어, 만약 "X"라는 효소로 처리한 후에 세포벽의 표면 형태가 바꾸었다면 세포벽의 최외벽 성분은 효소 "X"의 기질로 되어있을 것이라는 가정이었다. 이와 같이 효소를 다양한 순서와 조합으로 사용하면 세포벽의 주요 성분을 제거할 수 있고 이들 성분들 간의 상호관계를 알아내는 것도 가능하다. 이 방법으로 세 종류의 균류를 관찰하였는데 여기에서는 붉은빵곰팡이(*Neurospora crassa*)를 예로 들어 기본적인 특징을 살펴보자(그림 3.9).

붉은빵곰팡이의 균사의 성숙된 부분의 세포벽은 그림 3.9가 보여주는 바와 같이 각기 다른 최소한 4개의 층으로 싸여 있으며 사실상 다른 층으로 차츰 바뀐다. 최외각 지역은 효소의 한 가지인 **라미나리나제(laminarinase)**로 분해되며 주로 β-1,3 , β-1,6 결합을 가진 부정형 물질인 글루칸으로 이루어진다. 이 층의 아래는 단백질 기질에 묻혀있는 당단백질의 망상 구조이며 그 다음 명확한 단백질 층이 나타나고 맨 안쪽에 단백질에 묻힌 카이틴의 미세섬유가 나타난다. 이 경우에 세포벽의 전체 두께는 125nm이지만 생장이 진행되는 정단부위의 세포벽은 얇고(약 50nm) 간단하며 안쪽 지역의 단백질에 포매된 카이틴과 주로 단백질인 외층으로 이루어진다. 이러한 사실은 균사의 세포벽은 정단에서 뒤로 갈수록 계속하여 물질들이 첨가되거나 구성성분 간에 접착이 생기면서 더욱 강해지고 복잡하다는 것을 알 수 있다.

붉은빵곰팡이는 다른 균류에서 볼 수 없는 당단백질 망구조가 존재하므로 훨씬 복잡한 구조를 지닌다. 그럼에도 불구하고 균사의 세포벽 구조의 전체적인 경향은 매우 비슷하다: 주가 되는 직쇄 미세섬유성 성분(카이틴 또는 난균류의 섬유소)이 항상 세포벽 내부 지역에 존재하며 이 위에 비섬유소성 또는 기질 성분(예, 기타 글루칸, 단백질, 만난)이 위에 덮어 외층을 이룬다. 각 구성요소는 매우 밀접하게 부착되어 있어 정단 후단부의 세포벽을 강화시키는 역할을 한다. 특히 어떤 글루칸 성분은 카이틴과 공유결합을 하며 글루칸 자신들은 측쇄를 이용하여 서로 접착한다. 이 주제는 정단생장의 기작을 다루게 될 제5장에서 다시 만나게 된다.

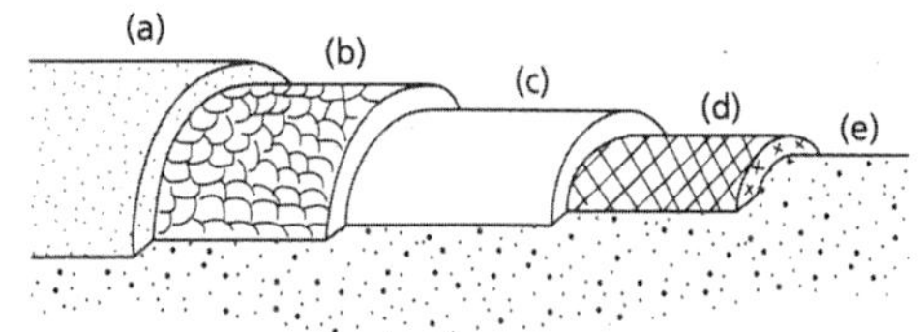

그림 3.9 단계적인 효소분해를 통하여 증명된 붉은빵곰팡이(자낭균류) 균사의 성숙부위의 세포벽 구조. (a) 최외층의 부정형의 β-1,3와 β-1,6-글루칸층, (b) 단백질에 묻힌 당단백질의 망상구조, (c) 다소 분리된 단백질층, (d) 단백질에 묻힌 카이틴미세섬유, (e) 원형질막. [출처: Hunsley & Burnett 1970.]

균사외 기질

세포벽의 주요 구조적 성분 외에 어떤 효모는 다당류로 된 별도의 캡슐을 가지며, 균사와 효모 모두 다소 분산된 상태로 층을 이루는 다당류 또는 당단백질로 둘러싸여 있는데, 이들 물질은 세척하거나 약한 화학처리로 쉽게 제거된다. 이와 같은 세포외 기질물질은 균류와 다른 생물 간의 상호작용에서 중요한 역할을 할 수 있다. 사람의 중요한 기회성병원균(opportunistic pathogen)인 효모 *Cryptococcus neoformans*를 예로 들면, 이 균을 둘러싸는 다당류 캡슐은 안쪽에 존재하는

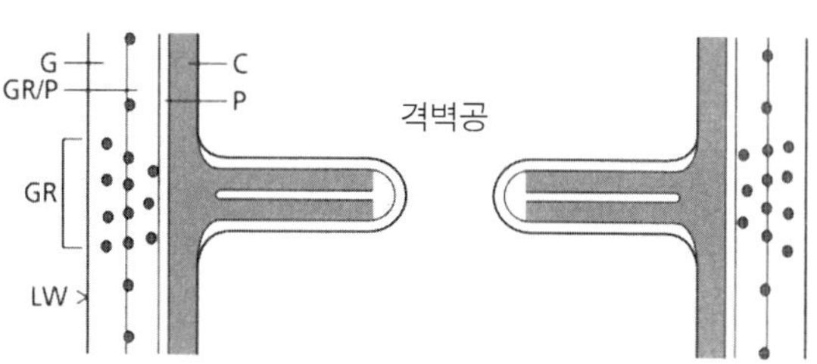

그림 3.10 붉은빵곰팡이(*Neurospora crassa*)의 단순 격벽을 보여주는 모식도. 균사의 측벽으로부터 내측으로 자라는 환의 상태로 격벽이 형성된다. 이 과정은 당단백질 망상구조(GR)의 발달을 포함한 측벽(LW)의 변형과 같이 일어난다. G = 글루칸층; GR/P = 단백질에 포매된 당단백 망상구조; P= 단백질; C = 카이틴. [출처: Trinci, A.P.J. (1978) *Science Progress* **65**, 75-99.]

세포벽 항원성분을 감싸줌으로써 이들 세포가 식세포에 먹히지 않고 조직 내에서 생장이 가능하도록 해준다(Casadevall 1995). 다른 상황에서 보자면, *Piptocephalis virginiana*(접합균, 제12장)는 한천배지 상에서 털곰팡이 같은 다른 접합균류에 기생하는데, 기주균이 세포외 다당류를 생성할 수 있도록 액체배양을 하면 기생이 불가능하다(제12장). 실제로 세포외 기질의 생성은 생장조건에 의해 많은 영향을 받는다. 제1장에서 상업적으로 풀룰란(pullulan)이 *Aureobasidium pullulans*에서 생산됨을 소개한 바 있는데, 이 경우 이 물질의 생산은 질소가 제한된 생장조건에서 충분한 당분을 공급하면 상승된다(Seviour *et al*. 1984). 균류 주위에서 발견되는 젤 비슷한 어떤 물질들은 충분한 상업적 가치가 있다.

격벽

자낭균, 담자균, 불완전균의 경우에는 격벽이 천공되어 있으므로 인접하는 세포는 세포질이 서로 연결되어 있지만, 격벽(횡단벽)은 대부분의 균사에서 길이를 따라서 비교적 알정한 간격을 두면서 나타난다. 균사의 일부분이 손상되면 Woronin체나 응고된 원형질이 재빨리 격벽공을 막아 세포 손상을 국소화 시킨다. 균사는 손상을 입은 구획의 뒷부분에 새로 형성한 정단세포로부터 재생장 할 수 있으며 어떤 경우는 새로운 정단이 손상 받은 구획 안으로 생장하기도 한다(그림 12.12 참조). 이와 같은 '손상 제한' 반응은 균사의 전체성을 유지해주고 특히 균사가 곤충에 먹히거나 기생균류(균에 기생하는)에 침범 당하거나 영양세포 불친화성 그룹을 가진 균사가 균사망상조직을 만들 경우 필요하다(제9장). 그러나 몇 가지 균류 또는 유사균류의 정상적인 균사에는 격벽이 생기지 않는데, 접합균류(*Mucor* 등)와 유사균류(*Pythium, Phytophthora* 등)가 이에 해당한다. 이와 같은 비격벽성 균류는 손상에 대하여 더욱 불리하다.

격벽은 특히 수분압박과 같은 조건에서 균사의 구조적 지지기능을 한다. 그러나 격벽의 주요 기능은 분화에 있는 것으로 생각된다. 격벽공을 봉쇄하게 되면 하나의 균사는 구획의 연결체로부터 각기 독립적인 발생이 가능한 여러 개의 독립 세포 또는 독립부위로 전환된다(제5장).

격벽은 광학현미경(보통 현미경)으로도 보이지만 전자현미경을 사용하면 격벽공의 여러 가지 형태를 관찰할 수 있다. 자낭균과 불완전균은 0.05~0.5㎛의 대형 중앙공을 가진 단순 격벽(simple septum)을 가지므로 세포 소기관과 핵까지도 통과가 가능하다. 격벽의 발생은 놀라우리만큼 급속히 일어나 보통 몇 분 내에 완성된다. 격벽은 균사의 측벽에서 안으로 자라는 환의

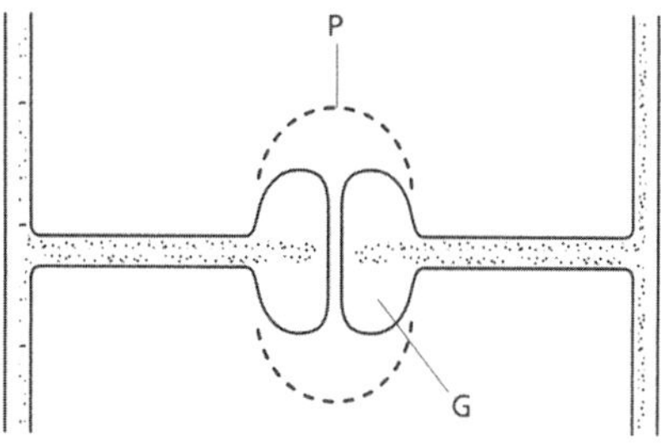

그림 3.11 많은 담자균에서 발견되는 유연공격벽. 다량의 글루칸(G)이 좁은 중앙 구멍을 이루고 있으며 호상체(P)라고 불리는 천공을 가진 특수한 막이 있어서 세포소기관이 격벽공을 통과하는 것을 막는다.

형태로 발생하며, 이때 붉은빵곰팡이의 세포벽에 당단백망상체가 국부적으로 발달하는 것과 같은 측벽 자체의 국소적인 변형이 동시에 일어난다.

담자균류도 일핵체로 생장할 경우 단순격벽을 만들지만(세포 당 한 개의 핵) 각기 다른 친화성 그룹의 균주가 융합한 후 이핵체를 형성하여 하나의 구획(세포)에 두 개의 핵을 갖게 되면 훨씬 복잡한 **유연공격벽**(有緣孔隔壁; **dolipore septum**)을 만든다. 유연공격벽은 부정형 글루칸으로 이루어진 2개의 테두리로 둘러싸인 좁은 중앙 통로(약 100~150nm 직경)를 가진다. 이 격벽(통로)의 양쪽 측면에 **호상체**(弧狀體; **parenthosome**)라는 괄호 모양의 막구조가 있으며 이 막에는 구멍이 있어 양쪽 세포질의 연결상태를 유지시키지만 주요 세포소기관의 통과는 막는다. 이와 같이 담자균류는 다른 균류에 비하여 훨씬 규칙적인 핵의 분포(배열)를 나타낸다. 그러나 담자균이 버섯과 같은 복잡한 자실체를 형성하기 시작할 때, 이들 격벽공이 선택적으로 파괴되는 것을 제5장에서 보게 될 것이다. 이러한 현상은 자실체 구조의 형성을 촉진하는데 필요한 물질의 대량이동을 가능케 한다.

위에서 간략히 소개되었듯이 격벽은 균류의 생물학에서 몇 가지 매우 중요한 역할을 한다. 격벽은 구획을 격리시키거나 격벽공을 통하여 세포소기관을 자유스럽게 통과시키도록 하며 또한 분화가 발생할 지점으로 세포질 구성요소나 영양분의 대량 이동이 가능하도록 분해되기도 한다.

균류의 핵

균류의 핵은 일반적으로 작으나(1~2㎛), 예외적으로 직경 20~25㎛에 이르는 경우도 있다 (예, *Basidiobolus ranarum*, 병꼴균; 제4장). 다른 진핵세포에서와 같이 핵은 이중핵막으로 싸여 있지만 균류는 핵과 핵분열에서 여러 가지 독특한 성질이 있음을 주목해야 한다 (Heath 1978). 첫째, 균류의 핵과 핵막은 핵분열의 전 과정 동안 그대로 남아있지만 다른 생물의 경우 핵막은 핵분열 초기에 없어진다. 이것은 핵막을 보존함으로써 여러 개의 핵을 가지며 원형질 유동이 활발한 균사의 구획으로 핵물질이 분산되는 것을 방지하기 위한 것으로 보인다. 둘째, 균류는 중기 중에 중기판(적도판; metaphase plate)이 생기지 않고 염색체는 무작위적으로 퍼져있는 것으로 나타나며, 후기에 낭 염색분체는 각기 길이가 다른 방추사상에서 두 개의 궤도를 따라 떨어지도록 잡아당긴다. 독특한 성질의 세 번째로 균류는 **미세소관형성중심**(微細小管形成中心; **microtuble-organizing center**)이라고도 불리는 여러 가지 형태의 **방추극체**(紡錐極體; **spindle pole body**)를 갖는다. 방추극체는 핵분열 중 미세소관구조를 만든다. 자낭균류와 불완전균류의 경우에는 방추극체가 접시 모양을 하지만 담자균류에서는 두 개의 구형체가 다리로 연결된 모양을 한다. 그러나 이러한 차이가 무엇을 의미하는지 불분명하다. 모든 균류는 핵분열이 일어날 때 염색체가 정확하게 분리되도록 미세소관형성중심이 필요하다.

절대 다수의 균류는 **반수체**(半數體; **haploid**)이며 염색체의 수가 6~20개에 이른다. 예를 들어, *Schizophyllum commune* (치마버섯, 담자균)은 6개의 염색체를, *Neurospora crassa* (붉은빵곰팡이, 자낭균)는 7개, *Emericella* (*Aspergillus*) *nidulans* (누룩곰팡이, 자낭균)는 8개, *Saccharomyces cerevisiae* (빵효모, 자낭균)는 16개, *Ustilago maydis* (옥수수 깜부기병균, 담자균)는 20개의 염색체를 가진다. 몇 종의 균류는 원래 배수체이다(예, 효모 *Candida albicans*와 난균류 전체). 어떤 균류는 반수체세대와 배수체세대를 교번하거나 (예, *S. cerevisiae* 및 병꼴균류에 속하는 *Allomyces*) 또는 다배체(polyploid) 계통으로 존재한다(예, *Allomyces* 및 *Phytophthora* spp.)

균류의 유전학 및 유전체의 여러 가지 특징이 제9장에 소개되어있다. 여기서는 일단 균류가 가진 가장 특징적인 점 중의 하나로 균류는 **진핵생물로서 반수체를 갖는 유일한 주요 생물군**이라는 이라는 점을 확실히 할 필요가 있다. 식물, 동물, 난균류와 원생생물이라고 막연하게 분류되어 있는 수많은 단세포 생물을 포함하는 거의 대부분의 다른 진핵생물은 배수체이다. 균류가 반수체 상태를 하는 이유는 반수체가 나름대로의 이점이 있기 때문이다. 한편 균류는 보통

각 구획에 여러 개의 핵을 가지고 있으며 각 구획 간은 원형질 유동의 연결체를 이루고 있음을 이미 잘 알고 있다. 만약 이들 핵 중의 하나에서 열성 돌연변이가 발생하면 균류는 여전히 야생형으로 생존할 수 있지만 열성 돌연변이가 여전히 남아있어 잠재적인 다양성으로 보존되는데, 이것은 배수체 생물의 특징이다. 다른 편으로는 돌연변이 핵은 주기적으로 도태압에 직면하게 되는데, 균류가 단핵성 포자를 형성하는 경우, 또는 분지가 생겨 여기에 한 개의 "창시자(founder)" 핵(돌연변이 핵)이 들어가게 되는 경우이다. 그러므로 어떤 점에서 본다면 다핵성 구획을 가진 반수체 균류는 반수체와 배수체 생활방식의 양쪽과 관련된 여러 가지 이점을 가졌다고 할 수 있다. 이 주제는 제9장에서 다시 소개된다.

세포 소기관

균류의 세포 구성요소의 대부분은 다른 진핵생물의 소기관과 유사하지만 몇 가지 중요한 측면에서 차이가 있다. 그 주요 차이점을 아래에 소개하였다.

원형질막

모든 진핵생물과 같이 균류의 원형질막은 막단백질과 결합된 인지질 이층으로 이루어져 있으며 막단백질은 직접 또는 간접적으로 영양물질 흡수에 참여한다. 막은 어떤 효소들을 부착시키기도 한다. 실제로 두 가지 세포벽 형성 주요 효소인 카이틴합성효소와 글루칸합성효소는 **내막단백질**(內膜蛋白質; **integral membrane protein**)이다: 이러한 단백질은 막에 부착되어 있으며 막 외부의 표면에서 다당류 쇄를 형성한다(제4장). 원형질막의 세 번째 중요한 기능은 외부 환경으로부터 세포 내부로 신호를 보내는 **신호전달**(信號傳達; **signal transduction**) 과정으로서 제4장에 소개되었다.

원형질막은 식물이 **β-시토스테롤**(**β-sitosterol**) 같은 식물스테롤(phytosterol)을 가지며 동물이 **콜레스테롤**(**cholesterol**)을 가지는 데 반하여 병원성 균류는 주요 막 스테롤로 항상 **에르고스테롤**(**ergosterol**)을 가진다는 점에서 독특하다. 난균류는 식물과 같은 스테롤을 가진다. 그러나 *Pythium*과 *Phytophthora* 종 등의 식물병원성 균류는 비스테롤 시발물질로부터 스테롤을 합성하지 못하는 대신에 기주로부터 스테롤을 공급받아야 한다. 에르고스테롤은 식물병원성 균류를 제어하는 데 사용되는 몇 가지 항균물질의 일차 목표물이며 또한 사람의 진균감염증 치료에 사용되는 항생제의 일차 목표물이기도 하다(제17장).

균류의 분비체계: 골지체, 소포체, 소낭

균류는 소포체(ER), 골지체(또는 골지 유사체) 및 막피복 소낭으로 이루어진 **분비체계**(分泌體系; **secretory system**)를 갖추고 있다. 세포에서 외부로 분비되는 단백질들은 소포체에 부착된 리보솜에서 합성되며, 합성 과정 중에 소포체의 내강으로 옮겨진 후 골지체로 수송된다. 골지 시스터나를 통한 점진적 수송과정 중 이들 단백질은 골지체의 내강에서 부분적인 절단, 조합, 3차구조로의 접힘현상, 당분사슬의 첨가(glycosylation) 등 여러 변화과정을 거친다. 이후 단백질 또는 당단백질은 골지체의 성숙면(maturing face)에서 출아된 소낭의 형태로 포장된 후 원형질막으로 수송된다. 이는 복잡한 우편체계를 연상시키는데, 주위환경에 존재하는 중합체들을 분해할 수 있도록 외부로 내보낼 효소들(펙틴분해효소, 섬유소분해효소, 단백질분해효소 등)을 포함한 단백질들을 분류 후 특정한 목적지로 배달한다.

분비체계는 정단생장과도 어느 정도 관련되어있다. 왜냐하면 당단백질은 골지에서만 형성된 후 소낭 형태로 세포벽 생장 부위로 수송된다(제4장). 이외에 골지는 세포로부터 외부로 분비케하는 방법으로 외부 유전자 생산물의 상업적 생산에 중요하다(제9장). 단백질이 소포체로 들어갈 수 있는 것은 단백질의 N-말단에 위치하는 신호서열에 의하여 결정되며 이 서열은 그 후에 제거된다. 이 서열이 없이는 단백질은 세포 내에 그대로 머물게 된다.

다시 이야기하자면, 균류의 분비체계는 몇 가지 독

특한 특징을 가진다. 동물, 식물과 난균류의 전형적인 골지체는 막성 시스터나가 쌓여서 된 것이다(그림 3.12a). 그러나 균류는 전형적인 골지체와 미세구조적으로 매우 다른 **골지 유사체(Golgi equivalent)**를 가지는데, 소세지 모양의 줄, 염주나 환상구조이다(그림 3.12b).

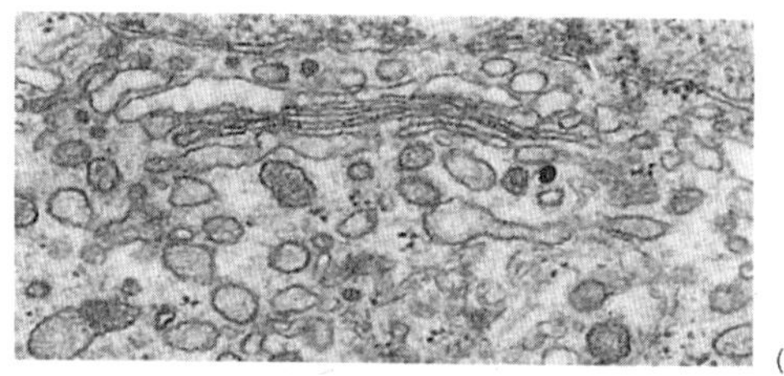

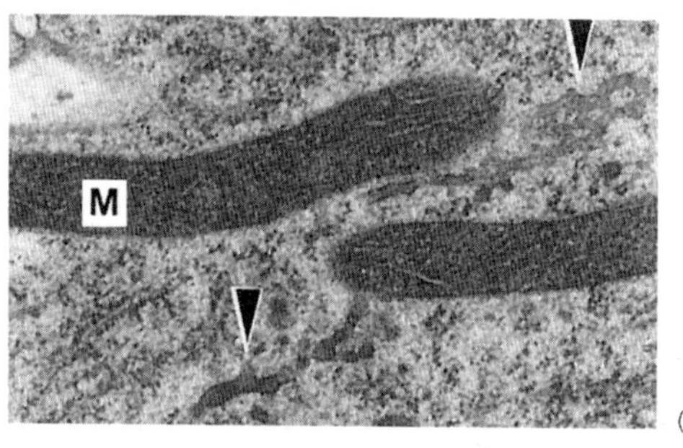

그림 3.12 (a) 그림 2.3의 부분을 확대한 것. 식물, 동물에서 나타나는 전형적인 골지체를 보여줌. (b) 그림 2.4의 부분을 확대한 것. 균류의 전형적인 판 모양의 시스터나를 가진 미토콘드리아와 소세지 형의 환, 염주와 루프(화살촉)로 구성된 골지 유사체를 보여줌.

키토솜

균사 끝에 존재하는 대부분의 소낭은 화학적으로 밝혀지지는 않았지만, 이 중 미세소낭(microvesicle)은 이미 *in vitro*에서 순수분리된 바 있는 **키토솜(chitosome)**으로 불리는 입자들과 비슷한 형태를 하고 있다. 키토솜은 균사를 파쇄한 후 원심분리기로 세포벽 물질과 주요 막성 세포소기관을 제거한 후, 상층액의 구성요소가 층으로 분리될 수 있도록 자당밀도구배 원심분리(sucrose density gradient centrifugation)를 실시하는 중에 발견된 바 있다. 여기에서 나타나는 여러 개의 층 중 어떤 층을 전자현미경으로 관찰한 결과, 7nm의 두께를 가진 껍질에 둘러싸인 40~70nm 직경의 구형체 키토솜이 포함되어 있음이 관찰되었다(그림 3.13). 이 층을 활성화물질(단백질 분해효소)과 우라실-2인산-*N*-아세틸글루코사민 [카이틴을 형성하는 당뉴클레오티드; (UDP)-*N*-acetylglucosamine]과 반응시킨 결과, 각 입자가 내부에 카이틴 코일이 형성됨이 발견되었는데, 이것을 부수면 여러 개의 카이틴 사슬로 이루어진 카이틴 미세섬유가 유리된다. 만약 상층액을 먼저 디기토닌(digitonin, 스테롤함유 막을 용해시키는 사포닌물질)으로 처리한 후에 밀도구배 원심분리를 실시하면 키토솜은 더 이상 발견되지 않으며, 대신에 활성물질과 우라실-2인산-*N*-아세틸글루코사민을 가해주면 상등액의 상층(가벼운) 분획에 해당하는 층에서 카이틴이 형성된다. 그러나 여기에서 디기토닌을 제거하면 키토솜이 다시 나타나는 것으로 보아 이것은 **스스로 조립되는 카이틴합성효소**의 덩어리이며, 각 입자는 활성물질을 가해주면 카이틴미세섬유를 생성할 수 있는 충분한 양의 효소분자를 포함하고 있다. 이렇게 생성된 각 카이틴미세섬유는 서로 간에 코일을 이룬다. 생화학자들과 전자현미경학자들의 이와 같은 훌륭한 공동연구를 통하여 균사정단에 존재하는 적어도 한 종류의 소낭은 정체가 밝혀졌다. 아직도 풀어야 할 의문 중의 하나는 이들 입자(키토솜)가 균사의 훨씬 후단부에서 조립된 후에 어떻게 균사정단에 이르는가 하는 점이다. 이에 대하여 제시된 기작 중의 하나는 키토솜이 전자현미경에서 가끔씩 관찰되는 다소낭체(multivesicular body)에 의해 막 내부에 포장된다는 점이다(그림 3.20).

액포

균류의 액포계는 물질의 저장, 세포대사 물질의 재이용을 포함하여 여러 기능을 가지고 있다. 예를 들어, 균근성 균류(제13장)를 포함한 몇 종의 균류는 다인산(polyphosphates)의 형태로 인산을 축적한다. 액포(vacuoles)는 세포내 신호체계의 일부분으로서 세포질로 유리되는 칼슘의 주요 저장 부위이다(제5장). 액포는 세포내 단백질을 분해하고, 아미노산을 재이용하게

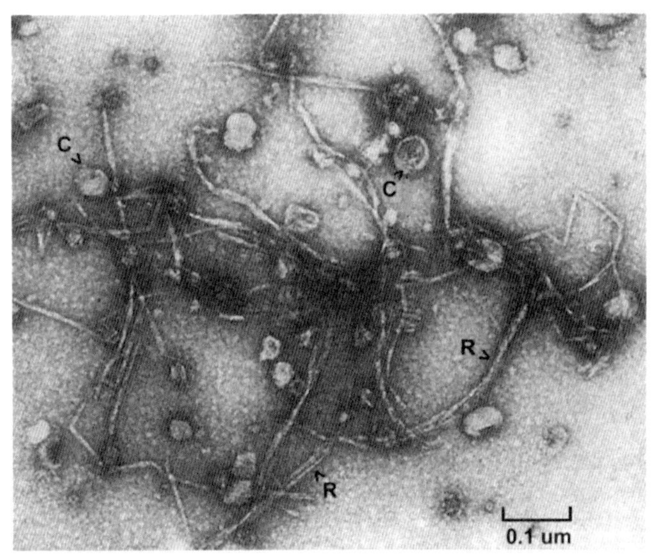

그림 3.13 리본 모양의 카이틴 미세섬유사 덩어리(R). 이 카이틴 미세섬유사는 털곰팡이(*Mucor rouxii*)로부터 분리된 키토솜(C)을 단백질 분해성 활성화 물질과 기질(*N*-아세틸 글루코사민)과 작용시켜 생성된 것이다. [사진제공: C.E. Bracker. 출처: Bartnicki-Garcia *et al.* 1978.]

하는 단백질 분해효소를 포함하며, 세포내 pH를 조절하는 역할을 한다. 이와 같은 중요한 생리학적 역할 외에, 액포는 균사가 정단에서 신장됨에 따라 세포를 확장하고 원형질을 앞부분으로 이동시킨다. 액포는 흔히 균사의 오래된 부분에 독특한 둥근 구조로서 나타나지만 최근의 연구에 의하면 정단세포로 길게 연결된 관상의 액포계가 있는 것이 알려져 있다. 관상 액포는 좁은 관으로 이루어져, 부풀기도 하고 수축하기도 하며, 부풀은 상태로 연동적인 방식으로 이들을 따라 이동하기도 하는 등 대단히 역동적인 액포계를 이룬다(그림 3.14). 이 현상은 최근 여러 균류의 살아있는 균사에서 형광물질인 카르복시플루오레신(carboxyfluorescene, CF)의 이동을 연구하는 중에 밝혀졌다. 균사에 처리된 지질용해성, 비형광성 전구물질인 CF 디아세테이트(diacetate)는 원형질막을 통하여 세포 내로 들어간 후, 세포질로부터 액포 내로 급속히 흡수된다. 이 물질의 아세테이트기는 액포 내의 에스테라제에 의하여 절단되어 CF를 형성하며, 막을 투과하지 못하는 CF는 액포계에 남는다. Rees *et al.* (1994)은 CF를 포함하고 있는 관상액포가 물질을 전방 또는 후방으로 수송하며, 담자균류의 유연격벽공까지도 통과하는 다소 연속적인 계를 이루고 있음을 보고한 바 있다. 이러한 현상은 균사 내에서의 물질의 양방향 수송(제7장)과 특히 균근계에서 중요한 의미를 가지고 있다(제13장).

내포작용과 소낭을 통한 전달

식물, 동물, 출아 효모를 조사한 결과 세포막을 통한 외부로부터의 물질 흡수는 **내포작용**(內胞作用; **endocytosis**)을 거치는 것으로 알려져 있다. 이것은 소낭이 원형질막과 융합한 후에 내용물을 주변 환경으로 유리시킬 때 일어나는 현상인 세포외배출(細胞外排出; exocytosis)의 반대현상이다(그림 3.2. 3.4). 그러나 균사에 내포작용계가 존재하는지, 만약 존재할 경우 이것이 다른 세포형에서 흔히 발견되는 것과 같은 것인지 불분명하다.

균사의 내포작용은 생물들에서 내포작용을 확인할 때 사용하는 표지 염색제로 알려져 있는 FM4-64와 FM1-43과 같은 양쪽 친화성 스테롤 염색을 사용한 결과에 근거하고 있다. 이 매우 중요한 염색물질은 세포에 의하여 흡수되면 레이저 주사 공초점현미경으로 관찰할 수 있다. 그림 3.15는 이 두 가지 염색물질로 염색한 붉은빵곰팡이의 공초점 상을 보여주고 있다. FM4-64는 원형질막과 첨단소체를 강하게 염색하며

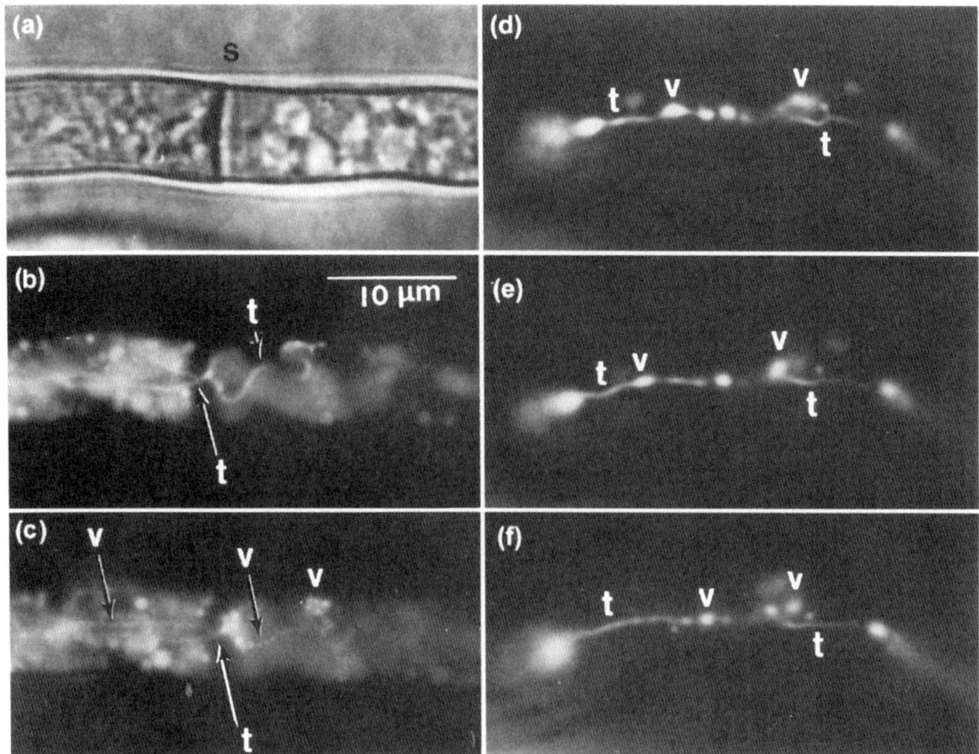

그림 3.14 형광 염색물질로 처리된 살아있는 균사의 역동적인 관상액포계. 이 물질은 액포 내에 모인다. (a) 정상적인 광조사 방법으로 관찰된 *Penicillium expansum*의 균사. 격벽(S)이 존재함을 보여 줌. (b) 형광현미경 방법으로 보여주는 동일 균사. 가느다란 관이 격벽을 통과한 후 분지 함을 보여줌. (c) 격벽을 통과한 후 부풀어진 팽창된 액포(V)를 보여주는 동일한 균사. (d-f) 8초 간격으로 촬영한 *Aspergillus niger*의 균사. 액포관의 연속적인 연동운동에 따라 왼쪽에서 오른쪽으로 균사를 따라 액포팽창이 진행됨을 보여주고 있다. [사진제공: B. Rees, V. Shepherd and A. Ashford. 출처: Rees *et al.* 1994.]

FM1-43은 첨단소체는 약하게 염색하는 대신 미토콘드리아를 표지시켜 준다. FM4-64를 사용하여 자낭균, 담자균, 불완전균, 접합균에 속하는 8종의 균류를 시험한 결과 사실상 동일한 결과를 얻었다(그림 3.16). 이들 두 염색물질이 어째서 각기 다른 표지 형태를 나타내는지 알 수는 없지만 FM4-64의 강력한 원형질막 염색작용은 이 물질이 원형질막의 외층과 내층 사이에 끼어들어간다는 연구보고와 일치하고 있다. 이 물질은 이어 능동적인 과정을 거쳐 세포내부로 들어가는 것으로 판단된다. 왜냐하면 수동적으로는 내부 막을 통과할 수 없기 때문이다. 동일한 균사를 대사 저해제(sodium azide)로 처리하면 이들 염색물질이 전혀 흡수되지 않았다.

위성첨단소체(衛星尖端小體; satellite Spitzenkörper)가 균사 정단에서 약간 떨어진 지점에서 생긴 후 정단을 향하여 이동하여 본 첨단소체와 융합하는 것이 여러 차례 보고된 바 있다. 물론 이와 같은 종류의 증거들이 사상균류에 내포계가 존재함을 증명하지는 못하지만 이러한 실험결과는 다른 세포소기관 간에 일어나는 막이나 내용물의 재사용기작이 소낭을 통한 전달을 통하여 이루어진다는 점에서 내포계와 비슷하다고 할 수 있다. 이러한 사실들을 기초로 내포체(endosome)가 참여한 소낭을 통한 전달체계의 가상모델이 보고된 바 있다(그림 3.18). 이 문제는 현재에도 논쟁이 되고 있으며 Torralba & Heath (2002)는 붉은빵곰팡이 균사를 사용한 실험에서 내포계의 존재를

(a)

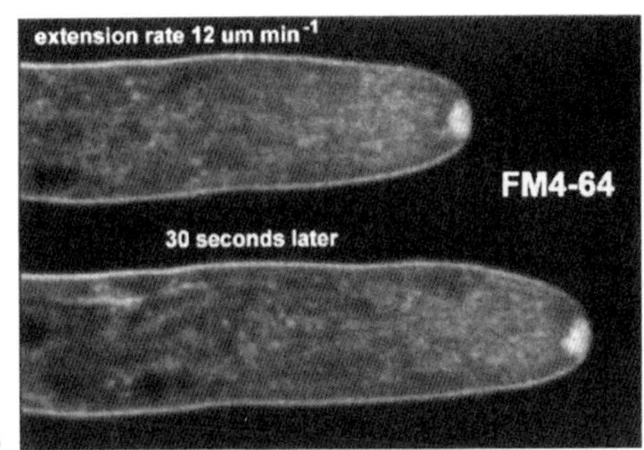

(b)

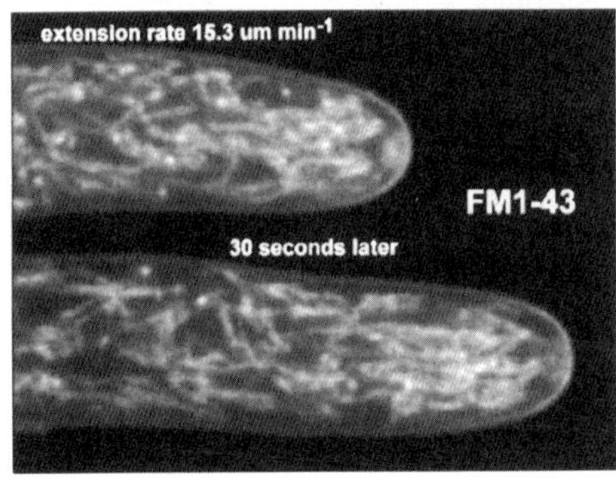

그림 3.15 (a, b) 추정되는 내포작용을 확인하기 위하여 두 가지 스테롤 염색제로 붉은빵곰팡이의 균사 정단을 염색한 것. FM4-64와 FM1-43의 두 스테롤 염색제는 내부로 흡수되며 이것으로 처리된 균사를 30초 간격으로 촬영한 사진이 보여주는 바와 같이 공초점 레이저 사진촬영 중에도 계속 생장한다. [사진제공: N.D. Read. 출처: Fisher-Parton *et al.* 2000.]

확인할 수 없었다. 돌연변이체를 사용한다면 이 문제가 풀릴 수도 있을 것이다. *Saccharomyces cerevisiae*의 내포작용에 관여하는 여러 가지 단백질이 붉은빵곰팡이의 유전체에 동일부위를 갖기 때문에 이와 같은 단백질들이 사상균류가 유사한 내포계를 갖고 있는지의 여부를 검사하는 돌연변이 연구의 후보자가 될 수 있다(Reed & Kalkman 2003).

세포골격과 분자 원동기

세포골격은 진핵세포의 내부체제에서 세포소기관의 수송, 원형질 유동, 핵분열 중 염색체의 분리에 필요한 역동적 구조의 뼈대로서 주요 역할을 맡는다. 세포골격의 3가지 주요 요소에는: (i) 튜불린 단백질의 중합체인 **미세소관**(微細小管; **microtubule**), (ii) 수축성 단백질인 액틴으로 이루어진 **미세사**(微細絲; **microfilament**), (iii) 장력을 나타내는 **중간섬유**(中間纖維; **intermediate filament**)가 있다. 살아있는 균사 내에서 세포골격 구성요소의 분포를 관찰하는 데 형광성 생체염색제를 사용한다(그림 3.19). 이들 세포골격 요소는 균사의 정단생장을 조절하는 데 중요한 역할을 하는 것으로 알려져 있다(Heath 1994).

균사의 전자현미경 사진을 보면 미세소관은 직경 25nm의 길고 곧은 관으로 나타나며 낱개 또는 여러 개가 평행 배열함을 알 수 있다. 미세소관은 세포 내에서 주로 세포질의 주변지역에 보이나 균사 정단의 원형질막까지 뻗기도 한다(그림 3.4). 미세소관은 흔히 막으로 싸인 세포소기관과 밀접하게 결합하기도 하는데(예, 그림 3.20), 이것은 미세소관이 소기관의 이동에 궤도체계 역할을 하는 것을 의미한다. 이와 같은 사실과 잘 일치하는 것은 식물병원균을 방제하는 데 널리 쓰이는 벤지미다졸(benzimidazole) 살균제가 균류의 미세소관과 결합하여 균사생장을 저해하여 살균작용을 나타낸다는 점이다(제17장). 벤지미다졸 화합물은 이와 유사한 방식으로 균류의 방추체 미세소관에 부착하여 균류의 핵분열을 방해한다.

미세소관은 역동적인 세포구성요소이다. 미세소관은 저온충격으로 탈중합화 하며 반대로 주목나무로부터의 독소인 **탁솔**(**taxol**)(사람에게도 독성 있음)에 의하여 안정화되기도 한다. 정상적으로 생장하는 세포에서 미세소관은 쉬지 않고 분해되고 재형성되는 것으로 알려져 있다. 미세소관이 비세포계에서도 스스로의 조립을 통하여 중합화되는 것은 위의 사실과 잘 일치한다. 중합과정은 2단계 과정이다: 첫 단계에서 **α-튜불린** 단백질 한 분자가 자매 단백질인 **β-튜불린**과 결합하여 이량체를 형성한다. 이후 이량체가 중합하여 튜불린 쇄를 형성한다. 이 과정을 따라 만들어진 미세소관은 두 가지 기계화학적 효모인 **키네신**(**kinesine**)과 **다이네인**(**dynein**)과 상호작용을 하며 균사 내에서 세포소기관을 수송하는 데 역할하게 된다.

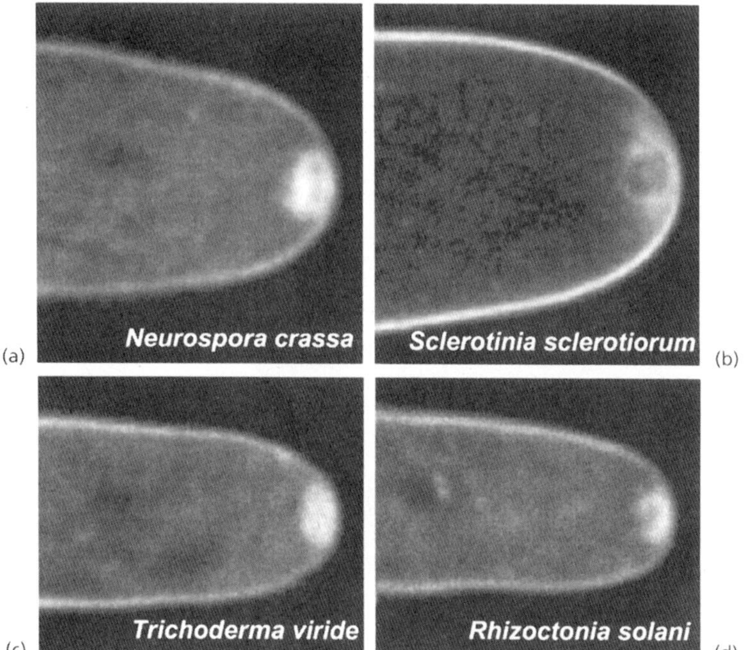

그림 3.16 (a-d) 자낭균(*Neurospora crassa*, *Sclerotinia*), 담자균(*Rhizoctonia*), 불완전균(*Trichoderma viride*) 등의 균류의 원형질막과 첨단소체를 FM4-64 염색제로 표지시켰음. *Phycomyces*(접합균)도 유사한 결과를 보여줌(여기에 보여주지 않음).

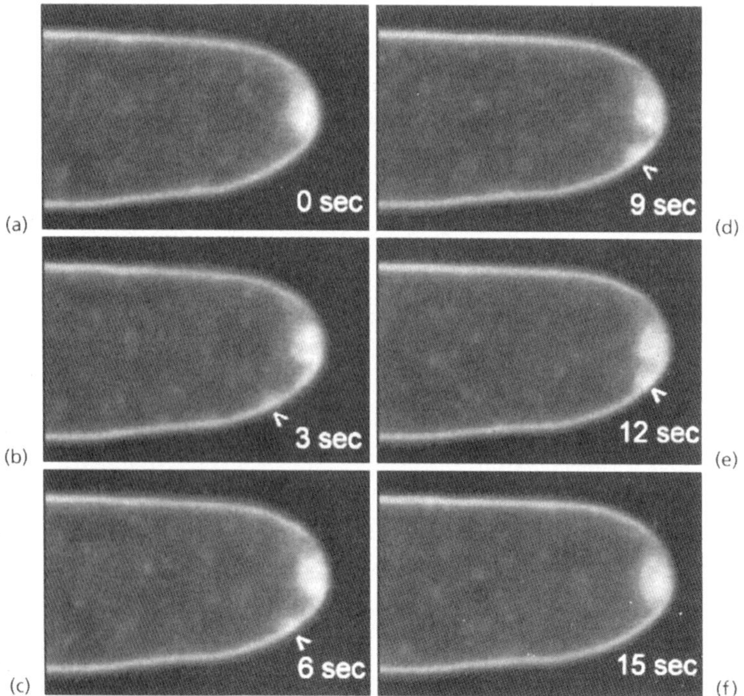

그림 3.17 (a-f) FM4-64로 염색된 *Botrytis cinerea*(자낭균)의 위성 첨단소체의 공초점 사진. 시간이 지남에 따라(초) 위성 첨단소체의 형성, 이동, 본 첨단소체와의 융합하는 각기 다른 단계를 보여줌. [사진제공: N.D. Read. 출처: Fisher-Parton *et al.* 2000.]

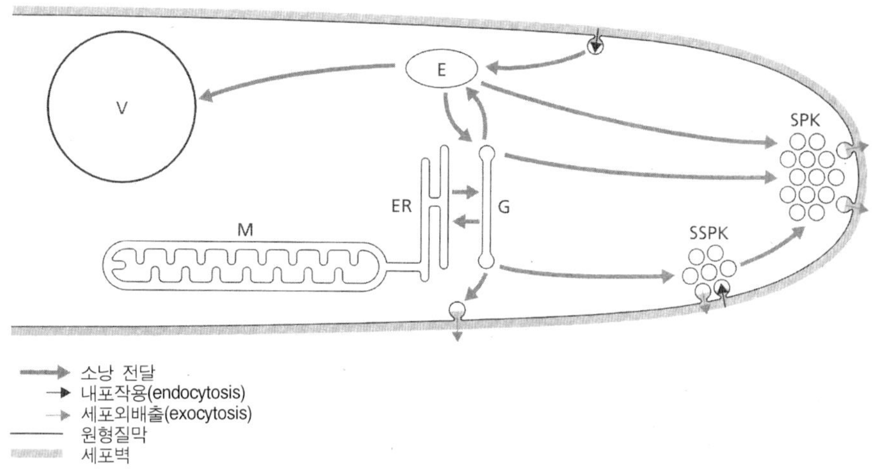

그림 3.18 생장 중인 균사 내의 소낭전달체계(vesicle-trafficking network)의 가상적 모델. FM4-64 염색 결과를 기초한 것. E= 내포체; ER= 소포체; G= 골지 시스터나; M= 미토콘드리아; SPK= 첨단소체; SSPK= 위성첨단소체; V= 액포. [출처: Fisher-Parton *et al.* 2000.]

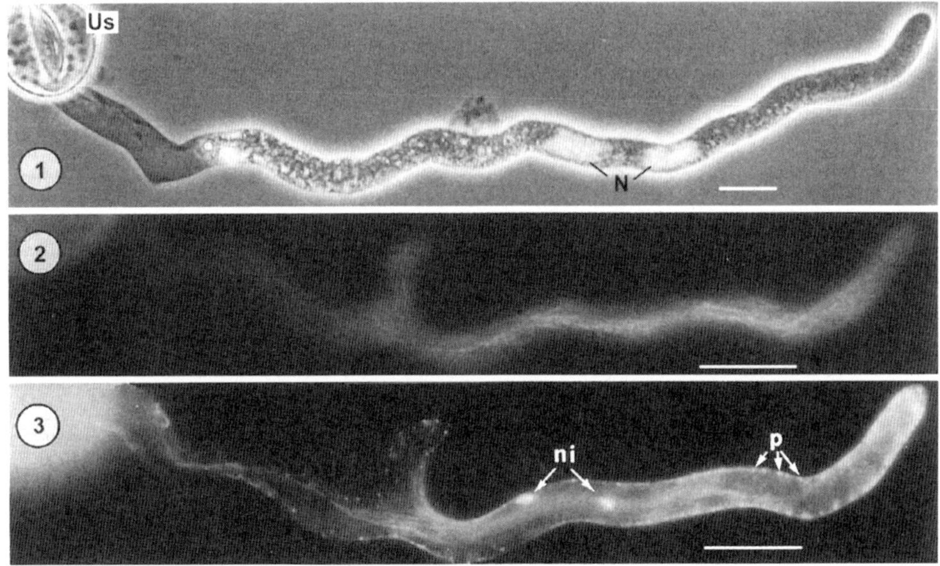

그림 3.19 균사의 구성요소의 분포를 관찰하기 위하여 여러 가지 물질로 처리된 녹병균 *Uromyces phaseoli* 여름포자(Us)의 어린 발아균사 (3시간) (막대=10㎛). (사진 1) DNA의 A/T 다수 부위에 결합하는 형광색소 DAPI로 처리시킨 후에 위상차현미경과 형광현미경의 조합으로 관찰한 것; 발아균사 내의 두 개 핵(N)이 DAPI 형광에 의하여 확인된다. (사진 2) 같은 발아균사를 고정한 후에 형광색소로 표지된 튜불린 항체로 염색시킨 것. 다수의 미세소관이 세포질 내에서 종방향으로 나열함을 보여준다. (사진 3) 같은 발아균사를 액틴에 결합할 수 있는 로다민부착-팔로이딘(알광대버섯 *Amanita phalloides*의 액틴에 결합하여 독성을 나타냄)으로 염색한 후에 형광현미경법으로 관찰한 것. 뚜렷한 액틴뚜껑이 균사 끝에 나타난다. 액틴은 주위반점(p) 형태, 핵함유물(ni) 형태 또는 미세소관이 발견되었던 것과 유사한 띠(帶) 형태로 보인다. [사진제공: H.C. Hoch. 출처: Hoch & Staples 1985.]

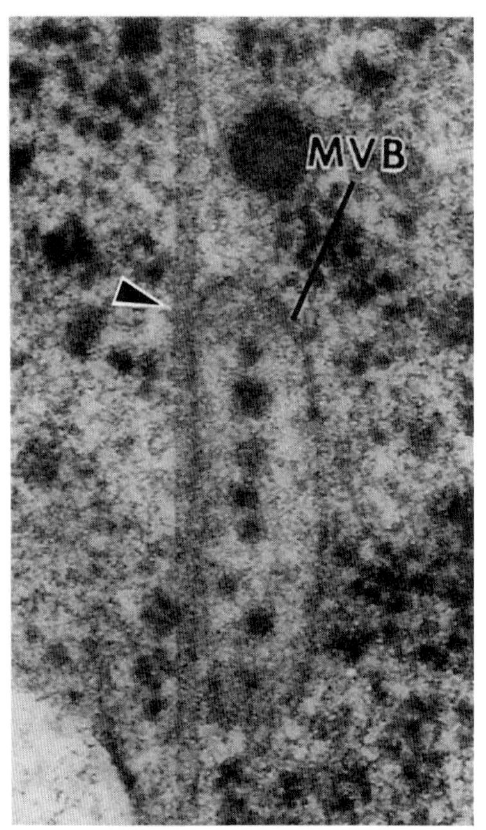

그림 3.20 다소낭체(MVB)라 불리는 막으로 싸인 세포소기관과 밀접하게 결합한 균류의 미세소관(화살촉). 이와 같은 밀접한 결합은 원동단백질의 활성이 세포소기관의 이동에 중요한 역할을 함을 의미한다. [사진제공: R. Roberson. 출처: Roberson & Fuller 1988.]

액틴(actin) 미세사는 미세소관에 비하여 훨씬 가늘며 5~8nm의 직경을 가진다. 점균 *Physarum polycephalum*은 액틴미세사가 원동단백질(motor protein)인 미오신(myosin)과 결합하여 원형질유동에 관여하는 것으로 알려져 있으며, 이러한 현상은 사상균류에도 적용될 수 있으며 최근 균사에서 미오신이 확인된 바 있다. 균류의 생장에 관여하는 액틴 세포골격의 역할에 대한 부정할 수 없는 증거는 효모인 *Saccharomyces cerevisiae*의 연구에서 비롯되었다. 이 균은 미세소관을 가지고 있지만 사상균류와는 달리 효모의 미세소관은 주요 세포소기관의 수송에 **관여하지 않는 것처럼 보이고** 주로 체세포성 방추체를 고정시키는 역할을 하는 것처럼 보인다. 그렇지만 효모는 액틴 끈들이 분비성 소낭을 효모의 생장부위로 수송하는 데 주요 역할을 하는 것처럼 보이며 비슷한 식으로 균사 정단에서도 액틴이 정단 소낭을 세포벽 생장 부위로 수송하는 역할을 할 수도 있다.

후에 배우게 될 장에서 균류의 생장(제4장), 분화(제5장), 유주포자의 행동(제10장)에 관련된 세포소기관의 역할을 다시 다루게 될 것이다. 이 장을 마치면서 균류의 튜불린이 식물이나 동물의 튜불린과 다르다는 점을 확실히 하여야 한다. 균류의 튜불린은 그리세오풀빈(griseofulvin)과 벤지미다졸 항균제에 의하여 저해 받지만 식물과 동물의 튜불린은 이와 같은 물질에 감수성이 없다. 이와 같은 이유 때문에 그리세오풀빈이 인체의 피부사상균(ringworm) 질환의 치료제로 사용될 수 있으며 벤지미다졸이 식물에 대한 균류의 감염을 방제하는 데 쓰이는 것이다(제17장). 이와 반대로, 균류의 튜불린(난균류 제외)은 식물과 동물의 핵분열을 저해하는 **콜키신(colchicine**, 사프란으로부터의 독소)에 의하여 저해 받지 않는다.

참고문헌

Bartnicki-Garcia, S., Bracker, C.E., Reyes, E. & Ruiz-Herrera, J. (1978) Isolation of chitosomes from taxonomically diverse fungi and synthesis of chitin microfibrils *in vitro*. *Experimental Mycology* **2**, 173–192.

Casadevall, A. (1995) Antibody immunity and *Cryptococcus neoformans*. *Canadian Journal of Botany* **73**, S1180–S1186.

Fisher-Parton, S., Parton, R.M., Hickey, P., Dijksterhuis, J., Atkinson, H.A. & Read, N.D. (2000) Confocal microscopy of FM4-64 as a tool for analysing endocytosis and vesicle trafficking in living fungal hyphae. *Journal of Microscopy* **198**, 246–259.

Grove, S.N. & Bracker, C.E. (1970) Protoplasmic organization of hyphal tips among fungi: vesicles and Spitzenkörper. *Journal of Bacteriology* **104**, 989–1009.

Heath, I.B. (1978) *Nuclear Division in the Fungi*. Academic Press: New York.

Heath, I.B. (1994) The cytoskeleton in hyphal growth, organelle movements, and mitosis. In: *The Mycota*, vol. 1 (Wessels, J.G.H. & Meinhardt, F., eds), pp. 43–65. Springer-Verlag, Berlin.

Hoch, H.C. & Staples, R.C. (1985) The microtubule cytoskeleton in hyphae of *Uromyces phaseoli* germlings: its relationship to the region of nucleation and to the F-actin cytoskeleton. *Protoplasma* **124**, 112–122.

Howard, R.J. & Aist, J.R. (1979) Hyphal tip cell ultrastructure of the fungus *Fusarium*: improved preservation by freeze-substitution. *Journal of Ultrastructural Research* **66**, 224–234.

Hunsley, D. & Burnett, J.H. (1970) The ultrastructural architecture of the walls of some hyphal fungi. *Journal of General Microbiology* **62**, 203–218.

McCabe, P.M., Gallagher, M.P. & Deacon, J.W. (1999) Microscopic observation of perfect hyphal fusion in *Rhizoctonia solani*. *Mycological Research* **103**, 487–490.

Read, N.D. & Kalkman, E.R. (2003) Does endocytosis occur in fungal hyphae? *Fungal Genetics and Biology* **39**. 199–203.

Rees, B., Shepherd, V.A. & Ashford, A.E. (1994) Presence of a motile tubular vacuole system in different phyla of fungi. *Mycological Research* **98**, 985–992.

Roberson, R.W. & Fuller, M.S. (1988) Ultrastructural aspects of the hyphal tip of *Sclerotium rolfsii* preserved by freeze substitution. *Protoplasma* **146**, 143–149.

Roberson, R.W. & Fuller, M.S. (1990) Effects of the demethylase inhibitor, Cyproconazole, on hyphal tip cells of *Sclerotium rolfsii*. *Experimental Mycology* **14**, 124–135.

Seviour, R.J., Kristiansen, B. & Harvey, L. (1984) Morphology of *Aureobasidium pullulans* during polysaccharide elaboration. *Transactions of the British Mycological Society* **82**, 350–356.

Torralba, S. & Heath, I.B. (2002) Analysis of three separate probes suggests the absence of endocytosis in *Neurospora crassa* hyphae. *Fungal Genetics & Biology* **37**, 221–232.

제4장

균류의 생장

균류의 균사에 관한 해결의 실마리는 정단에 있다(Noel Robertson)

이 장은 다음과 같은 주요 부분으로 구성되어있다.

- 균류 균사의 정단생장
- 포자발아와 균사 정단생장의 방향
- 효모의 세포 주기
- 균류 생장의 동력학
- 균류 생체의 상업적 생산: 큐오른 균단백질(Quorn™ mycoprotein)

이 장에서는 균류의 생물학을 이해하는 데 중심이 되는 균류의 생장기작, 특히 균사 말단에서 이루어지는 생장과 세포벽 합성의 구성에 초점을 맞춘다. 영양소 섭취의 효율을 극대화하기 위하여 균사분지가 어떻게 생성되고 분지 방향이 어떻게 결정되는지도 논의한다. 그리고, 회분배양과 연속배양 체계에서 이루어지는 균류 생장의 동력학을, '단세포 단백질' 생산의 가장 성공적인 발효체계의 하나로 알려진 **큐오른 균단백질(Quorn™ mycoprotein)**의 상업적 생산을 포함한, 공업적 규모의 공정과 연관시켜 고찰한다. 이 장에서 언급된 몇몇 주제는 Gow & Gadd (1995) 그리고 Howard & Gow (2001)가 심도있게 다룬 바 있다.

균류 균사의 정단생장

정단생장(apical growth)은 균류의 두드러진 특징이다. 주목할 만한 수준의 수렴진화(Latijnhouwers *et al.* 2003)를 통해 정단생장에 적응한 유사균류인 난균류(Oomycota)를 제외하고는 세포벽 성분이 국부적으로 합성됨으로써 최말단부가 확장되는 관 모양으로 지속적인 생장하는 생물체는 없으며, 극단적인 유연성을 보여주는 생물체도 거의 없다. 균사의 정단은 포자나 효모세포와 같이 풍선 모양의 구조로 부풀거나, 단지 팽압을 발생시킴으로써 기주식물의 세포벽이나 불활성의 금박 층을 뚫을 수 있을 정도로 뾰족해 질 수도 있다. 어떤 경우에는 균류의 균사가 제5장에서 논의된 바와 같은 복잡한 조직이나 침입구조로 될 수도 있다.

그림 4.1은 한천배지 상의 *Neurospora crassa* 집락 가장자리에 덮개유리를 올려놓고 관찰한 균사의 유연성을 부분적으로 보여주고 있다. 일련의 사진 아홉 장은 덮개유리를 올려놓은 시점부터 1시간 간격으로 찍은 것이다. 첫 번째 사진(a)에는 균사 말단이 정상적으로 자랐으며, 생장 중인 말단 뒷부분에 두 개의 측면 분지가 형성되었다. 조금 후에 (b, c) 균사 말단이 부풀기 시작하였고(덮개유리에 의해 야기된 교란에 대한 반응임), 정단생장의 정상적인 양상이 더 재개되기 전에 말단으로부터 반복적인 분지가 일어났다.

그림 4.1에 v1과 v2로 표시된 분지점과 같이 임의의 참고점을 정하여 보면, 이전에 형성된 균사의 길이는 변함이 없고 원래의 균사 말단이나 분지 말단에서 모든 새로운 생장이 일어남을 알 수 있다. 실제로 새로운 세포벽 물질은 주로 최말단부에 국한되어 편입된다. 이러한 과정은 생장 중인 균사를 방사능으로 표지된 세포벽 전구물질인 ^{3}H-*N*-acetylglucosamine(이로부터 카이틴이 합성됨)이나 ^{3}H-glucose(이로부터 세포벽의 글루칸이 만들어짐)로 짧은 시간 처리한 뒤에 자기방사선사진(autoradiography)을 찍은 그림 4.2에 나타나 있다. 방사능표지는 균사말단에 최대로 편입되며,

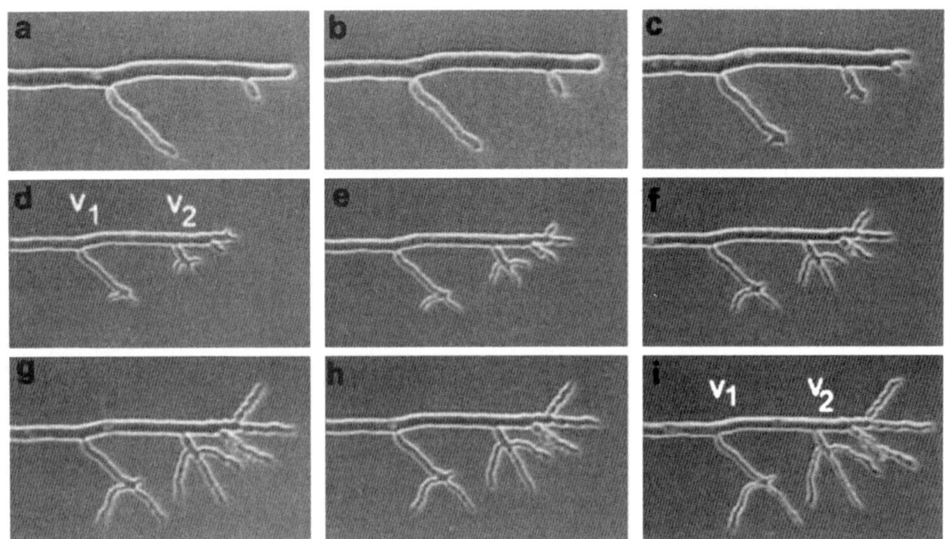

그림 4.1 (a-i) 한천배지 위에 올려놓은 덮개유리에서 자라고 있는 *Neurospora crassa*의 동영상으로부터 1시간 간격으로 영상을 취하여 배열한 것. (영상 (a-c)는 다른 영상보다 높은 배율로 관찰한 것임)

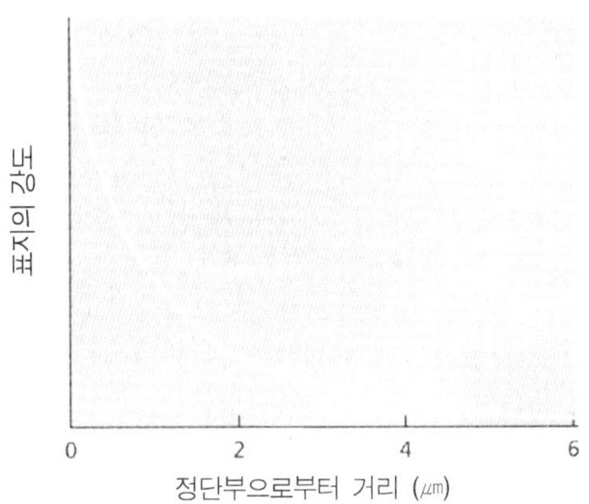

그림 4.2 짧게 (5분간) 처리하는 동안 방사능으로 표지된 세포벽 전구물질의 편입양상.

몇 마이크로미터 떨어진 균사정단의 반구형 부위를 지나면서 방사능의 편입속도가 급격히 떨어진다.

뒤쪽으로부터 균사정단부로 소낭과 다른 세포질 성분이 공급되어야만 빠른 속도의 균사말단 생장(*N. crassa*의 경우에는 분당 40㎛)이 이루어질 수 있다. 이러한 이유로 정단생장이라고 부르는 것은 사실상 정단확대인데, 이는 단위시간당 생체량의 증가로 정의되는 실제 생장속도가 정단생장속도에 비해 매우 느리기 때문이다. 확대 중인 정단의 생장을 유지하는 데 필요한 균사의 길이는 해부용 칼로 집락의 가장자리를 대각선으로 잘라 각각의 균사가 정단부로부터 각기 다른 위치에서 잘리도록 함으로써 측정할 수 있다. 말단에 너무 가까이 잘린 균사는 물리적 손상으로 죽는다. 좀 더 뒤쪽이 잘린 균사는 정상균사보다 느린 속도로 확대되는데, 종국적으로 잘린 부위가 너무 뒤쪽이어서 정단확대속도에는 영향을 주지 않는 절단부위까지 도달하게 된다. 이 거리를 집락의 가장자리에서 **선도균사**(先導菌絲; **leading hyphae**)의 **최대확대율**(最大擴大率; **maximum extension rate**)을 유지하기 위하여 필요한 균사의 길이로 정의되는 균류 집락의 **주변생장부위**(周邊生長部位; **peripheral growth zone**)라고 하며, 균류의 종류에 따라 200㎛부터 가장 빠르게 확대되는 균류는 mm 단위에 이르기까지 다양하다.

균류의 정단생장 기작에 관한 초기 실험

Robertson(1958, 1959)은 실제 쉽게 관찰할 수 있는 아주 단순한 방법을 사용하여 정단생장에 관한 중요한

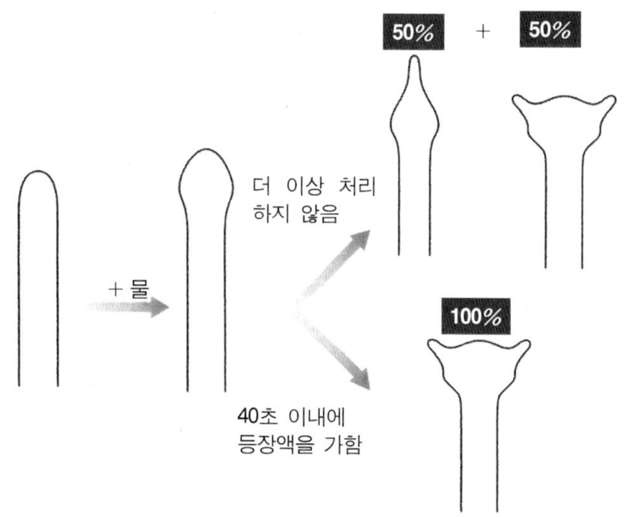

그림 4.3 균사 말단 생장에 관한 Robertson의 실험. 자세한 설명은 본문 참조.

초기실험을 많이 수행하였다. 그는 한천영양배지에 *Fusarium oxysporum*이나 *N. crassa*의 집락을 배양하여 물에 잠기게 한 후에 말단의 행동을 관찰하였다. 그림 4.3에서 보듯이, 대략 절반의 말단은 즉시 생장을 멈추었다가 이전보다는 좁은 정단으로부터 1분 이내에 생장을 재개하였다. 나머지는 몇 분 동안 생장을 멈추고 이 시기동안 다이아몬드 모양으로 부풀었다가 원래의 정단 바로 뒤쪽에 하나 또는 그 이상의 좁은 말단을 형성하면서 다시 생장하였다. 그리고는 집락을 다시 물에 잠기게 하되 40초 이내에 원래의 한천배지와 동일한 삼투포텐셜(osmotic potential)을 갖는 용액(등장액)으로 대체하는 실험을 반복하였다. 그 결과 모든 말단이 몇 분 동안 생장을 멈추었으나, 이 시기동안 팽창하여 결국에는 좁은 부정단 분지로부터 생장을 재개하는 양상을 초래하였다(그림 4.3).

이러한 조사결과를 해석하기 위하여 Robertson은 정상적인 정단생장에는 서로 독립적인 두 가지 과정, (i) 유연하여 모양이 쉽게 변할 수 있는 말단의 확대와 (ii) 확대 중인 말단 뒤쪽의 세포벽 경화과정(rigidification)이 관여한다는 가설을 설정하였다. 그는 마치 두 대의 자동차가 똑같은 속도로 각각의 경주로를 달리지만 한 대가 항상 일정한 거리만큼 뒤진 상태로 달리고 있는 것과 마찬가지로, 이들 두 과정이 동일한 속도로 진행되나 경화과정은 항상 정단부의 뒤쪽에서 이루어진다고 생각하였다. 그런데, 만일 삼투충격(물을 가하는 것)에 의하여 확대생장이 중지되면, 경화과정은 지속되어 정단부에 이르게 될 것이다. 만일 말단이 제 시간에 새로운 삼투 조건에 다시 적응하면 생장을 계속할 수 있으나, 이 경우에도 아직 세포벽이 경화되지 않은 정단부의 얇은 부위에서만 생장이 가능하게 된다. 최초의 실험에서는 대략 절반의 말단이 이러한 현상을 보일 수 있는 것으로 예상된다. 그러나 말단이 제 시간에 적응하지 못하면 정단부는 경화과정에 의해 막혀버리고 새로운 말단이 만들어졌을 때에만 생장이 일어날 것이다. 이 경우에 새로운 말단은 원래의 정단부 뒤에서 몇 분간의 시간이 소요되는 과정에 의해 만들어진다. 이것은 물을 등장액으로 대체하였을 때 왜 모든 말단이 몇 분 동안 생장을 멈추게 되는가를 설명해 주는데, 말단은 두 번에 걸친 삼투적응을 거쳐야 할 필요가 있으나 정단부가 경화되기 전에는 그렇게 할 수 없기 때문이다.

이러한 설명이 본질적으로 정확한 것이었음을 추후 알게 될 것인데, 세포벽의 효소학과 미세구조 연구에서 얻어진 많은 증거들이 이를 뒷받침하고 있다. 그러

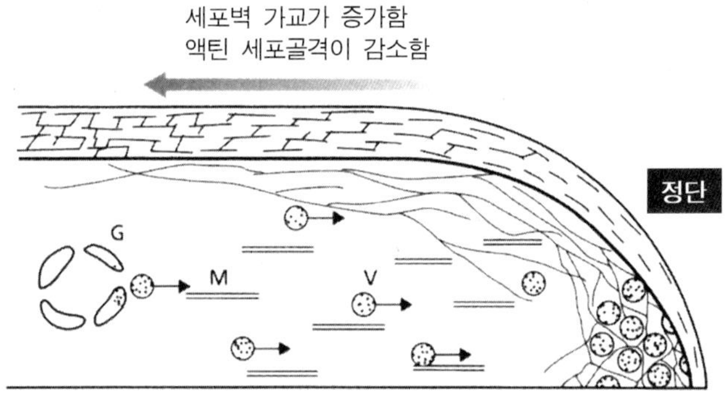

그림 4.4 균사 정단에서 이루어지는 세포벽 생장의 가능한 구성을 나타낸 것. 균사의 절반만 나타내었음. 소포체와 골지체(G)에서 유래된 소낭(V)이 아마도 미세소관(M)과 연계된 원동 단백질에 의하여 정단으로 이송될 것이다. 그런 다음 소낭은 아마도 액틴과 연계된 원동 단백질에 의해 원형질막으로 유도될 것이다. 균사의 최말단부에 새로이 합성된 세포벽은 얇고 가교가 적지만, 뒤쪽으로 갈수록 점차 가교가 형성된다. 반면, 최말단부에는 액틴 세포골격이 잘 발달되어 있어 구조적 지지역할을 함으로써 세포벽 가교가 없는 말단부를 보상해 줄 것이다. 액틴의 농도는 말단의 뒤쪽에서는 점진적으로 감소한다.

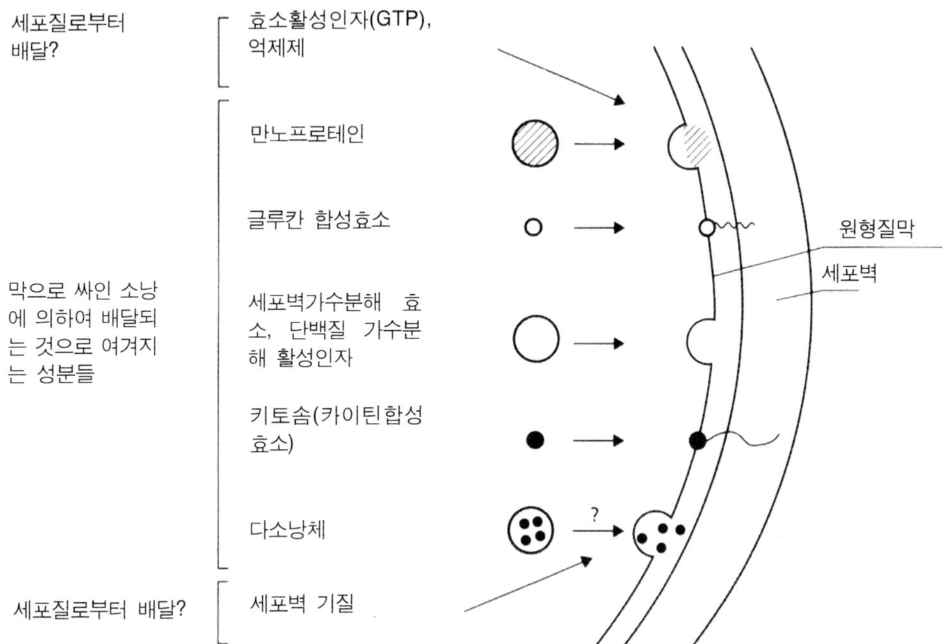

그림 4.5 균사말단에서 세포벽 합성에 관여하는 몇몇 성분들을 나타낸 모식도. 소낭은 주된 세포벽 합성효소(카이틴합성효소와 글루칸합성효소)를 말단에 운반하는 것으로 여겨지는데, 효소들은 말단의 원형질막에 내재 막단백질로 편입된다. 만노프로테인과 다른 당단백질은 소포체-골지체 운송체계로부터 유래된 소낭에 의해 운반된다(단백질의 당질화는 골지체에서만 이루어지기 때문). 그 기능이 불명확한 다소낭체는 아마도 미세소관을 따라 소낭화물을 운송할 것이다. 효소활성인자 및 억제제 역시 말단 생장과 조화를 이룰 것으로 여겨지지만, 세포벽 합성을 위한 기질은 세포질에서 일어나는 신진대사 반응으로부터 이송된다.

나 이 단계에서는 몇 가지 점에 주목해야 할 것이다. 때때로 균사말단이 물에 잠기게 되면 부풀어 올라 터져버리는데, 이는 아마도 정단부의 세포벽이 너무 약하여 삼투포텐셜의 빠른 변화에 적응하지 못하기 때문이거나 또는 정단부의 세포벽이 세포벽 가수분해효소에 의하여 지속적으로 분해되기 때문일 것이다. 때때로 균사말단은 물에 잠긴 후에 정상적으로 자라나, 물에 잠긴 시기에 정단이 도달한 위치로부터 나중에 분지가 형성된다. 어떤 경우이든, 생장 중인 균사말단은 수많은 형태의 교란에 대단히 민감하고 그림 4.3에서 보여준 '정지-팽창-분지'의 과정에 의하여 동일한 방법으로 반응하는 경향이 있다. 이러한 반응은 약한 열이나 저온 충격, 대단히 밝은 광선에의 노출 등에 의하여 유도되거나, 균사말단이 물리적 장벽과 맞닥뜨려도 유도된다. 붉은빵곰팡이(*Neurospora*)나 누룩곰팡이(*Aspergillus*)의 형태적 돌연변이주도 한천평판배지에 자라는 동안 이러한 현상을 규칙적으로 보인다. 제5장에서 식물이나 동물에 기생하는 균류의 전침입구조 등을 포함한 몇몇 분화된 구조체의 형성과정 동안 '정지-팽창-분지'의 과정이 일어남을 보게 될 것이다

균사 정단부에서 세포벽의 조립

균사 정단부에서의 세포벽 합성은 복잡한 과정으로 아직 세밀한 부분이 완전히 밝혀지지 않았으나, 다양한 경로의 증거로부터 정단에서 일어나는 세포벽 생장과 세포벽 성숙과정의 모식도를 그려볼 수 있다(그림 4.3, 4.4). 이 체계의 주요 성분들을 아래에서 논의하겠다.

카이틴합성효소

카이틴합성효소(chitin synthase)는 카이틴 사슬의 합성을 촉매하는 것으로, 균류 세포벽 생장에 관여하는 주요한 효소의 하나이다. 카이틴 사슬은 정단에서 합성되는 것으로 알려져 있으며 막으로 둘러싸인 소낭(vesicle)에 의해 정단에 도달하지는 않는다. 균사 파쇄액의 효소활성을 시험관에서 측정하면 카이틴합성효소는 키토솜(chitosome) (제3장) 내에 있는 불활성화 상태의 **효소전구체**(酵素前驅體; **zymogen**)나 **내재 막단백질**(內在 膜蛋白質; **integral membrane protein**)의 최소한 두 가지 형태로 발견된다. 제3장에서 보았듯이 키토솜은 균사정단부에 있는 미세소낭(microvesicle)과 유사하다(그림 3.13). 그러나 키토솜을 둘러싸고 있는 '껍질'은 인지질막이 아니므로 키토솜은 균사말단으로의 이송에 필요한 인지질막 — 아마도 전자현미경으로 가끔 관찰되는 다소낭체 (그림 3.20 참조) — 내에 꾸려지는 것으로 추정된다.

효소전구체 형태의 카이틴합성효소는 원형질막에 삽입될 때, 다른 소낭에 의하여 정단에 도착할 것으로 여겨지는 단백질 가수분해효소에 의하여 활성화되어야 한다. 그 다음 기질이 세포질로부터 (막에 부착되어 있는) 카이틴합성효소의 내막 쪽으로 운반되면 카이틴 사슬이 합성되어 원형질막 바깥쪽으로 돌출하게 된다(그림 4.5). 카이틴 합성의 기질은 *N*-acetylglucosamine이지만, 제6장에서 설명된 바와 같이 카이틴 합성에 필요한 고에너지 결합을 갖고 있는 당뉴클레오타이드인 UDP-*N*-acetylglucosamine(여기서 UDP는 uridine diphosphate임)의 형태로 공급된다. 세포벽 생장과정 중에 카이틴합성효소의 활성을 조절하는 기작이 있어야 함은 당연하다. 이러한 조절은 효소저해제를 포함한 다양한 방법으로 이루어질 것으로 예상되는데, 이는 세포질이 카이틴의 과잉 합성을 방지하는 것으로 보이는 카이틴합성효소 저해제를 함유하는 것으로 알려져 있기 때문이다.

글루칸합성효소

글루칸합성효소(glucan synthase)는 세포벽 생장에 관여하는 또 다른 중요한 효소이다. 이 효소는 균류 세포벽의 대부분을 흔히 차지하는 β-1,3-glucan의 합성을 촉매한다. 카이틴합성효소와 마찬가지로, 소낭에 싸인 채로 도달하여 정단의 원형질막에 삽입되는 것으로 생각된다. 기질은 원형질에서 공급되는 당뉴클레오타이드인 UDP-glucose이다. 그러나 글루칸합성효소의 활성은 카이틴합성효소와는 다른 방식으로 조절된다. 효소는 두 개의 아단위(subunit)로 구성되어 있는데, 그 중 하나(막 바깥 면에 존재)는 촉매부위를 포함

하고 있고, 다른 하나는 guanosine triphosphate (GTP) 결합 단백질이다. 따라서 효소는 GTP가 원형질막의 안쪽 면에 도달할 때 활성화되고, 글루칸 사슬이 합성되어 세포벽으로 돌출하게 된다. 이들 글루칸 사슬은 세포벽 내에서 변형되는 것으로 여겨진다. 특히, 짧은 β-1,6-결합의 측쇄가 발달하여 β-1,3-glucan 사슬에 연결된다. 분지형 결합의 수는 정단 뒤쪽에서 세포벽이 성숙됨에 따라 점진적으로 증가한다.

만노프로테인

만노프로테인(mannoprotein)과 다른 당단백질은 균류 균사의 전체 세포벽 구성에서 상대적으로 적은 부분을 차지하고 있으나, 효모류나 효모와 유사한 상태의 이형성 균류에서는 보다 일반적이다. 이러한 당단백질들은 소포체와 골지체에서 미리 만들진 후에 소낭에 싸여 정단부로 전달되는 소수의 세포벽 성분 중 하나이다.

가교형성과 균사벽의 성숙

주된 세포벽 중합체가 세포벽에 삽입된 후에는 이들 사이에 다양한 형태의 가교(cross-linkage)가 형성되는데, 이는 균사말단부터 뒤쪽으로 점진적으로 이루어지는 것으로 여겨진다. 예를 들면, 기본적으로 순수한 형태의 글루칸은 뜨거운 알칼리에 의해 새로 형성된 균류 세포벽에서 추출될 수 있지만 오래된 세포벽 부위에서는 알칼리불용성 글루칸의 비율이 증가하는데, 이는 아마도 글루칸이 카이틴과 복합체를 형성하기 때문인 것으로 여겨진다. 카이틴을 분해하는 카이틴분해효소(chitinase)를 처리하면 글루칸이 추출되는 것이 이러한 점을 뒷받침한다. 카이틴과 글루칸은 공유결합으로 연결되어있다. 치마버섯(*Schizophyllum commune*, 담자균) 세포벽의 글루칸과 카이틴 사이의 연결은 50% 이상이 아미노산인 라이신이 연관되어 있는 것으로 보아 아미노산이 관여할 것이라는 사실 외에는 이 과정에 대하여 알려진 것이 거의 없다. 이와 같은 분자 간 결합 외에 각각의 카이틴 사슬은 수소결합에 의하여 연결되어 미세섬유를 형성하며, 글루칸 역시 서로 연결되어있다. 생장 중인 정단 뒤쪽에서 형성되는 이러한 부가적인 결합은 처음에는 유연했던 세포벽이 점진적으로 가교를 형성하여 견고한 구조로 전환하는데 역할을 한다.

세포벽 가수분해효소

세포벽가수분해효소(wall lytic enzymes)가 정단생장에 필수적인가 하는 점에 대해서는 상반되는 견해들이 있다. 그러나 새로운 세포벽 성분이 삽입되기 위해서는 기존의 세포벽이 유연해져야만 하므로 세포벽 생장은 세포벽분해와 합성이 균형적으로 이루어져야 한다. 이에 부합되게 균사세포벽 분획에는 일반적으로 잠복형(latent form)으로 존재하기는 하나, **카이틴분해효소(chitinase)**, **섬유소분해효소(cellulase)** (난균류의 경우) 그리고 **β-1,3-글루칸분해효소(β-1,3-glucanase)** 활성이 발견된다. 한편, 튜불린(tubulin)과 액틴(actin)으로 구성된 견고한 세포골격이 균사 말단을 강화시킬 수 있기 때문에 세포벽이 견고할 필요가 없고 이에

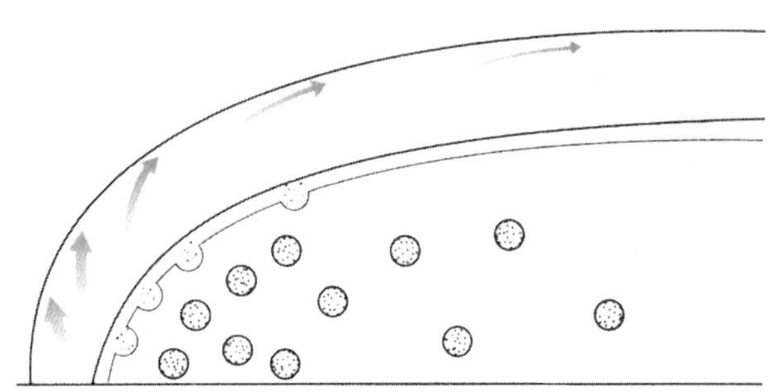

그림 4.6 균사말단생장의 안정된 상태 모형의 모식도. 세포벽은 점성탄성체로 추정하였음. 확대중인 말단에 구성성분이 더 첨가됨에 따라 최말단에서 합성된 새로운 세포벽 중합체가 앞 뒤쪽으로 흐르는 것으로 생각됨. 말단 뒤쪽에서 점점 가늘어지는 화살표는 세포벽 성분에 가교가 형성됨에 따라 점진적으로 흐름이 감소됨을 의미함. [출처: Wessels 1990.]

따라서 세포벽 가수분해 효소가 작용할 필요는 없다는 주장이 제기되고 있다. 하지만, 균사 정단으로부터 훨씬 뒤쪽에 위치하는 기존의 단단한 세포벽으로부터 출현하는 새로운 말단(새로운 균사 분지)이 형성되기 위해서는 세포벽 가수분해 효소가 요구된다는 점에 대해서는 의문의 여지가 없다.

세포벽 생장의 안정된 상태 모형

Wessel(1990)은 균사말단에 존재하는 세포벽 가수분해효소의 역할이 필요 없는 동시에 말단생장의 몇 가지 특성을 설명할 수 있는 균류의 말단 생장에 관한 안정된 상태 모형(steady-state model)을 제안하였다. 이 모형에 의하면 최말단에 새로 형성된 세포벽은 점착유연성이 있어 새로운 성분이 말단에 지속적으로 첨가됨에 따라 세포벽 중합체가 바깥쪽과 뒤쪽으로 이동할 것으로 제안되었다(그림 4.6). 그리고 말단 뒤쪽에서 부가적인 결합이 생기면서 점진적으로 세포벽이 견고해진다. 이것은 유연하고 변형 가능한 최말단의 세포벽이 말단의 뒤쪽에서 연속적으로 견고해진다는 Robertson의 독창적 개념과도 아주 잘 부합된다. 예를 들자면, 말단으로 소낭의 공급이 (삼투충격 등에 의하여) 느려지거나 중단된다면 균사확대의 속도가 느려지거나 중지될 것이지만, 결합이 세포벽에서 자연적으로 이루어지는 것이라면 세포벽의 가교형성은 영향을 받지 않을 것이다. 따라서 많은 생화학적 증거와 미세구조적 증거에 기초하여 '균사말단생장의 통합가설(unifying theory of fungal tip growth)'에 관한 최소한 몇 가지 기본요소를 얻을 수 있다. 하지만, 기본적으로 유동성(점착유연성)의 세포벽을 갖는 균사가 어떻게 팽압에 견딜 수 있는가에 대한 설명이 필요한데, 제3장에서 보듯이, 균사 말단에 존재하는 다량의 액틴 그물망에 의하여 구조적 지지를 받는다는 사실에 그 해답이 있을 것이다.

Jackson & Heath(1990)는 *Saprolegnia ferax*(난균)에서 이러한 현상을 조사하였다. 즉, 이들은 균사에 (액틴 미세섬유에 결합함으로써 세포의 원동력을 파괴하는 시토칼라신의 하나인) 시토칼라신 E(cytochalasin E)를 처리하면 액틴캡이 파괴되어 초기에는 말단 확대속도가 증가하나, 결국 말단이 팽창하여 파열되었다. 말단에서 가장 약한 부위 즉 파열에 가장 민감한 부위는 액틴캡이 가장 밀집되어 있는 최정단이 아니라, 액틴이 덜 조밀하게 있어 약한 세포골격을 보상할 수 있을 만큼 세포벽이 아직 견고해지지 않는 부위인 정단부의 어깨부분이다. 균사를 물에 담그면 새로운 말단이 형성되는 부위가 정단부의 어깨부분임을 상기할 수 있을 것이다(그림 4.3).

안정된 상태 모형의 또 다른 중요 측면은, 복잡한 중합체를 분해하기 위하여 균류가 효소를 어떻게 외부환경으로 분비하는 가를 설명할 수 있다는 점이다. 제6장에서 설명하였듯이, 효소는 보통 30~50 kDa(킬로달톤; kiloDalton)에 달하는 비교적 큰 분자이며, 효소가 통과하여 환경으로 분비될 만한 크기의 연속적인 구멍이 균류의 세포벽에 있다는 증거는 없다. 만일 균사 말단에 융합하는 소낭으로부터 효소가 분비된 다음에 발달 중인 세포벽을 통해 바깥쪽으로 흐른다면, 점착유동성 세포벽 모형이 이러한 문제를 해결할 수 있다.

정단생장의 추진력

세포벽 생장과 견고화 과정의 동력학적 측면을 고려해 볼 때 남는 의문점은 정단팽창을 위한 추진력이다. 헛다리(僞足; pseudopodia) 등의 돌출이 액틴의 중합화와 연계되어 있는 동물세포에 관한 연구결과들과 일치되게, 세포골격 성분들이 정단팽창의 추진력을 설명하는 가장 유력한 후보로 대두되었다.

Saprolegnia(난균류)에 대한 최근의 연구는 비록 팽압이 미미하더라도 액틴의 중합화가 이 과정을 추진하여 정단이 확장될 수 있음을 보여주고 있다 (Money 1995). 균사정단에는 액틴이 풍부하게 존재하며, 액틴에 결합하는 시토칼라신("세포-완화제")을 처리하면 균사의 말단확장과 원형질 유동이 중지된다. *Saccharomyces cerevisiae*의 경우에서는 F-액틴이 발아형성 부위의 결정에 관여하고 소낭을 발아부위로 운송하기 위하여 원동 단백질인 마이오신과 상호 작용한다는 강력한 증거가 제시된 바 있다.

미세소관이 균류 말단 생장에 직접 관여하는지에

대한 문제는 더욱 의문스럽다. 미세소관의 기능을 방해하는 살균제인 벤지미다졸, 아졸계 약품 및 그리세오풀빈(제17장) 등을 처리하면 균사 확대를 중지시킬 수 있다. 이러한 생장 중지현상과 동시에 균사 말단의 소낭이 점진적으로 소멸된다(Howard & Aist 1980). 따라서 미세소관은 아마도 소낭에 실려가는 화물을 위한 전차노선의 구실을 하는 등의 방식으로 말단 생장에 관여할 것이다. 칼슘 역시 말단생장에 깊이 관여하는 것으로 여겨지는데 (Jackson & Heath 1993), 그 이유는 *Neurospora*와 *Saprolegnia*(난균류)를 포함한 몇몇 균류의 말단이 지속적인 생장을 위하여 외부에서 공급되는 칼슘을 요구하기 때문이다. 게다가, 최말단의 원형질막에서는 신장-활성 (stretch-activated) 칼슘 채널이 고농도로 존재한다고 보고 되었는데, 이 채널은 원형질막이 신장될 때만 세포 내부로 칼슘이 들어오도록 하는 것이다. 이는 과량의 칼슘을 소포체, 미토콘드리아 및 액포 등의 세포내 저장소에 격리함으로써, 세포가 칼슘을 적게 유지하도록 세포내 자유 칼슘의 수준이 항상 엄격하게 조절된다는 사실로 볼 때 중요한 것이다. 따라서 원형질막을 통한 칼슘의 국부적인 유입은 세포골격과 상호작용하는 것을 포함하여 혼란을 야기하게 되는데, 이는 칼슘이 섬유상 액틴(F-actin)의 수축을 야기하는 것으로 알려져 있기 때문이다. 다수의 균류와 생물체에서 칼슘이 매개하는 신호전달과정에 관한 증거는 무수히 많으나 칼슘에 의한 신호전달과정과 말단 생장이 어떻게 연계되어 있는지는 아직도 명확하지 않다. Bartnicki-Garcia(2002)는 이러한 부분에 관련한 상상을 깨는 뛰어난 고찰과 균사 말단 생장에 관련된 날카로운 의문점들을 제기한 바 있다.

포자발아와 균사 말단 생장의 방위

균류는 포자의 발아(즉, 전에 없던 위치에 균사 말단을 형성하는 것 - 제10장)를 촉발하는 신호와 균사 말단 생장의 방향을 바꾸는 신호를 포함한 수많은 형태의 환경신호에 반응한다. 아래에서는 이러한 과정에 대한 몇 가지 예를 살펴본다.

발아 중인 포자에 대한 연구

녹병균(담자균류)의 여름포자 등과 같은 균류의 포자는 **발아공**(發芽孔; **germ pore**)이라 불리는 고정된 발아점을 갖고 있는데, 이 부위는 다른 부위보다 눈에 띄게 세포벽이 얇다. 이와 유사하게, 병꼴균류, 난균류 및 변형균류의 유주포자(운동성 편모를 가진 세포)도 고정된 발아점을 갖고 있으며, 포자가 수용표면에 정착하고 부착함으로써 장차 발아관이 뻗어 나올 지점이 그 부착표면 바로 옆에 위치하게 된다. 반면에 많은 포자는 세포 가장자리의 어떤 지점으로부터도 발아할 수 있는 것으로 여겨진다. 발아과정은 대개 공통적인 양상을 따른다(그림 4.7). 처음에는 수화(水和; hydration)에 의해 포자가 팽창하고, 이어 활발한 대사과정에 의해 포자가 더 팽창하고, 새로운 세포벽 성

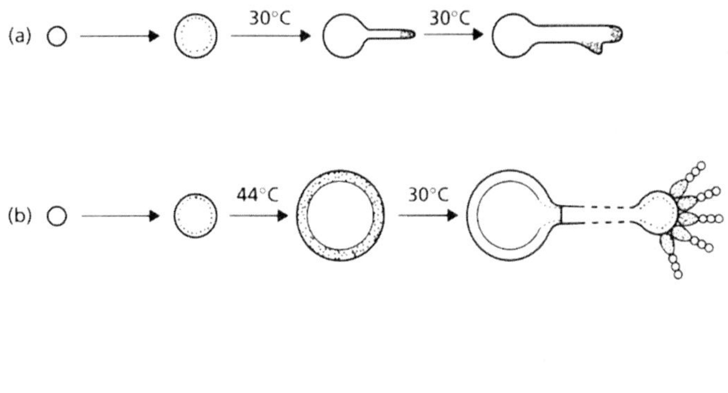

그림 4.7 *Aspergillus niger* 포자의 발아 단계. (a) 정상적인 조건(즉, 30℃)에서는 포자가 부풀어 오르고 새로운 세포벽 물질이 전체 세포 표면에 편입됨(점각으로 나타냄), 그런 다음 발아관이 출현하고 새로운 세포벽이 균사말단에 국소적으로 편입됨. (b) 44℃에서 포자는 계속 부풀어 오르고 세포벽 물질이 비극성 양상으로 편입되면서 두꺼운 세포벽을 갖는 거대세포가 형성됨. 만일 온도가 30℃로 낮아지면, 이 세포는 뻗어 자라 즉시 포자형성머리를 형성하도록 분화함. [출처: Anderson & Smith 1971.]

분이 대부분 또는 전체 세포 표면에 편입되는데, 이 시기를 **비극성생장**(非極性生長; **nonpolar growth**)이라고 부른다. 최종적으로 발아관(어린 균사)이 세포 표면의 특정부위로부터 나오며, 이후의 모든 세포벽 생장은 이 부위에 국한되어 이루어진다. 정단을 형성하는 최초의 징조는 정단소낭군이 국부적으로 발달하는 것이다.

*Aspergillus niger*의 분생포자에서는 비극성생장이 극성생장으로 전환되는 과정이 온도 의존적이다(그림 4.7). 약 30℃의 정상온도에서는 포자가 우선 새로운 세포벽 성분을 전체 세포 표면에 편입시키고 난 다음에 정단이 형성된다. 그러나 포자를 44℃에 배양하면 24~28시간 동안 계속 팽창하여 직경이 20~25㎛이고 (세포부피가 175배 증가함) 세포벽이 2㎛에 달하는 구형의 거대한 세포로 된다. 이 단계에서 세포가 생장을 멈춘다. 그러나 만일 '거대 세포(giant cell)'를 생장이 멈추기 전에 30℃로 옮기면 정단을 형성하는 반응을 보이며 비정상적으로 행동한다. 즉, 정상적인 균사를 형성하는 대신 작은 포자를 갖는 머리(small spore-bearing head)를 형성한다(그림 4.7). 이러한 관찰은 두 가지 사실을 시사한다. 첫 번째는 *A. niger*가 비극성에서 극성 생장으로 전환되는 과정은 제한온도(44℃)에서 봉쇄되는 온도 의존적 과정이란 것이다. 두번째로 이 균은 비허용 온도에서도 성숙이 가능하다는 것이다. 즉, 포자를 형성하는 발달단계에 이른 후에는 온도를 낮추자마자 이러한 성숙이 이루어지기도 한다.

발아 중인 포자가 최소한의 생장을 거친 후에 포자를 형성하는 것을 **단주기 포자형성**(短週期 胞子形成; **microcycle sporulation**)이라 한다. 이러한 현상은 몇몇 균류가, 특히 양분이 제한된 상태인 수막(water film)에서 자랄 때, 자연적으로 발생한다. 예를 들면, 잎의 표면에 서식하는 부생영양균류 (예, *Cladosporium, Alternaria* spp.; 제11장), 잎을 침해하는 병원균류 (예, *Septoria nodorum*), 물관에 자라는 유관속시들음병균류 (예, *Fusarium oxysporum*; 제14장), 그리고 근권 서식 균류로 뿌리병원균의 생물적 방제제인 *Idriella bolleyi* 등에서 단주기 포자형성이 보고된 바 있다. 이들 균류는 모두 양분이 풍부한 상태에서는 발아하여 정상적인 균사를 형성한다. 따라서 양분이 부족한 조건에서 보여주는 단주기성 형태는 균류가 새롭고 보다 유리한 환경으로 전파되는 방식일 것이다.

포자 발아의 굴성

굴성(屈性; **tropism**)이란 외부자극에 반응하여 생물체가 특정한 방향으로 생장하는 것으로 정의된다. 어떤 균류의 포자는 아주 뚜렷하게 굴성을 보이는데, 흔히 낙농제품의 부패를 일으키는 *Geotrichum candidum*이 전형적인 예이다. 그림 4.8에서 볼 수 있듯이, 이 균의 원통형 포자는 전형적으로 한쪽 또는 다른 쪽 극(pole)에서 발아하나, 한천배지에 포자를 고밀도로 접종하고 덮개유리를 덮어두면 발아관이 출현하는 자리는 이웃하는 포자의 존재에 강하게 영향을 받는다. 이 **음성 자기굴성**(陰性 自己屈性; **negative autotropism**)이라고 한다. 그 원인은 아직 잘 알려지지 않았다. 그러나 한편으로는 자가억제물질(auto-inhibitor)의 분비

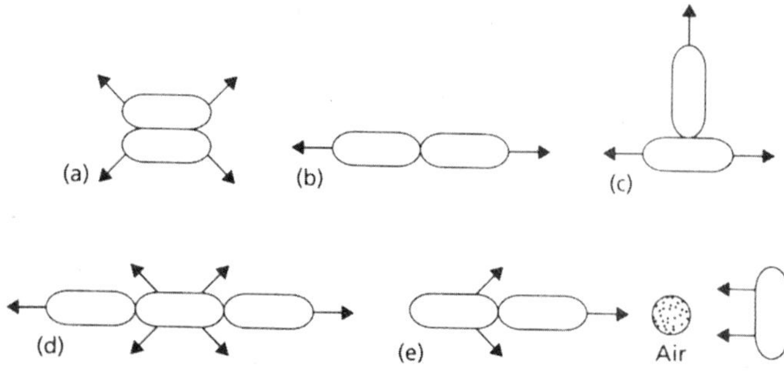

그림 4.8 덮개유리 아래쪽의 얇은 액체 막에 배양하였을 때 *Geotrichum candidum* 포자의 발아 행동. 포자는 항상 자신의 극에 가까운 위치로부터 발아함. 화살표는 다른 조건에서 발아관이 자라 나오는 위치를 가리킴. (a)-(d) 쌍이나 단체로 접촉하는 포자의 음성 자기굴성 - 포자는 접촉하는 포자로부터 가장 먼 위치에서 항상 발아함. (e) 산소가 존재하면 (덮개유리에 구멍) 음성 자기굴성을 극복함으로써 산소원에서 가장 가까운 부위에서 발아함. [출처: Robinson 1973.]

(a)

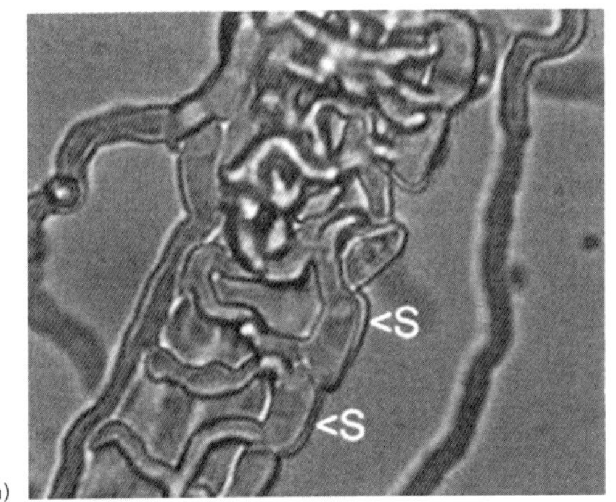

(b)

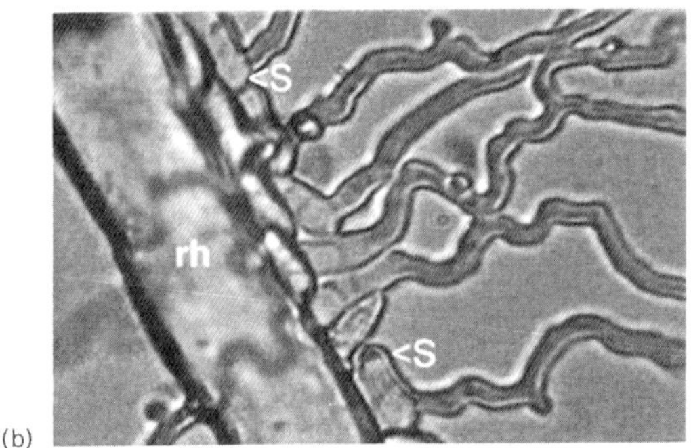

그림 4.9 무균조건의 밀 뿌리털에서 *Idriella bolleyi* 포자(s)의 행동. (a) 포자는 죽은 뿌리털 쪽으로 발아하며 발아관이 뿌리털을 둘러싼 후에 침투함. (b) 포자는 살아있는 뿌리털(rh)로부터 먼 쪽으로 발아함. [Allen *et al.* 1992.]

가 관여할 것으로 추정되는데, 두 포자가 접촉하는 부위에는 억제물질이 최대한으로 축적될 것이나 접촉하지 않는 부위에서는 억제물질이 확산되어 버림으로써 발아가 일어나게 될 것이다. 또 다른 한편으로는 포자 접촉 부위의 산소 고갈이 *G. candidum*의 굴성을 결정하는 주요한 요인으로 보이는데, 이는 포자가 항상 산소원이 있는 쪽(포자를 덮은 플라스틱 덮개에 뚫은 작은 구멍)으로 발아하며, 산소에 대한 양성굴성은 서로 접촉하고 있는 포자 쌍의 음성 자기굴성을 극복할 수 있기 때문이다.

Idriella bolleyi(유사분열포자균류)의 포자 역시 음성 자기굴성을 보이나, 곡류의 뿌리털에 접촉하게 되면 훨씬 더 극적인 반응을 보인다(그림 4.9). 이 균은 항상 **살아있는 뿌리털로부터는 멀어지지만 죽은 뿌리털로는 다가가는 쪽으로** 발아하여 결국 죽은 뿌리털로 빠르게 침투한다. *I. bolleyi*가 곡류 및 목초류의 뿌리에 대해 약한 기생체이기 때문에 이러한 발아 양상은 생태학적으로 적절한 것으로 여겨진다. 생장하는 뿌리말단 뒤쪽에서 피층세포가 자연적으로 노화하기 시작하면 이 균은 뿌리의 피층세포를 침해함으로써 러한 조건에서는 접촉하는 포자로부터 가급적 멀리 병원성이 강한 뿌리병원균과 경쟁하는데, 이러한 경쟁이 없다면 뿌리병원균은 죽은 세포를 영양토대로 이용하여 뿌리에 감염하게 된다. 따라서 제12장에서 다루고 있는 비병원성 마름병균의 역할과 유사하게, *I. bolleyi*의 포자발아굴성은 곡류 뿌리병원균의 생물적

(a)

(b)

그림 4.10 (a) *Achlya*와 *Saprolegnia* 종의 균사 말단 방향정위와 아미노산 혼합물이 포함된 한천 원반(검은 원)을 향하는 균사분지의 방향성 출현. (b) *Pythium aphanidermatum*의 발아 중인 포자로부터 나온 균사가 아미노산 혼합물 쪽으로 방향을 재설정함.

방제제로서 이 균의 역할을 잘 설명해 준다. *I. bolleyi* 포자의 굴성신호는 매우 특이한 것으로 여겨지는데, 동일한 조건에서 시험한 *G. candidum*이나 다른 균류의 포자는 아주 다른 반응을 보이기 때문이다. 예를 들어, *G. candidum*은 살아있거나 죽은 뿌리털 양쪽을 향하여 발아한다(Allan 1992).

균류 포자도 매우 높은 세기(5~20 Vcm^{-1})의 전기장에 대하여 방위반응(orientation response)을 보일 수 있다. 예를 들면, *Neurospora crassa*와 *Mucor mucedo*의 포자로 행한 실험에서는 포자가 양극 쪽으로 발아하는 것으로 밝혀졌으며, 반면에 *Emericella nidulans*의 포자는 이렇다할 방위반응을 보이지 않았다. 이들 균류와 다른 균류의 영양생식 (또는 오래된) 균사는 일련의 방위반응을 보였다. 즉, *Neurospora* 균사는 양극 쪽으로 자라고, 양극 쪽으로 분지를 형성하였다. 그러나 *E. nidulans*와 *M. mucedo*의 균사는 음극 쪽으로 자라고 분지하였다. 보다 최근의 연구(Lever *et al.* 1994)에 의하면, 영양생식 균사의 전기굴성 반응은 수소이온농도와 칼슘에 의존적인 것으로 밝혀졌다. *Neurospora*의 균사는 pH 4.0에서는 강한 음전극굴성을 보였으나 pH 7.0에서는 강한 양전극굴성으로 변하였다. 전기장에 대한 각기 다른 반응의 범주에 관한 한, 균류의 균사가 전기장 또는 이온장에 대해 반응을 보일 수 있다고 말할 수 있는 것 외에는 달리 요약하기가 어렵다. Gow(2004)가 최근 이 주제에 대하여 고찰한 바 있다.

균사의 굴성

앞서 제시한 모든 예에서, 굴성이란 용어는 막연히 균사 말단이 출현하는 위치를 기술하기 위해 사용되었다. 그러나 엄격히 말하자면 굴성이란 균사가 특정한 방향으로, 예를 들자면 영양분이 있는 쪽으로 또는 잠재적 저해제로부터 멀어지는 쪽으로, 방위를 잡도록 휘어지는 반응이다. 모든 균류가 생장을 위하여 유기영양물질을 요구하고, 따라서 양분이 풍부한 쪽으로 방위를 정할 것으로 예상됨에도 불구하고, 진정균류의 통상적인 영양생식 균사가 이러한 반응을 보인다는 증거가 없다. 오직 난균류만 이러한 양분탐색 행동을 보이며, 이들 균류의 반응은 균주특이적이어서 *Saprolegnia* 또는 *Achlya*의 몇몇 균주는 아미노산 혼합물을 향하여 자라는 반면, 다른 균주들은 이러한 반응을 보이지 않는다. 반응이 일어날 때에는 그 반응이 아주 두드러질 수 있다. 즉, 양분이 부족한 배지 상에서는 균사가 카제인(casein) 분해물이나 다른 아미노

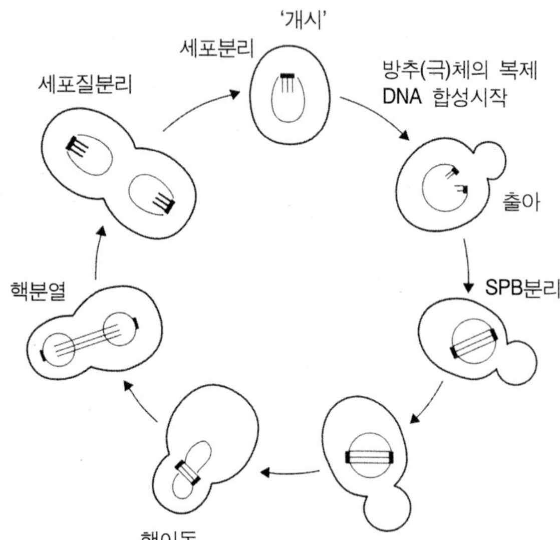

그림 4.11 *Saccharomyces cerevisiae*의 세포주기 동안의 세포내 현상. [출처: Hartwell 1974.]

산 혼합체가 포함된 한천 평원반쪽으로 180도 선회하며(그림 4.10), 아미노산이 있는 곳에 가장 가까운 측면으로부터 균사가 분지하기도 한다. Manavathu & Thomas(1985)가 *Achlya ambisexualis*로 이를 조사하여, 시험에 사용한 모든 단일 아미노산 중에서 황을 함유하는 메티오닌만 균사의 굴성을 유발함을 발견하였다. 그러나 시스테인이 균일하게 포함된 배지에서는 여러 가지 단일 아미노산의 구배가 굴성을 유도하였다. 이러한 현상에 대한 설명으로 시스테인이 세포에 의해 흡수되면 자신의 황화수소(SH) 잔기 중 하나를 다른 아미노산에 주게 되고, 그 결과로 메티오닌이 생성되기 때문일 것이라는 주장이 제기되었다. 세균의 경우에서 몇몇 화합물에 대하여 세균이 유인되는 현상은 화학수용기(chemoreceptor) 복합체에 의해 매개되며, 이 과정에는 메틸 유도체가 수용기 복합체의 내부 도메인에 메틸기를 주는 역할이 수반된다(Armitage & Lackie 1990).

Manavathu & Thomas가 몇몇 메틸(기) 함유 화합물이 굴성반응을 유도함을 발견하였기에 난균류에 의한 화학굴성에도 유사한 기작이 관여할 것이다. *Achlya bisexualis* 균주를 사용한 실험에서 Schreurs *et al.* (1989)은 균사말단이 메티오닌이나 페닐알라닌이 함유된 마이크로피펫 팁 쪽으로 향함을 발견하였다. 또한, 유인성 아미노산이 담긴 마이크로피펫을 균사말단의 뒤쪽에 두면 균사로부터 분지가 발생하여 유인물질 쪽으로 생장하였다. 따라서 분지의 형성이나 균사말단의 굴성은 환경신호에 밀접히 연관된 반응인 것으로 보이며, 몇몇 난균류에서의 이러한 반응은 원형질막에 존재하는 특정 아미노산에 대한 수용기에 의해 매개될 것이다.

많은 균류의 균사는 생태학적으로 관련 가능성이 있는 비영양 요인에 대해 굴성을 보인다. 예를 들면, 수지상균근균(arbuscular mycorrhizal fungi; 글로메로균문, 제2장)의 포자에서 나온 발아관은 뿌리에서 나온 휘발성 대사산물(아마 알데히드일 것임)을 향해 자라고, 몇몇 목재부후균(예, *Chaetomium globosum*; 자낭균)은 새로이 절단된 목재에서 나오는 휘발성 물질을 향하여 자라며, 유묘병원균 *Athelia* (*Sclerotium*) *rolfsii* (담자균)는 메탄올이나 새로 분해되는 유기물에서 유래되는 짧은 사슬 알코올류를 향하여 자란다(제14장). 유성생식 페로몬도 방위반응을 유도한다(제5장에서 논의됨).

효모의 세포주기

균사 말단에서 연속적으로 생장하는 균류의 균사와는 대조적으로, 효모는 일반적으로 반복적인 출아과정에 의하여 생장하여 단세포로 구성된 집락을 형성한다. 그림 4.11에 나타낸 *Saccharomyces cerevisiae*의 경우처럼, 효모 세포주기(cell cycle)가 한 차례 돌 때마다 모세포 위의 예상 가능한 지점으로부터 어린 출아가 나타난다. 출아는 세포벽 구성물이 출아 말단으로 보내짐으로써 정단 생장을 하지만, 나중 단계에 이르러서는 생장양상이 바뀌고 세포벽 구성물이 전체 세포에 골고루 삽입되어 출아가 조금 더 부풀어 오른다. 한편, 세포는 유사분열(mitosis)을 하여 2개의 딸핵(daughter nuclei) 중 하나가 출아로 들어간다. 모세포와 딸세포 사이에 카이틴으로 구성된 격벽이 발달함으로써 세포질분열(세포 분리)의 마지막 단계가 이루어진다. 이 카이틴판(chitin plate)은 주요 세포벽 성분인 베타-글루칸과 만난에 의해 덮여서 이차 격벽을 형성하게 되고, 세포가 최종적으로 분리되면 카이틴판은 어미세포에 남게 된다.

효모의 세포주기는 세포 생장과 분열의 조절에 대한 모형으로 집중적으로 연구되어 왔다. 세포주기는 네 단계로 구성되는데, **G1** (첫 번째 간기), **S** (데옥시리보핵산(DNA)합성), **G2** (두 번째 간기) 그리고 **M** (유사분열)이 그것이다. 매 주기마다 출아가 출현하여 거의 최대 크기까지 생장하며, 핵분열에 의해 생긴 딸핵을 받은 다음, 어미세포로부터 분리된다. *S. cerevisiae*에서 가장 빠른 경우에는 한 주기에 약 1.5시간이 소요되나, 양분의 가용정도에 따라 그 시간은 상당한 차이를 보인다. 이러한 변이는 대부분 G1에서 일어나는데, 이는 S, G2 및 M을 모두 합치면 대개 일정한 시간을 차지하기 때문이다.

세포주기에서 가장 중요한 표지점(checkpoint)을 **개**

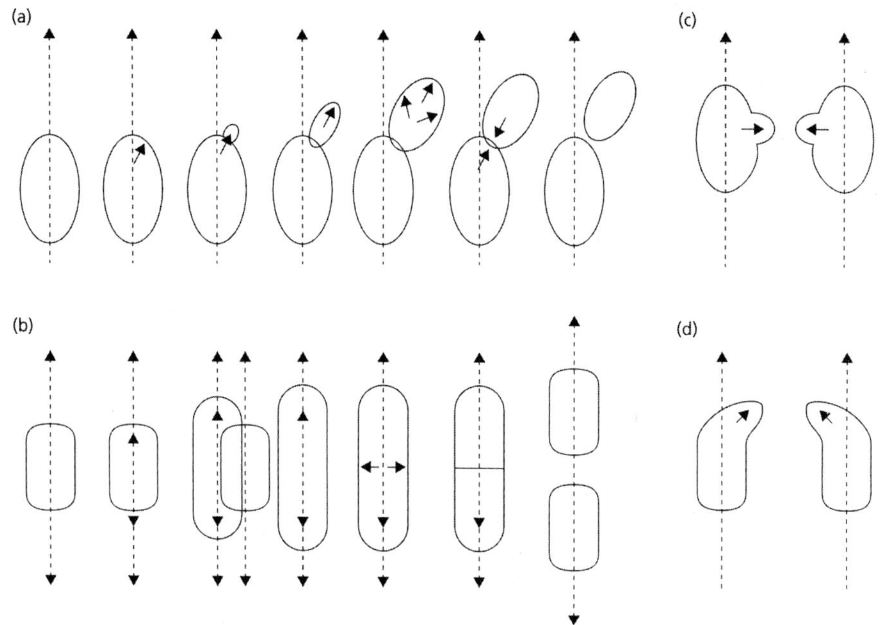

그림 4.12 출아효모 *Saccharomyces cerevisiae* (a, c)와 분열효모 *Schizosaccharomyces pombe* (b, d)의 세포분열 비교. 세포 발달과정 동안 다른 점에서 극성의 축이 어떻게 확립되는지를 보여줌. [출처: Mata, J. & Nurse, P. (1998) Discovering the poles in yeast. *Trends in Cell Biology* 8, 163-167, 1998.]

시(開始; **start**)라고 부른다. *S. cerevisiae*의 경우에서 개시는 G1동안 일어나며, 이 시기에 세포는 세포내부와 환경신호로부터 유래된 모든 정보를 통합하여 세포주기를 지속할 것인지, 정체기에 들어갈 것인지 또는 유성증식을 할 것인지를 결정한다(제5장). 출아효모인 *S. cerevisiae*에서 많은 수의 **세포분열주기유전자**(細胞分裂週期遺傳子; **cell division cycle(CDC) gene**)가 동정되었는데, 유연관계가 다소 먼 **분열효모**(分裂酵母; **fission yeast**) *Schizosaccharomyces pombe*에서도 발달과정을 조절하는 유사한 유전자가 발견되었다.

이 두 생물체의 유전자 및 유전자산물의 분석은 어떻게 세포가 생장의 극성(polarity)를 정착시키는지를 이해하는 데 도움을 주었다(그림 4.12). 그림 4.12에 소개된 바와 같이 출아효모의 경우에는 첫 번째 출아가 세포의 한쪽 극(pole)에 발달한다. 이 출아가 발달하여 모세포로부터 분리되고 나면, 다음 출아가 출아흔(bud scar)에 인접하는 지점으로부터 발생한다. 이 출아는 처음에는 극성생장으로 자라지만(단계 4), 곧 거의 대부분의 출아표면에 걸쳐 세포벽이 생장하는 양상에 의하여 자란다(단계 5). 출아가 출현할 시기가 되면 새로운 출아가 형성될 자리에 "꼬리표(tag)" 또는 "경계(landmark)"가 놓여지고, 셉틴(septin) 단백질 고리가 이 지점에 축적된다. 발달의 뒤 단계(단계 6)에 이르면, 액틴 미세섬유를 포함한 세포기구가 소낭과 세포벽 전구체를 이 부위로 향하게 하여 딸세포를 분리시키기 위한 격벽의 국소적인 발달이 이루어진다. 분열효모 *Schizosaccharomyces pombe*(그림 4.12b)는 *Saccharomyces*와는 다른 방식으로 생장하는데, 이는 세포의 극점에 꼬리표를 갖는 양쪽 말단부가 확장되는 원통형의 세포를 생산하기 때문이다. 세포가 한계부피에 도달하면 핵이 분열하고, 꼬리표는 세포가 분리될 자리에 격벽이 형성되도록 지시한다(단계 5-7). *Saccharomyces*와 *Schizosaccharomyces* 모두 반대되는 교배형의 세포가 생성하는 페로몬의 영향을 받아 교배를 할 수 있는데, 이는 극성부위의 정착을 포함하는 또 다른 발달단계를 나타낸다(그림 4.12c, d).

CDC24 유전자는 *Saccharomyces* 극성생장의 확립에 있어 중요한 요소이다. 이 유전자는 GTP(guanisine triphosphate) 결합 단백질을 암호화하고 있는데, 다른 유전자 (*CDC24*와 *BEM1*)의 단백질 산물과 공조하여 국소적 세포벽 생장이 일어날 자리에 액틴 미세섬유와 셉틴을 보급하는 작용을 한다. 분열효모의 극성확립에 대해서는 알려진 바가 적으나 출아효모의 몇몇 주요 유전자에 대한 상동유전자(homolog)가 *Schizosaccharomyces*에서 동정되었는데, 예를 들면 분열효모의 *ral1/sdc1*(*CDC24* 상동유전자임)와 *ral3/scd2*(*BEM1* 상동유전자)이 그것이다. 몇몇 사람유전자도 *Saccharomyces*의 *CDC* 유전자와 염기서열의 상동성을 보이는데, 이는 진화시기를 통한 유전자 보존의 정도를 나타내는 것이다. 따라서 효모의 분열주기는 정상적인 세포분열의 조절(또는 조절철폐)을 포함하여 보다 광범위한 의미의 세포내 현상을 연구하는 데 이용될 수 있다.

균사체 균류는 세포주기를 갖는가?

위에서 기술한 효모 분열주기의 본질은, 어느 일정한 시간 (양분의 유용성과 다른 환경요인에 따라 변함) 동안 하나의 세포가 두 개의 세포로 되고, 생체량이 배가 되는 동안에 핵의 수도 두 배가 된다는 것이다. 이러한 사실로부터 사상균류에도 이에 상응하는 주기가 있을 것인가 라는 의문이 제기된다. 사상균류에도 이러한 주기가 있다는 최초의 명백한 증거가 *Basidiobolus ranarum*(이전에는 접합균으로 분류되었으나, 현재는 소단위 rRNA 유전자분석에 근거하여 병꼴균으로 이전되었음)라는 별난 균으로부터 얻어졌다. 이 균은 통상 약간의 해를 끼치거나 전혀 끼치지 않으면서 개구리나 다른 양서류의 후장(後腸; hind gut) 속에서 하나의 거대세포로 생장한다. 그러나 한천평판배지에서는 구멍이 없는 완전한 격벽을 갖는 균사로 자랄 수 있다. 또한, *B. ranarum*은 세포 당 하나씩 규칙적으로 배열되어 있어 광학현미경으로도 쉽게 관찰할 수 있는 아주 커다란 핵(직경 약 20 ㎛)을 갖고 있다. 그림 4.13에서 보듯이, 말단이 생장함에 따라 원형질을 합성하고 이를 앞쪽으로 끌어가는 한천배지 상의 균사생장에 의해 균사가 확장된다. 임계부피의 원형질이 합성되면 중앙에 있는 큰 핵이 분열하고 핵이 분열한 위치에 격벽이 만들어져 각기 한 개의 핵을 갖는 두 개의 세포가 형성된다. 새로운 정단세포는 자라고, 충분한 세포질이 합성될 때까지 전체과정을 반복한다. 완전한 격벽에 의하여 격리된 균사말단으로부터 두 번째에 위치하는 세포는 새로운 분지의 정단을 형성하고 원형질이 이곳으로 유입된다. 따라서 이러한 효과로 두 개의 균사말단(각각은 일정한 양의 세포질을 가짐)이 최초 한 개의 말단으로부터 형성되며, 효모의

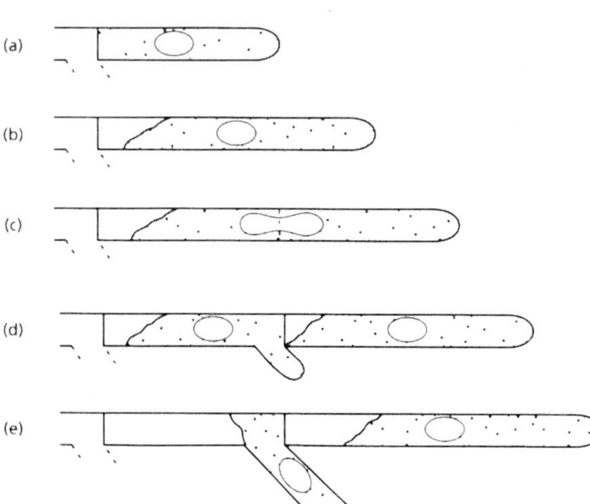

그림 4.13 한천평판에서 완전한 구멍이 없는 격벽을 갖는 균사로 자라는 균류, *Basidiobolus ranarum*의 복제주기. (a, b) 하나의 정단세포가 확대되고, 새로운 세포질을 합성하여 지속적으로 세포질을 앞쪽으로 끌어감. (c) 세포질의 부피가 임계 크기에 다다르면 핵이 분열하고 격벽이 생김. (d, e) 새로운 정단세포가 계속 자라 이 과정을 반복함; 부정단 세포가 분지를 형성하고 원형질이 이곳으로 이동하여 두 번째 정단을 형성함.

세포주기와 마찬가지로 세포질의 부피, 핵분열 및 분지형성 간에 명확한 상관관계가 존재한다. 그러나 이 현상을 세포주기(cell cycle)라고 하기보다는 **복제주기**(複製週期; **duplication cycle**)라고 부르며, 세포들은 여전히 서로 붙어 있다.

정상적으로 구멍이 뚫린 격벽(perforated septa)을 갖는 많은 균류에서도 유사한 복제주기가 일어나는 것으로 알려지고 있다(Trinci 1984). 이를 보여주기 위하여 여러 균류의 포자를 한천배지에서 발아시킨 후에 발달 중인 집락을 일정시간 간격으로 사진 촬영한다(이러한 예로 그림 3.5 참조). 사진으로부터 각 시간별로 전체 균사 길이와 균사 말단의 개수를 기록하여 다음과 같이 **균사생장단위**(菌絲生長單位; **hyphal growth unit: G**)를 계산하는 데 이용하였다.

$$G = \frac{\text{전체 균사체의 길이}}{\text{균사 말단의 개수}}$$

생장의 아주 이른 시기에 초기 변동이 있은 후, G값은 점차 일정해져 각 균류 종이나 균주의 특징이 된다. 예를 들면, *Candida albicans*의 경우에는 G값이 48㎛ (217㎛^{3}의 균사부피에 해당함)로 계산되었으며, *Neurospora crassa*의 야생형과 두 개의 '분산(spreading)' 돌연변이체의 경우에는 각각 32㎛ (629㎛^{3}), 130㎛ (4504㎛^{3}) 그리고 402㎛ (11986㎛^{3})로 밝혀졌다.

이들 값이 각 균주마다 일정하다는 것은, 집락이 자람에 따라 **균사 말단의 수가 원형질 부피와 직접 연관이 있음**을 대변하는 것이다. 예를 들면, *C. albicans* 집락의 균사길이가 48㎛ (균사부피 217㎛^{3}에 해당) 더 길어졌다는 것은 새로운 말단을 만들기에 충분한 원형질을 합성했다는 것이다. 따라서 집락은 일정수의 "단위체" [**균사생장단위**(菌絲生長單位; **hyphal growth unit**)]로 구성되며, 이들 각각은 균사말단과 이에 연관된 균사의 **평균**(平均; **average**)길이(또는 원형질의 부피)를 나타내는 것으로 생각할 수 있다. 이들 단위체는 서로 연결되어 있기 때문에 별개의 단위체로는 보이지 않으나, 어떤 측면에서는 효모 세포주기 동안 형성되는 독립된 세포에 해당한다. 사실, 전형적인 사상균류에 속하는 *Emericella nidulans*의 복제주기는 핵분열 주기와 밀접히 연관된 것으로 보인다. 정단구획(apical compartment)이 원래 길이의 약 두 배 가량 생장하면, 이 구획 내에 존재하는 몇 개의 핵이 거의 동시에 분열하며 정단구획의 거의 중앙부분에는 격벽이 형성된다. 이후에 새로운 부정단구획(subapical compartment)에 일련의 격벽이 형성되어 하나 또는 두 개의 핵을 갖는 보다 작은 구획들로 나뉘는 한편, 다핵형의 말단은 계속 자라나서 이 과정을 예정대로 반복한다.

이 장의 앞부분에서 균류 집락의 가장자리에서 말단의 정상적인 확대속도를 지지하는 데 필요한 균사의 길이, 즉 **주변생장부위**(周邊生長部位; **peripheral growth zone**)에 대하여 언급하였다. 이는 각기 다른 거리에서 말단 뒷부분의 균사를 자름으로써 측정할 수 있으며, 길게는 5~7mm에 이를 수도 있다. 이는 약 30㎛에서 400㎛에 이르는 균사생장단위와는 확연히 다르다. 균사생장단위는 양분이 풍부한 조건에서 측정되는 것으로 사실상 **생장**(生長; **growth**)(생체량 증가 또는 균사말단의 수적 증가)을 반영하는 것인 반면에 주변생장부위는 집락 가장자리가 **확대**(擴大; **extension**)되는 비율을 반영하는 것으로, 집락이 성숙함에 따라 몇몇 균사가 다른 균사보다 훨씬 넓으며 보다 빠른 확대율을 갖는 **선도균사**(先導菌絲; **leading hyphae**)로 되는 오래된 집락에 적용된다는 것으로 그 차이를 설명할 수 있다.

양분 획득 체계로서의 균류 균사체

균류의 균사체(mycelium)는 양분을 획득하기에 아주 효율적이면서도 융통성 있는 구조체이다. 균류 집락은 물한천(water agar)이든 또는 표준 영양배지이든 상관없이 넓은 범위의 양분 농도에 걸쳐 동일한 속도로 한천 평판을 가로질러 확대된다. 그러나 물 한천에서는 집락이 아주 성기게 분지되는 반면, 영양배지에서는 조밀한 양상으로 분지된다. 특히 양분이 국부적으로 분포하기 쉬운 토양이나 일련의 물속에서 이러한 높은 적응력은 균류의 중요한 특성이 된다.

그림 4.14는 이러한 행동을 전형적으로 보여주고 있다. 어린 낙엽송 묘목을 균근균 함께 접종하고 투명

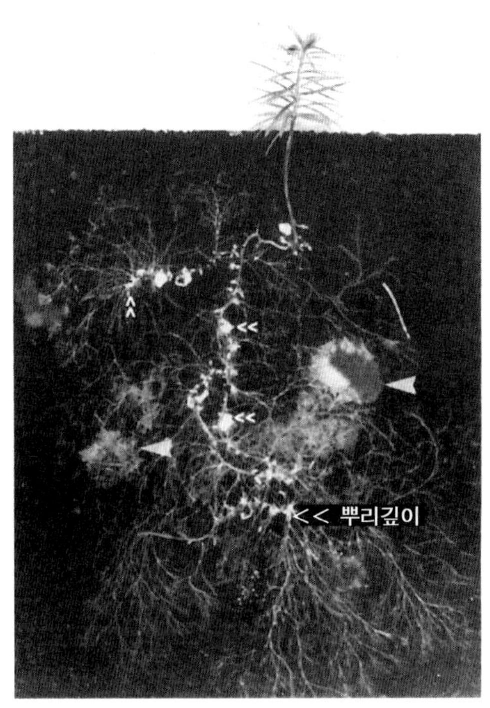

그림 4.14 균류의 양분-획득 체계. [출처: D.J. Read 1991.]

아크릴상자의 투명한 면으로 향하게 하여 토탄에서 배양하였다. 뿌리 체계 자체가 아주 제한적인데, 이는 균근균사초(mycorrhizal sheath, 제13장)로 둘러싸인 뿌리로 구성되며 그림에서는 이중화살머리(<<)로 표시하였다. 우리가 볼 수 있는 대부분의 분지망은 양분을 얻기 위해 토양 속을 탐사하는 균사끈(제5장)이라 불리는 균사가 뭉쳐진 체계이다. 균사끈이 유기성 양분이 국한된 지역을 찾게 되면(그림 4.14에 큰 화살머리로 표시한 부분 참조), 양분이 풍부한 지역을 탐사하기 위한 균사의 덩어리를 형성한다.

균류 생장의 동역학

생장이란 시간에 따라 세포 수나 생체량이 규칙적이고 균형적으로 증가하는 것이라 정의할 수 있다. 한 생물체가 생장하는 동안에 세포 수, 건체중, 단백질 함량, 핵산 함량 등 모든 성분은 통합된 방식으로 증가한다.

그림 4.15는 세포 수나 건체중의 대수 값을 시간에 대해 나타내었을 때 진탕액체배양(shaken liquid culture)한 효모의 전형적인 생장곡선을 보여주고 있다. 초기의 **유도기**(誘導期; **lag phase**)에 이어 **지수생장**(指數生長; **exponential growth**) 또는 **대수생장**(對數生長; **logarithmic growth**)이 일어나고, 그런 다음 **감속기**(減速期; **deceleration phase**), **정체기**(停滯期; **stationary phase**) 및 **자기분해기**(自己分解期; **phase of autolysis**) 또는 **세포사멸기**(細胞死滅期; **death phase**)가 나타난다. 지수생장 동안 하나의 세포가 단위시간당 두 개의 세포로 되고, 둘은 넷, 넷은 여덟 등으로 된다. 배양체를 격렬하게 진탕하고 공기를 공급하면, 지수생장은 필수영양소나 산소가 제한되거나 또는 대사산물이 억제수준으로 축적될 때까지 지속된다.

이러한 형태의 곡선은 초기에 모든 양분이 공급된 플라스크 등과 같이 근본적으로 폐쇄된 배양체계 즉, **회분배양**(回分培養; **batch culture**)의 전형이다. 이러한 지수생장기 동안의 생장률을 생물체의 **특이생장률**(特異生長率; **specific growth rate**(μ))이라 하는데, 만일 모든 조건이 최적일 경우에는 **최대특이생장률**(最大特異生長率; **maximum specific growth rate**)인

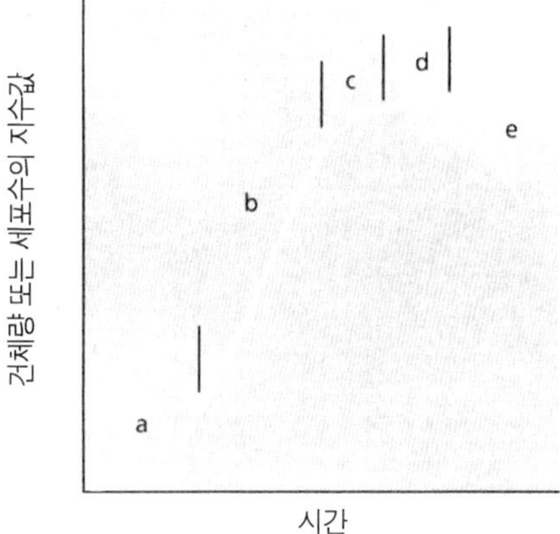

그림 4.15 회분배양의 전형적인 생장곡선: a, 유도기; b, 지수 또는 대수 생장기; c, 감속기; d, 정체기; e, 자기분해기.

μ_{max}가 얻어진다. 이것은 특정 생물이나 균주의 특성이다.

μ값은 특정시간(t_0)의 생체량이나 세포 수(N_0)의 $\log_{10}$값과 몇 시간 후(t)의 생체량이나 세포 수(N_t)의 $\log_{10}$값을 측정함으로써 다음의 공식에 따라 계산된다.

$$\log_{10}N_t - \log_{10}N_0 = \frac{\mu}{2.303}(t - t_0)$$

여기서 2.303은 자연로그의 밑수이다. 이를 다시 쓰면 다음과 같다:

$$\mu = [(\log_{10}N_t - \log_{10}N_0)/t - t_0] \times 2.303$$

만일, $N_0 = 10^3$ 세포/ml^{-1}이고, $N_t = 10^5$ 세포/ml^{-1}이라면, 4시간 후에는:

$$\mu = \frac{(5-3)\ 2.303}{4} = \frac{2.303}{2} = 1.15\ h^{-1}$$

이로부터 생물체의 **평균배가시간**(平均倍加時間; **mean doubling time**) 또는 **세대시간**(世代時間; **generation time** (g), 즉, 자연로그 값이 두 배로 되는데 소요되는 시간을 다음 식에 따라 계산할 수 있다.

$$g = \frac{\log_e 2}{\mu} = \frac{0.693}{1.15}$$

이 예의 경우에서 g = 0.60 h 이다. *S. cerevisiae*의 경우에는 30°C에서의 μ 최대 근사치와 g 값은 각각 0.45 h^{-1}과 1.54 h이다. *Candida utilis*의 경우에는 30°C에서 μ 값은 0.40 h^{-1}이며 g 값은 1.73 h이다.

사상균류 역시 복제주기를 갖기 때문에 지수적으로 생장한다. 집락 전체를 평균적으로 보면, 주어진 시간 간격으로 하나가 둘이 되고, 둘이 넷이 되는 등의 이론적 단위체로 생장한다. 사상균류의 대표적인 μ_{max} 값과 g 값은: *Neurospora crassa*의 경우에서 30°C에서 0.35 h^{-1}과 1.98 h이며, *Fusarium graminearum*은 30°C에서 0.28 h^{-1}과 2.48 h이고, *Achlya bisexualis*(난균)는 24°C에서 0.80 h^{-1}과 0.87 h이다.

이 수치들은 효모의 것과 비교해 볼 때 상당히 유리한 것이다. 그러나 균사가 각기 분리되는 것이 아니므로 균사체 균류가 지수기 생장을 유지하기는 어렵다. 반면, 진탕배양 시의 집락은 원형의 작은 덩어리(pellet)를 형성하는데, 이는 영양소와 산소 확산의 문제를 초래한다. 이러한 문제는 균사의 분지형성양상을 변화시키는 화합물인 **부형태발생물질**(副形態發生物質; **paramorphogen**)인 소디움 알지네이트(sodium alginate), 카르복시메틸셀룰로스 그리고 음이온성 중합체 등을 사용함으로써 어느 정도 극복될 수 있다. 이들은 아마도 균사에 결합하고 이온성 반발작용을 야기함으로써 균류가 더 퍼지고 느슨하게 분지된 균사체로 자라게 한다. 이러한 현상은 어떤 공업적 공정에서는 유리하나 다른 경우에는 그렇지 아니하다. 예를 들면, 퍼진 실 모양의 생장은 *Rhizopus arrhizus*에 의한 푸마르산(fumaric acid) 생산과 *Aspergillus niger*에 의한 펙틴분해효소의 생산에는 유리하나, *A. niger*에 의한 이타콘산(itaconic acid)이나 구연산(citric acid) 생산에는 덩어리진 생장이 유리하다(Morrin & Ward 1989).

회분배양과 연속배양 체계

유기산 같은 유용한 1차산물과 항생물질 등의 2차대사산물(제7장)은 각각 감속기와 정체기의 초기에 생성되기 때문에, 회분배양(回分培養; batch culture) 체계가 산업적으로 널리 이용된다. 또한 배양여액이 판매 가능한 산물인 맥주발효나 포도주 생산에도 회분배양이 이용된다.

한편, 회분배양의 대안으로는 연속배양(連續培養; continuous culture) 체계가 있다(그림 4.16). 이 체계에서는 새로운 배지가 느린 속도로 계속 공급되며, 약간의 균류 생체가 포함된 오래된 배양배지가 첨가된 새 배지의 부피만큼 유출기구(overflow device)에 의하여 지속적으로 제거된다. 이 배양체계는 pH, 온도, 용존산소 등의 인자가 원하는 수준으로 유지되도록 자동적으로 조절된다. 이 체계는 생물체가 현탁액 상태로 유지되게 하고, 양분과 대사부산물의 확산을 촉진하기 위하여 강하게 뒤섞인다.

다양한 형태의 연속배양체계가 있으나, 가장 일반적인 것은 **물질환경조절장치**(物質環境調節裝置; **chemostat**)이다. 이 장치에는 양분의 농도가 신중하게 조절되어 한 가지 영양소는 상대적으로 낮은 농도로 존재하는 반면 다른 모든 영양소는 과량으로 존재한다. 배양체 내의 세포 수가 증가하기 시작하면 생장제한 영양소에 의하여 지수생장률이 제한되게 된다. 이 단계에서는 배양체의 **희석률**(稀釋率; **dilution rate**)이라고 하는 새 배지가 공급되는 속도를 조절함으로써 배양체의 생장속도를 정확하게 조절할 수 있다. 그러나 균류는 항상 **지수생장(exponential growth)**을 하므로 지수생장속도만 희석률에 의하여 좌우된다는 점을 유의하는 것이 중요하다. 이론적으로는 희석률을 조절함으로써 배양체의 생장속도를 μ_{max}까지 (희석률을 더 높이면 세포가 생장할 수 있는 것보다 더 빠른 속도로 세포가 제거되기 때문에 '유실(wash-out)'을 초래할 수 있다.) 어떤 원하는 수준으로든 맞출 수 있다. 그러나 실제로는 미미하고 일시적인 생장속도의 변동에 의하여 유실이 초래될 수 있기 때문에, μ_{max}에 도달하면 배양이 불안정하게 된다.

물질환경조절장치는 많은 실험 목적으로 유용하게 쓰이는데, 이는 다른 생장속도나 다른 생장제한 영양소에 반응하여 균류의 생리가 변할 수 있기 때문이다. 이러한 변화는 물질환경조절장치에서 자세히 연구될 수 있지만, 회분배양에서는 일시적으로 발생한다. 예를 들면, *Saccharomyces cerevisiae*를 포도당이 제한된 배양조건에서 낮은 희석률(즉, 느린 생장)로 배양하면 기질의 상당량을 생체량의 생산에 사용한다. 반면에 높은 희석률에서는 생체 대신에 에탄올을 생산한다. 두 경우 모두 포도당이 생장제한 영양소이지만, 빠른 신진대사가 일어나기 좋은 조건에서는 세포 생산에서 에탄올 생산으로 전환된다. 물질환경조절장치는 산업적 공정에서도 유용하게 쓰이는데, 이는 세포 또는 세포산물(예, 항생물질)을 유출되는 배지로부터 지속적으로 회수할 수 있기 때문이다. 그러나 실제로는 대부분의 전통적인 공업공정은 회분배양에 의존하고 있는데, 이는 연속배양으로 전환하는 경비가 효율성 증대를 따르지 못하기 때문이거나 충분한 생산규모의 물질환경조절장치를 고안하고 작동시키기가 어렵기 때문이다. 산업적으로 흔히 쓰이는 회분배양은 '급수회분(給水回分; fed-batch)'체계로, 여기에서는 대사산물의 생산을 유지하기 위하여 영양소나 다른 기질이 주기적으로 공급된다. 제7장에서 볼 수 있듯이. 세포를 영원히 정체기에 국한된 생장을 하도록 유지하고 배양체에 선별된 신진대사 전구체를 공급함으로써, 상당한 양의 항생제나 다른 상업적 산물의 생산에 회분배양이 이용될 수 있다.

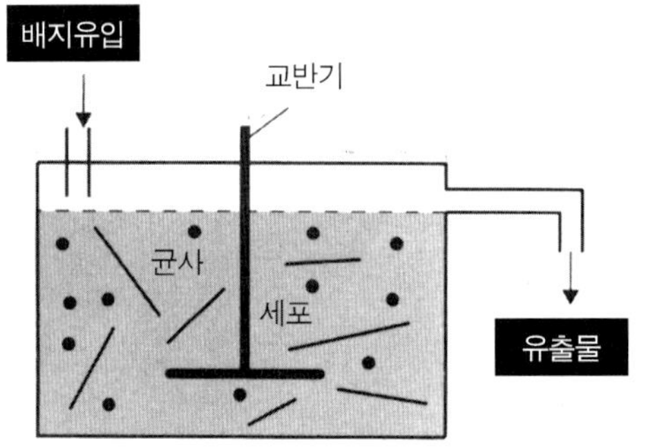

그림 4.16 균류 생체의 생산을 위한 물질환경조절장치를 나타낸 모식도

균류 생체(큐오른 균단백질)의 상업적 생산

최근의 가장 흥미로운 연속배양법의 활용은 큐오른(Quorn) 균단백질이라는 완전히 새로운 식품을 개발한 것이다. 사실 이것은 과학자와 국제구호단체가 개발국가의 절박한 단백질 부족을 해결하기 위하여 미생물 생체로부터 단백질이 풍부한 식품 개발을 시도했던 1900년대 후반에 잘 알려졌던 "단세포 단백질(single-cell protein)" 혁명 중 유일하게 명맥을 잇고 있는 것이다.

큐오른의 개발은 그 결실을 맺기까지 20년 이상이 소요된 중대한 기술적 업적이다. 현재 큐오른 제품은 수많은 수퍼마켓에서 구할 수 있으며 그 영양학적 측면 때문에 육가공품의 대용품으로 널리 이용되고 있다(표 1.2 참조). 큐오른 균단백질은 *Fusarium venenatum*을 포도당(탄소원), 암모니아 (질소원) 및 다른 무기염류로 구성된 배지에서 30℃로 물질환경조절배양(chemostat culture)하여 상업적으로 생산한 것이다. 균사체를 배양 유출액으로부터 연속적으로 회수하여 육류 같은 덩어리로 만들어지기 전에 섬유성 질감을 유지하도록 정렬시킨 후에 여과판 위에서 진공건조시킨다. 산물의 재생산성이 높은 수준으로 유지되도록 하기 위해서 뿐만 아니라 경제적 이유 즉, 일정기간의 균사체 수득률이 일련의 회분배양을 이용하는 것보다 5배 정도 높기 때문에, 이 경우에는 연속배양법이 필수적인 것으로 간주된다. 생산체계에는 포도당이 생장제한 영양소로 이용되며, 그 값이 0.28 h^{-1}인 μ_{max}보다 낮은 값인 0.17~0.20 h^{-1}로 배가시간(μ)이 유지되도록 희석률을 고정한다. 기질이 단백질로 전환되는 비율은 상당히 높아서 공급된 자당 1000g 당 약 136g의 단백질이 생산된다. 이와 비교하여 볼 때, 닭, 돼지 및 소의 이에 상응하는 단백질 생산력은 각각 49, 41, 14g이다.

Trinci(1992)는 이 발효기술의 개발에 관련된 여러 단계를 기술하였다. 처음에는 상업적 이용에 적합한 생물을 찾기 위하여 많은 수의 잠재성이 있는 균류를 탐색하였다. 그런 다음, 적절한 대규모의 발효조를 고안해야만 했는데, 그 이유는 균류 균사체는 수용액에서 점성을 나타내는 특성이 있어 1g의 생체를 생산하기 위하여 0.78g의 산소를 소모하는 이 균에 적절히 산소가 공급되도록 배양체를 혼합하는 것이 어렵기 때문이다. 상업적으로 이용되는 체계는 **Nelson의 칼럼** 높이에 해당하는 40입방미터의 **공기상승발효기**(空氣上乘醱酵器; **air-lift fermenter**)(그림 4.17)이다. 배양

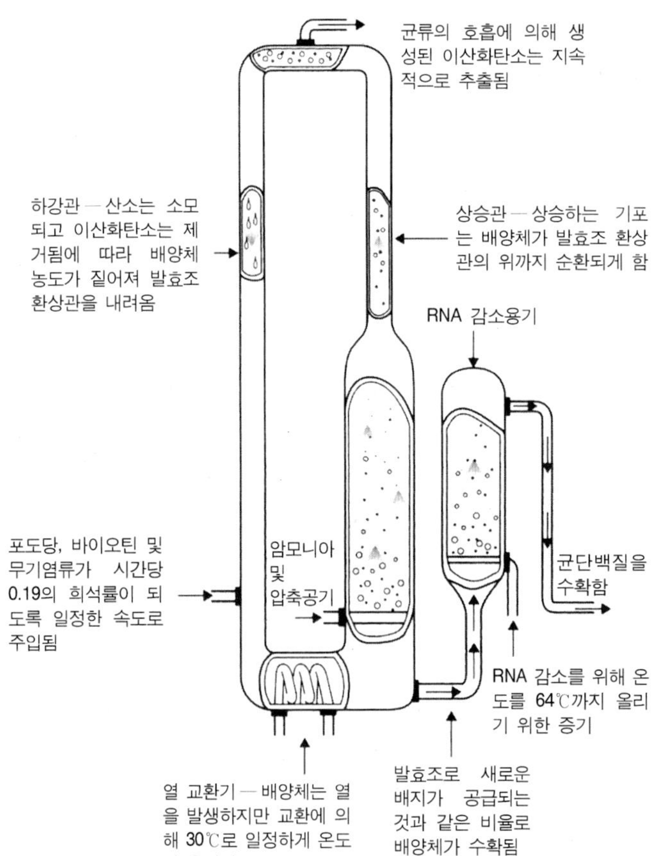

그림 4.17 연속흐름배양에서 균단백질을 생산하기 위하여 말로(Malow) 식품에 사용된 공기상승 발효기의 모식도. [출처: Trinci 1992.]

체에 공기를 가하고 순환시키기 위하여 압축공기가 사용된다. 이 체계는 기계적 교반에 의하여 발생되는 발열을 피할 수 있어 냉각비용을 절감할 수 있다. 어떤 미생물 생체이던 사람의 식품원으로 사용할 때에는 높은 핵산 함량이 문제시 되는데, RNA가 통풍과 유사한 증상(gout-like syndrome)을 유발하는 요산(尿酸; uric acid)으로 대사되기 때문이다. 따라서 얻어진 균사체에 단백질은 가급적 많이 유지되게 하되 핵산함량을 낮출 필요가 있다. 이는 단백질 가수분해효소보다 열 내성이 강한 RNase를 이용하면 가능하다. 즉, 생체가 포함된 배양유출액을 용기에 모은 다음에는 온도를 재빨리 65℃로 올린 상태로 20~30분간 유지한다. 이 온도에서는 균류의 생장은 멈춰지고 단백질가수분해효소도 파괴되므로 상대적으로 적은 양의 단백질이 손실되나, 리보솜은 파손되고 다량의 RNA가 균류의 RNase에 의해 핵산으로 분해되어 배양여액으로 배출된다. 그런 다음 균사체를 수확하여 건조시킨다.

최종적인 문제점은 아직도 완전히 극복되지 아니하여 상업적 생산의 효율을 제한하고 있다. 배양용기에서 장기간 배양하는 동안에 균이 도태압(selection force)을 받으므로 분지형성 밀도는 높으나 주된 선도균사의 확대속도는 상대적으로 낮은 집락형(colonial form)으로 돌연변이가 일어난다. 500~1000시간 동안 연속 배양한 후에는 이런 형태가 야생형보다 더 우세하게 된다. 이들의 균사생장 단위는, 야생형이 232㎛인데 비해, 14에서 174㎛의 범위이므로 최종산물로는 부적합하게 섬유상의 생체가 크게 감소하게 된다. 이 문제를 피하기 위해서는 생산시간을 앞당겨 중단하여야 한다. 그럼에도 불구하고 큐오른의 개발은 의미있는 기술적 성취인 동시에 상업적 성공이기도 하다.

참고문헌

Allan, R.H., Thorpe, C.J. & Deacon, J.W. (1992) Differential tropism to living and dead cereal root hairs by the biocontrol fungus *Idriella bolleyi*. *Physiological and Molecular Plant Pathology* **41**, 217–226.

Anderson, J.G. & Smith, J.E. (1971) The production of conidiophores and conidia by newly germinated conidia of *Aspergillus niger* (microcycle conidiation). *Journal of General Microbiology* **69**, 185–197.

Armitage, J.P. & Lackie, J.M., eds (1990) *Biology of the Chemotactic Response*. Society for General Microbiology Symposium 46. Cambridge University Press, Cambridge.

Bartnicki-Garcia, S. (2002) Hyphal tip growth: outstanding questions. In: *Molecular Biology of Fungal Development* (H.D. Osiewacz, ed.), pp. 29–55. Marcel Dekker, New York.

Gow, N.A.R. (2004) New angles in mycology: studies in directional growth and directional motility. *Mycological Research* **108**, 5–13.

Gow, N.A.R. & Gadd, G.M., eds (1995) *The Growing Fungus*. Chapman & Hall, London.

Hartwell, L.L. (1974) *Saccharomyces cerevisiae* cell cycle. *Bacteriological Reviews* **38**, 164–198.

Howard, R.J. & Aist, J.R. (1980) Cytoplasmic microtubules and fungal morphogenesis: ultrastructural effects of methyl benzimidazole-2-yl-carbamate determined by freeze-substitution of hyphal tip cells. *Journal of Cell Biology* **87**, 55–64.

Howard, R.J. & Gow, N.A.R., eds (2001) *Biology of the Fungal Cell. The Mycota*, VIII. Springer-Verlag, Berlin.

Jackson, S.L. & Heath, I.B. (1990) Evidence that actin reinforces the extensible hyphal apex of the oomycete *Saprolegnia ferax*. *Protoplasma* **157**, 144–153.

Jackson, S.L. & Heath, I.B. (1993) Roles of calcium ions in hyphal tip growth. *Microbiological Reviews* **57**, 367–382.

Latijnhouwers, M., de Wit, P.J.G.M. & Govers, F. (2003) Oomycetes and Fungi: similar weaponry to attack plants. *Trends in Microbiology* **11**, 462–469.

Lever, M.C., Robertson, B.E.M., Buchan, A.D.B., Miller, P.F.P., Gooday, G.W. & Gow, N.A.R. (1994) pH and Ca^{2+} dependent galvanotropism of filamentous fungi: implications and mechanisms. *Mycological Research* **98**, 301–306.

Manavathu, E.K. & Thomas, D. des S. (1985) Chemotropism of *Achlya ambisexualis* to methionine and methionyl compounds. *Journal of General Microbiology* **131**, 751–756.

Mata, J. & Nurse, P. (1998) Discovering the poles in yeast. *Trends in Cell Biology* **8**, 163–167.

Mitchell, R.T. & Deacon, J.W. (1986) Chemotropism of germ-tubes from zoospore cysts of *Pythium* spp. *Transactions of the British Mycological Society* **86**, 233–237.

Money, N.P. (1995) Turgor pressure and the mechanics of fungal penetration. *Canadian Journal of Botany* **73**, S96–102.

Morrin, M. & Ward, O.P. (1989) Studies on interaction of Carbopol-934 with hyphae of *Rhizopus arrhizus*. *Mycological Research* **92**, 265–272.

Read, D.J. (1991) Mycorrhizas in ecosystems – nature's response to the "Law of the Minimum". In: *Frontiers in Mycology* (Hawksworth, D.L., ed.), pp. 29–55. CAB International, Wallingford, Oxon, pp. 101–130.

Robertson, N.F. (1958) Observations of the effect of water on the hyphal apices of *Fusarium oxysporum*. *Annals of Botany* **22**, 159–173.

Robertson, N.F. (1959) Experimental control of hyphal branching forms in hyphomycetous fungi. *Journal of the Linnaean Society, London* **56**, 207–211.

Robinson, P.M. (1973) Oxygen – positive chemotropic factor for fungi? *New Phytologist* **72**, 1349–1356.

Schreurs, W.J.A., Harold, R.L. & Harold, F.M. (1989) Chemotropism and branching as alternative responses of *Achlya bisexualis* to amino acids. *Journal of General Microbiology* **135**, 2519–2528.

Trinci, A.P.J. (1984) Regulation of hyphal branching and hyphal orientation. In: *The Ecology and Physiology ot the Fungal Mycelium* (Jennings, D.H. & Rayner, A.D.M., eds), pp. 23–52. Cambridge University Press, Cambridge.

Trinci, A.P.J. (1992) Myco-protein: a twenty-year overnight success story. *Mycological Research* **96**, 1–13.

Wessels, J.G.H. (1990) Role of cell wall architecture in fungal tip growth generation. In: *Tip Growth in Plant and Fungal Cells* (Heath, I.B., ed.), pp. 1–29. Academic Press, New York.

제5장

분화와 발달

이 장은 다음과 같은 주요 부분으로 구성되어있다:

- 사상균-효모 이형성
- 식물병원균의 침입구조
- 균핵
- 영양수송 기관: 균사끈과 근상균사속
- 무성생식
- 유성 발생

분화는 한 상태에서 다른 상태로 진행되는 생물의 조절된 변화라고 정의할 수 있다. 이들 상태는 생리적, 형태적, 또는 양쪽 모두일 수도 있다. 따라서 균류 포자의 발아(제10장) 그리고 1차대사에서 2차대사로의 전환(제7장)은 분화의 좋은 예들이다. 그러나 본 장에서는 병원균류의 침입구조, 유성발생과 무성발생의 조절, 일부 인체병원성 균류의 사상형과 효모형 간의 전환 및 기타 발생과정과 같이 광범위한 분화 구조를 유도하는 발생 변화에 초점을 맞추고 있다. 기본 조절기작과 분화구조의 기능 모두를 고찰하고자 한다.

사상균-효모 이형성

대부분의 균류는 사상 (균사형, 사상균, 또는 M-상) 또는 단세포 효모상(Y-상)으로 자란다. 일반적으로 효모와 효모상(酵母相)은 세포로 확산이 되는 수용성 당분의 농도가 높은 환경이나 세포가 영양 섭취를 위하여 액체막 또는 순환체액 내에 분산되는 곳에서 발견된다. 효모는 섬유소나 단백질 등과 같은 불용성 고분자를 분해할 수 있는 능력이 부족하거나 없으며 흔히 침투 능력을 지닌 사상균과는 달리 침투력이 없다. 따라서 효모형과 균사형은 특수 환경과 조건에 적응된 두 가지의 다른 생장 전략을 나타낸다.

그러나 일부 균류는 환경 요소에 반응하여 사상형과 효모형 사이를 오갈 수 있다. 이러한 **이형성 균류**(二型性 菌類; **dimorphic fungi**)에는 일부 인체병원균이 있다. 예를 들어, *Candida albicans*는 인체의 점막에서 보통 효모로 자라지만 기주 조직을 침투할 때는 균사로 전환된다(그림 1.4 참조). 이와 같은 이형성 전환은 *C. albicans*를 저영양 함량의 말 혈청에서 배양하여 실험적으로 유도할 수 있다(제16장). 마찬가지로, 곤충기생균 *Metarhizium*과 *Beauveria* 같은 균류는 균사로 곤충의 각피를 침투하지만 기주의 순환 체액 내에서는 단세포로 번식한다(제15장). 또 다른 예로서, 식물의 유관속 시들음병균(예; *Fusarium oxysporum, Ophiostoma novo-ulmi*)은 처음에는 균사로 식물에 침입하지만 도관 내에서는 효모형으로 전파된다(제14장).

이형성 균류의 사상형(M)과 효모형(Y) 생장의 전환은 환경 요소에 반응하여 나타나며 표 5.1에 예시되어 있는 것처럼 실험적으로 재현될 수 있다. 인체의 일부 기회성 병원균은 식물과 동물의 사체(이들의 일반 서식처는 제16장)에서는 M-상의 부생균으로 자라며 실험실의 20~25°C 배양에서도 균사로 자란다. 그러나 체액 내에서나 실험실의 37°C 배양에서는 출아성 효모나 팽창된 세포로 전환된다. 이러한 **온도조절 이형성**(溫度調節 二型性; **thermally regulated dimorphism**)은 인체 병원성의 중요한 요인이다. 반면 이형성 부생균

표 5.1 사상형 생장과 팽창 및 효모형 생장 간의 전환을 일으키는 환경 및 유전적 요인.

균류	사상형 생장 조건	팽창 및 효모형 생장 조건
인체병원균		
Histoplasma capsulatum	20~25℃	37℃
Blastomyces dermatitidis	20~25℃	37℃
Paracoccidioides brasiliensis	20~25℃	37℃
Sporothrix schenckii	20~25℃	37℃
Coccidioides immitis	20~25℃	37℃
Candida albicans	저영양 수준	고영양 수준
부생균		
Mucor rouxii 및 일부 접합균류	통기상태	혐기상태
식물병원균		
Ophiostoma ulmi	칼슘, 일부 질소원	저칼슘
Phialophora asteris		물로 액침
Ustilago maydis	이핵세포	단핵세포
곤충병원균		
Metarhizium anisopliae	고체배지	액침배양
Beauveria bassiana	고체배지	액침배양

Mucor spp. (예를 들어, *M. rouxii, M. racemosus*)은 온도 변화에 반응하지는 않지만 산소 농도에 반응한다. 즉, 혐기적 조건에서는 출아성 효모로 자라지만 산소 존재 시에는 적은 농도에서도 균사체로 자란다. *Ustilago maydis*를 비롯한 일부 식물병원성 깜부기병균들(담자균류)은 단핵상에서 효모형이지만 이핵상에서는 사상형이므로 이들의 전환은 유전적으로 지배된다(제2장).

이와 같이 다양한 반응은 M-Y 전환을 지배하는 공통된 환경적 단서가 없음을 뜻하며, 이에 근본적인 조절 기작을 고찰할 필요가 있다(Gow 1994; Orlowski 1995). 이런 점에서 출아성 효모와 분열 효모(그림 4.12 참조)의 세포 극성 연구는 일부 극성 조절 유전자의 확인으로 특별한 의의를 지니고 있다.

이형성 전환의 조절

이형성의 기초 원리를 이해하기 위한 일반적인 방법은 생장형을 변화시키는 하나의 요소를 제외하고는 가능한 거의 동일한 조건에서 균류를 배양하는 것이다. 이어 M형과 Y형 집단 간의 생화학, 생리학, 또는 유전자 발현상의 차이를 비교할 수 있다. 그러나 이 경우에는 환경 요인의 변화가 생화학과 유전자 발현에 동시 변화를 초래할 수도 있으므로 이들 차이와 세포형태 변화와의 필수적인 인과관계를 설정하기는 어렵다. 사실 지금까지 발견된 대부분의 차이들은 정성적이라기보다는 정량적이다. 아래에 이러한 예들을 들어본다.

세포벽 조성의 차이

간혹 M형과 Y형의 세포벽 구성 성분이 다르다:

- *M. rouxii*는 Y형이 M형보다 더 많은 mannose를 지니고 있고;
- *Paracoccidioides brasiliensis*의 Y형은 α-1,3-glucan을 지니고 있는 대신 M형은 β-1,3-glucan을 지니고 있으며;
- *Candida albicans*는 M형이 Y형보다 많은 양의 카이

틴을 지니고;

- *Histoplasma capsulatum*과 *Blastomyces dermatitidis*는 M형이 Y형보다 적은 양의 chitin을 지니고 있다.

아마도 이러한 차이는 세포벽 조성과 결합이 세포 모양과 긴밀한 관계에 있다는 사실로 미루어 볼 때 놀라운 일은 아니다(제4장). 그러나 균류 상호간에 일률성이 없으므로 세포벽 조성만으로는 이형성을 이해하기 위한 공통 원리가 될 수 없음을 알 수 있다.

세포 신호전달과 조절인자의 차이

환경 신호는 신호전달 경로를 통하여 신진대사의 변화와 유전자 발현을 일으키며 세포의 행동에 빈번한 영향을 준다. 여기에 관여된 세포내 요소에는 칼슘과 칼슘결합 단백질, pH, cAMP, 그리고 protein kinase를 통한 단백질 인산화가 있다.

칼슘과 칼슘결합 단백질 calmodulin의 복합물은 느릅나무마름병균 *Ophiostoma ulmi*의 균사 생장에 필수적인 것으로 알려져 있는데, 그 외의 경우에 이 균은 효모형으로 자란다. 이와 같이 항상 효모로 자라는 균류에서는 calmodulin의 수준이 현저하게 낮았으나 (14종에서 0.02~0.89 $\mu g/g^{-1}$ 단백질), 사상균류에서는 높은 것으로 나타났다(2.0~6.5 $\mu g/g^{-1}$ 단백질) (Mathukumar *et al.* 1987). *Neurospora crassa*와 여러 다른 균류의 정단생장에는 외부에서의 칼슘 공급이 요구되며, *C. albicans*는 출아보다는 M형의 초기 단계에 더 많은 양의 칼슘이 필요하다. cAMP의 높은 세포내 수준은 *Mucor* spp., *C. albicans, H. capsulatum, B. dermatitidis* 및 *P. brasiliensis*에서의 효모 생장과 관련되어 있으나 낮은 cAMP 함량은 균사 생장과 관련이 있다. cAMP를 외부에서 공급해 주면 역시 이형성 전환을 일으킬 수 있다. 세포 기질의 pH 변화는 *C. albicans*의 M-Y 전환 그리고 일부 다른 세포에서의 극성 발아와 관련이 있다. 그러므로 세포내 신호전달 화합물은 상 전환과 관련이 있으나 세포 형태 변화의 직접적인 원인이 아니라 전달자이며 조절자일 뿐이다.

유전자 발현상의 차이

M상과 Y상의 유전자 발현상의 차이는 전령 RNA(mRNA)를 추출하여 전기영동으로 mRNA 밴드 유형을 비교함으로써 조사할 수 있다. 또한 가능하면 mRNA를 주형으로 사용하여 보다 안정된 상보성 DNA(cDNA)를 만들고 이를 비교할 수 있다. 이와 같은 방법의 예는 균류 자실체의 발달과 관련이 있지만 이는 본 장의 뒷부분에 소개되어있다. 일부 경우에서는 몇 가지 폴리펩티드가 M상 또는 Y상과 항상 관련되어있는 것으로 알려져 있다. 그러나 이형성 균류에서는 특정 유전자나 유전자 산물이 세포형태의 형성에 절대적으로 관여되어 있는 경우는 없는 것으로 보인다. Harold (1990)는 세포형태 조절 전반에 대한 총설에서 "... 형태는 명백하고 확인 가능한 방식으로 유전체에 연결된 것으로 보이지는 않는다. 형태는 세포 생리의 화학 및 물리적 과정을 통하여... 후성적으로 발생하는 것으로 보인다"고 적고 있다. 다시 말해서, 세포 형태 유전자나 그와 같은 종류는 없다는 것이다.

유력한 통일 원리: 소낭공급소체

Bartnicki-Garcia와 동료들(Bartnicki-Garcia *et al.* 1995)은 광범위한 환경요인이 다른 생물에서는 각기 다른 방법으로 세포 형태에 영향을 줄 수 있다는 가정 하에 이형성 전환과 균류 형태형성 전반에 대한 연구를 위하여 컴퓨터 모의실험을 통한 전혀 새로운 방법을 사용하였다. 이 모의 실험의 주요 특징은 세포막의 모든 방향으로 '공격'하여 세포벽을 합성하는 방출소낭으로 알려진 첨단소체(Spitzenkörper)와 같은 소낭공급소체(小囊供給小體; vesicle supply center, VSC)이다. 그림 5.1에서 볼 수 있듯이 VSC의 공간 위치와 이동 비율 또는 어느 한 쪽을 바꾸어 가면 생장형의 거의 모든 변화를 모의 실험할 수 있다. VSC가 고정되어 있으면 세포는 구형으로 균일하게 팽창한다. VSC가 신속하게 지속적으로 앞으로 움직이면 균사처럼 길게 늘어난 구조를 만든다. VSC가 보다 천천히 움직이면 타원형 세포를 형성하며, 균사의 한 편으로 움직이면 세포가 휘어지는 등 여러 형태를 야기한다. 그러므로 형태형성의 핵심은 VSC의 이동률이라고 볼 수 있다. VSC에서의 소낭 방출률이 이동률에 비하여 상대적으로 변하면 형태와 크기에 여러 변화가 일어날 수 있다. 제3장과 제4장에서 보았듯이 정단소낭균은 세포질 유동에 관여하는 세포골격 요소와 긴밀하게 연관되어 있으므로 VSC의 이동률이 세포골격에 영향을 주는 요소에 의하여 변할 수 있다는 것은 타당성이 있다. 균사 말단에 대한 최근의 비디오 고화질 현미경법은 생장 중인 균사 말단의 첨단소체가 생장 방향으로의 진동과 관련하여 무질서하게 진동한다는 사실과 첨단소체 자신이 분지 예정 지점에서 '딸' VSC를 남기기 위하여 분열할 수 있음을 보여주었다(제3장).

제16장에서 인체병원성 균류를 논할 때 다시 이형성 주제를 다룰 예정이다.

식물병원균의 침입구조

식물병원균류는 손상되지 않은 기주 표면을 직접 침입하거나 기공 같은 자연개구를 통하여 침입하지만, 어느 경우이든 기주 침입을 시작하기 전에 여러 가지 형태의 특수한 침입구조체를 만든다(그림 5.2). 본 항에서는 식물병원균류에 초점을 맞추고 있지만 제15장에 논의되어있는 것처럼 곤충병원균류에서도 동일한 양상의 구조체들이 만들어진다. 가장 간단한 침입전 구조체에는 발아관에서 형성되는 **부착기**(附着器; **appressoria**, 단수 appressorium)와 균사의 짧은 측지에 생기는 **균족**(菌足; **hyphopodium**)이 있다. 보다 복잡한 **감염뭉치**(感染뭉치; **infection cushion**)은 균류가 부생영양 기지로부터 침입하여 기존의 기주 저항성을 극복하는 데 필요한 경우에 형성된다. 이 경우에 균류는 기주의 방어력을 극복하기 위하여 감염뭉치 아래의 여러 지점으로부터 침입한다.

이들 침입전 구조체는 주로 점액 물질을 분비하여 균류를 기주 표면에 고착시키는 역할을 한다. Cutinase와 같은 효소가 물질 내로 분비되기도 한다. 침입 과정은 침입전 구조체 아래에서 발달하는 **침입관**(侵入管; **infection peg**)이라는 가는 균사에 의하여 이루어진다. 이 침입 과정에서 효소의 상대적 역할과 기계적 힘에 대하여 많은 논쟁이 있어 왔다. 아마도 효소는 세포벽 사이에 침입관의 통로를 만들기 위하

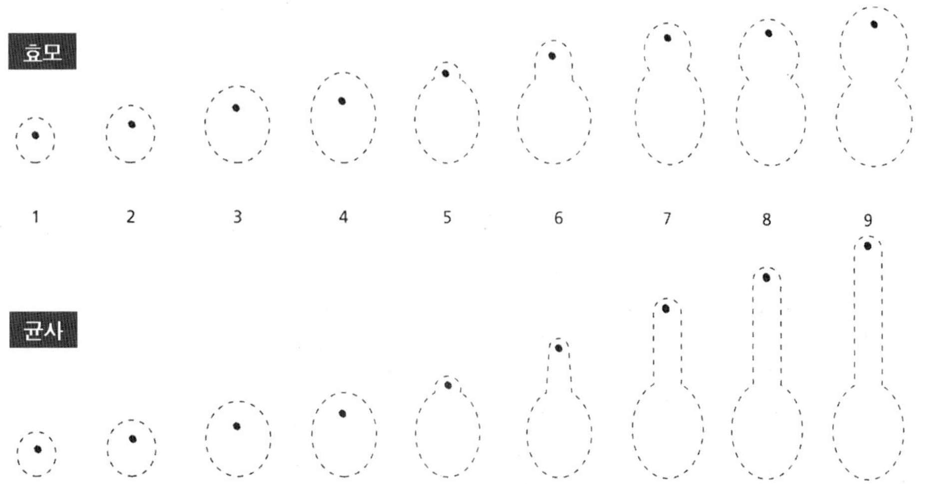

그림 5.1 세포벽 생장이 소낭공급소체(VSC, 검은 점)로부터 만들어진 정단소낭의 세포벽 충돌에 의하여 이루어진다는 가설에 근거한 *Candida albicans* 이형성의 컴퓨터 모의실험. 효모(윗줄)와 균사 (아랫줄) 모양은 같은 비율(10,000 소낭/구성)에서 동시에 만들어졌다. 각 구성은 단위 시간을 뜻한다. 모양을 만들기 위하여 VSC를 다른 비율로 움직였다. 구성 4와 5사이에서는 세포 출아를 위하여 VSC의 이동 속도를 4배로 증가시켰다. 이어 효모 출아를 위하여 이전 비율로 돌아왔으나 균사 형성에는 4배의 비율을 그대로 유지하였다. [출처: Bartnicki-Garcia & Gierz 1993.]

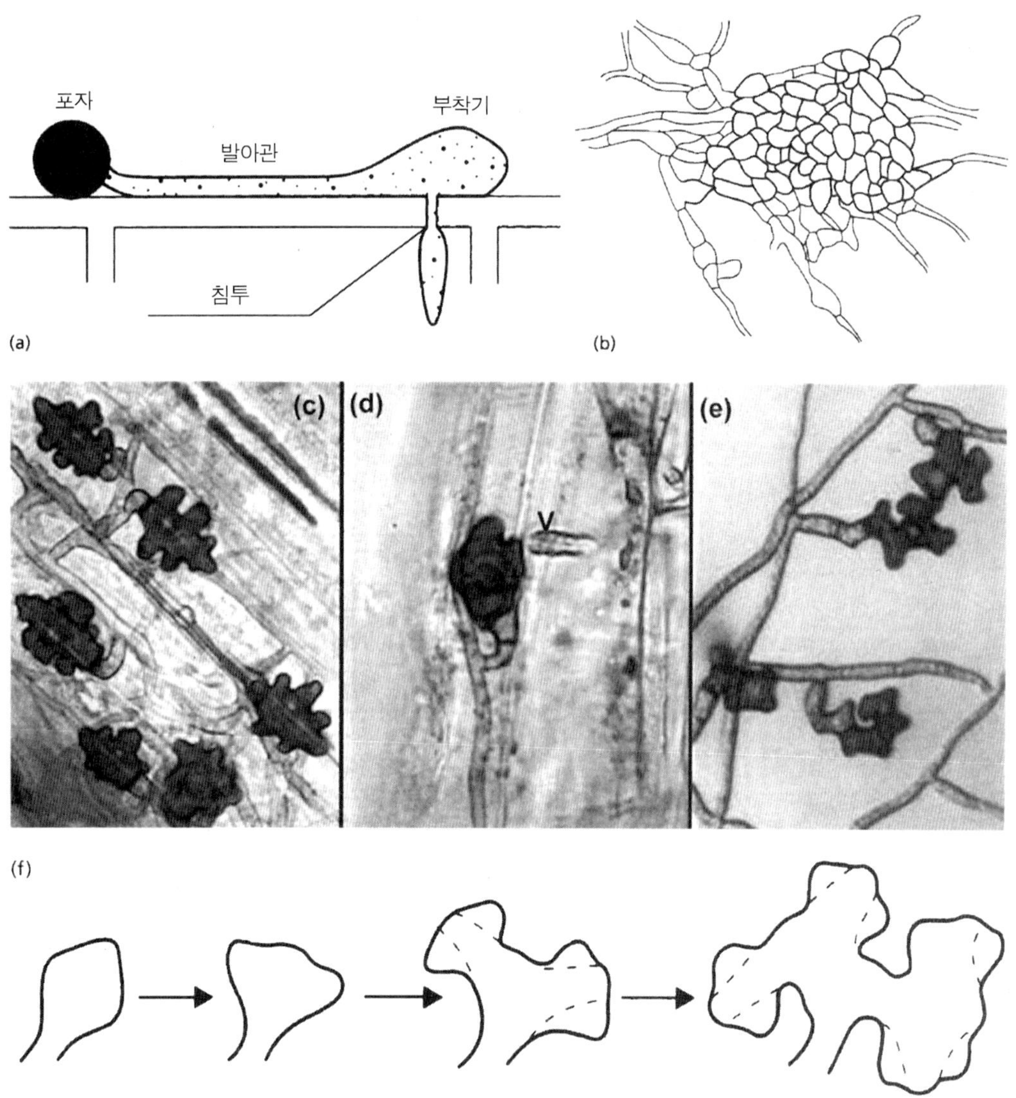

그림 5.2 식물병원균의 침입 구조체 종류. (a) 발아 포자로부터 형성된 부착기의 모식도. 가느다란 침투관이 부착기 아래에서 발달하여 기주 세포벽을 뚫고 들어가 침입관을 형성하기 위하여 뻗어 나간다. (b) 멜라닌화 균사의 조직 유사체로 구성된 감염 뭉치. 다수의 침투관이 형성되어 기주 식물을 침입한다. (c-e) 곡류의 줄기 기부에서 자라는 밀 마름병균의 일종인 *Gaeumannomyces graminis* var. *graminis*의 엽상 균족. (c)는 전체 모습의 구조이고, (d)는 측면 모습의 균족. (d)의 화살촉은 식물 세포가 여전히 살아있으며 균류의 침입에 저항하고 있음을 보여주는 돌출부 (균류가 침투하려고 하는 식물 세포벽의 부분적 내부생장). (e) 페트리접시의 플라스틱 바닥에 형성된 *G. graminis*의 엽상 균족. (f) 균사 말단의 반복적인 중지, 팽창 및 분지에 의한 엽상 균족의 발달 양식 가설.

여 국소적으로 관여하지만 기주 세포벽의 전반적인 용해를 일으키지는 않는다. 벼 도열병균 *Magnaporthe grisea*에 대한 상세한 기술에서 볼 수 있듯이 기계적 힘도 분명히 관여되어있다. 이 균의 침입관은 방탄조끼 제조용으로 쓰이는 중합체 Mylar나 Kevlar 같은 견고한 물질도 침투할 수 있다. 이 균의 부착기 내에

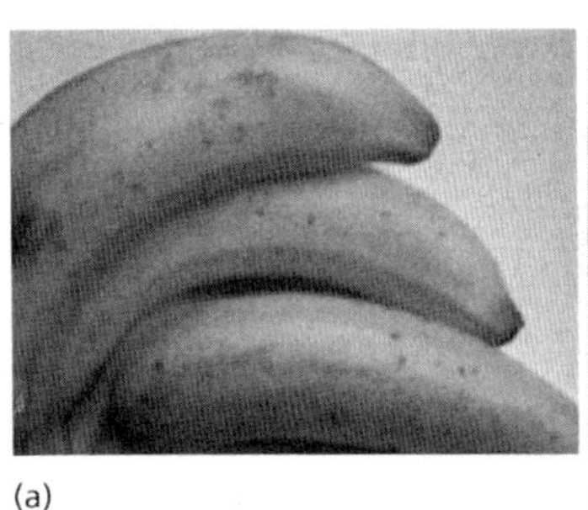
(a)

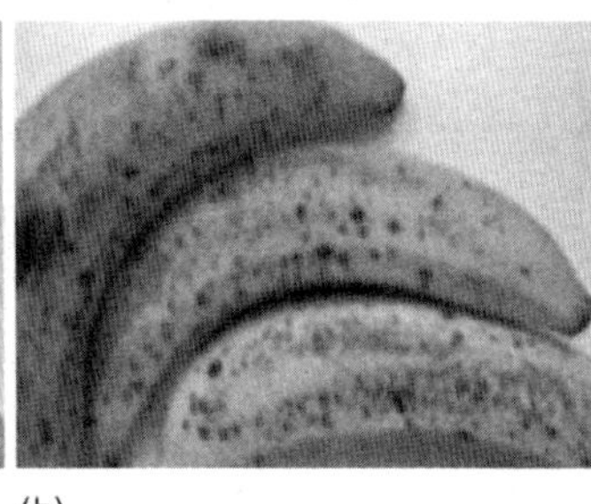
(b)

(c)

그림 5.3 (a-c) *Colletotrichum musae*에 감염된 바나나. 과일이 성숙한 뒤 10일 이상의 간격으로 촬영한 것이다. 과일 표면의 작은 갈색 반점(a)은 수개월간 휴면상태로 있던 멜라닌화 단세포 부착기가 생장한 결과이다. 병변은 점차 넓어지고 합쳐져 과일 조직을 연화시키고 물러 터지게 한다.

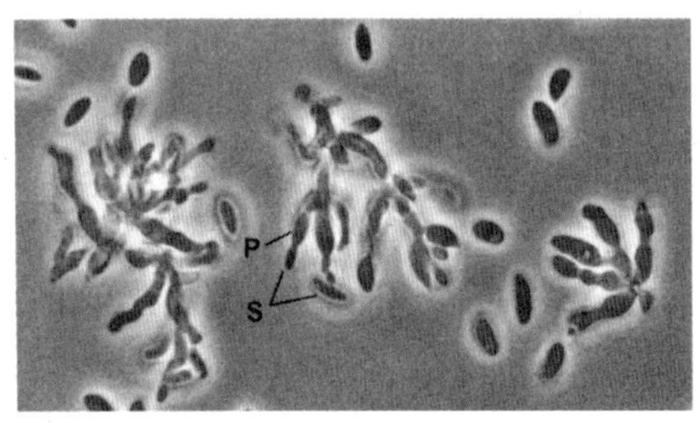

그림 5.4 성숙한 바나나의 갈색 병변 표면에서 긁어낸 *Colletotrichum musae*의 플라스크 모양의 분생포자원세포(P)와 포자(S)의 덩어리.

는 침입관이 발달하기 전에 저장 글리코겐이 삼투압 활성 산물로 전환되면서 약 8 MPa(mega-Pascal)의 팽압이 형성된다(Howard *et al.* 1991). 부착기의 윗면 벽이 심하게 멜라닌화되어 변형을 저지하므로 이 힘은 좁은 침입관으로 모여 흐른다. 반면에 부착기의 아래면 벽은 매우 얇거나 아마도 거의 없지만 부착기에서 분비된 접착물질이 매우 강하므로 침입관에 의하여 형성된 힘이 분산되지 않도록 기주 표면에 'O 링' 모양의 협착부위를 형성한다.

많은 부착기와 감염뭉치가 멜라닌화 세포벽을 형성하며, 이를 통하여 균류는 식물 기주의 저항성이 감소할 때까지 식물 표면에서 지탱할 수 있다. 이와 같은 고전적인 예는 성숙한 바나나 껍질에 작은 갈색 반점을 형성하는 *Colletotrichum musae*를 비롯하여 잎과 과실에 탄저병을 일으키는 *Colletotrichum* spp.에서 찾아볼 수 있다(그림 5.3, 5.4). 이들 균류는 과실이 성숙한 다음에야 과실 조직을 침입하는 나약기생균이다. 그러나 물에 튀겨 전파된 포자는 언제든지 기주 표면에 도달할 수 있지만 세포벽이 얇고 투명(무색)하므로 건조하거나 자외선에 노출되면 생존할 수 없다. 따라서 포자는 대개 즉각적으로 발아하며 발아관은 멜라닌화된 부착기를 형성하여 기주 노화가 시작될 때까지 기주 표면에서 생존한다.

멜라닌화된 침입 구조체에 의존하는 일부 균류는 멜라닌 생합성 경로를 특이하게 저지하는 항균 항생제에 의하여 방제될 수 있다. *Magnaporthe grisea* (도열병균)와 *Rhizoctonia oryzae* (벼 잎집무늬마름병균)는 모두 이렇게 방제될 수 있지만, 이들 병원균이 손쉽게 돌연변이를 일으켜 항생제에 저항성을 나타내므로 실제 방제 효과는 실망스러운 수준이다(제17장).

침입 구조체 분화의 형태형성 촉발요인

몇 가지 물리 및 화학적 요인이 부착기와 다른 침입 구조체의 발달에 영향을 주는 것으로 보고되어 있으나 주요 요소는 충분히 단단한 표면과의 접촉이다. 생체적으로 이러한 요소는 잎의 각피나 곤충의 각피에 해당한다. 실험적으로는 다양한 인공막으로 모의실험을 할 수 있다. 이러한 이유로 **접촉감지**(接觸感知; **contact-sensing**)는 핵심적인 형태형성 요인으로 여겨

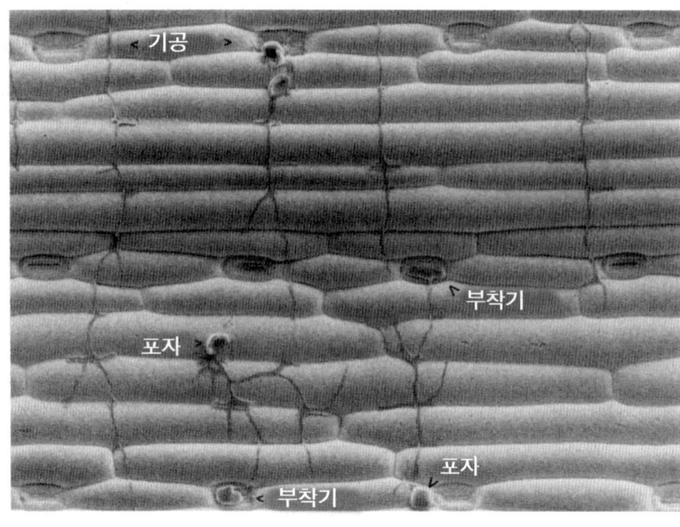

그림 5.5 밀 잎 아랫면을 본뜬 불활성 모사품 위에서 자라는 *Puccinia graminis*의 여름포자 균사의 방향성 생장을 보여주는 주사 전자현미경 사진. 잎 모사품의 윤곽에 따른 균사의 수직 배열과 홈을 만난 곳에서 형성된 짧은 측지에 주목하라. 두 포자로부터 발아한 균사는 잎 모사품 상에서의 '기공' 위치를 찾아내고 기공 표면 바로 위에 부착기를 형성하였다. [사진제공: N. D. Read. 출처: Read *et al.* 1992.]

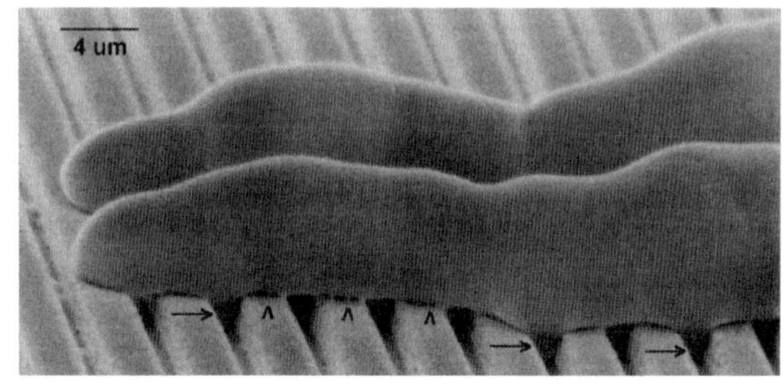

그림 5.6 미세제조된 실리콘 박막의 폴리스티렌 모사품의 융선과 홈 위에 수직으로 자라는 *Puccinia graminis*의 두 발아관의 주사 전자현미경 사진. 발아관 말단은 지형적 감지가 용이하도록 '기수하향' 배열을 하고 있다. 화살촉은 발아관을 표면에 접착시킨 점액질의 잔여물을 표시한다. 이 사진에서는 잘 나오지 않았지만, 균사도 그림 4.6에서 볼 수 있는 측지처럼 홈(화살 표시) 속으로 자라는 돌기를 형성한다. [사진제공: N. D. Read, 출처: Read *et al.* 1992.]

진다.

접촉감지는 **지형적**(地形的; **topographical**) 또는 **비지형적**(非地形的; **non-topographical**)일 수도 있다. 비지형적 접촉감지의 경우에 균류는 단순히 단단한 표면만 있으면 반응하는데, 이러한 예는 *Blumeria* (*Erysiphe*) *graminis*(화곡류의 흰가루병균)의 공기전염성 분생포자에서 볼 수 있다. 이들 포자는 표면에 미세한 돌기가 있으며, 잎 위나 유리 표면에 떨어지면 수분 내에 표면과 접촉된 돌기에서 세포벽 분해효소들을 함유한 접착물질을 분비한다. 포자 표면의 다른 돌기들은 접착물질을 분비하지 않으므로 이러한 반응은 국소적으로 일어난다. 반면에 균류는 특정 높이(또는 깊이)나 기주 표면 위의 특정 위치의 융선과 홈에 반응하므로 지형적 감지는 더욱 특이하고, 이와 같은 표면 지형 인식은 균류가 선호하는 침입지점을 찾는데 이용된다. 이러한 예는 곡류 녹병균류(*Puccinia graminis, P. recondita* 등)의 여름포자에서 형성된 발아관에서 찾아볼 수 있다. 그림 5.5와 5.6에서 볼 수 있듯이 발아관은 곡류의 잎 위에서 처음에는 무작위적으로 자라지만 잎 표면의 첫 홈(잎의 두 표피세포의 접합 부위)을 만나면 이 홈에 수직으로 방향을 정하여 잎 표면을 가로질러 자란다. 이것은 기공이 잎을 따라

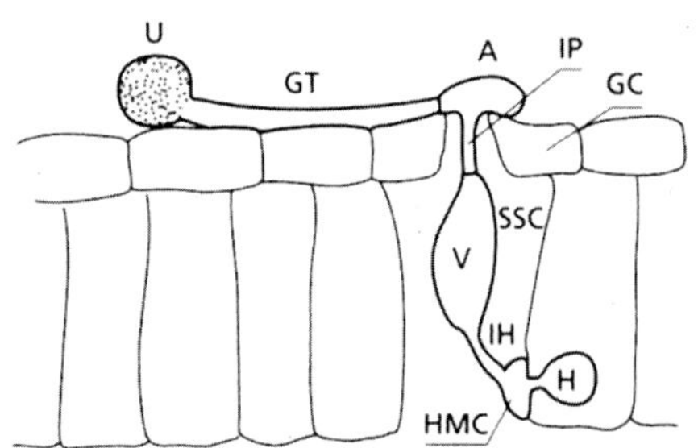

그림 5.7 발아중인 여름포자에서 볼 수 있는 기공 입구를 침투하는 강낭콩녹병균 *Uromyces appendiculatus*의 침입구조. A = 부착기; GC = 기공 공변세포; GT = 발아관; H = 흡기; HMC = 흡기모세포; IH = 침입균사; IP = 침입관; SSC = 기공하포; U = 여름포자; V = 기공하낭. [원도: H.C. Hoch & R.C. Stalpers, 출처: Hoch *et al.* 1987.]

엇갈린 배열을 하고 있기 때문에 기공 입구를 찾는 기회를 최대한으로 높여주는 것으로 생각된다. 이들 균류는 폴리스티렌 재질의 잎 모사품과 같은 불활성 홈 표면 위에서도 이러한 반응이 지형적 신호에 의한 것이지 화학적 자극에 의한 것이 아님을 보여주며 정확하게 동일한 행동을 한다.

그림 5.6에서 볼 수 있는 발아관 말단의 '기수하향' 구조는 접촉감지가 용이하도록 첨단소체가 균류의 자라는 표면을 향하여 옮겨졌음을 의미한다. 이 사실을 뒷받침하듯이 투과 전자현미경 사진은 발아관 밑면의 원형질막 안쪽으로 평행하게 배열된 미세소관이 많이 있음을 보여주고 있으며, 이들 미세소관이 접촉감지 전달에 관여하는 것으로 보인다. 이러한 모든 현상은 세포외부 기질에 의한 표면 밀착에 의존하고 있으며, 녹병균 *Uromyces appendiculatus*에서는 단백질 분해효소 Pronase E를 처리하여 이 기질을 분해하면 지형신호 전달이 방해된다. 이 균류의 원형질체를 마련하여 패치 고정기술로 조사한 결과 발아관 말단의 원형질막에 신장 활성 이온 통로가 있음이 확인되었다. 따라서 발아관 말단이 융선이나 홈을 만날 때 막의 신장이 이 통로를 이용한 이온 (아마도 칼슘이온 Ca^{2+}) 흐름을 유도하며 방향 반응을 조절하는 것으로 생각된다.

발아관의 정렬은 항상 잎 표면의 기공을 통하여 녹병균 여름포자의 침입이 일어날 수 있도록 하는 복잡한 발달 순서의 첫 단계이다. 그림 5.7에 강낭콩 녹병균 *Uromyces appendiculatus*의 침입 순서가 나와 있다.

발아관은 기공 융선을 찾은 뒤 약 4분 뒤에 생장을 멈추고 정단에서 부풀어 올라 부착기를 형성한다. 발아관의 처음 두 핵은 부착기 내로 이동하고 분열을 일으킨 뒤에 격벽이 형성되어 부착기는 발아관으로부터 분리된다. 기공과 접촉한 후 약 120분 뒤에 침입관이 기공하포 속으로 자라며 기공하낭을 형성한다. 이어 여기에서 침입균사가 발달하여 잎 유조직 세포 중의 하나 위에 흡기모세포를 형성한다. 균류가 특수 영양

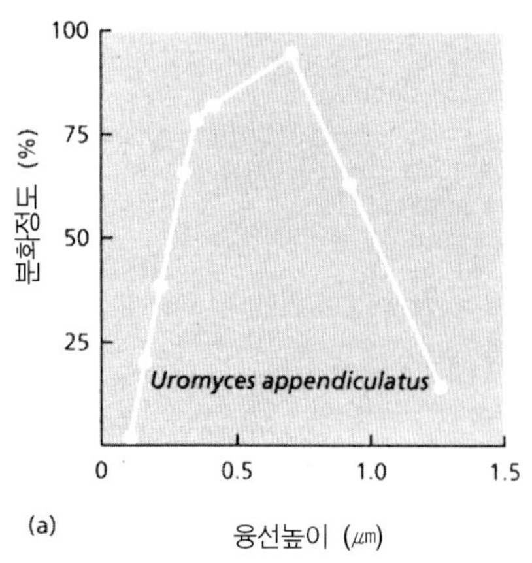

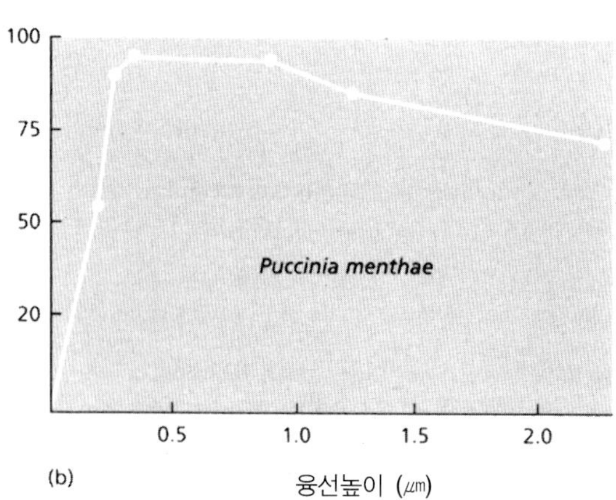

그림 5.8 미세제조된 실리콘 박막의 폴리스티렌 모사품 상의 높이가 다른 단일 융선에 반응을 나타내는 두 녹병균의 부착기 형성. (a) 특정 높이의 융선에만 반응하는 *Uromyces appendiculatus*. (b) 최소 높이 이상의 모든 융선에 반응하는 *Puccinia menthae*. [출처: Allen *et al.* 1991.]

흡수기관인 **흡기**(吸器; **haustorium**)를 형성하기 위하여 기주세포를 침입하면 침입과정이 완료된다(제14장).

*Uromyces appendiculatus*를 이용한 이러한 연구는 발아관이 잎 매니큐어 모사품 표면 위의 '기공' 위치를 찾아낼 때에도 침입균사의 발달과 관련된 모든 과정이 유도됨을 보여주었다. 또한 다른 인공 표면에 난 긁힌 자국에 의해서도 유도될 수 있다. 그러나 흡기모세포 형성은 주로 잎 세포벽의 화학적 인식에 의존한다. 따라서 이들 발달 과정의 대부분은 미리 예정된 것이며 초기에는 지형적 신호만 필요할 뿐이다. 이 현상을 더욱 연구하기 위하여 Hoch와 동료들(1987)은 정밀하게 식각된 높이와 간격이 다른 융선과 홈을 가진 실리콘 박막을 만들기 위하여 미세 전자공학 기술을 이용하였다. 이때 박막은 녹병균 포자가 표면에서 발아하는 투명한 폴리스티렌 모사품을 제조하는 데 주형으로 이용되어 표면 지형에 대한 반응을 연구하는 데 사용되었다. 초기의 연구에서 *U. appendiculatus*는 약 0.5 ㎛의 정밀한 높이(또는 깊이)의 단일 융선이나 홈에 반응하여 부착기를 형성하였으나 이보다 낮거나 높은 융선에 대해서는 거의 또는 아무런 분화를 일으키지 않았다(Hoch *et al.* 1987). 유도 높이는 강낭콩 기공의 공변세포 주위 높이에 해당하며, 이는 아마도 자연 조건에서의 유도 신호일 것이다.

계속된 연구에서는 도합 27종의 녹병균이 높이가 다른 융선들 위에서 조사되었고, 그 결과 이들 종은 4개의 그룹으로 분류되었다. 그룹 1에는 *U. appendiculatus*와 그 외의 7종이 포함되며, 이들은 매우 정확하게 지정된 높이의 단일 융선이나 홈에 반응하여 부착기를 형성하며 이보다 높거나 낮으면 거의 반응하지 않는다(그림 5.8a). 그룹 2에는 *Puccinia menthae*(박하 녹병균)와 다른 3종이 포함되며, 부착기를 형성하는데 최소한의 융선 높이(*P. menthae*의 경우에는 0.4 ㎛)를 필요로 하지만 이보다 높아도 적어도 2.25 ㎛ 높이까지의 모든 융선에 반응한다(그림 5.8b). 그룹 3에는 *Phakopsora pachyrhizi* (콩 녹병균) 한 종이 있으며, 평면에서도 부착기를 형성할 수 있다. 그룹 4에는 어떤 크기의 단일 융선에도 반응하지 않는 여러 종류의 곡류 녹병균류(*Puccinia graminis, P. recondita* 등)가 포함된다. 그러나 곡류 녹병균은 줄곧 높이 2.0 ㎛과 폭 1.5 ㎛의 융선 여러 개가 인접한 경우에 가장 잘 반응하여 분화하는 것을 볼 수 있다. 융선이나 홈이 동일한 반응을 일으킨다는 사실은 지형적 신호로서 최소한 두 개의 연속된 직각이 필요함을 의미한다. 녹병균들의 융선 높이와 간격에 대한 서로 다른 요구는 이들 생체영양 기생균이 지니는 고도의 기주특이성과 관련하여 기주의 기공 지형에 대한 적응 현상을 반영한다(제14장). 접촉감지와 근본 기작에 대한 보다 자세한 설명은 Read *et al.* (1992)의 문헌에서 찾아볼 수 있다.

균핵

균핵(菌核; **sclerotium**)은 생존과 관계된 휴면상태의 특수한 균사조직이다 (그림 5.9). 균핵은 주로 소수의 담자균류에 의하여 형성된다. 가장 복잡한 균핵의 경우에는 직경이 1 cm에 이르며 명확히 구분되는 내부층을 형성하고 있다. 이런 형태의 균핵은 다범성 식물병원균 *Athelia* (*Sclerotium*) *rolfsii*와 *Sclerotinia sclerotiorum*, 맥각균 *Claviceps purpurea*, 및 일부 균근균류인 *Cenococcum geophilum*과 *Paxillus involutus* (이들 균근균류의 균핵은 매우 작기는 하지만)에서 형성된다. 일부 다른 균류는 직경이 100 ㎛ 미만에 불과한 미세균핵을 형성하며, 식물병원균 *Verticillium dahliae*의 경우에는 멜라닌화 후벽포자 유사 세포의 단순한 집합체이다. 이처럼 서로 다른 형태 사이에는 감자 괴경의 표면에 흔히 갈색 얼룩(검은무늬썩음병)으로 나타나는 *Rhizoctonia solani* (유성단계: *Thanatephorus cucumeris*)의 둥글거나 납작한 균핵처럼 여러 형태의 균핵이 존재한다.

근본적으로 모든 균핵은 초기에 국소적으로 반복되는 균사 분지가 일어난 뒤에 균사간의 접착과 분지간의 융합에 의하여 만들어진다. 균핵 원기가 발달하고 성숙함에 따라 외부 균사는 눌려서 껍질을 형성하는 반면, 균핵의 내부는 멜라닌화 후벽의 세포가 조직성 **피층**(皮層; **cortex**)으로 발달하고, 그 안쪽에는 글리코겐, 지질 또는 균당(제7장)과 같은 풍부한 영양 저장물질의 균사로 구성된 중앙부의 **수질**(髓質; **medulla**)로

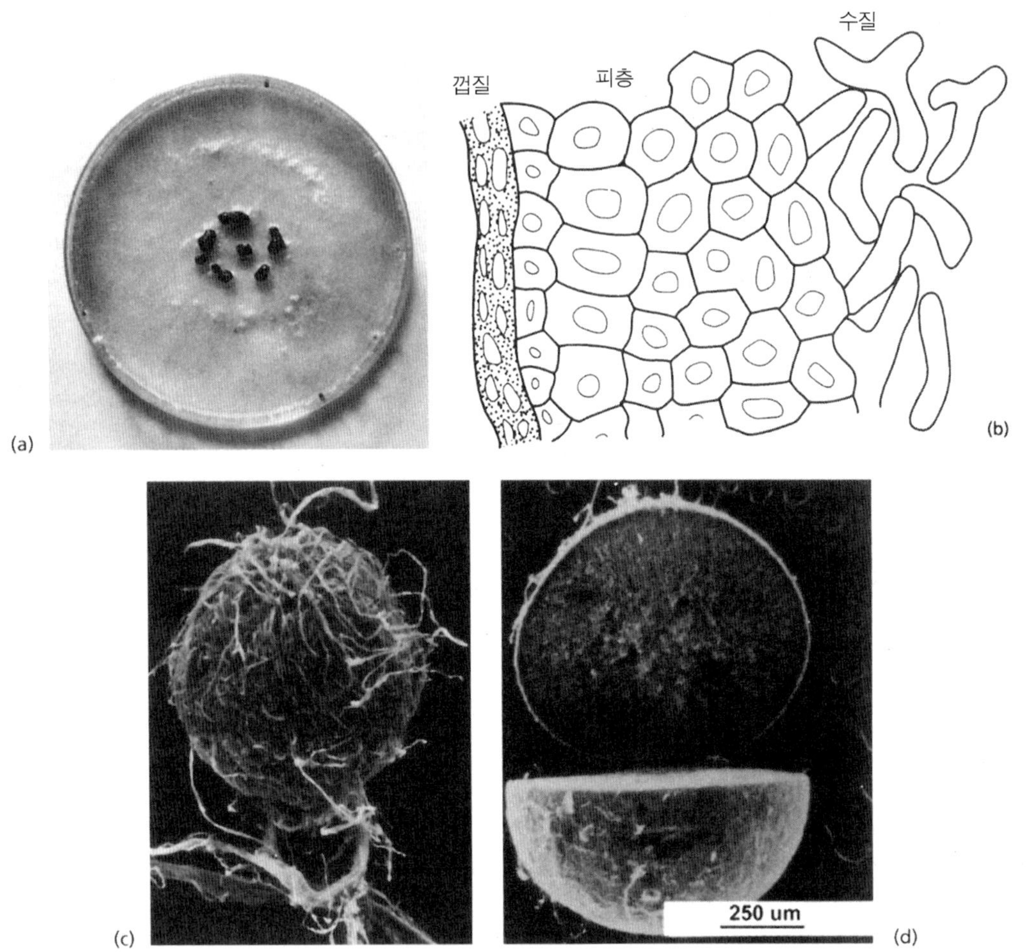

그림 5.9 균핵: 휴면상태의 특수 다세포 생존 조직. (a) 한천 배지 상에 균핵환을 형성한 *Sclerotinia sclerotiorum*의 균체. (b) 눌리고 멜라닌화된 껍질, 후벽 세포의 조직성 피층, 그리고 일반 균사의 중앙 수질을 보여주는 *Athelia rolfsii* 균핵 단면의 부분적 도해. (c) 균근균류 *Paxillus involutus*의 성숙한 균핵의 주사 전자현미경 사진. 이 균핵은 사진의 아래에 나와 있는 균사끈(균사의 응집 덩어리)을 따라 수송된 양분으로 만들어졌다. (d) *Cenococcum geophilum* (균근균) 균핵 단면의 조직 내부층을 보여주는 주사 전자현미경 사진. [사진제공: F.M. Fox, 출처(c, d): F.M. Fox 1986.]

분화된다. 균핵은 상당한 기간 때로는 수년 동안 토양 내에서 생존할 수 있다. 이들은 알맞은 조건에서 발아하여 균사를 형성하거나 [*A. rolfsii, Cenococcum, R. solani* 등의 **균사성** (菌絲性; **myceliogenic**) 균핵] 유성자실체를 형성한다[*Claviceps*와 *Sclerotinia sclerotiorum*의 **자실체성** (子實體性; **carpogenic**) 균핵]. 영양 고갈은 균핵 형성의 가장 중요한 격발요인 중의 하나이다. 이러한 요인 하에서 균핵은 기존의 균사 또는 초기에 만들어진 균핵 원기로부터 속히 자랄 수 있으며, 균체 저장물질의 많은 부분이 자라기 시작한 균핵으로 이동하여 균핵 내에 저장된다. Christias & Lockwood(1973)는 4 종류의 균핵 형성 균류를 potatodextrose 배양액에서 길러 균핵 원기를 형성하기 전에 균사 매트를 회수하고 이를 세척한 뒤, 멸균되지 않은 일반 토양의 표면 위에 두거나 물이 계속 침출되어 토양과 동등한 영양분 스트레스를 주는 멸

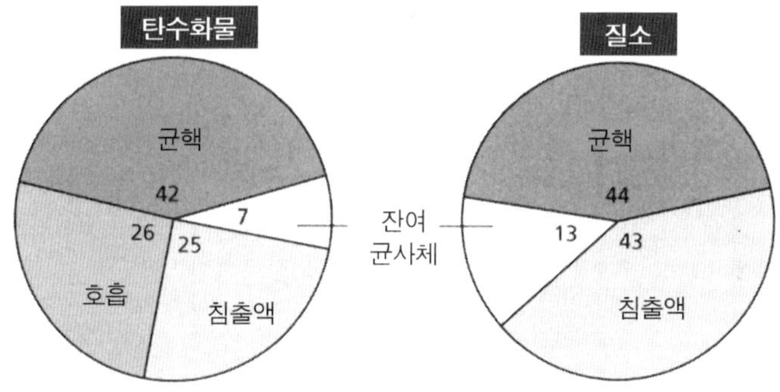

그림 5.10 균사매트가 기아 상태로 전환된 후 4일째 된 *Athelia rolfsii*의 새로 형성된 균핵 내의 균사체 탄소(포도당 등가)와 질소(glycine 등가)의 보존. 표시된 숫자는 본래의 균사매트에서 균핵으로 형성되거나 호흡으로 소실되거나 또는 균사매트가 배양된 유리알에서 침출로 손실된 탄수화물과 질소의 백분율이다. [출처: Christias & Lockwood 1973.]

균된 유리알 위에 둠으로써 이러한 현상을 증명하였다(제10장). 어느 경우이든 균사는 24시간 이내에 균핵을 형성하기 시작하고 균핵은 4일 내에 성숙하였다. 이들 균핵을 회수하여 영양분 함량을 분석하면 본래 균사체 내 탄수화물의 58%까지와 질소의 78%까지를 함유하고 있었다. 이러한 예는 걸러낸 유리알 위에서 실험한 *A. rolfsii*에 대한 그림 5.10 자료에서 볼 수 있다. 이처럼 높은 수준의 탄수화물 함량은 본래의 균사벽 고분자가 분해되고 그 산물이 발달 중인 균핵 내로 이동할 때에만 설명이 가능하다. 나중에 배우게 되겠지만, 세포벽 고분자는 조절된 용해과정을 통하여 분해되고 일반버섯과 독버섯의 자실체 형성을 포함하여 여러 형태의 구조 분화에 영양분 저장물질로 쓰이게 된다.

영양 수송 기관

모든 균류는 균사 내에서 영양물질을 수송하지만, 일부 균류는 무영양 환경을 가로질러 영양물질을 대량 수송할 수 있는 잘 분화된 기관을 형성한다. 기관의 구조와 발달 양식에 따라 이러한 수송 기관들을 **균사끈**(菌絲끈; **mycelial cord**) 또는 **근상균사속**(根狀菌絲束; **rhizomorph**)이라고 부른다. 이들은 목재부후균류에서 매우 흔하며, 탄수화물이 뿌리로부터 토양의 균사체로 수송되고 반대로 무기양분과 물이 뿌리로 수송되는 나무뿌리의 외생균근류에서도 매우 흔하다. 균사끈은 균사체로부터 자실체 발달에 필요한 영양분을 나르는 역할을 하며 대형 일반버섯과 독버섯의 기부에서 발견된다(그림 5.11).

균사끈

균사끈(mycelial cord)은 건물의 목재에 건부후를 일으키는 *Serpula lacrymans* (녹슨버짐버섯; 담자균류)에서 가장 집중적으로 연구되었다(제7장). 이 균류는 한 번 목재에 서식하면 벽토나 벽돌 아래에서 새 부후 장소를 찾기 위하여 수 미터나 뻗어나갈 수 있다. 균류는 부후가 시작된 자리에서 영양분을 끌어들이는 부채형 균사체로 비영양 표면을 가로질러 뻗어나간다. 균사체는 균체 주변을 벗어나 균사끈을 분화시켜 나간다.

균사끈의 분화 초기 단계는 주균사로부터 가지가 돌

그림 5.11 부후된 목재에서 자라는 말불버섯(*Lycoperdon* sp.)의 자실체와 균사끈.

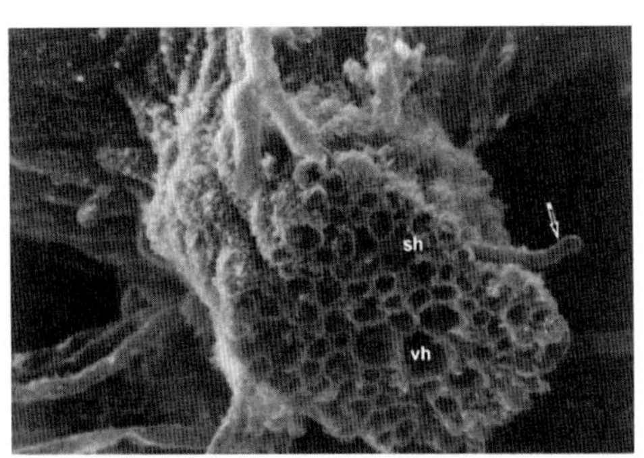

그림 5.12 균근균 *Leccinum scabrum*의 내부 균사 분포를 보여주기 위하여 절단된 균사끈의 주사 전자현미경 사진. 중심의 넓은 도관균사(vh)는 좁은 외피균사(sh)에 의하여 둘러싸여 있다. 균사끈의 표면은 세포외부 기질로 싸여 있고 균사는 (예를 들면 좁은 균사) 영양분을 찾기 위하여 토양 속으로 퍼져나간다. [사진제공: F.M. Fox, 출처: Fox 1987.]

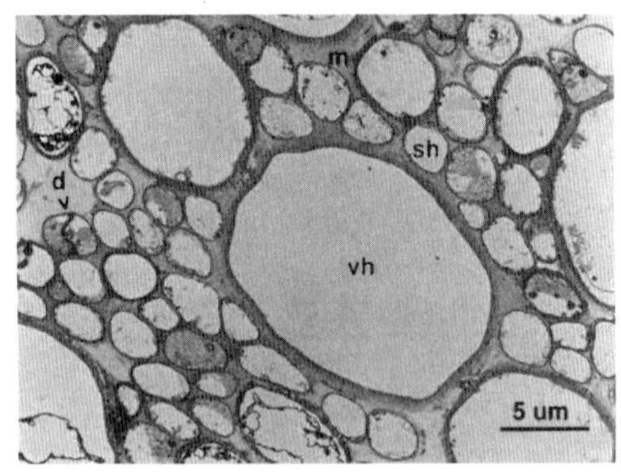

그림 5.13 *Leccinum scabrum*의 넓고 두꺼운 벽을 가진 속빈 도관균사(vh), 얇은 벽의 외피균사 (sh), 및 풍부한 세포간 기질 물질(m)을 보여주는 균사끈 단면의 투과 전자현미경 사진. 일부 균사(d로 표시된 부분과 우측 상단 부분)는 유연공격벽 부위가 절단되어있다. [사진제공: F.M. Fox, 출처: Fox 1987.]

출해 나와 시작되며, 균사가 퍼져나가는 대신 곧바로 T자 형으로 분지하고 이들 가지가 모균사의 주변을 따라 앞뒤로 자라난다. 가지는 위의 과정을 반복하여 더욱 많은 가지를 만들며, 끈은 수많은 평행 균사들과 함께 점차로 두꺼워진다. 이어 균사의 뒤얽힘과 융합 그리고 균사를 서로 봉합하는 세포외부 기질을 분비하여 더욱 강화된다. 주균사의 일부는 넓고 후벽이며 죽은 세포질의 **도관균사**(導管菌絲; **vessel hyphae**)로 발달하고, 반면 일부 좁은 균사는 후벽에 내강이 거의 없는 **섬유균사**(纖維菌絲; **fiber hyphae**)로 발달한다. 이들 균사 사이에 세포질 내용물이 풍부한 살아있는 정상 균사들이 산재되어있다. 균근종인 *Leccinum scabrum* (거친껄껄이그물버섯; 그림 5.12)과 같은 균류의 끈은 섬유균사를 갖고 있지 않지만 또 다른 유사한 발달 과정을 지니고 있다. 성숙한 균사끈에는 상당한 양의 균사 내용물이 퇴화되며 균사 간에 상당한 양의 봉합 물질이 축적된다는 증거가 있다(그림 5.13).

균사끈의 발달을 조절하는 요인들은 잘 알려져 있지 않으나 *S. lacrymans*에 대한 연구는 질소의 이용도가 핵심 요인임을 보여주고 있다. 균사끈은 무기질소(예; 질산)를 함유하는 배지에서는 발달하나 아미노산을 함유하는 배지에서는 발달하지 못하는 것으로 밝혀졌다. 또한 무기영양 배지에서 유기질소 배지 위로 자라는 끈은 정상적으로 분지하는 균사 가지를 형성하였다. 따라서 균사끈은 분지 균사가 모균사 가까이의 질소 풍부 영역에서 자라도록 모균사가 질소 빈약 환경에 유기질소를 흘릴 때 발달한다. 질소에 의한 조절과정은 목재부후균류의 경우에 목재는 매우 낮은 질소 함량을 지니며 이들 균류가 그들의 유기질소를 보존하고 재수송하기 위한 특수 기작을 진화시켰을 가능성이 있으므로 합리적으로 보인다(제11장). 이러한 현상은 특히 질소가 제한된 토양의 유기질소를 분해하는 데 중요한 역할을 하는 외생균근류의 끈에도 적용될 수 있다(제13장). 기능면에서 균사끈은 탄수화물, 유기질소, 및 물을 공급 부위로부터 수용 부위까지 상당한 거리를 가로질러 수송하는 것으로 밝혀졌다. 도관균사는 삼투압을 이용한 대량 유동에 의하여 물을 수송하는 식물의 물관과 같은 작용을 한다(제7장). 두꺼운 세포벽, 다량의 균사외부 기질, 그리고 섬유균사에 의한 보강으로 도관균사는 상당한 정수압에 견딜 수 있다.

근상균사속

근상균사속(rhizomorph)은 균사끈과 유사한 기능을 지니지만 보다 확실하게 분화된 기관이다. 잘 알려진 예는 활엽수의 주요 뿌리썩음병균 *Armillaria mellea* (뽕나무버섯)의 근상균사속이다. 이 버섯은 토양을 통하여 나무에서 나무로 근상균사속을 전파시키고, 수피 안쪽으로 굵고 검은 근상균사속을 형성하여 죽은 나무의 줄기 위로 넓게 퍼져나간다. 이 근상균사속은 구두끈과 모양이 비슷하여 뽕나무버섯의 일반명을 구두끈곰팡이(boot-lace fungus)라고 한다(그림 5.14).

그림 5.15에서 보듯이 근상균사속은 특별히 조직된 정단 또는 균사의 외피가 정단 주위를 치밀하게 싸고 있어 뿌리 말단의 뿌리골무와 유사한 생장점을 가지고 있다. 정단 뒤로는 털 같은 짧은 균사 분지들이 분포한다. 근상균사속의 주요 부분은 매우 균일한 굵기를 가지고 있으며 여러 층, 즉 세포외부 기질 속에 파묻힌 후벽의 멜라닌화 세포의 외부 피층, 박벽의 수질, 평행균사 및 수질이 분해되어 가스 확산에 기여하는 중앙 기도로 분화되어있다. 근상균사속은 정단 뒤에서 또는 정단이 갈라져 새로운 다세포 정단을 만들며 분지한다.

근상균사속은 *A. mellea*의 미분화된 균사보다 훨씬 빨리 뻗어나가며 토양 속으로 먼 거리까지 자랄 수 있다. 그러나 근상균사속의 생장은 수송되어온 영양분에 좌우되므로 영양 기지에 부착될 필요가 있으며, 따라서 나무에서 나무로의 전파를 막는 전통적인 방법 중의 하나는 근상균사속을 잘라내기 위하여 도랑을 파는 것이었다. 근상균사속의 발달 격발요인에 대하여는 에탄올과 저분자 알코올이 근상균사속 형성을 유도한다는 사실 외에는 알려진 것이 별로 없으며, 마찬가지로 근상균사속의 발달 양식에 대하여도 실험실 배양의 경우에 근상균사속이 균체 내 깊은 곳에서 유래하므로 알려진 것이 거의 없다. 그러나 근상균사속의 행동은 *Armillariella elegans* (뽕나무버섯의 근연종)를 이용한 Smith & Griffin(1971)의 연구에서 볼 수 있는 것처럼 상당히 흥미롭다. 이 균류의 근상균사속 정단은 무색으로 남아있을 때에 한하여 자라며, 이것은 정단 표면에서의 산소 분압이 0.03 이하(공기 중의 산소 분압은 약 0.21)이어야 한다는 사실을 의미한다. 이 수준 이상에서 정단은 신속하게 멜라닌화되며 생장을 멈춘다. 정단의 생장은 매우 산소 의존적이며, 균류는 이러한 문제를 여러 요인과 혼합하여 해결해 나가는 것으로 보인다. 정단에서는 중앙부 기도를 통한 부분적

(a)

(b)

그림 5.14 부후된 나무줄기에서 자라는 구두끈곰팡이 *Armillaria mellea*. (a) *Armillaria*의 전형적인 자실체. (b) 죽은 나무의 수피 안쪽에서 자라는 두껍고 검은 근상균사속.

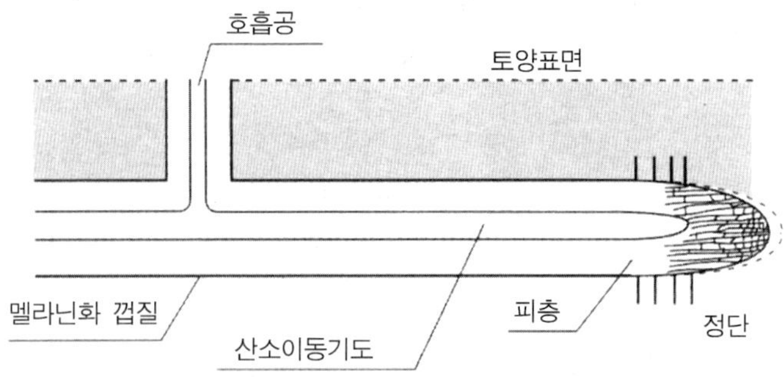

그림 5.15 *Armillariella* 근상균사속의 도해.

인 산소 확산에 따라 높은 호흡률을 유지하고 있는 반면 정단의 표면은 산소 확산율을 제한하는 수막으로 덮여있으며, 20℃에서 산소는 공기를 통과할 때 보다 물을 통과할 때 약 10,000배 정도로 천천히 확산된다. 수막에의 의존성은 근상균사속이 토양형과 기후에 따라 자연히 토양의 특정 깊이에서 자라도록 제한해 준다. 만약 정단이 토양 표면에 너무 가까이 자라면 수막의 폭이 감소되고 산소는 정단으로 더욱 빨리 확산되며 멜라닌화를 촉진한다. 이어 토양 표면 가까이의 이들 정단은 중앙부 기도로 연결된 '호흡공'을 형성하기 위하여 파열된다. 반대로 정단이 젖은 토양 속에 너무 깊숙이 자라면 수막이 증가하고 생장률은 산소 제한적이 된다. 그러므로 근상균사속의 독특한 구성은 토양의 특정 층 속으로 자라도록 조절해 주며, 이와 같은 층은 침입 기회를 극대화할 수 있도록 나무뿌리가 발생하는 곳에 위치해 있다.

무성생식

균류 무성포자의 놀라운 다양성과 역할은 제10장에 논의되어있다. 여기서는 포자 형성의 발달 과정에 초점을 맞추고 있으며, 이 과정에는 두 가지 근본적으로 다른 유형이 있다. **포자낭포자**(胞子囊胞子; **sporangiospore**)는 다핵성 포자낭 내의 원형질 분할에 의하여 형성된다(병꼴균류, 난균류, 및 접합균류). **분생포자**(分生胞子; **conidium**)는 균사나 특수 균사세포로부터 직접 발달하지만 (자낭균류, 불완전균류 및 일부 담자균류) 포자낭 내에 형성되지는 않는다.

포자낭포자

포자낭포자(sporangiospore)는 *Mucor*(털곰팡이속)와 일반 접합균류의 잘 알려진 포자낭처럼 얇은 벽의 포자낭 내에 형성된다(그림 5.16). 포자낭 내에서 핵은 반복적으로 분열하고, 세포질은 막의 정렬과 융합에 의하여 각 핵의 주위를 따라 분할한다. 다음으로 접합균류의 경우에는 각 포자의 주위를 따라 세포벽이 형성되고, 병꼴균류와 난균류의 경우에는 세포벽이 없는 운동성 포자에서 편모가 발달한다. 마지막으로 포자낭벽의 전부 또는 일부의 조절된 용해가 일어나고 포자가 방출된다.

포자낭포자 형성을 위한 세포질의 분할과정은 몇 가지 방법으로 일어나는 것으로 보인다. *Gilbertella persicaria* (접합균; 그림 5.16)와 *Phytophthora cinnamomi* (난균)에서는 수많은 균열소낭이 생기고 이들이 핵 주위로 이동하여 정렬하며, 이어 이들의 막은 서로 융합하여 포자의 원형질막으로 된다. 그러나 *Saprolegnia*와 *Achlya* (난균류)에서는 포자낭에 큰 액포가 발달하여 핵 사이로 방사형 팔들을 형성하고, 이어 이들 팔은 포자의 경계를 정하면서 포자낭의 원형질막과 융합한다. 이 과정에는 Heath & Harold (1992)가 actin 특이적 형광염색(rhodamine에 결합된 phalloidin)을 사용하여 증명하였듯이 세포골격이 밀접하게 관련되어있다. *Saprolegnia*와 *Achlya* 포자낭의 분할면은 분할 초기에만 나타나고 분할이 완성되면 사라지는 actin의 판상 배열 구조와 연관성이 있다.

*Phytophthora cinnamomi*의 유주포자 분할과정 연구(Hyde *et al.* 1991)에서는 편모축(미세소관축)이 각 핵

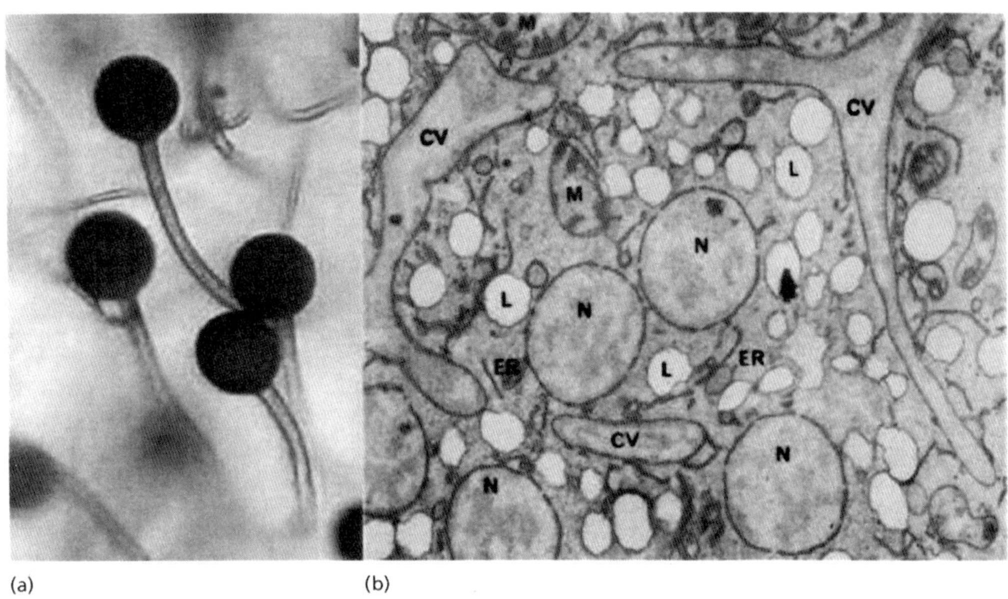

그림 5.16 (a) 검은 색소의 포자를 내포한 *Mucor*의 포자낭. (b) *Gilbertella persicaria* (접합균류) 포자낭의 중기 균열 단계. 분할소낭(CV)는 융합하여 포자낭의 내용물을 단핵포자로 분리하면서 핵 (N) 사이로 뻗어나간다. ER = 소포체; L = 지질; M = 미토콘드리아. [사진제공: C.E. Bracker. 출처: C.E. Bracker 1968.]

주변에서 정상 균열소낭 대신 다른 부류의 소낭인 편모액포로 발달된다는 사실이 관찰되었다. 이어 이들 편모액포는 편모가 포자의 바깥에 위치하여 **편모막**(鞭毛膜; **flagellar membrane**)에 둘러싸이도록 분할소낭과 융합한다. 편모막과 유주포자체의 나머지를 둘러싼 원형질막과의 기원상의 차이는 편모 표면에는 유주포자체 표면과 비교하여 일시적으로 다른 화학수용기가 생긴다는 증거가 있으므로(제10장) 유주포자의 기능상 의의가 크다.

유주포자의 분할과 방출은 환경적 요인에 의하여 강하게 영향을 받으며, 특히 포자낭은 영양분을 제거하기 위하여 세척하고 유주포자의 분할과 방출을 유도하기 위하여 물에 담가 씻어야 한다. 대부분의 난균류 종류는 균사에 부착된 포자낭 내에서 유주포자를 형성하며 원래 수생이었으나 식물병원균인 일부 *Phytophthora* 종들과 근연의 노균병균들은 분리되어 바람에 전파되는 포자낭을 지니고 있다. *Phytophthora infestans* (감자 역병균; 그림 5.17)와 *P. erythroseptica* (감자 핑크썩음병균)의 경우에 이들의 공기 전파성 포자낭은 12℃ 이하의 물에서 배양하였을 때는 원형질 분할을 일으켜서 유주포자를 방출하지만 이보다 높은 온도(20℃ 부근)에서는 분리된 포자낭이 '직접' 발아하여 균사를 형성한다.

이러한 온도 조절 발달은 기능적으로 의의가 큰 것으로 보인다. 영국을 비롯한 다른 서늘한 지방에서는 선선하고 습한 조건이 유주포자 형성에 알맞으며 이때 포자낭이 형성되고 전파되어 생장 초기부터 감자 잎에 도착하므로 **유주포자**(游走胞子; **zoospore**)들이 *P. infestans*의 주요 침입 수단인 것으로 알려져 있다. 그러나 포자낭의 '직접' 발아(균사 돌출에 의한)는 온도가 따뜻해지는 생육 후기에 괴경을 침입하므로 더욱 중요한 문제가 된다. 호프에 기생하는 *Pseudoperonospora humuli*와 포도나무에 기생하는 *Plasmopara viticola* 같은 일부 노균병균들은 항상 기주의 기공으로 침입하기 위하여 유주포자를 형성한다. 그러나 일부 다른 노균병균류(상추에 기생하는 *Bremia lactucae*, 십자화과식물에 기생하는 *Peronospora parasitica*)는 통상 또는 항상 균사로 발아한 뒤 기주의 표피 세포벽을

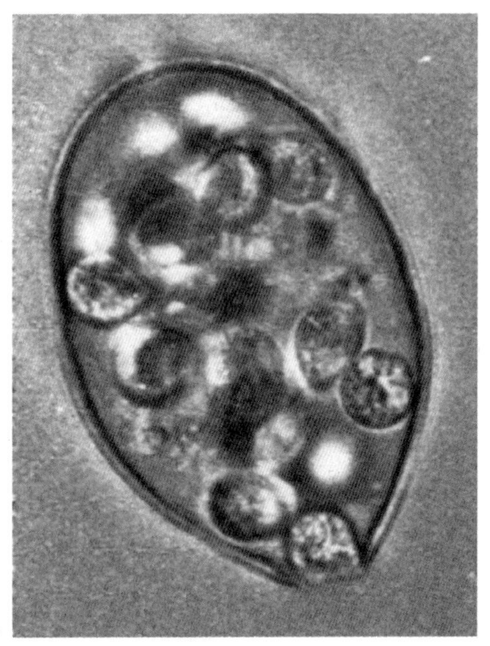
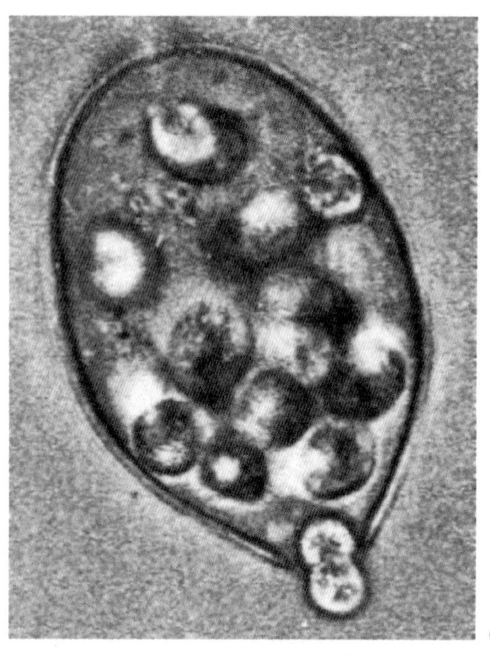

그림 5.17 온도 12°C에서 배양된 *Phytophthora infestans*의 분리 포자낭. 포자낭 내용물은 균열을 일으켜 유주포자를 형성하고, 포자낭의 유두상 정단이 파열되어 유주포자는 좁은 입구를 통하여 빠져나와 방출된다.

뚫고 침입한다.

일부 난균류는 항세균제인 스트렙토마이신에 민감하다. 이 물질은 높은 농도에서는 독성을 나타내지만, 반치사 농도에서는 유주포자의 균열을 간섭하여 포자낭 내용물을 다수의 편모를 가진 무질서하게 헤엄치는 다핵성 덩어리로 방출한다. 현재는 일반 살균제로 대체되었지만(제17장), 한때는 스트렙토마이신을 *Pseudoperonospora humuli* (호프 노균병균) 방제에 사용하기도 하였다. 포자낭에 대한 스트렙토마이신의 작용 기작은 불확실하지만, 세균의 경우처럼 70S 리보솜 상의 단백질 합성 억제에는 관여하지 않는다. Griffin & Coley-Smith(1975)는 방사선 표지된 스트렙토마이신을 *P. humuli*에 첨가하여 이 현상을 조사하였다. 표지물의 95%까지 세포 표면이나 가까이에 남아있었고 물로 제거되지는 않았으나 칼슘 이온에 의하여 곧바로 치환되었다. 이와 같이 스트렙토마이신은 용액 내에서 2가 양이온으로 작용하므로 세포 표면이나 가까이의 칼슘 결합 부위를 두고 서로 경쟁함으로써 칼슘 중개 과정을 간섭한다.

분생포자

분생포자(conidium)는 여러 방법으로 형성되지만(그림 2.12 참조; 그림 5.18), 항상 균사 표면이나 포자낭 내의 세포질 균열보다는 분생포자경 표면의 '외부'에 형성된다. 예를 들어 분생포자는 균사의 말단에 격벽이 생겨 부풀거나 (*Thermomyces lanuginosus*; 그림 5.18), 일련의 출아 과정으로 (*Sclerotinia fructigena*의 *Monilinia* 단계; 그림 5.18), 균사 절편 과정으로, 또는 플라스크형 세포(분생포자원세포, phialide)의 연속 돌출 결과 포자 연쇄를 만드는 (*Penicillium expansum*, 그림 5.18) 방법으로 형성된다. 일부 균류에서 분생포자는 분생포자경다발이나, 플라스크형 분생포자각이나, 또는 조직 패드(분생포자반, 예를 들면 *Colletotrichum musae*; 그림 5.4)와 같은 보다 복잡한 구조의 표면이나 내부에 형성된다. 이러한 발달 (개체발생) 양상은 가능한 많은 자연관계를 발견하고 이에 따른 불완전균류의 자연분류 접근법을 찾기 위한 시도 하에 집중적으로 연구되어 왔다. 자세한 내용은 Cole & Samson

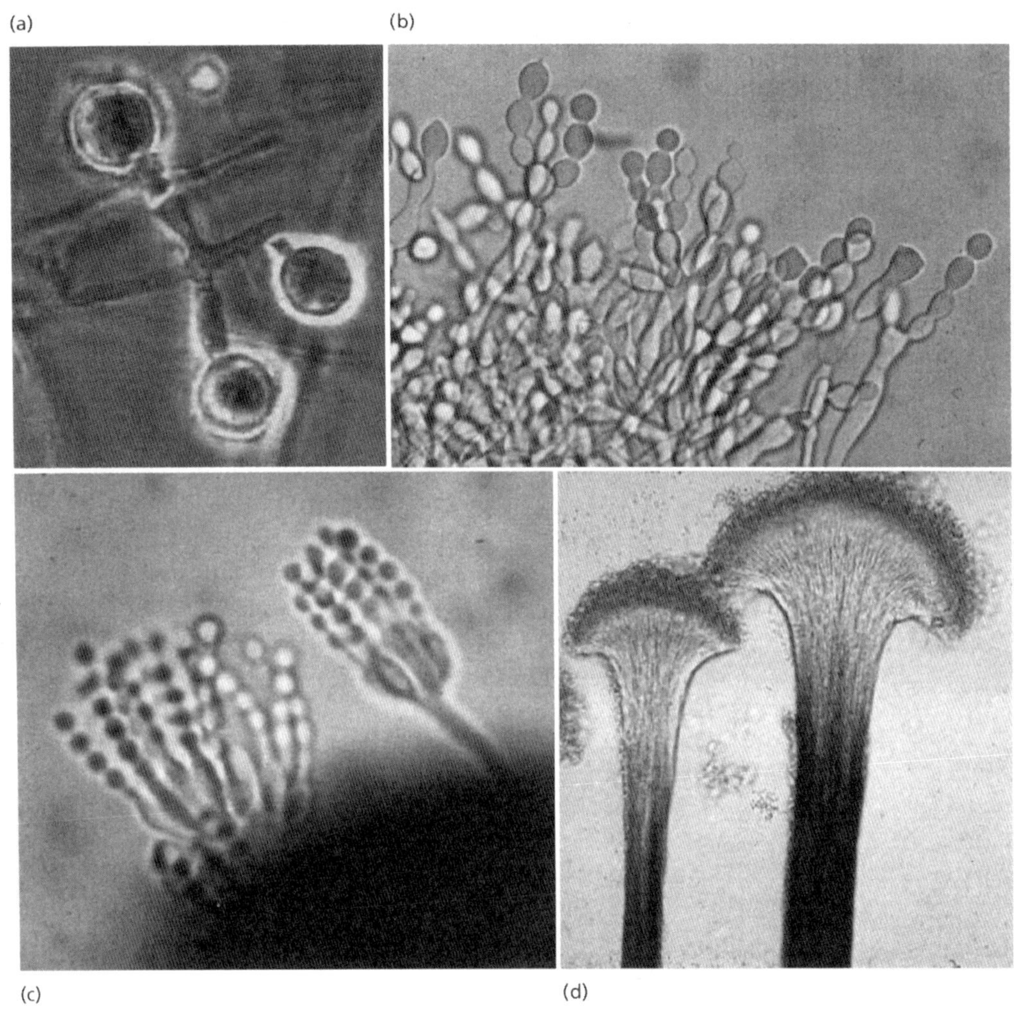

그림 5.18 분생포자 발달의 일부 예들. (a) *Thermomyces lanuginosus*의 짧은 균사 분지 말단에 형성된 단일 분생포자들. (b) 격벽의 발달로 포자가 분리되기 전에 반복되는 출아형 과정으로 형성된 *Monilinia* (*Sclerotinia fructigena*의 무성세대) 분생포자의 분지 연쇄. (c) 포자 연쇄를 형성한 분생포자원세포를 가진 *Penicillium expansum*의 분생포자경. (d) *Ophiostoma ulmi*의 분생포자경다발; 분생포자경들이 뭉쳐 말단에 포자 덩어리를 형성하는 줄기형 구조로 변한다(그러나 포자의 대부분은 표본 제작 과정에서 떨어져 나갔다).

(1979)의 문헌에서 찾아볼 수 있다.

비록 이들 분생포자의 발달 양상은 다양하지만 출아 또는 팽창 과정을 거쳐 모세포로부터 분리되어 나오는 **출아형**(出芽型; **blastic**) 분생포자와 근본적으로 절편 과정을 거쳐 형성되는 **분절형**(分節型; **thallic**) 분생포자 사이의 기본적인 구별은 할 수 있다.

*Neurospora crassa*는 출아형 분생포자 형성의 한 예로 인용된다. 이 균류는 기질로부터 어느 정도 거리를 두고 자라면서 말단에서 팽창하는 기중균사(분생포자경)를 만들어 포자를 형성한다. 팽창부의 말단은 넓고 출아형 돌출부위를 형성하며, 이 같은 과정이 반복되어 그림 5.18에서처럼 *Sclerotinia fructigena*의 *Monilinia* 단계와 유사한 **전분생포자**(前分生胞子; **proconidium**)의 분지상 연쇄로 발달한다. 전분생포자는 연쇄의 기

부에서 시작하여 그들 사이를 분리하는 격벽이 발달하면서 분생포자로 된다. 이 단계에서 분생포자는 *Neurospora* 특유의 핑크색을 나타낸다. *Neurospora*의 각 분생포자는 다핵 균사 (분생포자경) 말단의 출아로 생겼으므로 여러 개의 핵을 가지고 있다. 그러나 출아 발달의 일부 유형에서는 분생포자가 특이하게도 단핵이다. 예를 들어 *Penicillium, Aspergillus,* 그리고 *Trichoderma*의 분생포자경은 각각 단핵인 플라스크형의 분생포자원세포(그림 2.33)를 형성한다. 분생포자원세포는 그 말단에서 포자를 밀어내며, 이 과정에서 핵이 분열하여 낭핵 하나가 형성 중인 포자 내로 들어가고 나머지 낭핵은 분생포자원세포에 남으며 이 과정은 반복된다. 이와 본질적으로 동일한 과정이 분생포자원세포로부터 연속적으로 포자를 형성하는 *Fusarium* 종들(그림 9.5)에서 일어난다. 그러나 이 경우에는 포자가 바나나 모양으로 늘어나는 반면 포자로 들어가는 단일핵은 분열을 거듭하여 그 결과 만들어진 *Fusarium*의 대포자는 여러 개의 격벽을 지니고 포자 구획마다 하나의 핵이 들어가 있다. 이처럼 특이한 포자형성 전략은 균류유전학에서 중요한 의의를 지니며 이 내용은 제9장에 기술되어있다.

Diplodascus geotrichum(그림 2.33)은 분절형 분생포자 발달의 좋은 예이다. 이 경우에 균사 분지는 어느 정도 길이까지 자란 뒤 멈추고 다중 격벽을 만들어 분지를 짧은 구획으로 나눈다. 이때 격벽공은 막히고 각 격벽의 중간 부위는 포자를 분리하기 위하여 효소에 의해 분해된다.

분생포자 형성의 조절과 제어

무성포자 형성은 정상적인 균체의 생장기간 동안에 일어나지만 기질보다는 퍼져나가는 균체 가장자리나 또는 호기성 환경에서 일어난다. 분생포자 형성을 조절하는 요인은 균체 전반에 걸친 발달 과정이 동일하지 않으므로 이런 조건 하에서는 연구하기가 어렵다. Ng *et al.* (1973)은 *Aspergillus niger*의 균사를 배양조에서 동조배양으로 기르며 배양조건을 발생 단계의 촉발요인에 맞춤으로써 이 문제를 극복하였다. 분생포자경은 단지 질소가 제한된 생장조건 하에서만 형성되었으며, 이때 배지에 탄소는 풍부하였다. 이것은 분명히 균류를 영양생장에서 포자형성으로 전환시키는 촉발요인이다. 그러나 분생포자경은 배지에 질소와 구연산과 같은 트리카르복실산 회로의 중간산물을 넣어주지 않으면 더 이상 발생하지 않았다. 이어 분생포자경의 말단은 분생포자원세포를 형성하는 소낭(크게 팽창된 말단세포, 그림 2.33)으로 팽창하였다. 분생포자원세포에서 분생포자가 형성되는 데는 또 다른 변화, 즉 질소와 포도당이 모두 들어있는 배지가 필요하였다. 한천 평판배지에서는 이러한 모든 발달 순서가 균체의 가장자리에서 수 mm 안쪽의 직경 1~2 mm 지대에서 일어난다. 아마도 균사 내에서는 발생 순서를

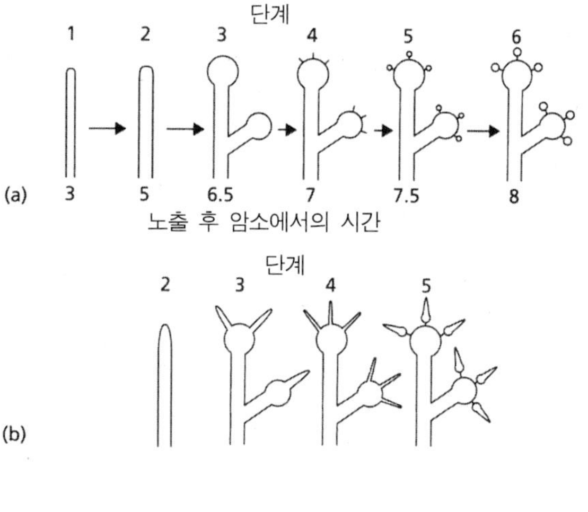

그림 5.19 *Botrytis cinerea*의 분생포자 발달 단계의 도해 표시. (a) 근자외선 (NUV) 조사에 노출된 후 기중균사는 분지된 분생포자경으로 변형되며 작은 구형의 소낭을 만들기 위하여 말단에서 팽창한다. 분생포자는 소낭 표면의 미세한 돌기로 형성되며, 성숙한 분생포자 다발은 포도송이 모양처럼 보인다. (b) 근자외선에 의한 발달 격발 후에 시간대별로 청색광에 잠깐씩 노출되면 발달이 정지된다. 균류는 균사 생장형으로 전환되어, 예를 들어 미숙한 분생포자는 팽창을 멈추고, 미숙한 분생포자로부터 균사 가지가 형성되었다. [출처: Suzuki *et al.* 1977.]

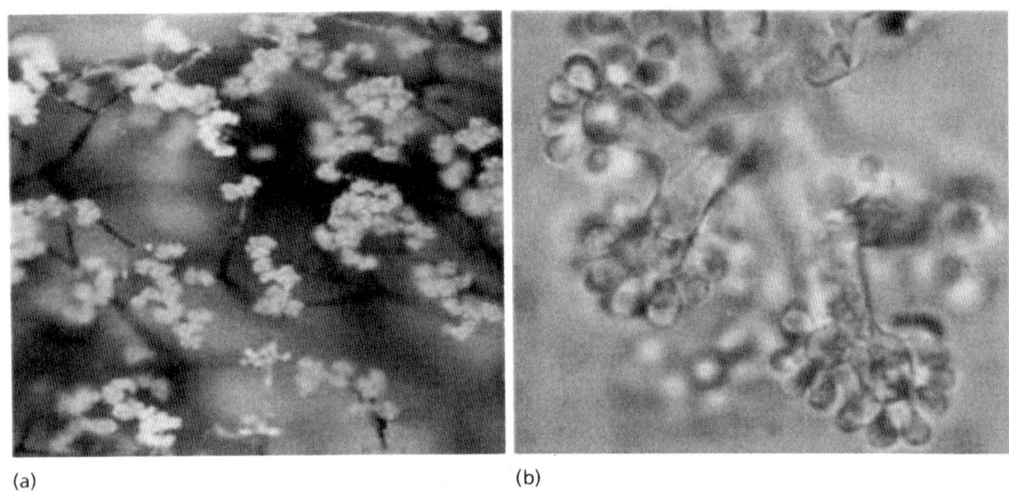

그림 5.20 흔히 다즙성 과실류에 '잿빛곰팡이병'을 일으키는 *Botrytis cinerea* (유성세대 *Botryotinia fuckeliana*). (a) 회색의 분생포자 덩어리를 형성하는 독특한 분지 양상을 가진 분생포자경의 저배율 모습. (b) 미숙한 분생포자가 형성된 분생포자경 분지의 둥근 말단을 보여주는 고배율 모습.

조절하는 일련의 생리학적 변화가 일어나고 있으며 배양조에서 균류를 배양함으로써 각 변화 단계는 별도로 조절된다는 사실을 증명할 수 있었다.

포자형성에 관한 보다 종합적인 연구는 포자형성 관련 유전자들의 일련의 발현이 증명된 *Emericella nidulans*에서 이루어졌다(Adams 1995). 세부 사항은 복잡하지만 근본적으로 유전자들은 세 부류, 즉 체세포 생장에서 포자형성으로의 전환에 관여하는 유전자, 포자형성의 발생 단계를 조절하는 유전자, 그리고 포자 색깔 및 이차 양상을 지배하는 유전자로 나누어진다.

*Aspergillus*와 *Penicillium*과 같은 여러 균류가 암흑 상태에서 포자를 만들 수 있지만, 일부는 빛을 촉발요인으로 요구한다(Schwerdtfeger & Linden 2003). 가장 일반적인 반응은 포자형성을 유도하는 근자외선(NUV; 330~380 nm 파장)에 짧게(1 시간) 조사 후에 균체를 암소에 보관하면 된다. 그러나 곧 이어 청색광에 노출되면 광수용기가 교대형태로 존재하여 근자외선에 반응하기도 하고 청색광에 반응하기도 하므로 이 과정을 역전시킬 수 있다. 딸기를 비롯한 각종 연과류에 잿빛곰팡이병을 일으키는 *Botrytis cinerea*가 이와 같이 반응한다. 이 현상은 Suzuki *et al.* (1977)이 균체를 근자외선과 청색광에 연속적으로 1 시간씩 노출시키며 증명한 것처럼 전적으로 포자형성으로 유도되지는 않았다. 그림 5.19에서 보듯이 포자형성 순서의 거의 어느 단계에서든지 청색광에 노출되면 균류는 포자 발달 경로를 유지하는 대신 균사 가지를 형성하였다.

균분화에서 하이드로포빈의 역할

비교적 최근에 발견된 **하이드로포빈(hydrophobin)**은 균류에 고유한 것으로 보이는 물질로서 소형 분비 단백질의 일종이다. 이 단백질은 Wessels와 동료들이 작은 구멍장이버섯인 치마버섯(*Schizophyllum commune*)의 단핵 균주와 이핵 균주의 전사체(transcriptome, 전령 RNA 프로필)를 연구하면서 우연히 발견하였다. 하이드로포빈을 암호화하는 유전자는 가장 많이 발현되는 유전자 중의 하나이다. 이들 단백질은 매우 강한 소수성 특징 때문에 일반적인 단백질 정제과정으로는 검출할 수 없다. 계속된 연구를 통하여 광범위한 종류의 균류에서 유사한 단백질들이 발견되었고 이들은 균류의 분화과정에서 중요한 역할을 하고 있음이 밝혀졌다.

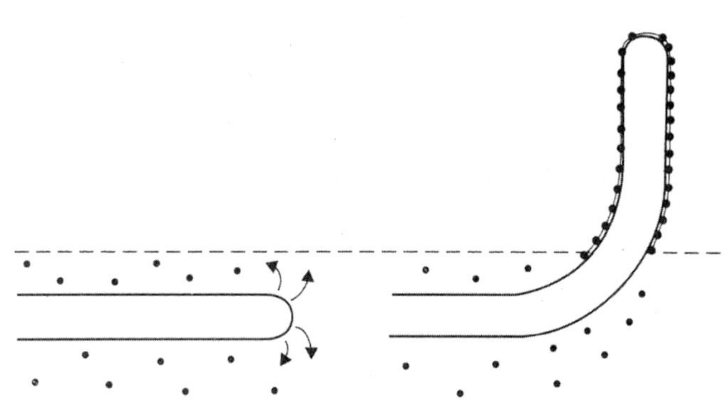

그림 5.21 배지 속에 잠긴 치마버섯(*Schizophyllum commune*) 균사로부터의 하이드로포빈 단백질 분비 (왼쪽 그림) 및 균사가 대기 환경 속으로 출현할 때 하이드로포빈의 자동적인 중합화로 형성되는 방수막 (오른쪽 그림). [출처: Wessels 1996.]

현재까지 연구된 하이드로포빈은 모두 유사한 구조와 성질을 지니고 있다. 이들은 단백질이 고도의 소수성 영역을 형성하도록 특이한 형태로 접힌 8개의 cysteine잔기를 포함하여 약 100개의 아미노산으로 구성되어있다. 하이드로포빈은 수용성이지만 공기와의 접면에서는 저절로 소수면과 친수면을 함께 지니는 막으로 접힌다. 그림 5.21에서와 같이 이러한 일은 공기 노출 부분이 하이드로포빈 막으로 덮이도록 균사가 기중 분지를 형성했을 때 일어나는 것으로 생각된다. 분화와 관련된 가능성은 소수성 표면을 가진 균사가 뒤에 논의되는 것처럼 특별한 방법으로 서로 작용하리라는 점이다. 분생포자를 형성하는 균류에서 하이드로포빈의 가장 명백한 역할은 표면 성질 그리고 나아가서 포자의 기능(제10장)에도 영향을 줄 수 있다는 점이다. *Emericella nidulans, A. fumigatus,* 그리고 *N. crassa*의 분생포자는 표면에 일종의 소형 막대가 보이지만, 표적 유전자를 파괴하여 하이드로포빈 유전자가 활성을 잃으면 소형 막대들이 없어진다. 동일한 소형 막대들은 순수 하이드로포빈 용액을 건조시켰을 때에도 생성된다. Talbot (2001)은 최근 하이드로포빈의 구조와 기능에 대한 내용을 정리하였다. 본 장의 뒤편에서 이 주제를 다시 한 번 간단하게 다룰 예정이다.

유성 발생

모든 생물에서 유성생식은 세 가지의 기본적인 과정을 거친다. 즉 핵들이 공통 세포질 내에 있기 위한 두 반수체 세포의 **원형질융합**(原形質融合; **plasmogamy**), 배수체 세포 형성을 위한 **핵융합**(核融合; **karyogamy**), 그리고 재조합 반수체 핵들을 생성하기 위한 **감수분열**(減數分裂; **meiosis**)이다. 균류에 따라 이들 과정은 시간적으로 연속하여 또는 떨어져서 일어날 수 있다. 또한 이들 사건은 균류가 주로 반수체인지 배수체인지에 따라 생활사의 서로 다른 단계에서 일어날 수 있다. 이 점은 제2장에서 간략하게 다루었다(그림 2.1, 2.8, 2.14, 2.15, 2.16).

추가로 두 가지 관점을 고려할 필요가 있다. 첫째로 일부 균류 중에는 **자웅동체성**(雌雄同體性; **homothallism**) (자가임성)도 있지만 많은 균류가 **자웅이체성**(雌雄異體性; **heterothallism**) (자가불임성)이며, 이때의 유성생식은 교배형(交配型; mating-type) (화합성) 유전자에 의하여 지배된다. 간혹 단일 유전좌위에 의하여 지배되는 두 가지 교배형의 **이극화합성**(二極和合性; **bipolar compatibility**)이 있으며, 이 경우에 두 유전자는 대립인자쌍은 아니지만 보통 서로 다르므로 **이형체**(異型體; **idiomorph**)라고 부른다. 일부 담자균류는 각각의 좌위에 다중 이형체를 지닌 두 가지 교배형 좌위의 **사극화합성**(四極和合性; **tetrapolar compatibility**)을 지니고 있다. 이 경우의 성공적인 교배는 각 유전좌위에서 교배형이 서로 다른 두 균주 간에 일어날 수 있다. 대부분의 균류에서 교배형 유전자는 조절 유전자로서 DNA에 결합하여 몇 가지 다른 유전자의 발현을 조절하는 단백질 산물을 생산한다.

두 번째 관점은 대다수 균류의 유성포자는 휴면포

자(예; 접합포자, 난포자, 자낭포자, 그리고 일부 담자포자)로 작용한다. 따라서 유성생식은 생존에 중요한 역할을 하며, 유성포자는 생장에 불리한 조건이 시작되면 형성된다. 정규 유성생식을 거치지 않는 균류도 때때로 후벽포자, 균핵, 또는 멜라닌화 균사 같은 대체 생존구조를 형성한다. 나머지 균류는 다른 전략을 지니고 있다. 예를 들어, *Pythium oligandrum*은 처녀생식으로 유성포자를 형성하며, 효모(*Saccharomyces cerevisiae*)와 몇 종류의 자낭균류는 집단 내에 두 가지의 교배형(**a** 또는 **α**)이 항상 혼합되도록 정규적인 교배형전환(交配型轉換; mating-type switch) 과정을 거친다. 이 경우에 **a** 세포가 출아할 때마다 낭세포는 **a**로 남아있는 반면 모세포는 **α**로 전환된다. 실제로 효모의 야생집단은 **a**와 **α** 세포가 합쳐 핵융합을 거치므로 항상 배수체이며 또한 배수체 세포도 출아를 계속하여 감수분열을 거친 뒤 자낭포자를 형성함으로써 불리한 조건에 신속하게 적응할 수 있는 배수체 세포들을 형성한다. 이 때문에 효모 유전학자들이 사용하는 모든 실험실 균주는 교배형 전환이 일어나지 않도록 돌연변이된 상태이며, 이와 같은 방법으로 유성교차는 실험적으로 조절될 수 있다.

이런 배경과 함께, 본 장의 나머지 부분에서는 두 가지의 주제, 즉 교배형 유전자의 기능, 특히 교배의 호르몬 조절(Gooday & Adams 1993)과 담자균류의 자실체는 균류계의 가장 발달된 분화 구조이므로 이들 자실체의 발달에 초점을 맞추려고 한다.

교배와 호르몬 조절

병꼴균류

병꼴균류의 유성생식 조절에 관한 대부분의 정보는 *Allomyces* spp.에 관한 연구에서 비롯된다 (그림 2.1 생활사). 이들 균류는 자웅동체성(자가임성)이지만 서로 다른 배우자낭에서 운동성 자웅배우자(성세포)를 형성한다. 자성배우자는 더 크고 무색이며 웅성배우자를 유인하기 위하여 **시레닌(sirenin)**(그림 5.22)이라는 페로몬을 방출한다. 웅성배우자는 작고 카로티노이드 색소의 존재로 오렌지색을 띠고 있다. 시레닌은 10^{-10}M의 낮은 농도에서도 활성을 지닌 강력한 유인물질이지만 10^{-6}M이 최적 농도이다. 이들 농도에서 세포를 유인하는 화합물이 표면에 위치한 수용기에 결합함으로써 수영 방법을 변경할 수 있는 것으로 추정된다(제10장). 이러한 수용기의 가능성에 대한 정보는 없지만 웅성배우자는 농도 구배를 따라 움직이도록 도와주는 시레닌을 신속하게 불활성화 시키는 것으로 알려져 있다. 흥미롭게도 자성 배우자의 시레닌과 웅성배우자의 카로티노이드 색소는 모두 동일한 전구체인 이소프렌 단위[$CH_2=C(CH_3)-CH=CH_2$](그림 7.14)로부터 생성된다. 따라서 이러한 경우는 이들 배우자가 세포벽에 의하여 완전히 분리된 두 가지의 다른 배우자낭에서 형성되었으므로 동일한 유전자 조성의 세포들이 다른 생화학적 특징을 나타내는 예가 된다.

난균류

난균류는 자웅동체성(예; 대부분의 *Pythium* spp.)이거나 두 가지의 교배형을 가진 자웅이체성이다. 그러나 어느 경우이든 단일 균체가 '자웅' 성기관(조정기와 조란기, 그림 2.34 참조)을 형성하므로 교배형 유전자는 성기관 자체의 발달이 아니라 화합성을 지배한다. 몇 가지의 경우, 특히 *Achlya*의 경우에는 단일 균체가 '상대성'을 나타낼 수 있다. 즉, 짝을 이루는 균주에 따라 웅성(조정기에서 조란기를 수정)이거나 '자성'으로 행동한다.

교배의 호르몬 조절은 *Achlya*에서 집중적으로 연구되어 왔다. 호르몬은 위에 언급한 시레닌처럼 이소프레노이드 경로에서 유래된 스테로이드이다(그림 5.22). 이들 호르몬은 각각 다른 물접시에서 '초자성'과 '초웅성' 균주를 배양하며 상대방 성의 균체 주위로 물을 흘러내려 보내는 과정에서 발견되었다. 자성 균사는 웅성균주로 하여금 cellulase 효소 생성률을 증가시키고 균사 분지(조정기 분지; 그림 2.34 참조)를 증가시키는 **조정기유도호르몬**(造精器誘導호르몬; **antheridiol**)을 생성한다. 일단 조정기 유도호르몬에 의하여 촉발되면 웅성 균주는 자성 균주의 조란기 (성기관) 발달을 촉발하는 **조란기유도호르몬**(造卵器誘導호르몬; **oogoniol**)이라는 다른 스테로이드 호르몬을 생성한다. 정상적인 조건에서는 조정기 균사가 곧 조란기 쪽으

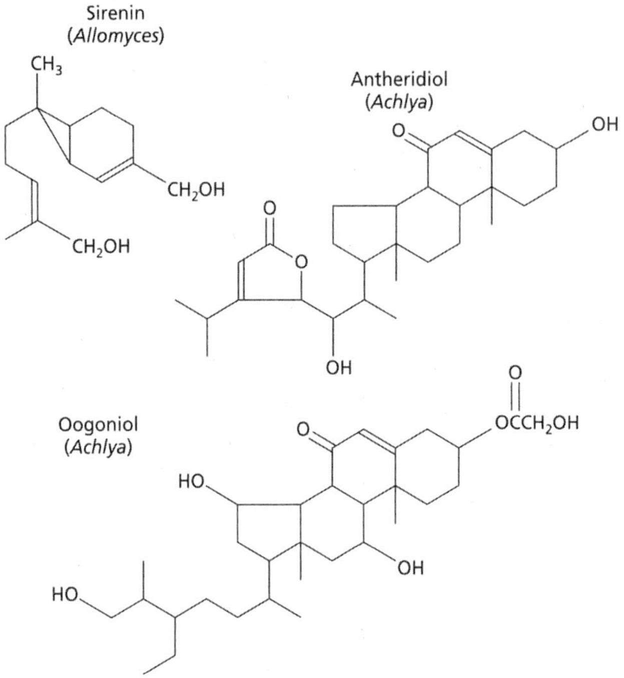

그림 5.22 유주포자 생물의 유성생식을 유도하는 3개 페로몬. 시레닌은 *Allomyces* spp.(병꼴균류)의 자성배우자에 의하여 방출된다. 조정기유도호르몬(antherdiol)과 조란기유도호르몬(oogoniol)은 *Achlya* spp. (난균류) 및 아마도 다른 종류의 난균류에서 유성분화를 조절한다.

로 자라나서 조란기를 끌어안고 수정관을 형성하여 '웅성' 핵을 조란기 내로 주입한다(그림 2.34 참조). 이와 유사한 호르몬 체계가 *Pythium* 및 *Phytophthora* spp. 같은 다른 난균류에서도 일어날 것으로 생각되지만 아직은 밝혀진 특성이 없다. *Pythium*과 *Phytophthora*의 두드러진 특징은 비스테롤 전구체로부터는 스테롤을 합성할 수 없으며, 체세포 생장을 위하여 스테롤이 필요 없을 때도 있으나 유성생식과 무성생식 모두를 위하여 반드시 극미량의 스테롤이 필요하다는 점이다. 이들 균류는 자연의 기주식물이나 다른 영양원으로부터 스테롤을 얻을 수 있다.

접합균류

접합균류는 자웅동체성이거나 두 가지의 ('플러스'와 '마이너스'로 불리는) 교배형을 가진 자웅이체성이다. 교배형 유전자 기능 중의 하나는 이미 언급한 이소프레노이드 경로의 다른 산물인 β-카로틴으로부터의 호르몬 전구체 즉 **전호르몬**(前호르몬; **prohormone**) 생성을 조절하는 일이다. 이 호르몬 체계는 예를 들어 *Mucor*(털곰팡이속)의 플러스 균주는 불화합성 때문에 나중 단계에서 잡종의 발달이 저지되기는 하지만 *Rhizopus*(거미줄곰팡이속)의 마이너스 균주로부터 성적 반응을 일으킬 수 있으므로 Mucorales(털곰팡이목)의 여러 종류에도 공유되어있다. 그림 5.23에서 볼 수 있듯이, 플러스와 마이너스 균주의 전호르몬들은 유사한 분자들이지만 두 균주의 서로 다른 효소 때문에 조금씩 다르다. 전호르몬은 상대방 교배형을 향하여 확산되는 기화성 화합물이며 상대방에 흡수되어 상대방 균주의 상보성 효소에 의하여 활성 호르몬인 트리스포르산(trisporic acid)으로 전환된다. 초기에는 각 균주에 의하여 낮은 농도의 전호르몬만 생성되지만, 트리스포르산에 의하여 유전자 탈억제(gene derepression)가 일어나 전호르몬의 농도가 증가된다. 상호 상승에 의하여 생성된 트리스포르산은 서로 상대방을 향하여 자라나 유성 융합을 유도하는 **접합경**(接合梗; **zygophore**)(유성 기중균사)을 형성하도록 한다(그림 2.8 참조).

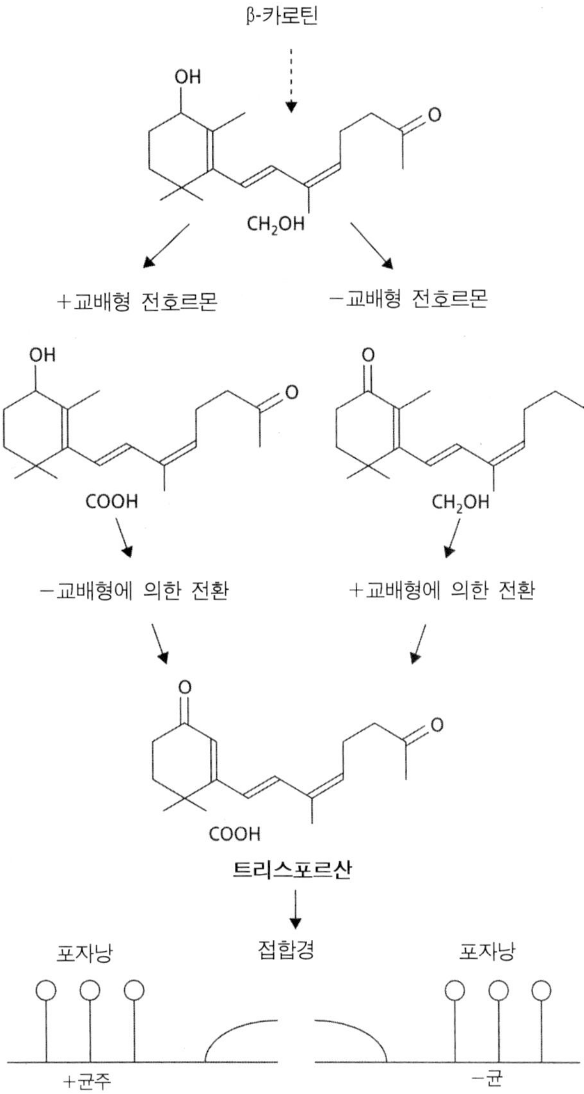

그림 5.23 접합균류의 트리스포르산 호르몬 체계. 자세한 설명은 본문 참조.

자낭균류

자낭균류는 보통 **A**와 **a** 그리고 효모에서는 **a**와 **α**로 불리는 두 가지의 교배형을 가지고 있다. 이들 교배형 유전자는 다른 유전자의 활성을 조절하는 조절 요소이며 단지 효모내의 체계만 그 특징이 잘 알려져 있다. 효모 *S. cerevisiae* 염색체 (Ⅲ) 중의 하나가 *MATa*와 *MATα*로 불리는 두 개의 유전좌위가 인접해 있는 *MAT* 유전좌위를 지니고 있다. 반수체 세포는 통상 **α** 교배형으로 행동하지만 *MATa* 좌위의 정보가 복사되어 *MAT* 좌위로 전달될 때 (이때 *MATα* 좌위의 표현은 차단된다) **a** 교배형으로 전환될 수 있다. 이러한 현상은 세포가 출아할 때마다 교배형의 전환을 일으키는 자연발생적 자리바꿈 현상이다. *MAT* 좌위는 여러 개의 유전자 표현을 지배하는 조절 좌위이다. 여기에는 다음 유전자들이 있다.

- 각각 13개와 12개의 아미노산으로 구성된 **a-인자**

(a-因子; a-factor)와 **α-인자**(α-因子; **α-factor**)로 불리는 호르몬 생성을 지배하는 유전자:

- **a-인자**: NH_2-Trp-His-Trp-Leu-Gln-Leu-Lys-Pro-Gly-Gln-Pro-Met-Tyr-COOH;
- **α-인자**: NH_2-Tyr-Ile-Ile-Lys-Gly-Val-Phe-Trp-Asp-Pro-Ala-Cys(S-farnesyl)-$COOCH_3$.

- 세포 표면의 호르몬 수용기를 암호화하는 유전자.
- 세포 표면 응집소를 암호화하는 유전자.

α 균주는 **α**-인자를 생성하며 **α**-인자는 특정 수용기에 의하여 인식되는 **a** 세포로 확산된다. 수용기와의 결합은 **a** 세포의 생장을 세포 주기 G1의 '출발'에서 멈추게 하는데, 이 시점은 이들 세포가 교배하기에 알맞은 유일한 단계이다(제4장). 이어 **a** 균주는 **a**-인자를 생성하며 이 인자는 다시 특정 수용기에 의하여 인식되는 **α** 균주로 확산된다. 두 경우에서 수용기와의 결합은 세포내의 다른 변화를 일으키며, 이들 세포는 접합관으로 작용하는 짧은 돌기를 형성하고 돌기 표면은 균주 특이적인 당단백질로 덮여있어 **a** 세포와 **α** 세포가 접촉할 때 상호 상보성 응집소에 의하여 서로 단단히 들러붙는다. 이어 접합관은 융합하고 두 개의 핵이 하나의 배수체 세포를 형성하기 위하여 융합한다. 이 단계에서 세포는 환경 조건이 생장에 적합한지의 여부에 따라 배수체 출아 균체를 계속 형성하거나 감수분열을 일으킨다. 위의 경우와 본질적으로 유사한 호르몬과 수용기 체계가 *Pichia*나 *Hansenula* spp. 그리고 분열효모(*Schizosaccharomyces pombe*)와 같은 다른 효모에서도 발견된다.

일부 균사체 자낭균류와 담자균류의 성 페로몬들의 특징이 밝혀지고 있다. 이들은 *S. cerevisiae*의 **α**-인자와 같은 **펩티드(peptide)** 또는 보다 흔하게 *S. cerevisiae*의 a-인자와 같은 **지질펩티드(lipopeptide)**이다. 이들 페로몬의 아미노산 조상에는 상당한 변이가 있으나 기본 구조는 유사하다. 예를 들면 주름목이(*Tremella mesenterica*, 담자균류; 그림 2.7 참조)는 트레메로겐(tremerogen)이라는 페로몬을 생성한다. 이 종류는 아래의 구조와 같은 고도의 친지질성 분자이다. 이 구조는 *S. cerevisiae*의 **a**-인자를 매우 닮았다.

표 5.2 담자균류 교배형 유전자의 역할.

균주 간의 교배	*관찰 결과*
다른 A, 다른 B 이형체들 **(이핵세포)**	1 격벽 용해 2 핵 이동 3 꺽쇠 분지가 생기고 균사와 융합한다
공통 A, 다른 B 이형체들	1 격벽 용해 2 핵 이동
다른 A, 공통 B 이형체들	1 격벽 불변 2 핵 부동 3 꺽쇠 분지가 생기지만 균사와 융합하지 않는다
공통 A, 공통 B 이형체들	1 격벽 불변 2 핵 부동 3 꺽쇠연결체가 형성되지 않는다

트레메로겐 A-10: NH_2-Glu-His-Asp-Pro-Ser-Ala-Pro-Gly-Asn-Gly-Tyr-Cys(S-farnesyl)-$COOCH_3$.

담자균류의 4극화합성 체계

대부분의 담자균류는 A와 B로 불리는 하나의 좌위 또는 두 개의 좌위에 다른 교배형을 가진 자웅이체성이다. 각 좌위마다 다중 이형체들이 있으며 성공적인 교배는 좌위마다 이형체가 서로 다른 두 균주 간에 이루어진다. 이 기작은 단지 두 개의 이형체를 가진 균류에 비하여 교배 상대를 찾을 수 있는 기회를 크게 높여준다.

담자균류의 기본 교배 행동은 제2장(그림 2.18 참조)에 기술되어있다. 반수체 포자로부터 유래된 균주는 단핵세포이며 다른 화합성 단핵세포와 융합하여 이핵세포를 형성할 수 있다. 계속되는 모든 생장은 각 균사 구획 내에서의 두 개 핵의 동조분열과 이들 핵쌍의 균사체 전반에 걸친 규칙적인 분포 과정이 따른다. 일부 담자균류에서는 꺽쇠연결체(clamp connection; 그림 2.20 참조)의 형성으로 이와 같은 규칙적인 배열이 이루어진다. 최후에는 이핵균체가 자실체를 형성하고 담자기 내에서 핵융합과 감수분열이 일어난다.

실험적으로 동일한 A 또는 동일한 B 이형체를 가진 균주들을 교배함으로써 A와 B 좌위의 조절 기능을 추론할 수 있게 되었다(Casselton *et al.* 1995 참조). 표 5.2에 요약되어 있듯이 완전 화합성 균주(다른 A와 다른 B 이형체를 가진)간의 교배에서는 평소에 핵의 이동을 막는 유연공격벽이 분해되므로 핵을 상호 교환하며 꺽쇠 분지가 각 격벽에 형성되어 격벽 뒤의 구획과 융합한다. 동일한 A와 동일한 B 이형체(공통 A, 공통 B)를 가진 균주간의 교배에서는 격벽 붕괴, 핵 이동, 이핵화, 및 꺽쇠연결체 형성이 일체 일어나지 않는다. 다른 A이지만 공통 B 좌위를 가진 균주간의 교배에서는 핵융합, 핵의 동조분열과 꺽쇠 분지의 형성이 일어나지만, 유연공격벽이 분해되지 않으며 꺽쇠 분지는 모균사와 융합하지 않는다. 다른 B이지만 공통 A를 가진 균주간의 교배에서는 격벽이 용해되나 다른 사건은 일체 일어나지 않는다. 따라서 **A좌위**(A座位; **A locus**)(공통 B쌍)는 교배와 핵 동조분열 및 꺽쇠 분지의 형성을 조절하는 반면, **B좌위**(B座位; **B locus**)는 격벽 용해와 꺽쇠 분지의 융합을 지배한다. 격벽 용해는 균사내 **β-glucanase** 활성의 현저한 증가와 일치하며 이 현상은 B좌위가 glucanase 유전자의 탈억제를 조절하고 있음을 시사한다.

자실체의 발생

담자균류의 독버섯, 구멍장이버섯, 및 다른 자실체는 균류계에서 가장 크고 복잡하게 분화된 구조이다. 따라서 이들 자실체의 발생은 복잡하고 아직도 불충분하게 알려져 있다. 여기에 생화학 및 분자적 수준에서 분화 과정을 분석하는 데 출발점이 된 예를 고찰해 보고 경제적 중요성을 지닌 상업용 버섯의 생산에 대한 토론으로 본 장을 끝내고자 한다.

치마버섯

Schizophyllum commune(치마버섯)는 한천배지에서 잘 자랄 뿐만 아니라 빛에 반응하여 작은 (1~2 cm 정도) 부채 모양의 자실체를 만들므로 실험실에서의 연구에 특히 적합하다. 실제로 빛은 서로 다른 균사에 의하여 겹치고 얽힌 치밀한 균사 덩어리인 자실체 원기의 발생을 유도할 뿐이다. 원기의 계속적인 발생은 배지에 탄소 영양원이 고갈되고 균사 내의 탄소 저장물질이 소비될 때 일어난다. 이 과정의 초기에 글리코겐 같은 균사 저장 화합물은 당분으로 전환되어 발생 중에 있는 원기로 옮겨간다. 그 다음 균사 내의 당 농도가 낮아지면 균사벽이 붕괴되기 시작하고 분해산물들 역시 원기로 이동한다. 이어 균사 내의 당분 농도가 증가하고 균사벽은 분해되고 이 분해산물도 원기로 이동한다. 자실체의 발생이 균사체 glucanase 활성의 현저한 증가와 관련되어 있는 것으로 보아 세포벽의 글루칸이 당분의 주요 공급원인 것으로 생각된다. 우리는 이미 이 효소의 합성이 B 교배형 좌위에 의하여 탈억제된다는 사실을 알고 있으나 이 효소는 여전히 당분에 의하여 분해산물 억제(catabolite repression)를 받으며, 따라서 분해 격벽에서의 국소적인 활성과는 달리 이 효소의 균사내 일반적인 활성은 균사체 당분 저장량의 고갈에 좌우된다고 볼 수 있다. 분화에 쓰일 영양분을 재활용하기 위한 균사벽의 붕괴는 실제로 균류에서 매우 흔한 일이다. 이와 같은 예는 균핵의 형성 과정에서 이미 보아왔다(그림 5.10). 세포벽 글루칸의 분해는 *Emericella nidulans*의 발생 중인 자실체에도 영양을 공급한다.

Wessels와 동료들 (Wessels 1992 참조)은 치마버섯에서 여러 가지의 분화관련 유전자를 확인하였다. 이를 위하여 균주를 교배시키고 반복적으로 역교배시켜서 교배형 좌위를 제외하고 본질적으로 동질유전자인 단핵세포를 만들었다. 그리고 이들 단핵세포와 이들로부터 합성한 이핵세포를 서로 다른 조건에서 키웠을 때의 폴리펩티드와 mRNA의 생성을 비교하였다. 이핵세포에서의 분화 특이 mRNA는 상보성 DNA(cDNA)를 만들어 단핵세포 mRNA와의 혼성화 부재 여부를 시험함으로써 확인되었다. 이들 비교는 두 세트의 실험 조건, 즉 (i) 단핵세포와 이핵세포가 유사한 균체 형태의 균사체로 자라는 2일째 된 균체와 (ii) 단핵세포는 풍부한 기중균사를 형성하나 이핵세포가 수많은 소형 자실체를 형성하는 빛에서 키운 4일째 된 균체를 이용하여 수행되었다.

이 연구에서 아래의 주요 발견 결과들이 나왔다.

- 2일째 된 균체에서는 20개 정도의 단백질이 단핵세포에서만 발견되었고, 20개 정도의 다른 단백질이 이핵세포에서만 발견되었다. 그러나 mRNA의 밴드에는 차이점이 발견되지 않았으므로 동일한 mRNA가 전사되었으나 그들 산물이 단핵세포와 이핵세포에서 서로 다른 번역을 거쳐 변형이 일어났음을 말해준다.
- 4일째 된 균체에서는 8개의 단백질이 단핵세포에서만 발견되었고, 37개의 다른 단백질이 이핵세포에서만 발견되었다. 이 37개의 단백질 중 일부는 자실체에서만 나타났고, 나머지는 자실체와 이핵세포의 균사체에서 모두 같이 나타났다. 이들 단백질 중에는 생장 배지로 분비된 일부 단백질도 포함되어있다.
- 4일째 된 균체에서는 약 30개의 특이한 mRNA가 이핵세포에서만 발견되었으나 단핵세포에서는 아무런 특이한 mRNA가 발견되지 않았다. cDNA가 발생 과정의 '자실체형성 관련 mRNA'의 정도를 측정하기 위한 탐침으로 사용되었다. 이들 mRNA는 두 균주의 어린 영양 균체에서는 드물었고 단핵세포에서도 드물게 나타났으나 자실체를 막 형성하기 시작한 이핵세포에서는 증가하였다.
- 분비된 단백질의 일부는 앞서 언급한 바 있는 cysteine이 풍부한 **하이드로포빈(hydrophobin)**이었는데, 하이드로포빈은 치마버섯의 연구에서 맨 처음 발견된 종류였다. 한 하이드로포빈의 유전자(*SC3*)는 기중균사가 나타날 동안 단핵세포와 이핵세포 모두에서 발현되었으며, 하이드로포빈은 현재 자실체 표면의 기중균사와 소수성 균사를 뒤덮고 있는 것으로 알려져 있으나, 이 유전자는 자실체 본체 조직을 만드는 균사에 의해서는 발현되지 않는다. 세 개의 다른 하이드로포빈 유전자(*SC1*, *SC4* 및 *SC6*)는 이핵세포에서 특히 발달 중인 자실체 조직에서 아주 잘 발현되었다(Wessels 1996). 하이드로포빈 유전자는 균사 말단에서의 분비와 관련된 N-말단의 가상적인 신호 펩티드 서열을 가지고 있는 것으로 보인다. 이는 서로 다른 하이드로포빈의 특이한 성질이 균사의 표면 상호작용에 영향을 줄 수 있으며, 자실체 조직이 물에 젖는 것을 방지하며 내부 공간에 배열된 세포의 소수성과 같은 특징에 기여할 것으로 생각된다.

상업용 버섯: 분화 연구에의 이용

버섯 생산은 실속 있는 산업의 하나이다. 주요 재배버섯 중의 하나인 양송이 (*Agaricus bisporus* 또는 *A. brunnescens*)는 1991년 한 해 동안 세계적으로 100억 달러 이상 어치가 소매되었다. 그러나 이는 전체 재배버섯 생산의 40%에 지나지 않는다. 다른 중요한 버섯으로는 느타리 (*Pleurotus ostreatus*, 전체 생산량의 약 20%), 통나무에 재배하는 표고 (*Lentinula edodes*, 약 10%), 그리고 주머니털버섯(일명 풀버섯; *Volvariella volvacea*, 5% 이상)이 있다.

양송이의 상업적 생산 과정은 Flegg(1985)가 기술하였다. 퇴비 짚과 동물 거름의 혼합물을 저온살균하여 나무틀에 채운 뒤, 멸균된 곡식 낟알에 양송이 균사를 증식시켜 상업적으로 공급하는 '종균(spawn)'을 접종한다. 이 종균을 10~14일 동안 퍼지도록 두면 균사가 퇴비를 완전히 뒤덮는다. 그 다음 저온살균된 축축한 이탄과 석회를 퇴비 표면에 복토한다. 그 후 18~21일 동안 균사체는 균사끈을 형성하여 이 복토층을 덮으며 자실체는 이들 끈 위에 형성된다. 균류는 7~10일 간격으로 새 자실체를 '발생(flush)'시키므로 자실체의 수확은 30~35일 기간 내에 이루어진다.

분화의 관점에서 보면 이 체계에는 여러 가지 흥미로운 특징이 있다. 복토층은 높은 자실체 생산에 필수적이며 그 역할 중에는 에탄올과 같은 양송이의 휘발성 대사산물의 자극을 받아 복토층에서 잘 자라는 *Pseudomonas*의 활성도 포함되어있다. 실험적 조건에서 복토층의 역할을 활성 목탄으로 대체할 수도 있는데, 이는 균사체가 정상적인 생산과정에서 *Pseudomonas*에 의하여 제거되는 자실체 자가억제제를 생성한다는 사실을 의미한다. 복토층은 균류가 균사끈을 만들 수 있는 비영양 환경을 제공하기도 한다. 앞에서도 보았듯이, 이들 수송 기관은 빈영양 조건에서 발달하며 많은 양의 영양분을 발생 중의 자실체로 수송하는 데 필요하다. 자실체 형성의 주기성도 흥미로운 일이다. 상업적 조건에서 수확을 하려면 '유균(어린 버섯)'기에 정기적인 수확이 이루어져야 하며, 갓이 필 때까지 수확이 지연되면 다음 자실체의 발생도 지연되는 결과를 낳는다. 그러나 대부분의 자실체 원기는 첫 번째 발생 때 이미 나타나고 유균기의 버섯은 이미 균사체로부터 모든 또는 거의 모든 영양분을 흡수한 상태이다. 따라서 수확이 지연되면 계속 자랄 수 있는 다른 원기의 방출을 지연시키게 된다. 이 기작은 아직 완전히 알려져 있지는 않지만 퇴비 내 균사체의 섬유소분해효소 활성이 각 자실체의 발생과 함께 현저하게 증가한다. 섬유소분해효소 유전자의 발현은 아마도 균사체의 당분 저장량이 고갈되었을 때의 자실체 형성과 밀접하게 연관되어있는 것으로 보인다(제6장). 기존의 자실체를 제거하면 다음에 발생할 자실체 무리를 위한 여분의 영양분이 마련되어 또 다른 균사체 활성을 위한 신호로 작용할 것이다.

마지막으로 흥미로운 관점은 유균에서부터 완전히 피어난 버섯으로의 자실체 팽창 기작이다. 이 과정은 조직의 미분적인 팽창이 반드시 관련되어 있으며 이에 대한 연구는 주로 *Coprinus* spp. (먹물버섯류)의 줄기(대) 팽창을 대상으로 한 매우 간단한 실험 체계를 이용하여 수행되어 왔다. 야외 조건에서 이들 먹물버섯은 유균기에서 성숙기에 이르기까지 매우 빠르게 신장한다. 실험실 조건에서는 초기의 짧은 줄기가 24시간 이내에 7배 이상 길게 자라날 수 있는 줄기의 양 끝을 잘라내어 이를 습한 조건에서 배양할 수 있다. 이러한 증가의 대부분은 세포분열보다는 세포 팽창에 의한 것이며, 아마도 기존의 균사벽을 느슨하게 하는 chitinase 활성의 증가와 새로운 균사벽을 합성하는 카이틴합성효소 활성의 증가와 상관관계가 있다. 그러나 일반 균사의 정단생장과는 달리 새로운 세포벽 물질이 기존 균사의 길이를 따라 대에 삽입된다. 따라서 세포벽 신장은 주로 **마디생장**(節間生長; **intercalary growth**)에 의한 것이다. 또한 이러한 형태의 생장은 말똥 위에 자라는 *Phycomyces*(접합균류)의 포자낭병과 같이 급속도로 신장하는 구조에서도 볼 수 있다(제11장). 유균기로부터 버섯으로의 신속한 팽창은 균사체로부터의 물 흡입량에 달려 있다. 이 힘의 원동력은 저장물질이 삼투활성 화합물로 전환되면서 마련된다(제7장). 이와 함께 균사체에는 만니톨이 1.5~4.5% 밖에 차지하지 않는 것과는 대조적으로 버섯 자실체는 건조 중량의 25% 이상에 해당하는 높은 함량의 만니톨을 함유하고 있다. Horgen & Castle(2002)은 버섯 생산을 개선하기 위한 일부 분자생물학적 방법에 대하여 기술하고 있다. Moore *et al.* (1985)과 Moore (1998)는 담자균류의 발생 생물학과 균류의 일반적인 형태형성에 관한 많은 내용을 다루고 있다.

참고문헌

Adams, T.H. (1995) Asexual sporulation in higher fungi. In: *The Growing Fungus* (Gow, N.A.R. & Gadd, G.M., eds), pp. 367–382. Chapman & Hall, London.

Allen, E.A., Hazen, B.A., Hoch, H.C., *et al.* (1991) Appressorium formation in response to topographical signals in 27 rust species. *Phytopathology* **81**, 323–331.

Bartnicki-Garcia, S., Bartnicki, D.D. & Gierz, G. (1995) Determinants of fungal cell wall morphology: the vesicle supply center. *Canadian Journal of Botany* **73**, S372–378.

Bartnicki-Garcia, S. & Gierz, G. (1993) Mathematical analysis of the cellular basis of dimorphism. In: *Dimorphic Fungi in Biology and Medicine* (Van den Bossche, H., Odds, F.C. & Kerridge, D., eds), pp. 133–144. Plenum Press, New York.

Bracker, C.E. (1968) The ultrastructure and development of sporangia in *Gilbertella persicaria*. *Mycologia* **60**, 1016–1067.

Casselton, L.A., Asante-Owusu, R.N., Banham, A.H., *et al.* (1995) Mating type control of sexual development in *Coprinus cinereus*. *Canadian Journal of Botany* **73**, S266–S272.

Christias, C. & Lockwood, J.L. (1973) Conservation of mycelial constituents in four sclerotium-forming fungi in nutrient-deprived conditions. *Phytopathology* **63**, 602–605.

Cole, G.T. & Samson, R.A. (1979) *Patterns of Development in Conidial Fungi*. Pitman, London.

Flegg, P.B. (1985) Biological and technological aspects of commercial mushroom growing. In: *Developmental Biology of Higher Fungi* (Moore, D., Casselton, L.A., Wood, D.A. & Frankland, J.C., eds), pp. 529–539. Cambridge University Press, Cambridge.

Fox, F.M. (1986) Ultrastructure and infectivity of sclerotia of the ectomycorrhizal fungus *Paxillus involutus* on birch (*Betula* spp.) *Transactions of the British Mycological Society* **87**, 627–631.

Fox, F.M. (1987) Ultrastructure of mycelial strands of *Leccinum scabrum*, ectomycorrhizal on birch (*Betula* spp.). *Transactions of the British Mycological Society* **89**, 551–560.

Gooday, G.W. & Adams, D.J. (1993) Sex hormones and fungi. *Advances in Microbial Physiology* **34**, 69–145.

Gow, N.A.R. (1994) Yeast-hyphal dimorphism. In: *The Growing Fungus* (Gow, N.A.R. & Gadd, G.M., eds), pp. 403–422. Chapman & Hall, London.

Griffin, M.J. & Coley-Smith, J.R. (1975) Uptake of streptomycin by sporangia of *Pseudoperonospora humuli* and the inhibition of uptake by divalent metal cations. *Transactions of the British Mycological Society* **65**, 265–278.

Harold, F.M. (1990) To shape a cell: an inquiry into the causes of morphogenesis of microorganisms. *Microbiological Reviews* **54**, 381–431.

Heath, I.B. & Harold, R.L. (1992) Actin has multiple roles in the formation and architecture of zoospores of the oomycetes, *Saprolegnia ferax* and *Achlya bisexualis*. *Journal of Cell Science* **102**, 611–627.

Hoch, H.C., Staples, R.C., Whitehead, B., Comeau, J. & Wolfe, E.D. (1987) Signaling for growth orientation and differentiation by surface topography in *Uromyces*. *Science* **235**, 1659–1662.

Horgen, P.A. & Castle, A. (2002) Application and potential of molecular approaches to mushrooms. In: *The Mycota X1. Agricultural Applications* (Kempken, F., ed.), pp. 3–17. Springer-Verlag, Berlin.

Howard, R.J., Ferrari, M.A., Roach, D.H. & Money, N.P. (1991) Penetration of hard surfaces by a fungus employing enormous turgor pressures. *Proceedings of the National Academy of Science, USA* **88**, 11281–11284.

Hyde, G.J., Lancelle, S., Hepler, P.K. & Hardham, A.R. (1991) Freeze substitution reveals a new model for sporangial cleavage in *Phytophthora*, a result with implications for cytokinesis in other eukaryotes. *Journal of Cell Science* **100**, 735–746.

Moore, D. (1998) *Fungal Morphogenesis*. Cambridge University Press, Cambridge.

Moore, D., Casselton, L.A., Wood, D.A. & Frankland, J.C. (1985) *Developmental Biology of Higher Fungi*. Cambridge University Press, Cambridge.

Muthukumar, G., Nickerson, A.W. & Nickerson, K.W. (1987) Calmodulin levels in yeasts and mycelial fungi. *FEMS Microbiology Letters* **41**, 253–255.

Ng, A.M.L., Smith, J.E. & McIntosh, A.F. (1973) Conidiation of *Aspergillus niger* in continuous culture. *Archives of Microbiology* **88**, 119–126.

Orlowski, M. (1995) Gene expression in *Mucor* dimorphism. *Canadian Journal of Botany* **73**, S326–S334.

Read, N.D., Kellock, L.J., Knight, H. & Trewavas, A.J. (1992) Contact sensing during infection by fungal pathogens. In: *Perspectives in Plant Cell Recognition* (Callow, J.A. & Green, J.R., eds), pp. 137–172. Cambridge University Press, Cambridge.

Schwerdtfeger, C. & Linden, H. (2003) VIVID is a protein and serves as a fungal blue light photoreceptor for photoadaptation. *EMBO Journal* **22**, 4846–4855.

Smith, A.M. & Griffin, D.M. (1971) Oxygen and the ecology of *Armillariella elegans* Heim. *Australian Journal of Biological Sciences* **24**, 231–262.

Suzuki, Y., Kumagai, T. & Oka, Y. (1977) Locus of blue and near ultraviolet reversible photoreaction in the stages of conidial development in *Botrytis cinerea*. *Journal of General Microbiology* **98**, 199–204.

Talbot, N.J. (2001) Fungal hydrophobins. In: *The Mycota VIII. Biology of the Fungal Cell* (Howard, R.J. & Gow, N.A.R., eds), pp. 145–159. Springer-Verlag, Berlin.

Wessels, J.G.H. (1992) Gene expression during fruiting in *Schizophyllum commune*. *Mycological Research* **96**, 609–620.

Wessels, J.G.H. (1996) Fungal hydrophobins: proteins that function at an interface. *Trends in Plant Science* **1**, 9–15.

제6장

균류의 영양

이 장은 다음과 같은 주요 부분으로 구성되어있다:

- 균류의 기본영양요구
- 균류의 탄소와 에너지원
- 영양획득을 위한 균류의 적응
- 섬유소의 분해: 체외효소의 사례 연구
- 무기영양요구: 질소, 인 그리고 철
- 기질이용의 효율
- 배양할 수 없는 균류

균류는 아주 간단한 영양요구성을 갖는다. 균류는 세포합성을 위한 탄소골격을 만들기 위해서나 에너지원을 위해 유기영양원을 필요로 한다. 그러나 포도당과 같은 단순한 에너지원이 주어져도 많은 균류는 암모니아 또는 질산염이온, 인산염 그리고 칼슘, 칼륨, 마그네슘, 철 등 소량의 무기염과 당류로부터 모든 세포구성성분을 합성할 수 있다. 숙주환경이나 다른 영양이 풍부한 기질에서 자라는 균류는 추가로 다른 영양성분을 요구할 수도 있다. 그러나 여전히 대부분의 균류에 있어서 영양요구성은 아주 단순하다.

그럼에도 불구하고 균류는 자기 주변으로부터 영양분을 획득하는 것이 필요하다. 균류는 세포벽의 장벽 때문에 먹이를 삼킬 수 없으므로 세포벽과 원형질막을 통하여 간단하고 수용성인 영양분을 흡수한다. 많은 경우에 이 과정은 복잡한 고분자물질을 분해하기 위해 효소를 분비하고 이 **중합체분해효소**(重合體分解酵素; **depolymerase**) 들의 작용으로 유리된 영양분을 흡수함으로써 이루어진다. 균류는 다른 형태의 고분자물질을 분해하기 위해서 광범위하게 이러한 효소를 생성한다. 어떤 균 또는 다른 균류에 의해 영양원으로 이용될 수 없는 천연유기물이란 사실상 거의 없다.

이 장에서 우리는 균류가 영양획득을 위해 진화해 온 많은 적응방식에 대해 살펴보고자 한다.

균류의 영양요구

일상적인 실험실 배양을 위해서 대부분의 균류는 **감자포도당한천배지(potato-dextrose agar)** (2% 포도당과 끓인 감자추출물), 맥아추출한천배지 (malt extract agar) (보통 2% 맥아추출물 포함) 또는 **옥수수(또는 오트밀)한천배지 [cornmeal (or oatmeal) agar]** 같은 천연성분이 함유된 배지에서 배양한다. 옥수수한천배지나 오트밀한천배지는 유성생식발생을 촉진하기 위해 흔히 사용된다. 균류생장배지는 보통 약산성(pH 5~6)이고 탄수화물이 풍부하다. 이러한 균류배지는 보통 중성이거나 알카리성(pH 7~8)이고 유기질소가 풍부한 "영양한천배지(nutrient agar)"(육즙과 펩톤)와 같은 세균배양배지와는 뚜렷한 대조를 보인다. 이러한 배지조성의 차이는 균류에 비해 세균의 높은 단백질 함량을 반영하고 있다. 특수한 균류의 배양이나 발생단계 촉진을 위해 다른 종류의 배지가 사용된다.

그러나 **최소영양요구조건**(最小營養要求條件; **minimum nutrient requirements**)을 결정하기 위해서는 균류를 화학적으로 잘 정제된 액체배지에서 배양해야 한다. 왜냐하면 한천은 많은 불순물을 포함하고 있기 때문이다. 표 6-1은 단지 무기염과 포도당만 함유한 전형적인 최소배지를 나타낸다. 보통 균류는 이 배지에서 자랄 것이다. 주요 예외적인 것은 다음에 기록한 바와 같다.

- 어떤 균류는 하나 이상의 비타민을 요구하는데, 가장 일반적으로 요구하는 비타민은 소량의 티아

표 6.1 균류배양을 위해 화학적으로 제한된 액체배양 배지의 한 가지.

시 약	*함 량*
$NaNO_3$ 또는 NH_4NO_3 또는 동량의 질소함량을 가진 아스파라긴	2g
KH_2PO_4 (단독 또는 K_2HPO_4와 함께 한 완충혼합물)	1g
$MgSO_4$	0.5g
KCl	0.5g
$CaCl_2$	0.5g
$FeSO_4$, $ZnSO_4$, $CuSO_4$	각각 0.005~0.01g
자당 또는 포도당	20g
증류수	1리터

주(註): 균류가 요구하는 공동보충성분에는 **비오틴**(10μg) 또는 **티아민**(100μg)이 포함된다.

민이나 비오틴 또는 둘 다 요구한다.

- 어떤 균류는 질소원으로 질산염이나 암모니아를 이용하지 못하고 대신 유기질소원을 요구한다. 이러한 경우에는 아스파라긴 같은 아미노산을 공급함으로써 충족시킬 수 있다. 몇몇 고등균류가 이 범주에 속한다.
- 어떤 균류는 개별적으로 특이한 요구를 하는 경우도 있다. 이러한 요구는 그들의 자연 서식처에서는 자연적으로 해결되는 것인데, 예를 들면 어떤 난균류(예, *Phytophthora infestans*)는 생장을 위해 스테롤을 필요로 하며 다른 어떤 난균류(예, *Leptomitis lacteus*)는 시스테인 같은 황이 함유된 아미노산을 요구한다. 왜냐하면 이들 균류는 무기황을 이용할 수 없기 때문이다. 동물의 배설물에서 자라는 어떤 균류는 호흡대사의 시토크롬 성분인 철이 함유된 헴 그룹을 필요로 한다.

이상에서 언급한 것들은 최적생장을 위해 요구되는 것이 아니라 생장을 위한 **최소한(minimum)**의 요구조건과 관계된다는 것을 강조해야겠다. 또한 그것들은 체세포(영양체) 생장과 관련된 것이며 전체 생활사를 완료하기 위해서는 추가적인 영양분이 요구될 수 있다. 예를 들면 어떤 *Pythium*과 *Phytophthora* spp.는 균사생장을 위해 스테롤을 요구하지 않으나 유성생식과 무성생식을 위해서는 스테롤을 필요로 한다. 많은 균류는 준 최적 환경조건에서 생장하기 위해 추가로 양분을 요구한다. 이러한 예의 하나로 *Saccharomyces cerevisiae*는 호기적 환경에서 생장하기 위해서는 비교적 간단한 영양을 요구하지만 혐기적 환경에서는 많은 종류의 비타민과 다른 생장인자들을 필요로 한다. 왜냐하면 이러한 요구조건들이 충족되는 기본대사경로의 일부가 혐기적 조건에서는 작용하지 않기 때문이다(제7장).

균류의 탄소원과 에너지원

매우 넓은 범위의 유기화합물이 어떤 균 또는 다른 균류에 의해 이용될 수 있다. 이것은 그림 6-1의 도표로 잘 나타나 있다. 도표에 영양물질들이 왼쪽에서 오른쪽으로 갈수록 대체적으로 **구조가 복잡한 것의 순서**대로 배열되어있다. 그리고 **이용정도에 따른 순서**대로(가로축) 배열되어있다.

한 극단에서 가장 간단한 유기물인 **메탄**(CH_4)은 소수의 효모에 의해서 이용될 수 있다. 이들 균류는 메탄일산화효소(methane monooxygenase)에 의해 메탄을 메탄올로 전환한다. 그리고 메탄올은 메탄올탈수소효소(methanol dehydrogenase)에 의해 포름알데히드로 전환된다. 포름알데히드는 ribulose-5-phosphate와 결합하고 두 단계반응 후에 fructose-6-phosphate로 된다.

$$CH_4 \rightarrow H_3C{-}OH \rightarrow H{-}\underset{\underset{O}{\|}}{C}{-}H \rightarrow \rightarrow \rightarrow \text{ fructose-6-phsphate}$$

methane methanol formaldehyde

몇몇 다른 효모류(예, *Candida* spp.)와 일부 사상균류는 석유제품에 있는 장쇄 탄화수소(탄소 9개 이상)를 이용하여 자랄 수 있다. 메탄에서처럼 이 화합물의 주된 제약요인은 탄화수소화합물이 물과 혼합되지 않아 물과 탄화수소 화합물의 경계면에 한정하여 균이 자랄 수 있다는 것이다. *Amorphotheca resinae*(자낭균)와

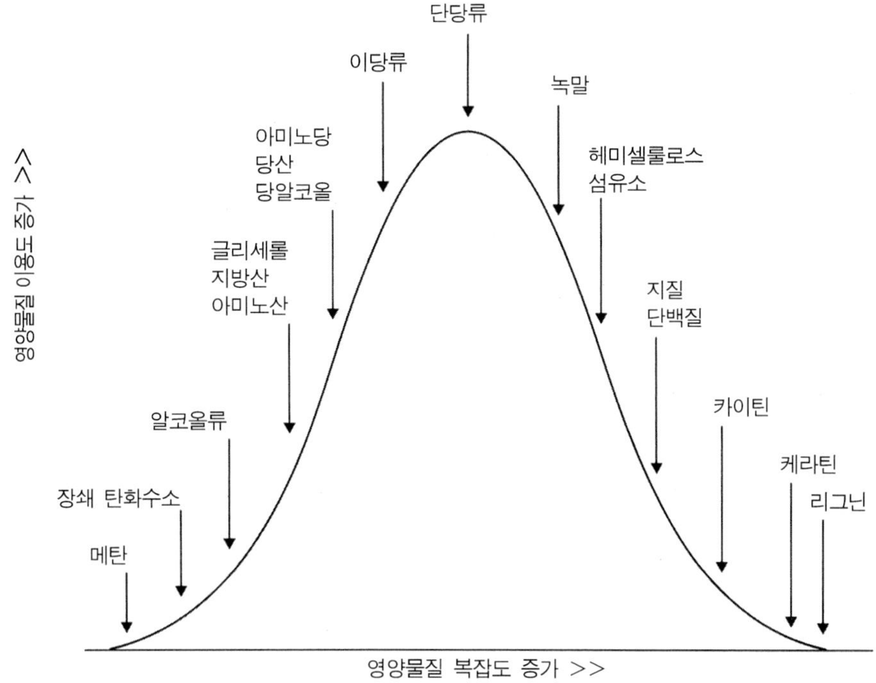

그림 6.1 균류의 주요한 탄소기질의 일부.

Paecilomyces varioti (불완전균)는 항공유의 긴 연쇄상의 탄화수소화합물을 잘 이용하는 균류로 알려져 있다. *A. resinae*는 연료필터를 차단하고 저장탱크의 벽을 부식시킴으로써 비행기 추락의 주요 원인 중의 하나로 주목 받아왔지만, 이 문제는 쉽게 극복되었다(제17장).

그림 6.1에서 더 살펴보면 많은 균류는 에탄올과 메탄올 같은 일반적인 알코올류를 이용할 수 있다. 에탄올은 *Candida utilis*, *Aspergillus nidulans* 그리고 *Armillaria mellea*를 위한 훌륭한 탄소원이며 오히려 선호하는 기질이 될 수 있다. 글리세롤과 지방산은 몇몇 균류의 생장에 이용되며 일반적인 "오수균"인 *Leptomitus lacteus* (난균) 같은 균류가 선호하는 기질이다. 아미노산도 잘 이용될 수 있는 기질이지만 탄소함량에 비해 질소량이 많다. 그래서 대사과정에 암모니아가 발생하고 배양배지가 강한 완충작용을 못하면 생장이 저해될 정도로 pH가 상승할 수 있다.

대부분의 균류는 포도당이나 다른 단당류 및 이당류를 이용할 수 있다. 어떤 균류는 아미노당(예, 만니톨)같은 당유도체들도 이용할 수 있다. 그러나 이러한

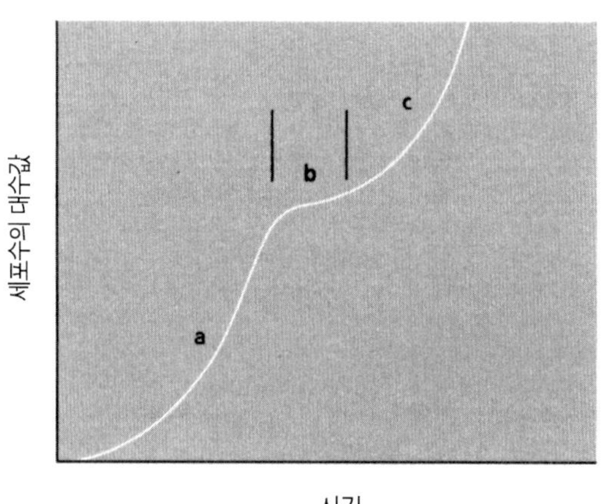

그림 6.2 이당류 유당에서 자란 균류의 2단계 생장곡선. (a) 포도당에서의 초기생장단계; (b) 갈락토스 운반체가 막에 삽입되는 동안의 생장이 느린 시기; (c) 갈락토스를 기질로 다시 생장하는 시기.

당류의 이용은 기질 특이성을 갖는 적당한 막 운반체 단백질에 의존하여 영향을 받는다. 균류는 일반적으로

포도당에 대해 본래적인 구성 운반체단백질을 갖고 있다. 균류는 당 혼합물에서는 다른 당에 우선하여 포도당을 운반한다. 그러나 그 결합 특이성은 낮은 편이므로 포도당이 없을 때는 다른 당류를 운반하며 이때에는 그들 특유의 운반체단백질을 유도합성하게 된다. 이것은 유일한 탄소원으로 유당과 같은 이당류가 함유된 액체배지에서 *Saccharomyces cerevisiae*를 배양할 때 쉽게 설명된다(그림 6.2). 이 효모는 세포벽 결합효소인 **β-galactosidase**를 이용하여 유당을 포도당과 갈락토스로 분해한다. 갈락토스는 배지에 잔류한 상태로 포도당을 이용하여 급속히 생장한다. 포도당이 고갈되면 생장률은 30분 정도로 느려지며 반면에 갈락토스 운반체단백질은 합성되기 시작하여 생장률이 다시 증가한다. 이와 같은 생장곡선을 **2단계생장곡선**(二段階生長曲線; **diauxic growth curve**)이라 일컫는다(그림 6.2). 자당도 비슷한 방식으로 이용된다. 즉, 세포벽 결합효소인 **전화효소**(轉化酵素; **invertase**)에 의해 자당은 포도당과 과당으로 분해되며 포도당은 과당보다 먼저 흡수 이용된다. 소수의 균류는 전화효소를 생성하지 않기 때문에 자당을 기질로 이용할 수 없다 (예, 접합균 *Rhizopus nigricans*, 자낭균 *Sordaria fimicola*).

중합체화합물을 이용하기 위해서는 그에 맞는 특이효소의 분비가 요구된다. 예를 들면 많은 균류는 녹말(아밀라제를 생성하여)을 이용할 수 있고, 어떤 균류는 각각 지질(리파아제를 생성하여), 단백질(프로테아제를 생성하여), 그리고 섬유소, 헤미셀룰로스, 펙틴화합물(제14장) 또는 카이틴 등을 이용하여 생장한다. 흔히 이 효소들은 중합체의 다른 부위를 공격하는 2개 이상의 효소로 이루어져 있으며, 상승작용(synergistically)을 하는 복합체로 존재한다. 이 부분에 대하여는 섬유소 분해를 예로 본 장의 뒷부분에서 더 고찰하겠다. 그림 6.1에서 스펙트럼의 한쪽 끝은 소수의 특수한 균류가 구조적으로 복잡하고 교차결합된 중합체를 분해한다. 예를 들면 리그닌은 백색부후균으로 불리는 목재부후 담자균류의 효소에 의해 분해된다. 마찬가지로 동물의 뿔이나 발굽의 단단한 케라틴은 사람의 피부병균과도 관련이 있는 종을 비롯한 각종 **케라틴분해균류(keratinophilic fungi)**에 의해 분해된다.

이 단원을 정리하면, 균류는 광범위하게 유기영양원을 이용하지만 이 모든 경우에서 세포벽을 통과하여 특수 운반체단백질을 경유하여 세포 내로 들어오는 간단한 수용성 영양물질의 흡수에 의존한다. 단당류, 아미노산 그리고 2~3개 아미노산으로 된 작은 펩티드

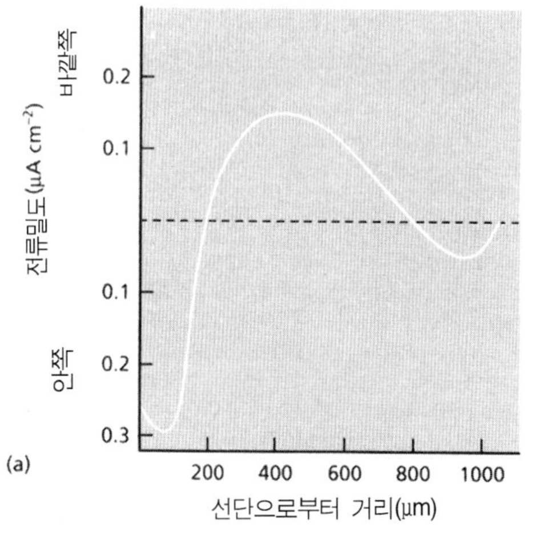

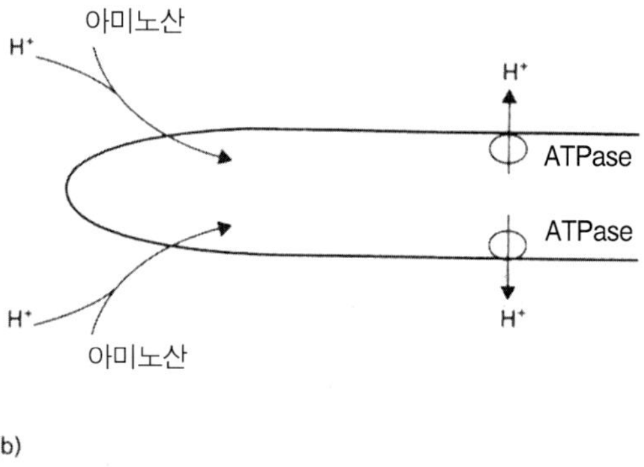

그림 6.3 (a) 생장하는 균(*Achlya* sp.)의 개개 균사 주위에 형성된 전형적인 전류 측면도 (b) 선단 뒤쪽의 ATPase - 구동 양성자 펌프를 통한 양성자 배출과 아미노산을 동시에 수송하는 공수송 단백질을 통한 균사선단에서 양성자 흡수를 포함한 전류의 해설도. [출처: (a) Gow 1984, (b) Kropf *et al.* 1984.]

들만 이 균류 세포 내로 통과할 수 있다. 자당이나 셀로비오스(섬유소 분해산물)같은 이당류도 단당류로 분해되어야 모든 균류에 의해 흡수될 수 있다. 다른 고분자 물질들은 균류에 의해 분비되는 체외효소(**중합체분해효소**)에 의해 분해되어야 한다.

영양획득을 위한 균류의 적응

균사생장과 전기장

균류의 생장 끝부분에는 전기장이 생성된다. 이것은 균사 주위에 있는 액체필름 속에 소형 진동 전극을 놓고 그림 6.3에서처럼 선을 그림으로써 도표로 나타낼 수 있다. 특징적으로 균사의 바깥쪽은 정단에서 정단 뒷부분보다 전기적으로 더 음전하를 띠고 있는데, 이것은 전류(편의상 양전하로 표시)가 균사 끝(선단)에서 들어와 균사 뒤쪽 즉, 정단 뒷부분에서 바깥으로 나간다는 것을 나타낸다. 지금까지 자세히 연구된 대부분의 균류(예; *Achyla*(난균), *Neurospora*(자낭균))에서 전류는 균사표면을 따라 형성된 수소이온 구배와 일치하는 것으로 보아 수소이온(H^+)에 의해 운반되는 것 같다. 또한 생장배지에서 다른 유사 이온들이 감소하거나 제거될 때에도 전류는 발생한다. 그러나 해양균류에서는 전류가 칼륨이온에 의해 운반된다. 여러 해 동안 전기장은 막 단백질이나 세포골격에 영향을 줌으로써 정단생장을 위한 동력이 되는 것으로 추측하였다. 그러나 지금은 정단생장에 영향을 주지 않고 전류의 방향을 바꿀 수 있기 때문에 맞지 않는 것 같다(Cho *et al.* 1991). 그 보다도 전기장은 양분 흡수에 밀접하게 관여하는 것으로 보인다.

유기양분의 흡수는 에너지 의존적 과정이다. ATP에서 유래한 에너지를 이용하여 막에 위치한 이온펌프에 의해 세포 바깥으로 수소이온을 펌프한다. 이온의 재출입은 **공수송자**(共輸送子; **symporter**)로 불리는 특수한 막 단백질을 통하여 이루어지며, 이 단백질은 동시에 유기분자의 운반을 가능하게 해 준다. 이러한 현상은 일반적으로 균류에도 적용되는 것 같다. 왜냐하면 균류의 원형질막은 양이온 및 음이온 물질에 대해 비 선택적인 채널과 칼슘을 위한 stretch-activated channel 같은 이온채널뿐만 아니라 당류, 아미노산, 질화화합물, 암모니아, 인산염 및 황산염을 위한 수소이온연결 수송체계(H^+-coupled transport systems)를 가지고 있는 것으로 알려져 있기 때문이다(Garrill 1995).

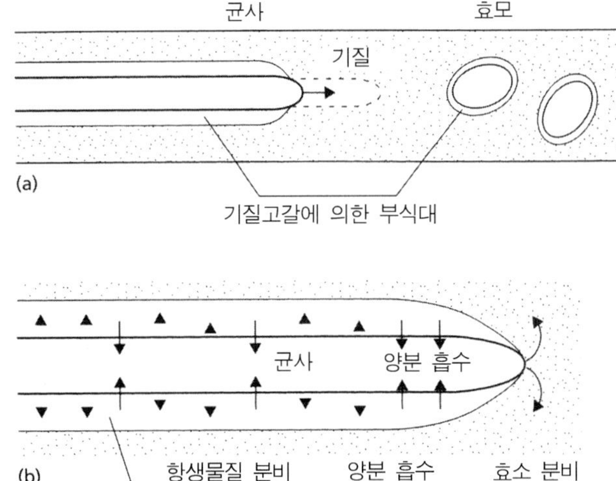

그림 6.4 불용성 중합체를 이용하여 생장하기 위한 균류의 전략 (a) 효소에 의한 기질 부식대를 탈출하기 위해 원형질체를 전방으로 유도하면서, 균사는 정단에서 지속적으로 뻗어나간다. 반면에, 효모는 기질 부식대에서 갇혀있기 때문에 불용성 중합체(비확산적)를 이용할 수 없다. (b) 중합체 분해 균류의 기질 방어: 정단에서 중합체 분해를 위해 효소가 분비되고, 이 효소에 의해 유리된 수용성 양분은 정단 바로 뒷부분에서 흡수된다. 경쟁하는 생물이 중합체 분해산물을 이용하는 것을 막기 위해 항생물질 또는 다른 저해물질(화살촉부분)이 기질 부식대로 분비된다.

그러나 균류는 한 가지 중요한 점에서 다른 생물들과 다른 것으로 생각된다. 즉, 대부분의 세포에서는 이온펌프와 공수송 단백질이 서로 근접하여 존재한다. 반면에 정단 생장하는 균류에서는 이온펌프는 균사정단 뒷부분에서 가장 활성이 크고 공수송 단백질은 균사 선단과 근접하여 활성이 크다. 이러한 공간적인 분리로 균사외부에 전기장이 생기는 것에 대한 설명이 되며(그림6.3), 이것은 직관적으로 이치에 맞다. 영양흡수 공수송자는 균사선단에서 가장 중요한 것 같다. 그리고 균사선단은 신선한 영양물질이 있는 곳으로 지속적으로 뻗어 나간다. 반면에 균사선단 바로 뒤쪽에 양성자 펌프에 필요한 ATP를 공급할 수 있는 미토콘드리아 밀집지역이 있다(그림 3.2, 3.4, 3.15 참조).

효소 분비

영양물질을 획득하기 위한 필요에 의해 실제적으로 균류가 생장하는 방식이 결정된다. 수용성 영양물질이 세포 내로 확산되는 속도에 의해 생장이 제한되는 경향이 있다. 분해효소가 분비되어야 하는 필요성은 이런 제한에 더욱 압박을 가하게 된다. 균류가 생성하는 섬유소분해효소는 분자량이 20,000~60,000 달톤에 이르는 등 효소는 큰 분자이기 때문에 균사 표면으로부터 멀리 확산되지 못한다. 결과적으로 균류는 섬유소와 같은 기질에서 생장할 때 기질부식대(영양고갈)를 형성하게 된다. 그리고 균사는 지속적으로 신선한 기질영역으로 확장해 나가야 한다(그림 6.4). 이것은 왜 효모세포가 중합체분해효소를 생성하지 않는가를 설명해 준다. 왜냐하면 효모는 자신들이 만들어 놓은 부식대로부터 탈출할 수 있는 방법이 없기 때문이다. 대신 효모는 잎, 과일, 뿌리 표면 등 간단한 수용성 영양물질이 풍부한 환경에서 발견되며, *Candida albicans*의 경우에도 점막 위에서 발견된다. 효모는 하층토로부터 영양물질을 지속적으로 공급받거나 또는 신선한 영양공급이 가능한 수분의 유동에 영양분을 의존한다.

크기가 큰 효소가 균사벽을 통해 유리되기 위해서는 잠재적인 문제점을 가지고 있다. 왜냐하면 이 효소는 충분한 크기를 가진 **연속공구**(連續孔口; **continuous pore**)를 필요로 하기 때문이다. 세포공구에 대한 개산(概算)은 폴리에틸렌글리콜과 덱스트란 같은 분자량이 알려진 물질에 대한 세포벽 투과성을 연구함으로써 얻을 수 있다. 이러한 연구로 세포막 공구의 cut-off는 700에서 5,000달톤 사이이고, 이것은 대부분 효소의 크기보다 훨씬 작다. 이러한 사실은 주로 효모에 적용되는 것이고 사상성 균류에서는 다를 것이라고 생각된다. 그러나 효소는 새로 세포벽이 생장하는 영역에서 주로 유리된다는 것이 최근의 연구에서 밝혀졌다. 이것은 섬유소분해효소 유전자를 효모(*S. cerevisiae*)에 클로닝 했을 때 처음 확인되었고, 이 효소는 분아(bud)가 자라나는 영역에서 유리된다는 것이 밝혀졌다. 또한 글루코아밀라제는 *Aspergillus niger*의 선단부위에서만 분비되는 것이 확인되었다. 그래서 세포벽을 통해 유리되는 효소들은 균사선단으로 운반된 후에 세포외배출에 의해 방출된다. 그리고 제4장에서 언급한 세포벽 생장 모델(Wessels 1990)에 따라 새로 합성되는 세포벽 성분과 함께 바깥쪽으로 흘러나온다. 이러한 효소의 어떤 것은 세포 표면에 도착하여 외부환경으로 방출되지만, 다른 효소들은 세포 내에 머물러 이당류와 다른 소분자 물질들(oligomers)을 단당류와 아미노산 등으로 분해하는 세포벽 결합 효소로서 작용한다.

세력권 방어

고분자 중합체를 분해하기 위해 효소를 분비하는 것은 자원에 대한 투자로 볼 수 있다. 그래서 그것은 다른 생물들과 분해산물을 공유하는 것을 방해하는 세력권 방어와 연결되어 있으리라 생각된다. 효소 분해산물의 일부를 이용하면서 섬유소분해균류와 밀접히 연관되어 생장하는 비섬유소분해균류에 대해 일부 알려진 예가 있다(제12장). 그러나 이 비섬유소 분해균류는 섬유소분해균류에 이익이 되는 공생적 관계 속에서 생장하는 것으로 생각된다.

일반적으로 다음 3가지 요소는 고분자 분해효소가 세력권을 방어하는 데 도움이 될 것이다.

1. 중합체분해효소의 합성은 다음에 논의할 피이드백 기작과 밀접하게 연관되어 조절된다. 따라서 효소

생성률은 분해산물의 이용률과 연관되어있다.

2. 고분자 화합물 분해의 최종 단계는 세포벽에 결합된 효소에 의해 이루어진다. 따라서 쉽게 이용될 수 있는 단당류는 다른 생물에 의해 이용될 수 없게 되어있다. 이것은 섬유소를 예로 다음에 다루게 될 것이다.
3. 중합체 분해균류는 항생물질이나 다른 생장억제 대사물질을 생성할 것으로 생각된다. 이것은 개개의 균사체 차원에서는 증명하기가 어렵다. 그러나 Burton & Coley-Smith (1993)는 항세균 화합물이 섬유소를 분해하는 것으로 알려진 담자균인 *Rhizoctonia*종의 균사에 의해 분비된다고 보고한 바 있다.

중합체 분해균류에 의해 주로 항생제가 생성된다는 것은 의미 있는 것으로 생각된다(제12장). 또한 생체외 조건에서 항생물질이 생성되는 것은 양분이 제한된 환경에서 생장하는 것과 연관되어있다(제7장). 이것은 또한 중합체 분해균류가 줄곧 직면하는 환경이다. 왜냐하면 중합체분해효소는 쉽게 이용할 수 있는 영양분이 적게 공급될 때 생성되기 때문이다. 따라서 항생작용은 공격적 전략에서가 아니라 **세력권 방어**(勢力圈 防禦; **the defense of territory**)를 위해 진화해 온 것 같다.

섬유소의 분해: 체외효소의 사례 연구

섬유소는 연간 생산되어 순환되는 전체 식물 생체량의 40%를 이루는 지구상에서 가장 풍부한 중합체 고분자 물질이다. 균류는 섬유소를 분해하고 분해산물을 이용하는 데 주된 역할을 한다. 따라서 섬유소 구조와 자연환경에서 효소가 어떻게 작용하는지에 대한 모델로 섬유소분해효소의 역할을 좀 더 자세히 고찰하고자 한다.

섬유소 화학

화학구조적인 면에서 섬유소는 비교적 간단한 화합물이다. 그것은 β-1,4 결합으로 연결된 2,000에서 14,000개의 포도당 잔기를 가진 가지가 없는 긴 연쇄상을 이루고 있다. β-형태는 각 포도당 단위가 다음의 포도당과 180도 회전되어있다는 것을 의미한다. 전체 사슬은 그림 6.5에서 괄호 안에 보인 구조가 반복된 쌍으로 구성되어있다. 이러한 분자는 균류의 체외효소에 의해 쉽게 분해될 것이다. 그러나 섬유소의 물리적 구조는 기질에 접근하는 효소에 문제를 일으킨다. 각각의 섬유소 사슬들은 결정화 형태로 서로 촘촘히 쌓여 미셀(micelles)을 형성하는데, 이것은 수소결합에 의해 강력하게 결합되어있다. 미셀은 전자현미경으로 관찰이 되는 직경 10nm 정도 되는 미세섬유(microfibril)를 이룬다. 이 견고한 불용성 미세섬유는 효소가 분해작용을 하기에 강력한 장애를 일으킨다. 그러나 어떤 균류는 이 미세섬유를 분해할 수 있는 수단을 갖도록 진화해 왔다.

섬유소분해효소

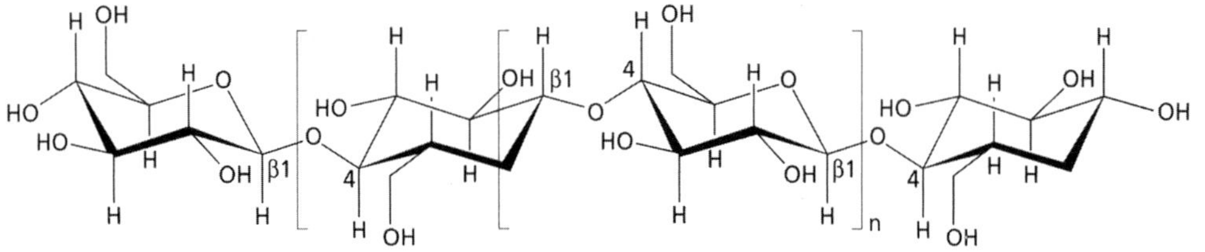

그림 6.5 수천 개의 반복된 이당류(cellobiose)단위로 구성된 단일 섬유소 사슬의 구조로 하나의 이당류 단위는 괄호 안에 표시하였다. β1-4 결합도 표시하였다.

섬유소 사슬을 구성단위인 포도당으로 완전히 분해하는 데 적어도 3종류 형태의 효소가 포함되어있다. 이 효소들의 어떤 것은 분자량이 다른 것들의 복합형태로 존재한다. 이것들을 통틀어 "**섬유소분해효소**(纖維素分解酵素; **cellulase**)" 또는 **섬유소분해효소 복합체**(纖維素分解酵素 複合體; **cellulase enzyme complex**)라 일컫는다. 이 복합체에서 주된 3종류의 효소는 다음과 같다.

1. Endoglucanase(**endo-β-1,4-glucanase**)는 섬유소 사슬의 중간을 무작위적으로 공격하여 작은 조각으로 나눈다. 이 효소는 분자량이 11,000~65,000달톤 범위의 복합형태인 것으로 알려져 있다.
2. **Cellobiohydrolase**로 일컬어지는 외부작용(exo-acting) 효소는 섬유소 사슬의 말단에 작용하여 연속적으로 이당류의 단위(cellobiose)로 분해한다. 이 효소는 분자량이 50,000~60,000달톤 범위의 효소로 endoglucanase보다 훨씬 균일하다.
3. **β-glucosidase**(또는 cellobiase라고도 함)는 이당류인 cellobiose를 균류에 의해 흡수될 포도당으로 분해한다. 이것은 중합체 분해의 마지막 단계에 포함되는 많은 효소들처럼 세포벽 결합효소이다.

이와 같은 3종류의 효소가 연합하여 작용하는 것을 그림 6.6에 도식으로 나타내었다. 섬유소분해균류가 자신들이 당을 이용할 수 있는 것보다 더 빠른 속도로 당을 분해하지 않는다는 것을 확실하게 하기 위해서 이 세 효소는 상승적으로 작용하고 아주 밀접하게 조절된다. Endoglucanase효소는 섬유소 사슬을 무작위적으로 공격함으로써 cellobiohydrolase효소가 작용할 수 있는 말단을 점차 더 많이 만들어 낸다. 그러나 결과적으로 만들어진 cellobiose는 cellobiohydrolase의

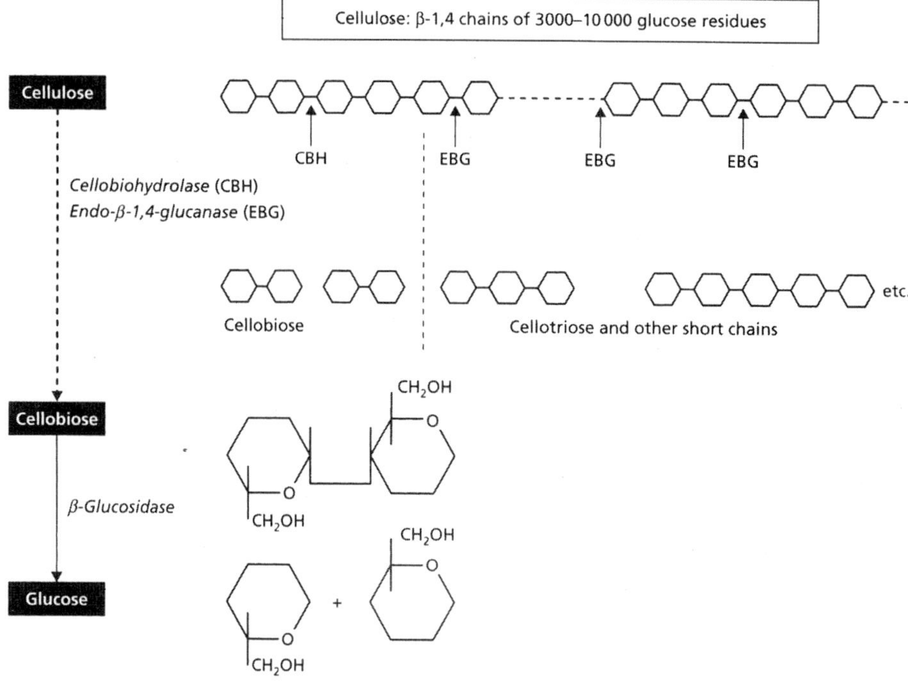

그림 6.6 섬유소의 구조와 효소적 분해. 효소 cellobiohydrolase(CBH)가 섬유소 사슬의 비환원 말단으로부터 이당류 잔기(cellobiose)로 분해한다. 효소 endo-β-1,4-glucanase(EBG)는 사슬을 무작위로 분해하여 짧은 사슬을 생성하며, 이렇게 하여 효소 CBH가 작용할 수 있는 말단을 더 제공하게 된다. 효소 β-glucosidase는 균류가 흡수할 수 있도록 cellobiose를 2개의 포도당 단위로 분해한다.

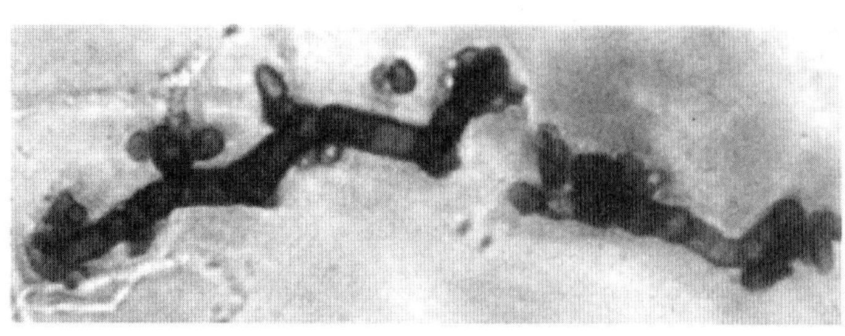

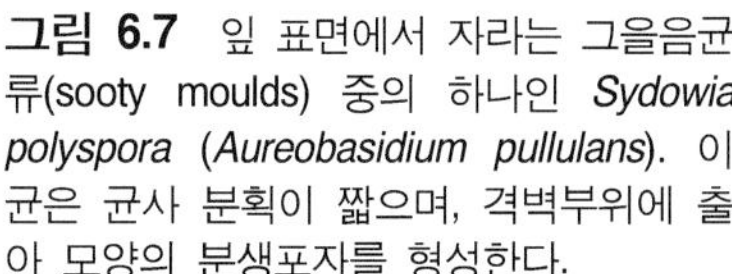

그림 6.7 잎 표면에서 자라는 그을음균류(sooty moulds) 중의 하나인 *Sydowia polyspora* (*Aureobasidium pullulans*). 이 균은 균사 분획이 짧으며, 격벽부위에 출아 모양의 분생포자를 형성한다.

활성부위에 결합할 수 있고 **경쟁적으로** cellobiohydrolase작용을 **저해한다**. 이런 식으로 cellobiose가 축적되면 섬유소 분해율은 자동적으로 느려질 것이다. 이러한 조절작용으로 섬유소 분해율과 균류가 생장과 대사를 위해 포도당을 요구하는 비율이 연계되어있다. 이것에 추가하여 섬유소 분해의 조절은 **이화대사산물억제**(異化代謝産物抑制; **catabolite repression**)라는 피이드백 시스템에 의해 이루어진다. 포도당과 같이 보다 쉽게 이용할 수 있는 기질이 존재할 때는 이 효소를 암호화하는 유전자가 억제된다. 섬유소가 존재하면 섬유소분해효소 합성이 유도되는 것으로 알려져 있다. 섬유소 자체는 불용성이기 때문에 효소생성의 유도물질로 작용하리라 생각할 수 없다. 대신 섬유소가 자연환경에 존재할 때 cellobiose 같은 분해산물이 효소유도의 신호물질로 작용할 수 있도록 하기 위해서 섬유소분해균류는 구성적으로 적은 량의 섬유소분해효소를 생성하리라 생각된다. 어떤 균류에서는 cellobiose가 섬유소분해효소 생성을 위한 약한 유도물질로 작용한다고 알려져 왔다. Sophorose라 일컫는 cellobiose유도체는 *Trichoderma reesei*에 대한 가장 강력한 유도물질이다. *T. reesei*는 섬유소분해효소 작용양상을 연구하기 위한 모델생물로 흔히 사용된다.

요약하면 **유전자 억제**(遺傳子 抑制; **gene repression**) (포도당이나 cellobiose의 고농도에 의해), 효소작용의 **경쟁적 저해**(競爭的 沮害; **competitive inhibition**) (cellobiose같은 부분적인 섬유소분해산물에 의해), 그리고 **유전자 유도**(遺傳子 誘導; **gene induction**) (포도당이 없으나 cellobiose 또는 그 유도체의 저농도 존재 하에서)의 연합에 의해 섬유소 분해율은 균류가 섬유소로부터 유리되는 당을 이용할 수 있는 비율과 근접하게 균형을 이룬다.

섬유소분해효소의 상업적 및 생태적인 면

면직물과 같은 결정형 섬유소를 분해할 수 있는 균류는 비교적 소수에 불과하며 몇몇 균류는 포도당 잔기의 30% 정도가 메틸기로 치환되어있는 carboxymethyl cellulose 같은 수용성 섬유소를 분해할 수 있다. 이 수용성 섬유소는 물에서 겔화되고 벽지풀, 페인트 농화제 같은 다양한 목적을 가지고 상업적으로 생산된다. 이런 제품을 분해할 수 있는 균류는 cellobiohydrolase가 아닌 endoglucanase를 분비한다. 이 균류에는 *Cladosporium* spp.와 *Sydowia polyspora* (그림6.7) 같은 잎 표면에 부생하는 균류도 포함된다.

이것은 어떤 균류가 자연형태의 섬유소를 분해할 수 없는 경우에 왜 그 균류가 섬유소분해효소 복합체에서 일부 효소성분만 생성하는지 의문을 제기하게 된다. Taylor & Marsh (1963)는 40여 년 전에 이 의문에 대해 가능한 설명을 밝혔지만 대부분 무시되어 왔다. 이 연구자들은 몇몇 *Pythium* spp.(섬유소를 분해할 수 없는 균류로 알려진)은 목화에서 꼬투리가 열리지 않은 것의 목화섬유질은 분해할 수 있었지만 꼬투리가 열린 것의 섬유질은 건조한 상태로 분해할 수 없다는 것을 알았다. 건조한 섬유질은 다시 물에 적셨을 때에도 분해되지 않았으나 수산화칼륨으로 처리하여 부풀렸을 때에는 분해되었다. 여기서 암시하는 바는 습기가 있는 식물세포벽의 섬유질은 몇몇 균류가 이용할 수 있는 기질로 제공되며 공격에 민감하지만, 섬유조직이 건조해지면 섬유사슬 간에 서로 견고하게 결합된다. 그래서 극히 제한된 균류만 그 섬유조직을 분해할 수 있다.

전형적인 섬유소분해균주로 *Trichoderma reesei*가 있으며 원래 부후된 면직물로부터 분리되었다. 이 균을 실험실 조건에서 반복적으로 선별함으로써 어떤 균주는 배양액 1리터에서 섬유소분해효소가 건조중량으로 30g이나 생산되었다. 이 균의 cellobiohydrolase 유전자가 구조 프로모터의 조절 하에 *Saccharomyces cerevisiae*에 클로닝되었다. 이 효모는 비록 섬유소가 없는 가운데에서도 많은 량의 섬유소분해효소를 분비하였다. 일반균주나 유전자 조작된 균주로부터 생산된 효소는 무명제품의 연마에 사용하는 등 중요한 상업적 역할을 갖는다.

무기영양요구: 질소, 인, 철

균류는 적어도 미량으로 많은 종류의 무기양분을 필요로 한다(표6.1). 그러나 질소, 인 그리고 철은 자연계에서 균류의 활동과 상호작용에 그 의미가 크기 때문에 특별히 언급할 만하다.

질소

모든 무기양분 중에서 질소는 가장 많은 량을 요구하기 때문에 자연 서식처에서 균류의 생장에 제한요인이 될 수 있다(제11장). 균류는 대기질소를 고정할 수는 없지만 많은 다른 형태의 질소를 이용할 수 있다. 우리는 이것을 다음의 효소매개연속반응과 연관하여 논의하겠다. 이 연속반응은 균류와 다른 많은 생물들에 대한 질소동화과정을 위한 경로를 나타낸다.

$$\underset{\text{nitrate}}{NO_3^-} \xrightarrow[\textit{reductase}]{\textit{nitrate}} \underset{\text{nitrite}}{NO_2^-} \xrightarrow[\textit{reductase}]{\textit{nitrite}} \underset{\text{ammonium}}{NH_4^+}$$

$$\xrightarrow[\textit{dehydrogenase}]{\textit{glutamate}} \text{glutamate} \xrightarrow[\textit{synthase}]{\textit{glutamine}} \text{glutamine}$$

모든 균류는 아미노산을 질소원으로 사용할 수 있다. 흔히 균류는 글루타민산이나 글루타민 같은 하나의 아미노산만 공급되는 것을 요구하는데, 이것으로부터 **아미노기 전이**(아미노基 轉移; **transamination**)반응에 의해 다른 모든 필수아미노산을 만들 수 있다. 이러한 반응의 표준형태로 글루타민산에서 알라닌을 만든다든가 반대로 알라닌에서 글루타민산을 만드는 것과 같은 예를 다음에 나타내고 있다.

$$\underset{\text{glutamic acid}}{HOOC.CH_2.CH(NH_2).COOH} + \underset{\text{pyruvic acid}}{CH_3.CO.COOH} \leftrightarrow$$

$$\underset{\alpha\text{-ketoglutaric acid}}{HOOC.CH_2.CO.COOH} + \underset{\text{alanine}}{CH_3.CH(NH_2).COOH}$$

대부분의 균류는 암모니아 또는 암모늄(NH_4)을 질소원으로 이용할 수 있다. 암모니아/암모늄은 흡수된 후에 대개 유기산과 결합하여 글루타민산(α-케토글루타르산에서)이나 아스파르트산을 생성한다. 다른 아미노산은 위에서 언급한 것처럼 아미노기 전이에 의해 생성될 수 있다. 암모니아를 이용할 수 없어 유기질소원에 의존하는 균류에는 어떤 물곰팡이(*Saprolegnia* 및 *Achlya* spp.), 몇몇 담자균류, 그리고 균류기생균 *Pythium oligandrum* 같은 *Pythium* spp.가 있다(제11장). 그러나 암모니아/암모늄은 많은 균류가 이용하지만 대체로 배양배지에서 이상적인 질소원은 아니다. 왜냐하면 암모늄 이온은 수소이온을 대신하여 흡수되어 배양배지의 pH를 4.0 이하로 급격히 낮추어 많은 균류의 생장을 방해하기 때문이다.

많은 균류는 유일한 질소원으로 질산염을 이용할 수 있다. 이 질산염은 **질산염환원효소**(窒酸鹽還元酵素; **nitrate reductase**)와 **아질산염환원효소**(亞窒酸鹽還元酵素; **nitrite reductase**)에 의해 암모늄으로 전환된다. 질산염을 이용할 수 없는 균류에는 *Saccharomyces cerevisiae*와 많은 담자균류가 있다. 반면에 *Neurospora crassa*같은 균류는 선호하는 질소원을 이용할 수 없을 때에는 질산염 환원효소와 아질산염 환원효소에 대한 유전자 발현이 유도된다.

질소동화과정(위)에 의하면 질산염(또는 대사경로의 왼쪽 다른 질소원)을 이용할 수 있는 균류는 대사경로의 오른쪽 다른 형태의 질소원도 이용할 수 있어야 한다. 질소흡수에 있어서 조절(제어)장치에 의하면 질소원이 반드시 우리가 기대하는 방식으로 이용되지 않는다는 것을 확인시켜 준다. 균류가 혼합된 질소원의 공급을 받으면 암모늄이 질산염이나 아미노산에 우선하여 흡수된다. 이것은 암모늄이나 암모늄에서 합성되는 첫 번째 아미노산인 글루타민이 다른 질소원을 위한 막 흡수 단백질의 합성을 저해할 뿐만 아니라 질산염 이용에 관여하는 효소합성을 저해하기 때문이다.

인

모든 생물은 당인산, 핵산, ATP, 막 인지질 등을 합성하기 위해 상당량의 인산염 형태의 인이 필요하다. 그러나 인은 자연계에서는 충분히 이용될 수 없다. 왜냐하면 비록 수용성 인산염 비료라 할지라도 토양에서 유기물이나 칼슘, 마그네슘 이온과 복합체를 이룰 때 불용성이 되기 때문이다. 특히 식물뿌리는 토양으로부터 인을 얻기가 어렵다. 식물은 뿌리 바로 근처에 있는 미량의 수용성 인삼염을 흡수하고 고갈되면 멀리서 확산되어 들어오는 인산염에 의존해야 한다. 이와 달리 균류는 인을 획득하는 기작이 상당히 발달되어 있으며, 여러 방법을 통해 인을 얻는다(Jennings 1989):

- 균류는 인 흡수시스템의 활성을 증가시켜 미량의 가용성 인에 대해서도 민감하게 반응한다.
- 균류는 유기물에서 나온 인산염을 분해할 수 있는 인산가수분해효소를 분비한다.
- 균류는 외부의 pH를 낮추기 위해 유기산을 분비함으로써 무기인산염을 용해한다.
- 부피에 비해 높은 표면적 비를 가진 균사는 지속적으로 토양의 새로운 영역으로 뻗어나간다.

또한 균류는 당장 필요한 량을 초과하여 액포 속에 인을 폴리인산염의 형태로 축적하여 저장한다. 식물이 균류와 균근 결합을 형성하는 것은 놀랄 일이 아니다. 왜냐하면 이것은 식물이 인을 얻을 수 있는 가장 효과적인 방법이기 때문이다. 균근균류의 균사는 인이나 다른 무기영양을 흡수하기 위해 대단히 넓은 표면적을 갖고 있다. 식물이 균류에게 당을 공급하는 측면에서의 비용이 지속적으로 새로운 뿌리를 만드는 비용보다 훨씬 적을 것이다(제13장).

철

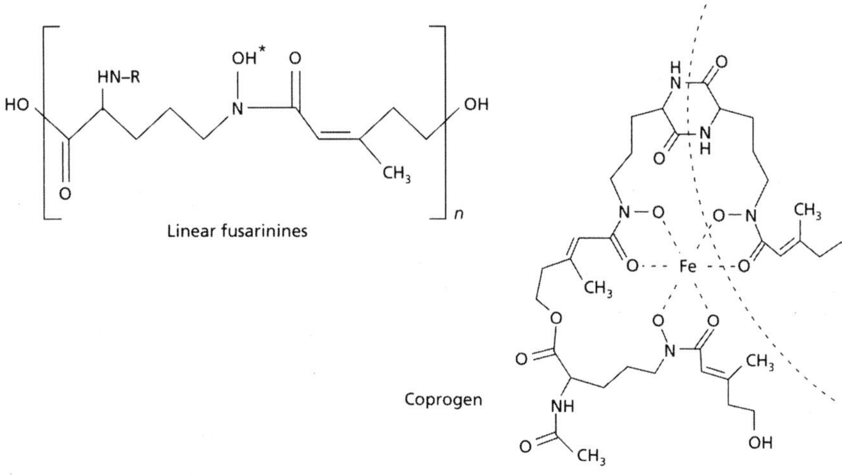

그림 6.8 제2철을 포착하기 위해 사용되는 균류의 hydroxamate 철분포획체. 가장 간단한 것은 *Fusarium, Penicillium* 및 *Gliocladium* 종에서 널리 발견되는 선상의 fusarinines. 이 균류는 별표로 표시된 위치에서 철을 격리시킨다. Coprogen과 같은 복잡한 철분포획체는 고리 모양의 구조에서 철이 결합하는 몇 개의 fusarinine 단위(점선으로 표시된 것)를 갖고 있다.

철은 비교적 적은 량이 필요하다. 유기호흡에서 시토크롬 시스템을 포함하여 세포대사에서 전자 공여체 및 수용체로 필수적이다(제7장). 철은 보통 제2철 형태(Fe^{3+})로 생성되며 pH 5.5 이상에서 산화 제2철 또는 수산화 2철로 불용성의 형태로 된다. 철은 다른 무기양분에 비해 다양한 과정을 통해 흡수된다. 철은 철분포획체라 일컬어지는 철 킬레이트 화합물을 분비하여 환경으로부터 "포착"되어야 한다. 이 화합물은 Fe^{3+} 이온을 킬레이트 화합물로 만들어 특수 막단백질을 통해 재흡수된다. 그리고 Fe^{3+}는 세포 내에서 Fe^{2+}로 환원되며, 철분포획체는 Fe^{3+}에 비해 Fe^{2+}에 대해 친화력이 낮기 때문에 결과적으로 Fe^{2+}가 유리되도록 한다. 최종적으로 철분포획체는 다른 철이온 화합물의 포착을 위해 다시 방출된다. 철분포획체와 특수 막단백질은 철이 제한된 환경에 대응하기 위해 생성된다.

현재까지 규명된 모든 균류의 철분포획체는 **hydroxamate** type이다(그림 6.8). 그것들의 구조, 기능 및 응용에 대해서 Renshaw *et al.* (2002)에 의해 총설로 개관하였다. 이 화합물은 Fe^{3+}에 대해 높은 친화력을 갖지만 식물뿌리에 흔히 있는 형광성 Pseudomonas 세균에 의해 생성된 철분포획체(예, **pseudobactin**과 **pyoverdine**)보다는 친화력이 떨어진다. 이러한 사실은 형광성 *Pseudomonas* 세균이 농작물의 뿌리에 있는 식물병원성 균류의 방제에 사용될 수 있음을 보여준다. 예를 들면 슈도박틴을 생성하는 *Pseudomonas* 세균은 철 이온이 적게 함유된 배지에서 *Fusarium oxysporum*의 후벽포자 발아를 억제할 수 있다. 반면에 철분포획체 생성이 결핍된 돌연변이 *Pseudomonas* 세균은 그런 능력이 없다. 그러나 제12장에서 보듯이 철 이온에 대한 경쟁은 *Pseudomonas* spp.가 식물병원균을 방제할 수 있는 여러 방법 중의 하나에 불과하다.

기질이용의 효율

산업미생물학자들은 미생물 균체나 세포산물로 전환되는 기질의 효율에 대해 관심이 많다. 미생물 생태학자들은 환경적 작용과정에서 중요한 의미를 가짐에도 불구하고 이것에 대해 관심이 적다. 효율성에 대해 일반적으로 사용되는 기준은 이용계수(利用係數; economic coefficient)와 루브너상수(루브너常數; Rubner coefficient)로 다음과 같이 얻어진다:

$$\text{이용계수 (\%)} = \frac{\text{생산된 생물량의 건조 중량}}{\text{소비된 기질의 건조 중량}}$$

$$\text{루브너상수} = \frac{\text{생산된 생물량의 연소열}}{\text{소비된 기질의 연소열}}$$

대표적인 이용계수 값은 20에서 35로 균류를 희석된 배지에서 배양할 때이다. 그러나 배지의 농도가 짙어지면 그 값은 현저히 떨어진다. 기질을 초과하여 공급하면 균류는 낭비적으로 되는 것 같다. 루브너 상수값은 이용계수에 비해 높다. 예를 들면 *Aspergillus niger*의 루브너 상수값은 배양조건의 범위에 따라 0.55~0.61(55~61%에 해당)이고 이용계수는 35~46이다. 이러한 차이점은 생장 중에 저장 및 비축용으로 지질을 합성하는 것으로 설명할 수 있다. 지질은 배양배지에서 기질로 사용하는 탄수화물에 비해 높은 칼로리값을 갖는다. 그러나 이러한 수치가 보여주는 중요한 점은 균류에 공급되는 기질의 상당한 부분이 균 생체량으로 전환되는 것보다 에너지 생성에 소모된다는 것이다.

자연계에서는 기질 변환율을 구하기가 어렵다. 그러나 Adams & Ayers(1985)는 실험실에서 기생균 *Sporidesmium sclerotivorum*을 숙주균 *Sclerotinia minor*의 균핵에 배양하면서 얻은 포자분석을 통해 변환율을 계산하였다. 이 실험장치는 자연조건을 모방한 것이다. 왜냐하면 균핵은 감염된 숙주식물에서 잠재적인 생존구조로 만들어지고 그리고 토양에서 겨울을 난다. 거기서 균핵은 기생균에 의해 공격받을 수 있다. 보고된 기질 변환율은 이용계수가 51~60이고 루브너 상수는 0.65~0.75로 특별히 높은 수치였다. 이 기생균은 숙주의 균핵에 기생하는 탁월한 방법을 가지고 있다. 처음 기생균이 균핵 세포 사이에 침투하여 그곳에서 유리되는 미량의 수용성 양분을 소모하고 숙주에 양분 스트레스를 주면서 균핵 세포 사이에서 우점하여 자란다. 숙주세포는 에너지 저장물질(주로 글리코겐)을 당으로 전환하여 대응한다. 그러나 전환된 당은 세포에서 빠져나와 기생균류의 생장을 더욱 북돋워 주게 된다. 기생에 있어서 이와 같은 비공격적 방식(non-invasive mode of parasitism)은 식물의 **내생균류**(內生菌類; **endophytic fungi**)에서도 볼 수 있다(제14장). 이 균류는 식물의 세포벽 사이 또는 내부에서 느리고 드문드문 자라 숙주식물 세포에서 빠져 나오는 양분을 이용한다.

기질 효율성에 대한 관점에서 볼 때, 균류는 실리카겔 또는 유리위의 미량의 양분을 이용하여 **빈영양**(貧營養; **oligotrophy**) 상태에서도 생장할 수 있다는 점에 주목해야 한다. 균류는 대기 중의 미량의 휘발성 유기화합물을 포착하여 생장하는 것 같다(Wainwright 1993).

배양할 수 없는 균류

이 장을 종결하기 위해 아직도 실험실에서 배양할 수 없는 균류에 대해 언급해야겠다. 이 균류는 전에는 **절대기생균**(絶對寄生菌; **obligate parasites**)이라고 불리었으나 지금은 보통 **생체영양성 기생균**(生體營養性 寄生菌; **biotrophic parasites**)이라고 일컫는다(제14장). 여기에 속한 많은 균류는 환경적으로나 경제적으로 매우 중요하다. 이러한 균류에는 수지상균근균(Glomeromycota), 녹병균(담자균류), 흰가루병균(자낭균류), 그리고 노균병균(난균류)이 포함된다. 이상의 모든 균류는 숙주세포 내에서 양분을 흡수하는 **흡기**(吸器; **haustorium**)나 그와 유사한 구조체를 형성한다(제14장).

기생균류 중 어떤 것은 언젠가 **순수배양**(純粹培養; **axenic culture**)(숙주와 분리하여) 될 것으로 보인다. 그렇지만 *Puccinia graminis*(밀 줄기녹병균)와 몇몇 다른 녹병균을 시작으로 녹병균 배양에 상당한 진전이 있어 왔다(Maclean 1982).

*P. graminis*는 긴 잠재기 후에 아주 느리게 생장한다고 알려졌다. 한천배지 상에서의 생장률은 실험실 조건에서 일반 균류가 보통 하루에 1~50mm인데 비해 이 균은 30~300㎛ 범위였다. *P. graminis*는 시스테인 같은 필수양분을 배지 속으로 누출시키는 경향이 있다. 따라서 개개의 포자로부터 양분이 누출되는 것을 방지하기 위해 접종시 포자의 밀도를 많게 할 필요가 있다. 또한 *P. graminis*는 자기저해물질(self-inhibitor)을 분비하여 배양액을 상하게 할 수 있다. 이 현상은 포도당이 풍부한 배지에서 배양할 때 여러 균류에서 볼 수 있으며 결과적으로 생장을 감소 내지 정지시킨다. 이것은 비교적 묽은 배지를 사용함으로써 극복할 수 있다. 아마 녹병을 일으키는 *Melampsora lini* 같은 어떤 녹병균류는 고농도의 이산화탄소를 필요로 한다. 이러한 점에 관심을 기울인다면 많은 녹병균은 실험실에서 유지 관리될 수 있다. 그러나 배양되는 과정에 그들 중 어떤 균류는 식물에 다시 감염을 일으킬 수 없는 "부생영양성"으로 비가역적 변화를 한다.

참고도서

Booth, C. (1971) *Methods in Microbiology*, vol. 4. Academic Press, London.
Garraway, M.O. & Evans, R.C. (1984) *Fungal Nutrition and Physiology*. Wiley, New York.
Griffin, D. (1994) *Fungal Physiology*, 2nd edn. Wiley-Liss, New York.

참고문헌

Adams, P.B. & Ayers, W.A. (1985) Energy efficiency of the mycoparasite *Sporidesmium sclerotivorum* in vitro and in soil. *Soil Biology and Biochemistry* **17**, 155–158.
Burton, R.J. & Coley-Smith, J.R. (1993) Production and leakage of antibiotics by *Rhizoctonia cerealis, R. oryzae-sativae* and *R. tuliparum*. *Mycological Research* **97**, 86–90.
Cho, C., Harold, F.M. & Scheurs, W.J.A. (1991) Electrical and ionic dimensions of apical growth in *Achlya* hyphae. *Experimental Mycology* **15**, 34–43.
Garrill, A. (1995) Transport. In: *The Growing Fungus* (Gow, N.A.R. & Gadd, G.M., eds), pp. 163–181. Chapman & Hall, London.
Gow, N.A.R. (1984) Transhyphal electric currents in fungi. *Journal of General Microbiology* **130**, 3313–3318.
Jennings, D.H. (1989) Some perspectives on nitrogen and phosphorus metabloism in fungi. In: *Nitrogen, Phosphorus and Sulphur Utilization by Fungi* (eds Boddy, L., Marchant, R. & Read, D.J.), pp. 1–31. Cambridge University Press, Cambridge.
Kropf, D.L., Caldwell, J.H., Gow, N.A.R. & Harold, F.M. (1984) Transhyphal ion currents in the water mould *Achlya*. Amino acid proton symport as a mechanism of current entry. *Journal of Cell Biology* **99**, 486–496.
Maclean, D.J. (1982) Axenic culture and metabolism of rust

fungi. In: *The Rust Fungi* (Scott, K.J. & Chakravorty, A.K., eds), pp. 37–120. Academic Press, London.

Penttila, M., Teeri, T.T., Nevalainen H. & Knowles, J.K.C. (1991) The molecular biology of *Trichoderma reesei* and its application in biotechnology. In: *Applied Molecular Genetics of Fungi* (Peberdy, J.F., Caten, C.E., Ogden, J.E. & Bennett, J.W., eds), pp. 85–102. Cambridge University Press, Cambridge.

Renshaw, J.C., Robson, G.D., Trinci, A.P.J., *et al.* (2002) Fungal siderophores: structures, functions and applications. *Mycological Research* **106**, 1123–1142.

Taylor, E.E. & Marsh, P.B. (1963) Cellulose decomposition by *Pythium*. *Canadian Journal of Microbiology* **9**, 353–358.

Wainwright, M. (1993) Oligotrophic growth of fungi – stress or natural state? In: *Stress Tolerance of Fungi* (Jennings, D.H., ed.), pp. 127–144. Academic Press, London.

Wessels, J.G.H. (1990) Role of cell wall architecture in fungal tip growth. In: *Tip Growth in Plant and Fungal Cells* (Heath, I.B., ed.), pp. 1–29. Academic Press, New York.

제7장

균류의 물질대사와 그 생산물

이 장은 다음과 같은 주요 부분으로 구성되어있다:

- 균류는 다른 환경조건에서 어떻게 에너지를 획득하는가
- 물질대사의 조절: 각각의 대사과정들은 어떻게 조절되는가
- 균류의 유동성 및 저장성 화합물
- 카이틴과 라이신의 합성
- 2차물질대사의 경로와 산물

본 장에서는 균류가 서로 다른 환경과 다양한 기질에서 어떻게 생장하는가를 이해하기 위하여 균류의 기본적인 대사경로를 정리한다. 또한 페니실린 항생물질과 발암물질인 아플라톡신 및 맥각알칼로이드처럼 상업적 및 환경적으로 중요한 2차대사산물의 생산을 포함하여 균류의 대사에 관한 독특하고도 특이적인 내용을 다루기로 한다. 몇몇 물질은 이미 그 기본적인 생화학적 특성들이 알려져 있지만, 여기서는 균류의 생물학적인 관점에서 소개할 것이다.

균류는 다른 환경조건에서 어떻게 에너지를 획득하는가 ?

그림 7.1은 중앙대사의 경로와 이 경로를 통해서 다른 화합물의 전구물질이 만들어지는 과정을 보여준다. 그림 중앙부는 당류가 **Embden-Meyerhof(EM)경로(해당작용)**와 **tricarboxylic acid (TCA) 경로**로 분해되어 에너지를 발생시키는 것을 나타낸다. 많은 중간대사산물은 중앙경로로부터 다른 필수대사산물과 다양한 2차대사산물을 합성하는 데 이용된다.

균류는 다양한 화합물들을 산화시켜서 에너지를 얻을 수 있지만, 우선 포도당과 같은 단당류에서 자라는 균류에 대해 알아보는 것이 대사를 이해하기에 편리하다. 그림 7.2에서 보는 바와 같이, 포도당은 **Embden-Meyerhof(EM)경로**의 일련의 효소에 의해서 glucose-6-phosphate, fructose-6-phosphate로 전환되었다가 fructose-1,6-biphosphate로 된다. 이들 인산화 반응은 에너지를 제공하는 adenosine triphosphate (ATP) 2개 분자를 소모하면서 이루어진다. Fructose-1,6-biphosphate는 다시 3탄소화합물인 glyceraldehyde-3-phosphate와 dihydroxyacetone phosphate로 분해되는데, 이 두 3탄소화합물들은 서로 전환될 수 있으며 차후에 일련의 효소들에 의해서 **피루브산(pyruvic acid)**으로 전환된다.

피루브산은 중앙대사의 핵심중간대사산물 중의 하나인데, 균류가 호기성 또는 혐기성의 어느 환경에서 자라느냐에 따라 피루브산이 분해되는 대사경로가 달라진다.

산소가 존재할 때, 피루브산(3탄소화합물)은 미토콘드리아에 들어가서 한 분자의 coenzyme-A와 결합하여, 2탄소화합물인 **acetyl-coenzyme A**(acetyl-CoA)로 변하고 이산화탄소 1 분자를 내놓는다. 아세틸-CoA는 4탄소화합물인 옥살아세트산(oxaloacetate)과 결합하여 6탄소의 구연산을 생성하고, 이것은 TCA회로를 통해 2개 분자의 이산화탄소를 소모하면서 옥살

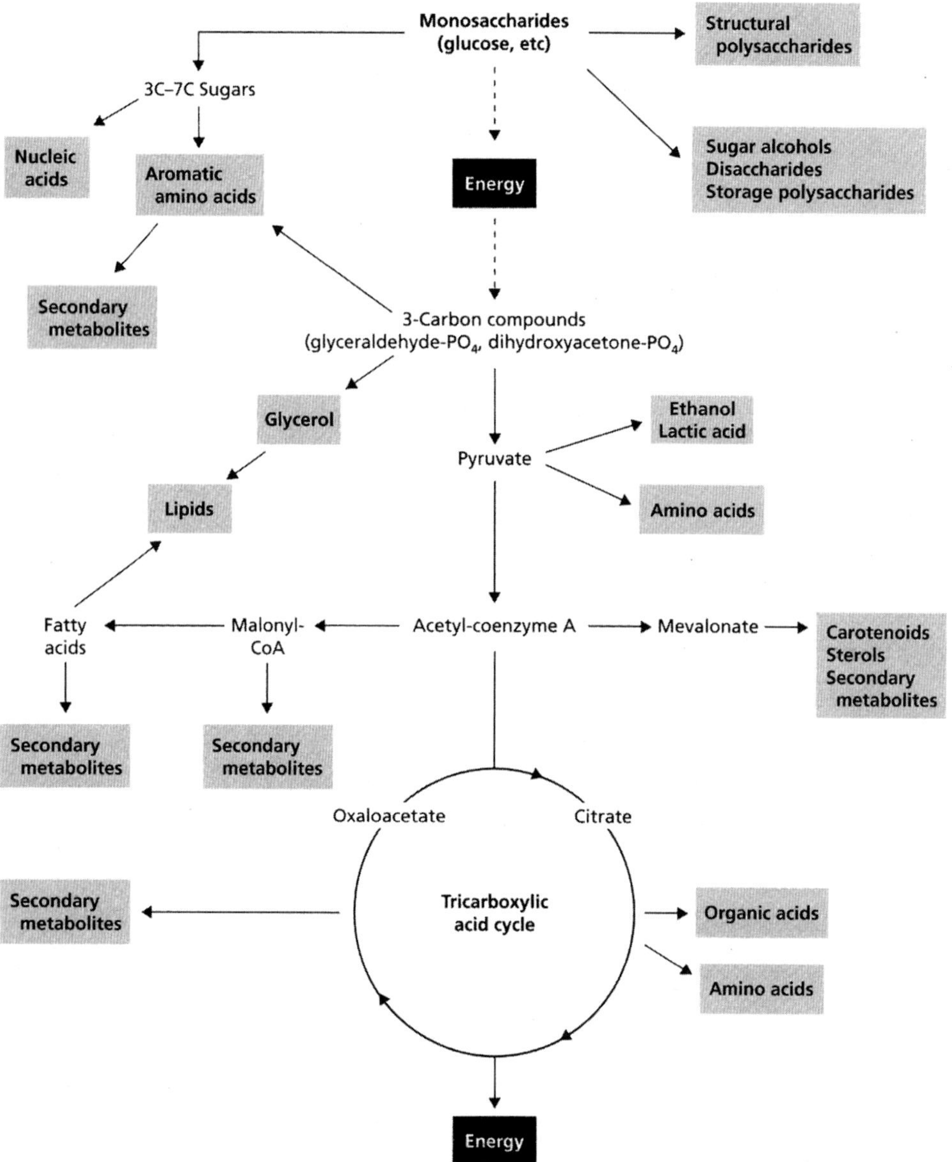

그림 7.1 균류의 중앙 대사경로. 주요 에너지발생 경로(Embden-Meyerhof 경로와 tricarboxylic acid 회로)에서 생성된 전구물질들이 다양한 대사산물(회색박스)로 합성되는 것을 보여준다. 본 그림에서는 중앙대사경로의 모든 중간산물들이 나타나 있지 않은데, 보다 자세한 것은 그림 7.2에 나타내었다. 페니실린과 균독소 같은 2차대사산물은 다양한 전구물질로부터 생산되지만, 주로 acetyl coenzyme A로부터 만들어진다.

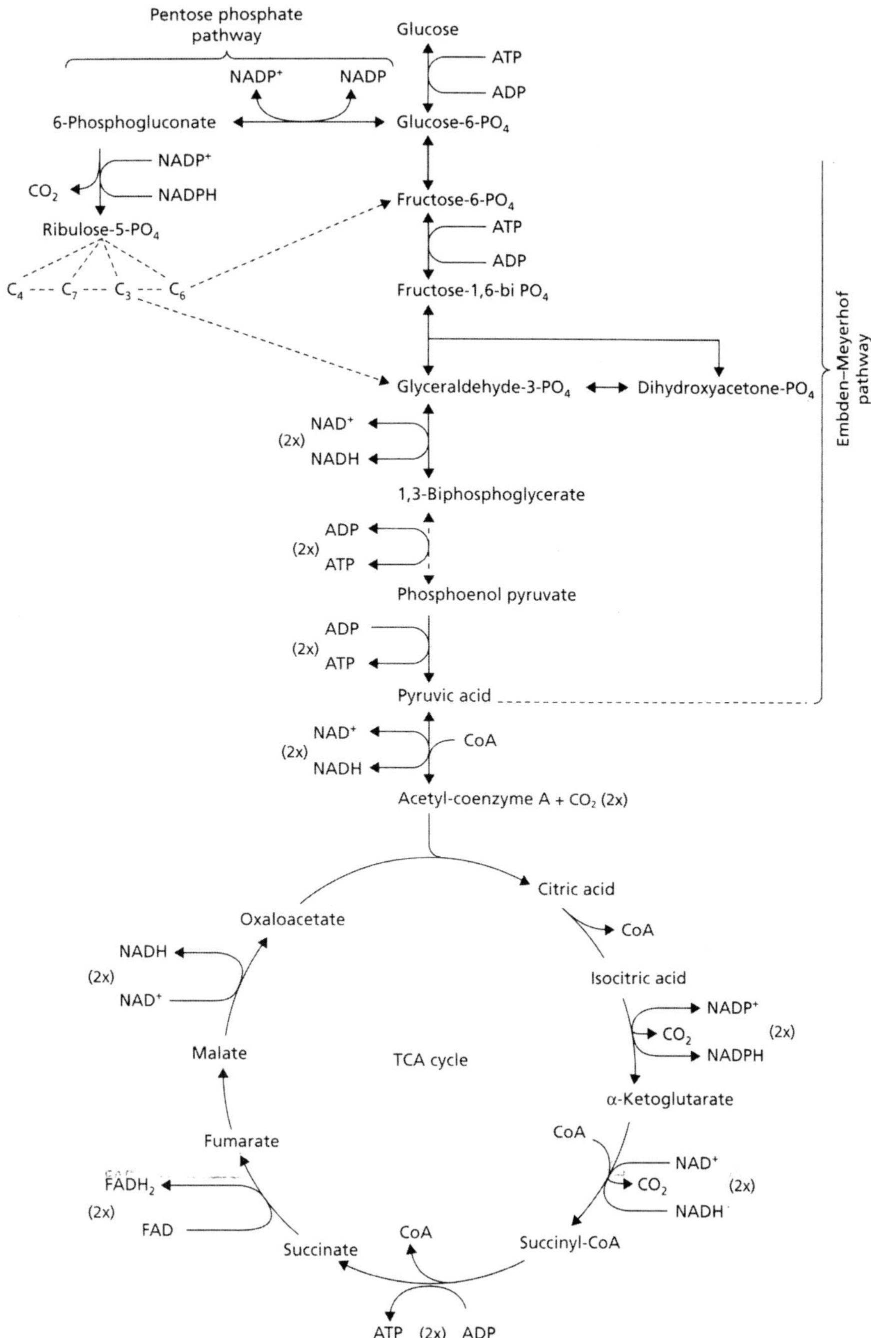

그림 7.2 Embden-Meyerhof 경로와 tricarboxylic acid 회로. 이 경로 및 회로는 당으로부터 에너지를 발생시키는 주요 수단이다. Pentose-phosphate(PP) 경로가 그림의 왼쪽 윗편에 있는데, PP 경로는 약간의 에너지를 발생시키기도 하지만 주로 핵산의 5탄당을 생합성하는 데 관여한다.

체수단을 갖는다. 이들은 전자전달계의 최종전자수용체로 산소 대신 질산을 이용하므로 완전한 TCA회로가 작동된다. 질산을 최종 전자수용체로 이용하는 경우에는 포도당 1분자의 대사 결과 이론적으로 26 ATP가 생성된다. 이것은 최종 전자 수용체로서 산소를 이용할 때 보다 낮은 수율인데, 이는 NADH/ NADPH에서 질산으로 전자가 전달되는 동안 발생되는 에너지 차가 오직 2 ATP(1 ATP는 flavin nucleotide에서 질산으로의 과정에서 생성)만을 발생시키기에 충분한 양이기 때문이다.

이처럼 (i) 전자전달계가 관여하고, (ii) 최종 전자수용체로 **외부무기물**을 이용하는 모든 에너지발생 경로를 **호흡**(呼吸; **respirations**)이라 하며, **유기호흡**(有機呼吸; 산소가 최종 전자수용체인 경우)과 **무기호흡**(無氣呼吸; 질산이 최종 전자수용체인 경우)으로 구분된다.

요약: 에너지 발생경로의 주요 역할

그림 7.2에서 볼 수 있듯이 많은 종류의 기질이 에너지 생성 경로에 이용되면 에너지원으로도 이용 가능하다. 예를 들어, 자일로스(xylose, 헤미셀룰로스의 주성분) 같은 5탄당은 PP경로를 따라 대사되어 에너지를 생성할 수 있다. 글루타미르산 같은 아미노산은 탈아미노화되어 유기산(이 경우는 α-케토글루타르산)이 되며, 이것은 TCA회로에서 옥살아세트산이 되면서 9 ATP를 생성한다. 이와 비슷하게, 아세트산이 기질로 공급되면 이것은 coenzyme A와 결합하여 아세틸-CoA로 변환되고 옥살아세트산과 결합하여(구연산이 됨) TCA회로를 통해 대사된다. 지방산은 β-산화를 통해 아세틸-CoA로 분해되어(그림 7.4) 대사에 이용된다. 이와 같은 모든 대사의 거의 유일한 제한요인은 최종 전자수용체인 산소(또는 질산)의 존재이다. **발효**(醱酵; **fermentation**)를 통해 에너지를 공급하는 유일한 기질은 Embden-Meyerhof와 pentose- phosphate 경로를 거치는 당과 그 유도체들뿐이다.

대사의 조절: 경로들의 조화

기본적인 에너지생성 경로의 몇몇 중간물질은 생합성의 전구물질로 사용된다. 예를 들어,

- Dihydroxyacetone phosphate(EM경로)는 지방 합

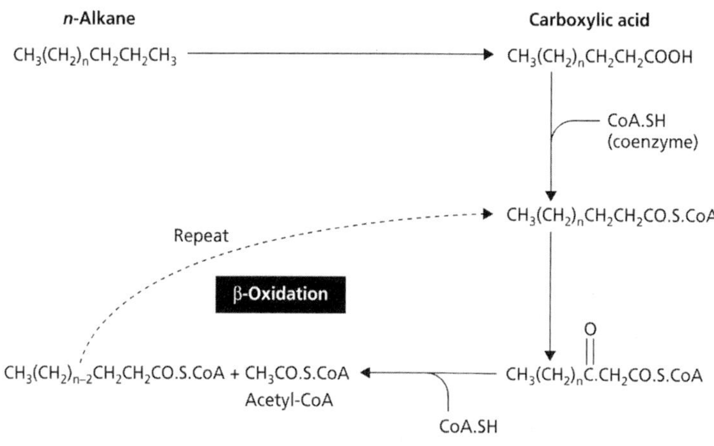

그림 7.4 β-oxidation 반응. 균류의 미토콘드리아에서 일어난다. 장쇄 지방산이 조효소 A와 결합하여 활성화 된 후에 β-oxidation 회로에 들어가서 회로가 한번 돌 때마다 1개 분자의 아세틸-CoA를 생성한다. 대부분의 지방산은 짝수의 탄소 분자를 갖기 때문에 지방산은 β-oxidation 회로에서 완전하게 아세틸-CoA로 전환된다. 항공유(제6장)와 같은 장쇄 수화탄소(*n*-alkanes)는 oxygenase 효소에 의해서 산화되면 이 경로로 대사할 수 있다.

성을 위한 글리세롤로 변환된다.

- 아세틸-CoA는 지방산이나 스테롤에 사용된다.
- α-케토글루타르산은 아미노산 중 중요한 글루탐산계(glutamate, proline, arginine)합성에 사용된다.
- 옥살아세트산은 중요한 아스파테이트계(aspartate, lysine, methionine, threonine, isoleucine)의 합성에 이용된다.

그러므로 **'에너지를 생성하는 경로들이 중간체들이 소모되는 중에도 어떻게 작동할 수 있는가'** 라는 의문이 생긴다.

TCA회로의 중간물질이 소모되면 TCA회로는 작동되지 않으므로 중요한 문제가 발생한다. 이런 문제는 소모된 중간물질을 다시 채우는 특별한 **보충반응**(補充反應; **anaplerotic reactions**)(글자 그대로 "filling-up" 반응)으로 극복된다. 이와 같은 연쇄반응은 다음에 다루게 될 글리옥실산회로이다. 또 다른 경우의 보충반응은 피루브산에 이산화탄소를 붙여 옥살아세트산을 만드는 아래의 반응이다:

$$\text{피루브산} + \text{ADP} + \text{HCO}_3^- \xrightarrow{\text{피루브산 카복실라제}} \text{옥살아세트산} + \text{ADP} + \text{P}_i$$

바이오틴(biotin)이란 비타민은 피루브산 카복실라제의 조효소로서 이산화탄소의 전달체와 수용체로 작용하는 중요한 기능을 수행한다. 바이오틴은 카복실화반응에서의 중요한 조효소로 작용한다. 이것은 균류가 바이오틴을 합성하지 못할 때 바이오틴을 첨가하는 중요한 이유이다(표 6.1 참조).

어떻게 비당 기질에서 당을 생성하는가?

당은 균류의 세포벽, 핵산, 그리고 저장성 화합물의 합성을 위해 항상 필요하다. 그러면 균류가 비당 기질에서 생장할 때 어떻게 당을 생산할 수 있을까? 그것은 그림 7.5에서 나타낸 **포도당신생합성**(葡萄糖新生合成; **gluconeogenesis**)에 의해서 만들어진다. 이 중 많은 과정은 단순히 정상적인 EM경로의 역반응이지만 EM경로 중 phosphoenolpyruvate(PEP)와 피르브산은 비가역적이기 때문에 우회반응이 있어야 한다.

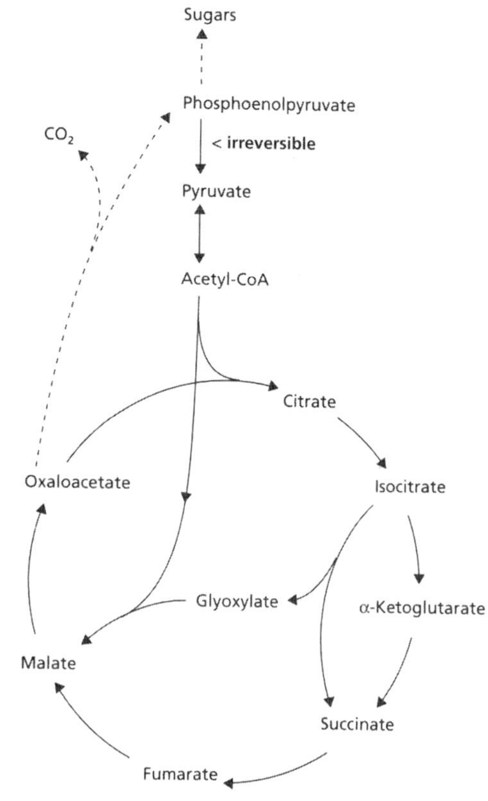

그림 7.5 글리옥실산회로. 균류가 아세트산이나 유기산과 같은 비당기질에서 자랄 때 당류를 생성한다.

유일한 탄소원으로 아세트산(2탄소)에서 자라는 균을 가정하면, 흡수된 아세트산은 아세틸-CoA로 변환되어 **글리옥실산회로**(glyoxylate; TCA회로의 단축형)에 의해 옥살아세트산을 생성하는 과정에 이용된다. 이 과정의 첫 번째 반응은 이소시트르산(TCA회로의 6탄소 중간물질)이 숙신산(4탄소)과 글리옥실산(2탄소)으로 분리된다. 그리고 이 글리옥실산은 아세틸-CoA와 중합되어 말산이 되고 나아가 옥살아세트산으로 된다. 이때 옥살아세트산은 탈카르복시화되어 아래와 같이 phosphoenolpyruvate(PEP)를 생성하고 당은 EM경로의 나머지 반응들의 역반응을 따라 PEP로부터 생성된다:

$$\text{옥살아세트산} + ATP \xrightarrow{\text{PEP 카복실라제}} \text{phosphoenolpyruvate} + CO_2 + ADP + P_i$$

글리옥실회로에 의한 주요 기능은 아세트산이 유일한 탄소원으로 공급될 때 글리옥실산회로의 효소들이 20배 이상 증가하고, 아세트산에서 자라지 못하는 돌연변이체는 흔히 이 회로의 한 단계에서 파괴된다. 위에서 언급한 것과 동일한 과정이 지방산, 유기산, 아미노산, 에탄올 등의 다른 기질에서 당을 생산하는 데에도 이용된다.

상업 생산물로서의 유기산의 분비

균류는 유기산을 생산하는 중요한 산업자원이다(제1장). 예를 들어, *Aspergillus niger*를 높은 농도(15~20%)의 포도당과 낮은 pH(약 2.0)에서 배양하면 대부분의 당류는 구연산(citric acid)으로 전환되고 이를 배지로 분비한다. 이를 위해서는 앞서 기술한 피루브산의 카르복실화에 의해 많은 양의 옥살아세트산이 생산되어야 한다. 비슷한 예로, *Rhizopus nigricans*는 TCA회로의 다른 중간물질인 **푸마르산(fumaric acid)**을 많이 생성한다. 이 두 경우 모두 균류의 생장은 낮은 pH나 다른 요인들을 통해 의도적으로 심하게 억제하고 필수적인 대사만 이루어지게 된다. 이때 균류는 연료인 기질을 생장에 사용하지 못하고 유용한 대사중간물을 연소물로 생산하는 엔진을 지닌 자동차와 같이 행동한다. 이처럼 항생물질 같은 2차대사물질이 생성되는 것을 알 수 있다. 이와 같은 과정을 **에너지소실**(-消失; **energy slippage**)이라고 부른다; 이러한 현상이 모든 유기체에서 일어난다는 것은 이것이 필수적이며 아마도 미생물은 생장을 잠시 중지하는 동안에도 정상적인 대사과정이 유지되도록 할 필요가 있기 때문일 것이다.

균류의 전이물질과 저장물질

균류에서 에너지의 저장 및 이동에 사용되는 물질은

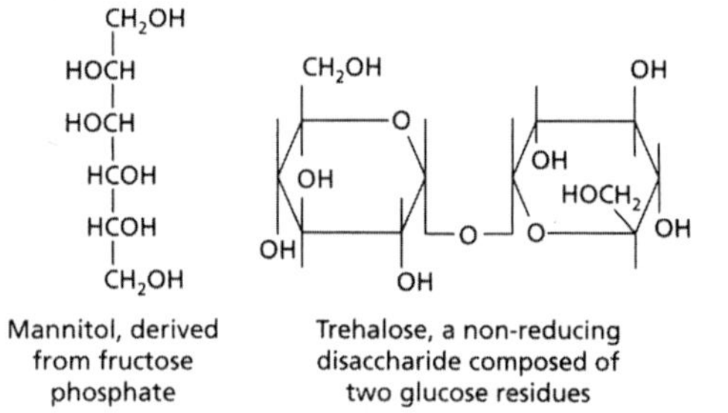

CH₂OH–HOCH–HOCH–HCOH–HCOH–CH₂OH

Mannitol, derived from fructose phosphate

Trehalose, a non-reducing disaccharide composed of two glucose residues

그림 7.6 두 가지 균당류 만니톨(mannitol)과 균당(trehalose)의 구조.

식물과는 다르나 곤충과는 매우 비슷하다. 에너지의 주요 저장물질은 지방, **글리코겐(glycogen)** (포도당의 α-결합 중합체)과 **균당**(菌糖; **trehalose**) (비환원형의 이당류; 그림 7.6)이다. 주요 전이 탄수화물은 균당과 **mannitol**(그림 7.6)이나 **arabitol** 또는 접합균류에서의 **ribitol** 같은 직쇄형 **당알코올류**(polyols)이다. 난균류는 이러한 전형적인 "균류 탄수화물"을 가지지 않는다. 대신에 저장물질로는 지질이나 수용성 mycolaminarins (포도당의 β-결합 중합체)이고, 포도당과 이와 유사한 당류로 전이된다.

이와 같은 모든 균류 탄수화물은 일반적인 당으로부터 만들어진다. 예로서 균당은 2개의 포도당으로 구성된 이당류이고, 만니톨은 **당알코올 탈수소효소(polyol dehydrogenase)**의 작용으로 과당에서 생성된다. 이들 물질은 균사에서 쉽게 상호변환하고 균사체의 각 부분에서 각기 다른 역할을 하는 것 같다. Brownlee & Jennings(1981)는 건부균 *Serpula lacrymans*를 사용하여 간단한 실험장치를 만들어서 이런 사실을 시험하였다(그림 7.7). *S. lacrymans*에 의해 미리 접종된 나뭇조각을 Perspex(비대사물질인 방풍유리) 위에 놓으면 Perspex 위에서도 균이 자라게 된다. 이때 균들은 나뭇조각으로부터 전이되는 영양분을 섭취하여 자란다. 처음에는 넓은 균총으로 자라다가 곧 균총의 정단면의 뒤에 균사다발을 형성한다(제5장). 균총의 다른 부분들을 채취하여 수용성 탄수화물의 비율을 조사해 보면 균사다발은 높은 비율의 균당을 함유하고 있다. 그러나 다른 당 또는 당알코올의 함량은 낮다. 균총의 중간부분(그림 7.7)도 균당과 arabitol(당알코올)의 함

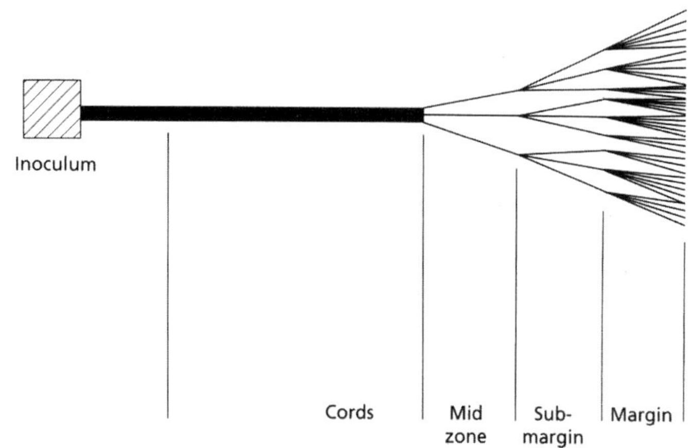

	Cords	Mid zone	Sub-margin	Margin
Sucrose, fructose, glucose	0.11	0.59	1.66	2.74
Mannitol	0	1.54	2.52	1.23
Arabitol	0.35	20.04	13.90	7.95
Trehalose	10.89	10.00	16.70	17.90
TOTAL	11.35	32.17	34.78	29.82

그림 7.7 *Serpula lacrymans* 균총의 여러 다른 부분에서 수용성 탄수화물의 함량이 서로 다름을 보여주는 모식도. 미리 접종된 나무 조각에서 Perspex로 옮겨 자란 균총을 채집하여 조사하였다. 자료는 여러 다른 부분에서 당류의 건물량을 백분율로 표시하였다. [출처: Brownlee & Jennings, 1981].

량이 높고 균총의 정단면에서도 이러한 높은 수준의 균당과 arabitol이 검출된다. 방사성동위원소인 ^{14}C으로 표지된 포도당을 나뭇조각 위에 놓으면 균에 의해 흡수되어 표지인자는 균체의 정단으로 전이된다. 균사 각 부위의 수용성 탄수화물을 분석함으로써 균당은 균사다발에서 대부분 존재하나 균사의 정단부위에서는 균당과 arabitol의 혼합물의 형태로 존재하는 것을 알 수 있다. 균총의 정단근처에서 일어나는 균당에서 arabitol로의 변환은 삼투압을 증가시켜서 균총의 정단 쪽으로 물을 끌어들이도록 하여 균류가 영양분이 없는 지역에서도 자라 나가도록 돕는다.

*Serpula lacrymans*는 건물의 구조목을 부식시키는 것으로 알려져 있다. 구조목을 처음 침해할때는 물이 필요하지만, 일단 목재에 침입하게 되면 섬유소를 분해하고 다시 포도당을 빠르게 분해(CO_2 와 H_2O)하여 소위 "대사수분(metabolic water)"을 생성하게 되는데, 때로 그렇게 생성된 수분은 균사 위에 물방울 형태로 배출된다. 이런 방식으로 균류는 물과 영양분을 확보해서 벽돌담을 수 미터씩 가로질러 다음 구조목에도 균총을 형성할 수 있게 된다(그림 7.8).

그림 7.8 *Serpula lacrymans* 에 의해서 심하게 부후된 나무 문기둥. 목재의 표면이 노랗고 하얀 균사체로 덮여있다. 목재는 전형적으로 벽돌처럼 갈라진 모습(화살표)을 나타내며, 이는 건부후의 특징이다.

균사다발과 부채꼴 균사는 수목의 외생균근에서도 발견되는데(그림 7.9), 균근의 발달을 촉진하고 무기양분을 흡수하여 뿌리로 전이시킨다. 균류의 탄수화물은 기주-기생체간의 상호작용과 공생에도 관여한다. 이에

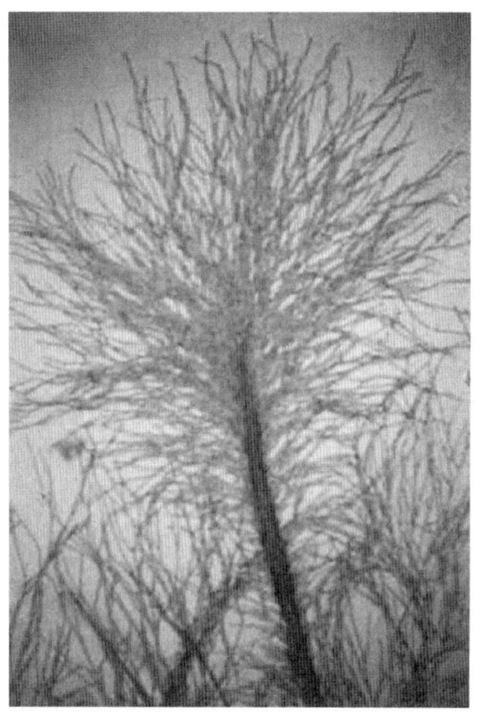

그림 7.9 한천배지에 형성된 균근균 *Lactarius pubescens*의 균사끈과 부채꼴 균사.

대한 초기 연구는 Harley에 의해서 너도밤나무의 외생근균을 대상으로 이루어졌다. 이들 균은 뿌리의 정단부위조직에 얇은 막구조를 형성하며(그림 7.10), 이는 각기 다른 화학적 방법에 의해 분석된다. 나뭇잎이 $^{14}CO_2$를 흡수하면 표지인자는 잎, 줄기 및 뿌리 조직에서 주로 자당의 형태로 발견되나 균의 막조직에서는 만니톨이나 균당의 형태로 발견된다.

이와 비슷한 것들이 녹병과 흰가루병균(제14장에서 다루어질 활물기생성 병원균류)에 감염된 식물에서도 발견되었다. 나뭇잎이 $^{14}CO_2$를 흡수하면 표지인자는 전형적인 식물체의 당(자당, 포도당)으로 나타나지만 동일한 잎에서 채취한 포자에서는 균의 탄수화물에서 표지인자가 나타난다. 대부분의 식물은 (종자와 과일을 제외하고) 이와 같은 균 대사물을 이용할 수 없기 때문에 식물당으로부터 균당으로의 전환은 대사밸브로서 작용한다. 즉 식물기주로부터 균류로 영양분이 일방적으로 제공되는 것이다. 이러한 대사밸브는 활물기생체에 매우 이롭게 작용한다.

균류에서 실제 영양분의 이동 경로는 아직 분명치 않다. 그러나 영양분은 균사를 통해서 영양분이 풍부한 곳에서 부족한 곳으로 이동한다. 제3장에서 언급된 균류의 관상형 액포가 이러한 이동에 중요한 역할을 할 것으로 추측된다. 이것은 관상형액포가 세포질의 일반적인 흐름을 거슬러서 형광염료를 전달할 수 있기 때문이다. 전형적인 균류 탄수화물들은 균류의 생리에 몇몇 다른 중요한 역할을 한다. 예를 들면 만니톨은 액포 내에서 세포 내의 pH 조절에 중요한 역할을 한다(제8장).

그림 7.10 나무뿌리에 형성된 담자균의 균근. 가는 뿌리가 두꺼운 균사초(mycorrhizal sheath)에 둘러싸여 있다.

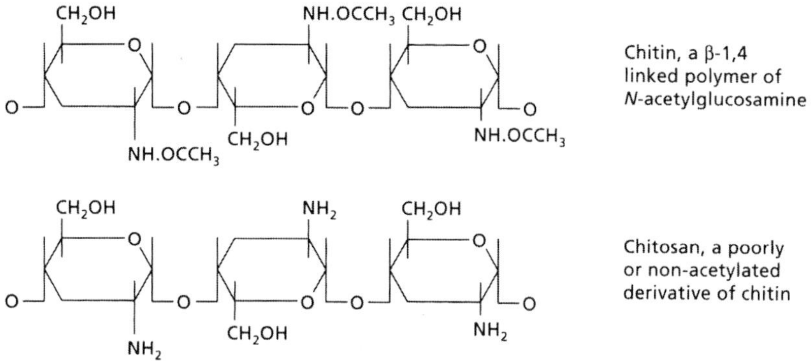

그림 7.11 카이틴 및 카이틴의 탈아세틸화 유도체인 키토산의 구조.

카이틴 합성

카이틴은 진균의 세포벽을 구성한다. 진균에서 카이틴의 합성은 다른 다당류와 비슷하며 다음의 일반 반응식으로 표시된다:

[Donor-sugar unit] + Acceptor →
Donor + [Acceptor + sugar unit]

예를 들면 카이틴의 합성에서(그림 7.11), fructose-6-phosphate(EM경로에서 옴)는 아미노기(글루타민산에서 옴)와 아세틸 CoA의 아세틸기의 연속적인 첨가에 의해 초기에 **N-acetylglucosamine**(Glc*N*Ac)으로 변환된다. 그리고 Glc*N*Ac는 uridine diphosphate (UDP)-Glc*N*Ac(donor-sugar unit)와 무기인을 만들기 위하여 uridine triphosphate(UTP)와 반응하며, 이 높은 에너지의 (UDP)-Glc*N*Ac는 **카이틴합성효소(chitin synthase)**에 의해서 제4장에서 언급한 것처럼 커지는 카이틴 사슬의 신장에 차례로 첨가된다:

UTP + Glc*N*Ac → UDP-Glc*N*Ac + P_i

그런 후:

UDP-Glc*N*Ac + *n*[Glc*N*Ac] → UDP + *n* + 1[Glc*N*Ac]

아세틸화 되지 않았거나 또는 거의 아세틸화 되지 않은 카이틴을 **키토산(chitosan)**이라 하는데, 주로 *Mucor* spp. 같은 접합균류에서 발견된다. 카이틴과 같은 방법으로 합성되지만 키토산은 **chitin deacetylase**에 의해서 탈아세틸화 된다.

라이신 생합성

라이신은 사람과 가축들이 스스로 합성할 수 없기 때문에 음식물의 형태로 섭취되어야 하는 필수 아미노산이다. 라이신은 *Brevibacterium flavum* 이란 세균을 이용하여 대규모 발효로 상업적 생산을 한다. 다른 종류의 아미노산과는 달리, 라이신은 완전히 다른 2개의 경로로 만들어진다. 이들은 각각의 경로의 특이적인 중간물질인 α-diaminopimelic acid와 α-aminoadipic acid의 이름을 빌어 각각 **DAP경로**와 **AAA경로**라고 불린다(그림 7.12). AAA경로는 카이틴을 포함하는 진균류와 유글레나에서만 발견된다. 라이신을 합성하는 그 밖의 생물들(식물, 세균, 난균류)은 DAP경로를 이용한다. 이와 같이 균류와 다른 생물 간의 큰 차이는 이들이 진화적으로 오래 전에 분화되었음을 나타낸다.

2차대사

2차대사란 생성물이 정상적인 생장에 직접적으로 관

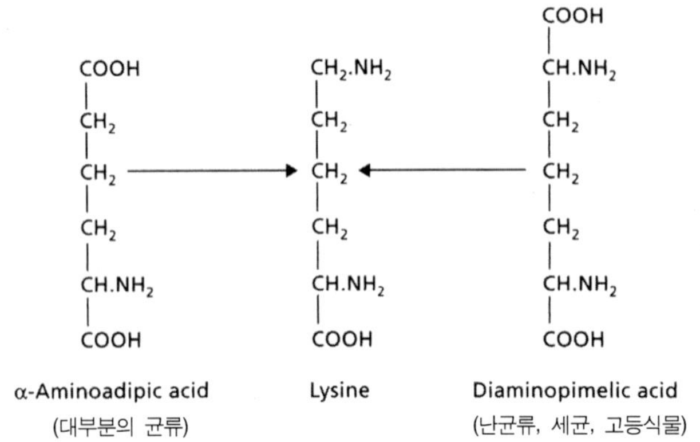

α-Aminoadipic acid (대부분의 균류)		Lysine		Diaminopimelic acid (난균류, 세균, 고등식물)
				COOH
COOH		$CH_2.NH_2$		$CH.NH_2$
CH_2		CH_2		CH_2
CH_2	→	CH_2	←	CH_2
CH_2		CH_2		CH_2
$CH.NH_2$		$CH.NH_2$		$CH.NH_2$
COOH		COOH		COOH

그림 7.12 아미노산 라이신 및 두 가지 다른 경로를 통해서 만들어지는 중간물질의 구조.

여하지 않는 다양한 반응들을 의미한다. 이런 점에서 2차대사는 중간대사(정상적인 세포 내의 대사경로)와는 다르다. 진균에는 수천 가지의 2차대사산물이 보고되었다(Turner 1971, Turner & Aldridge 1983). 이들이 가지는 공통점은:

- 2차대사산물은 회분배양에서 생장이 정지할 경우와 연속배양에서 기질의 제한을 받을 경우에 생성된다(제4장).
- 2차대사산물은 흔한 대사 중간물로부터 만들어지나 특이적인 유전자들에 의해 암호화된 특이적인 효소로 된 경로를 따른다.
- 2차대사산물은 생장과 정상적인 대사에 필수적이지 않다.
- 2차대사산물은 속-, 종- 또는 균주-특이적으로 생성된다.

2차대사산물에 대한 관심은 이들이 산업적 및 환경적으로 중요하기 때문이다. 예를 들어 penicillin (*Penicillium chrysogenum*에서 얻어진다), 구조적으로 비슷한 cephalosporin(*Cephalosporium*이나 *Acremonium* spp.에서 얻어진다), griseofulvin(*P. griseofulvum*에서 얻어진다)은 균류에서 산업적으로 생산된 항생물질이다. 그 밖의 2차대사산물은 균사벽의 검은 색소인 멜라닌(melanin)과 *Neurospora crassa* 포자의 카로티노이드(carotenoid) 색소가 있다. 2차대사산물은 활성산소(hydrogen peroxide나 superoxide, 제8장)등에 의한 해로부터 세포를 보호하는 기능이 있다. 지베렐린 같은 식물호르몬도 2차대사산물로서 원예에 산업적으로 이용되고 있다. 지베렐린은 진균 *Gibberella fujikuroi*에 의해서 발생하는 벼의 키다리병을 연구하다가 발견되었다. 이 병에 걸린 벼는 기생하는 진균이 생성하는 지베렐린 때문에 키가 커진다. 몇몇 2차대사산물은 분화에도 관여하는데, 예를 들면 제5장에서 소개된 것처럼 성호르몬 등이 있다. 또한 의약품으로 팔리기도 하는 산물로 장기이식수술에서 거부반응을 억제하기 위하여 사용하는 **ciclosporin A**가 있다. 균독소도 2차대사산물인데, 대표적인 것으로 *Aspergillus flavus*와 *Aspergillus parasiticus*(그림 7.19)가 생성하는 아플라톡신과 *Claviceps purpurea*(그림 7.18)에 의한 **맥각알칼로이드**가 있다. 이외에도 많은 것들이 있지만, 대부분은 분명한 기능이 없으며 심지어 2차대사산물을 생성하지 못하는 돌연변이체도 야생형 균주처럼 배지에서 잘 생장한다. 이와 같은 사실은 2차산물이 선택적인 유리한 점을 진균에 제공하지 않는다면, 어째서 진균은 유전자카세트를 발현시켜서 다양하고 많은 양의 2차대사산물을 생성하는가 하는 의문을 남긴다.

가장 근접한 설명으로는 최종산물과 관계없이 **2차대사과정은 필수적**이라는 것이다. 이러한 관점에서 2차대사는 생육이 잠시 멈춰질 때 기본적인 대사경로의 중간물을 제거하는 방출구로 작용한다는 것이다. 이것은 유기산의 대량생산에 관한 설명과 유사하다: 즉 생명체는 생육이 중지되는 동안 기본적인 대사는 유지할 필요가 있으나, 공유되는 대사중간체들은 대사조절작용에 이상을 일으킬 염려가 있으므로 이들의 축적을 방지하도록 세포 밖으로 방출하거나 불활성화 상태의 물질로 축적하는 2차대사경로에 투입된다. 이때 2차대사경로를 지정하는 유전자들은 돌연변이되기 쉽고 (실제 기본대사에 관련된 유전자들보다 돌연변이되기 쉬움) 도태압이 유용물질을 생산하는 돌연변이 쪽으로 진행된다고 여겨질 수 있다.

예를 들어 항생물질은 영역의 방어에 이용되고, 균독소는 동물의 섭식기피제로 작용하고, 멜라닌은 자외선 손상으로부터 보호하고, 성호르몬은 다른 개체를 유인하고, 버섯의 냄새는 포자살포를 위한 곤충의 유인물질 등으로 이용된다고 생각된다. 만일 이러한 관점이 사실이라면 많은 균류의 2차대사산물의 유용한 기능을 발견하거나 밝혀질 것이다. 어떤 경우에도 2차대사는 매우 엄격한 조절을 받는다. 위에서 보았듯이, 2차대사산물은 일반적으로 회분배양에서 지수생장기가 거의 끝날 때와 다른 영양원은 존재하나 주요 영양원이 고갈될 때 생성된다. 그러나 연속배양에서는 2차대사산물을 지수생장기 동안에도 생산할 수 있는데; 중요한 점은 2차대사를 지정하는 유전자들이 고농도의 특정 영양원에 의해 억제되므로, 물질환경조절장치에서 배양배지를 이러한 억제물질이 생장-억제 영양원이 되도록 제조하여 이러한 억제물질이 물질환경조절장치에 공급되는 즉시 이용되어 항상 낮은 농도로 유지되도록 한다(제4장).

표 7.1 다른 경로와 전구물질로부터 생성되는 2차대사물질.

전구물질	*대사경로*	*대사산물, 대표적인 생물*
당류	-	드물다. 예, 무스카린(*Amanita muscaria*), 코지산(*Aspergillus* spp.)
방향족 아미노산	쉬킴산	일부의 지의산
지방족 아미노산	다양함, peptide 합성을 포함	페니실린류(*P. chrysogenum*, *P. notatum*) Fusaric acid (*Fusarium* spp.) 맥각 알칼로이드 (*Claviceps*, *Neotyphodium*) 리서르그산 (*Claviceps purpurea*) Sporidesmin (*Pithomyces chartarum*) Beauvericin (*Beauveria bassiana*) Destruxins (*Metarhizium anisopliae*)
유기산	TCA 회로	Rubratoxin (*Penicillium rubrum*) Itaconic acid (*Aspergillus* spp.)
지방산	지질 물질대사	Polyacetylenes (담자균류의 자실체 및 균사)
아세틸-CoA	폴리케타이드	Patulin (*Penicillium patulum*) Usnic acid (많은 지의류) Ochratoxins (*Aspergillus ochraceus*) 그리세오풀빈 (*Penicillum griseofulvum*) 아플라톡신 (*A. parasiticus*, *A. flavus*)
아세틸-CoA	이소프레노이드	Trichothecenes (*Fusarium* spp.) Fusicoccin (*Fusicoccum amygdali*) 몇 가지의 성 호르몬: sirenin, trisporic acids, oogoniol, antheridiol Cephalosporins (*Cephalosporium* 및 유연 균류) Viridin (*Trichoderma virens*)

2차대사의 경로와 전구물질

이 장의 시작부에 있는 그림 7.1로 되돌아가서 보면, 기본적인 대사경로의 주요 중간산물들이 2차대사의 시작물질이 된다는 사실을 알 수 있다. 몇몇 중요한 예를 표 7.1에 열거하였다.

이 중 가장 중요한 것은 2차대사 외에 다른 기능이 없는 **polyketide 경로**이다. 이는 그림 7.13에서 개요도로 표시되었다. 전구물질은 카르복실화되어 말론-CoA를 생산하는 아세틸-CoA이고 (이것은 지방산 합성의 정상경로임), 3개 또는 그 이상의 말론-CoA가 아세틸-CoA와 중합되어 사슬 구조를 이룬다. 이 사슬은 환형화되며, 이러한 고리구조는 다양한 산물에 따라 여러 가지로 변형된다. 이러한 산물로는 인간의 피부감염을 치료하는 **griseofulvin** (*Penicillium griseofulvum*에서 생성)(제17장), 다음에 다루게 될 독성이 강한 아플라톡신 (*Aspergillus flavus* 및 *A. parasiticus*), 다양한 *Penicillium*과 *Aspergillus* spp.의 **ochratoxin**, 그리고 *Penicillium patulum*에 의해 생성되고 항생물질이면서 독소인 **patulin**이다.

또 다른 중요한 경로는 주로 sterol 합성에 이용되는 **isoprenoid 경로**이다. 또 다시 아세틸-CoA가 전구물

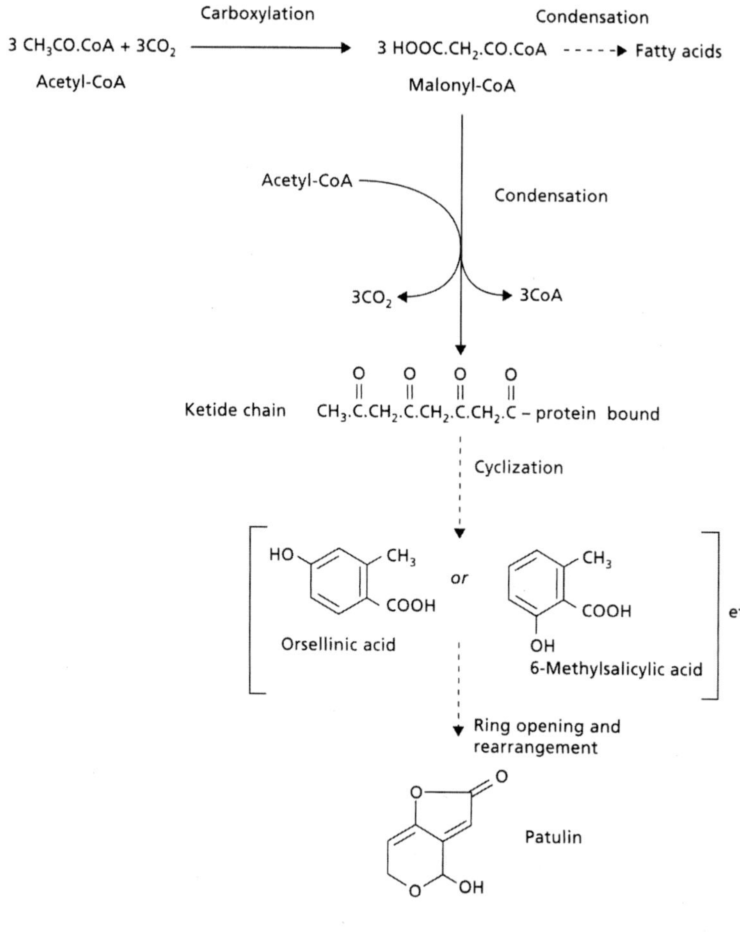

그림 7.13 균독소와 patulin(항생제) 같은 2차대사산물을 생성하는 주요 경로 중의 하나인 polyketide 경로의 개요도. 괄호에 표시된 것과 같은 여러 가지 중간물질이 고리화과정 중에 생성되어 다른 산물이 된다. Patulin은 6-methylsalicylic acid로부터 생성된다. 이 그림에 나타낸 것 보다 더 긴 사슬의 ketide는 아플라톡신(그림 7.19) 등을 생성하는 여러 가지의 고리구조를 만든다.

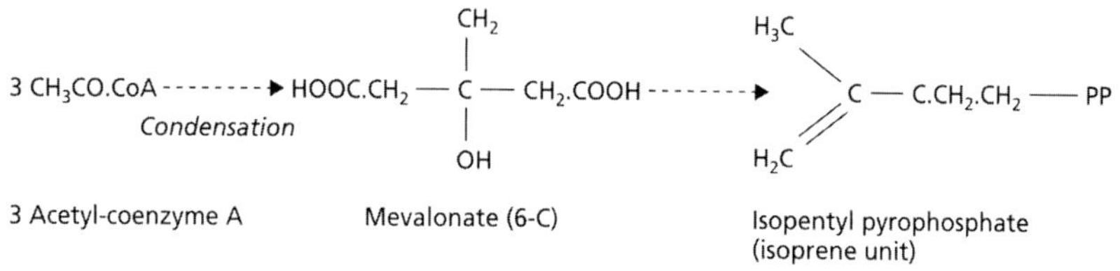

3 $CH_3CO.CoA$ → $HOOC.CH_2—C(CH_2)(OH)—CH_2.COOH$ → $(H_3C)(H_2C=)C—C.CH_2.CH_2—PP$

Condensation

3 Acetyl-coenzyme A　Mevalonate (6-C)　Isopentyl pyrophosphate (isoprene unit)

그림 7.14 아세틸 CoA로부터 isoprene 단위체로 합성되는 경로.

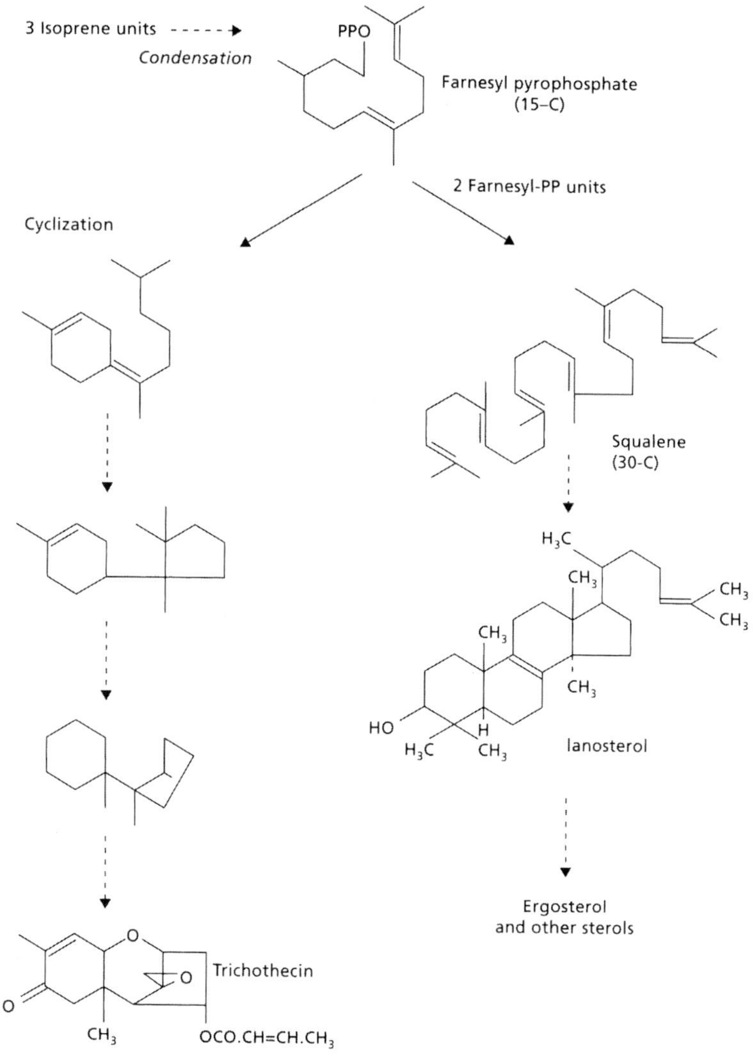

3 Isoprene units → Farnesyl pyrophosphate (15–C)

Condensation

PPO

Cyclization

2 Farnesyl-PP units

Squalene (30-C)

lanosterol

HO　H_3C　CH_3　H　CH_3

Ergosterol and other sterols

Trichothecin

O　CH_3　$OCO.CH{=}CH.CH_3$

그림 7.15 Sterol, 몇몇 균의 pheromone, 균독소 그리고 cephalosporin 항생제를 만드는 isoprenoid 경로의 개요도.

그림 7.17 (a) 호밀풀 (*Lolium* sp.)의 종자 대신에 형성된 *Claviceps purpurea*의 맥각 (균핵). (b) 자실체 표면의 안쪽에 박혀있는 자낭각(p)에서 자낭포자를 방출하는 *Claviceps*의 종단면.

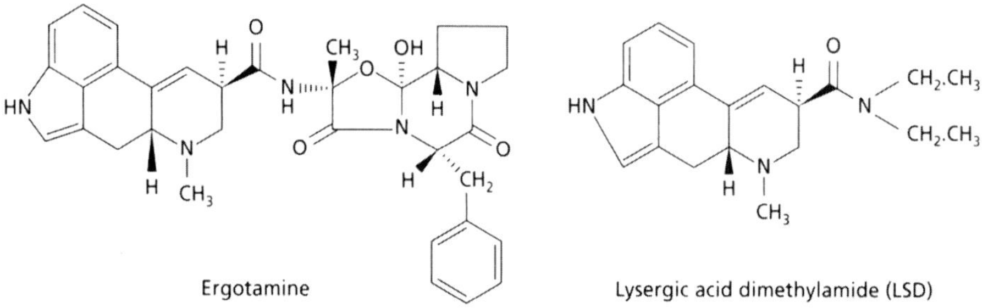

Ergotamine

Lysergic acid dimethylamide (LSD)

그림 7.18 맥각알칼로이드인 ergotamine과 그 유도체인 lysergic acid dimethylamide (LSD)의 구조.

많은 균독소에 의한 피해는 음식이나 사료를 잘못 저장함으로써 발생하므로 주의를 기울이면 피할 수 있다(제8장). 하지만 *Fusarium* spp.는 습기가 많은 들에서 자라고 있는 곡물의 낟알에 침입하여 그 곡물이 수확되기 전에 균독소를 생산하여 곡물을 오염시키므로 더 특별한 위협이 된다. 이러한 몇 가지 예를 표 7.2에 제시하였다. 독버섯들도 상당히 치명적인 독소를 함유하고 있는데, *Amanita phalloides* (death cap; 알광대버섯)와 *Amanita virosa* (destroying angel; 독우산광대버섯) 등이 있다. 이들 버섯의 독성은 각각 **phallotoxin**과 **amatoxin**에 기인하는데, 이 물질은 급성독성 물질이며 대체로 균독소로 분류되지는 않는다.

맥각알칼로이드와 다른 독소들

맥각균 *Claviceps purpurea*(그림 7.17)는 감염된 화곡류와 목초류 종자가 형성될 자리에 **맥각**(麥角; **ergot**)이라는 균핵을 형성한다. 균핵은 땅에 떨어져서 지표면에서 월동한다. 이듬해 여름에 북채 모양의 작은 자실체를 형성하고 이 자실체에는 자낭포자를 가진 많은 자낭각이 있다. 자낭포자는 화곡류가 개화할 때 자낭각으로부터 방출되어 꽃의 씨방을 감염하여 새로운 균핵을 형성하면서 새로운 생활사를 반복한다. 맥각에 감염된 곡물로 인해서 지난 수세기 동안 많은 사망자가 발생하였는데, 이로 인한 병 중의 하나로 경련성 맥각중독증(convulsive ergotism)이 있다. 이 병에 걸리면 신경계에 손상을 입어서 격렬한 경련이 일어난다. 또 다른 병으로 괴저성 맥각중독증(gangrenous ergotism)이 있는데 이 병은 모세혈관을 수축시켜서 산소 공급을 방해하여 조직에 심각한 피해를 유발한다. 맥각알칼로이드는 의학적으로 유용하게 사용되기도 하는데, 편두통이나 출산 후 지혈에 사용된다. 이들은 남용되기도 하는데, **ergotamine**는 화학적으로 변형되어 마약류인 **LSD** (lysergic acid diethylamide; 그림 7.18)로 전환된다. 이 주제는 제13장에서 더 자세히 다룬다.

맥각알칼로이드와는 달리 저장음식과 사료에서 별 특징없이 자라는 균류에 의한 해는 비교적 최근에서야 보고 되었다. 1950년대에 개의 간염의 대규모 발생(특정 개 사료와 관련이 있음)과 양식 무지개송어의 간암 발생이 사료에 포함된 목화씨와 관련이 있다는 것이 알려졌다. 1959년에는 10만 마리의 칠면조가 영국에서 곰팡이에 오염된 목화씨 사료를 먹고 죽었는데, 암을 발생시키는 **아플라톡신**(aflatoxin)이란 새로운 독소에 중독되어 죽은 것으로 밝혀졌다.

아플라톡신

아플라톡신(aflatoxins)은 주로 열대와 아열대 지역에서 흔한 *Aspergillus flavus*(**afla**toxin 이름이 유래된)와 *A. parasiticus*에 의해 생성된다. 이들 균류는 땅콩의 뿌리와 잔여물 등에서 생장하여 지하부의 종자에 감염될 전염원이 된다. *A. flavus*는 가게에서 구입하는 거의 모든 땅콩의 껍질에서 분리할 수 있는데, 껍질 안쪽의 회색 또는 검은색의 반점으로 나타난다. 그러나 대부분의 균주는 아플라톡신을 생성하지 못하며 균독소를 생성하는 균주도 특정조건에서만 가능하다(제8장). 땅콩이나 목화 종자와 같이 지방이 많은 재료

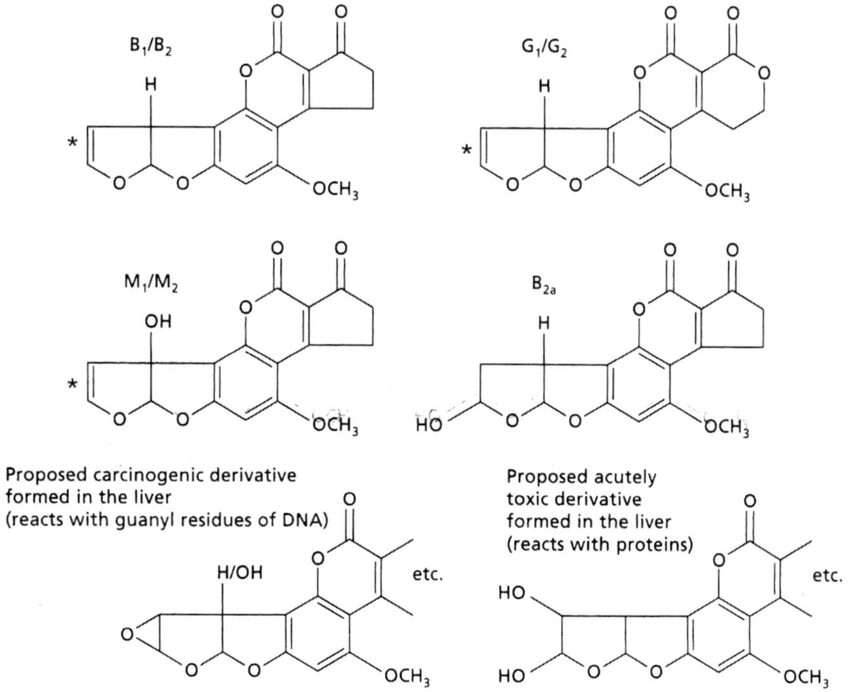

B_1/B_2

G_1/G_2

M_1/M_2

B_{2a}

Proposed carcinogenic derivative formed in the liver (reacts with guanyl residues of DNA)

Proposed acutely toxic derivative formed in the liver (reacts with proteins)

그림 7.19 흔히 발견되는 아플라톡신류의 구조.

가 균독소의 생성에 좋으며, 이러한 사실은 인공배양에서 지질에 의해 아플라톡신 생성이 유도된다는 것과 일치한다. 지방분해효소에 의해 지방이 분해되어 지방산은 β-산화(그림 7.4)에 의해 아세틸-CoA로 되고, 아플라톡신은 폴리키타이드 경로를 따라 아세틸-CoA로부터 생성된다(그림 7.13). Hicks *et al.*에 의한 총설은 아플라톡신의 생합성과 유전에 대한 자세한 정보를 제공한다.

아플라톡신은 thin-layer chromatography에 의해 오염된 식품의 추출물에서 발견되는데, 이는 자외선을 조사하면 녹색이나 청색의 형광을 나타내기 때문이다. 이러한 색깔 차이는 고리구조의 차이 때문이며(그림 7.19), 아플라톡신 G (녹색형광)와 아플라톡신 B (청색형광)를 구분할 수 있다. 이러한 차이는 독성과도 연관되는데, 아플라톡신 B_1이 아플라톡신 G_1 보다 더 강하다. 이들 물질의 독성은 말단 furan고리(그림 7.19에서 *로 표시된)와의 이중결합의 존재에 달려있다. 아플라톡신 B_1과 G_1은 이 이중결합을 가지고 있고 발암성이나 아플라톡신 B_2 와 G_2는 이중결합이 없어서 독성이 매우 약하다. 이러한 차이는 아플라톡신 B_1과 B_2로 각각 오염된 사료를 섭취한 젖소에서 생산된 우유에 존재하는 아플라톡신 M_1 과 M_2에서도 나타나는데, 젖소가 섭취한 아플라톡신의 약 5% 정도가 우유에서 나타난다.

아플라톡신은 장에서 흡수되어 간으로 보내진 후 말단 furan 고리의 이중결합 위치(* 표시 지점)에

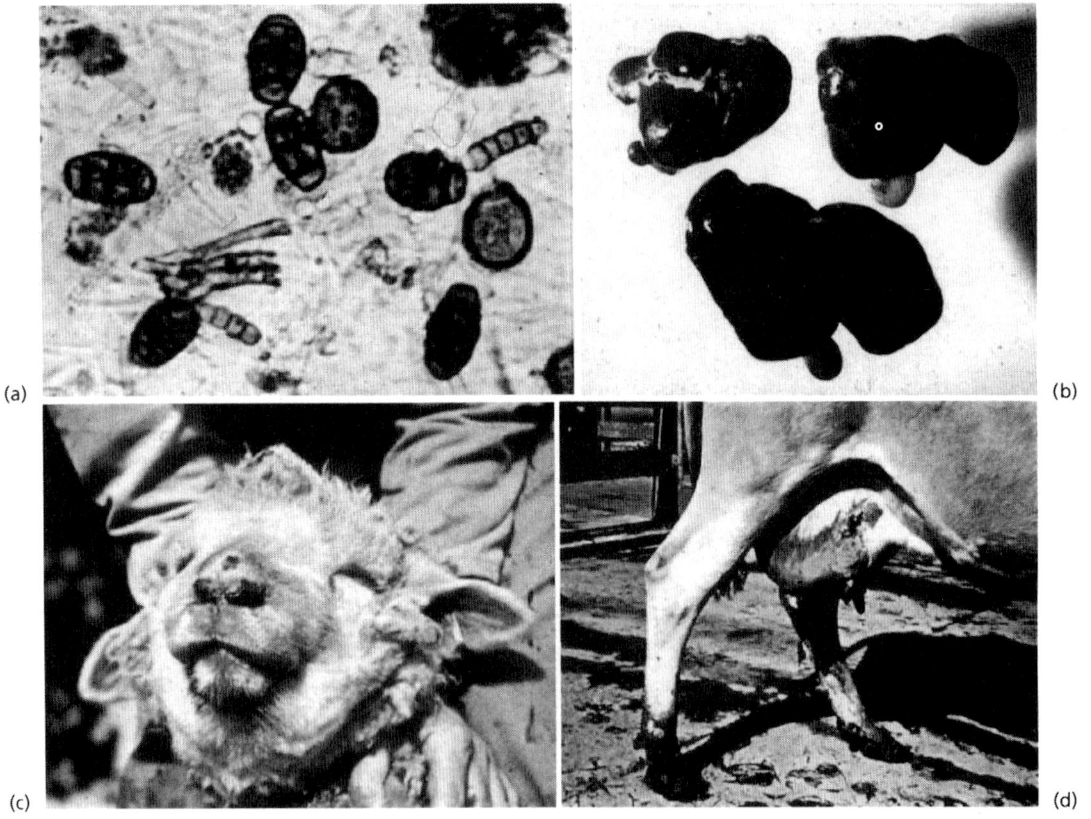

그림 7.20 (a) 포자채집기에 포착된 *Pithomyces chartarum*의 포자들. 포자는 검은색을 띠며 다세포의 수류탄 모양이고 sporidesmin 독소를 갖고 있다. (b) 건강한 간 (아래쪽)과 안면습진에 의해 해를 입은 동물의 간의 비교. (c) 안면습진에 의해 양의 코와 입에 생긴 수포상 병반 (d) *Pithomyces* 독소에 의한 젖소 유방의 광에 대한 과민반응. [자료제공: E. McKenzie.]

expoxide 가교를 지닌 매우 반응성이 높고 불안전한 물질로 대사된다(그림 7.19, 왼쪽 아래). 이러한 epoxide기는 독소로 하여금 DNA에 결합하여 탈퓨린화 함으로써 간종양을 유발할 수 있는 유전적 결손을 일으킨다. 또한 이 epoxide는 dihydroxyaflatoxin이 되어 몇몇 동물에서는 급성독성을 일으킨다(그림 7.19 오른쪽 아래). 모든 선진국에서는 아플라톡신과 다른 일반적인 균독소의 허용량에 엄격한 제한을 두고 관리하고 있다.

Sporidesmin

유사분열포자 균류에 속하는 *Pithomyces chartarum*은 목초지의 죽은 잎에서 자라는 부생균이다. 이 균은 뉴질랜드, 호주, 남아프리카에서 서식하며, 양과 소에 **안면습진**(顔面濕疹; **facial eczema**)이라는 병을 유발한다. 전형적인 병징은 햇볕에 노출되는 얼굴이나 유방 같은 신체부위에 물집 잡힌 상처 등으로 나타난다. 그러나 이것은 2차 증상이고 1차 원인은 균독소인 **sporidesmin**이다. 이 독소는 *Pithomyces*의 균사에는 존재하지 않고 포자에만 존재한다. 이 독소는 가축이 포자가 발생한 목초를 뜯어먹을 때 같이 섭취되어, 간에 괴저를 일으키고 담즙관을 부분적으로 막거나 손상을 주어 엽록소의 부분 분해산물이 혈액에 축적되도록 한다. 엽록소는 광에 반응하는 화합물이기 때문에 털로 덮이지 않은 피부를 광에 매우 민감하게 만든다(그림 7.20).

P. chartarum 이 포자를 형성하기 위해서는 일정 기간 동안 상대적으로 높은 온도와 습도가 유지되어야 하는 특이한 조건이 필요하다. 따라서 안면습진이 발생하는 국가에서는 예보체계를 갖추고 포자에 노출될 위험이 높은 날에는 가축을 실내로 데려오도록 권장하고 있다. 이 병을 방제하기 위해 농약도 사용될 수 있다.

기타 독소

현재까지 300가지 이상의 균독소가 동정되었다. 그 중 많은 독소들이 관심을 끌 만큼 심각한 문제를 일으키지는 않지만, 낮은 농도라도 장기간 노출되면 위험할 수 있다. 그러한 독소를 여기서 모두 다룰 수는 없지만, 3가지의 독소와 잠재적인 독성 환경을 다루기로 한다.

Patulin

Patulin(그림 7.13)은 원래 광범위 항세균성 항생제로 발견되었지만, 포유동물에 대한 독성 때문에 개발이 포기되었다. 이 독소는 상처를 통해서 사과 표피에 침투하여 수침상의 부패 병반을 형성하는 *Penicillium expansum*(제14장) 같은 *Penicillium* spp. 나 *Aspergillus*에 의해서 생성되는 작고 단순한 대사산물이다. Patulin은 시판되는 사과주스 및 다른 과일주스에서도 검출되는데, 특히 부분적으로 부패한 사과로 만든 주스에서 많이 검출된다. 섭취했을 경우에는 부종과 출혈을 일으키며, 동물실험에서는 암을 유발하기도 한다. **썩은 사과를 먹는 것은 현명한 일은 아니다.**

로케포르치즈

로케포르치즈(Roquefort cheese) 및 다른 푸른무늬 치즈류는 염소젖에 *Penicillium roqueforti* 를 접종하여 만든다. 로케포르치즈는 저농도의 균독소인 **roquefortine**을 함유하는데, 이 정도는 위험할 것 같지 않다. **먹어야 할지는 스스로 선택할 문제이다!**

건물질병증후군

건물질병증후군(sick building syndrome)은 균류의 생장을 촉진하는 축축하고 응결되는 환경과 관련되어 나타난다. 흔히 두통, 피로, 불안감을 수반하는데, 정확한 원인을 알아내기는 쉽지 않다. *Stachybotrys chartarum*이 이러한 환경에서 흔히 발견되는 짙은 색의 균인데, 섬유소를 잘 이용하여 심지어는 석고판지의 표면에서도 자랄 수 있다. 이 균은 1930년대에 소련에서 *Stachybotrys*에 감염된 건초를 먹고 죽은 수 천 마리 말의 사망원인과 관련되어있다. *Stachybotrys*는 trichothecene을 생성하는 몇몇 진균(*Fusarium* spp.를 포함해서) 중의 하나이며 건물질병증후군과 관련이 있는 것으로 추측되고 있다. 그러나 아직까지는 *Stachybotrys* 또는 이 균이 생성하는 독소가 관련되어 있다는 구체적인 증거는 없다(Kuhn & Ghannoum 2003).

참고문헌

Brownlee, C. & Jennings, D.H. (1981) The content of carbohydrates and their translocation in mycelium of *Serpula lacrymans*. *Transactions of the British Mycological Society* 77, 615–619.

Edwards, S.G., O'Callaghan, J. & Dobson, A.D.W. (2002) PCR-based detection and quantification of mycotoxigenic fungi. *Mycological Research* **106**, 1005–1025.

Hicks, J.K., Shimizu, K. & Keller, N.P. (2002) Genetics and biosynthesis of aflatoxins and sterigmatocystin. In: *The Mycota XI. Agricultural Applications* (Kempken, F., ed.), pp. 55–69. Springer-Verlag, Berlin.

Keller, U. & Tudzynski, P. (2002) Ergot alkaloids. In: *The Mycota X. Industrial Applications* (Osiewacz, H.D., ed.), pp. 158–181. Springer-Verlag, Berlin.

Kuhn, D.M. & Ghannoum, M.A. (2003) Indoor mold, toxigenic fungi, and *Stachybotrys chartarum*: infectious disease perspective. *Clinical Microbiology Reviews* **16**, 144–172.

Schmidt, F.R. (2002) Beta-lactam antibiotics: aspects of manufacture and therapy. In: *The Mycota X. Industrial Applications* (Osiewicz, H.D., ed.), pp. 69–91. Springer-Verlag, Berlin.

Turner, W.B. (1971) *Fungal Metabolites*. Academic Press, London.

Turner, W.B. & Aldridge, D.C. (1983) *Fungal Metabolites*, vol. II. Academic Press, London.

제8장

생육환경 조건 및 극한환경에 대한 내성

이 장은 다음과 같은 주요 부분으로 구성되어있다:

- 머리말
- 온도와 균류의 생장
- pH와 균류의 생장
- 산소와 균류의 생장
- 수분의 가용성과 균류의 생장
- 균류의 생장에 대한 빛의 영향

다른 미생물과 마찬가지로 균류도 역시 온도, 통기, pH, 수분포텐셜, 빛 등의 물리적 및 물리화학적 요인에 크게 영향을 받는다. 이러한 요인들은 균류의 생장에 영향을 미칠 뿐만 아니라 균류의 분화경로에서 촉발인자로 작용할 수 있다. 이 장에서는 균류의 환경에 대한 극단적 적응력을 포함하여 균류 생장에 미치는 환경요인의 영향을 다루고자 한다.

머리말

이 장의 전체적인 이해를 돕기 위해 몇 가지 미리 알아두어야 할 점이 있다.

1. 균류의 생장에 대한 환경의 영향을 주로 살펴보겠지만, 거의 모든 생물체가 그들의 전체 생활사를 완성하기 위한 생장조건보다 더 넓은 범위의 조건에서 자랄 수 있음을 먼저 알아두어야 한다. 따라서 실험실 조건에서의 순수배양 연구는 오류가 있을 수 있다 - 이런 연구가 자연 조건에서의 균류의 증식능력과 반드시 일치하지는 않기 때문이다.
2. 균류는 다른 모든 요인이 생육 최적조건에 가까울 때 흔히 하나의 요인이 최적이 아니어도 그에 대한 내성을 가질 수 있다. 그러나 이러한 요인들이 여러개 겹치면 균류의 생장은 억제된다. 예를 들어, 낮은 pH(4.0 미만)에서 생장할 수 있는 균류가 있고 혐기적 조건에서 생장할 수 있는 균류도 있지만, 낮은 pH와 혐기적 조건이 조합되었을 때 자랄 수 있는

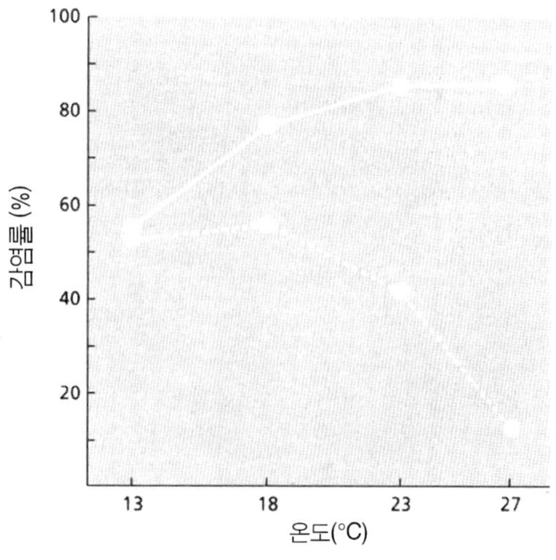

그림 8.1 멸균되었거나(실선) 되지 않은(점선) 토양에서 곡류마름병균 *Gaeumannomyces graminis*의 밀 감염에 미치는 온도의 영향. [출처: Henry 1932.]

균류는 매우 드물다.

3. 경쟁적 상호작용은 균류의 생장을 실험실 조건에서 보다 훨씬 좁은 범위로 제한한다. 이에 관한 고전적인 예가 그림 8.1에 나타나 있다. **멸균토양**(滅菌土壤; **sterilized soil**)에서 자란 밀에 뿌리를 침해하는 마름병균(*Gaeumannomyces graminis*)을 접종하였을 때(그림 9.11), 이 균은 토양온도가 13°C에서 23°C 또는 27°C(순수배양 시 최적 생장온도)로 오르면서 점점 더 병을 진전시켰다. 그러나 자연상태의 **비멸균토양**(非滅菌土壤; **unsterilized soil**)에서는 18°C 이상으로 올라가면 발병이 감소하였다. 그 주요 원인은 높은 온도가 마름병균보다 다른 미생물들에게 더욱 유리하게 작용하기 때문이다. 항생물질을 생성하는 몇몇 형광성 *Pseudomonas* spp.는 마름병균에 길항력이 있어 효과적인 생물적 방제 전략을 개발하기 위한 최근 시도의 기초가 되었다(제12장).

이 모든 점은 균류의 활동에 대한 개별적 환경요인의 영향을 해석하려는 단순한 접근법에 대해 경고하고 있다.

온도와 균류의 생장

미생물은 생장할 수 있는 온도범위에 따라 흔히 네 가지 범주로 구분된다: **저온성균류**(低溫性菌類; **psychrophiles**), **중온성균류**(中溫性菌類; **mesophiles**), **호열성균류**(好熱性菌類; **thermophiles**), **극호열성균류**(極好熱性菌類; **hyperthermophiles**). 다섯 번째 가능한 범주로 **내저온성균류** (耐低溫性菌類; **psychrotolerates**)를 들 수 있는데, 이들은 저온(5°C 이하)에서 생장이 가능하지만 좀 더 높은 온도를 좋아한다.

그러나 이러한 범주는 다른 유형의 미생물에 적용할 때는 그 의미가 달라진다. 예를 들어 대부분의 균류는 중온성으로 37°C(인간 체온) 이상은 물론 30°C에서 조차 거의 생장할 수 없는 반면 많은 세균은 이 온도에서 생장할 수 있다. 균류 또는 진핵생물이 생장하기 위한 최고 한계온도는 약 62°C이다. 반면에 어떤 세균은 70~80°C에서 번성하고, 어떤 고세균은 100°C 이상에서도 자랄 수 있다. 최근의 보고에 따르면 자연 온천 지대에서 발견된 고세균 *Pyrolobus fumarii* 는 배양 시 **최적온도**는 106°C이고 **최고온도**는 113°C이었다.

몇몇 대표적 균류의 생장 온도범위는 그림 8.2와 같다. 관례적으로 **호열성균류**는 최소 20°C 이상, 최대 50°C 이상, 생육적온은 약 40~50°C인 것으로 정의된다. Cooney & Emerson은 1964년에 당시까지 알려진 모든 호열성균류에 대해 기술하였고, Haheshwari *et al.* (2000)이 호열성균류의 분류와 생리적 특징에 대한 최신 정보를 제공하였다. *Thermomyces lanuginosus, Chaetomium thermophile, Thermomucor pusillus* 등 호열성균류 3종의 생육온도 범위는 그림 8.2와 같다. 일반적으로 3종 모두 열을 발산하는 퇴비 속에 존재하고(제11장), 새 둥지나 햇볕에 달궈진 뜨거운 흙 등에서도 분리되었다. 생육 온도가 62°C로 가장 높다고 기록된 균은 *Thermomyces lanuginosus*(그림 8.3)로 퇴비 속에서 흔히 볼 수 있다. 그러나 호열성균류는 전 지구상에 걸쳐 분리될 수 있는 많은 서식지를 가지고 있음에도 불구하고 기록된 종은 채 100종도 되지 않는다. 따라서 예전보다 더 다양한 시료 수집법에 의해 생물공학적으로 중요성을 갖는 새로운 호열성균을 발견할 수 있지 않을까 하는 기대를 갖게 한다.

*Aspergillus fumigatus*는 폭넓은 환경에서 발견되는 매우 흔한 균이지만, 12°C의 낮은 온도에서 자랄 수 있고 생육 최적온도가 40°C 미만이기 때문에 호열성이라기보다는 **내열성**(耐熱性; **thermotolerant**)으로 간주된다. 이 균류는 12~52°C라는 매우 넓은 생육온도로 인해 주목할 만하며 서식지도 광범위하다. 이들은 일반적으로 퇴비 속이나 부패 곡물 및 썩어가는 유기물 등에서 자라고, 항공연료에 함유된 탄화수소를 영양원으로 이용하여 자랄 수 있다. 특히 이들은 새나 인간의 호흡기에 기회성 침입을 함으로써 허파에서 집락을 이루면 **아스페르길루스종**(-腫, **aspergilloma**)을 형성하기도 한다(그림 8.4). *A. fumigatus*는 상처에 침입하여 이식수술환자의 조직 내에서도 생장할 수 있기 때문에 근래에 외과병실, 특히 이식된 장기에서 심각한 문제가 되고 있다. 그러나 이들은 본질적으로 부생성이다. 이들은 어떤 뚜렷한 병원성 인자가 결여

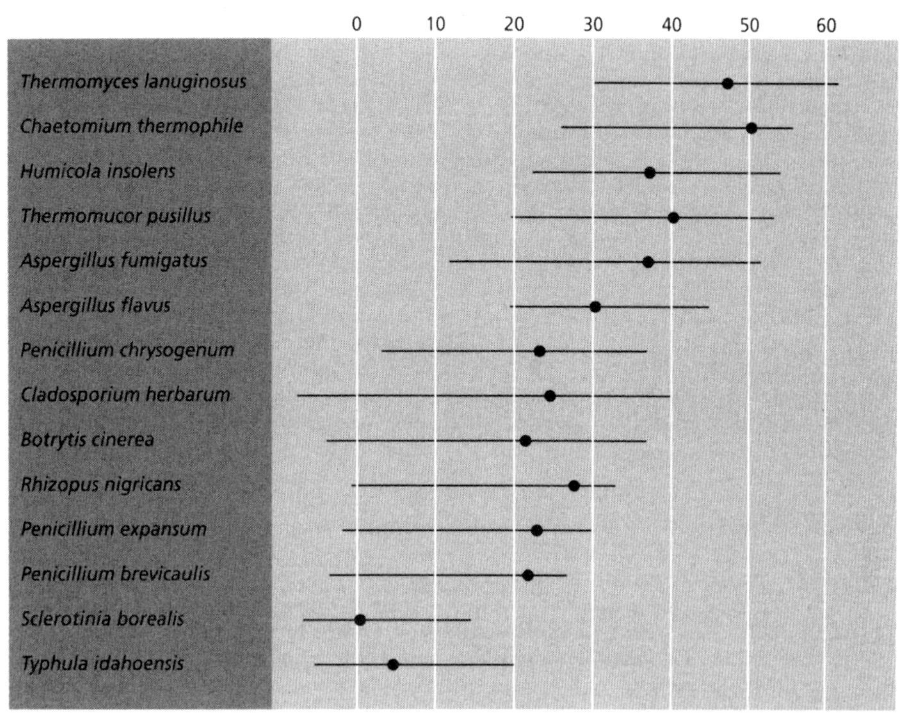

그림 8.2 몇 가지 대표적인 균류의 생육 온도 범위와 최적온도(●).

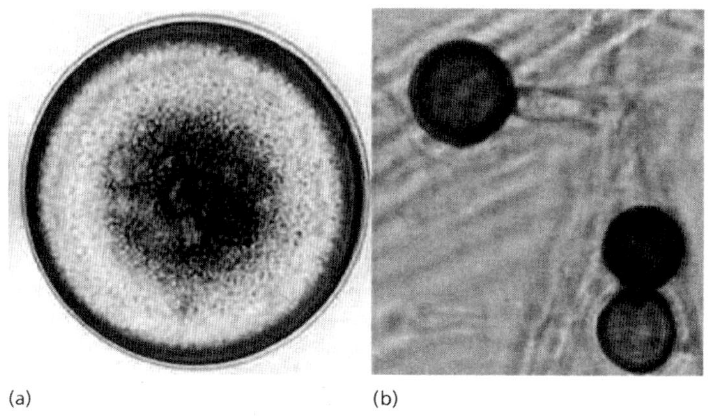

그림 8.3 유사분열포자를 형성하는 호열성균 *Thermomyces lanuginosus*. (a) 맥아추출배지 상에서 10일간 자란 균총. (b) 성숙기에 검게 착색된 커다란 분생포자와 분생포자에서 형성된 한 가닥의 짧은 균사 단편.

된 것으로 여겨지지만 특이하게도 기회성 침입자로서 인체에 쉽게 침입하여 정착하기 때문에, 제16장에서 이 균의 의학적 중요성에 대하여 다룰 것이다.

대부분의 균류는 **중온성(mesophilic)**으로 다소 차이는 있지만 대개 10~40°C의 온도범위에서 생장한다, 평소에는 일반적으로 실온(22~25°C)에서 배양한다. 그

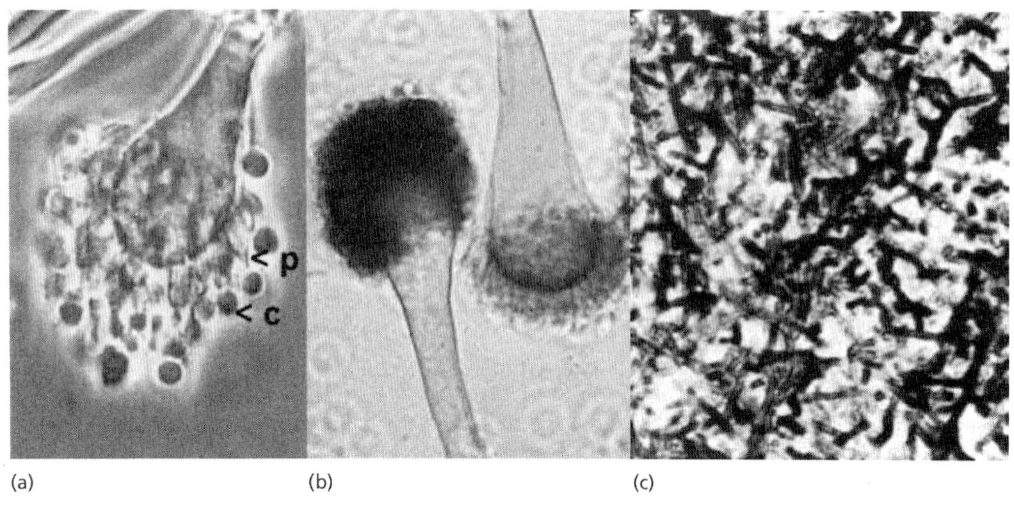

그림 8.4 유사분열포자를 형성하는 내열성균 *Aspergillus fumigatus.* (a, b) 팽창된 분생포자경의 곤봉형 머리 위에 플라스크 모양을 한 분생포자원세포(p)가 분생포자(c)를 형성한다. (c) 허파의 아스페르길루스종(腫)에서 *A. fumigatus*의 균사를 보여주기 위해 착색시킨 임상 견본.

림 8.2의 두 가지 중요한 예를 보면, *Aspergillus flavus*는 땅콩이나 면실박과 같은 저장 곡물에서 독성이 강한 aflatoxin을 생산하고(제7장), *Penicillium chrysogenum*은 상업적으로 penicillin의 생산에 이용된다(제7장).

저온성(psychrophilic) 균류는 16°C 이하의 온도에서 최적생장을 하고, 대략 최고 20°C까지 생장이 가능한 균류로 정의된다. 많은 경우에서 **저온생장성(psychrotrophic)** 균류는 저온 뿐 아니라 20°C 이상에서도 자랄 수 있지만, 최저 생육온도는 4°C 또는 그 이하까지 낮을 것으로 예상된다. 극지방이나 알프스 지역, 또는 온도가 약 5°C 정도로 유지되는 바다를 포함한 많은 환경이 이들 미생물에게 적당하다. 최근 시베리아에서 발견된 선사시대 극지방 토착민들의 옷에서 분리된 담자균 효모를 포함한 몇몇 효모들이 극지방과 그 주변 지역에서 발견되었다(Robinson 2001).

내한성인 몇몇 균류는 보다 친숙한 환경에서 발견된다. *Penicillium* 류는 흔히 4°C 가정용 냉장고 안에 들어있는 음식물에서도 쉽게 생장한다. *Cladosporium herbarum* 등 거무스름한 균사를 가진 균류는 보통 잎 표면의 어디에나 있는 부생균이기는 하지만, 0°C 이하의 저온저장 육류에서도 자란다고 보고되어 있다. 또 다른 종인 *Thamnidium elegans*(그림 2.9 참조)는 대개 토양 또는 배설물에서 자라지만, 저온저장 육류에서도 자라면서 단백질 분해효소를 분비하여 고기를 부패시킨다. 저온성 균류의 가장 좋은 예는 아마도 미국의 추운 북부지역에서 발견되는 *Sclerotinia borealis*와 *Typhula idahoensis* 같은 "설부병균(snow moulds)"일 것이다. 이들이 오랫동안 눈으로 뒤덮이게 되면 곡류 또는 잔디에 심각한 피해를 초래한다. 그리고 봄이 되어 눈이 녹으면 곡류 또는 잔디의 잎은 부패되어 있고, 다음 눈에 덮힐 때까지 그 속에 잔존해 있다가 식물 조직을 썩게 하는 균핵으로 뒤덮는다. 매년 50% 이상의 겨울 파종 곡류가 이들 균류에 의해 피해를 입는다. 저온성 *Pythium* spp. 역시 일본에서 유사한 문제를 일으키는 원인이며, 반면에 영국에서는 *Monographella nivalis*에 의한 곡류와 잔디에서의 피해를 더욱 흔히 볼 수 있다. 이 균은 기생성이 약하지만 일조량이 적어 저온이 지속됨에 따라 식물의 저항성이 낮아졌을 때 침입하여 식물조직을 썩힌다. 질소는 무성한 생장을 촉진하기 때문에 질소질 비료를 늦게 시용하는 것은 겨울철 피해에 대해 감수성으로 만들므로 잔디가 쉽게 공격받을 수 있는 발병소인으로 작용한다.

온도 내성에 대한 생리학적 근거

균류의 생육온도를 결정하는 요인은 하나가 아니며 온도에 대한 내성은 여러 요인에 의해 결정된다. 한 가지 공통된 주제를 보면, 보다 극한 환경에서 생장할 수 있는 능력은 모든 생물체의 적응능력과 관련되어 있고 온도 한계는 붕괴되는 첫 번째 세포구성 성분 또는 붕괴되는 과정에 의해 결정된다는 것이다. 아마도 이러한 이유 때문에 균류를 포함한 모든 진핵생물은 최고온도가 약 60~65°C로 제한되는 반면, 세균 및 고세균과 같은 더 단순한 세포를 갖는 생물체의 몇몇은 80°C 또는 그 이상의 온도에서도 살 수 있을 것이다. 미생물 생장을 위한 더 낮은 온도 한계는 저온에서의 화학반응의 감소율, 영하의 온도에서 세포내 수분의 점성 증가, 단백질 불활성화를 일으키는 세포내 이온의 과도한 농도와 같은 요인에 의해서 결정된다. Robinson(2001)이 말했듯이, 저온성균류의 낮은 생육온도한계는 세포 거대분자의 특성에 의한 것이 아니라 세포 안팎에 있는 aqueous solvent system의 물리적 성질에 의해 정해진다. 영하 12°C 이하에서 자라는 미생물에 대해 실증된 보고는 없다.

세균, 효모, 사상균 등을 대상으로 한 연구에서 온도변화는 막지질의 지방산 구성에 변화를 일으킨다는 일반적인 현상을 밝힐 수 있었다. 이러한 변화는 세포막의 유동성이 막 수송체와 효소의 기능을 최적화하려는 것임을 보여준다. 이러한 현상을 **점성유지적응**(黏性維持適應; **homeoviscous adaptation**)이라고 한다. 몇몇의 저온성 효모류와 사상균류에서 지방산과 막인지질은 중온성균의 경우보다 불포화성이고 불포화의 정도는 낮은 온도조건에서 증가한다.

포화지방산은 어떤 온도에서건 불포화지방산보다 덜 유동적이다(불포화지방산 함유량이 높은 마가린의 유동성과 포화지질의 함유량이 높은 버터를 비교해 보라). 이와 관련하여 설부병균 *Monographella nivalis* 에서 다량의 중합불포화지방산이 보고 되었고, 호열성균 *Thermomyces lanuginosus* 는 50°C에서보다 30°C에서 자랄 때 linoleic acid(불포화지방산)의 농도가 두 배 높아짐이 확인되었다.

이당류인 균당(그림 7.6 참조)과 같은 화합물은 흔히 저온생물에서 고농도로 생성되고, 균류는 낮은 온도에 반응하여 균당을 축적하는 것으로 보고 되어있다. 균당은 세포질에서 일반적인 스트레스보호제로서의 역할을 하는 것으로 생각되며, 탈수반응 시 막을 안정화 시키는 것으로 알려져 있다. 글리세롤이나 만니톨(그림 7.6 참조) 같은 polyol(polyhydric alcohol) 또한 스트레스 조건에 반응하여 축적되는 경향이 있으며, 만니톨은 동결방지제로 작용한다.

호열성균류의 효소나 리보솜 성분을 추출하여 cell-free system에서 검정하였을 때 중온성균류보다 열에 안정하다고 보고 되었다. 이러한 결과는 세균 뿐 아니라 호열성 효모에서도 볼 수 있다. 효소의 열 안정성은 열에 불안정한 수소결합보다 효소의 활성부위 근처에 있는 아미노산 간의 결합이 증가됨에 기인한다. 세포질 내의 열-안정화 인자들도 효소의 열에 대한 안정화에 기여할 수 있다. 최근에 **heat shock protein**에 대한 관심이 고조되고 있는데, 이는 44~55℃ 정도의 높은 온도에 잠깐 노출(예를 들어 1시간) 되는 것만으로도 고농도로 합성될 수 있다. 이들은 비슷한 cold shock protein 또는 산소결핍에 반응하여 생성되는 단백질처럼 스트레스단백질로서의 기능을 한다. 사실, 그들은 모든 형태의 생물체에서 발견되는 것으로 도처에 존재하고 일반적인 조건에서도 존재한다. 그들은 세포의 단백질이 바르게 접혀있는지, 손상된 단백질들이 파괴되었는지를 감시하는 감독자와 같은 활동을 한다. 그러나 이들이 균류의 일반적인 생육온도와 어떤 뚜렷한 관련성을 가지고 있는지는 명확하지 않다.

마지막으로 호열성균류가 특히 높은 대사율을 가지고 있는지와 그에 따라 균체로의 기질 전환이 더 빠르게 일어나는지가 의문시 될 수 있다. 다시 말해, 호열성균류는 높은 온도에서 생장할 수 있다는 점으로 인해 특별히 기질 활용에 있어 더 효과적인가? 이와 관련된 생장 매개변수는 제4장에서 정의된 **특이생장률**(特異生長率; **specific growth rate**), "μ"이다. 호열성균(예, *Thermomyces lanuginosus*)과 중온성균(예, *Aspergillus niger*)의 비교시 특이생장률은 차이를 보이지 않는다. 따라서 호열성균류가 특별히 적응하고 있기 때문에 고온의 환경을 차지하고 있는 것처럼 보이지만, 중온성균류에 비해 기질 활용에 있어 더 효과적이지는 않다.

수소이온 농도와 균류의 생장

배양 pH에 대한 균류의 반응은 강한 완충 배지에서 분석될 필요가 있다. 왜냐하면, 그렇지 않을 경우에 균류는 선택적으로 흡수하거나 이온 교환을 통해 pH를 급격히 변화시킬 수 있기 때문이다. KH_2PO_4와 K_2HPO_4의 첨가는 대개 이러한 목적을 위해 사용된다. 그런 후, 많은 균류가 pH 4.0~8.5 범위나 때로는 pH 3.0~9.0에서 자란다는 것이 밝혀졌고, 그들의 적정 pH가 약 5.0~7.0으로 비교적 넓다는 것이 확인되었다. 그러나 각각의 종은 그림 8.5의 세 가지 대표적인 예에서 보듯이 "일반적" 범위 내에서 다양하다.

동물의 위에서 자라는 효모와 일부 pH 2.0에서 자랄 수 있는 균사형성균류(*Aspergillus, Penicillium, Fusarium* 속)는 **내산성**(耐酸性; **acid-tolerant**)이지만, 배양시 그들의 최적 pH는 대개 5.5에서 6.0이다. pH 1이나 2 이하에서 자랄 수 있는 진정한 **호산성**(好酸性; **acidophilic**) 균류는 석탄 찌꺼기와 산성의 탄광 폐기물 같은 소수의 환경에서 발견되는데, 이러한 종의 대부분은 효모류이다. 사상균류 중 호산성으로 가장 잘 인용되는 예는 2.5N 황산이 첨가된 배지에서 분리된 *Acontium velatum*이다. 이 균은 pH 7.0에서도 생장할 수 있지만, 생장하는 동안 자신의 최적 pH인 약 3.0으로 급격히 낮춘다.

pH 10 정도의 강알칼리성 환경은 수산화나트륨이 함유된 호수와 알칼리성 샘에서 발견된다. 이러한 환경에서 증식하는 균류는 *Cladosporium, Fusarium, Penicillium* 같은 사상균에서 분화된 종과 효모를 포함하는데, 그들은 호알칼리성(alkalophilic)이라기보다 내알칼리성(alkali-tolerant)이라 할 수 있다. pH 11에서 생장하는 일부 진정한 호알칼리성 *Chrysosporium* 종은 조류의 둥지로부터 분리되었다. 이들 균류는 피부, 손톱, 깃털 및 머리털을 구성하는 케라틴 단백질의 특수한 분해자이다(제16장).

pH 내성에 대한 생리학적 근거

조사된 모든 경우에서, 극한 pH에서 자라는 균류는 pH 7 정도의 내부 세포기질을 갖는 것으로 조사되었다. 이러한 세포내 pH는 파괴된 세포의 추출물에서

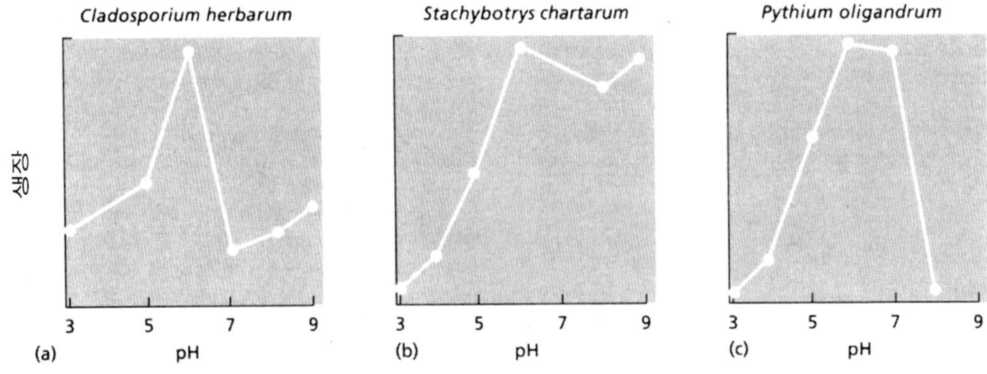

그림 8.5 순수배양에서 세 가지 대표적인 균류의 pH 생장 반응 곡선. (*Pythium oligandrum*은 섬유소 세포벽을 갖는 난균문에 속한다).

측정할 수 있다. 가장 정확한 현대적 방법은 균사 내로 pH에 민감한 전극봉을 삽입하거나, 원형질막을 통해 투과되는 pH에 민감한 형광성 염료로 균사를 염색하는 것이다. 이러한 염료는 두 개의 파장에서 형광의 피크와, pH와 연관된 피크 변화의 상대적 크기를 보여줌으로써, 0.1 미만의 pH 변화까지 정확히 측정하게 해준다. 이 결과물들은 균류의 세포기질이 강한 완충능력이 있음을 암시한다. 외부의 pH가 여러 단위 차이로 변화할 때조차 세포기질의 pH는 기껏해야 0.2~0.3 단위만 변화한다. 균류의 세포는 산성 환경에서 H^+의 유입을 중화하기 위해 세포막을 통해 H^+ 이온들을 방출함으로써, 세포기질과 액포(대개 산성의 내용물을 함유하고 있는) 사이에 물질을 교환함으로써, 그리고 당과 H^+를 결합 또는 방출하게 하는 만니톨(제7장) 같은 polyol의 상호 변환을 통하는 등 여러 방법으로 이러한 생체항상성(homeostasis)을 유지하려 한다.

세포질의 pH는 강력히 조절되기 때문에 세포질 pH의 혼란은 극성생장 등의 분화나 변화를 일으키는 세포 내부의 신호로 작용할 수 있다. 동식물 세포 내에는 이러한 예가 다수 있다. 균류(엄격히 말하면 그것은 난균문과 연관되어 있긴 하지만)와 관련있는 한 예는 *Phytophthora*(제5장)의 유주포자낭에 있는 유주포자의 분할이 저온충격에 의해 실험적으로 유도될 수 있다는 사실로부터 시작한다. Suzaki *et al.* (1996)은 형광성의 pH 지표 염료를 사용함으로써, 세포기질 pH가 저온충격 처리로 인해 6.84에서 7.04까지 일시적으로 상승되지만 세포기질 pH의 변화를 막기 위해 유주포자낭에 pH 7의 완충제를 극미량 주사하면 유주포자의 분할이 일어나지 않는다는 사실을 발견하였다.

pH의 생태학적 연관

pH는 단일 요인이 아니기 때문에 pH의 영향은 자연상태에서보다는 실험실 조건에서 쉽게 관찰할 수 있다. 다시 말해, pH의 변화는 많은 다른 요인과 대사과정에 영향을 줄 수 있다. 예를 들어, pH는 영양섭취의 결과와 막 단백질의 전하에 영향을 미친다. 그것은 또한 무기염의 해리 정도 및 용해된 이산화탄소와 중탄산염 이온 사이의 균형에도 영향을 미친다. pH가 낮은 토양은 잠재적으로 Al^{3+}, Mn^{2+}, Cu^{2+} 또는 Mo^{3+} 이온과 같은 유용 미량원소를 유독한 수준까지 함유할 수 있고, 반대로 pH가 높은 토양은 Fe^{3+}, Ca^{2+}, Mg^{2+} 같은 필수 영양소의 흡수가 나빠진다. 그럼에도 불구하고, 일반적으로 실험실 배양에서 pH-생장반응 곡선은 자연 상태와 비슷한 양상을 보인다. 예를 들어, *Pythium* spp.는 일반적으로 매우 낮은 pH에서 자랄 수 없지만 pH 4~5 이상의 토양에서는 발생하는데, 이는 그림 8.5에 있는 *Pythium oligandrum*에 관한 자료와 일치한다. 이와 비슷하게, *Stachybotrys chartarum*은 중성에 가까운 염기성의 토양에서 압도적으로 발생되는데, 이것도 그림 8.5에 있는 자료와 일치한다.

균류는 자기 주변의 pH를 바꿀 수 있으므로 어느 정도는 그들 자신의 환경을 만들 수 있다. 이때 균류가 이용하는 질소의 형태가 주요한 요인이 될 수 있다. 거의 모든 균류가 배양 상태 또는 자연에서 이용할 수 있는 NH_4^+이온의 형태로 질소가 공급되면, H^+ 이온들이 NH_4^+의 교환으로 방출되고 외부 pH가 4 또는 그 이하로 낮아짐으로써 *Pythium* spp. 같이 보다 pH에 민감한 균류의 생장을 억제하고, 반대로 NO_3^-의 섭취는 외부 pH를 약 1 단위 정도까지 상승시킬 수 있다. 또한 균류는 외부 pH를 낮출 수 있는 유기산(제7장)을 분비한다. *Athelia rolfsii*와 *Sclerotinia sclerotiorum* 같이 조직을 썩히는 식물병원균은 배양상태 또는 식물 조직에서 다량의 옥살산을 분비하여 pH를 4 정도로 낮춘다. 산성의 최적 pH에서 이들 균류는 펙틴분해효소도 분비하기 때문에 병원성에 크게 기여하는 것으로 보인다. 옥살산은 식물조직에서 Ca^{2+}와 결합함으로써 식물 세포벽에 있는 펙틴으로부터 Ca^{2+}를 제거할 수 있다. 따라서 세포벽은 펙틴분해효소에 의해 더욱 쉽게 분해될 수 있다(제14장).

Edwards & Bowling(1986)이 미세 전극을 가지고 잎 표면 기공 주변의 pH를 측정함으로써 밝혔듯이 pH의 미세한 변화도 균류의 생장에 영향을 줄 수 있다. 닫힌 기공 주변에서는 1 단위보다 더 큰 pH 변화가 측정되었지만, 열린 기공 주변에서는 거의 변화가 없었다(그림 8.6). 기공의 열림은 광/암에 의해 자연적으로 조절되었을 뿐만 아니라 화학물질에 의해 실

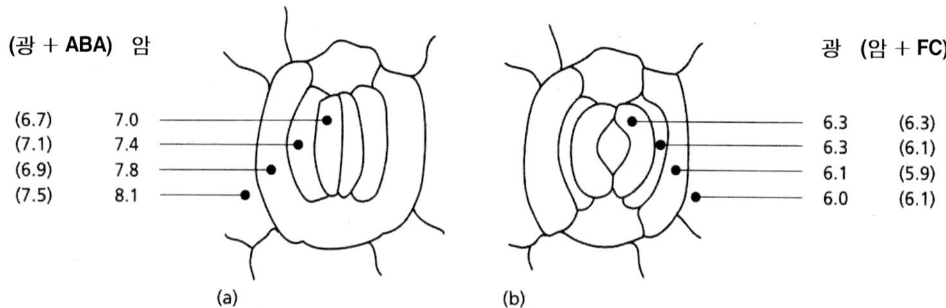

그림 8.6 pH 미세전극으로 측정한 닭의장풀(*Commelina communis*)의 기공 주변 세포들의 표면 pH. (a) 암상태에서 배양하거나 (괄호 안) 광조건에서 abscisic acid(ABA) 처리에 의해 닫혀있는 기공. (b) 광조건에서 배양하거나 (괄호 안) 암상태에서 fusicoccin(FC) 처리에 의해 열려있는 기공. [출처: Edward & Bowling 1986.]

험적으로 조절되기도 하였다: 식물 호르몬 abscisic acid는 광 조건에서도 기공을 닫히게 만드는 반면, 균류의 대사산물 fusicoccin(식물병원균 *Fusicoccum amygdali*에 의해 생성됨)은 암 상태에서 기공이 열리도록 만든다.

제5장에서 보았듯이, 여러 식물병원균은 기주 표면의 물리적 신호에 이끌려 기공을 통해 감염한다. Edwards & Bowling은 녹병균 *Uromyces viciae-fabae*의 발아관은 닫힌 기공이 아니라 열린 기공 위에서 빈번히 멈추었기 때문에 pH 변화가 관련될 수 있음을 발견하였다. 사실 여부를 확인하기 위해 그들은 열린 기공을 갖는 모조 나뭇잎 표면을 만들어, 이 모조품(표면 pH 6.5)을 기공의 pH와 같은 pH 6.0 또는 pH 7.0인 한천에 놓았다. 포자가 나뭇잎에서 발아했을 때, 발아관이 pH 7보다는 pH 6의 인공 기공에 자리잡는 비율이 상당히 높은 것으로 나타났다. 이는 발아관이 기공을 인지하는 신호로서 낮은 pH에 반응한다는 것을 암시한다.

산소와 균의 생장

대부분의 균류는 생활환 중 적어도 몇 단계에서 산소를 필요로 한다는 점에서 엄밀히 호기성 생물이다. 혐기적 조건에서 당을 발효하여 지속적으로 생장하는 *Saccharomyces cerevisiae* 조차도 혐기적 조건에서 생장하기 위해서는 몇 가지 비타민, 스테롤 및 지방산이 필요하다(제7장). *Saccharomyces*는 유성생식을 위해서도 산소를 필요로 한다. 이러한 점에 근거하여 산소와의 관계에 기초하여 균류를 네 가지 범주로 분류할 수 있다.

1. 많은 균류는 **절대적 호기성균**(絶對的 好氣性菌; **obligate aerobes**)이다. 산소의 부분적 압력이 대기의 압력(0.21) 보다 훨씬 아래로 떨어지면 그들의 생장은 감소한다. 예를 들어, 곡류 마름병균의 생장은 0.18의 산소 분압(Po_2) 하에서 조차 감소한다. 균사 주변에 있는 수막의 두께는 이 경우에 중요할 수 있다. 왜냐하면 제5장에서 언급한 *Armillaria mellea*의 근상균사속에서 보았듯이 산소는 물을 통해 매우 천천히 확산되기 때문이다. 호기성 균류는 **호흡작용**(呼吸作用; **respiration**)에서 대개 산소를 그들의 말단 전자 수용체로 사용한다. 이는 유기화합물의 산화로부터 가장 높은 에너지를 제공받기 때문이다.
2. 많은 효모류와 여러 사상균류(예를 들어, *Fusarium oxysporum, Mucor hiemalis, Aspergillus fumigatus*)는 **조건적 호기성균**(條件的 好氣性菌; **facultative aerobes**)이다. 그들은 호기적 조건에서 생장할 뿐 아니라 당을 발효시킴으로써 혐기적 조건에서도 자랄 수 있다. **발효**(醱酵; **fermentation**)에 의한 에너지 획득률은 호기성 호흡 작용에서보다 훨씬 낮고

(제7장), 균체 생성량은 흔히 호기성 배양의 10%에도 미치지 못한다. 그러나 소수의 사상균류는 그들의 말단 전자수용체로써 산소 대신 질산염을 사용할 수 있다. 이 **혐기성 호흡**(嫌氣性 呼吸; **anaerobic respiration**)은 적어도 호기성 호흡에 의한 에너지 산출량의 50%는 된다.

3. 소수의 수생균류는 **절대적 발효성**(絶對的 醱酵性; **obligately fermentative**)이다. 왜냐하면 그들은 미토콘드리아 또는 시토크롬이 결여되었거나 (*Aqualinderella fermentans*, 난균), 활력이 낮은 미토콘드리아를 보유하고 있거나 시토크롬의 함량이 낮기 때문이다(*Blastocladiella ramose*, 병꼴균). 그들은 산소의 유무에 관계없이 자랄 수 있지만 항상 발효로부터 에너지를 얻는다는 점에서 발효를 행하는 젖산균과 비슷하다. 이러한 유형의 균류는 영양분이 풍부하고 발효시킬 수 있는 기질이 충분한 물에서 발견된다.
4. 몇몇 **절대적 혐기성**(絶對的 嫌氣性; **obligately anaerobic**) 병꼴균류는 반추위에 서식하는데, 이들은 아래에서 논의될 것이다.

반추위와 그 밖의 장내미생물 공동체

병꼴균강의 분화된 그룹, 원생동물, 세균 등의 미생물은 소, 양, 염소, 낙타 같은 동물의 반추위에서 생장한다. 이들 반추위 미생물(그림 8.7)은 산소에 노출되면 죽는 **절대적 혐기성균**(絶對的 嫌氣性菌; **obligate anaerobe**)이다. 그들은 발효를 위한 연속된 방의 형태로 변형된 동물의 전장(foregut)에서 서로 친화성이 높으면서도 복잡한 미생물 집단이나 **공동체**(共同體; **consortium**)의 일부로 살아간다. 여기서 음식물은 되새김질되어 씹히고 다시 삼키는 과정이 반복됨으로써 반추위내 미생물 집단에 의해 분해되기 전에 잘게 부서진다. 1~2일이 지난 후에 반추위 속의 내용물은 대다수의 미생물이 파괴되어 동물 숙주에 아미노산을 공급하는 소화관을 지나게 된다. 섬유소나 헤미셀룰로스 같은 식물 구성성분의 분해산물도 이와 유사하게 흡수된다. 그러나 반추위 내 소화의 최종산물은 단당이 아니라 짧은 사슬의 휘발성 지방산(VFAs)과 주로 초산, 프로피온산, CO_2가 동반되는 부틸산, 메탄올, 암모니아와 일부 젖산이다.

세균은 그들의 수와 유형에 따라 반추위 내 군집을 우점한다. 메탄생성(메탄을 생성하는) 고세균도 물질대사의 최종산물로서 일반적으로 많은 양의 메탄을 발생시킨다. 또 세균과 작은 입자들을 섭취하는 다수의 원생동물이 있다. 최종 구성요소는 반추위균류인데, 이들은 병꼴균류 중 절대적 혐기성균류로 현재 *Neocallimastix*, *Caecomyces*, *Piromyces*, *Orpinomyces*, *Ruminomyces* 등 5개의 속으로 분류되었다. 이다. 이러

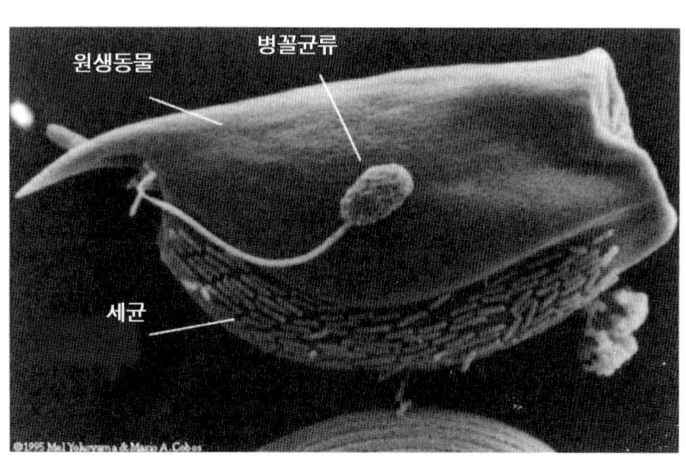

그림 8.7 원생동물, 병꼴균류와 세균으로 이루어진 일부의 반추위 미생물 공동체. [사진제공: M. Yokayama & M.A. Cobos; Michigan State University.]

한 균류는 섬유소나 헤미셀룰로스 같은 식물조직의 탄수화물을 분해하는 주요 역할을 한다. 그들의 유주포자는 배양 시 식물의 당에 주화성을 보이고, 반추위 안에서 씹힌 풀에 빠르게 모인다. 그 후 그들은 식물 조직에 침입하고 식물 세포벽을 붕괴시키는 효소를 분비하는 가근을 형성하기 위해 피낭화하여 발아한다.

혼합산 발효

반추위 속에 서식하는 병꼴균류는 유산균과 유사하게 혼합산 발효(混合酸醱酵; mixed acid fermentation)를 하기 때문에 균류 중에서 예외적이다(Theodorou *et al.* 1996). 이 발효의 주요 생산물은 그림 8.9에서 보여주듯, 개미산($HCOO^-$), 초산, 젖산, 에탄올, 이산화탄소, 그리고 수소이다. 포도당 같은 식물성 당의 초기 발효는 에탄올과 젖산(피루브산으로부터 얻어지는)의 생성을 유도하면서 Embden-Meyerhof 경로에 의해 실행된다. 이것은 병꼴균류 세포의 세포질 안에서 일어난다. 그러나 일부 피루브산은 수소 분자를 생성하기 때문에 hydrogenosome이라고 불리는 특별한 형태의 세포내 소기관으로 들어간 후 malic acid로 변화된다. Hydrogenosome은 반추위 병꼴균과 혐기성 원생동물문의 특징이다. 그들은 호기성 생물의 미토콘드리아와 기능적으로 동등하고, 전자전달에 의해 ATP를 발생시킨다(그림 8.8). Hydrogenosome으로부터 방출된 주요 최종 산물은 아세테이트, 포름산염, CO_2, H_2이

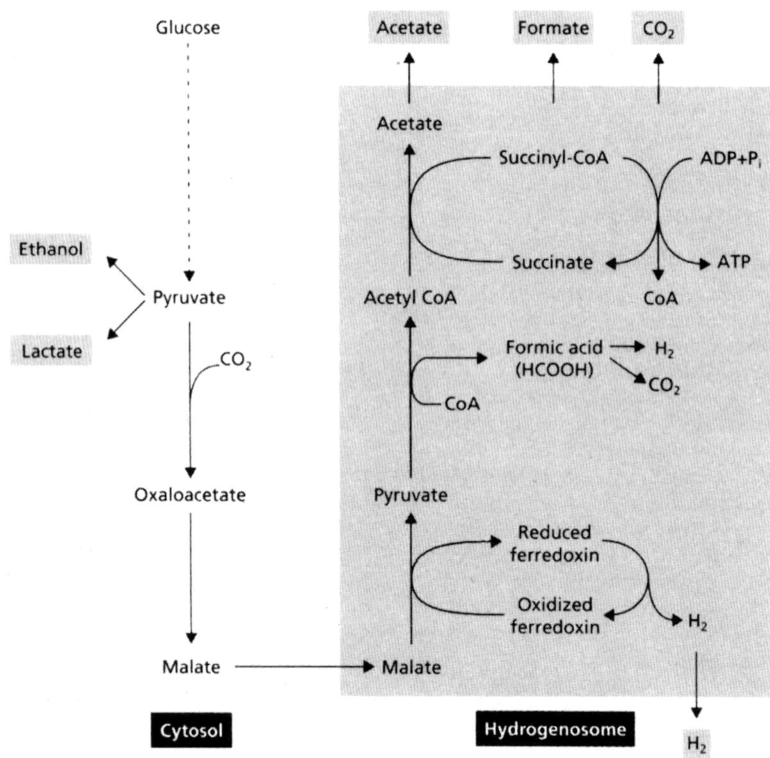

그림 8.8 반추위 속에 자라는 병꼴균 *Neocallimastix*의 혼합산 발효 모식도. 작고 검은 박스 내에 있는 물질은 발효의 최종산물을 나타낸다. 발효의 일부는 세포기질에서 일어나고, 일부는 hydrogenosome에서 일어난다. 자세한 내용 중 몇 가지가 알려져 있다(Orpin 1993; Marvin-Sikkema *et al.* 1994.); 알려지지 않은 세부 기작은 몇몇 장내 세균의 혼합산 발효에 근거하여 추정한 것이다. [출처: Trinci *et al.* 1994.]

다. 수소분자는 그 후 다음 등식에 따라 메탄을 발생시키는 반추위 고세균의 에너지원으로 사용될 수 있다.

$$4H_2 + HCO_3^- + H^+ \rightarrow CH_4 + 3H_2O$$

이 메탄은 동물의 위로부터 반복적으로 방출된다. 비록 혼합유기산 발효의 모든 주요 산물을 설명했지만, 이러한 산물의 균형은 다양하고 반추위 내 생물의 존재형태 양식과 그 밖의 조건에 따라 결정된다는 것을 알아야 한다.

Hydrogenosome과 미토콘드리아의 비교

진핵세포가 **세포내공생**(細胞內共生; **endosymbiosis**) 과정에 의해—하나의 세포가 다른 세포를 삼키고, 삼켜진 세포는 세포내소기관이 되기 위해 점차적으로 자신의 유전체 전체 또는 일부와 그 세포의 독립성을 잃었을 때—원핵세포로부터 유래되었다는 것은 이제 거의 보편적으로 받아들여진다. 오늘날의 진핵세포에서 발견되는 주요 세포내소기관 형성을 유도하고, 약 20억 년 전에 시작된 단일세포 진핵생물의 급속한 팽창을 초래한 세포내공생은 현재까지 반복되었을 것이다. 이러한 증거는 오늘날 진핵세포에 여전히 남아있다. 예를 들면:

- 외부 세포막이 삼켰던 세포를 "포함하기" 위해 세포막을 에워싸면서(콩과식물의 뿌리혹에 *Rhizobium* 세포와 같이 보다 최근의 세포내공생에서 일어난 것처럼) 미토콘드리아와 엽록체 같은 세포내소기관들은 이중막으로 둘러싸여 있다.
- 현재의 진핵생물의 미토콘드리아와 엽록체는 잔여 유전체를 포함하고 있는데, 그 유전체는 독립적인 존재로 충분하지는 않지만 미토콘드리아 내에 있는 전자-전달 연쇄반응의 요소와 엽록체의 몇몇 광합성 기능을 암호화하고 있다.
- 미토콘드리아와 엽록체는 항세균성 항생물질에 대한 민감성과 ribosomal RNA 유전자의 DNA 서열 상동성에서 원핵생물의 리보솜과 매우 닮은 리보솜을 가지고 있다.

Hydrogenosome의 기원은 최근까지 풀리지 않은 숙제로 남아있다. 그들은 크리스테와 같은 돌기 돌출부가 있는 내막을 가진 이중막으로 싸여 있고 메탄생성 고세균의 것과 닮은 리보솜 같은 입자를 갖고 있다. 이러한 특징 중 일부는 미토콘드리아와 유사점을 보이지만 최근까지지도 hydrogenosome 유전자는 발견된

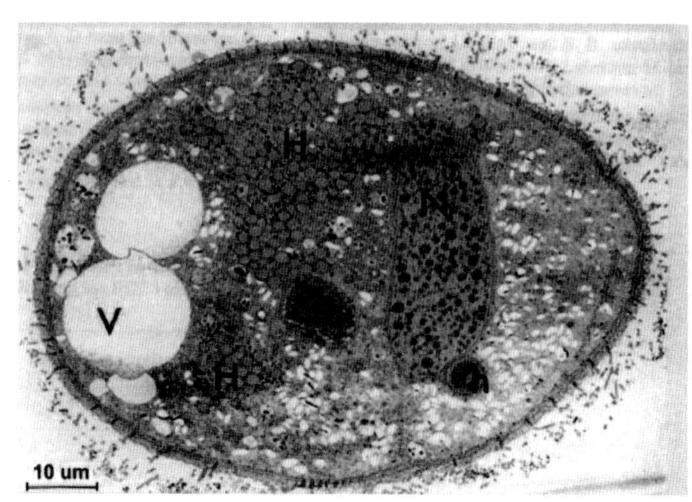

그림 8.9 혐기성 섬모충 *Nyctotherus ovalis* 세포의 전자현미경 사진. (N) 대핵, (n) 소핵, (V) 액포, (H) hydrogenosome. Hydrogenosome 내에 작고 검은 점은 DNA에 결합하기 위해 부착된 immunogold 입자이다. [출처: Akhmanova *et al.* 1998, ⓒ Macmillan Publishing.]

적이 없었다. 그러나 1998년에 hydrogenosome 유전자의 첫 번째 증거가 바퀴벌레의 후장에서 자라는 혐기성 섬모충 *Nyctotherus ovalis*에서 발견되었다. 이 미생물의 전자현미경 사진에서 hydrogenosome은 DNA를 판매중인 항혈청으로 처리하였을 때 immunogold로 표지되는 것으로 나타났다(그림 8.9). 이 증거는 **미토콘드리아(mitochondria)**의 small subunit (SSU) ribosomal RNA를 암호화하는 유전자 보존 부위에 대한 프라이머로 중합효소연쇄반응(PCR)을 실행함으로써 재확인되었다. 상동성의 SSU rRNA 유전자는 hydrogenosome과 미토콘드리아가 같다는 것을 보여주는 혐기성 섬모충 *N. ovalis*에서 얻어졌다.

산소 내성의 생리학

반추위 병꼴균과 섬모가 있는 원생동물 같은 **절대적 혐기성 생물**(絶對的 嫌氣性 生物; **strictly anaerobic organisms**)의 존재는 산소가 유독할 수 있음을 보여준다. 그들은 심지어 약간의 산소에 노출되어도 죽게 되는데, 그 이유는 잘 알려져 있다 : O_2^- (**과산화 음이온**), H_2O_2(**과산화수소**) 및 OH· (**수산기**)와 같이 반응성이 매우 큰 형태의 산소는 flavoprotein과 quinone 같은 일반 세포성분과 산소가 반응할 때 우연하게 생성된다. 여기서 생긴 산소는 보통 일반 소독약의 과산화물이 미생물을 죽이는 데 사용되는 것과 같은 방식으로 거대분자 같은 세포성분에 손상을 입히기도 한다. 따라서 호기성 상태에서 자라는 모든 생물들은 산소의 유독한 영향에 대처하는 작용 기작이 필요하고, 이는 아래에 기술된 방식으로 얻어진다.

과산화물은 다음 공식에 따라 **과산화물 불균등화효소**(過酸化物 不均等化酵素; **superoxide dismutase**)에 의해 과산화수소로 전환된다:

$$O_2^- + O_2^- + 2H^+ \rightarrow 2H_2O_2 + O_2$$

과산화수소는 그 후 다음 등식에 따라 카탈라제(catalase)에 의해 물과 산소로 전환된다:

$$H_2O_2 + H_2O_2 \rightarrow 2H_2O + O_2$$

따라서 과산화물과 카탈라제의 결합 결과는 활성 산소 종을 물로 전환하는 것이다. 모든 **절대적 혐기성 생물**(絶對的 嫌氣性 生物; **obligate anaerobes**)은 이러한 효소 중 한 개 또는 두 개가 부족하다. 예를 들어, *Neocallimastix*는 과산화물 불균등화효소를 가지고 있지만 카탈라제가 없어서 과산화물을 처리할 수 있는 능력이 없어 산소의 존재에 견딜 수 없게 되는 것 같다.

수산기는 모든 독성기 가운데 가장 독성이 강하지만 주로 이온을 방출하는 광선의 조사에 의해서만 일시적으로 발생한다. 카탈라제가 활성화 상태라면 보통의 조건에서 과산화수소로부터 생성되는 적은 양은 거의 위협이 되지 않는다.

이산화탄소

모든 균류는 지방산, oxaloacetate 등을 발생시키는 **카르복실화 반응(carboxylation reactions)**을 위해 적어도 미량의 이산화탄소를 필요로 한다(제6장). 혐기성 상태에서 생장하는 균류는 흔히 고농도의 CO_2를 요구하는데 반해, 여러 호기성 균류는 고농도의 CO_2에 의해 억제될 수 있다.

정상적인 호기성 호흡작용에서 포도당은 흔히 알려진 등식에 따라 CO_2와 물로 전환된다:

$$C_6H_{12}O_6 + 6O_2 \rightarrow 6CO_2 + 6H_2O$$

그러나 산소와 이산화탄소는 용액에서 서로 다르게 작용하는데, 이는 균류의 생장에 중요한 영향을 끼칠 수 있다. CO_2는 탄산 형태로 물에서 용해되고, pH-의존 방식에 의해 중탄산염 이온으로 분리된다. pH 8에서 평형은 대략 CO_2(탄산과 동등) 3%, HCO_3^-(중탄산염 이온) 97%이다. 하지만 pH 5.5에서의 평형은 약 90% CO_2와 10% HCO_3^-이다. 서로 다른 pH 수준에서 실내 배양을 통한 연구는 균류가 CO_2보다 중탄산염 이온에 더 민감하다는 것을 보여준다. 그렇다 하더라도 자연 상태에서 CO_2(또는 중탄산염)가 주요한 생장 억제자인지 의문이 있을 수 있다. 물속에서 CO_2는 산소보다 훨씬 더 가용성이고, 산소와 CO_2의 다른 확산계수를 계산하면(CO_2계수가 사실상 더 낮다), 물속에서 CO_2가 O_2보다 23배나 더 빠르게 확산된다. 따라서 균의 정상적인 호기성 호흡작용에서, 소비된 O_2 1 몰(mole)당 CO_2 1몰을 생성할 때 산소는 CO_2가 1% 수준에 도달하기도 전에 수막에서 고갈될 것이다. 간단히 말해, 잔잔한 물 또는 고체배지 표면 1 mm 아래에서 생장하는 균류조차 심각한 산소 부족에 직면할 가능성이 있다. 이것은 Quorn™ 균단백질의 생성 같은 많은 산업용 발효 시스템을 비롯하여 액체배양에서 왜 산소를 철저하게 공급해주어야 하는지에 대한 중요한 이유 중의 하나이다(제4장).

수분의 이용 가능성과 균의 생장

일반적인 원리

모든 균류는 세포벽과 세포막을 통한 영양분 섭취뿐만 아니라 흔히 세포외효소의 분비를 위해서도 수분의 존재가 필요하다. 또한 균류는 대사 반응을 위한 조건으로 세포 내 수분이 필요하다. 그러나 수분은 주변에 있을 수 있지만 외부 압력에 묶여있기 때문에 여전히 이용할 수 없다. 따라서 수분의 가용성이 어떻게 균의 생장에 영향을 끼치는가를 이해하기 위해 몇 가지 기본 원리를 알 필요가 있다.

물에 작용하고 세포에 가용성을 제한하는 모든 힘은 **수분포텐셜(water potential)**이라고 불리고, φ로 표시되며, 이를 에너지(negative MegaPascals)로 환산하면 1 MPa은 9.87 기압 또는 10 bar 압력과 동등하다. 잘 알려진 것처럼 완전히 순수한 물은 0 MPa의 포텐셜을 가지고, 정상적인 바닷물은 약 −2.8 MPa의 포텐셜을, 그리고 대부분의 식물은 약 −1.5 MPa의 토양에서 "영구위조점"에 도달한다. 환경은 물에 대해 강하게 작용하기 때문에 단위는 음(-)의 값을 갖는다. 전체 수분포텐셜은 몇 가지 다른 포텐셜의 합으로 이루어진다: 삼투포텐셜(용질 부착력, $\varphi\pi$), 매트릭포텐셜(물리적 부착력, φm), 팽압포텐셜(φp), 그리고 중력포텐셜(φg)이다. 따라서 이 모든 힘을 합하면:

φ(수분포텐셜) = $\varphi\pi + \varphi m + \varphi p + \varphi g$ 이다.

균류는 그들이 가지고 있는 수분을 유지하기 위해 외부 수분포텐셜 φ과 동등한 포텐셜을 만들고, 그 환경에서 물을 획득하기 위해서는 φ보다 큰 포텐셜을 발생시켜야 한다(Papendick & Mulla 1986).

균류는 수분포텐셜에 어떻게 반응하는가

대부분의 균류는 상당한 수분 스트레스가 있는 환경에서조차 매우 노련하게 수분을 얻는다. 그러나 물곰팡이류(*Saprolegnia*와 *Achlya* spp. 같은 난균류)는 예외이다. 그들은 외부의 힘에 대항하여 팽압을 유지하는 능력이 거의 없다. 아마도 그들은 맑은 물에서 혼자 또는 우점하여 자라기 때문일 것이다. 균류는 생장하기 위해서 팽창되어 있을 필요가 있다고 생각되어 왔지만, 물곰팡이의 균사는 심지어 팽압을 잃었을 때 조차도 계속해서 생장할 수 있다. 이것은 아마도 균사 선단부의 신장이 아메바 같은 생물의 위족처럼 세포골격물질의 끊임없는 확장에 의해 이루어지기 때문일 것이다. 그럼에도 불구하고 물곰팡이는 단단한 표면을 침입하기 위하여 팽창할 필요가 있다(Harold *et al.* 1996; Money 2001). 균사 선단의 침입 능력은 균사형성균류의 중요한 특징 중 하나이기 때문에 팽창이 결여된 균류는 반드시 손상된다.

토양 및 육지에 사는 대부분의 균류는 −2 MPa의 배지에서 쉽게 자랄 수 있다. 만약 수분 스트레스가 그 이상 증가하면 무격벽균류(접합균류)와 난균류는 생장을 멈추는 첫 주자가 된다(그들의 가장 낮은 한계는 약 −4 MPa이다). 그러나 격벽을 갖는 대다수의 균류가 −4 MPa와 −14 MPa 사이에서 자랄 수 있고, 특별히 스트레스에 내성일 것으로 생각되지는 않는다. 실제로 스트레스에 가장 내성인 균류는 −20 MPa에 아주 가까운 경우에도 생장할 것이고, −50 MPa에서도 약간은 생장할 것이다. 전통적인 간장 생산에 사용되는 효모 *Zygosaccharomyces rouxii*를 포함한 균류는 높은 스트레스 내성을 갖는다. 그들의 생장을 위한 최저 한계는 당 용액에서 −69 MPa이다.

이러한 해석으로 미루어 볼 때, 균류 전체는 다른

생물체가 살 수 없는 환경 속에서도 생장할 수 있음이 분명하다. 수분 스트레스에 견디는 능력은 균류의 특별한 특징 중의 하나이다. 하지만 수분 스트레스에 대한 균류의 반응은 어떻게 이 스트레스가 발생했는가에 따라 다르기 때문에 여기에는 중요한 필요조건이 있다. 대부분의 균류는 염에 의한 스트레스보다 당에 의한 삼투 스트레스에 더 강한 내성을 갖는다. 이들은 이처럼 삼투포텐셜에 저해받기 전에 먼저 염독성에 의해 생장을 저해 받는다.

수분-스트레스 내성의 생태적 및 상업적 측면

수분-스트레스 내성 균류는 곡물을 포함하여 저장식품 제품의 부패 면에서 경제적으로 매우 중요하다. 수분함량이 14%로 건조된 저장 곡물에서 자랄 수 있는 균은 없지만, 15~16%로 수분함량이 약간만 올라가도 수분 스트레스 내성이 있는 *Aspergillus* spp. (유성세대, *Eurotium*)가 자랄 수 있다. 예를 들어 *Aspergillus amstelodami*는 약간의 수분이 있는 곡물 저장 자루에서 −30 MPa에서 부패를 일으키기 시작할 것이다. 이것은 부패에 관여하는 균류가 전분을 포도당으로, 그로부터 다시 CO_2와 물로 분해하는 연쇄반응을 일으키기 때문에 가능하다. 이 과정에서 생성된 대사열로 인하여 물이 증발되고 곡물 전체에 응결됨으로써 균류가 점차적으로 퍼지고, 수분 스트레스에 내생이 낮은 균류조차도 생장할 수 있는 길을 열어주는 결과를 초래한다.

그림 8.10은 서로 다른 환경 요인(이 경우, 온도와 수분포텐셜)을 결합시킴으로써 예상 가능한 수확 후 곡물 부패가 실험실 연구에서 어떻게 전개되는가를 보여준다. 이 그래프에 있는 선은 생장 비율 **등치선** (等値線; **isopleth**) (다른 생장률을 보이는 온도와 수분포텐셜의 결합)이다. 흰 점선은 한천배지에서 매일 0.1mm의 “최저” 생장률을 나타내고, 검은 점선은 2.0mm, 그리고 검은 실선은 4.00mm 또는 그 이상의 생장률을 의미한다. 이 모든 구역의 외부에 위치한 부분은 잠정적으로 안정된 저장 상태를 나타낸다. 이러한 수치는 곡물저장 균류에 관해 생물학적으로 알려진 바와 일치한다. *Aspergillus amstelodami*는 다른 스트레스 내성 균류인 *A. restrictus*와 함께 수분 스트레스에 내성이 매우 강하다. *A. restrictus*는 흔히 저장된 곡물에서 곰팡이를 발생시킨다. *Aspergillus fumigatus*는 수분 스트레스에 대한 내성이 약하지만 높은 온도(최대 52℃)를 선호하기 때문에 등치선은 비스듬하게 된다. 많은 *Fusarium*류와 마찬가지로 *Fusarium*

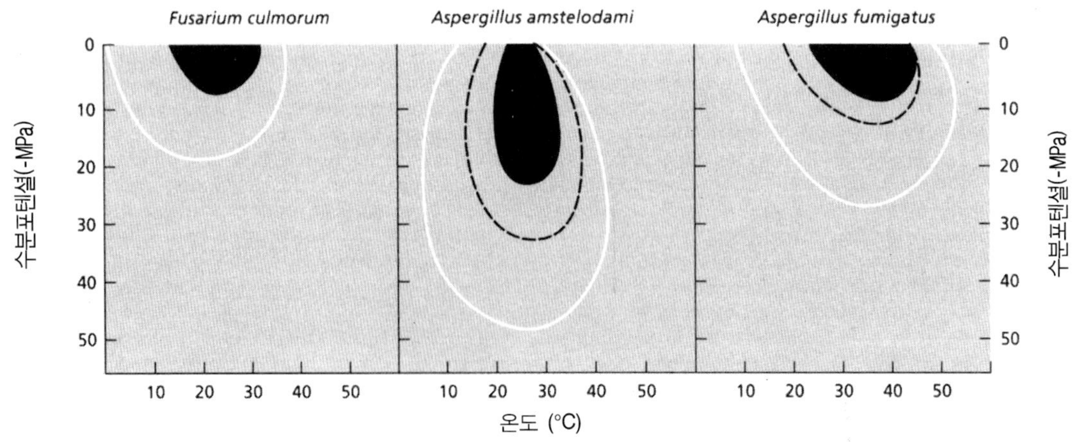

그림 8.10 곡물의 부패를 일으키는 세 가지 균류의 생장 비율 등치선. [출처: *Aspergillus* spp.는 Ayerst 1969; *Fusarium culmorum*은 Magan & Lacey 1984.]

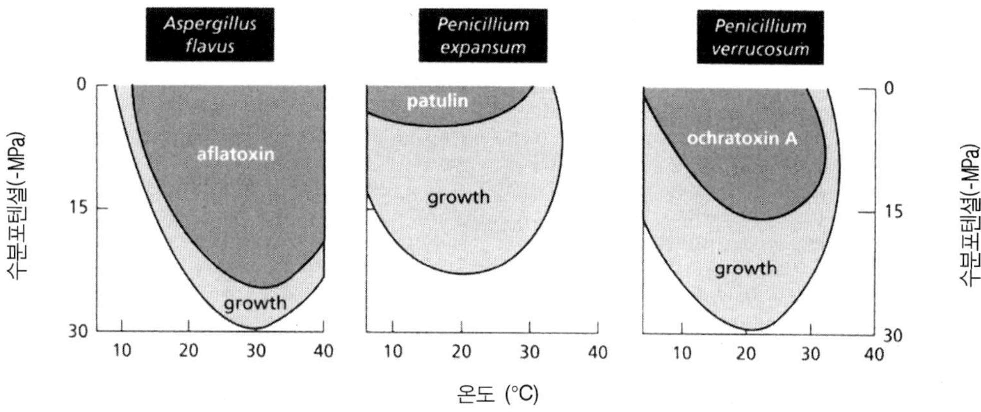

그림 8.11 *Aspergillus flavus, Penicillium expansum* 및 *P. verrucosum*의 균독소 생성을 돕는 온도와 수분포텐셜의 조합. [출처: Northolt & Bullerman 1982.]

*culmorum*은 "포장 균류"로 취급된다. 만약 추수시기가 습하고 곡물을 안전한 수준까지 빠르고 충분하게 건조시킬 수 없는 경우에는 이 균은 포장 조건에서 곡물의 부패를 일으킨다.

비슷한 모델에서 균독소 생성을 위한 조건을 예상할 수 있다(그림 8.11). 예를 들어, *Aspergillus flavus*는 이 균이 생장할 수 있는 대부분의 온도/수분포텐셜의 범위에서 aflatoxin을 분비한다. *Penicillium verrucosum*은 생장 조건보다 좁은 범위에서 **ochratoxin A** (nephrotoxin)를 분비한다. 사과 푸른곰팡이병의 원인인 *Penicillium expansum*은 훨씬 더 좁은 범위에서 patulin(실험동물의 뇌와 폐의 출혈을 일으킴)을 분비한다.

수분 스트레스에 대한 생리학적 적응

일반적으로 균류는 더 낮은 내부 삼투포텐셜을 발생시킴으로써 낮은(negative) 외부 포텐셜에 반응하므로 세포는 팽창상태를 유지한다. 때때로 이는 주변 환경으로부터 선택적 섭취 및 이온 축적을 통해 얻어지기도 하는데, 한 예가 해양 균류에 의한 K^+의 일반적인 축적이다. 하지만 높은 이온 강도는 잠재적으로 세포내에 손상을 입힐 수 있으므로 해양 균류조차 더욱 독성이 있는 Na^+이온이 세포로 들어오는 것을 막는 수단으로 주로 K^+를 흡수하는 듯하다. 높은 외부 삼투환경에 평형을 이루기 위한 좀 더 일반적인 방법은 중추적 대사 경로를 방해하지 않는 당 또는 당 유도체를 축적하는 것이다. 삼투적으로 활발한 성분들을 **양립용질**(兩立溶質; **compatible solute**)이라고 부른다. 글리세롤은 호건성(건조함을 좋아하는) 효모와 사상균류에서 가장 흔한 양립용질이다(Hocking 1993).

수분 스트레스에 내성이 높은 균류와 내성이 낮은 균류를 비교해보면, 두 유형 모두 수분 스트레스에 대한 반응으로 양립용질을 생성하지만 그 용질을 보유하는 능력에는 차이가 있다고 알려져 있다. 예를 들면, 스트레스에 비(非)내성인 *Saccharomyces cerevisiae*와 내성인 *Zygosaccharomyces rouxii* 모두 글리세롤이 양립용질이고, 두 균류 모두 수분스트레스에 노출되었을 때는 같은 양의 글리세롤을 생산하지만, 그 후 *S. cerevisiae*로부터는 배지 안으로 새어 나가는 반면에 *Z. rouxii*는 글리세롤을 그대로 보유한다. 이는 또한 스트레스 내성 균류인 *Penicillium janczewskii*와 비내성 균류인 *P. digitatum*의 비교에서도 알 수 있다. 따라서 세포막 유동성이 관련되어 있는 듯한데, 수분 스트레스 내성 효모의 세포막 안에 보다 많은 양의 포화지방이 들어있는 것이 그 증거이다.

최근에 균류 포자에 있는 양립용질, 특히 곤충병원성 균류의 포자에 관해 관심이 증대되었다. 이들 균류는 현재 독성 살충제를 대체할 수 있는 상업적인 **생**

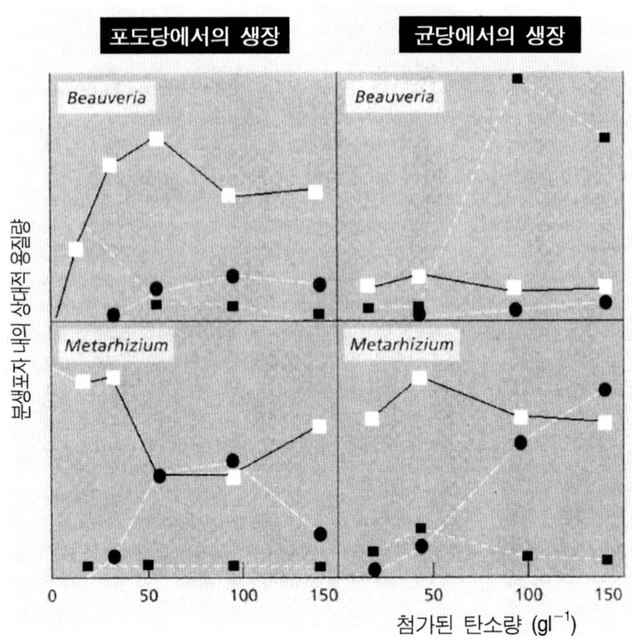

그림 8.12 두 종의 곤충병원성 균류(*Beauveria bassiana*와 *Metarhizium anisopliae*) 분생포자의 양립 용질 변화. 분생포자는 각기 다른 농도의 포도당과 균당을 함유한 한천 배지에서 수집된다. 분생포자에서 발견된 양립용질은: 만니톨(□), erythritol이나 arabitol(●)과 균당(■)이다. [출처: Hallsworth & Magan 1994.]

물적 **방제제**(生物的 防除劑; **biological control agents**)로 개발될 가능성이 있다(제15장). 현재 그 개발을 저해하는 요인 중 하나로 포자가 발아하여 곤충의 각피를 관통하기 위해서는 지속적인 높은 습도가 필요하다는 점이다. 다소 낮은 습도에서 낮은 용질 함량을 갖는 포자보다는 높은 용질 함량을 가지는 포자가 더 빨리 발아할 수 있다는 증거도 있다.

이를 바탕으로, 곤충병원성 균류의 포자에 있는 양립용질의 농도를 높이기 위한 시도가 이루어지고 있다. 이러한 용질은 영양분저장 장소나 세포에 의해 섭취된 영양분에서 얻을 수 있다. 그림 8.12는 포도당이나 균당으로 **삼투 스트레스**가 다르게 조절된 배지에서 자란 두 종의 곤충병원균류 *Beauveria bassiana*와 *Metarhizium anisopliae*를 위한 설명이다. 앞서 건부병균의 균사에서 본 것처럼, 이러한 용질의 다수가 서로 변경이 가능하기 때문에 자료를 해석하기가 어렵다(그림 7.7 참조). *Beauveria*의 경우에는 배지의 용질 농도가 증가함에 따라 균류 포자 내의 양립용질 함유량은 현저하게 증가되었지만, 균이 포도당에서 자랄 때는 만니톨이 포자 내에서 주요한 양립용질이었던 반면에 균이 균당에서 자랄 때는 포자 내에 균당이 축적되었다. 이와 다르면서도 다양한 양상이 *Metarhizium*에서 발견되었지만, 만니톨은 배지의 용질 농도가 증가함에 따라 erythritol과 arabitol에 의해 보충되어 다시 포자 내에서 주요한 양립용질 중 하나로 되었다.

수분 스트레스에 대한 다른 유형의 적응은 살아있거나 노쇠한 식물 잎 표면—그 **환경은 엽권**(葉圈; **phyllosphere**)(그림 8.13)이라 불린다—에 일반적으로 부생균으로 자라는 균류 중에서 찾을 수 있다. 이러한 균류(*Cladosporium, Alternaria, Sydowia* 등)는 짙게 착색된(멜라닌화된) 균사와 포자를 갖고 있다. 그들은 낮은(negative) 수분포텐셜에서는 자라지 않지만, 다른 균들이 자랄 수 없는 주기적인 과습과 건조의 반복을 견뎌내는 진기한 능력을 갖고 있다. Park(1982)은 맥아즙 추출 고체배지 위에 놓은 투명한 셀로판 필름 위에 이 균류를 배양하면서 관찰하였다. 그 후 그는 균류 군락을 포함하고 있는 필름 조각을 제거했고, 그것을 밀폐된 용기 안에 있는 $NaNO_2$ 또는 KNO_3 포화용액에 띄워놓았다. 이러한 용액은 각각 66%와 45%의 상대습도로 유지되고, 이는 각각 약 −70 MPa

와 −95 MPa에 상응하는 압력이다. 이렇게 극심한 건조 상태에서 2~3주가 지나더라도 셀로판 필름을 한천 배지로 옮기면 균류는 한 시간 내에 다시 생장하였고, 이러한 생장은 원래의 **균사선단**(菌絲先端; **hyphal tip**)에서 시작되었다. 이와 대조적으로 일반 토양균류(예, *Fusarium, Trichoderma, Gliocladium*) 또는 전형적인 식품부패균류(*Penicillium* spp.)는 이들 중 다수가 비록 24시간 후에 포자나 균사선단 뒤쪽의 살아있는 부위로부터 다시 생장하였지만, 본래의 균사선단으로부터는 다시 생장하지 못했다. 분명히 엽권에서 생장하는 균류는 그들의 정상 서식지에서 변화하는 습도 조건에 자연스럽고도 특별하게 적응하고 있다. 물론 이들은 습도에 있어서 똑같이 큰 변화를 겪는 부엌 및 욕실 벽에서 자라는 거무스름한 곰팡이 같은 균류이다.

광

근자외선과 가시광선(380~720 nm)은 비록 균류의 **색소형성**(色素形成; **pigmentation**)을 자극할 수는 있지만, 상대적으로 영양생장에 거의 영향을 끼치지 않는다. 특히, 청색광은 *Neurospora crassa*를 포함한 여러 균류의 균사와 포자에서 카로티노이드 색소의 생성을 유도한다. 이러한 카로티노이드는 조류와 세균에서도 생성되는데, 앞에서 논의된 활성 산소 종을 억제하는 것으로 알려져 있다. 색소는 광에 의한 피해를 최소화하는 역할을 한다. 이와 유사하게 멜라닌은 활성 산소 종과 자외선으로부터 세포를 보호한다.

여러 균류(모든 균류는 아님)의 무성포자나 유성번식 구조체를 형성하기 위해 촉발요인으로 작용하는 빛은 균류의 분화에 보다 더 큰 영향을 준다. 예를 들어 버섯과 이와 유사한 많은 담자균류의 자실체는 빛에 반응하여 형성되지만, 흔히 낮은 농도의 CO_2를 부가적으로 요구하기도 한다. 대개 이러한 광반응은 flavin-type의 광수용체와 관련있는 근자외선이나 청색광(대략 450 nm)에 의해 유도된다. 그러나 서식지 요구성과 관련되는 다른 균류의 광반응에서는 상당한 차이가 있다. 예를 들어 *Alternaria* spp.는 자외선 조사(280~290 nm)에 의해 포자 형성이 유도되고, *Botrytis cinerea*에서 근자외선에 의한 자극은 청색광에 노출된 후에는 반대로 된다(제5장). 몇몇 다른 균류의 포자형

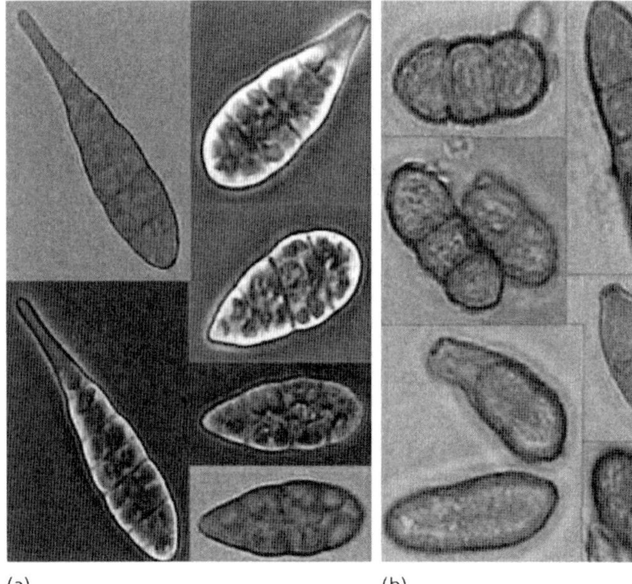

그림 8.13 일반적으로 식물의 노화된 잎과 줄기뿐만 아니라 화장실과 주방 벽에서도 생장하는 검게 착색된 균류 포자의 예. 이런 균류는 흔히 **dematiaceous hyphomycetes**로 불린다. (a) 위상차현미경이나 명시야현미경으로 본 *Alternaria* spp.의 포자 (30~40㎛). (b) *Cladosporium* spp.와 유연 균류의 포자 (약 10~15㎛).

성은 적색광/원적색광에 노출됨으로써 조절되지만, 청색광에 반응하는 것보다는 드물다. 광은 균류의 번식구조에도 영향을 미치는데, 특히 몇몇 접합균류의 포자낭경과 몇몇 자낭균류의 자낭 끝의 굴광성을 현저하게 유도한다.

*Neurospora crassa*에서 청색광 인식에 관한 유전적 분석

*Neurospora crassa*는 상대적으로 작은 유전체(대략 40 Mb), 빠른 생장, 균의 취급과 유전 조작의 용이함, 외래 DNA의 안정된 삽입 및 매우 특징적인 돌연변이체의 풍부함 때문에 항상 진핵생물의 중요한 모델로 취급되어 왔다. 또한 다음의 두 가지 이유로 광 인식 연구를 위한 모델생물로도 선호된다. 첫째, 오직 청색광과 자외선 범위에서만 광을 받아들이는데, 상대적으로 적은 수의 유전자(매우 특징적인)가 이 반응과 연관된 것처럼 보인다. 둘째, 분자시계는 24시간에 가까운 기간을 선천적으로 가지고 있고, 온도와 영양에 대하여 보증하는 명확한 일주기성을 보여준다. 그러나 이것은 환경적 (광) 신호에 의해 재조정될 수 있다. 사실 *Neurospora*의 분자시계와 빛의 인지, 그리고 그 후의 신호전달경로는 밀접한 상호작용이 있다. 최근 *N. crassa*의 highquality draft sequence 발표(Galagan *et al.* 2003)는 광수용체에 관해 진일보한 정보를 제공한다.

최근 일련의 논문을 통하여 최초의 진균 청색광 수용체의 특성이 밝혀짐으로써 광반응에 대한 특별한 연구의 전환이 이루어졌다. White Collar 1 (WC-1) 이라 불리는 조절 단백질은 노랗게 착색된 flavin adenine dinucleotide(FAD)인 chromophore에 결합되어있다. WC-1 단백질은 유전자 전사개시와 관련된 DNA와 상호작용을 하고, 또 다른 WC-2 단백질 역시 전사인자처럼 작용하며 WC-1과 복합체를 형성한다. 이 WC-1/CW-2 복합체는 핵에 위치하여 청색광 조절 유전자의 프로모터에 광 신호를 제공한다. 이 두 단백질의 야생형 유전자가 그동안 알려져 있었는데, 돌연변이 WC 유전자를 가지는 계통은 "blind"인 것으로 알려졌다. "Blind"는 청색광에 반응하여 카로티노이드 합성을 유도할 수 없다. *N. crassa*에서의 청색광반응의 두드러진 특징은 단지 2개의 단백질로 구성되어 있고 매우 짧은 신호단계를 포함한다는 것이다.

대개 *N. crassa*에서 카로티노이드 합성을 유도한 청색광 조절 유전자는 약 2시간 후에 발현이 줄어든다. 이러한 현상을 광적응이라 한다. 그러나 vivid라 불리는 다른 돌연변이 유전자는 광 조건에서 카로티노이드 유전자의 발현을 지속시킨다(그래서 이 유전자를 "vivid"라고 부른다). 이 단백질은 핵보다는 오히려 세포질에 위치하고, flavin형 chromophore에 결합하는 두 번째 청색광수용체라고 보고 되었다(Linden 2002). VIVID 단백질은 특히 다른 광도에 반응하거나 분자시계를 조절하는 데 관련된 것으로 보인다. 그러므로 적어도 두 가지 역할을 하는 두 개의 광수용체를 가진 이중 광 인식계인 것으로 생각된다. WC-1/WC-2를 포함하는 초기 광 인식계는 암에서 광으로의 전이와 관련이 있다. VIVID를 포함하는 두 번째 체계는 *Neurospora*가 광도의 변화를 탐지하는 것을 가능하게 하고, 그로 인해 광에 의한 손상에 대해 방어하기 위한 카로티노이드의 생성을 조절하는 것이다(Schwerdtfeger & Linden 2003).

참고문헌

Akhmanova, A., Voncken, F., Van Alen, T., *et al.* (1998) A hydrogenosome with a genome. *Nature* **396**, 527–528.

Ayerst, G. (1969) The effects of moisture and temperature on growth and spore germination in some fungi. *Journal of Stored Products Research* **5**, 127–141.

Cooney, D.G. & Emerson, R. (1964) *Thermophilic Fungi*. Freeman, San Francisco.

Edwards, M.C. & Bowling, D.J.F. (1986) The growth of rust germ tubes towards stomata in relation to pH gradients. *Physiological and Molecular Plant Pathology* **29**, 185–196.

Galagan, J.E. and 76 other authors (2003) The genome sequence of the filamentous fungus *Neurospora crassa*. *Nature* **42**, 859–868.

Haheshwari, R., Bharadwaj, G. & Bhat, M.K. (2000) Thermophilic fungi: their physiology and enzymes. *Microbiology and Molecular Biology Reviews* **64**, 461–488.

Hallsworth, J.E. & Magan, N. (1994) Effect of carbohydrate type and concentration on polyhydric alcohol and trehalose content of conidia of three entomopathogenic fungi. *Microbiology* **140**, 2705–2713.

Harold, R.L., Money, N.P. & Harold, F.M. (1996) Growth and morphogenesis in *Saprolegnia ferax*: is turgor required? *Protoplasma* **191**, 105–114.

Henry, A.W. (1932) Influence of soil temperature and soil sterilization on the reaction of wheat seedlings to *Ophiobolus graminis* Sacc. *Canadian Journal of Research* **7**, 198–203.

Hocking, A.D. (1993) Responses of xerophilic fungi to changes in water activity. In: *Stress Tolerance of Fungi* (Jennings, D.H., ed.), pp. 233–256. Academic Press, London.

Linden, H. (2002) Blue light perception and signal transduction in *Neurospora crassa*. In: *Molecular Biology of Fungal Development* (Osiewacz, H.D., ed.), pp. 165–183. Marcel Decker, New York.

Magan, N. & Lacey, J. (1984) Effect of temperature and pH on water relations of field and storage fungi. *Transactions of the British Mycological Society* **82**, 71–81.

Marvin-Sikkema, F.D., Driessen, A.J.M., Gottschal, J.C. & Prins, R.A. (1994) Metabolic energy generation in hydrogenosomes of the anaerobic fungus *Neocallimastix*: evidence for a functional relationship with mitochondria. *Mycological Research* **98**, 205–212.

Money, N.P. (2001) Biomechanics of invasive hyphal growth. In: *The Mycota VIII. Biology of the Fungal Cell* (Howard, R.J. & Gow, N.A.R., eds), pp. 3–17. Springer-Verlag, Berlin.

Northolt, M.D. & Bullerman, L.B. (1982) Prevention of mould growth and toxin production through control of environmental conditions. *Journal of Food Production* **45**, 519–526.

Orpin, C.G. (1993) Anaerobic fungi. In: *Stress Tolerance of Fungi* (Jennings, D.H., ed.), pp. 257–273. Academic Press, London.

Papendick, R.I. & Mulla, D.J. (1986) Basic principles of cell and tissue water relations. In: *Water, Fungi and Plants* (Ayres, P.G. & Boddy, L., eds), pp. 1–25. Cambridge University Press, Cambridge.

Park, D. (1982) Phylloplane fungi: tolerance of hyphal tips to drying. *Transactions of the British Mycological Society* **79**, 174–178.

Robinson, C.H. (2001) Cold adaptation in Arctic and Antarctic fungi. *New Phytologist* **151**, 341–353.

Schwerdtfeger, C. & Linden, H. (2003) VIVID is a flavoprotein and serves as a fungal blue light photoreceptor for photoadaptation. *EMBO Journal*, **22**, 4846–4855.

Suzaki, E., Suzaki, T., Jackson, S.L. & Hardham, A.R. (1996) Changes in intracellular pH during zoosporogenesis in *Phytophthora cinnamomi*. *Protoplasma* **191**, 79–83.

Theodorou, M.K., Zhu, W-Y., Rickers, A., Nielsen, B.B., Gull, K. & Trinci, A.P.J. (1996) Biochemistry and ecology of anaerobic fungi. In: *The Mycota VI. Human and Animal Relationships* (Howard, D.H. & Miller, J.D. eds), pp. 265–295. Springer-Verlag, Berlin.

Trinci, A.P.J., Davies, D.R., Gull, K., *et al.* (1994) Anaerobic fungi in herbivorous animals. *Mycological Research* **98**, 129–152.

제9장

균류의 유전학, 분자유전학 및 유전체학

이 장은 다음과 같은 주요 부분으로 구성되어있다:

- 개관: 유전학 연구에서 차지하는 균류의 위치
- *Neurospora* 와 고전(멘델) 유전학
- 균류 유전체의 구조와 구성
- 균류의 유전적 변이
- 균류의 응용 분자 유전학
- 유전체로 돌아가서
- 발현 유전자 염기서열 표지와 마이크로어레이 기술

이 장에서는 기초 및 응용 균류유전학을 다루는데, 여기에는 균류가 유전학 연구에서 중요한 모델로 이용된다는 점도 포함되어있다. 이 장은 균류의 병인론적 결정인자 분석을 비롯하여 균류를 외래 유전자 산물의 "공장"으로 개발하는 분야를 포함하고 있다. 또한 노화과정에 염색체 이외의 유전자가 수행하는 역할과 병원성 독성을 억제해주는 균류 바이러스(하이포바이러스)의 효과도 다룬다.

개관 : 유전학 연구에서 균류의 위치

60년 이상 균류는 고전 유전학 연구의 주요 수단이 되어 왔는데, 그것은 다음과 같이 다른 진핵세포로는 충족시킬 수 없는 특징을 가지고 있기 때문이다.

- 균류는 실험실에서 배양하는 것이 매우 용이하며, 생활주기(life-cycle)가 대단히 짧다.
- 대부분의 균류는 반수체이므로 돌연변이를 일으키기 쉽고 돌연변이주를 선발하기도 쉽다.
- 유성단계가 있으므로 유전자 분리 및 재조합 분석을 수행할 수 있으며, 모든 감수분열 산물을 반수체인 유성포자에서 검색할 수 있다.
- 균류는 무성포자를 형성하기 때문에 유전적으로 균일한 집단을 대량으로 형성시켜서 유지할 수 있다.

이외에도 균류는 생화학적 연구에 매우 적합한데, 그것은 필요한 영양 조건이 단순하고 "고전 유전학"기법을 이용하여 염색체의 물리적 지도를 훌륭하게 작성할 수 있기 때문이다. 특히 *Neurospora crassa*에 대한 연구 결과 "일 유전자—일 효소(one gene, one enzyme)"라는 전통적인 개념이 도출되었으며, 그로 인해 1945년 Beadle과 Tatum은 노벨상을 수상하였다. 그렇지만 유전자가 가공되어 전령 RNA 전구체에 존재하며, 유전정보를 가지고 있지 않은 인트론이 제거되기 때문에 실제 상황은 복잡하며, "단일 유전자가 단일 효소의 유전정보를 가지고 있다"고 말하는 것이 더 정확하다.

지금까지 거의 200가지 생물체의 유전체 서열이 밝혀졌는데, 주로 세균과 시아노세균이지만 "쥐와 인간"의 유전체도 포함되어있다. *Saccharomyces cerevisiae, Neurospora crassa, Emericella nidulans, Schizosaccharomyces pombe*, 벼도열병균 *Magnaporthe grisea*, 그리고 목재부후균 *Phanerochaete chrysosporium*를 포함해서 10가지 균류의 유전체 염기서열에 대한 "신뢰성이 높은 초안"이 발간되었다. 처음 네 가지는 염색체 지도가 매우 정밀하게 작성된 자낭균문으로 고전 유전학과 분자 유전학이 조화되는 토대가 마련되었다.

* 최신 유전체 염기서열을 제공하는 웹사이트에서 온라인 정보를 참조바람.

붉은빵곰팡이(*Neurospora*)와 고전(멘델) 유전학

*Neurospora crassa*는 유전학 연구가 가장 많이 수행된 균류 중의 하나이다. 이 균은 유성생식을 하기 위해 A와 a로 불리는 두 개의 상이한 교배형인 반수체 종을 필요로 하는 자웅이체성인 네 가지(다섯 가지일 가능성이 있는) *Neurospora* 중 한 종이다. 이 과정의 개요는 제2장에 나와 있다(그림 2.15 참조). 이는 근본적으로 수정모라고 불리는 자성 수용체 균사가 상대편 교배형의 부동정자인 "웅성" 포자와 수정되면 유성생식 과정이 시작된다. 최종적으로 자낭이 될 수정된 세포는 격벽으로 분리된다. 이 자낭 모세포는 각기 다른 교배형의 반수체 핵을 두 개 갖고 있다. 2개의 핵은 융합하여 이배체를 형성하고 자낭은 길어진다. 각 자낭에서는 감수분열 결과, 4개의 반수체 핵이 형성되고 각각은 한 번의 체세포분열을 거쳐서 8개의 핵을 형성하는데, 각 자낭 속에 일렬로 배치된 8개의 자낭포자로 채워진다(그림 9.1).

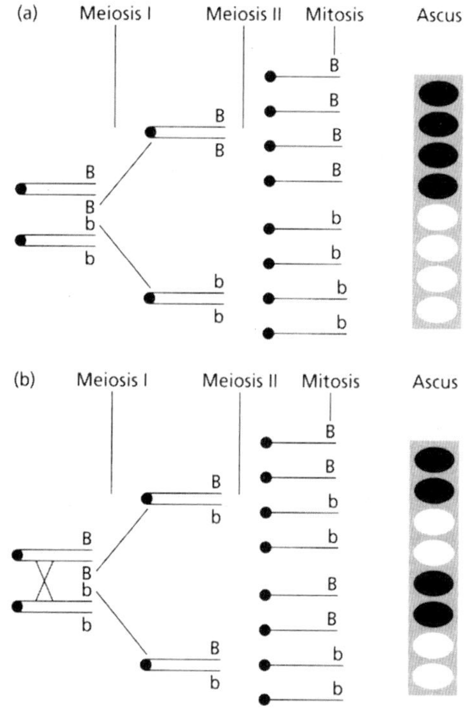

그림 9.1 자낭균의 감수분열 일차분열(a)과 이차분열(b)이 진행되는 동안 포자색 유전자의 분리. 자세한 것은 본문을 보시오.

자낭 속의 유전자 분리 형태는 생화학적 특성이나 포자 표면의 색이 상이한 균주들을 교차시킴으로써 알 수 있다. 예를 들면 그림 9.1a에서 포자 표면의 색을 결정하는 유전자좌가 서로 다른 이형접합체의 감수분열 유형을 관찰할 수 있다. 대립유전자 B는 짙은 색 포자의 유전자이며, 그리고 b는 옅은 색 포자의 유전자이다(각 염색체가 두 개의 염색분체로 구성되어 있으며, 동원체에 결합되어 있지만, 각 염색체의 한 팔만 보인다는 점에 유의할 것). 일차 감수분열기에 염색체는 분리된다. 그 다음 이차 감수분열에서 염색분체가 분리되고 뒤따라 체세포분열이 일어나서 그 결과 자낭 속에 4개의 짙은색 자낭포자와 4개의 옅은 색 자낭포자가 일렬로 배열되어 담기게 된다.

그림 9.1b는 유전자 교차로 얻어지는 포자색 분리 과정의 상이한 유형을 보여주는데 이 과정에서 두 개의 상동 염색분체가 절단되고 재결합될 때 DNA의 교환이 수반된다. 그 결과 포자외피 색의 연속적인 패턴이 최종 자낭마다 달라진다.

정상적으로 염색체의 한 쪽 팔에 수회의 유전자 교차(chiasmata, 단수형 chiasma)가 일어날 수 있지만, 이것은 세 개의 상이한 유전자 자리를 가진 균주를 교차시킴으로써 가장 잘 분석할 수 있다. 예를 들면 염색체 한쪽 팔에 X, Y, Z 유전자자리가 있는 경우가 그것이다. 일반적으로 한 염색체상의 임의의 두 유전자 자리 사이에서 발생하는 교차의 기회는 그 두 자리의 물리적 거리에 따라 다르다. 마찬가지로 한 유전자 자리와 동원체 사이에서 교차가 생길 기회는 그 사이의 거리에 따라 다르다. 그러므로 상이한 유전자좌를 반복해서 교차시킴으로써 염색체의 한쪽 팔에 있는 상

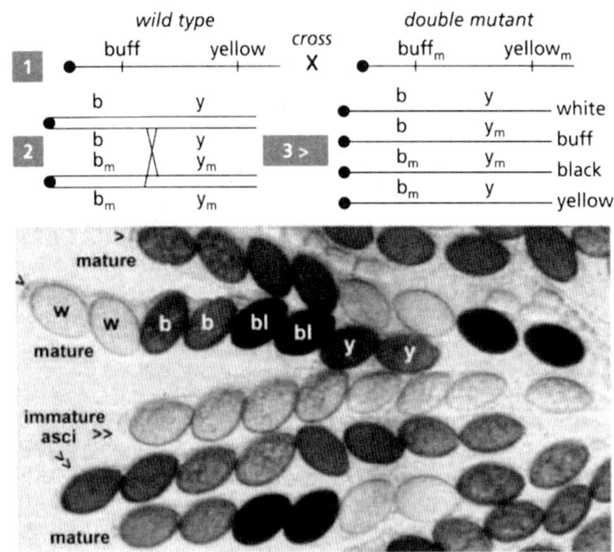

그림 9.2 8개의 자낭포자를 포함해서 여러 가지 자낭을 보여주는 *Sordaria* 균주의 분쇄된 포자 일부. 정상적으로 온전한 포자에서 자낭포자는 자낭 끝에 있는 작은 구멍(화살표머리)을 통해 방출된다. [사진 제공: C. Charier & D.J. Bond.]

이한 유전자 자리의 상대적 위치를 나타내는 물리적 지도(**염색체 지도**)를 작성하는 것이 가능하다(아주 정확하지는 않으나 교차 빈도가 동원체 근처에서는 감소하고 염색체의 끝부분(telomere)에서는 높기 때문에 유전자의 순서 결정은 가능하다).

자낭 속의 유전자 분리 및 재조합에 대한 "실제적인" 유형의 예를 제공하기 위해 그림 9.2에서는 *Neurospora crassa*와 밀접히 연관된 균인 두 개의 *Sordaria brevicollis* 균주 사이의 교차 결과가 제시되어 있다. 한 균주의 염색체의 한 팔에는 야생형인 담황색(**b**)과 노란색(**y**) 자낭의 대립 유전자가 존재하며, 다른 균주는 이 두 유전자 자리에 돌연변이를 가지고 있는데($\mathbf{b_m}$과 $\mathbf{y_m}$), 아래첨자 *m*은 돌연변이를 의미한다(그림 9.2의 1을 보시오).

이 특정한 예에서 교차의 결과로 정상적으로 담황색 포자(**b**와 $\mathbf{y_m}$ 대립유전자를 가진)나 노란색 포자($\mathbf{b_m}$과 **y**대립유전자를 가진)중 하나가 생성된다. 그러나 **b**와 **y**자리는 상당히 떨어져 있어 교차가 발생할 가능성이 약 20%(그림 9.2의 2를 보시오)이기 때문에 감수분열과 이어지는 한 차례의 유사분열이 진행되고 나면 8개의 성숙 자낭포자가 네 가지 다른 색을 보여주게 된다(그림 9.2의 표시 3을 보시오). **b**와 **y**대립유전자를 가진 포자는 흰색이고 **b**와 $\mathbf{y_m}$은 담황색, $\mathbf{b_m}$과 $\mathbf{y_m}$은 검은색, 그리고 $\mathbf{b_m}$과 y는 노란색이다. 그림 9.2에 있는 것 중 세 가지는 "성숙" 자낭으로 표시되는데 포자는 w(흰색), b(담황색), bl(검정색) 그리고 y(노란색)로 표시된다. 각각의 자낭에서는 교차 형성에 관여한 염색분체에 따라 서로 다른 유형의 포자 분리를 관찰할 수 있다.

균류 유전체의 구조와 구성

어느 한 생물체의 유전체에는 핵에 존재하는 유전자뿐만 아니라 모든 유전정보를 포함한다. 균류의 유전체에는 네 가지 별개의 구성성분을 포함한다. 즉, **염색체 유전자, 미토콘드리아 유전자, 플라스미드**(및 이동성 유전 요소) 그리고 **균류 바이러스 유전자**로서 실제적인 균류 의 유전 요소들이다. 각각은 균류의 표현형 발현에 상당히 기여한다.

염색체 및 염색체 유전자

균류 핵의 주요 특징은 제3장에서 설명하였다. 다시 간단히 살펴보면 대부분의 균류는 반수체이지만 난균류는 이배체이고 몇 가지 균류는 반수체와 이배체 체세포 상태를 교대로 나타내고, 어떤 효모(예, *Candida albicans*)는 영속적으로 이배체이다. 일부 균류 및 균사형 생물체는 다배체 계열(series)이다 (예, *Allomyces* spp.와 *P. infestans*를 포함하는 *Phytophthora* spp.). 이것은 DAPI 같은 형광염색물질로 균사를 염색하여 볼 수 있는데, 이 형광물질은 DNA의 A-T가 풍부한 영역에 끼어들어가 현미경으로 각 개체 핵의 형광성을 측정하게 된다. 형광 정도는 염색체 쌍의 수가 증가함에 따라 단계적으로 증가한다(예, Tooley & Therrien 1991).

거의 모든 균류의 염색체는 작고 매우 응축되어있다. 핵막이 유사분열 기간 동안에 대부분 유지되기 때문에 일반 현미경을 통해 염색된 세포를 관찰하여 염색체 수를 세기는 어렵다. 그렇지만 세포학과 연관분석(특정 염색체상의 유전자 위치 결정이 가능) 및 추출된 염색체에 대한 가변전기영동(pulse-field electrophoresis)(Oliver 1987; Sansome 1987) 방법의 조합으로 몇 가지 균류에 대한 염색체 수를 분석하는 것이 가능해졌다. 표 9.1과 같이 균류 및 균사형 생물체 대부분이 반수체 염색체 수가 6개에서 17개 사이이지만, 적게는 3개에서 많게는 40개가 될 수도 있다.

다른 진핵세포와 비교할 때 균류 핵의 유전체 크기는 작다. 예를 들면, *Saccharomyces cervisiae*의 유전체 크기는 12Mb(12메가 염기쌍 또는 12백만 염기쌍)를 약간 넘을 정도이고 담자균류 *Schizophyllum commune*는 37Mb이다. 보고된 다른 균류의 유전체 크기는 표 9.2에 기술되어 있다. *S. cerevisiae*와 *Schizophyllium commune*의 값은 대장균(*Escherichia coli*) (4Mb)보다 단지 약 3배에서 8배 정도이고, 초파리 *Drosophila* (165Mb)와 사람 (약 3,000Mb)의 유전체보다는 훨씬 작다.

균류의 유전체 크기가 작은 부분적인 이유는 반복 DNA가 소량이기 때문이다. 반복 DNA는 *Emericella nidulans*의 약 2~3% 그리고 *S. commune* 유전체의 약 7%만 차지한다. 반복 DNA는 주로 대량으로 필요한 세포성분인 리보솜 RNA 및 운반 RNA와 염색체 단백질유전자들이다. 그렇지만 난균류에 속하는 노균병균 *Bremia lactucae* 에서 비정상적으로 많은 양의 DNA가 반복되는데 (약 50Mb로 전체 유전체의 65%) 그 이유는 알려지지 않고 있다.

표 9.1 대표적인 균류에서 보고된 염색체 수

균류	*염색체 수*
난균문	
Phytophthora spp.(many)	9~10
Achlya spp.	3, 6, 8
Saprolegnia spp.	8~12
Pythium	일반적으로 10 또는 20
병꼴균문	
Allomyces arabuscula	16
A. javanicus	14(교잡주나 다배체에서는 가변적)
자낭균문	
Schizosaccharomyces pombe	3
Neurospora crassa	7
Saccharomyces cerevisiae	16
Emericella (Aspergillus) nidulans	8
Coccidioides posadasii	4
Trichophyton rubrum	4
Maganaporthe grisea	7
담자균문	
Filobasidiella neoformans	11
Schizophyllum commune	11
Coprinus cinereus	13
Puccinia kraussianna	30~40

균류는 상당량의 핵 DNA를 전령 RNA로 전사하는데 *S. commune*과 *S. cerevisiae*에서 각각 33%와 50~60%로 추정된다. 그러므로 다른 진핵세포와 비교할 때 비암호화(여분의) DNA가 상대적으로 적다. 단백질을 암호화하는 유전자가 인트론(intron)이라 명명된 비암호화 DNA 서열을 담고 있다는 점에서 균류는 다른 진핵세포와 유사하다. 인트론은 mRNA로 전사되지만 mRNA가 단백질로 해독되기 전에 제거된다. 그렇지만 균류의 인트론은 고등 진핵세포의 것(1,000 염기쌍 이상)과 비교할 때 매우 짧으며(약 50~200 염기쌍), *S. cerevisiae*는 인트론이 거의 없기 때문에 매우 드문 경우에 속한다.

표 9.2 일부 보고된(대략적인) 균류 및 균사형 생물체의 유전체 크기

균류 / 균사형 생물체	*유전체 크기 (Mb)*
Aspergillus fumigatus (잠재적 인체병원균)	30
A. niger (산업적으로 중요함: 구연산, 효소 생산)	30
Candida albicans (인간 공생 또는 잠재적 병원균)	16
Filobasidiella (*Cryptococcus*) *neoformans* (인체병원균)	21
Emericella (*Aspergillus*) *nidulans* (실험모델균류)	28
Neurospora crassa (실험모델균류)	40
Phanerochaete chrysosporium (목재부후 담자균문)	40
Phytophthora infestans (식물병원균; 난균문)	240
Phytophthora sojae (콩의 병원균; 난균문)	62
Pneumocystis jiroveci (면역부전환자의 병원균)	7.7
Saccharomyces cerevisae (양조 및 제빵 효모)	12
Schizosaccharomyces pombe (실험모델; 분열효모)	14

미토콘드리아 유전자: 정상 기능과 노화와의 관련성

미토콘드리아는 작은 환형 DNA 분자를 갖고 있다. 미토콘드리아 유전체의 크기는 인간에서 6.6kb(킬로 염기쌍)으로부터 식물에서 1Mb 이상까지 다양하다. 균류 미토콘드리아 유전체는 대개 19~121kb 범위에 있는데, 예를 들면 *S. cerevisiae*에서 70kb이고 *Schizophyllum commune*에서 50kb이다. 주로 비암호 물질의 양 때문에 차이가 생기고 그것은 모든 미토콘드리아 DNA가 같은 물질을 암호화하기 때문이다. 즉, 전자 전달 사슬의 구성성분(시토크롬 c와 ATPase 소단위를 포함하여) 일부, 미토콘드리아 리보솜의 RNA 일부, 그리고 일련의 미토콘드리아 운반 RNA가 그런 물질이다. 미토콘드리아가 완전히 기능하기 위해서는 핵 및 미토콘드리아 유전자가 모두 필요하다.

노화와 관련해서 균류의 미토콘드리아 DNA가 특별한 관심을 끌었는데, 그것은 여러 사상 균류(*Podospora, Neurospora, Aspergillus*)에서 단일 미토콘드리아의 단일 돌연변이가 전체 균총의 노화를 일으키고 그 돌연변이 유전자가 야생형 미토콘드리아 DNA를 점진적으로 대체하기 때문이다(Esser 1990; Bertrand 1995에 의해 총설화 됨). 노화 표현형을 보이는 *Podospora* 균주는 어린 균총을 반복적으로 계대배양함으로써 무한히 유지될 수 있지만, 약 25일간 계속 자란 후에는 성장을 멈추고 노화하기 시작해서 죽는다. 비 노화 균주(결코 노화하지 않는)의 균사가 노화 균주와 융합되면 노화 능력을 얻기 때문에 오랫동안 비핵성 "감염 인자"가 관여하는 것으로 여겨져 왔다. 나아가 미토콘드리아가 연루된 것으로 여겨지는데, 그것은 미토콘드리아의 DNA 합성 억제제나 미토콘드리아의 단백질 합성 억제제를 준치사 용량으로 주고 균주를 키움으로써 노화 발현을 무한정 지연시킬 수 있었고, 억제제를 제거하면 노화가 발생하였기 때문이다. 보다 최근의 연구에서 노화가 진행되는 균주로부터 얻은 DNA가 건강한 균주의 원형질체로 형질전환될 수 있고, 그 자손 원형질체에서 즉시 노화가 시작됨이 보여 졌다. 이것의 원인은 정상적으로 노화 균주의 어린(노화 전) 배양균 또는 건강한 균주의 미토콘드리아 DNA에서 한 부분으로 존재하는 95kb의 플라스미드 때문인 것처럼 보인다. 그런데 노화 균주의 배양일수가 경과됨에 따라 미토콘드리아 유전체에서 DNA가 절단된 후 폐쇄된 환형 분자가 되어 스스로 복제하면서 노화가 유발된다.

정확히 어떻게 그것이 노화를 일으키는지는 여전히 의문이지만, 이 플라스미드는 호흡성 전자 전달 사슬이 정상 기능을 하는 데 필수적인 시토크롬 c 산화효소의 종속단위를 암호화하는 유전자 내의 인트론과 DNA 상동성을 보인다. *Podospora*의 노화 균주는 시토크롬 c 산화효소의 활성이 결핍되어 있는데, 아마도

이 플라스미드가 미토콘드리아 DNA에 끼어들어 유전자 기능을 파괴하거나 유전자 재배열을 일으키기 때문일 것이다. 시토크롬 c 산화효소나 다른 전자 전달 사슬의 구성 성분이 기능장애를 일으키면 *Podospora*에게 치명적인데, 그것은 이 균이 혐기적 당 발효로는 생육이 불가능하기 때문인 것 같다.

플라스미드 및 전위요소

플라스미드는 대개 폐쇄된 환형 DNA 분자로 세포 내에서 스스로 복제할 수 있는 능력이 있다. 그렇지만 양 말단이 "capping"되면(염색체처럼) 핵산분해효소로 분해되는 것이 방지되어 선형 DNA 분자도 될 수 있다. 플라스미드나 플라스미드 모양 DNA가 여러 균류에서 발견되어 왔다. 가장 유명한 예는 전자현미경으로 관찰했을 때 길이가 2㎛라서 그렇게 불리는 *S. cerevisiae*의 "2-마이크론" 플라스미드이다. 이 플라스미드는 6.3kb의 폐쇄된 환형 분자로, 핵 속에서 발견되는 특별한 것으로, 약 100개까지 복제 분자가 존재한다. 이것의 알려진 기능은 없으나 과거에는 효모 속의 유전자 클로닝을 위한 "벡터"를 만드는 데 사용되었다.

다른 균류의 플라스미드는 대부분 미토콘드리아 내에서 발견된다. 가장 특징적인 것은 *Neurospora crassa*와 *N. intermedia*의 선형 DNA 플라스미드이다. 이들은 미토콘드리아 유전체와 어느 정도 염기 서열의 상동성을 보여주는데, 이 점은 그것이 미토콘드리아 유전자에서 결손되고 잘린 절편이라는 것을 알려주고 있다. 그러나 *Neurospora*의 또 다른 미토콘드리아 플라스미드는 폐쇄된 환형 분자로 미토콘드리아 유전체와 상동성이 없다. 그것은 3~5kb에 이르는 다양한 "단위" 길이이며, 그 단위는 앞뒤로 반복되어 더 큰 단위를 형성할 수 있다. 이런 균류 플라스미드의 기능에 대해 알려진 것은 아무 것도 없으며, 따라서 항생제 저항성이나 병원성 또는 살충제 분해능력 등을 암호화하는 세균 플라스미드와는 다르다.

전위요소(傳位要素; **transposable element**)는 염색체 속에 존재하는 짧은 DNA 영역으로 자신을 복제하기 위한 효소유전자만 가지고 있다. 이것은 자신의 RNA 복제물을 만들고 **역전사효소**(逆傳寫酵素; **reverse transcriptase**)를 암호화하는데, 이것이 그 RNA 주형으로부터 새로운 DNA를 복제하는 인간 HIV와 같은 레트로바이러스와 비슷한 작용을 한다. 새로 복제된 DNA는 동일한 염색체나 다른 염색체의 다양한 부위에 들어가 유전자 발현의 변화를 유발시킨다. 트랜스포존은 사상균에는 드물지만 *S. cerevisiae*에는 몇 가지 유형이 있다. 이 중에서 가장 많이 연구된 것은 염색체적 Ty 요소로 효모 세포 속에 약 30개의 복제 단위가 존재한다. Oliver (1987)는 Ty 요소의 알려진 역할과 가능한 역할을 설명했다(그림 9.3). 유전자 발현을 바꾸는 역할 이외에 이 요소 양 말단의 "델타 염기서열"이 서로 합쳐질 때 염색체 재배열에 상당한 영향을 줄 수 있다. 이런 전위요소는 스스로 영구 복제하는 것 외에 다른 기능은 없는 것으로 보인다.

*S. cerevisiae*의 교배형 유전자는 전위 카세트이고 제5장에서 논의한 것처럼 교배형의 변환을 일으킨다. 그렇지만 *Neurospora crassa*에서는 각각의 반수체 균주가 한 가지 교배형만으로 구성되기 때문에 교배형 변환이 일어날 수 없다.

바이러스와 바이러스 유전자

균류 바이러스는 1960년대에 재배한 양송이(*Agaricus bisporus*)의 "라 프랑스" 병과 관련해서 처음 발견되었다. (앵글로-프렌치간 관계를 오랫동안 특징 지워온 우정 어린 상호 이해를 반영해서 영국의 버섯 재배자가 그 이름을 만들어 냈다). 이 병에 걸리면 버섯이 뒤틀리고 버섯 수확량이 감소된다. 균사와 버섯의 전자현미경 사진에서 구형의 많은 바이러스유사입자(VLP)가 존재함을 볼 수 있는데, 이것이 문제의 원인으로 추정되었다. 이후 VLP는 다른 균류에서도 발견되었고 1980년대에 가서는 모든 주요 균류 군의 대표적인 균을 포함하여 150 종이 넘는 것으로 알려졌다(Buck 1986). 그렇지만 몇 가지 유명한 예외를 제외하면 VLP의 존재가 뚜렷이 어떤 질병과 관련이 있는 것은 아니므로 대부분의 바이러스는 증상이 없는 것처럼 보인다.

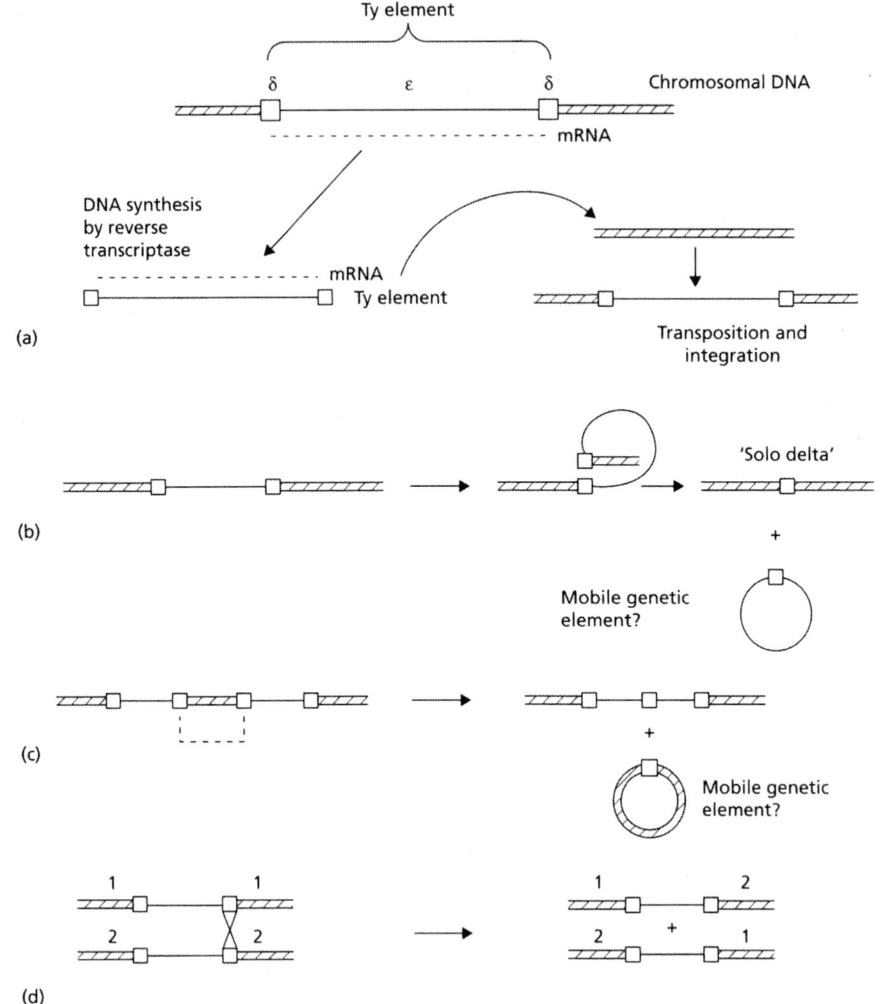

그림 9.3 효모의 Ty 요소. (a) Ty 요소는 자신의 복제물을 암호화하는 엡실론 영역으로 구성되고 그 양쪽에 델타 서열을 두고 있다. 트랜스포존의 사본들은 동일 염색체 또는 다른 염색체 어딘가에 삽입된다. (b) 한 Ty 요소의 델타 영역이 상동 재조합을 일으켜 염색체에 "솔로 델타"를 생성시킨다. (c) 두 개의 Ty 요소 사이에 상동 재조합이 일어나면 염색체 일부가 제거될 수 있다. (d) 다른 염색체의 Ty 요소간 상동 재조합은 잡종 염색체를 만들 수 있다. [출처: Oliver 1987.]

균류에 대한 일련의 연구에서, 균류 바이러스(또는 VLP)는 기본 특성이 비슷한 것을 볼 수 있다(그림 9.4).

- 그것은 구형 입자로 직경이 25~50nm이고 겹가닥의 RNA(dsRNA) 유전체를 가지고 있으며, 한 개의 주요 폴리펩티드로 구성된 캡시드로 구성되었으며, dsRNA 의존형 RNA 중합효소를 암호화해서 바이러스 유전체를 복제한다.
- 유전체의 크기는 다양하다. 단일 균류 내에서도 약 3.5kb에서 10kb 사이로 변화한다. 일부 예에서 이런 변이는 전체 길이 분자의 내부 결실이 발생하기 때문에 생기지만, 다른 경우에는 유전체가 서로 다른 캡시드 입자로 분할되어 생긴다.
- 대부분의 균류에서 VLP는 균사 끝에서는 아주 드물게 발견되지만, 보다 더 오래된 균사의 세포질

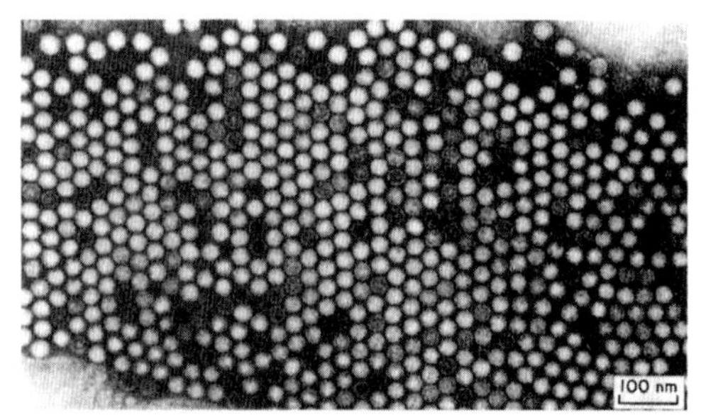

그림 9.4 *Colletotrichum* sp.의 균사로부터 추출한 구형 바이러스유사입자. 입자는 기내에서 결정 형태의 배열로 뭉친다. [사진제공: Rawlinson *et al.* 1975.]

속에서 결정 형태의 배열로 발생할 수 있고, 그 집합체를 에워싸고 있는 소포체 판과 종종 밀접히 관련된다.

- VLP의 자연 전파는 균사융합 시기에 세포질을 통하거나, 무성포자 안에 들어가는 방식으로 일어난다. VLP는 일부 담자균류와 *Saccharomyces*의 유성포자로도 들어갈 수 있지만 사상성 자낭균류의 유성포자에서는 이런 경우가 드물다.

VLP는 종의 장벽을 넘어가는 자연적인 기작이 없기 때문에 균류의 **내재유전요소**(內在遺傳要素; **resident genetic elements**)로 존재한다. 수 년간 이것이 VLP의 기능을 결정하는 데 문제를 일으켰는데, 왜냐하면 VLP와 균류의 표현형 특징 사이에 연관성이 아주 조금 있었기 때문이다. 그러나 두 가지 주요한 발전이 이루어지면서 그런 상태가 바뀌어서 중요한 연구 분야가 개척되었다. 첫째는 바이러스성 dsRNA는 VLP가 없을 때에도 균류 속에 존재할 수 있다는 것이다. 이 경우, 그 바이러스는 캡시드를 생성할 능력(그리고 필요성)을 잃었다고 간주할 수 있다. 둘째, 지금은 여러 가지 균류에 대해 원형질체 기술과 형질전환 체계가 개발되어 있기 때문에 dsRNA를 추출해서 정제하고 원형질체로 도입시키거나, 실험실 내에서 dsRNA로부터 상보성 DNA(cDNA)를 얻어 원형질체로 형질전환시킬 수 있다. 나중에 이 장에서 논의하게 될 이런 접근 방식을 통해 *Saccharomyces* 및 여러 다른 효모의 세포에서 바이러스 dsRNA가 같은 종의 다른 균주에 작용하는 **치사독**(致死毒; **killer toxin**)을 생성하도록 유도할 수 있다는 사실이 알려졌다.

역시 나중에 논의될 밤나무줄기마름병균 *Cryphonectria parasitica*에서 dsRNA는 심각한 **밤나무 줄기마름병(chestnut blight disease)**을 방제하는 데 잠재적으로 쓸 수 있는 **저병원성균주**(低病原性菌株; **hypovirulent strain**)를 생산함으로써 병원성 독성을 크게 감소시켰다.

바이러스성 dsRNA의 고유한 특성과 병원성 독성을 감소시키는 역할이 알려짐으로써 하이포바이러스군(Hypoviridae)이라는 새로운 이름이 이 바이러스에 사용되도록 인정되었다.

균류의 유전적 변이

비유성 변이: 반수성의 중요성

돌연변이는 모든 변이의 기본이지만 그것은 생물체의 생물학에 따라 상이한 방식으로 발현되고 재조합된다. 균류가 가진 가장 중요한 특징 중 하나는 그것이 반수성 유전체를 가지고 있다는 점인데 그와 달리 다른 모든 주요 진핵세포는 이배체이다.

반수체인 생물체는 전형적으로 자신의 모든 유전자를 도태압 속에 노출시킨다. 모든 돌연변이는 적응도의 손실이나 증가(예, 항생제나 살균제 저항성)를 일으킨다. 이것이 단기간 동안에는 이점이 될 수 있지만, 반수체인 생물체는 즉각적인 자연선택적 가치를 갖지 못하는 돌연변이를 축적할 수 없다는 점에서 불리하다. 이배체 생물체는 정확히 그 반대의 특징을 가지고 있다. 돌연변이는 대개 야생형에 대해 열성이라서 즉각적으로 발현되지는 않는다. 대신 축적된 후 유성 교잡 시기에 다양한 방식으로 재조합될 수 있다.

그렇지만 사상균은 전형적으로 여러 개의 반수체 핵을 한 세포질 안에 가지고 있어(제3장), 열성 돌연변이가 야생형 핵에 의해 상호 보완되어 도태압으로부터 보호될 수 있다. 또한 사상균은 자신의 유전자를 주기적으로(단핵 포자를 형성할 때마다 또는 한 가지 "조상" 핵으로부터 균사 분지가 발생할 때) 도태압에

표 9.3 *Penicillium cyclopium*의 이질핵체에서 생장 배지 조성이 핵형 비율에 미치는 영향. [출처: Jinks 1952.]

배지조성 (%)		*이핵체의 핵 비율 (%)*		*동질핵체 A와 B의 상대적 생장률*
최소배지	*사과 과육*	*A형*	*B형*	*A:B*
0	100	8.6	91.4	0.47:1
20	80	7.8	92.2	0.53:1
40	60	11.1	88.9	0.54:1
60	40	12.7	87.3	0.67:1
80	20	13.5	86.5	1:1
100	0	51.8	48.2	1.56:1

노출시킬 수도 있다. 달리 말해, **사상균은 반수체와 이배체 양쪽의 장점을 많이 가지고 있다.** 그러나 이배체인 난균류에서는 그렇지 않다. 효모의 경우에는 단핵 세포로 자라기 때문에 상황이 달라진다. 여러 가지 효모(예, *Candida* spp.)가 영속적으로 이배체 상태이며 심지어 *Saccharomyces*도 교배형의 전환 때문에 자연 상태에서 이배체 효모로 생장한다.

비유성 변이: 이질핵화

이질핵화(異質核化; **heterokaryosis**)는 유전적으로 서로 다른 핵이 공동 세포질 속에 두 개 이상 있는 경우로 정의된다(*hetero* = 서로 다른; *karyos* = 속씨 또는 핵). 이런 현상을 보이는 균류는 한 가지 핵형만 가진 **동질핵체**(同質核體; **homokaryon**)와 달리 **이질핵체**(異質核體; **heterokaryon**)로 불린다.

이질핵체는 어떻게 발생하는가?

이질핵체는 두 가지 방식으로 발생할 수 있다. 첫째, 한 균사 내의 어떤 핵에서 돌연변이가 일어나고 그것이 야생형 핵과 함께 증식할 때 발생한다. 이런 돌연변이는 매우 자주 일어나지만 안정적이고 기능성이 있는 이질핵체는 유전적으로 서로 다른 핵이 말단부에서 증식할 때만 발생하므로 새로 형성된 균사는 양쪽 핵형을 모두 포함한다. 두 번째 방식은 두 균주의 균사가 서로 끝과 끝에서 균사융합하는 것이다(그림 3.6). 이 역시 안정적인 이질핵체를 형성하기 위해 핵이 다시 말단 세포에서 증식할 필요가 있다.

대부분의 이질핵화 실험 연구는 아미노산 영양요구주 돌연변이와 같이 명확한 돌연변이 균주들 간의 교배로 시작한다. 이렇게 형성된 이질핵체는 최소 배지에서 자랄 수 있는 원영양주와 같은 양상을 보인다. 이 경우에 가장 흥미로운 특징은 핵의 유전형 비율이 넓은 범위에서 달라질 수 있고 환경에 의해 영향을 받는다는 점이다. 그래서 최소한 이론적으로는 단일 이질핵체 균주가 도태압에 반응하여 자신의 핵형의 빈도분포를 바꿀 수 있다. 표 9.3에서 보는 바와 같이, 이것은 Jinks(1952)가 수행한 고전적인 실험에서 입증되었다. 사과를 부패시키는 균 *Penicillium cyclopium*의 이질핵체가 서로 다른 동질핵체 두 개의 융합을 통해 만들어졌다. 그리고 나서 서로 다른 비율의 사과 과육이나 최소영양배지가 들어있는 한천배지에서 배양했다. 균총으로부터 단핵(동질핵체) 포자 표본을 무작위로 검사함으로써 이질핵체 내 핵형(A와 B로 부른다)의 비율을 평가하였다.

이질핵체가 사과과육배지에서 생장할 때는 B형 핵의 비율이 매우 높았지만, 사과 과육이 줄어들면서 A형 핵의 비율이 증가했고, 최소영양배지에서 키우자 A형이 급격히 증가했다. 이런 형태의 다른 실험에서 핵형 비율이 양방향으로 1000:1까지 변화될 수 있는 것을 볼 수 있었다. 자연 상태에서 모든 균주에서 이런 일이 일반적으로 발생한다면, **지속적 변이**(持續的變異; **continuous variation**)와 적응이 가장 잘 된 핵의 비율을 선발하는 데 상당히 기여할 것이다.

이질핵체는 어떻게 붕괴될까?

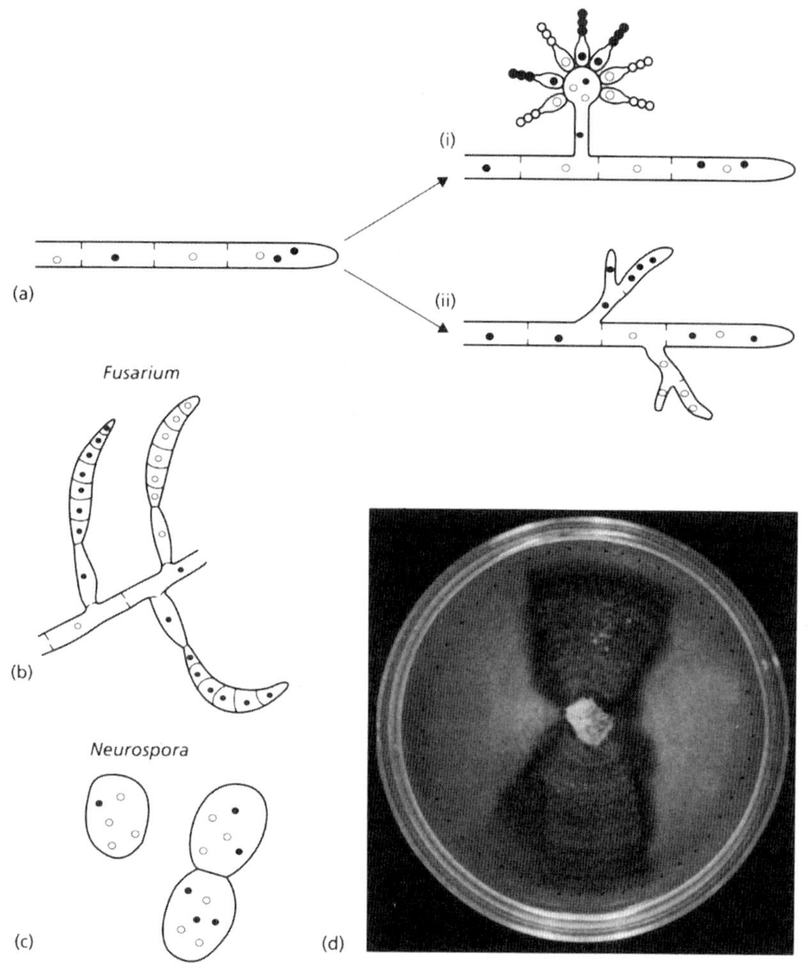

그림 9.5 (a-d) 이질핵화와 동질핵체로의 전환. 자세한 것은 본문을 보시오.

이질핵체는 두 가지 방식으로 붕괴될 수 있다(그림 9.5). 즉, 단핵 포자를 만드는 동안이나 하나의 핵형만 갖는 분지가 발생하면 깨질 수 있다. 일반적인 균류 중 많은 것들이 단핵 포자를 형성하는데, 흔히 *Aspergillus, Penicillium, Trichoderma, Gliocladium* 등의 분생포자원세포 속에 있는 "모" 핵이 반복해서 유사분열을 일으킴으로써 형성된다[그림 9.5a(i)]. 단일 핵이 발생중인 포자 속으로 들어가 여러 개의 핵을 형성하기 위해 분열하면 다핵 포자도 소분생포자원세포로부터 형성될 수 있다. 이런 현상은 많은 *Fusarium*종에서 볼 수 있다(그림 9.5b). 그러나 일부 다른 균류(예, *Neurospora* 그림 9.5c)는 다핵 균사의 끝이나 출아로부터 직접 분생포자를 형성하는데, 이 포자들은 자신을 생산한 세포에 따라 동질핵체나 이질핵체가 될 것이다.

또한 이질핵체는 우연히 핵 유전자형이 한 개뿐인 분지가 발생하면 붕괴된다. 이 분지는 계속해서 분지를 형성할 수 있고 결국에 균총 일부에서 동질핵 부위를 형성할 수 있다[그림 9.5a(ii)]. 만약 주어진 환경 속에서 이질핵체보다 동질핵체가 유리하면 동질핵체가 균총 주변을 더 많이 차지하기 위해서 급속히 확장할 것이고, 유리하지 않을 경우에는 억제될 것이다. 그림 9.5d는 이러한 예를 보여주는데, 이 그림에시는

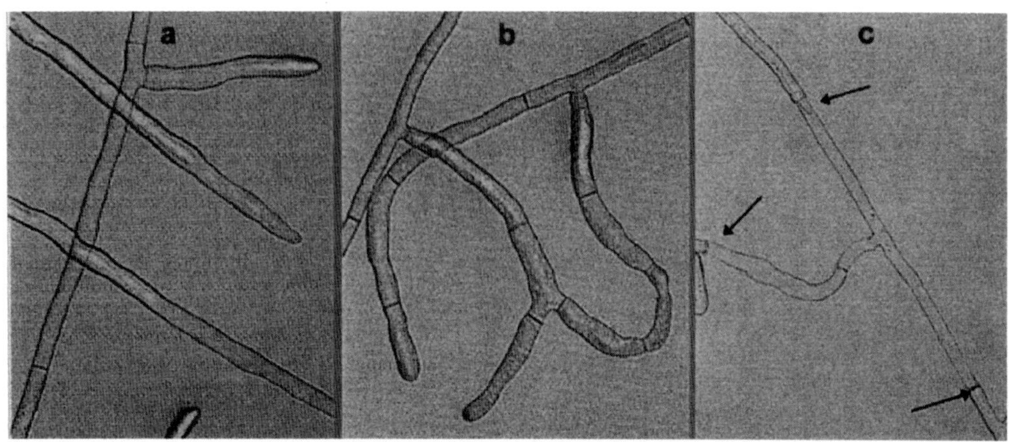

그림 9.6 *Rhizoctonia solani*의 균사융합 반응. (a) 반응 없음, 서로 다른 융합군의 균주들은 균사 유인을 보이지 않는 경우이다. (b) 화합성 반응, 동일한 융합군 균주들은 상대쪽을 향해 자라서 융합하여 연속적인 균사망을 형성하는 경우이다. (c) 불화합성 반응, 동일한 융합군 균주이지만 다른 영양적 화합성 유전자를 가진 균주의 균사가 융합되어, 융합된 균사 부위의 세포가 죽는다. 세 화살표 부위에서 융합된 균사가 죽어 있다. [사진제공: H.L. Robinson.]

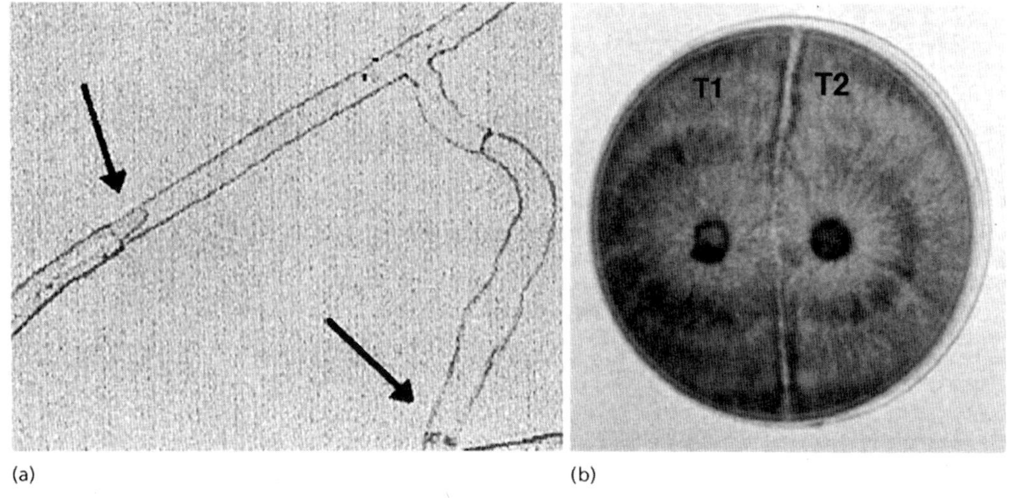

그림 9.7 (a) 그림 9.6c의 일부를 고배율로 본 것으로 죽은 균사 부위로 균사 끝이 다시 자라는 것을 보여 준다. (b) 한천배지 위에 대치배양된 *Rhizoctonia solani* (담자균) 두 균주 (T1과 T2) 사이의 영양적 불화합성. 균총 선단이 융합한 후 균사가 균총 끝에서 죽은 결과로 균총 사이에 뚜렷이 구별되는 영역이 생겼다. [사진제공: P.M. McCabe.]

어떤 균의 균총이 초기에 짙게 착색되었다(흰색의 공중균사는 일일생장을 나타냄). 두 개의 옅은 색 영역이 곧 발달하고 이들의 생장 속도가 빨라 급속히 확장되었다. 이런 유형의 **영역분할**(領域分割; **sectoring**)은 균류의 균총에서 착색이나 포자 형성의 차이로 매우 자주 발견된다. 그러나 그런 영역들은 병원성이나 생화학적 특성도 다를 수 있는데, 흔히 감지하지 못하고 지나친다.

이질핵화의 중요성

이질핵화는 잠재적으로 강력한 현상이지만 자연 상태에서 이질핵화의 정도에 관하여 대부분 알려져 있지 않기 때문에 주의가 필요하다. 많은 실험실 연구는 영양요구성 돌연변이주의 짝짓기와 관련되어 있는데, 이것은 이질핵화 상태를 유지하기 위하여 강력한 선택압이 가해지는 "강제된 이질핵화"라 할 수 있다. 또한, 자연 상태에서 이질핵체를 만드는 데는 상당한 선택의 압력이 있다. 또한, 자연 상태에서 이질핵체를 만드는 데는 상당한 장벽이 있는데, 그 이유는 많은 균류가 핵에 의해 암호화된 "이질핵체 불화합성"(*het*) 유전자좌를 가지고 있기 때문이다. 예를 들면, *Neurospora crassa*는 그런 유전자좌가 최소한 열 개가 있고, 각 유전자좌에는 두 개의 대립유전자가 있는데, 그에 따라 잠재적으로 보면 2^{10}(1024)개의 상이한 **"영양적" 화합성군**(營養的 和合成群; **vegetative compatibility groups, VCGs**)이 있다. 서로 다른 VCG의 균주를 교배시키면, 접촉 지점에서 균사가 융합한 다음 서로 다른 정도의 세포질 불화합성이 나타나는데, 두 균주가 공통적으로 갖고 있는 *het* 유전자자리의 수에 따라, 최소한 부분적으로라도, 그 정도가 달라진다. 전형적으로 융합된 세포의 세포질은 죽어서(그림 9.6), 상반되는 두 균총 사이에 뚜렷하게 구별되는 영역을 만든다(그림 9.7). 더 자세한 내용은 Glass & Kaneko (2003)에서 찾을 수 있다.

비유성 변이: 준유성

Aspergillus, Pencillium, Fusarium, Trichoderma 등 많은 일반 유사분열포자 균규는 대부분 유성세대를 실험실 내에서는 볼 수 없고, 자연 상태에서는 있다고 해도 아주 드물게만 발견되기 때문에 유성생식을 포기한 것처럼 보인다. 예를 들면, 흔히 볼 수 있는 균류인 *Aspergillus fumigatus*와 *A. niger*는 유성세대를 형성하는 것이 발견된 적이 없다. 이런 사실은 이들 균류가 유전자 재조합의 대체기작을 가지고 있는지 묻게 만드는데 그 대답은 **준유성**(準有性; **parasexuality**) (또는 준유성 주기)이라 불리는 기작을 통해 이런 잠재성을 가지고 있는 것처럼 보인다는 것이다.

준유성은 Pontecorvo(1956)에 의해서 *Emericella* (*Aspergillus*) *nidulans*의 이질핵화에 대해 연구하던 중에 발견되었다. 그는 두 개의 유전자좌(Ab와 aB로 부른다)에 표지가 있는 양친 균주로부터 이질핵체를 만들고 이것으로부터 만들어지는 동형핵 포자를 분석하였다. 예상한 대로 대부분의 포자는 "양친" 형의 핵(Ab나 aB 둘 중 하나인)을 가지고 있었지만, 상당수가 재조합된 것(AB나 ab)이 발견되었고 그 빈도가 돌연변이로 설명하기에는 너무 높았다. 핵은 세포질 내에서 어떻게 혼합되더라도 뚜렷이 구별되는 실체로 남아있게 되기 때문에, 이질핵화 하나만으로는 재조합이 일어날 수 없지만, 분명히 유전자가 이질핵체 속에서 재조합되었던 것이다. 계속된 조사로 Pontecorvo는 다음의 세 단계의 준유성을 제안하게 되었다.

1. **이배체화.** 때로는 두 개의 반수체 핵이 융합하여 이배체 핵을 형성한다. 그 기작은 대부분 알려지지 않았고, 이런 현상은 상대적으로 드문 경우로 보이지만, 일단 이배체가 형성되면 매우 안정적일 수 있고, 분열하면 정상적인 반수체 핵과 함께 계속해서 이배체 핵을 형성한다. 따라서 이질핵체는 원래 있던 두 개의 반수체 핵형뿐만 아니라 융합된 이배체 핵과 혼합되어서 구성된다.
2. **유사분열성 교차점 형성.** 교차점 형성은 감수분열에서 일어나는데, 두 개의 상동 염색체가 나눠지고 재결합해서 양친형의 교잡형 염색체를 만든다. 이것은 유사분열 기간에도 발생할 수 있으나 염색체가 규칙적인 배열로 짝을 짓지 않기 때문에 훨씬 낮은 빈도로 생긴다. 그렇지만 발생할 경우, 유전자의 재조합이라는 동일한 결과를 가져올 것이다.
3. **반수체화.** 때로는 이배체 핵이 분열하는 동안에 염색체의 비분리가 생기는데, 딸핵 중 하나는 $2n+1$개의 염색체를 가지고 다른 하나는 $2n-1$개의 염색체를 가지는 식이다. 반수체 염색체 수의 불완전한 배수를 갖는 그런 핵은 이수체라고 불린다(n개나 n의 정배수 핵을 갖는 정배수체와 대비하여). 이것은 불안정하기 쉽고 이어지는 분열기간에 염색체를 더 잃는 경향이 있다. 그래서 $2n+1$개의 핵은 $2n$으로 복귀하고 $2n-1$개의 핵은 급속히 n으로 돌아간다. 이런 사실과 일치해서 *E. nidulans* (n=8)의 핵

이 $17(2n+1)$, $16(2n)$, $15(2n-1)$, 12, 10 그리고 9개의 염색체를 가지는 것이 발견되었다.

각각의 경우는 상대적으로 드물고 유성 주기처럼 규칙적인 주기를 형성하지 않는다는 점이 강조되어야만 한다. 그러나 결과는 비슷할 것이다. 일단 서로 다른 양친으로부터 나온 두 개의 반수체 핵이 융합하여 이배체 핵이 형성되면, 양친 유전자는 잠재적으로 재조합될 수 있다. 그리고 정배수체를 만들기 위해 이수체 핵으로부터 분실된 염색체가 양친 균주의 염색체와 혼합될 수 있다.

준유성생식의 중요성

준유성생식은 산업균학자가 바라는 특성의 조합을 가진 균주를 생산하는 데 값진 도구가 되었다. 그렇지만 자연 상태에서 가지는 중요성은 대부분 알려지지 않았는데, 그것은 세포질적 불화합성 장벽에 의해 결정되는 이질핵화의 빈도에 따라 달라질 것이다. 이질핵화가 일어난다고 가정하면, 왜 여러(분명히 번성하고 있는) 균류가 유전자 재조합에 효과적인 유성적 기작을 버리고 얼핏 보기에 무작위적이고 보다 덜 효과적인 과정을 선호하게 되었는지 의문이 생길 수 있다. 그 대답은 준유성이 정상적인 체세포적 생장과정 중에 언제라도 일어날 수 있고, 유성생식에 필요한 전제조건과 같은 것이 없이 일어날 수 있기 때문이라고 말할 수 있을 것이다. 비록 준유성과정의 각 단계는 상대적으로 드물게 발생하지만, 하나의 균총 속에는 수백만 개의 핵이 있기 때문에 그 속에서 준유성생식이 발생할 기회는 전체적으로 보면 상당히 높을 것이다.

유성 변이

생식은 감수분열 중에 교차(교차점 형성)와 상동염색체의 독립적 배열로서 유전자 재조합을 만들어 내는 중요한 기작이다. 염색체가 8개인 *Emericella* (*Aspergillus*) *nidulans*는 독립적인 배열만으로 2^8(약 256)개의 서로 다른 염색체 조합을 생성할 수 있다. 그것은 효과적인 타가교잡 기작에 따라 좌우된다. 제5장에서 강조한 것처럼 많은 균류가 자웅이체성(타가교잡)이라서 교배형이 다른 두 개의 세포가 서로 융합될 필요가 있다. 그러나 일부는 자웅동체성(예, 대부분의 *Pythium* spp.와 약 10%의 자낭균문 그리고 일부 담자균문)이고 일부는 유성포자가 두 개의 핵을 가지며 한 핵에 각각의 교배형이 들어있는 **이차 자웅동체성**(二次雌雄同體性; **secondary homothallism**)을 보인다 (예, *Neurospora tetrasperma*와 *Agaricus bisporus*). 다른 변이는 *Saccharomyces cerevisiae*와 분열효모인 *Schizosaccharomyces pombe*에서 볼 수 있다. 이 두 균류는 교배형 전환을 겪는다(제5장). 정상적인 타가교잡 기작의 이러한 변이는 유성포자가 유해한 조건에서 생존하기 위해서 휴면 포자로 작용하기 때문에 진화 발전해 온 것 같다. 최소한 단기간에는 **생존이 생식보다 더 중요한 것이다!**

집단 구조에 대한 분자적 접근

균류는 역동적인 존재이다. 지리적 격리나 체세포 불화합 장벽의 발달로 인하여 나누어지면, 그 부분이 유전적 부동이나 지역적인 도태압에 반응하여 다양화된다. 특히 영양순계적 유사분열포자 균류에서 실제로 그러한데 서로 다른 영양적 화합성군(VCG)을 가진 균주는 서로 영속적으로 격리되기 때문이다. 많은 유성적 종들도 VCG를 가지고 있으나 교배형 유전자가 체세포 불화합 유전자를 우선하게 되어 서로 다른 VCG를 가져도 교배할 수 있다.

일반적으로 균류는 집단의 소단위를 확인하기 위한 형태학적 특징이 너무 적어서 생화학적 수단과 분자학적 수단이 사용되어야만 한다. 한 가지 접근 방법은 겔 상에서 단백질의 전기영동 밴드 유형을 비교하는 것으로써 전체 단백질 추출물이나 펙틴 효소와 같이 특수한 효소의 상이한 형태(동위효소)를 사용하여 겔에서 효소 기질과의 발색 반응을 시켜 시각화한다. 이런 **자이모그램(zymogram)** (예, 그림 9.8)은, 비록 그 효소에서 아주 잘 보존되는 활성 부위에서는 아니더라도, 그 효소를 암호화하는 DNA의 무작위적인 돌연변이를 반영해 준다. 돌연변이로 생긴 약 30%의 아미노산 변화는 그 단백질의 전체 전하에 영향을 줄 것이고 따라서 전기영동 이동성을 변화시킬 것이다. 이런 변화는 무작위적이기 때문에 시간이 지남에 따라 축적되어 한 집단의 역사를 반영하는 경향이 있다. 실제적인 한 예로, MacNish *et al.* (1993)은 호주에서 밀의 마름병(위축)을 일으키는 토양균 *Rhizoctonia solani*의 서로 다른 소집단을 확인하기 위해서 팩틴 자이모그램과 VCG형 결정 방식을 조합해 사용하였다(제14장). 각 병의 구역 내에서 분리한 균주는 모두 일치하는 VCG+자이모그램 군이었지만, 서로 다른 구역은 서로 다른 VCG + 자이모그램 군을 나타냈다.

그림 9.9는 이런 접근 방식이 균류 집단의 생물학을 이해하는 데 어떻게 이용될 수 있는지 보여준다. 발병구역은 합쳐질 수 있지만 결코 중복되지는 않는데, 그 이유는 소집단이 영역을 서로 침범할 수 없을 것이기 때문이다. 발병구역(균류 집단)은 또한 역동적이다(이들은 서로 다른 경작기간 동안 확산되거나 수축하거나 심지어 사라질 수 있다). 병의 구역이 사라지면 균류는 더 이상 토양 속에서 찾을 수 없게 된다.

균류 집단 구조는 세포에서 추출한 DNA에 대해 제한효소(핵산분해효소)를 사용해서 분석할 수도 있다. 모든 제한효소(예, BamH1)는 특정한 "표적" 위치에서 DNA를 자른다. 예를 들면 *BamH1*은 뉴클레오티드 서열이 GGATCC인 (상보적인 DNA 가닥에서는 CCTAGG인)곳에서 DNA를 잘라 서로 다른 길이의 절편을 만들고 그것은 크기에 따라 겔 상에서 밴드를

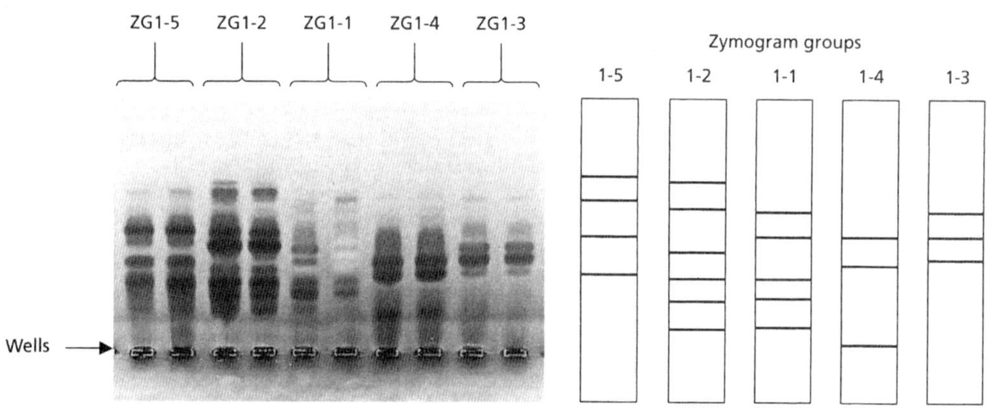

그림 9.8 호주에서 밀 마름병을 일으키는 *Rhizoctonia* 균주에서 다섯 가지 구별되는 자이모그램 군(ZGs) (그림 14.3에 나와 있는 반점병과 유사하다). 펙틴을 담고 있는 아크릴아마이드 겔 위에서 단백질 추출물을 전기영동 후 펙틴 효소의 밴드를 보기 위해 염색했다. [사진제공: MacNish & Sweetingham 1993.]

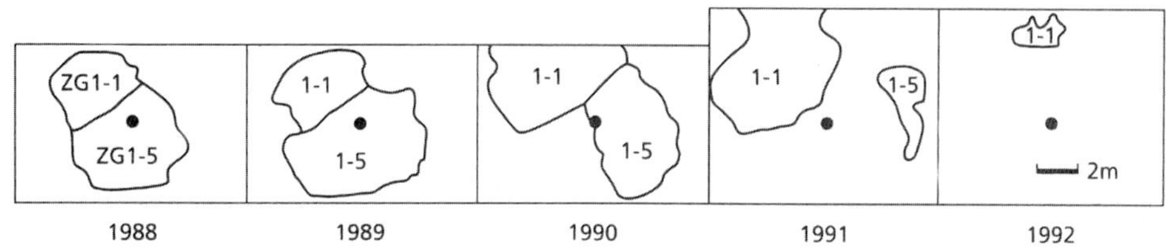

그림 9.9 호주의 야외 시험포에서 *Rhizoctonia*에 의해 발생된 밀 위축병 이병구역의 위치지도. 두 개의 인접한 구역은 서로 다른 팩틴 자이모그램 군(ZG1.1과 ZG1.5)에 의해 만들어졌는데 결코 서로의 경계를 넘지 않았다. 해가 지남에 따라 영역은 확장되었다가 축소되었다. 중심에 있는 점은 정해진 참고 지점이다. [출처: MacNish *et al.* 1993.]

형성한다. 그 밴드 형성 패턴을 **제한효소단편다형성(RFLPs)**이라 부른다. 그것은 점 돌연변이를 반영해주는 지문과 같은데, 제한효소가 인식한 염기서열 내에서 단일 뉴클레오티드를 바꾸는 점 돌연변이의 축적을 반영하거나 이런 서열의 상태적인 위치를 바꾸는 염색체 재배열을 반영한다. 서로 다른 효소는 다른 위치에서 DNA를 자르기 때문에 서로 다른 RFLP 패턴을 보여준다. 또한 그것은 서로 다른 수의 절편을 만드는데, 그 이유는 일부 효소가 6개의 염기서열보다 더 흔하게 존재하는 4개의 염기서열을 인식하기 때문이다. 이들 제한 효소는 전체 DNA보다 더 잘 보존되어 있는 미토콘드리아 DNA에 대해서도 사용할 수 있어, 균류 집단에 생기는 크고 작은 변화를 모두 분석하는 데 민감도를 달리해서 선택할 수 있다. Kohn(1995)은 이런 접근방식의 좋은 사례로 야생 식물과 경작 식물에 대한 식물병원균 *Sclerotinia sclerotiorum*에서 대륙간 및 대륙 내부의 영양순계적 소집단을 비교했다.

중합효소연쇄반응(重合酵素連鎖反應; **polymerase chain reaction, PCR**)은 특수한 균류에 대한 진단용 탐침의 개발에 사용될 수 있다. 가장 간단하고 일반적 접근 방식은 DNA 조추출물에 임의의 프라이머(예, 10개의 뉴클레오티드로 구성)를 첨가하여 무작위적으로 DNA를 증폭시키는 것이다. 이 방법은 추출된 DNA에 상보적인 뉴클레오티드 서열을 붙인다. 그런 다음 프라이머로부터 염기서열을 읽어 들이면서 DNA중합효소가 DNA를 따라 신장된다. 이 DNA는 그 후 PCR이 25~40회 연속되는 동안 증폭된다. 그 기법은 RAPD (임의증폭다형성 DNA)로 알려져 있는데 "래피드" 라고 발음된다. 이와 달리 특정 단백질의 부분적인 아미노산 서열에 기초하여 그 단백질의 DNA를 프라이머의 표적으로 삼을 수 있다. 어떤 경우든 증폭된 DNA의 선택된 단편(한 가닥 형태로 된)은 적절하게 표지를 붙일 수 있으며 표본의 추출물에서 동등한 한 가닥 DNA 염기 서열과 결합할 진단용 탐침으로 사용될 수 있다.

몇 가지 개별적인 식물병원균을 감지하기 위해 이러한 형태의 탐침이 상업적으로 이용 가능하다(Fox 1994). 최근에 느릅나무 마름병이 유행하게 된 근원과 진행 정도를 추적하고자 느릅나무병을 일으키는 서로 다른 병원성 균주인 *Ophiostoma* spp.를 구별하고 집단 구조를 분석하는 데 RFLP와 RAPD가 사용되었다(Pope *et al.* 1995; 제10장). 다른 예를 더 들면, 음식물 속에 들어있는 몇 가지 중요한 균독소를 감지하고 정량하기 위해서 PCR에 근거한 기법이 개발되었다(Edwards *et al.* 2002). 분자적 기법은 인간의 질병을 일으키는 균류의 분자적 유형화를 위해 병원 연구실에서 급속히 개발되고 있다. 이런 경향의 주된 추진력 중 하나는 어떤 균의 종 내에서 개개의 균주나 소집단을 구별할 수 있게 된 점과 그에 따라 역학적인 연구를 보조할 수 있게 된 점이다. Domer & Kobayashi (2004)는 이런 기법에 대한 많은 사례들을 제시하였다.

균류를 확인하고 계통발생학적 계통수를 구성하는데 **리보솜 RNA**를 암호화하는 유전자가 널리 사용된다(그림 1.1을 보시오). 리보솜 RNA(rRNA)는 세포 내 리보솜을 생성하기 위해 많은 양이 필요하기 때문에 이 유전자의 복제물이 여러 개 존재하며, 흔히 일렬로 배열되지만 전사되지 않는 간격자에 의해 서로 분리된다(그림 9.10a). 각각의 단일 rRNA 유전자(그림 9.10b)는 진핵 세포 리보솜에서 발견되는 세 가지 유형의 rRNA(18S, 5.8S, 28S)에 대해서 암호화된 정보를 가지고 있을 뿐만 아니라, 다른 가치 있는 정보를 **내부 전사 간격자(ITS)**와 **외부 전사 간격자(ETS)** 속에 담고 있다. rRNA 유전자는 처음에 전구 rRNA를 생성하고(그림 9. 10c)나서 간격자 영역을 제거하는 것을 포함하는 처리 과정을 수행하여 세 개의 "성숙" rRNA를 생성한다(그림 9.10d). 18S rRNA는 진화 기간 동안 충분히 변화해 와서 일종의 "분자시계"로 사용된다. 그러나 ITS 영역은 훨씬 더 다양하여 흔히 서로 다른 종을 구별하는 데 사용될 수 있다. 이것은 PCR를 통해 수행되는데, 각 DNA 가닥의 5′ 말단과 결합해서 3′ 말단을 향해 진행하는 시발물질을 사용한다. 전체 DNA에서 ITS 영역에 있는 뉴클레오티드 염기서열은 서로 다른 균류의 알려진 서열과 비교가 될 수 있다.

제11장에서 균류에 대한 **"생화학적이고 분자적인 도구상자"**에 대한 기법을 좀 더 알아볼 것이다.

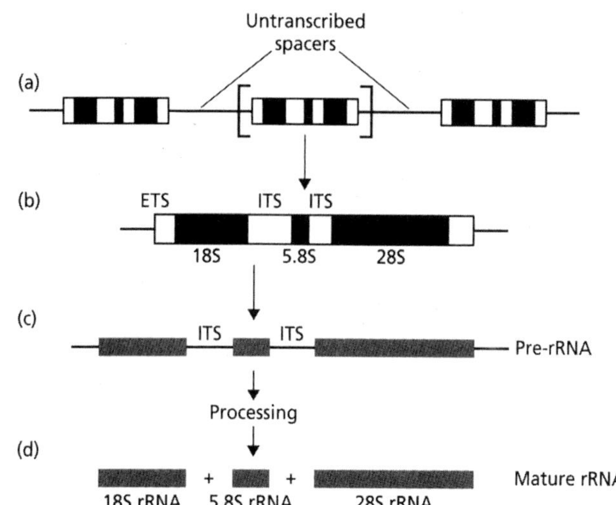

그림 9.10 (a-d) 진핵세포의 rRNA 유전자 구조와 처리 과정.

균류에 대한 응용 분자유전학

이 절에서는 균류의 행동을 이해하기 위한 분자적 접근 방법이나 직접적이고 실제적인 응용 방법에 대한 몇 가지 사례를 살펴본다. 사례들은 단지 설명을 위한 것이지만, 그 중 많은 것이 선구적 연구를 보여주며 일부 매우 흥미로운 주제를 다루고 있다.

*Saccharomyces cerevisiae*에서 이종 단백질의 생산

효과적인 매개체로 이용 가능한 점 때문에 *S. cerevisiae*가 많은 외래(이종) 유전자 산물의 공장으로 사용되었다. 이것으로부터 등장한 가장 중요한 산물 중 하나는 B형간염 백신이다. 그 백신은 바이러스 외피 단백질의 하나인 B형간염 표면 항원(HBsAg)으로 구성되고, 이 단백질을 암호화하는 바이러스 유전자로 효모 세포를 형질전환시켜 생산되었다. B형간염 백신은 최초로 인간에게 사용이 승인된 유전공학적 백신이었다(유전자를 포함하지는 않는다). Sir Ken Murray 교수는 이 백신을 개발한 업적으로 작위를 수여받았다.

셀룰라제, 아밀라제, 인터페론, 표피 생장 인자 그리고 β-엔도모르핀을 포함하여, 많은 단백질이 실험실에서 효모로부터 생산되었다. 그렇지만 *Saccharomyces*를 사용하여 이종 단백질을 생산하는 데 문제도 있었다. 특히, 효모는 외부 유전자로부터 인트론을 제거하는 능력이 상대적으로 떨어져서(효모 자체의 인트론은 드물고 작다), 한 단백질의 전령 RNA로부터 기내에서 얻은 상보적 DNA(cDNA)로 형질전환시킬 때 가장 효과적이었다(mRNA를 성숙화하는 과정에서 인트론이 떨어져 나간다). 또한 효모는 다른 균류의 프로모터 영역을 인식하지 못하고, 외부 단백질을 항상 믿을만하게 글리코실화 시키지는 못한다. 여러 가지 생물학적 활성을 띤 단백질들이 당 사슬에 그 활성이 달려 있는 당단백질이기 때문에 이것은 중요한 것일 수 있다.

이렇게 어려운 점 때문에 *S. cerevisiae*가 사상균과 유전적으로 상당히 다르다는 것을 뒷받침한다. 예를 들면, *E. nidulans*는 다른 균류 유전자의 프로모터 서열을 인식할 수 있으며 인터론도 제거할 수 있다. 이종 단백질을 생산하는 데 *Saccharomyces* 대신 *E. nidulan*나 분열효모인 *Schizosaccharomyces*를 쓸 수도 있다. 그러나 지금은 일반적으로 자연적 생산자인 생물체와 관련된 세포주를 사용하는 것이 최상의 접근 방식이라고 생각된다(포유류 유전자 산물에 대해서는 포유류 세포주를 쓰는 등이 그것이다).

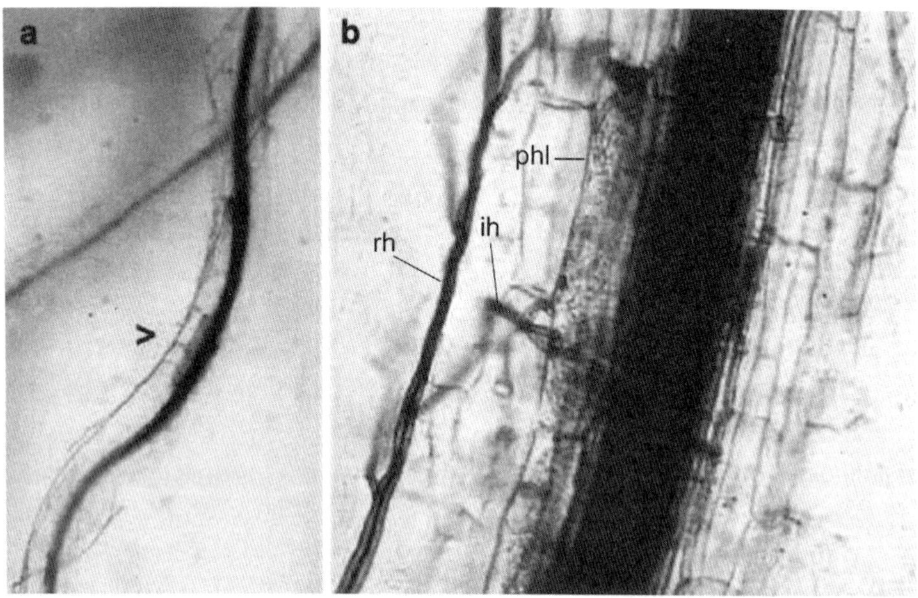

그림 9.11 마름병균 *Gaeumannomyces graminis*에 감염된 밀 뿌리를 서로 다른 배율에서 본 것. 병원균은 뿌리 표면에서 검게 "포복균사"(rh)로 자란 다음 감염 균사(ih)로 뿌리 피질을 침범하고 체관부(phl)를 파괴하여 광범위한 변색과 목질부의 폐쇄를 일으킨다.

식물 병원성 및 분화 유전자의 확인

자실체가 생산되거나 되지 않는 조건 속에서 키운 균주의 mRNA 프로필을 비교함으로써 어떻게 *Schizophyllum commune*의 분화특이 mRNA를 확인할 수 있는지 제4장에서 보았다. 그 특이 mRNA는 다시 실험실 내에서 cDNA를 생산하는 주형으로 사용될 수 있다. 표지된 뉴클레오티드로부터 생성된 이 cDNA는 추출된 염색체 DNA의 염기서열에 상보적으로 결합하는 탐침이 된다. 어떤 균류에서 기본적인 유전 정보에 대해 알려진 것이 전혀 없더라도 이런 방식으로 특정 유전자를 확인할 수 있다. 그런 기법을 사용해서 Wessels와 그의 동료는 독특한 단백질군인 하이드로포빈의 특성을 밝힐 수 있었는데, 그 단백질은 균류의 생활사와 분화에 주요한 역할을 한다. 이런 "역 유전학" 기법은 **표적 유전자 붕괴**(標的 遺傳子 崩壞; **targeted gene disruption**)를 수행하는 것도 가능하게 만들었다. 관심있는 균류 유전자의 연구를 위해, 기내에서 cDNA를 만든 후 이 유전자가 작용하지 못하게 파괴한다. 그런 다음 이를 균류로 형질전환시켜 **상동 재조합**(相同 再組合; **homologous recombination**) 에 의해 원래 유전자를 대체한다. 다음 사례는 이런 기법의 힘을 보여준다.

미리 형성된 억제제가 병원균에 대한 식물 저항성에서 차지하는 역할

곡류마름병균 *Gaeumannomyces graminis*(그림 9.11)는 곡물 뿌리 표면에서 검게 포복균사(runner hypha)로 자란 다음, 뿌리의 피질을 지나 유관속으로 들어가서 당분을 전달하는 체관을 파괴하고 수분을 전달하는 물관을 막는다. 충분한 양의 뿌리가 이런 방식으로 생장 기간 동안 죽으면, 식물이 채 자라지 못하고 죽어서 곡물 수확에 심각한 손실이 발생된다.

*G. graminis*에는 2가지 주요 병원성 계통이 있다. 밀 뿌리는 공격하지만 귀리 뿌리는 공격하지 않는 var. *tritici*(GGT)와 밀과 귀리를 모두 공격하는 var. *avenae*

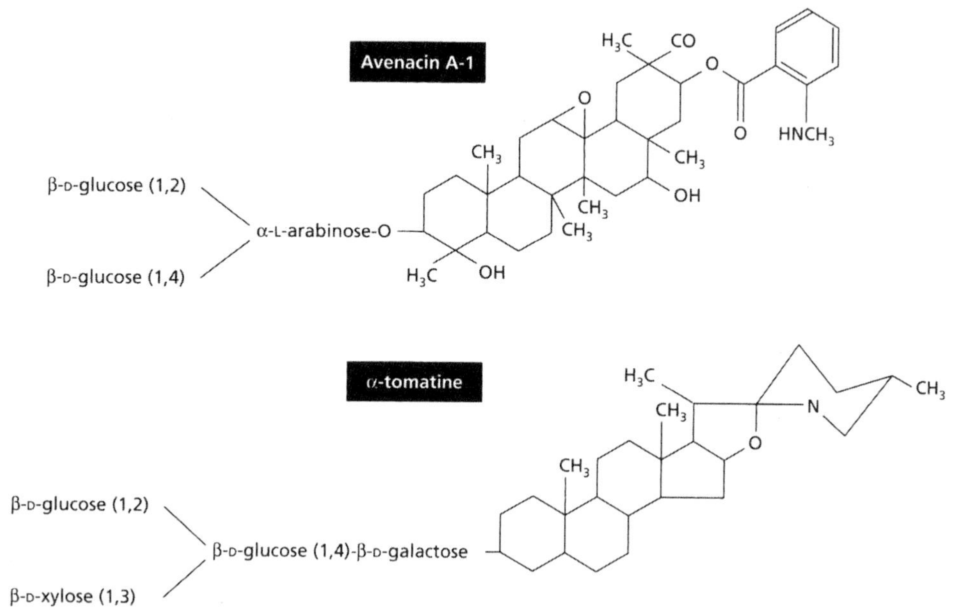

그림 9.12 식물에서 미리 형성된 저항성을 보이는 두 사포닌(귀리 뿌리의 avenacin과 토마토의 α-tomatine)의 구조. 해당 효소를 가진 병원체는 말단 당 잔기를 쪼개서 이 화합물을 해독시킬 수 있다.

(GGA)가 그것이다. 그 차이는 1960년대 귀리 뿌리에 미리 형성된 억제물질이 들어있는 것이 발견되었을 때 설명되었다. 억제물질 중에 가장 강력한 것은 **아베나신 A**(그림 9.12)라는 사포닌(거품 같은 화합물)으로 균의 세포막에서 스테롤과 결합하여 이온 투과성 구멍을 만든다. 실험실 배양에서 GGT와 GGA 모두 밀 뿌리의 수용성 추출물 속에서 쉽게 자랐으나, 귀리 뿌리 속에서는 GGT가 완전히 억제된 반면에 GGA는 영향을 받지 않았다. GGA가 **avenacinase**라고 불리는 glucosidase를 생성하여 아베나신 분자의 말단부 당을 쪼갬으로써 중화시킨다는 것이 그 이유로 제시되었다(그림 9.12). 따라서 그 효소는 병원성을 결정하는 열쇠가 되어 GGA의 기주범위를 귀리로 확장시키게 만든다.

Avenacinase 유전자의 표적 파괴에서 이것이 사실임이 입증되었다(Osbourne *et al.* 1994). GGA는 표시되고 파괴된 cDNA 유전자로 형질전환 되었고, cDNA는 상동 재조합을 통해 avenacinase 유전자좌에 삽입되어 그 균이 귀리에 대한 병원성을 잃도록 만들었으나, 한편 밀에 대한 병원성은 남겨두었다. 그런데, 표시된 cDNA가 유전체 내의 다른 부위에 삽입되자(비상동 재조합), GGA는 귀리에 대해 여전히 완전한 병원성을 보였다. 이런 작업을 확장해서 Osbourne *et al.* (1994)은 사포닌이 식물 저항성 인자로 추정되는 다른 기주-병원균 체계를 조사했다. 특히, 토마토가 사포닌인 **α-토마틴**을 함유한 것으로 알려져 있고(그림 9.12) 토마토 병원균인 *Septoria lycopersici*는 α-토마틴 분자로부터 한 개의 당을 쪼개냄으로써 이를 해독시키는 것으로 알려져 있다. 해당 효소(**tomatinase**)는 avenacinase와 매우 유사한 것으로 밝혀졌는데, tomatinase가 항 avenacinase 항체에 의해 인식되고, 추측하건대 avenacinase의 cDNA가 tomatinase 유전자좌를 인식해서 *S. lycopersici*의 DNA 부위와 결합되었다. 이것은 사포닌을 해독시키는 모든 효소가 베타 글루코시다제이고, DNA 염기 서열 속에 반영된 상당히 공통적인 구조를 가질 것이라는 사실로 설명할 수 있다. 그렇지만, GGA로부터 얻은 avenacinase는 토마틴을 해독하는 능력이 거의 없고, *S. lycopersici*로부터 얻은 tomatinase는 avenacin을 해독하는 능력이 거의

독성 균주는 dsRNA가 없었다. 전자현미경 상에서 이 dsRNA는 둥글거나 곤봉 모양으로 생긴 세포질 내 막과 결합된 소낭 속에 들어있고(Newhouse *et al.* 1983), 많은 VLP와 달리 *C. parasitica*균사 끝에서 상당량 발생된다.

이탈리아에서 자연적으로 병이 사라지자 프랑스 연구가들이 매우 성공적인 생물학적 조절 프로그램을 개발하게 되었다. 저병원성 균주를 실험실 내에서 배양한 다음 포장에서 병이 퍼지는 궤양주변부에 접종시켰다. 단시간 내에 그 병은 생장을 멈추었고 한때 독성 균주가 있었던 곳에 저병원성 균주만 발견할 수 있었다. 이런 표현형의 전염성 변화는 항상 dsRNA의 전이가 수반되었다.

유럽에서 이 프로그램이 성공을 거두자 미국으로 저병원성 균주를 도입하려는 시도가 행해졌다. 그러나 그런 시도는 부분적으로 국소적인 질병 조절만 가능했는데 그 이유는 미국의 병원균 집단이 수많은 영양계 화합군(VCG)으로 이루어져 있어 각 균주가 서로 융합되면 세포질이 사멸되어 dsRNA의 자연 전파를 제한했기 때문이다. 미국에서 0.5헥타르의 천연 밤나무숲에 대한 초기 연구에서 최소한 35개의 VCG가 있는 것이 발견되었다. 보다 최근에는 VCG가 지속적으로 유입되는 상태에 있는 것으로 보여진다. 즉, 동일한 수목에서 수년간 표본을 조사한 결과에 따르면 우세하던 VCG 일부가 감소한 반면에 새로운 군이 증가했다(Anagnostakis 1992). VCG의 관점에서 보면 유럽의 *C. parasitica* 집단이 훨씬 더 균일하고 이런 사실이 유럽에서 생물학적 조절프로그램이 성공한 이유라 할 수 있다.

*Cryphonectria*에서 dsRNA가 차지하는 역할을 이해하는 일은 이 균에 적합한 형질전환 체계가 알려지지 않아 상당히 지연되었다. 그러나 마침내 그 체계가 확립되자 빠르게 진전되었다(Nuss 1992). *C. parasitica*의 dsRNA는 매우 다양한 것으로 알려졌는데 그 길이가 소형(S)과 중형(M) 및 대형(L, 약 12.7kb)의 세 범주로 나누어진다. 그림 9.15에 나온 것처럼 이 모든 유형이 동일한 말단부를 가지고 있는데, poly-A가 3′ 말단에 붙고 5′ 말단에 28-뉴클레오티드의 보존적인 부위로 되어있다. 그것은 주로 내부 결손 정도에 따라 달라진다. L형은 완전한 길이를 가진 것으로 보이고, 이것보다 작은 형태는 (기능성이 없는 것으로 보이는) 결손 유도체로 균사속에 축적된다. 이렇게 RNA 유전체가 높은 다양성을 보이는 것은 이례적인 것이 아니며, 그 이유는 신뢰성 있게 복제되는지를 확인하는 효과적인 RNA 교정 체계가 없기 때문이다.

형질전환 체계가 발전함에 따라, Nuss와 동료들은 완전한 길이의 dsRNA로부터 cDNA를 만들고 그것을 독성 균주로 형질전환 하였다. 그러자 독성 균주가 저병원성을 띠고, 느린 생장과 옅은 색 및 감소된 포자형성(저병원성과 관련된 성질)을 하는 등 저병원성 균주가 지닌 모든 특징을 보였다. 이와 같이 dsRNA는 명확하게 저병원성의 원인이 되는 것을 보여주었다. cDNA도 dsRNA에 대한 분자수준의 분석에 사용될 수 있는데, dsRNA는 두 개의 개방성 해독 구조(ORF), 즉 622개의 코돈(뉴클레오티드 3쌍)으로 구성된 ORF A와 3165개의 코돈으로 된 ORF B를 가지고 있다. ORF A에 대한 cDNA 복제물이 *Cryphonectria*에 유도되자, 그것은 **탈색과 포자 형성 감소** 및 **라카아제 활성 감소**를 일으켰다. 그러나 형질전환된 균주는 독성이 남아있었다. 그와 대조적으로, ORF B는 RNA의존성 RNA 중합효소 및 RNA 헬리케이즈의 특성을 띤 모티프를 함유하는 것으로 알려진 다기능단백질을 암호화한다. 그래서 ORF B의 일차적인 기능이 dsRNA의 복제 및 유지가 될 수 있고 병원성 억제를 일으킬 수 있는 반면, ORF A는 저병원성과 관련된 많은 특성(포자 형성 감소 등)을 암호화 하고 그 특성들은 잠재적으로 생물학적 조절 균주의 환경 적합성을 떨어뜨려 불리하게 작용한다. 그러므로 생물학적 조절에 가장 바람직한 특성을 가지도록 실험실 내에서 cDNA를 조작하는 것이 가능할 것이다.

*Cryphonectria*이 형질전환되면 (즉, 균이 저병원성이 되면) cDNA가 염색체 유전체 속에 안정적으로 통합되어 다른 염색체 유전자와 함께 복제된다는 점은 주목할 만한 것이다. 그 cDNA는 전체 생활주기 내내 유지되었고 심지어 유성포자에도 들어갔지만, 반면에 dsRNA는 *Cryphonectria*나 다른 자낭균류의 유성포자 속에 전혀 들어가지 않았다. 이 사실은 생물학적 조절 균주가 지속적으로 안정적인 저병원성을 가진 채 생

산될 수 있고, 나머지 다른 염색체 유전자와 똑같이 교정을 받게 된다는 것을 의미한다.

최근의 발전 사항들

저병원성 cDNA의 안정적인 삽입으로부터 제기되는 의문점은 **세포질로 전이된 저병원성**이 여전히 존재할 수 있는가 하는 것이다. 해답은 "그렇다" 인데, 그 이유는 염색체로 삽입된 cDNA가 단일 가닥 mRNA (유전체의 다른 나머지에서처럼)보다는 dsRNA로 전사되고 이러한 dsRNA는 세포질에 축적되어 그 곳에서 균사 융합하는 동안 균주 사이로 전달될 수 있기 때문이다. 하지만 어떻게 dsRNA가 병원성을 억제하는가 라는 물음에 대해서는 여전히 해답이 제시되지 않는다. 예비적 증거들을 살펴보면 dsRNA는 리그닌 분해효소(제11장)인 라케이즈 생성 유전자를 포함하여 일부 정상 염색체 유전자를 하향조절함으로써 병원성을 억제시키는데, 이 점은 목재를 침해하는 균류의 경우에는 상당히 의미있을 것이다.

저병원성 cDNA(*C. parasitica*의 dsRNA에서 유래한)가 다른 궤양을 형성하는 *Cryphonectria* 종과 다소 덜 밀접하게 관련 있는 *Endothia* 종으로 형질전환되었을 때 저병원성 cDNA는 이러한 종들을 저병원성으로 바꾸지 못했다. 그러나 동일한 cDNA가 RNA를 생성을 위한 주형으로 사용되어 다른 균으로 전이감염되었을 때 cDNA는 세포질에서 완전한 크기 dsRNA를 생성했고 독성 감소와 생장률 및 색소 형성 변화를 초래했다 (Chen *et al.* 1994). cDNA가 아닌 RNA로 성공할 수 있었던 이유는 *C. parasitica*가 cDNA로부터 RNA를 생성하지만 그 후에 RNA가 dsRNA 생성을 위한 주형으로 작용하기 전에 RNA를 절단접합하여 73-염기서열을 제거하기 때문인 것 같다.

요약하면 *Cryphonectria*의 저병원성체계에 관한 이 연구는 식물질병 통제에 대한 새로운 접근법 개발 전망의 기대와 함께 곰팡이 유전학에 대한 많은 근본적인 관심 문제를 제기했다. 그러나 스위스에서 발표된 최근 연구(Hoegger *et al.* 2003)를 보면 하이포바이러스를 전이하는 유일한 방법이 균사융합이고, 공여(생물적 방제) 균주의 핵 DNA와 미토콘드리아 DNA 모두 이 과정에서 환경에 도입되기 때문에 좀 더 신중한 접근방법이 필요함을 알 수 있다. 공여 균주의 미토콘드리아 DNA는 치료된 궤양의 거의 절반에서 전염되는 것으로 밝혀졌다. 핵 DNA 또한 치료된 궤양에서 살아남았지만 궤양 밖으로 퍼지지는 않았다. 여전히 해결을 요하는 주요 문제는 유전자 조작한 병원성 곰팡이 균주의 환경내 도입이 장기적으로 안전한가 하는 것으로 특히 핵 DNA가 이동하고 병원균의 유전자 다양성을 증강시키는 경우에 안전성의 문제는 더욱 중요해진다.

유전체로 돌아가서

유전체학(遺傳體學; **genomics**)이라는 말은 유전체 지도작성, 염기서열화 및 분석을 설명하기 위해 1986년 만들어진 것으로 궁극적인 목표는 유전자의 구조, 기능, 조직, 관계, 발달을 이해하는 것이다. 박테리아와 시원세균에 관한 많은 유전체서열들이 발표되었지만 곰팡이에 관한 유전체 서열은 초안이 몇 개 있을 뿐 상대적으로 거의 발표되지 않았다. 정부 또는 공공 자금 지원 단체들에 의해 제작된 유전체 서열들은 모두 인터넷상에 제시되어 연구원들이 서로 다른 유전체 연구들을 비교하여 유사점과 차이점을 찾을 수 있도록 하고 있다(일련의 유전체 서열 연구 온라인 자료들을 보아라).

기본적인 유전체의 서열화 기술은 비교적 간단하고 많은 절차들이 자동화되어있다. 특히 서열화될 DNA (**주형**이라고 칭해지는)는 열과 알칼리에 의해 변성되어 단일 가닥 DNA를 생성하고 DNA 중합효소는 주형에서 뉴클레오티드 배열에 기반을 둔 DNA를 합성하기 위해 사용된다. DNA 중합효소는 겹가닥 DNA 부위가 합성을 시작하기 위하여 필요하다. 이것은 짧은 단일 가닥 DNA분자 — **프라이머(primer)**, 주형 DNA에 상보적인 DNA 서열을 가짐 — 를 첨가함으로써 실행된다. 프라이머는 주형과 결합하여 짧은 겹가닥 DNA 부위를 형성하고 그 곳에서 나머지 주형 DNA 부위가 합성된다.

염기서열화 프로젝트의 경우 비교적 긴 주형 DNA

배열들은 DNA를 제한효소로 무작위로 절단하고 그것들을 플라스미드나 코스미드(플라시미드와 유사하나 40kb 크기의 삽입유전자를 운반할 수 있도록 λ파지 캡시드에 패키지하는 클로닝 벡터)같은 다른 운반체로 삽입함으로써 준비될 수 있다. 그 다음에 중복부위를 찾기 위해 유전체의 다른 부위로부터 다양한 길이로 서열화된 DNA를 조사한다. 이러한 방법으로 DNA는 전체 염색체 또는 염색체 부위의 뉴클레오티드 배열을 연속적으로 포함하여 나타내도록 콘티그(contig)로 결합할 수 있다. 그 다음에 단백질을 암호화하는 유전자의 위치를 추정하기 위해 유전체 서열을 대상으로 프로모터, 전사 개시위치, 정지 암호 같은 특성들을 탐색한다. 실제로 유전체 배열을 생성하는 많은 과정은 컴퓨터 프로그램에 상당히 의존한다.

대부분의 염기서열화 프로젝트들은 **전체 유전체 무작위 분쇄 접근법**을 사용하는데, 이러한 접근법에서 짧은 서열들은 체계적이기보다는 무작위로 만들어진 다음에 콘티그로 결합된다. 전형적으로 서열의 모든 부분은 최소한 5번 다뤄지고 10번 다뤄지는 경우도 흔히 있다(서열 부위를 중복함으로써). 그 결과는 전체 유전체에 대한 "질적으로 우수한 초안"이지만 유전체의 약 2%는 정확하게 유전체지도에 그릴 수 없는 경우가 흔한데, 빈번한 반복 서열과 높은 G + C(구아닌 + 사이토신) 함량의 DNA 부위가 있는 곳이 그러하다.

전체 유전체 서열을 통해 우리가 얻는 것은?

서로 다른 곰팡이 유전체들을 비교함으로써 또는 곰팡이 유전체와 다른 생물체 유전체를 비교함으로써 많은 혜택을 볼 수 있다. 다음은 그 몇 가지 예들이다.

- 유전자의 뉴클레오티드 배열은 단백질 서열을 예측하기 위하여 사용될 수 있으므로 BLAST (basic local alignment search tool)와 같은 자동화된 검색을 통해 다른 생물체에서 상동유전자를 찾을 수 있다 (또한 시간 주기가 달라짐에 따라 나타나는 이러한 유전자상의 진화적 변화).
- 현재의 데이터베이스에서 나타나지 않는 뉴클레오티드 배열은 아직 밝혀지지 않은 기능들을 갖는 유전자를 나타낼 수 있다. 즉, 상업적 이익을 위한 잠재적인 새 단백질을 찾기 위한 "유전자 발굴"의 근거.
- 많은 인간, 동물, 식물 질병 문제들이 여전히 해결되지 않았기 때문에 이러한 과정을 통제하는 유전자에 대한 설명은 이러한 문제 해결의 새로운 방향을 제시해 줄 수도 있다.

무엇보다도 점점 더 많은 유전자 기능들이 발견되어 전체적인 유전자 정보의 양을 증대시키고 있고 이러한 정보들 대부분을 자유롭게 이용할 수 있도록 했기 때문에 한 생물체에서 새롭게 특징지어진 유전자의 발견은 다른 생물체들의 유전체상의 빈틈(gap)을 메우는데 도움을 줄 수 있다. 1996년 발표된 첫 번째 진핵유전체(*Saccharomyces cerevisiae*)의 염기서열화 결과 개방성 해독 구조(ORF)의 약 절반이 기존 발표된 데이터베이스들과 확실한 상동성을 갖지 않았다. 이러한 양상은 그 때 이후로 배열이 밝혀진 유전체에서 자주 반복되어왔다.

유전체학은 "거대과학"이다. *S. cerevisiae*의 서열화에 90개의 연구소들이 참여하고 *Neurospora crassa* 유전체 서열을 설명하는 논문에 77명의 저자가 참여했다. 이러한 프로젝트의 규모와 잠재적으로 서열화될 수 있는 수천 개의 곰팡이 유전체들을 고려하면 유전체 배열 노력들의 우선순위를 정하고 조정하는 것이 중요하다. 한 예로 미국의 곰팡이 연구 공동체는 2000년 이후 광범위한 논의를 거쳐 곰팡이 유전체 계획에 관한 일련의 "백서"를 출판했다. 처음에 제안된 15개의 후보 곰팡이들 중 현재 7개 곰팡이의 유전체 서열이 결정되고 있다. 2003년 두 번째 백서는 비교 유전체 분석 증진을 위해 관련 종 집단을 강조하면서 44개 곰팡이 리스트를 추가했다: [http://www.broad.mit.edu/annotation/fungi/fgi]

급격하게 변화하고 있고 여전히 자금 지원 결정을 요하는 분야에서 FGI 웹사이트(위에 주소가 제시되어 있는)는 가장 신뢰할 수 있는 정보원이다. 표 9.4는 그러한 유전체 서열화 노력의 이유를 설명하기 위해 처

표 9.4 미국에서 유전체 서열 연구의 노력을 조절하여 기초 자료를 만들기 위해 초기에 제시된 균주

영역별 생물체	*중요성 (참고위치)*[1-11]	*추정 유전체 (Mb)*
의학 분야		
Filobasidiella (Cryprococcus) neoformans serotype A	담자균문. 피막형 효모; 인간에게 치명적 수막염을 일으킴 (제16장)	11개 염색체 24Mb
Coccidioides posadasii	자낭균문. 미국 서남부지방 토착성 토양균류; 치명적 인간 감염을 일으킴; 생물테러 위협 (제16장)	4개 염색체 29Mb
Pneumocystis carinii (인간과 쥐의 균주)	AIDS 환자의 중요한 기회적 병원균; 약제저항성 출현 (제16장)	7.5, 6.5 Mb
Trichophyton rubrum	자낭균문. 세상에서 가장 많은 진균감염; 인간피부에 생장 적응 (제16장)	4개 염색체 12Mb
Rhizopus oryzae	접합균문. 인간에게 감염을 일으킬 가능성 (접합균증)	36Mb
상업 분야		
Magnaporthe grisea	벼 도열병 일으킴. 모델 균류 식물병원균 (제5장)	7개 염색체 40Mb
Aspergillus flavus	자낭균문/무성포자성 균류. 아플라톡신생성 및 인간 아스페르길루스증 유발 (제7장)	8개 염색체 40Mb
Emericella (Aspergillus) nidulans	자낭균문. 유전학과 세포생물학의 주요 모델 시스템. (부분 염기서열 밝혀짐)	8개 염색체 31Mb
Aspergillus terreus	무성포자성 균류. 콜레스테롤 저하제 주요 공급원, 항콜레스테롤 약품, 로바스타틴	30Mb
Fusarium graminearum	무성포자성 균류. 밀 보리 이삭마름병 일으킴; 균독소 생산 (제7장)	9개 염색체 40Mb
진화/균류 다양성 분야		
Neurospora discreta	자낭균문. 집단유전학과 *N. crassa* 와의 비교를 위한 균류모델 (염기서열이 밝혀짐)	7개 염색체 40Mb
Coprinus cinereus	담자균문. 균의 분화연구 모델—자실체 형성	13개 염색체 37.5Mb
Batrachochytrium dendrobatidis	병꼴균문. 최근 양서류의 폭넓은 집단감소를 일으키는 것이 보고됨	20개(?) 염색체 30Mb
Ustilago maydis	담자균문. 식물-병원균 상호작용의 모델 (제14장)	20Mb
Paxillus involutus	담자균문. 많은 수목의 공생적 균근균, 실험실에서 쉽게 조작됨 (제14장)	40Mb

1. *Filobasidiella neoformans* (무성적 효모기: *Cryptococcus neoformans*). 혈청형 D는 유전적 도구로 앞서 발전되어 왔기 때문에 염기서열화가 진행되고 있으며, 혈청형 A는 더 분기되어 전체 임상균주의 90%, AIDS 환자에서 유래한 99% 균주를 차지한다. 식균작용을 막는 두꺼운 다당류 캡슐과 항산화제로 작용하는 멜라닌 두 가지 병원성 요소가 흥미롭다.
2. *Coccidioides posadasii*. 미국 사막지역 고유의 두 가지 토양균류 중 하나로 미국에서 매년 약 100,000명을 감염시키지만, 감염자 중 일부 사람들에게만 치명적이다. 염기서열화를 위한 기금이 이미 다른 종 *C. immitis*로 할당되어서 *C. posadasii*는 비교 유전체학을 제공할 수 있다.
3. *Pneumocystis carinii*. 세포막에 에르고스테롤 대신 콜레스테롤을 가진 특별한 균류. 특수한 기주에 적응된 여러 균주로 구성되어 있음. 인간과 쥐에 적응된 두 종간을 비교함으로써 감염과 관련된 비교 유전체학이 가능하다.
4. *Trichophyton rubrum*. 피부사상균으로 알려진 42종 중의 하나 (그 중 31종은 사람을 감염함) 이 균을 비롯한 각종 피부사상균류에 대한 정보는 아직도 매우 부족함.
5. *Rhizopus oryzae*. 대표적인 접합균문으로 인간의 질병, 특히 당뇨병 환자에게 피해를 끼치는 상대적으로 드문 경우에 관련된 균.
6. *Magnaporthe grisea*. 벼의 심각한 식물병원균으로 년간 6,000만명이 먹을 수량의 감소를 일으키는 것으로 평가됨. 또한 식물체와 균간의 병원성 상호작용 연구의 모델임.
7. *Aspergillus flavus*. 독립적으로도 그리고 다른 *Aspergillus* spp. 와의 비교로도 중요한 균으로 여기에는 잘 연구된 유전시스템을 가진 *A. nidulans* 와 혈액 콜레스테롤 수준을 낮출 수 있는 "스타틴스"의 생산자 중에 하나인 *A. terreus*를 포함된다.
8. *Fusarium graminearum*. 여러 균독소를 생성하며 음식 부패 생물체의 주요 속을 대표함.

음의 15개 서열분석 작업의 세부사항을 간단히 제시한다. 여기에는 모든 주요한 곰팡이 문 대표들(병꼴균문, 접합균문, 자낭균문, 담자균문)과 세 범주의 생물체들, 즉 의학적으로 중요한 생물체들, 상업적으로 중요한 생물체들, 진화 및 곰팡이 다양화 이해에 기여할 생물체들을 포함하고 있다.

Neurospora crassa 유전체 서열에서 찾은 중요한 발견들

*N. crassa*에 대한 질적으로 우수한 수준의 유전체 서열 초안이 2003년에 완료되었는데(Galagan *et al.* 2003) 이는 하나의 획기적인 사건이었다고 할 수 있다. 즉, 유전학적으로 가장 잘 알려진 균류 중 하나에 대하여 60년 이상 이루어진 연구의 극치이다. 염기서열은 잠재적인 불일치를 확인하고 현재 이루어진 콘티그를 연결하기 위해 여전히 좀 더 자세한 연구를 요구한다. 그러나 광신호기작과 이차적 물질대사에 관련된 유전자 확인을 포함한 새로운 정보는 이미 밝혀졌다.

N. crassa 유전체 서열의 주요 특징은 표9.5에 나타냈다(Galagan *et al.* 2003). 좀 더 두드러진 특징 중 하나는, 대부분이 100개 이상의 아미노산으로 구성된 단백질을 암호화하고 있는, 10,000개 이상의 단백질-암호화 유전자의 존재를 유추해낸 것이다. 그러나 *Neurospora* 단백질의 41%는 공개 데이터베이스에 알려진 어떤 단백질들과도 의미 있는 짝(대응)을 이루지 않고, *Neurospora* 단백질의 57%는 *Saccharomyces cerevisiae* 또는 *Schizosaccharomuces pombe*의 유전자에 대해서도 의미 있는 대응을 이루지 않는다.

표 9.5 *Neurospora crassa* 유전체의 특징. [출처: Galagan *et al.* 2003.]

특징	*측정치*
크기(염기 쌍)	38,639,769
염색체 수	7
단백질-코딩 유전자 수	10,082
전이 RNA 유전자 수	424
5S rRNA 유전자 수	74
코딩 비율(%)	44
인터론 비율(%)	6
평균 유전자 크기(염기쌍)	1673(481 아미노산)
평균 유전자간 거리(염기쌍)	1953
예측 단백질-코딩 염기서열:	
알려진 염기서열 유사성에 의해 확인	13%
보존 가설 단백질	46%
예측 단백질(알려진 염기서열 유사성이 없는)	41%

*Neurospora*의 또 다른 흥미로운 점은 어떤 진핵생물에서 알려진 것보다도 광범위한 범위의 유전체 방어 메커니즘을 가지고 있다는 점이다. 이것들 중 하나는 **반복 유도 점돌연변이**(反復 誘導 點突然變異; **repeated induced point mutation, RIP**)라고 불리는 것으로 명백히 균류에만 나타나는 독특한 과정이다.

RIP는 유전체 진화를 효과적으로 예방하는 과정으로 수년 전에 *Neurospora*에서 발견되었다. 유전자들의 중복은 진화적인 발달의 원인으로 광범위하게 인지되어왔다. 왜냐하면 원래 유전자는 원래의 기능을 유지하는 반면에 유전자 복사본은 돌연변이가 잘 일어나서 결국에는 새로운 기능을 갖도록 할 수 있다. 그러나 이러한 과정은 *Neurospora*에서는 유성주기의 반수체 이핵체 시기 동안 저해된다(제2장). RIP과정은 G-C에서 A-T쌍으로의 수많은 변이를 일으킴으로써 중복된 유전자의 양쪽 복사본 모두를 찾아 돌연변이시킨다. 그리고 이는 흔히 *Neurospora*(포유동물에서 DNA 메틸화가 그러하듯이)에서 유전자의 침묵을 일으키는 DNA 메틸화를 이끈다. RIP의 효과는 중복된 염기서

표 9.4 (계속)

9. *Neurospora discreta. N. crassa*와 비교할 수 있음(*N. crassa*는 빵의 주요 오염균이었으나 근래에는 실험실 외에서는 드문 균). 북미에서 *N. discreta* 자연집단의 폭넓은 수집으로 집단역학에 대한 연구가 가능해 짐.
10. *Batrachochytrium dendrobatitis.* 대표적인 병꼴균류의 하나로서 가장 초기의 균류 혈통이며 중합체를 분해하는 수생균. *B. dendrobatidis*는 최근 범지구적인 양서류 쇠퇴의 주원인으로 생각된다. 이 균은 양서류의 표피세포의 최상층을 침입하여 각질층을 두껍게 만들어 가스교환을 억제한다.
11. *Paxillus involutus.* 수목의 흔한 균근균. 여러 유형의 균근균류가 전세계 식물의 약 90%와 밀접한 상호관계를 이룸.

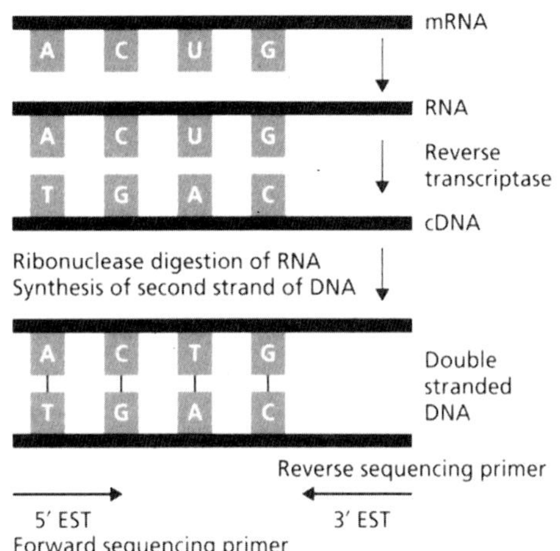

그림 9.16 전령 RNA로부터 cDNA를 생성하는 단계로, 발현된 염기서열 표지(EST)를 cDNA의 5'이나 3' 말단으로부터 생성한다.

열을 넘어 인접 유전자들로 연장될 수 있다. RIP의 이러한 기능들과 일관되게 *Neurospora*는 다중 유전자 집합에 속하는 유전자의 비율이 매우 낮으며, 유전체 크기에 비해 매우 유사한 유전자 쌍을 거의 갖지 않는다. 여러 다른 면의 증거들은 *N. crassa*의 유전체 진화는 그들의 진화역사의 어느 시점에서 RIP의 습득이래 대부분 정지되어왔다는 관점을 뒷받침한다.

이는 RIP가 "이기적인 DNA"에 대한 방어로 작용하여 유전체를 방어한다는 것을 암시한다. 이는 유전체 서열에서 어떠한 완전한 이동성 요소들이 전혀 발견되지 않았다는 사실과도 일치하는 것이다. 그리고 반복된 뉴클레오타이드의 46%는 이동성 요소들의 유물로 확인할 수 있다. 다른 *Neurospora*종과 염기서열 비교하는 것은 이러한 발견들의 더 광범위한 중요성을 다루는 데 도움을 줄 수 있다.

*N. crassa*가 유전체 방어 메커니즘의 인상적인 배열을 가지지만 이 방어체계가 이 균에서만 독특하게 나타나는 것은 아니다. 예를 들어, *Rhizoctonia solani*와 *Cryphonectria parasitica*에서는 아마도 많은 융합균과 영양적 불화합 유전자좌가 잠재적으로 손상된 운동성 바이러스나 다른 유전적 요소들의 확산을 방해하는 유사한 기능을 갖는 것으로 보인다.

발현 유전자 염기서열 표지(EST)와 마이크로어레이 기술

발현 유전자 염기서열 표지(EST)는 전체 유전체 서열의 대안을 제공하고 특정 상황에서 발현되는 유전자(다른 말로 하면 다른 시간 또는 다른 환경에서 "켜진" 유전자들)를 찾는 데 특히 유용하다. 이 기술은 새로운 유전자를 찾거나 유전체 지도를 구축하는 데 빠르고 비용이 많이 들지 않는 접근법으로 사용될 수 있다.

EST는 발현된 유전자의 양쪽 말단 중 한쪽 말단의 염기서열 분석으로 생성되는 짧은 길이의 DNA이다(약 200~500개의 뉴클레오타이드). 이 기술은 전령 RNA (mRNA, 유전자 발현의 생산물)의 집합에서 시료를 추출하고, **역전사효소**(逆轉寫酵素; **reverse transcriptase**)를 이용한 상보적 DNA(cDNA)를 합성하기 위한 주형으로 이 mRNA를 사용하는 과정을 포함한다. cDNA는 mRNA보다 훨씬 더 안정적이고 오직 암호화된 구역만을 포함하고 있는 추가적인 이점이 있다. 왜냐하면 인트론은 mRNA가 자연적으로 성숙되는 과정에서 절단접속에 의해 제거되기 때문이다.

RNA 주형으로부터 외가닥의 cDNA가 만들어지면 이 RNA는 RNA분해효소에 의해 분해 된다. 그 다음 DNA의 상보적 가닥이 합성되어 그림 9.16에서 보여지듯이 2가닥의 DNA가 생성된다.

많은 수의 EST는 쉽게 생성될 수 있으며 이후 콘티그로 합쳐지거나, 이제는 다양한 생물체의 많은 EST들과 전자 데이터베이스 상에서 비교할 수 있게 되었으므로, 다른 형태의 유전자를 식별하는 방법을 제공할 수 있게 되었다. 이러한 기술력을 설명하기 위하여 Martina *et al*. (2003)은 EST를 사용하여 2종류의 균근균(*Laccaria bicolor* 및 *Pisolithus microcarpus*)의 균사체 배양에 의해 발현되는 유전자의 종류를 비교하였으며, 또한 *Pisolithus* 균근의 공생조직에서 발현되는 유전자를 비교하는 데 사용하였다(그림 9.17). EST 데이터베이스 비교에 의하면 EST의 여러 종류는 신진대사, 세포방어 또는 세포구조에 포함된 유전자처럼 기능적인 집단으로 나눌 수도 있다. 그러나 대부분의 EST는 알려진 유전자와 상동성을 나타내지 않는다(전체 유전

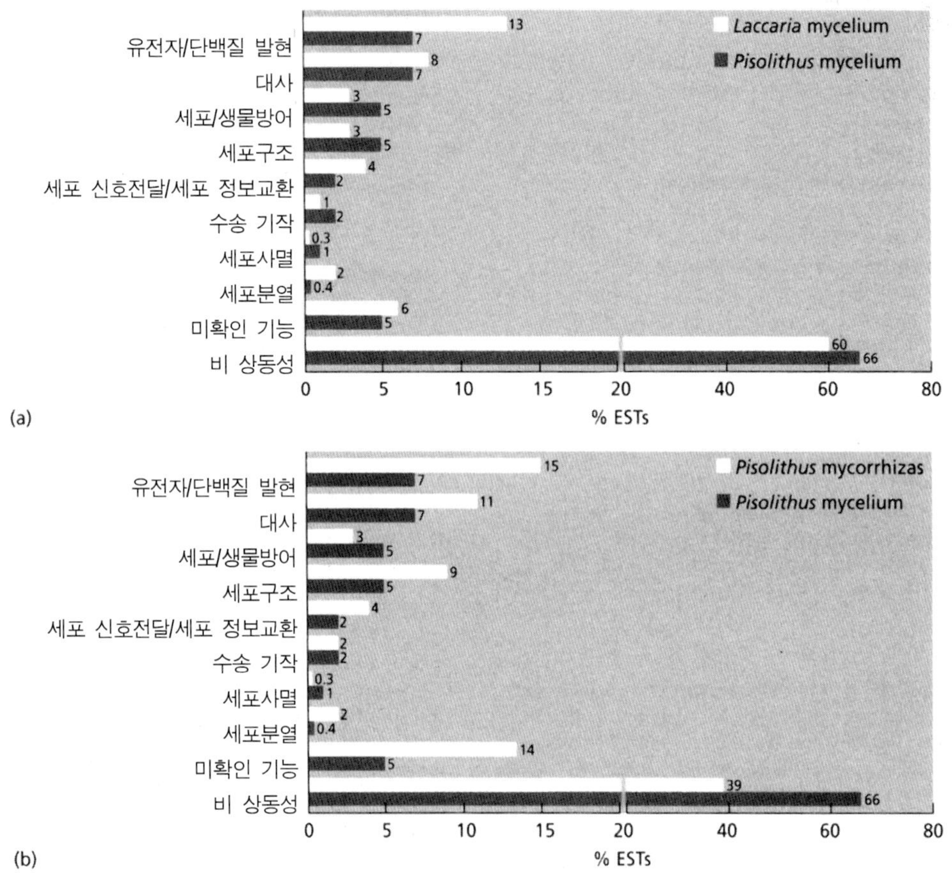

그림 9.17 (a) 두 가지 균근균의 균사형 배양체로부터 또는 (b) *Pisolithus* 균사형 배양체와 비교해서 균근의 공생적 조직으로부터 얻어져서 발현된 염기 서열 표지(EST)의 기능적 분류. [출처: Peter *et al.* 2003.]

체 염기서열에서도 역시 같다).

유사한 EST 분석이 Freimoser *et al.* (2003)에 의하여 보고되었는데, 일반적인 곤충병원성 곰팡이 *Metarhizium anisopliae*의 2 아종을 비교하였다. 한 종은 광범위한 기주 범위를 가지는 *M. anisopliae anisopliae*이며, 다른 한 종은 메뚜기에 병원성을 가진 *M. anisopliae acridum*이다. 두 균주 모두 곤충 표피 분해 효소의 분비가 최대인 조건에서 자랐다. 아주 높은 비율의 EST가 기능적 범주에 해당하였다 (그림 9.18). 2아종 모두 사실상 *M. anisopliae*로부터 나온 모든 병원성 연관 유전자 클론의 EST를 가지고 있었다.

DNA 마이크로어레이 기술

본질적으로 DNA 칩은 다른 종류의 DNA들이 특정 순서에 의해 배열된 수백, 수천가지의 DNA 작은 점(또는 로봇 기술에 의해 프린트 된)으로 형성된 현미경 슬라이드 또는 나일론 막과 같은 작은 고체 받침이다. 분석할 표본의 mRNA는 cDNA를 만드는 데 사용되고 다음 형광으로 표지되어 마이크로어레이 상(상보적인 염기쌍을 통해)의 고정된 점에 이 cDNA를 부착함으로써 레이저 기술에 의해 자동적으로 스캔할 수 있다. 다른 목적으로 고안된 여러 종류의 마이크로어레이가 존재한다. 그러나 일반적으로 아래의 것들

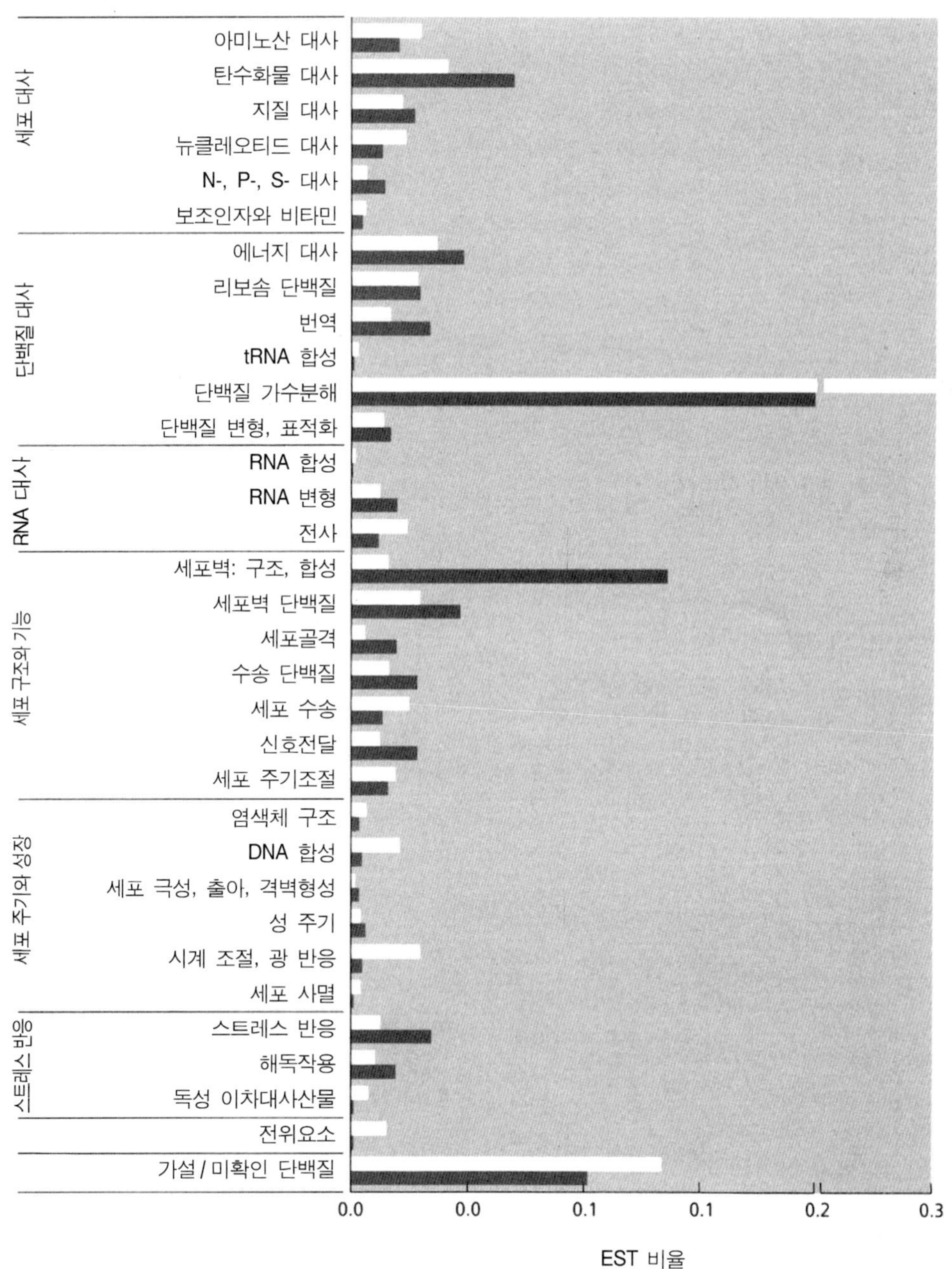

그림 9.18 알려진 기능별 유전자와 주요 짝을 이루는 *Metarhizium anisopliae* (넓은 숙주 범위; 백색 막대)와 *M. anisopliae* (애벌레 특이적; 검정 막대)의 EST 염기서열 분포. [출처: Freimoser *et al.* 2003.]

중 하나를 측정하는 것이 목표이다.

- 유전자 발현 수준의 변화. 실험군 DNA(붉은 형광 물질 부착)와 대조군 DNA(녹색형광 물질부착)의 샘플을 혼합한 후에 레이저가 시험군 DNA와 대조군 DNA의 발현수준의 차이를 식별함으로써 자동적으로 체크한다.
- 유전체상의 습득과 손실의 변화. 부분적 유전자의 반복수에 따라 빨강 또는 녹색 형광물질의 다른 수준 발현을 식별한다.
- DNA상의 돌연변이. 때로는 하나 또는 몇 개의 뉴클레오타이드를 포함한다.

이런 응용의 대부분은 질병진단, 약의 개발 그리고 발병과정의 추적과 같은 의학에서 사용된다. 그러나 기초 생물학의 많은 분야에도 동등하게 적용할 수 있다. 그리고 동일한 기초 기술은 고체 받침 위의 DNA를 수동으로 찍음으로써 저렴하게 수행할 수 있기 때문에 점점 광범위하게 사용되고 있다. 따라서 대부분의 생물학적 체계 하에서 분화적으로 또는 공동으로 발현되는 유전자들의 패턴을 밝힐 수 있다.

온라인 자료

Genome News Network – a quick guide to sequenced genomes. http://w.w.w.genomesnetwork.org/sequenced_genomes/genome_guide_p1.shtml

Microarrays: National Center for Biotechnology Information. http://w.w.w.ncbi.nlm.nih.gov/About/primer/microarrays.html

The Whitehead Institute, Fungal Genome Initiative. http://www.broad.mit.edu/annotation/fungi/fgi

참고도서

Bennett, J.W. & Arnold, J. (2001) *Genomics for fungi*. In: *The Mycota VIII. Biology of the Fungal Cell* (Howard, R.J. & Gow, N.A.R., eds), pp. 267–297. Springer-Verlag, Berlin Heidelberg.

Bennett, J.W. & Lasure, L.L. (1991) *More Gene Manipulations in Fungi*. Academic Press, San Diego.

Fincham, J.R.S., Day, P.R. & Radford, A. (1979) *Fungal Genetics*, 4th edn. Blackwell Scientific Publishers, Oxford.

Peberdy, J.F., Caten, C.E., Ogden, J.E. & Bennett, J.W. (1991) *Applied Molecular Genetics of Fungi*. Cambridge University Press, Cambridge.

Turner, G. (1991) Strategies for cloning genes from filamentous fungi. In: *Applied Molecular Genetics of Fungi* (Peberdy, J.F., Caten, C.E., Ogden, J.E. & Bennett, J.W., eds), pp. 29–43. Cambridge University Press, Cambridge.

참고문헌

Anagnostakis, S.L. (1992) Diversity within populations of fungal pathogens on perennial parts of perennial plants. In: *The Fungal Community: its organization and role in the ecosystem* (Carroll, G.C. & Wicklow, D.T., eds), pp. 183–192. Marcel Dekker, New York.

Bertrand, H. (1995) Senescence is coupled to induction of an oxidative phosphorylation stress response by mitochondrial DNA mutations in *Neurospora*. *Canadian Journal of Botany* **73**, S198–S204.

Buck, K.W. (1986) *Fungal Virology*. CRC Press, Boca Raton.

Chen, B., Choi, G.H. & Nuss, D.L. (1994) Attenuation of fungal virulence by synthetic hypovirus transcripts. *Science* **264**, 1762–1764.

Domer, J.E. & Kobayashi, G.S., eds (2004) *The Mycota*, vol. XII. *Human Fungal Pathogens*. Springer-Verlag, Berlin.

Edwards, S.G., O'Callaghan, J. & Dobson, A.D.W. (2002) PCR-based detection and quantification of mycotoxigenic fungi. *Mycological Research* **106**, 1005–1025.

Esser, K. (1990) Molecular aspects of ageing: facts and perspectives. In: *Frontiers in Mycology* (Hawksworth, D.L., ed.), pp. 3–25. CAB International, Wallingford, Oxon.

Fox, R.T.V. (1994) *Principles of Diagnostic Techniques in Plant Pathology*. CAB International, Wallingford.

Freimoser, F.M., Screen, S., Bagga, S., Hu, G. & St Leger, R.J. (2003) Expressed sequence tag (EST) analysis of two subspecies of *Metarhizium anisopliae* reveals a plethora of secreted proteins with potential activity in insect hosts. *Microbiology* **149**, 239–247.

Galagan, J.E. and 76 other authors (2003) The genome sequence of the filamentous fungus *Neurospora crassa*. *Nature* **42**, 859–868.

Glass, N.L. & Kaneko, I. (2003) Fatal attraction: nonself recognition and heterokaryon incompatibility in filamentous fungi. *Eukaryotic Cell* **2**, 1–8.

Hoegger, P.J., Heiniger, U., Holdenrieder, O. & Rigling, D. (2003) Differential transfer and dissemination of hypovirus and nuclear and mitochondrial genomes of a hypovirus-infected *Cryphonectria parasitica* strain after introduction into a natural population. *Applied and Environmental Microbiology* **69**, 3767–3771.

Jinks, J.L. (1952) Heterokaryosis: a system of adaptation in wild fungi. *Proceedings of the Royal Society of London, Series B* **140**, 83–99.

Kohn, L.M. (1995) The clonal dynamic in wild and agricultural plant-pathogen populations. *Canadian Journal of Botany* **73**, S1231–S1240.

MacNish, G.C., McLernon, C.K. & Wood, D.A. (1993) The use of zymogram and anastomosis techniques to follow the expansion and demise of two coalescing bare patches caused by *Rhizoctonia solani* AG8. *Australian Journal of Agricultural Research* **44**, 1161–1173.

MacNish, G.C. & Sweetingham, M.W. (1993). Evidence of stability of pectic zymogram groups within *Rhizoctonia solani* AG-8. *Mycological Research* **97**, 1056–1058.

Martina, P. and 10 others (2003) Analysis of expressed sequence tags from the ectomycorrhizal basidiomycetes *Laccaria bicolor* and *Pisolithus microcarpus*. *New Phytologist* **159**, 117–129.

Newhouse, J.R., Hoch, H.C. & MacDonald, W.L. (1983) The ultrastructure of *Endothia parasitica*. Comparison of a virulent with a hypovirulent isolate. *Canadian Journal of Botany* **61**, 389–399.

Nuss, D.L. (1992) Biological control of chestnut blight: an example of virus-mediated attenuation of fungal pathogenesis. *Microbiological Reviews* **56**, 561–576.

Oliver, S.G. (1987) Chromosome organization and genome evolution in yeast. In: *Evolutionary Biology of the Fungi* (Rayner, A.D.M., Brasier, C.M. & Moore, D., eds), pp. 33–52. Cambridge University Press, Cambridge.

Osbourne, A., Bowyer, P., Bryan, G., Lunness, P., Clarke, B. & Daniels, M. (1994) Detoxification of plant saponins by fungi. In: *Advances in Molecular Genetics of Plant-Microbe Interactions* (Daniels, M.J., Downie, J.A. & Osbourn, A.E., eds), pp. 215–221. Kluwer Academic, Dordrecht.

Peter, M., Courty, P.-E., Kobler, A., *et al.* (2003) Analysis of expressed sequence tags from the ectomycorrhizal basidiomycetes *Laccaria bicolor* and *Pisolithus microcarpus*. *New Phytologist* **159**, 117–129.

Pipe, N.D., Buck, K.W. & Brasier, C.M. (1995) Molecular relationships between *Ophiostoma ulmi* and the NAN and EAN races of *O. novo-ulmi* determined by RAPD markers. *Mycological Research* **99**, 653–658.

Pontecorvo, G. (1956) The parasexual cycle in fungi. *Annual Review of Microbiology* **10**, 393–400.

Rawlinson, C.J., Carpenter, J.M. & Muthyalu, G. (1975) Double-stranded RNA virus in *Colletotrichum lindemuthianum*. *Transactions of the British Mycological Society* **65**, 305–308.

Sansome, E. (1987) Fungal chromosomes as observed with the light microscope. In: *Evolutionary Biology of the Fungi* (Rayner, A.D.M., Brasier, C.M. & Moore, D., eds). Cambridge University Press, Cambridge, pp. 97–113.

Tooley, P.W. & Therrien, C.D. (1991) Variation in ploidy in *Phytophthora infestans*. In: *Phytophthora* (Lucas, J.A., Shattock, R.C., Shaw, D.S. & Cooke, L.R., eds.). Cambridge University Press, Cambridge, pp. 204–217.

제10장

균류의 포자, 포자 휴면 및 전파

이 장은 다음과 같은 주요 부분으로 구성되어있다:

- 균류 포자의 일반적 특성
- 포자의 휴면과 발아
- 포자의 전파
- 유주포자의 전파 및 감염습성
- 식물바이러스 매개자로서의 유주포자
- 공기전염 포자의 전파
- 포자채집장치와 인간 건강

균류는 포자를 형성하는 대표적인 생물체이다. 이들은 서로 다른 환경에서 전파와 생존을 위한 특이적인 필요성에 따라 형태, 크기, 표면특성 등 여러 면에서 놀라울 정도의 다양성을 지닌 수많은 포자를 형성한다. 그림 10.1에 나타낸 바와 같이 유속이 빠른 여울 등에서 담수균류가 형성하는 특이한 형태의 포자들도 이러한 다양성의 일부이다. 이 장에서는 몇몇 사례를 통해 이러한 미묘한 차이점에 대하여 논의하고, 포자의 특성이 균류의 생물학과 생태와 관련하여 시사하는 바가 많음을 확인하고자 한다.

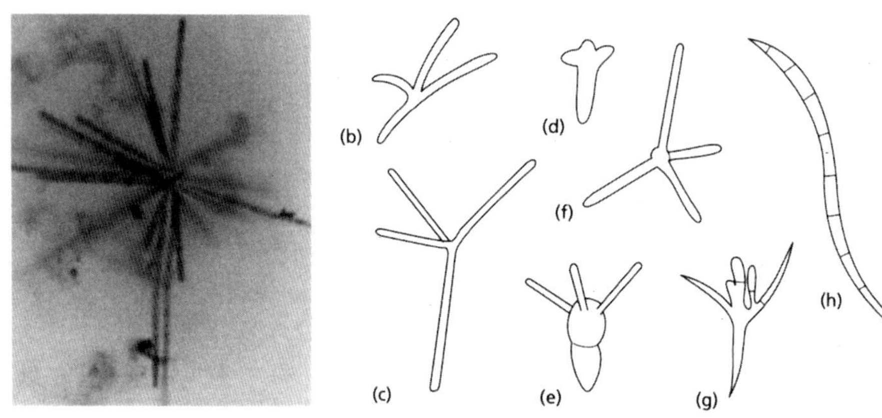

그림 10.1 유속이 빠른 여울에서 발견되는 4개 또는 여러 개로 분지되거나 S자 모양의 균류의 포자: (a) *Dendrospora*의 분생포자 (150~200㎛); (b) *Alatospora*의 분생포자 (30~40㎛); (c) *Tetrachaetum*의 분생포자 (70~80㎛); (d) *Heliscus*의 분생포자 (30㎛); (e) *Clavariopsis*의 분생포자 (40㎛); (f) *Lemonniera*의 분생포자 (60~70㎛); (g) *Tetracladium*의 분생포자 (30~40㎛); (h) *Anguillospora*의 분생포자 (150㎛)

균류 포자의 일반적 특성

균류의 포자(spore)는 매우 다양한 특성을 지니고 있지만 일반적으로 '배(胚)가 형성되지 않고, 전파 또는 휴면/생존을 위해 분화된 미시적 번식체'라고 정의할 수 있다. 유성생식을 통해 형성되는 포자(예, 접합포자, 자낭포자)는 일반적으로 휴면/생존 수단의 기능이 있는 반면에, 무성포자는 전파를 위한 수단으로 이용된다. 그러나 많은 담자균류는 무성포자를 형성하지 않거나 극히 드물게 형성하며 담자포자가 주요 전파 수단이 된다. 일부 균류는 **후벽포자**(厚壁胞子; **chlamydospore**) 라는 별개의 포자를 형성하기도 한다. 후벽포자란 영양 스트레스를 받는 조건에서 형성되는 것으로서 균사 또는 포자의 일부로부터 형성되는 두껍고 멜라닌화 세포벽을 가진 포자를 말한다.

이러한 서로 다른 형태를 지닌 포자의 특성은 다양하지만, 일반적으로 균류의 포자는 다음과 같은 특성 때문에 체세포와 구별된다.

- 세포벽은 별도의 층을 갖거나 멜라닌 같은 색소를 가지므로 일반적으로 더 두껍다.
- 세포질은 밀도가 높으며 일부 세포소기관(예, 소포체)이 덜 발달되어있다.
- 포자는 수분함량, 호흡률, 단백질과 핵산의 합성 속도 등이 상대적으로 낮다.
- 포자는 지질, 글리코겐, 균당(trehalose) 등 에너지 저장 물질의 함량이 높다.

포자의 휴면과 발아

거의 모든 포자는 물질대사율이 낮다는 점에서 휴면 상태에 있다고 볼 수 있다. 그러나 발아능력의 측면에서는 크게 2개의 범주에 속한다고 볼 수 있다. 유성포자는 흔히 **자발휴면**(自發休眠; **constitutive dormancy**) 상태를 나타낸다. 이 범주에 속하는 포자들은 정상적인 체세포 생장을 위해 알맞은 조건(적절한 영양분, 온도, 습도, pH 등)에 놓여도 쉽게 발아하지 않는다. 대신에 일부 포자들은 발아하기 전에 후숙기간이 필요하고, 어떤 포자들은 열 쇼크나 화학적 처리 같은 특정한 조건이 필요하다. 이에 반하여 무성포자는 **타발휴면**(他發休眠; **exogenously emposed dormancy**)을 나타내는데, 이들은 생장에 부적절한 환경에서는 휴면상태에 있다가 포도당 같은 영양분에 반응하여 즉시 발아하는 특성을 지니고 있다.

발아에 필요한 자극이 주어지면 모든 포자는 유사한 행동을 보인다. 세포가 가수화되고, 호흡활성이 현저히 증가하며, 이어서 단백질과 핵산의 합성속도가 점진적으로 증가한다. 그 후 발아관이 형성되고, 이 발아관은 균사로 발달하거나 유성포자의 경우에는 무성포자 세대로 발달한다. 발아과정은 일반적으로 3~8시간 걸리지만, 난균문(Oomycota)에 속하는 균류의 유주포자 피낭체는 20~60분 정도이며, 일부 유성포자는 12~15시간 걸리는 것도 있다.

자발휴면

자발휴면에는 여러 요인이 관련되어 있지만 아직도 확실히 규명되지 않았다. 많은 *Pythium*과 *Phytophthora* spp.의 난포자는 발아 전에 후숙과정이 필요한 것으로 여겨진다. 처음에는 난포자가 약 2㎛로 두꺼워졌다가(그림 10.2) 내막의 분해로 점차 얇아진다(0.5㎛ 정도). 이러한 과정은 포자가 정상적인 온습도조건에서 빈영양상태를 유지할 때 촉진된다. 그리고 몇 주 후에는 영양분이나 기타 환경인자에 반응하여 포자가 발아하게 된다. 예를 들면, *Pythium*의 난포자는 발아하는 종자로부터 방출되는 일반적인 영양분(당, 아미노산 등) 또는 휘발성 화합물(예, 아세트 알데하이드)에 의하여 발아된다.

자낭포자는 후숙과정을 통해 결국에는 발아하지만, 열 쇼크 (60℃에서 20~30분 처리), 저온처리 (−3℃) 또는 알코올과 푸르알데하이드(furaldehyde) 같은 지방분해 화합물 처리 등 특수한 처리를 통해 아무 때나 발아시킬 수 있다. 이 방면의 연구가 *Neurospora tetrasperma*의 자낭포자를 대상으로 상세히 연구되어 있다. 이들 자낭포자는 방사성동위원소로 표지한 산소, 포도당, 물 등이 투과하는 것으로 보아 이 균은 일

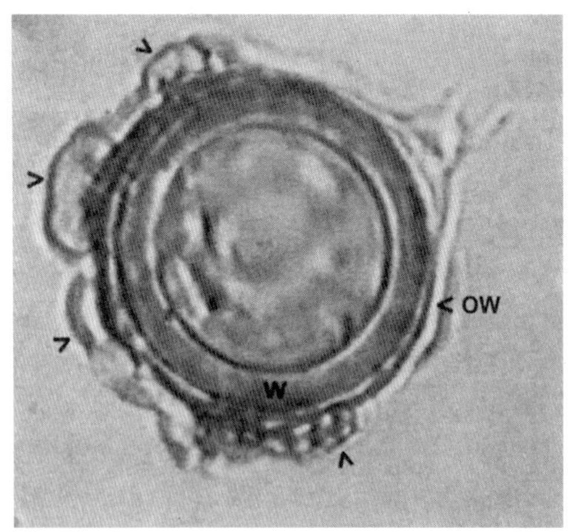

그림 10.2 *Pythium mycoparasiticum*(난균)의 유성포자(난포자)의 형성. 포자는 두꺼운 세포벽(W)을 가지며, 장난기(oogonium)의 외벽(OW) 안에 갇혀있다. 화살표는 장정기(장난기와 수정하는 웅성기관)를 나타낸다.

반적인 투과성 저해의 측면에서 설명할 수 없다. 대신에 이들의 휴면은 주요 저장양분인 균당을 이용하지 못하기 때문인 것으로 여겨진다. 균당은 휴면기간 동안에는 합성되지 않고 활성화된 직후에 합성된다. 균당을 포도당으로 변화시키는 효소인 **trehalase**는 휴면포자의 세포벽과 관련되어 있고 세포물질과는 분리되어있다. 따라서 포자가 활성화되면 발아하는 첫 단계로 이 효소가 세포 내로 이동하게 된다.

다른 포자들의 자발휴면은 내재하는 발아억제물질과 관련되어있다. 예를 들면, 곡류의 줄기녹병균 *Puccinia graminis*의 여름포자는 methyl-*cis*-ferulate를, 강낭콩 녹병을 일으키는 *Uromyces phaseoli*의 여름포자는 methyl-*cis*-3,4-dimethoxycinnamate를 지니고 있다. 포자를 오랫동안 세척하면 이들 발아억제물질이 제거되는데, 이러한 현상은 이들 포자가 식물체 표면의 수막에서 물과 오랫동안 접촉할 경우에는 일어난다. 전파에 적합하도록 되어있는 포자가 발아억제물질을 지니고 있다는 점은 언뜻 보기에 놀라운 일이다. 그러나 이러한 억제물질은 포자들이 포자기(발아를 위해서 외생물질을 필요로 하지 않는)에서 발아하는 것을 막고 전파된 후에 발아하도록 도와주기도 한다.

자발휴면의 생태적 특성

자발휴면을 하는 포자들의 행동은 생태와 매우 밀접한 관계가 있다. 초식동물의 배설물에서 생장하는 몇몇 균류가 그 좋은 예이다 (그림 10.8). 이들 균류의 포자는 풀과 함께 섭식되어 초식동물의 장을 지나는 동안 활성화되고, 배설물에 섞여 배출된 후 배설물에서 발아하여 다시 새로운 일생을 시작하게 된다. 이들 **분변균류**(糞便菌類; **coprophilous fungi, dung-loving fungi**) 대다수의 포자는 실험실 내에서 초식동물의 장과 유사한 산성조건을 만들어 주고 온도를 37℃로 맞추어 주면 활성화된다. *Sordaria*와 *Ascobolus*의 자낭포자, 접합균류에 속하는 몇몇 균의 포자낭포자, 그리고 버섯을 형성하는 균류인 *Coprinus*나 *Bolbitius*의 담자포자가 그 예이다.

유기물에 생존하는 대다수의 호열성균류는 60℃ 까지 온도를 높여주었을 때 포자가 활성화된다(제12장). 이러한 온도조건은 불에 탄 지표면이나 불에 타서 그을린 식물의 잔재에 잘 자라는 *Neurospora tetrasperma*의 자낭포자 같은 **호화성균류**(好火性菌類; **pyrophilous fungi**)의 포자도 활성화시킨다. 이들 균류의 대부분은 경제적으로는 그리 중요하지 않은 부생균들이지만, 이들 중 하나인 *Rhizina undulata* (파상땅해파리버섯, 자낭균)는 영국과 그 밖의 지역에서 송백류의 수목에 집단고사병('group-dying' disease)을 일으킨다. 이 균은 벌채 후 재식한 지역의 수목에 병을 일으키는데, 벌채된 나무를 쌓아 놓고 태운 지점이 감염의 출발점이 된다. 불의 주변 또는 불난 곳 아래 지점에 있던 자낭포자가 불에 의하여 활성화되고 죽은 뿌리나 나무의 잘린 부위에 부생체로 자라기 시작하면서 균사다발을 만들어 재식된 수목에 침입하게 된다. 이러한 의미에서 집단고사(group dying)라는 말이 생겨났다. 하지만 이 문제는 병 발생 원인이 밝혀진 후 목재를 불에 태우는 것을 금지함으로써 간단히 해결되었다. 그러나 번개에 의한 화재가 주기적이고 자연적으로 일어나는 지역의 경우에는 쉽게 문제를 해결할 수 없다. 이러한 지역에서 일부 수종은 화재에 적응되어 종자가 화재에 의하여 활성화될 때까지 수년간 휴면한다. 일부 균근균류 중 이와 유사하게 적응한 포자의 예로 호주의 유칼리나무숲에 사는 *Muciturbo* spp.의 자낭포자가 있다.

흔히 재배되는 양송이(*Agaricus bisporus*)와 몇몇 균근균류의 담자포자는 자발휴면을 보이지만 이들 균류의 포자들은 같은 균류가 생장하는 균락에 인접하게 되면 발아하는 경우도 있다. 예를 들어, *A. bisporus*의 포자는 모균사(母菌絲)로부터 분비된 isovaleric acid와 isoamyl alcohol에 의하여 발아한다. 이러한 행동은 균락 내 유전자 풀(gene pool)을 증가시킬 수 있다는 점에서 중요하다.

균근류 천이에 있어서 휴면과 발아 유발인자

서늘한 북쪽 지역에서 자라는 많은 수종(소나무, 자작나무, 참나무, 너도밤나무, 밤나무 등)은 담자균문 또는 자낭균문에 속하는 균류와 균근관계를 형성한다(제13장). 이들 균근균류는 뿌리말단 주변에 외피를 형성하고 균사나 균사끈을 형성하여 토양 중에서 생장한다(그림 7.10 참조). 몇몇 연구결과에 의하면 균근류의 천이는 묘포장이나 과거에 수목을 심지 않았던 곳에 심은 수목의 유묘에서 일어나고 있는 것으로 밝혀졌다. 이러한 균류 중에는 공기 전염된 포자가 유묘에 감염하여 균근을 형성하는 것도 있다. *Laccaria* (졸각버섯) 또는 *Hebeloma* (자갈버섯) 속에 속하는 균류는 이러한 초기 점유자의 좋은 예이다. 다른 균근균류는 새로운 곳에 활착하는 데 시간이 걸리지만 수년 후에는 결국 뿌리에 활착하여 우점종이 된다. 자작나무나 소나무에 감염하는 광대버섯(*Amanita muscaria*)이 그 대표적인 예이다. 그림 13.6에 그 예들을 들어 보았다.

이러한 천이 양상은 가을에 지상부에 균근성 버섯류가 발생하는 곳(그림 10.3)과 뿌리에 다양하게 발생하는 균근류가 있는 시험포장에서 볼 수 있다. 수목으로부터 서로 다른 거리를 두고 채취된 토양을 보면(그림 10.4) *Hebeloma* spp. 가 근계의 주변에 우점하고, *Lactarius* spp.는 근계의 중간지점에 우점하며, *Leccinum*(껄껄이그물버섯속, 구멍장이버섯류)의 경우에는 나무줄기에 가까운 부분에 우점하는 것으로 나타났다. 이는 근계의 신생부위에 초기 우점하던 균근균류가 성숙한 뿌리 부위에 있는 다른 균근균류에 의해 점령당하는 천이의 분명한 증거가 된다. 뿌리의 주변에서 발견되는 초기 우점종이 수목의 기저부에 있는 (성숙한 수목에 존재하는) 후기 우점종에 의해 대체되는 이러한 분포 양상은 두 가지의 실험에 의하여 확인되었다. 우선, '초기' 감염균 또는 '후기' 감염균의 자실체에서 담자포자를 수집해 멸균하지 않은 화분의 토양에 혼합한다. 그리고 나서 화분에 균근균이 감염되지 않은 자작나무 유묘를 심는다. 이러한 조건에서는 초기감염균만 균근을 형성하게 된다. 이 결과는 담자포자의 발아와 관련이 있는데, 초기감염균의 포자만 쉽게 발아하고 후기감염균의 포자는 잘 발아하지 않기 때문에 (여러 실험조건에서 발아율이 0.1% 미만인 경우가 많음) 생긴 결과이다. 두 번째로, 균근균이 감염되지 않은 자작나무 유묘를 무균상태로 생육시킨 후 기존에 수목이 자라고 있던 토양에 옮겨 심어 그곳에 생존하고 있는 균류에 의해 감염되도록 한다. 일부 유묘는 아무런 처리도 하지 않은 토양에 그대로 심고, 일부는 골프장의 구멍을 내는 장비를 이용하여 구멍을 파고 다른 토양으로 대체한 곳에 심었다(그림 10.5). 구멍을 파고 다른 흙으로 대체한 곳에 심은 유묘는 모두 초기 감염균에 의하여 감염되었으며, 이는 토양 중에 존재하는 초기 감염균의 포자에 의한 감염으로 보인다. 이와 반대로 아무런 처리도 하지 않은 토양에 심겨진 유묘들은 후기 감염균에 의하여 감염되었는데, 이는 균사 연결망에 의하여 감염된 것으로 여겨진다.

따라서 과거에 수목이 없던 곳에 식재한 자작나무에 생겨난 균근의 양상을 다음과 같이 요약할 수 있다. 토양표층에서 근권으로 씻겨 내려간 초기 감염균의 담자포자가 포장이나 묘포장의 유묘를 감염시킨다. 근계의 담자포자가 자라나서 새로운 토양으로 확장하는 감염환은 1년의 주기가 걸린다. 후기 감염균들은 발아율이 저조하기 때문에 초기에 감염할 수 없다. 그러나 결국에는 근계의 오래된 부분에서 발아하며, 더 많은 나무뿌리를 감염하기 위해 균사 연결망을 형성해 퍼져나감으로써 우점한다. 자연림과 인공조림지의 경우에 유묘들이 후기 감염균에 의하여 곧바로 감염이 될 것으로 생각되지만 새로운 지역에서는 초기 감염균에 의하여 먼저 감염이 시작된다. 재조림에 일반

그림 10.3 늦가을에 시험포장의 어린 자작나무 주변에 균근균류(주로 *Hebeloma*와 *Lactarius*속)에 의해 형성된 환형의 버섯 군락.

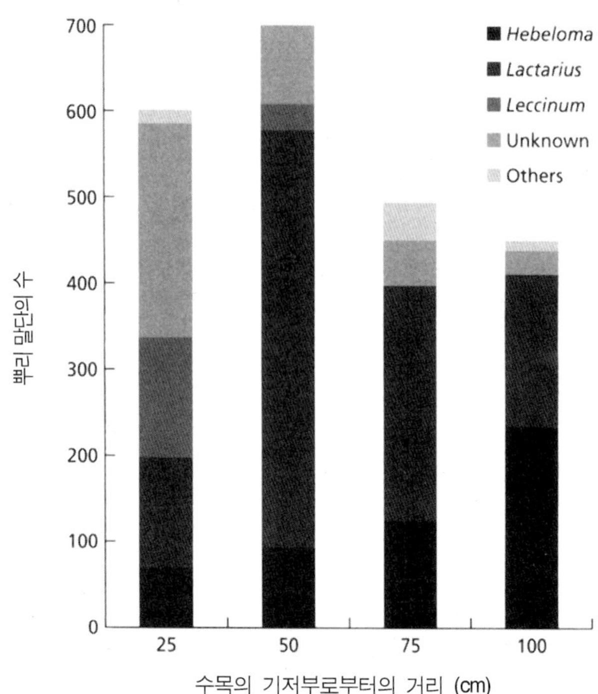

그림 10.4 시험포장에 심겨진 자작나무의 기저부로부터 서로 다른 거리에서 발생하는 균근균류의 변이 양상. [자료제공: Deacon *et al.* 1983]

적으로 사용되는 균근균 접종 시 초기 감염균만 사용하는 것으로 보아 이는 실용적인 의미가 있다(Marx & Cordell 1989). 이러한 재조림에 사용되는 균근균류에는 *Pisolithus tinctorius*(모래밭버섯)와 *Paxillus involutus*(주름우단버섯)가 있다. 이들 균류는 초기감염 균근균류로서 고농도의 독성물질과 낮은 보수력을 지닌 폐

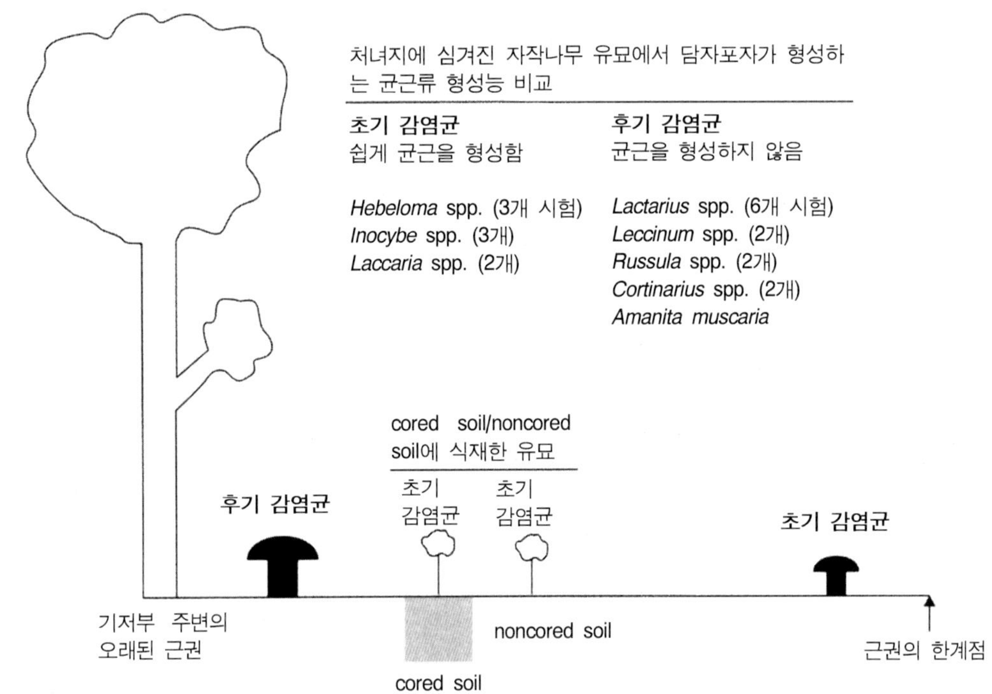

그림 10.5 포장에서의 균근류의 천이 실험. [Fox 1986 참조]

광지역 및 기타 토양조건 등에 견디는 능력이 있다.

타발휴면

실험실에서 적절한 온도, 습도, pH, 그리고 산소 조건이 갖추어지면 대부분의 무성포자는 쉽게 발아한다. 어떤 포자는 증류수에서도 발아하지만 대개 최소한의 당을 필요로 하며 다양한 영양요구도를 가진 포자도 소수 존재한다. 그러나 자연 상태에서 이들 포자는 정균현상(靜菌現象; fungistasis 또는 mycostasis)에 의하여 오랜 기간 동안 휴면상태에 머물러 있을 수 있다. 이러한 현상은 토양 중에서 흔히 일어나며(Lockwood 1977), 잎 표면에서도 보고된 바 있다.

정균현상이란 미생물에 의하여 유도되는 포자발아 억제를 말한다. 예를 들면, 미생물의 양이 많은 토양의 상층부에서는 포자들이 발아하지 않지만 멸균수 또는 미생물이 적은 것으로 알려진 토양의 하층부에서는 포자가 발아하는 경우가 있다. 멸균된 토양에 미생물을 접종해도 발아가 일어나지 않을 수 있는 반면에, 세균, 진균 등의 미생물 단 한 개체로 인해 억제가 타파되기도 한다. 이러한 현상은 정균현상이 영양분 섭취를 위한 경쟁 또는 미생물의 분비물에 의한 것이며 특정한 항생물질이나 미생물이 분비하는 억제물질에 의하여 일어나는 것이 아님을 의미한다. 이에 관한 많은 연구 결과를 검토해 보면 에틸렌, 알릴알코올, 암모니아 등의 휘발성 발아억제물질이 정균작용을 하는 것으로 알려져 있다. 그러나 정균현상의 가장 신빙성 있는 기작으로 **양분고갈**(養分枯渴; **nutrient deprivation**)을 들 수 있다. 멸균수에서 발아하는 포자조차도 토양 중에서는 발아가 억제되는데, 이는 토양 중에서 포자들이 주변으로 분비한 영양물질이 다른 토양생물들에 의하여 지속적으로 이용되기 때문이다.

Lockwood와 동료 연구자(Hsu & Lockwood 1973)는 간단한 실험 장치를 고안하여 영양분의 결핍이 토양 중에서 일어나는 정균현상을 흉내 낼 수 있는지 알

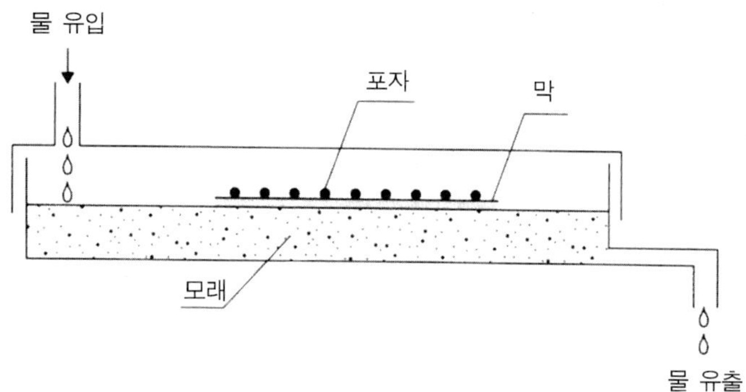

그림 10.6 토양 중에서 일어나는 정균작용을 모방한 양분용탈장치.

아보았다(그림 10.6). 이 장치는 멸균된 모래 또는 유리구슬 위에 멸균된 막을 놓고, 그 위에 포자를 놓은 후에 멸균수를 모래 또는 유리구슬 사이로 통과하도록 하여 포자로부터 분비되는 영양분이 계속적으로 씻겨 내려가도록 하는 장치이다. 모든 조건에서 발아하는 활성화된 *Neurospora*의 자낭포자는 열처리 등으로 활성화되는 특이한 경우를 제외하고는 양분용탈장치에서 발아하지 않았지만, 물의 공급을 24시간 동안 중지하거나 물 대신 포도당 용액을 흘러 보냈을 경우에는 포자들이 발아하였다. 물의 흐름을 느리게 해서 서서히 물이 여과되도록 하면 자연토양에서 볼 수 있는 정균현상 효과도 볼 수 있다. 서로 다른 종류의 균류 포자들은 크기, 양분 축적 정도, 발아속도 등과 관련하여 정균현상 반응의 민감도에 차이를 보였지만, 몇몇 예외적인 경우를 제외하고는 양분고갈장치에서 나타난 양분고갈에 대한 민감도와 자연토양에 의한 정균현상 반응의 민감도는 상당히 일치하는 것으로 나타났다(표 10.1).

정균현상의 생태적 의미

정균현상이란 포자로 하여금 이용 가능한 영양분이 공급될 때까지 토양이나 다른 환경조건 하에서 휴면하도록 유도하는 현상을 말한다. 따라서 부생체는 유기물이 생성될 때까지 기다릴 수 있고, 뿌리감염균이나 균근균은 뿌리가 근처로 지나갈 때까지 기다릴 수 있다. 대부분의 경우에 발아유인은 비특이적 현상이다. 예를 들면, 뿌리감염균의 포자들은 기주식물 또는 비기주식물의 분비물에 대하여 반응한다. 이러한 현상은 병해 방제에 이용이 가능하며, 특히 병원성 균류의 포자가 발아되도록 유도함으로써 기주식물에 감염하지 못하고 죽도록 하는 윤작체계가 좋은 예이다. 이러한 현상을 **발아-용해**(發芽-溶解; **germination-lysis**) 현상이라 한다.

포자의 발아에 **기주특이성**(寄主特異性; **host specificity**)이 발견된 경우가 있다. 이의 가장 잘 알려진 예가 양파, 마늘, 그리고 기타 *Allium* spp.의 흑색썩음균핵병을 일으키는 담자균 *Sclerotium cepivorum*의 균핵 발아 유발이다(Coley-Smith 1987). 이 균의 균핵(지름 약 1 mm)은 감염된 양파 인경에 다량으로 형성하며, 이 균핵은 기주식물에 의해 발아가 촉진되기까지 최고 20년 동안 토양 중에서 생존이 가능하다. 이 경우에 발아를 촉발하는 것은 이황화물-디알릴수지(DADS) 같은 휘발성 황함유 화합물(alkyl thiols 및 alkyl sulphides)이다. 그러나 기주식물은 이들 화합물 전구물질인 비휘발성 화합물들(alkyl sulphoxides 및 alkylcysteine sulphoxides)을 분비하고 분비된 화합물은 세균에 의하여 휘발성 유인물질로 합성된다. 이러한 체계에 대한 지식을 통해 *S. cepivorum*에 의한 흑색썩음균핵병의 획기적인 방제대책을 강구할 수도 있지만 불행히도 오늘날까지 부분적인 성과만 거두고 있다. 그 한 가지 방법은 포자발아를 자극하지 않는 양파, 마늘 등의 작물 품종을 육성하는 것이다. 그러나 발아를 촉진하는 일부 화합물들이 양파의 향과 냄새를 구성하는 물질이 있다는 점이 문제가 된다. 또 다른 방제법은 작물이 포장에 심겨져 있지 않은 기간 동

표 10.1 자연토양에서 토양미생물에 의한 정균작용을 연구하기 위해 사용하는 양분용탈장치에서의 진균포자의 발아양상 비교. [출처: Hsu & Lockwood 1973.]

균류와 포자의 종류	*발 아 %*		*용 탈 장 치*	
	증류수	*자연토양*	*물이 흐른 경우*	*24시간 정지된 상태*
분생포자				
Verticillium albo-atrum	60	9	8	no data
Thielaviopsis basicola	89	4	5	89
Fusarium culmorum	94	20	9	91
Curvularia lunata	95	16	13	91
Cochliobolus sativus	97	21	19	91
Alternaria tenuis	95	54	71	no data
활성화된 자낭포자				
Neurospora crassa	98	87	84	no data

안 발아를 촉진하는 화합물을 사용하는 것이다. 치즈를 첨가한 양파맛 감자칩 등 가공식품에 인공적으로 향을 내는 물질로 사용되는 양파기름은 많은 양의 이황화물-디알릴수지를 함유하고 있다. 따라서 인공 양파기름을 토양에 뿌리면 균핵의 발아를 촉진시키고 발아된 포자는 발아-용해에 의하여 죽게 된다. 이러한 방법을 이용하여 균핵의 95%는 제거할 수 있지만, 문제는 잔류하는 소량의 균핵이 작물에 심한 타격을 줄 수 있다는 점이다.

포자의 전파

균류는 다양한 방법으로 포자를 전파시킨다. 여기에서 포자 또는 포자형성기관들이 포자의 전파에 어떻게 유용하도록 만들어졌는지에 대하여 알아보도록 한다. 또한 이를 통해 실제적이고 환경적인 중요성을 다룬 여러 주제에 대해 언급하고자 한다.

분변균류의 탄도 비산방법

분변균류는 초식동물의 배설물에 서식하면서 먹이사슬에서 축적되는 엄청난 양의 식물성배설물을 재순환하는 데 도움을 주고 있다. 이들 균류의 포자전파 전략은 생활상과 잘 조화되어 있는데, 이 생활상의 기능은 배설물로부터 주변 식물체로 분산시킨 포자가 초식동물에 의해 섭식되고 장을 통과함으로써 생활사를 반복할 수 있도록 하는 것이다. 몇몇 경우에 이러한 전파가 탄도(ballistic) 기작에 의하여 수행된다.

*Pilobolus*의 경우 (그림 10.7) 각각의 포자기는 크고 검은 하나의 포자낭으로 구성되어 있고, 이 포자낭의 일부분이 부푼 구낭 위에 존재한다. 성숙하면 포자경에 높은 팽압이 생기고, 포자낭과 액포를 싸고 있는 세포벽에 효소에 의한 부분인 균열이 일어나 주머니가 갑자기 터지면서 내용물을 분출시킴으로써 포자낭을 2m 또는 그 이상 날려 보낸다. 이러한 과정에서 포자낭의 기저부로부터 방출된 점액질은 포자낭이 식물체 표면에 접착하는 데 이용되고, 포자낭에서 나온 포자들은 물이나 다른 수단에 의하여 분산된다. 포자 전파에 더욱 적합하게 적응된 특징 중 하나는 포자낭경이 광주기성으로, 포자낭이 배설물의 틈새를 비집고 생장할 수 있도록 되어있다는 점이다. 구낭의 기저부에 있는 오렌지색의 carotenoid 색소 밴드가 빛 신호를 감지하고 구낭 자체가 렌즈처럼 작용해 빛을 색소가 있는 곳으로 모아주는 것으로 여겨진다. 따라서 한쪽 방향으로 비치는 빛 신호가 포자낭경의 분화에 이용되고 포자낭이 빛이 비치는 방향으로 생장하도록 한다. 따라서 *Pilobolus*는 다른 몇몇 분변균류에서 볼 수 있는 특성을 포함해 3가지의 특별한 적응성을 보

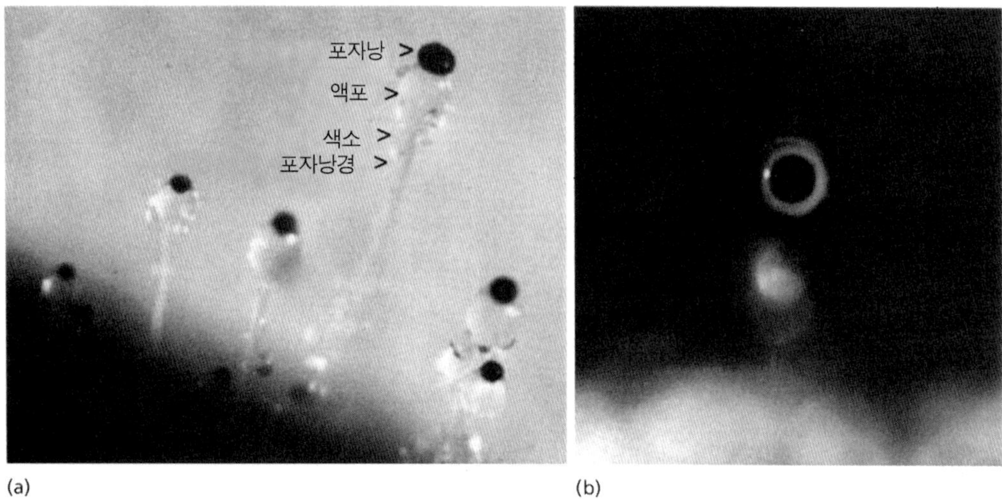

그림 10.7 포자를 탄도 비산 방법으로 방출하는 균류인 *Pilobolus* (접합균). (a) 분변 덩어리 위에 형성된 유주포자낭. (b) 광원 방향으로 향해있는 포자낭, subsporangial vesicle이 어떻게 렌즈 역할을 하는지 보여줌.

여준다(그림 10.8).

1. 포자를 달고 있는 기관이 **굴광성**(屈光性; **phototropism**)을 나타내며, 이는 *Ascobolus*나 *Sordaria*의 자낭 끝에서도 볼 수 있다.
2. **폭발성 전파**(暴發性 傳播; **explosive discharge**) 기작이 있다. 이러한 예는 자낭이 권총처럼 포자를 1~2cm씩 공중으로 날려 보내는 *Ascobolus*나 *Sordaria*의 경우에서 볼 수 있다. 다른 양상의 포자 비산 방법으로는 개구리와 도마뱀 등의 배설물에서 생장하는 *Basidiobolus ranarum*(병꼴균)에서 찾아볼 수 있는데, 이 균의 경우에는 포자낭이 *Pilobolus* 처럼 아포자낭소포 위에 있지만 구낭이 기저부에서 터져 내용물을 후방으로 분산시키면서 포자낭을 앞으로 나아가게 한다. 또 다른 변형을 담자균류의 *Sphaerobolus stellatus*에서 찾아볼 수 있는데, 이 균의 경우 담자포자를 컵 모양의 자실체 내에 있는 커다란 공 같은 구조물 내에 형성하고, 포자가 성숙되면 컵의 내부층이 외부층과 분리되어 안쪽으로 굽어 포자덩어리를 트렘펄린처럼 공기 중으로 날려 보낸다.
3. 동일한 초기 속도 조건 하에서 커다란 (무거운) 물체가 가벼운 물체보다 더 멀리 이동한다는 탄도원리에 기초해서 포자의 비산에 **대형탄도(large projectile)**가 형성된다. *Sphaerobolus stellatus*의 경우 지름이 1mm 정도 되는 포자덩어리가 수직으로 2m 까지 이동이 가능하다.

그러나 모든 분변균류가 탄도기작을 이용하는 것은 아니다. 예를 들면, *Pilobolaceae*과에 속하는 *Pilobolus*와 밀접한 유연관계에 있는 *Pilaira*(접합균, 그림 10.8)의 경우에는 포자낭경이 수 cm 정도로 생장하여 포자낭이 주변의 식물체에 넘어져 이동된다.

곤충 전파성 균류

곤충과 여러 절지동물은 점성이 있는 포자를 가진 여러 종류의 균류를 전파할 수 있다. 곤충이나 절지동물에 의한 전파는 매개자들의 운동성을 이용한 것으로서 매우 효과적인 방법이다. 이러한 균류-매개생물 관계는 많은 사례가 알려져 있으며, 그 관계가 우연히 이루어진 관계부터 상당히 진화된 상호작용의 수준까지 다양하다. 여기에서는 대표적인 예로서 딱정벌레(bark-beetle)라는 매개충에 의한 느릅나무 마름병균의 전파를 설명하고자 한다. 제13장에서는 다른 공생관계

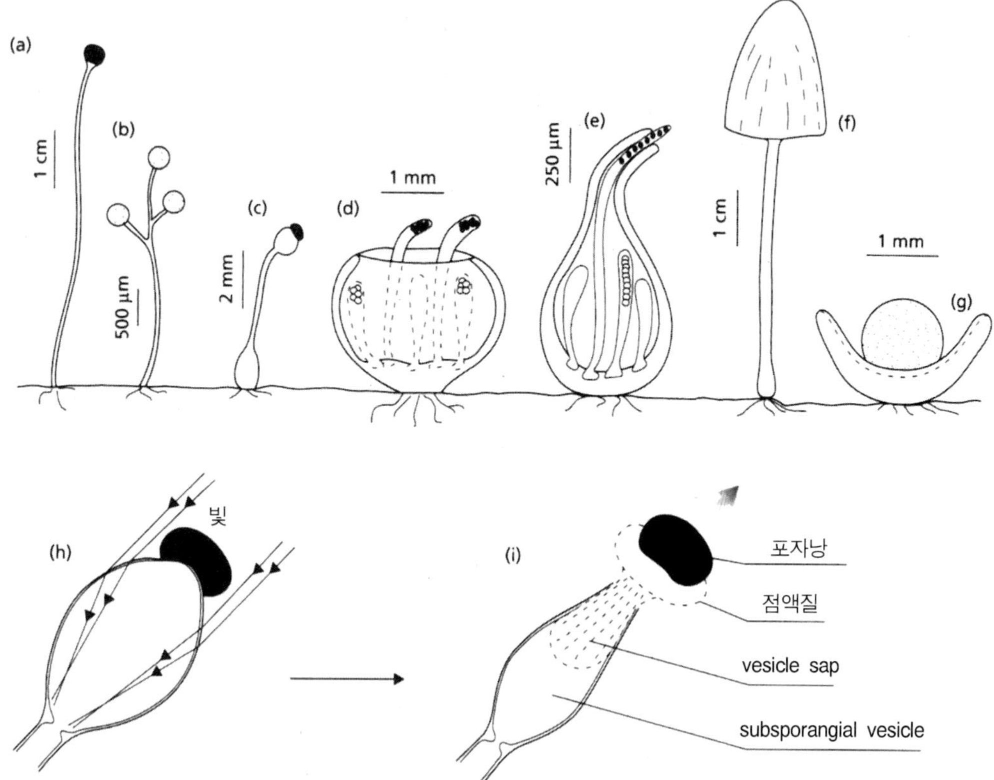

그림 10.8 대표적인 분변균류. (a) *Pilaira anomala* (접합균); 성숙되면 분생포자경이 수cm 까지 자라며, 주변 식물체로 포자를 튕겨낸다. (b) *Mucor racemosus* (접합균). 특별한 포자 방출 방법이 없다. (c) *Pilobolus* spp. (접합균; (h)와 (i) 참조). (d) *Ascobolus* spp. (자낭균); 성숙한 자낭의 말단 부위가 자낭반으로 부터 밖으로 나와 있고, 굴광성이며, 자낭포자를 광원 방향으로 방출한다. (e) *Sordaria* spp. (자낭균); 자낭각 목 (perithecium neck)이 굴광성이며 성숙한 자낭은 자낭각 목으로 생장해 포자를 방출한다. (f) *Coprinus* spp. (담자균). (g) *Sphaerobolus* spp. (담자균); 커다란 포자덩어리가 컵 모양의 자실체로부터 내부층이 분리되면서 뒤집힐 때 튀어져 나온다. (h, i) *Pilobolus*, 분생포자경의 정단액포가 어떻게 빛을 모아주는 렌즈작용을 해서 분생포자경의 방향을 유도하는지 그리고 분생포자낭이 어떻게 분출되는지를 보여준다(그림 10.7 참조).

를 설명할 것이다.

느릅나무 마름병균

느릅나무 마름병(그림 10.9, 10.10)은 2종의 근연 병원균 *Ophiostoma ulmi* 및 *O. novo-ulmi*(자낭균류)에 의하여 일어난다. 이들은 딱정벌레가 낸 상처를 통해 기주에 침입하고 물관부에서 효모처럼 생장하여 물관부 내에서 번식을 한다. 이는 물관의 일부 또는 전체를 막히게 하고 고사 시킨다. 이들에 의한 병징은 다른 **유관속시들음병균(vascular wilt pathogen)**이 일으키는 병징과 유사하다. 그러나 *Scolytus*와 *Hylurgopinus* 속에 속하는 딱정벌레만 느릅나무 마름병을 매개한다.

포자가 묻은 어린 매개충이 이른 봄에 느릅나무의 잔가지 껍질을 섭식할 때 물관부에 낸 상처를 통해 수목이 감염되어 병환이 시작된다. 이어서 균사가 물관부로 퍼져 나무 전체 또는 큰 가지를 고사시키고 같은 해에 고사한 수목의 수피 속에 암컷이 알을 낳는다. 암컷은 수피 안쪽에 터널을 파고 보금자리(brood gallery)를 만들어 터널 측면에 통로를 만들고 통로를 따라 알을 낳는다. 부화된 유충은 통로를 먹어 들어가며, 번데기를 형성하여 월동한다. 한편 수목을 고사시

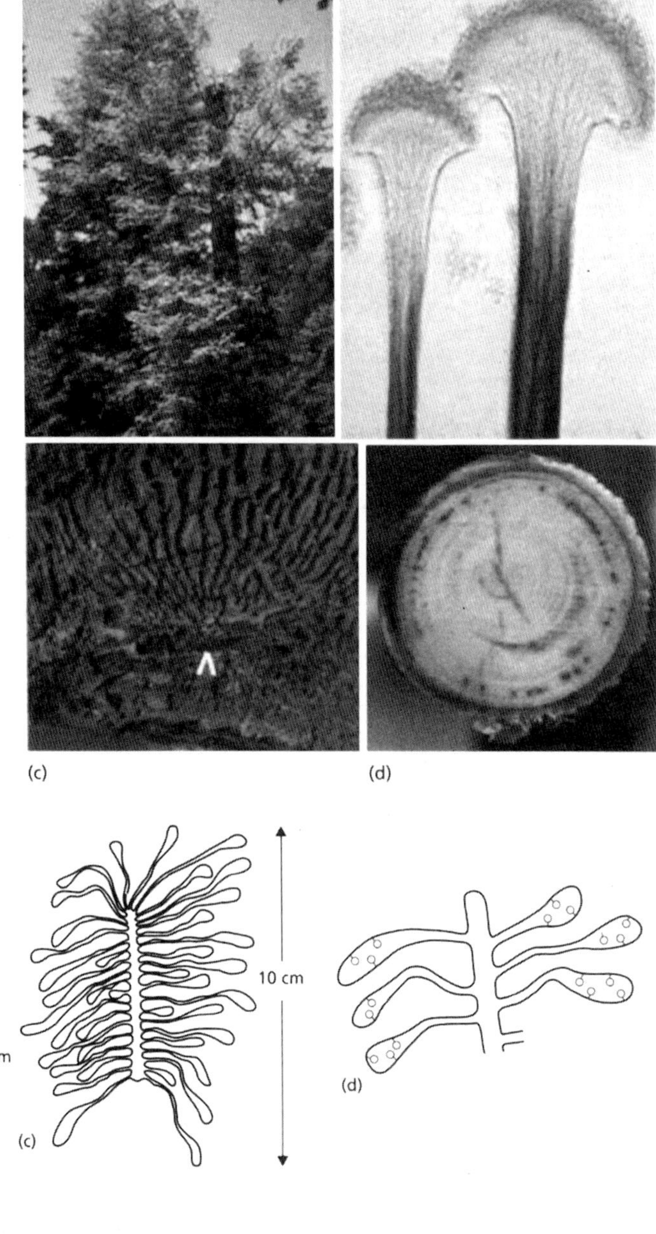

그림 10.9 *Ophiostoma ulmi*와 *Ophiostoma novo-ulmi*에 의한 느릅나무 마름병 (a) 죽어가는 느릅나무의 성긴 수관. (b) 여러 개의 밀집된 분생포자경으로 구성된 *Ophiostoma*의 분생포자경다발. 커다랗고 끈적한 말단에 분생포자를 지니고 있다 (포자의 상당수가 시료 준비과정에서 소실됨). (c) 수피 속의 매개충 통로; 표시된 지점이 암컷 성충에 의해 초기에 형성된 고랑이고, 이 지점으로부터 어린 애벌레에 의하여 형성된 고랑이 뻗어있다. (d) 죽어가는 느릅나무의 가지 절단면으로 전년도의 감염으로 물관부가 막히고 변색됨.

그림 10.10 느릅나무 마름병. (a) 완전한 분생포자경다발의 모습. (b) *Ophiostoma*의 유성세대: 목이 긴 자낭구(폐쇄된 자실체)는 각각 8개의 자낭포자를 지닌 원형의 자낭을 가지고 있다. 성숙되면 자낭이 붕괴되고 정단으로부터 점액질과 함께 자낭포자가 방출된다. (c, d) 감염원으로 작용하는 수목의 수피 안쪽에 형성된 매개충의 고랑. 성충 암컷이 통로에 산란한 후 부화한 유충이 측면 고랑과 고랑 말단에 방을 만든다. 이 말단의 방에서 포자들이 발아하여 봄에 나오는 매개충에 묻게 된다.

개충이 생장하는 터널에서 포자를 형성한다. 이렇게 하여 이듬해 봄에 번데기에서 나온 어린 성충은 포자킨 병원균은 물관부로부터 수피 쪽으로 자라면서 매에 감염되고 수피를 떠나면서 인근의 새로운 수목을 감염시켜 병환이 반복된다.

이러한 균류-매개충의 관계는 매개충의 습식특성에 따라 병원균은 전파되고 매개충은 새로이 죽은 나무의 수피 속에 보금자리를 만들 수 있게 되어(이 매개충은 죽은 지 오래된 나무의 수피에는 알을 낳지 않는다) 서로에게 이득을 주는 공생관계라 볼 수 있다. 그림 10.10b에서 나타낸 바와 같이 수피 속에서 유성생식이 이루어지는데, 점질성 기질에 자낭포자를 분출하는 긴 목을 가진 자낭구를 형성한다. 이러한 유성생식을 통해 재조합 계통을 형성하고, 이러한 과정에서 성충이 수피를 섭식하면서 다른 수목을 죽인 계통의 균을 유입시키는 역할에 매개충이 다시 관여하게 된다.

이들 진균-매개충의 관계는 매우 효율적이라는 증거로 1960년대 수입된 느릅나무의 원목으로 인해 유입된 새로운 계통인 *O. novo-ulmi*가 영국과 유럽대륙 전역을 휩쓸어 느릅나무의 수를 격감시킨 사례가 있었는데, 이때 영국의 느릅나무 개체수가 크게 격감하였다. 이와 유사한 식물병의 대발생(epidemic)이 금세기 초에도 북미대륙을 휩쓸었다. 이 모든 경우가 매개충을 방제하기 위해 수피를 제거해야 하는 방역규정을 지키지 않았기 때문에 발생하였다. 만일 방역 규정대로 수피가 제거되었더라면 딱정벌레 매개충이 방제되어 아무런 문제가 없었을 것이다.

분자생물학적 방법을 이용하여 *Ophiostoma*균의 특성과 이 병의 근원 그리고 역사에 대하여 연구된 바 있다(Mitchell & Brasier 1944; Brasier 1995). 이들의 연구결과에 따르면 *O. ulmi*가 오랫동안 영국과 유럽대륙 대부분 지역에서 VC group이 다른 여러 종류의 비병원성균으로 구성되어 기주와 균형을 이루어 살면서 거의 피해를 유발하지 않았다. 최근 이 병의 확산은 북미지역에서 유입된 균주(NAN), 그리고 유라시아 지역에서 유입된 균주(EAN) 등 2가지의 병원성 아집단(subgroup) 균주에 의하여 발생되었다. 이 병원균들은 원래 유럽지역에 존재하던 비병원성 균들과 유성생식이 되지 않아 새로운 종인 *O. novo-ulmi*로 명명되었다. 유럽지역에서 병이 번져나가는 전방부에 존재하는 균들은 거의 유전적으로 순수성을 지니고 있어 단일 VC "super" group으로 분류된다. 우리는 이러한 사실을 미리 예측할 수 있었는데, 그 이유는 병원성이 가장 강한 균주들이 병이 퍼져 나가는 전방부에서 대부분의 수목을 고사시키고, 이들 고사된 수목에서 매개충이 증식하게 되고 새로운 기주에 병원균을 전파시키기 때문이다. 그러나 병이 확산되는 후방에서는 매개충의 수가 진균 전체 집단의 20~30% 정도 수준에 머무르는 것으로 보아 매개충의 수는 안정적인 수준으로 되돌아가는 것으로 여겨진다. 이는 *Ophiostoma*가 제9장에서 언급된 *Cryphonectria*처럼 병원성을 억제하는 dsRNA를 지니고 있기 때문인 것으로 생각된다. 여러 종류의 VC group이 자연방어 기작에 관여하는 것으로 추정되는 저병원성 유전자의 이동을 억제하는 작용을 할 수도 있다.

수생진균의 분산: 부속기를 지닌 포자

수중환경 하에서 부생체로 생활하는 균류는 특별한 부속기를 지니고 특이한 형태를 한 것들이 많다(그림 10.1). 가장 흔한 형태가 4개의 부속기를 지닌 포자인데, 이들 포자는 공기가 잘 공급되고 유속이 빠른 여울에 떨어진 낙엽에서 자라는 균류에서 볼 수 있다(예, *Alatospora, Tetracladium, Tetrachaetum*). 담자균류에 속하는 해양균류에서도 이와 비슷하게 4개의 부속기가 달린 포자를 형성하는 경우가 있으며, 수서곤충을 감염하는 *Erynia conica*(접합균류)에서도 4개의 부속기를 가진 유주포자낭이 형성된다. 심지어는 산 속의 작은 호수 등에서 자라는 효모 *Vanrija aquatica*의 경우에는 효모가 일반적으로 형성하는 타원형의 세포 대신에 4개의 부속기가 달린 세포를 형성한다. 극단적인 경우로 *Dendrospora* (그림 10.1) 같은 수생포자의 경우 최대 20개의 부속기를 지닌 것도 있다. 또 다른 수생포자(예, *Anguillospora*)(그림 10.1)에서는 구부러지거나 S자형의 포자를 지닌 것도 있다.

그림 10.1에서 보여준 것과 달리 강어귀나 해양에 존재하며 목재를 부후시키는 자낭균류는 세포벽 물질

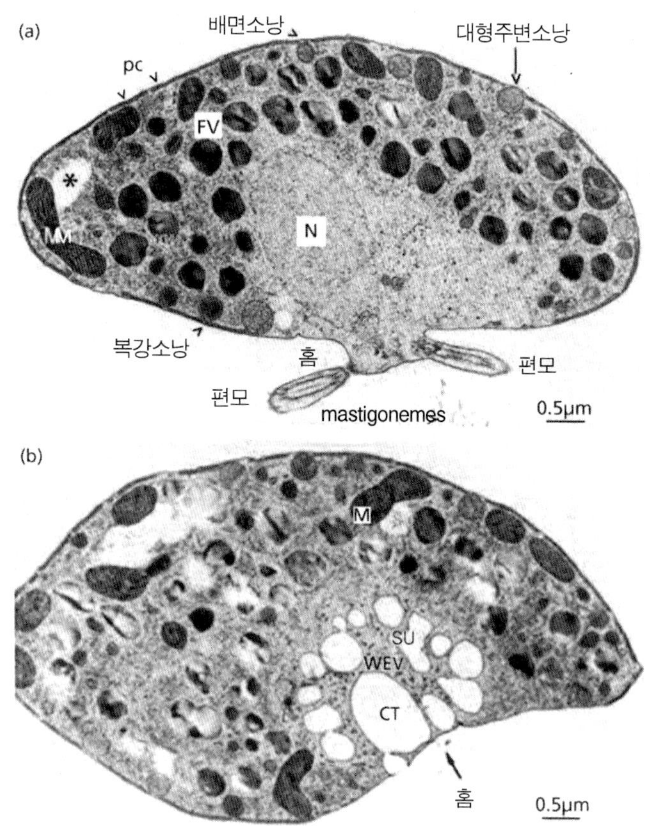

그림 10.14 (a, b) *Phytophthora palmivora*(난균) 유주포자의 횡단면. 자세한 내용은 본문 참조. [사진제공: M. S. Fuller; 출처: Cho & Fuller 1989.]

포자 분할 전의 핵분열에서 유래한 변형된 중심립이 있으며 관상요소가 접착과 편모에 에너지 전달에 관여한다. 기저소체 주변에는 도넛처럼 생긴 커다란 미토콘드리아가 있으며 미소체-지방 복합원형체는 편모의 운동에 필요한 에너지를 제공한다. 유주포자가 휴식을 취하게 되면 세포물질의 순환을 포함한 흡인작용을 통해 편모를 세포 내로 후퇴시키고 피낭벽(cyst wall)이 형성된다. 병꼴균류의 유주포자는 세포벽이 없지만 삼투조절 장치도 가지고 있지 않은 점을 언급해 둘 필요가 있다,

변형균류의 포자 역시 지름 5㎛ 정도의 작은 유주포자인데, 2개의 편모에서 짧은 편모는 전방향으로 그리고 긴 편모는 후방으로 향해 있다. 이에 비해, 난균류의 유주포자(그림 10.13)는 지름 10~15㎛ 정도로 좀 더 크며, 콩팥 모양이고, 복강에 2개의 편모가 위치해 있다. 긴 편모는 **민꼬리형(whiplash)**으로 유영하는 포자의 뒤에 늘어져 있고, 짧은 편모는 전방으로 돌출된 **깃털형(tinsel-type)**으로 짧은 당단백질로 구성된 털(mastigonemes)이 붙어있다. 이들은 배의 노와 같은 역할을 하는데, 전방의 편모가 편모기저부위부터 말단

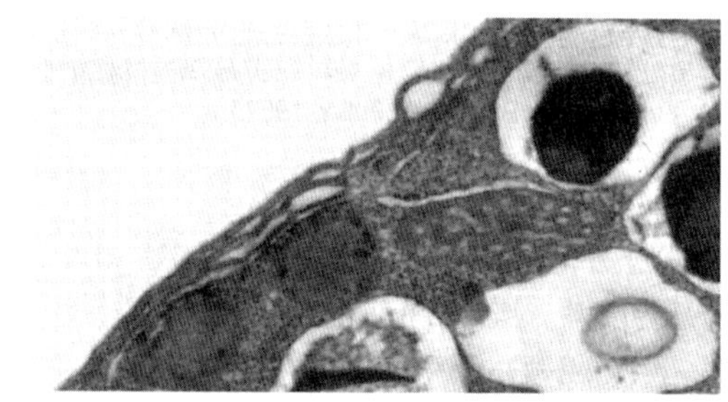

그림 10.15 *Pythium aphanidermatum*의 유주포자 표면의 일부를 확대한 사진. 피낭체 세포벽이 될 소낭을 형성하는 laminate peripheral cisternae를 볼 수 있다.

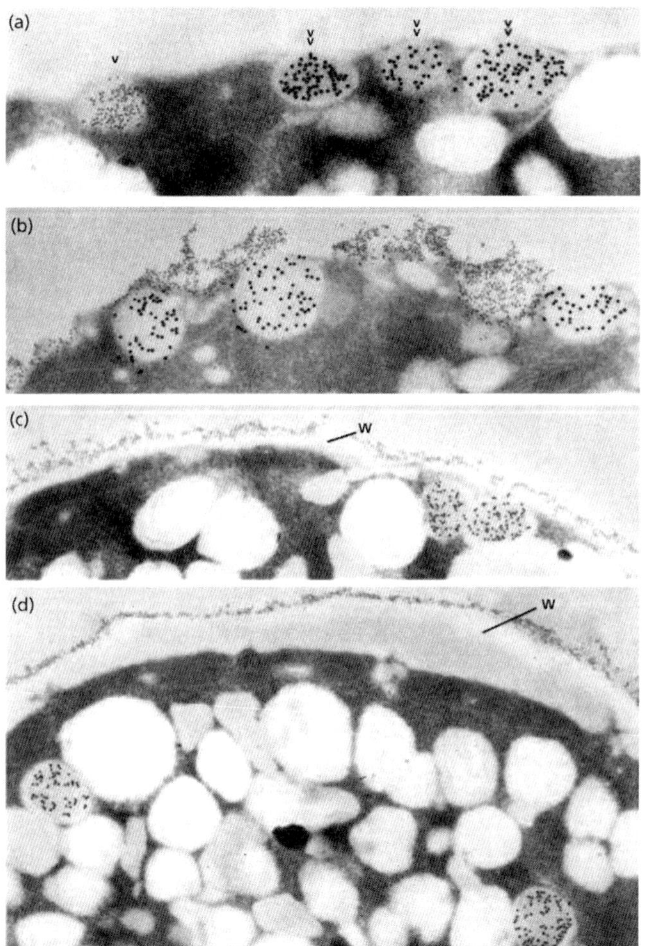

그림 10.16 여러 주변액포 내용물에 대하여 특정하게 반응하는 단일클론항체(mAbs)로 immunogold로 표지된 *Phytophthora cinnamomi* (난균)의 유주포자의 피낭체 형성 과정. (a) 유동 유주포자의 세포 표면으로 2종류의 주변 소낭이 존재함을 보여준다: 커다란 주변 소낭의 내용물이 큰(18nm) gold particle(화살표)과 결합한 특정 mAb에 반응하였고, 반면에 작은 배면소낭은 10nm의 gold particle(화살표 머리)과 결합된 다른 mAb에 반응하였다. (b) 피낭유주포자 형성을 유도하기 위하여 펙틴을 첨가한 지 1분 후에 반응시킨 유주포자. 작은 배면소낭이 세포외배출에 의하여 대부분의 내용물들을 방출시킨 상태이고, 커다란 주변소낭은 세포 표면 아래에 아직 남아있다. (c) 유주포자 형성을 유도시킨 지 5분 후에 포자가 세포벽(w)을 새로 합성하기 시작했고, 세포벽 표면은 작은 배면소낭에서 생성된 물질로 덮여있다. (d) 피낭유주포자 형성을 유도시킨 지 10분 후에 세포벽은 더욱 두꺼워졌고, 작은 배면소낭에서 나온 물질로 덮여있다. 대형주변소낭(large peripheral vesicles)은 피낭 유주포자의 중앙으로 이동하였고, 내용물은 단백질 저장양분으로 피낭 유주포자가 발아하거나 발아관이 생장할 때 필요한 양분으로 사용되는 것으로 여겨진다. [사진제공: (a) Hardham 1995; (b-d) Gubler & Hardham 1988.]

까지 싸인파장(sine wave)을 만들면서 유주포자를 앞으로 이동시킨다. 전방향 유영의 90%가 이러한 방식으로 이루어지는 것으로 추측된다. 후방향 편모는 방향타 역할을 한다. 후방향 편모를 주기적으로 90도 회전시키면서 유영하는 방향을 바꿀 수 있다.

난균류의 유주포자의 세포소기관을 그림 10.14에 나타냈다. 사진의 상단부위는 유주포자의 복강(ventral groove) 방향의 편모를 절단한 모습으로 핵이 편모의 기저부로 확산된 모습을 보여준다. 원형질막 아래에 **주변시스터나(peripheral cisternae, pc)**, **대형주변소낭**(大形周邊小囊; **large peripheral vesicles**), **배면소낭**(背面小囊; **dorsal vesicles**), **복강소낭**(腹腔小囊; **ventral vesicles**)이 있다. 세포에는 미토콘드리아(M)와 탄수화물의 저장소 역할을 하는 글루칸이 포함된 지문소낭(FV) 등이 있다. 그림의 별표는 표본을 준비하는 과정에서 지질의 용탈에 의해 형성된 공간을 표시한 것이다. 사진의 하단부위는 삼투조절에 활용되는 **물분무액포**(물噴霧液胞; **water expulsion vacuole, WEV**)가 위치해 있는 복강 부위를 보여준다. 물분무액포(WEV)는 중앙액포(CT)와 주변액포(SU)로 구성되어있다. 이 기관은 몇 분마다 규칙적으로 수축되어 수분을 배출시키는 데 이용된다.

*Phytophthora*의 유주포자는 생활환 가운데 일시적인 단계이며, 이러한 복잡한 미세구조가 전파에 중요한

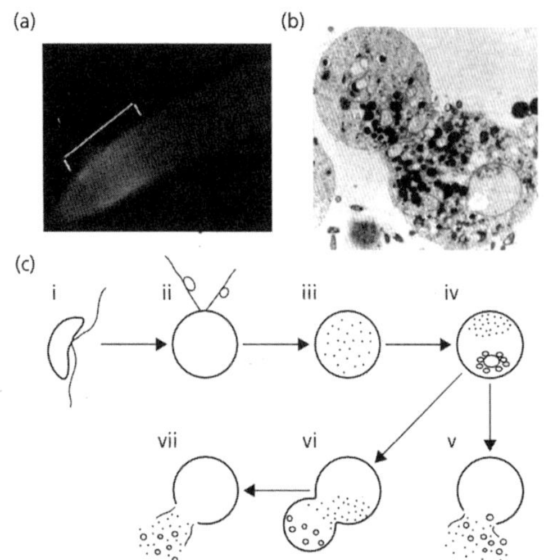

그림 10.17 (a) avenacin이 존재 시 푸른색의 자연형광을 발하는 귀리의 뿌리 말단. (b) avenacin의 존재시 분해와 분열이 진행되는 *Pythium*의 유주포자. (c) avenacin 또는 β-aescin 과 같은 사포닌에 대한 세포벽이 없는 난균류 유주포자의 반응: (i) 운동성 유주포자; (ii) 정지 및 피낭체 형성; (iii) 미소입자의 형성; (iv) 미소입자가 한쪽으로 이동하고 액포가 발달; (v) 분해; (vi, vii) 피낭형성 후 용해. 유주포자의 용해 폭발은 대개 5~10분 내에 일어난다. [출처: Deacon & Mitchell 1986.]

역할을 한다. 유주포자가 감염을 위한 적당한 장소를 발견하면 신속히 세포벽을 가진 피낭체를 형성한다. 따라서 유주포자는 이미 사전에 만들어지도록 프로그램 되어있는 세포이며, 신속한 전환과정을 거치도록 되어있다. 이에 대한 세부내용은 더욱 흥미로우며 여기에는 세포생리학적 기법이 이용된다.

유주포자막의 아래에 위치한 **주변소낭**(周邊小囊; **peripheral vesicle**)는 최소한 3가지 유형이 있으며, 이들의 단백질성 내용물을 특정한 단일항체나 렉틴에 결합시켜 서로 다른 유형을 구분할 수 있다. 세포의 주변에 걸쳐 존재하는 **대형주변소낭**(大形周邊小囊; **large peripheral vesicle**)는 피낭체 형성 이후에 단백질을 저장하는 곳으로 알려진 당단백질이 포함되어있다. 이러한 소낭은 유주포자가 피낭체를 형성할 때 세포의 중심부위로 이동하게 된다. 크기가 작은 **배면소낭**(背面小囊; **dorsal vesicle**)은 피낭체 형성 초기에 세포외배출(exocytosis)에 의하여 분비되는 당단백질을

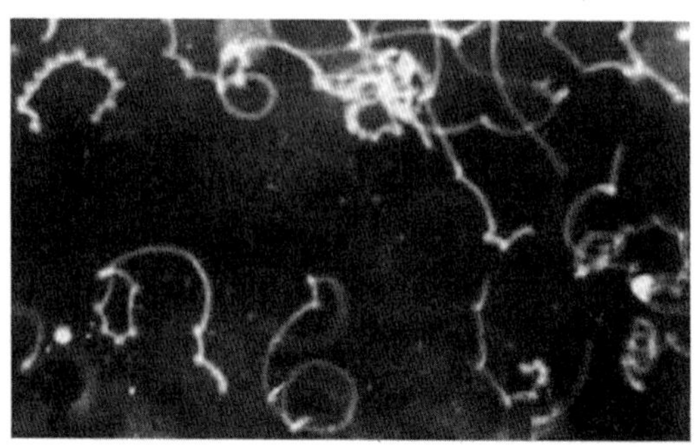

그림 10.18 5초 간 노출시켜 음화(negative)로 촬영한 난균류 유주포자의 이동 흔적. 유인원(誘引原)이 없는 조건에서 무작위 방향전환을 보여준다.

지니고 있으며 이들은 피낭체벽의 외피에 축적된다. 세 번째 소낭인 복부소낭은 유주포자의 **복강소낭**(腹腔小囊; **ventral vesicle**) 주변에서만 발견된다. 이들도 피낭체 형성 시 분비되는 단백질을 지니고 있지만, 피낭체가 형성된 표면과 피낭체 사이에 국부적으로 축적되어 접착제 같은 역할을 한다.

새로 피낭체를 형성한 유주포자는 세포벽이 없는 부정형으로 배면소낭에 의하여 축적된 당단백질 외피만 지닌다. 그러나 피낭체 형성 후 수분 내에 피낭체 외피 아래에서 세포벽이 합성된다. 이 세포벽은 운동성포자의 원형질막 아래에 있는 membrane lamellae에서 만들어진다(그림 10.15). 일단 피낭체 세포벽이 만들어지면 수분을 방출하는 액포는 사라진다. 피낭체 세포벽의 형성과정은 그림 10.16에 나타냈다.

유주포자의 용해민감성: 병해방제를 위한 가능성 제공

병꼴균류(예, *Allomyces*), 난균류(*Saprolegnia, Aphanomyces, Pythium, Phytophthora*)를 포함한 균류의 유주포자는 유영단계와 피낭체 형성 초기에는 세포벽이 존재하지 않는다. 이러한 이유로 유주포자는 *Pseudomonas aeruginosa* 세균에 의해 분비되는 rhamnolipids와 같은 계면활성제(surface-active agents (surfactants))에 의해 쉽게 용해될 수 있다. 계면활성

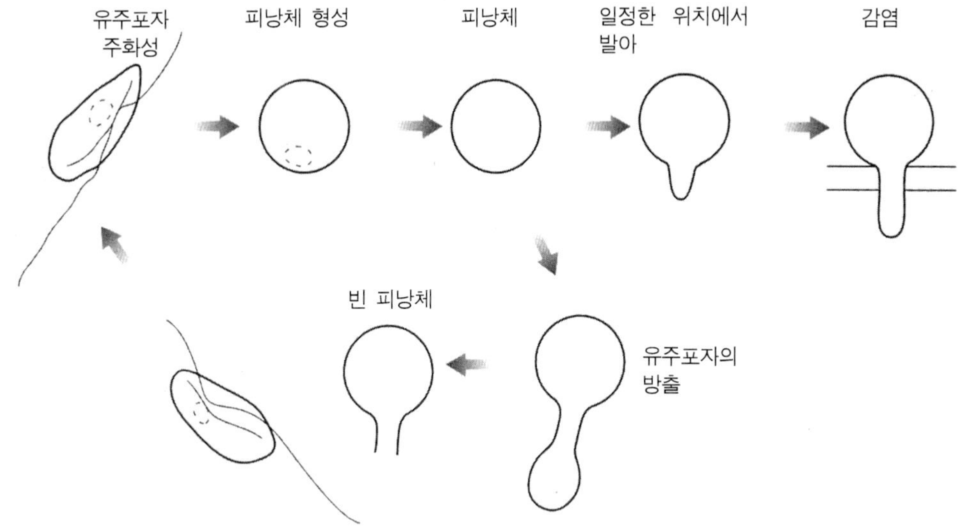

그림 10.19 유주포자의 생활환(기주찾기와 기주접착, homing and docking)

제는 소수성과 친수성을 모두 지니고 있어 세포벽이 없는 세포의 세포막 내부로 침투되어 세포를 파괴 시킬 수 있다(Ron & Rosenberg 2001).

귀리(*Avena sativa*) 그리고 귀리와 근연인 야생식물 *Arrhenatherum elatius*는 뿌리말단의 뒷부분에서 비누 같은 화합물인 사포닌(saponins)을 분비한다. 이렇게 분비되는 사포닌은 avenacin(그림 9.12 참조)으로 불리며, 자외선 아래에서 형광을 나타낸다(그림 10.17). 이와 유사한 사포닌 β-aescin은 칠엽수(*Aesculus hippocastanum*)의 잎에서 생성된다. 유주포자 현탁액에 귀리의 뿌리를 넣으면 포자들이 분비된 화합물에 반응하여 뿌리의 말단에 결집하고, 수분 내에 포자들이 용해된다(그림 10.17).

Rhamnolipid 같은 계면활성제 또는 귀리의 뿌리조직 같이 사포닌이 포함된 조직에서 추출된 화합물 등은 온실 내 수경재배와 같은 수생환경 조건에서 발생하는 유주포자 형성 균류에 의한 병해를 방제하는 데 활용될 수 있다. 이러한 방제 방법이 살균제를 대체하여 친환경으로 이용될 수 있도록 여러 곳에서 연구되고 있다.

유주포자의 운동성

적당한 환경조건 하에서 난균류의 유주포자는 내부에 존재하는 영양물질을 통해 에너지를 공급받아 최소한 1초에 100㎛ 정도의 거리를 이동하여 10시간 또는 그 이상 유영할 수 있다. 따라서 이론적으로 3~4m 정도를 이동하여 새로운 환경에 전파될 수 있다. 그러나 유주포자는 무작위 방향전환을 하므로(그림 10.18) 흐름이 없는 정체된 물속에서 *Phytophthora*의 유주포자의 이동속도는 HCl 같은 저분자 화합물이 확산되는 것처럼 매우 느린 것으로 밝혀졌다.

유주포자는 유영을 통해 다른 역할도 하는 것으로 알려져 있다. 그 중 하나가 유영하는 포자는 현탁액에 남아 있다가 이동하는 물을 통해 전파되지만, 유영하지 않는 포자는 침강하는 경향이 있다는 점이다. 이러한 현상은 인공 토양이나 포장의 토양 중에서 관찰되는데, 난균류의 유주포자의 경우 가늘고 물로 가득 찬 토양 공극 내에서 빠져나와 표면에 흐르는 물에 쉽게 합류되어 전파되는 반면에 유주포자의 피낭체는 토양 중에 갇히게 된다. 그러나 유주포자의 중요한 역할은 그들의 유영을 감각인지(sensory perception)와 연계시키는 것으로 영양분이나 산소와 같은 유인물질에 대해 끌려가는 **양성주화성**(陽性走化性; **postitive chemotaxis**) 또는 적절치 않은 화학환경을 피하려는

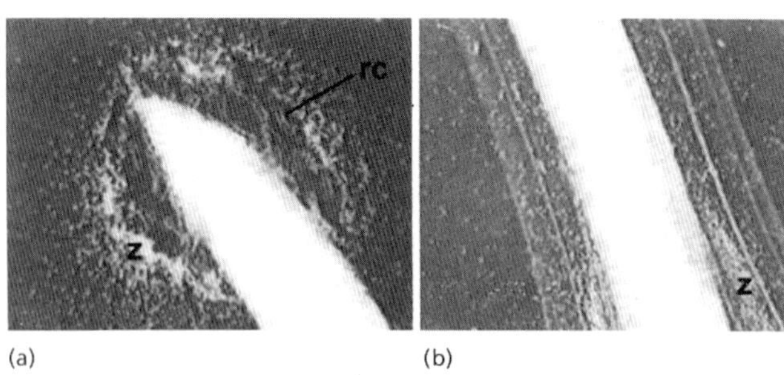

그림 10.20 밀의 뿌리에 축적되어 피낭체를 형성하는 *Pythium*의 유주포자. (a) 뿌리 말단의 점액물질의 표면에 많은 수의 유주포자(z)가 축적됨. 뿌리 골무세포(rc)가 표시되어있다. (b) 밀 뿌리의 길이생장부위를 따라 유주포자(z)가 모여서 피낭체를 형성하고 있다. 이 경우에는 특정 수용체 화합물이 전달되지 않도록 뿌리표면을 calcium alginate로 이중처리 하였다.

음성주화성(陰性走化性; **negative chemotaxis**)을 지닌다는 것이다. 유주포자는 또한 pH 농도, 전기 및 이온장(electrotaxis)에 대해 반응하며, 자가결집(autoaggregation)에 의해 결집이 가능하다. 유주포자의 민감한 반응은 피낭체 형성에 가장 알맞은 환경을 찾아 정착하는 것을 가능하게 한다. 예를 들면, 유주포자는 뿌리 말단, 상처난 곳 또는 잎 표면의 기공주변 등에 많이 모이게 된다. 이러한 유주포자의 "기주찾기와 기주접착(homing and docking)"은 다른 생물계에서 언급된 현상들과 마찬가지로 매우 복잡하며, 매우 신속히 이루어지는 현상이다.

유주포자의 생활환(기주찾기와 기주접착)

유주포자의 생활환(기주찾기와 기주접착, homing and docking)(그림 10.19)에서 일어나는 현상은 *Pythium*과 *Phytophthora*에서 상세히 연구되었다. 이 생활환은 유주포자가 유인화합물의 구배를 감지하면서 시작되는데, 이때 유주포자가 유인화합물의 방향으로 이동할 수 있도록 무작위 방향전환이 다소 억제된다. 이러한 유주포자의 **주성**(走性; **taxis, kinesis**)은 유인물질을 넣은 모세관을 이용한 실험을 통해 쉽게 확인할 수 있다. 흔히 식물병원균의 유주포자는 당이나 아미노산 또는 습한 토양 환경에서 뿌리의 발효산물인 에탄올이나 알데히드 같은 휘발성 화합물에 대하여 주화성을 나타내다. 그러나 종자나 뿌리의 추출물과 같은 여러 물질이 포함된 화합물에 대하여 가장 강한 반응을 나타낸다.

대부분의 *Pythium*과 *Phytophthora* 속의 균은 기주와 비기주식물의 뿌리에 대하여 주성을 나타내지만 몇몇 기주특이적인 주성의 사례가 보고된 바 있다. 예를 들면, 기내실험을 통해 기주특이적인 병원균 *P. sojae*의 경우에서 기주식물인 콩에 존재하는 것으로 알려진 플라보노이드 daidzein과 genistein에 대하여 주화성이 있음을 확인할 수 있다. 이와 비슷하게 *Aphanomyces cochlioides*도 시금치에서 분비되는 플라보노이드 cochliophilin A 라는 물질에 대해 강한 주화성을 나타낸다. 이러한 화합물들이 기주식물의 뿌리로 유인시키는 유일한 요인들이 아니겠지만, 이러한 연구결과는 기주식물이 분비하는 특이 플라보노이드에 대하여 주화성을 나타내는 *Rhizobium* spp.의 특성과 유사하다는 점에서 주목할 만하다.

그 다음 단계는 **기주표면 구성성분들을 인식**하는 과정으로 유주포자가 편모를 기주표면에 접촉한 후 표면을 따라 이동하는 단계이다. 일부 유주포자를 형성하는 균류는 특이적인 기주표면을 요구하는 경우가 있을 수 있지만, 기내에서 보면 펙틴이나 그 밖의 폴리우로니드화합물(예, alginate)에 대해 반응한다. 예를 들면, 그림 10.20은 밀의 뿌리 골무세포가 분비한 뿌리 말단의 점액물질에 모여있는 유주포자 및 피낭체의 모습을 나타낸 것이다. 이와 유사한 현상을 뿌리 표면의 특정 감각수용체의 기능을 방해하는 칼슘점액물질(calcium alginat gel)로 덮여있는 뿌리의 신장부에서도 볼 수 있다.

기주표면 구성요소의 인식은 (아마도 뿌리에서 분비된 고농도의 영양분과 함께) **방향성 피낭체형성(orientated encystment)**을 유도하게 되고, 유주포자

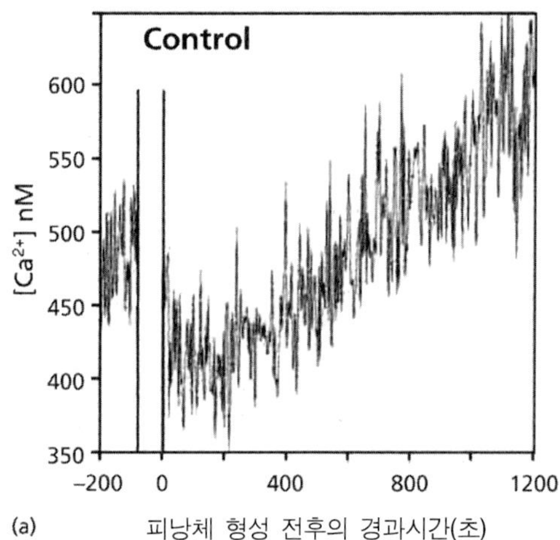

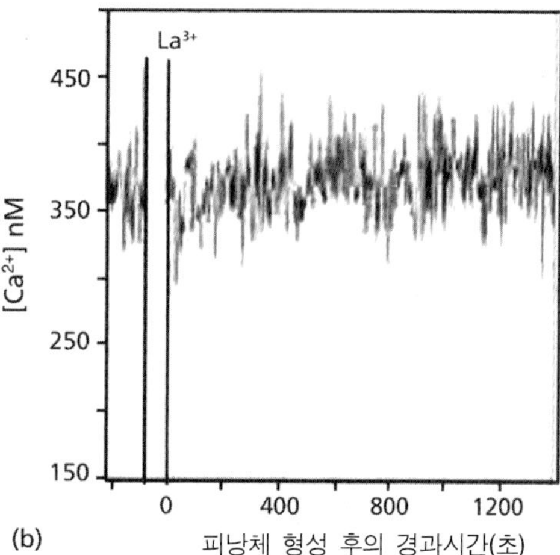

그림 10.21 (a) *Phytophthora parasitica*의 유주포자 현탁액을 용액 중에서 Ca^{2+}의 농도를 측정하는 형광 탐침(fura-2)과 함께 배양하였다. 피낭체 형성을 유도하기 위해 배양한 현탁액을 70초 동안 vortex로 휘저은 후 외부 Ca^{2+} 농도를 계속 측정하였다. 그 결과 유주포자의 피낭체 형성이 외부 Ca^{2+}농도를 저하시켰으며 (이는 유주포자에 의한 Ca^{2+}의 흡입을 의미함), 피낭체로부터 Ca^{2+}가 점진적으로 방출되었고, 피낭체는 90분 내에 발아하였다. (b, c) 동일한 실험에서 Ca^{2+}의 이동을 막는 lanthanum 또는 verapamil을 첨가한 경우에는 Ca^{2+}의 방출 또는 흡입이 억제되었다. Vortex로 휘저은 세포들은 정지하였지만 피낭체 세포벽을 형성하지 않았다. 또 다른 칼슘조절자인 TMB-8은 초기에 세포가 (초기에 Ca^{2+}을 흡입하는) 대조구처럼 행동했지만 Ca^{2+}을 방출하지도 발아하지도 않았다. TMB-8은 세포간의 저장소로부터 Ca^{2+}의 방출을 막는 것으로 알려져 있다. [자료출처: Warbuton & Deacon 1998.]

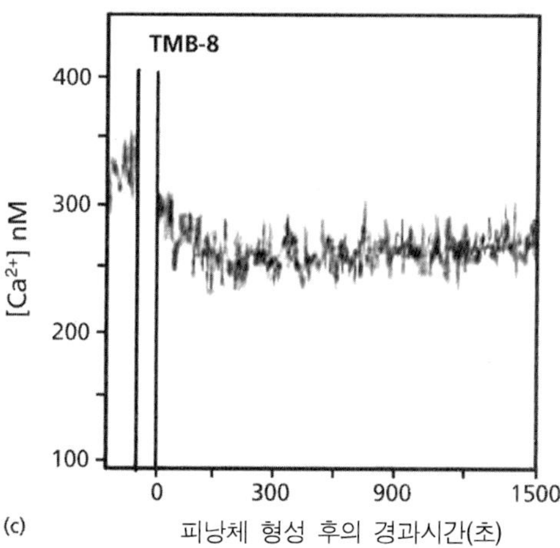

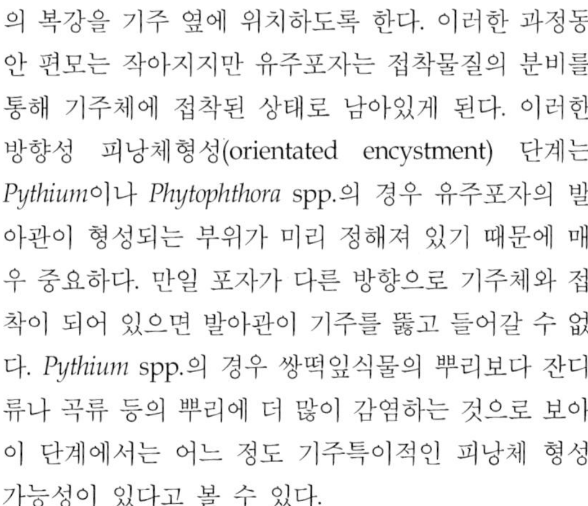

의 복강을 기주 옆에 위치하도록 한다. 이러한 과정동안 편모는 작아지지만 유주포자는 접착물질의 분비를 통해 기주체에 접착된 상태로 남아있게 된다. 이러한 방향성 피낭체형성(orientated encystment) 단계는 *Pythium*이나 *Phytophthora* spp.의 경우 유주포자의 발아관이 형성되는 부위가 미리 정해져 있기 때문에 매우 중요하다. 만일 포자가 다른 방향으로 기주체와 접착이 되어 있으면 발아관이 기주를 뚫고 들어갈 수 없다. *Pythium* spp.의 경우 쌍떡잎식물의 뿌리보다 잔디류나 곡류 등의 뿌리에 더 많이 감염하는 것으로 보아 이 단계에서는 어느 정도 기주특이적인 피낭체 형성 가능성이 있다고 볼 수 있다.

피낭체의 정확한 방향설정도 유주포자의 복부소낭에서 분비된 접착물질이 기주표면에 접착되어야 하기 때문에 매우 중요하다. 편모에 있는 감각수용체도 이 과정에 관련되어있다. 그 증거로 *Phytophthora* 유주포자의 2개의 편모에 결합하는 단일항체의 경우에는 실험실 조건에서 급속한 피낭체 형성을 유발하지만, 후방 또는 전방의 편모에만 결합하는 다른 단일항체의 경우에도 급속한 피낭체 형성을 유발하지 않는다.

피낭체 발아(cyst germination)는 기내에서 유주포자 현탁액을 휘저어 피낭체가 형성되도록 유도하고 발아를 유도하는 아미노산 또는 당을 첨가하는 것으로 가능하다. 그러나 실제 기주식물에서의 피낭체 발아는 자발적인 과정으로 피낭체 형성 초기에 일련의 단계에 의하여 유발된다. 따라서 피낭체 형성 초기에 많은 양의 칼슘

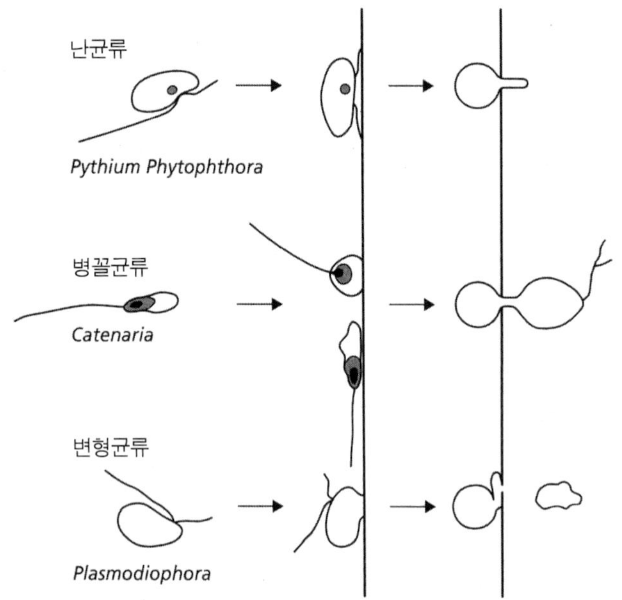

그림 10.22 세 가지 유주포자 형성 균류의 생활환 비교 (상세한 내용은 본문 참조). 세 가지 유형 모두에서 유주포자들은 기주 표면에서 피낭체를 형성하는 동안 정확한 방향성을 나타내었고, 이는 유주포자들이 기주를 침입할 곳을 미리 정해 두고 있다는 사실을 나타낸다.

유입이 피낭체 형성을 돕는다(그림 10.21).

종합적으로 그림 10.21에 나타낸 결과는 유주포자로부터 피낭체 발아에 이르는 전환시점에서 Ca^{2+} 용액 흡입과 뒤이은 분비의 중요한 역할을 잘 보여준다. 정상적인 조건에서 유주포자는 기주 표면에서 피낭체를 형성한 후에 기주를 직접 침입하는 발아관을 20~30분 내에 형성한다. 그러나 *Pythium*과 *Phytophthora*의 유주포자는 또 다른 선택권을 지니고 있다. 수시간 동안 유영을 한 후에도 적당한 기주를 찾지 못하면 유주포자는 영양분이 소진되기 전에 피낭체를 형성하고, 이렇게 형성된 피낭체는 다시 발아하여 더 많은 유주포자를 형성한다(그림 10.19). 이러한 유주포자의 형성은 영양분을 소진할 때까지 두 세 차례 반복된다.

유주포자균류의 수평 발생

위에서 설명한 난균류의 여러 가지 특성은 다른 유주포자균류에서도 발견되지만, 그 세부적인 내용은 다소 다르다(그림 10.22). 예를 들면, 난균류의 유주포자는 항상 편모를 이용하여 기주나 기타의 표면에 접착하고 복강은 항상 접착표면 옆에 위치한다. 병꼴균류의 경우는 항상 정면으로 접착하여 편모가 기주로부터 먼 곳에 위치한다. 변형균류의 경우는 이와 달리 2개의 편모가 기주로부터 먼 곳에 위치한 상태에서 기주에 접착한다. 그러나 이들 절대기생체는 특이한 행위를 보여준다. 유주포자가 기주 표면에 정착하여 피낭체를 형성할 경우에는 피낭체 액포가 커지고 작은 **접착기**(接着器; **adhesorium**)가 기주와 접촉한 부위에 형성된다. 그리고 미리 형성된 탄환 모양의 구침이 기주세포를 뚫고, 피낭체의 세포질이 세포벽 없는 **원형질체**(原形質體; **plasmodium**)의 형태로 기주세포 내로 들어가게 된다. 이것 역시 정확하게 계획된 피낭체 형성의 과정을 보여주는 것으로 구침의 위치가 정확히 놓여야 원형질이 기주세포 벽을 통과할 수 있다.

식물바이러스 매개자로서의 유주포자

현재 20여 종의 식물바이러스가 균류의 유주포자에 의해 전파되는 것으로 알려져 있으며, 일부 바이러스의 경우에는 균류의 유주포자가 유일한 또는 주요한 전파수단으로 이용된다(표 10.2). 이러한 유주포자를

표 10.2 유주포자 형성 균류에 의하여 매개되는 몇몇 주요 바이러스.

바이러스 유형과 특징	*예*	*기주*	*매개자*
Furoviruses: 항상 균류에 의하여 매개됨			
직간상 입자,	Soil-borne wheat mosaic	밀, 보리	*Polymyxa graminis*
250~300 + 100~150 × 20 nm	Beet necrotic yellow vein	사탕무, 시금치	*Polymyxa betae*
	Potato mop top	감자	*Spongospora subterranea*
외가닥 RNA; 유전체가 하나	Peanut clump	땅콩	*Polymyxa graminis*
상의 여러 입자에 존재	Oat golden stripe	귀리	*Polymyxa graminis*
	Broad bean necrosis	잠두	*Polymyxa graminis*
Barely yellow mosaic type: 항상 균류에 의하여 매개됨			
사상형의 입자,	Barely yellow mosaic	보리	*Polymyxa graminis*
350~700 × 13 nm	Wheat yellow mosaic	밀	*Polymyxa graminis*
	Wheat spindle streak	밀	*Polymyxa graminis*
	Oat mosaic	귀리	*Polymyxa graminis*
	Rice necrosis mosaic	벼	*Polymyxa graminis*
Tobacco stunt type: 특정 균류에 의하여 매개됨			
직간상 입자,	Tobacco stunt	담배	*Olpidium brassicae*
200~375 × 22 nm	Lettuce big vein	상추	*Olpidium brassicae*
겹가닥 RNA			
Tobacco necrosis type: 균류를 포함한 다양한 수단을 통해 전파			
구상 입자, 26~30 nm	Tobacco necrosis	튤립, 감자, 잠두, 기타 식물	*Olpidium brassicae*
외가닥 RNA	Cucumber necrosis	오이	*Olpidium* spp.
	Melon necrosis spot	멜론, 오이	*Olpidium radicale*

형성하는 균류 매개자에는 *Olpidium*(병꼴균), *Polymyxa* (변형균), *Spongospora*(변형균)의 3개 속이 해당된다. 이들은 흔히 볼 수 있는 균류로서 증상을 나타내지 않고 뿌리에 감염하는 병원균이다. 바이러스 매개자로서 중요한 특성은 유주포자가 피낭체를 형성하고, 이것이 발아하면서 자신의 원형질을 기주식물에 방출시킨다는 것이다. 따라서 유영하는 유주포자의 표면에 존재하는 바이러스 입자가 기주로 전파된다. 이러한 바이러스-매개자의 상호관계에 있어서 서로 다른 특이성이 존재한다. *Olpidium* spp.는 대개 cucumber necrosis virus나 tobacco necrosis virus 등 구형 (isometric) 바이러스를 매개하지만, 이들 바이러스는 다른 (또는 더욱 중요한) 전파수단을 가지고 있다. 바이러스 입자들이 토양 중에서 유영하는 유주포자에 접촉되면서 이들 바이러스를 보균시킨다. 바이러스는 유주포자가 피낭체를 형성할 때 원형질막에 잔존하고, 기주에 침입 시 원형질막에 전달된다. 이에 비해 *Polymyxa*와 *Spongospora* 유주포자는 바이러스는 감염된 물에서 보균할 수 없고 감염된 기주식물체 조직 내에서만 보균하게 된다. 이들 바이러스는 **furoviruses(균류 전염성 간상바이러스)**라 불리며, 이들은 다른 자연적인 전파수단이 없다. 여기에는

beet necrotic yellow vein virus, wheat mosaic virus, potato mop-top virus 등 경제적으로 매우 중요한 토양전염성 바이러스들이 포함되어있다. 균류에 의해 전파되는 사상형의 바이러스들(표 10.2)은 균류전염성 간상 바이러스와 유사성을 보이지만 그 형태가 달라 별개로 취급되고 있다.

이들 바이러스가 매개체 내에서 증식한다는 증거는 아직 없다. 그러나 이들은 토양 중의 휴면포자 내에서 최소 20년 이상 생존한다. 따라서 포장에 한번 정착되면 이 균류 전염성 바이러스를 제거하기가 사실상 불가능하다. 좀 더 자세한 사항은 Adams(1991), Hiruki & Teakle(1987), Brunt & Richards(1989)의 문헌에 있다.

공기전염 포자의 전파

대부분의 토양서식 균류는 공기전파성 포자를 형성하여 바람이나 빗방울에 의해 전파된다. 식물병리학과 알러지, 그리고 인간의 균류감염에 있어서 가장 중요한 것이 이들 포자이다. 여기에서는 포자가 어떻게 공기 중으로 이탈(take-off)되고, 어떻게 전파되며, 어떻

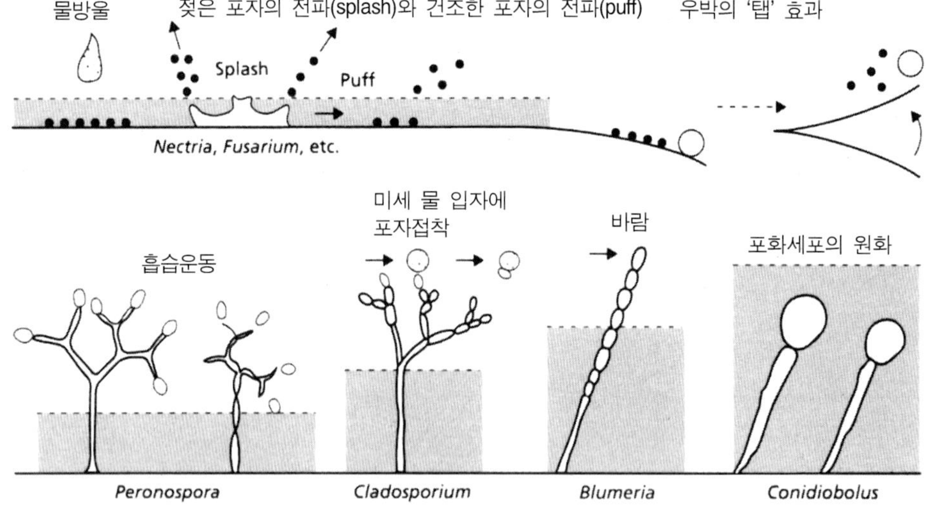

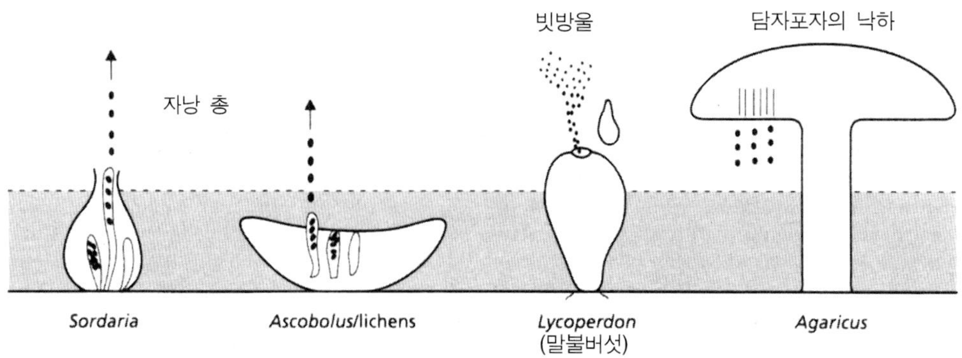

그림 10.23 정체된 공기층(음영으로 표시된 구역)을 뚫고 포자를 전파시키는 여러 가지의 기작.

게 다음 발전단계로 가기 위해 적절한 환경을 찾아 안착(landing) 하는지에 관한 내용을 다룰 것이다. 이러한 것들이 공기전염 균류의 생태를 이해하는 기본이라 할 수 있다. 이 주제는 Ingold(1971)와 Gregory (1973)가 자세히 다루었다.

포자의 방출 — 이탈

포자 분리의 본질적인 특성은 포자가 포자의 전면을 둘러싸고 있는 정체된 공기의 **경계면**(境界面; **boundary layer**)으로부터 이탈되어야 한다는 것이다. 이 경계면 상층부에서는 포자를 다른 새로운 곳으로 이동시킬 수 있을 정도의 공기의 이동이 일어난다. 이 경계면의 폭은 상당한 차이를 보일 수 있는데, 바람이 많은 날에는 잎 표면에서 1mm의 몇 분의 1인 경우부터 평온한 날 숲속의 경우에는 1m 또는 그 이상인 경우도 있다. 따라서 이러한 서로 다른 환경 하에서 생장하는 균류는 포자가 공기를 통해 이동되도록 하는 다양한 방법을 구사해야한다. 이러한 방법의 몇몇 예를 그림 10.23에서 설명하였다. 이러한 방법 중에는 포자 자체뿐만 아니라 포자를 포용하고 있는 구조물도 해당된다.

식물체의 잎 표면에서 살아가는 균류는 흔히 균사 기저부로부터 포자를 연쇄상으로 형성하여 상층부의 성숙된 포자들이 공기의 경계면 위로 밀려 올라가도록 한다(예, *Blumeria*(*Erysiphe*) *graminis*와 다른 흰가루

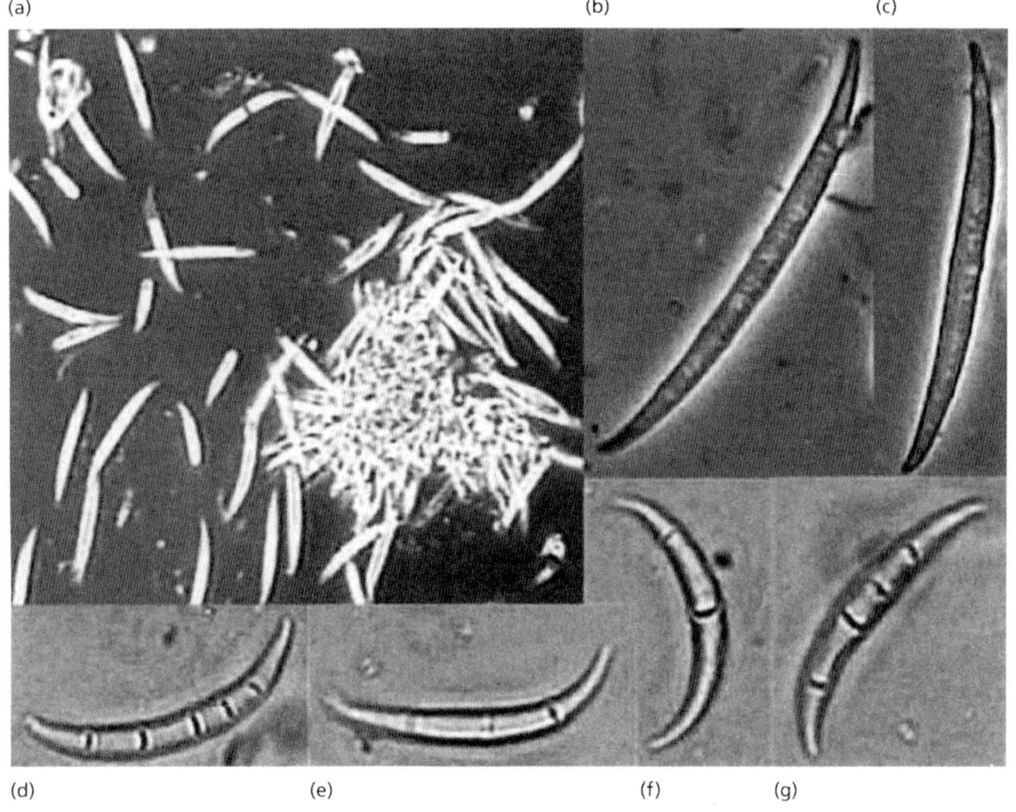

그림 10.24 여러 종의 *Fusarium* 및 다른 물(빗)방울 충격비산(splash-dispersed) 균류의 특징인 여러 개의 세포로 된 구부러진 대형분생포자.

병균). 이들 포자는 바람에 또는 습기를 머금은 공기에 의해서(예, *Cladosporium*) 이탈된다. 또 다른 포자들은 포자가 달려 있는 균사가 갑작스레 오그라들도록 하는 건조화 운동을 통해 포자경에서 포자가 튕겨져 이탈하도록 하는 경우도 있다(예, *Phytophthora infestans*와 *Peronospora* 같은 노균병균류). 더욱 견고한 표면에 존재하는 균류는 좀 더 적극적인 방법에 의존한다. 자낭균류에 속하는 많은 균류의 자낭은 권총과 같이 자낭포자를 1~2cm 정도의 거리까지 쏘아 날려 보낸다. 어떤 포자는 마치 두 개의 풍선을 서로 눌러 놓았다가 갑자기 놓으면 튕겨져 나가듯이 포자의 세포벽과 포자가 매달려있는 구조물이 분리되면서 포자가 튕겨져 분리되기도 한다(예, *Conidiobolus*).

어떤 균류는 빗방울에 의하여 전파되기도 한다. 이러한 포자는 대개 직선형이거나 굽은 형태가 많으며(예, *Fusarium*, 그림 10.24), 포자의 균사조직(분생포자층) 위의 점질물에 붙어 있거나 컵 모양의 구조물에 형성되어 빗방울이 충돌하면 충격되는 순간에 굴절되어 작은 조각으로 부서지면서 바람에 의하여 전파되기도 한다. 컵 모양의 구조물(splash cup)은 분해되는 나무 조각, 유기물이나 배설물의 표면에 자라는 일부 담자균류에서 발견된다. 그 좋은 예가 *Cyathus*(찻잔버섯)속의 균류이다(그림 2.21 참조).

강우나 우박에 의해 표면에 있는 건조한 포자가 비산되기도 한다. 빗방울이 딱딱한 표면에 떨어지면 물방울이 사방으로 분산되고 그에 따라 주변의 공기 흐름에 영향을 주어 건조한 포자들이 손쉽게 공중으로 이탈하도록 만든다. 우박은 잎과 같이 단단하지 않은 표면에 존재하는 포자들을 매우 효과적으로 재분산시킬 수 있다. *Lycoperdon* 같은 담자균류의 말불버섯(puffball)(그림 2.23 참조)은 성숙한 포자가 종이같이 얇은 자실체 내에 형성되어 있고, 빗방울의 충격으로 자실체의 말단에 있는 구멍을 통하여 공기 중으로 포자가 전파된다.

버섯류는 위에서 설명한 것과는 다른 포자전파 방법을 가지고 있는데, 이 방법은 지표면의 죽은 식물조직 층에서 자라는 숲 속의 정체된 공기층에서 필요한 방법이라 할 수 있다. 버섯류의 대가 길어지면 갓이 공기가 흐르는 상층으로 돌출되어 나온다. 담자포자는 담자뿔(sterigmata)에 돌출되어 매달려 있게 되고 담자뿔과 포자를 둘러싼 외벽이 갈라지면서 포자가 이탈하여 자실층의 주름(gill)으로부터 분리되어 바람에 의해 전파되도록 한다. 한편 버섯의 크기나 형태의 차이가 이러한 포자의 전파에 상당히 관련을 가지고 있는데, 두껍고 단단한 대를 가지고 있는 경우(예, *Boletus*나 *Amanita*)와 나무를 썩히는 균류의 경우(예, *Ganoderma*)는 주름이나 구멍이 촘촘하고 깊어 포자들이 담자기에서 튀어나와 수직으로 유동 공기층에 떨어지도록 되어있다. 가늘고 휜 대를 지닌 버섯의 경우(예, *Marasmius oreades*) 주름이 넓고 깊이가 얕으므로 포자들이 자유롭게 이동할 수 있다. 이러한 전략에 대하여 제2장에서 (그림 2.24~2.32 참조) 상세히 설명하

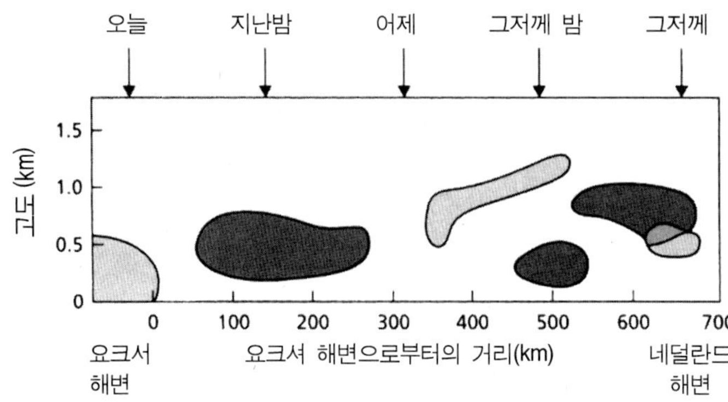

그림 10.25 북해지역의 고도에 따른 그리고 영국 해안으로부터의 거리에 따른 *Cladosporium*류의 포자(옅은 음영)와 습윤 공기형 포자(진한 음영)의 최고 농도 지역. [Lacey 1988; P. H. Gregory and J. L. Monteith의 연구결과에 기초.]

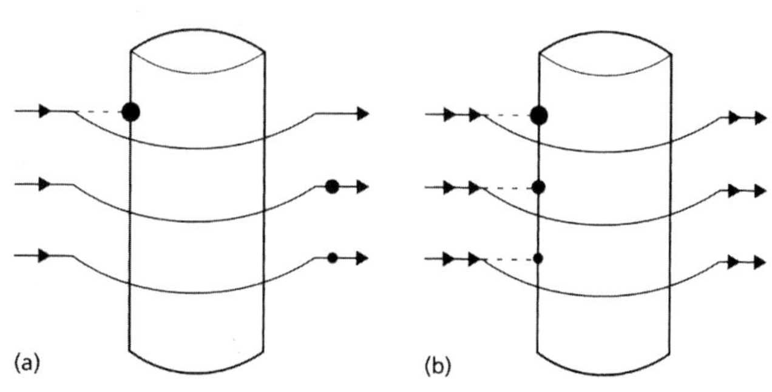

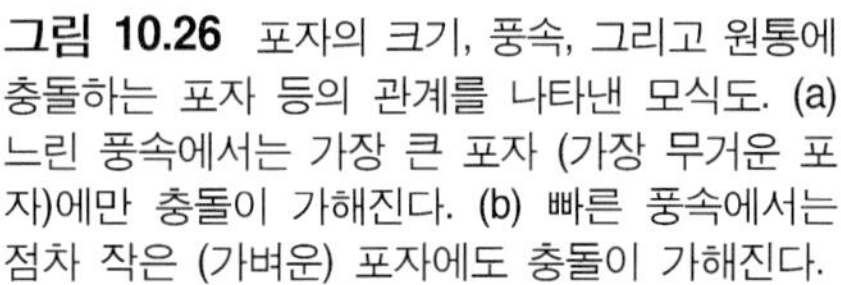
그림 10.26 포자의 크기, 풍속, 그리고 원통에 충돌하는 포자 등의 관계를 나타낸 모식도. (a) 느린 풍속에서는 가장 큰 포자 (가장 무거운 포자)에만 충돌이 가해진다. (b) 빠른 풍속에서는 점차 작은 (가벼운) 포자에도 충돌이 가해진다.

였다. 이러한 예들은 **총체적인 균류의 생활상(integrated lifestyle)**을 나타낸다. 자실체를 형성하는 이유는 미세한 포자를 분산시키기 위한 것이며, 커다란 자실체를 형성하는 이유는 공기의 유동 경계면에서 생기는 포자의 분산억제 요인을 극복하기 위한 것이다.

전파

공기 중에서 전파되는 포자의 운명은 풍속, 강우 등 주로 기상요인에 의하여 결정되지만, 최소한 포자의 2가지 특성이 포자의 장거리 전파에 중요한 역할을 한다: 세포벽에 존재하는 소수성물질(hydrophobins)에 의해 건조에 저항하는 성질, 세포벽의 색소에 의해 자외선에 저항하는 기능이 있다. 따라서 무색의 얇은 세포벽을 지닌 *B. graminis*의 포자나 감자 역병을 일으키는 *Phytophthora infestans*의 공기전파 포자의 경우에는 맑고 구름 없는 날에 짧은 시간 동안에 생존하는 반면에 색소가 있는 녹병균(예, *Puccinia graminis*)의 여름포자나 *Cladosporium*의 분생포자는 공기 중에서 수일 또는 수주일 동안 생존할 수 있다.

비행기에 부착된 포자채집 장치를 이용하여 포자를 채집한 결과에 따르면 균류가 대륙과 대륙을 이동하는 것으로 밝혀졌다. 그림 10.25는 포자가 서풍을 타고 영국에서 덴마크로 이동되었음을 관측한 예이다. 포자구름이 영국 해안과는 다른 고도와 거리에 걸쳐 집적되었음이 확인되었다. 포자 비산이 있기 전 수일 동안의 풍속으로 미루어 보아 포자 전파가 시작된 영국에서 매일 포자가 다른 양상으로 전파되었음이 확인되었고, 낮(예, *Cladosporium*)과 밤(예, 핑크효모 *Sporobolomyces*와 여러 종류의 자낭포자)에 전파된 포자도 구분이 가능하였다. 이러한 장거리 포자전파는 식물병 역학에서 매우 중요한데, 새로운 병원균 레이스나 살균제 저항성 계통이 발생하여 대륙을 가로질러 또는 다른 대륙으로 전파되기 때문이다.

포자의 안착

공기 중으로 전파되는 포자는 세 가지 기작을 통해서 제거된다: 즉, 침강, 충격접착, 그리고 세척분리의 방법이 그것이다. 포자의 전파에 포자의 모양, 크기, 그리고 표면의 특성이 중요한 역할을 하며, 이들 특성을 파악하여 포자들이 집적되는 상황을 예측할 수도 있다.

침강

모든 포자는 고요한 상태에서 공기 중으로부터 지표면으로 침강하며, 무거운 포자가 (크기가 클수록) 가벼운(상대적으로 작은) 포자들 보다 먼저 침강된다. 보정계수가 필요한 특이한 형태의 포자를 제외하고 폐쇄 실린더 내에서 측정된 포자의 침강속도는 완전한 구의 단위 밀도(1.0)를 나타내는 Stokes의 법칙과 매우 유사함이 밝혀졌다. 그 관련 방정식은

$$V_t = 0.0121r^2$$

V_t는 최종 속도(cm/sec) 그리고 r은 반지름(㎛)을 나타낸다. 예를 들면, 곡류의 비린깜부기병을 일으키는 *Tilletia caries*의 포자(지름 17㎛)는 V_t 값이 1.4cm/sec

이고, *Bovista plumbea*의 포자(지름 5.6㎛)는 V_t의 값이 0.24cm/sec이다. 이러한 차이점은 실외 환경에서 포자의 운동성에 별 영향을 미치지 못하며, 자연상태에서는 여러 형태의 포자들이 지배적인 환경 조건에 의해 공중에 떠 있거나 침강하게 된다. 그러나 침강계수의 미미한 차이점은 건물 내 또는 나중에 논의할 호흡기관에 있어서 중요한 요인이 될 수 있다.

충돌접착

충돌접착은 커다란 포자들이 공기 중으로부터 제거되는 여러 기작 중의 하나로 식물병원균의 경우에는 특별한 중요성을 지니고 있다. 그림 10.26에서 나타낸 것과 같이 포자가 섞인 공기가 물체 쪽으로 이동할 때 (또는 그 반대) 공기가 물체의 주변에서 굴절되고 동시에 포자도 함께 이동하게 된다. 그러나 포자의 가속도는 최소한 어느 정도 거리까지는 포자가 이동하던 방향으로 진행된다. 여기에서 3가지 점을 지적할 수 있다:

1. 공기 속도에 관계없이 큰 포자일수록(또는 무거운 포자일수록) 작은 포자보다는 물체에 충돌할 가능성이 커지며;
2. 공기 속도가 증가하면 점진적으로 작은 포자가 충돌하고;
3. 충돌을 받는 물체의 크기가 증가할수록 공기의 굴절도 커져서 충돌의 가능성은 감소한다.

이러한 사실이 자연 상태의 포자에 직접적으로 적용된다. 식물체의 잎을 가해하거나 잎 표면에서 생장하는 모든 균류는 포자의 크기가 크면 정상의 풍속(최고 5m/sec)에서도 식물체 표면에 충돌할 수 있는 충분한 여력을 지니고 있다. 예를 들면, *Cladosporium herbarum* (포자 지름 8~15㎛), *Alternaria* spp. (지름 약 30㎛), 잎을 가해하는 병원균 *B. graminis* (지름 약 30㎛), *Puccinia graminis* (지름 약 40㎛) 등이 있다. 이와 반대로 *Penicillium, Aspergillus, Trichoderma* spp. 같은 전형적인 토양전염성 균류는 지름 4~5㎛ 정도의 작은 포자를 지니고 있어 충돌하기에는 너무 작지만 바람이 없는 조건 하에서도 공기 중으로부터 물체표면으로 침강될 수 있다.

충돌을 받는 물체의 종류가 포자의 충돌접착을 결정짓는다. 이러한 고전적인 예로 살구나무의 어린 가지를 통풍터널에 놓고 자낭균 *Eutypa armeniacae*의 포자덩어리를 바람으로 쏘이면, 이 곰팡이는 자연 상태에서 점질물에 8개의 자낭포자를 덩어리로 방출한다. 이는 상대적으로 느린 풍속에서 충돌접착 시키기에는 접종원의 크기가 큰 것이다. 그림 10.27에서 보여주는 바와 같이 포자덩어리는 모든 풍속에서 가는(지름 약 1~2㎜) 엽병에 가장 잘 접착하였고, 넓은 잎의 가장자리나 줄기에서는 접착률이 떨어졌다. 풍속이 증가할수록 접착 효과는 증가하였다. 충돌접착 효과는 모든 조건에서 3% 이하로 매우 낮았다. 그러나 포자가 하나의 새싹에 접착되지 않는 경우에는 다른 것에 접착할 수 있는 가능성이 있는 살구나무 과수원의 특성을 고려해야 할 것이다. 따라서 포장에서 측정된 대로 포자가 2m/sec의 속도로 이동한다면, 살구나무 사이를 지

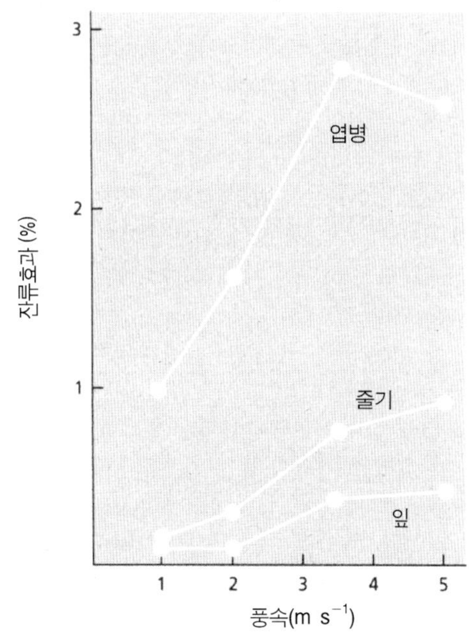

그림 10.27 서로 다른 풍속이 살구나무의 잎(측면), 엽병 및 줄기에 4개의 돌기를 지닌 *Eutypa armeniacae*의 자낭포자가 충돌 시 미치는 영향. 대부분 충돌접착은 가는 물체(엽병)에서 주로 일어나고, 모든 경우에 풍속이 증가할수록 충돌접착 효과도 증가하였다. [출처: Cater 1965.]

나는 동안 대부분의 포자 덩어리는 나뭇가지에 접착된다. *Eutypa*는 포도나무, 살구나무 등의 상처 또는 전정부위를 통해 감염하는 병원균이다. 충돌접착 후 이 병원균은 빗물이나 관개수에 의하여 점질물이 씻겨 내리면서 포자들이 상처부위로 흘러들어감으로써 2차 감염이 일어난다.

세척분리

이슬비 같은 가는 빗방울도 공기 중의 포자를 제거할 수 있다. 그러나 이러한 경우에는 포자의 표면 특성이 중요한 역할을 한다. 빗방울에 의해 포자가 젖으면서 물이 젖은 곳은 분산되고 젖지 않은 곳은 떨어지면서 물방울이 움직이는 곳으로 이동된다. 이에 반해, 물에 젖지 않은 포자는 물방울의 표면에 남게 되며, 식물체 잎의 각피 같이 물에 젖지 않는 표면에 떨어지는 빗방울은 잎 밖으로 굴러 떨어지면서 포자를 식물체 표면에 남기게 된다. 이러한 현상은 실험실에서 *Penicillium* 집락 위에 물방울을 떨어뜨려 보면 쉽게 확인할 수 있는데, 이 경우에 물방울이 물에 젖지 않는 포자로 덮이게 된다. 만일 물에 젖지 않는 포자로 덮인 물방울을 빈 페트리접시에 쏟아 부으면, 플라스틱 표면에 포자의 흔적을 남기고 물방울만 흘러가게 된다. 물체 표면에 남은 물에 젖지 않는 포자는 또 다른 물방울이 표면에 떨어지면서 "puff and tap" 기작에 의하여 앞에서 설명한 것처럼 대기 중으로 전파된다.

포자채집장치와 인간 건강

호흡기관 내의 포자

인간과 동물의 호흡기는 천연의 포자채집장치라고 할 수 있는데, 인간의 경우에는 알러지 반응으로 잘 알려져 있다. 호흡기 기관은 제16장에서 언급한 것처럼 기회성 병원균류의 침입구로도 잘 알려져 있다. 포자를 흡입하는 3가지 중요한 기작으로는 **충돌접착**(衝突接着; **impaction**), **침강**(沈降; **sedimentation**), **계면교환**

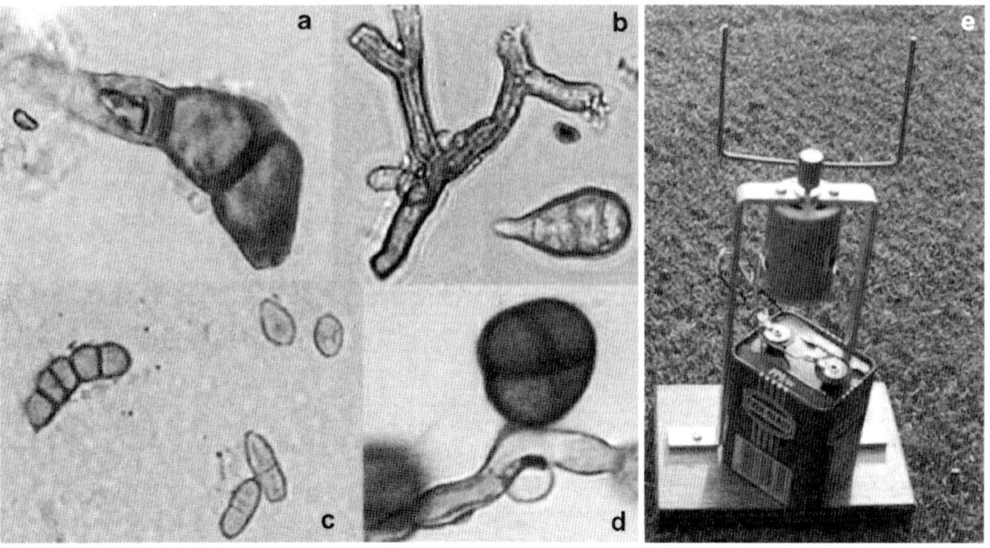

그림 10.28 로토로드 포자채집기(e)와 로토로드 테이프를 관찰할 때 일반적으로 관찰되는 포자와 균사 조각들. 사진의 배율은 일정치 않음. (a) *Puccinia graminis*의 여름포자. (b) 짙은 색의 *Cladosporium* 균사와 *Alternaria* 포자. (c) *Cladosporium*(사진 아랫부분)을 포함한 여러 종류의 포자들. (d) 균사조각에 붙은 *Epicoccum purpurascenes*의 미성숙 포자.

(界面交換; **boundary layer exchange**) 등이 있다.

숨을 들이쉴 때마다 공기의 속도는 코, 기도, 그리고 기관지에서 가장 빠르고(약 100 cm s^{-1}), 기관지 속으로 들어갈수록 감소된다. 따라서 충돌접착은 기관지의 상층부에서만 일어나고, 이곳에서 공기 속도가 가장 빠르고 가장 무거운(가장 큰) 포자만 충돌 접착할 수 있는 관성을 지니게 된다. 비강은 가는 털과 점막으로 덮여있어 커다란 균류 포자나 꽃가루를 거르는 데 매우 효과적이다. 이러한 공기전염 포자 중 일부는 비염(rhinitis)이나 다른 전형적인 건초열(hay-fever) 증상을 유발시킨다.

그 밖의 입자들은 작아서 허파 깊숙한 곳을 지나 세기관지 말단이나 폐포까지 이동된다. 이들 작은 입자는 그 크기가 4~5㎛ 또는 그 이하로 공기 전염하는 많은 포자들이 이에 해당된다. 대부분의 경우에는 이들은 다시 밖으로 나오지만 일부는 입자의 크기가 커서 폐포 내부에서 공기가 들어오고 나가는 동안 일시적으로(대개 1초 이하의 순간) 공기가 정체되는 사이에 점막에 접착되기도 한다. 지름 1~2㎛ 정도의 방선균 포자를 비롯한 작은 입자는 경계면 교환 과정을 통해 흡착된다. 경계면 교환 과정이란 경계면(epithelium)이 매우 근접해서 작은 입자가 정전기적 또는 다른 힘에 의하여 경계면을 넘어가는 현상을 말한다. *Aspergillus fumigatus, Blastomyces dermatitidis, Histoplasma capsulatum, Coccidioides* spp. 등 질병을 유발시킬 수 있는 공기전염성 포자 가운데 *Aspergillus*와 *Penicillium* spp. 등의 포자는 폐포에 정착될 수 있다. *Aspergillus clavatus* 같은 일부 균류는 포자먼지에 계속 노출되어 민감한 반응을 나타내는 사람들에게 급성 알러지 폐포염증(allergic alveolitis)을 일으킨다. 직업병인 farmer's lung, malt-worker's lung 등이 이에 해당된다. 일단 폐포에 집적되면 식세포작용에 의하여 세포 내로 포자가 함입될 때까지 남아있게 된다. 반면에 호흡기의 상부는 섬세한 상피조직으로 덮여있어 점액을 상부로 이동시켜 점막에 걸려있는 입자들을 제거한다.

작물의 병해, 인간의 질병, 공기청정 등과 관련한 공기전염성 포자는 중요하므로 포자의 밀도를 측정하기 위한 공기흡입 포자채취 장치가 고안되어 사용되고 있다. 여기에서 여러 종류의 포자채집 장치와 그 응용 원리에 대하여 설명하고자 한다.

로토로드 포자채집기

로토로드 포자채집기(rotorod sampler)는 매우 간단한 장치로서 주로 실험용으로 사용된다. 이 장치는 U자형 금속관을 회전자에 연결하여 사용한다. 수직장치가 건전지나 전기 모터로부터 동력을 공급받아 2,000rpm의 속도로 회전하도록 되어있다. 포자나 공기전염 입자들을 포집하기 위해 투명한 양면 점착테이프를 수직 장치에 붙여놓아 포자들이 부착되도록 고안되어있다. 포자 채집 후에 테이프를 떼어내어 현미경으로 포자를 관찰한다. 이 장치는 구입비용이 적게 들며 운반에 용이하고 지름 10~30㎛ 정도의 비교적 큰 입자들을 포집하는 데 이용한다. 작은 입자를 포집하는 데에는 효율성이 떨어진다. 이 장치는 좁은 지역 내에서 연속적인 채취를 통해 특정한 포자 발생원을 찾아내는 데 사용할 수 있다. 그 한 예로서 이 장치를 이용하여 영국의 남부지방에서 양의 안면습진(facial eczema)을 일으키는 독소 생성균 *Pithomyces chartarum*의 포자 근원지를 찾아내기도 하였다(그림 7.20 참조).

버카드 포자채집기

버카드 포자채집기(Burkard spore sampler)(그림 10.29)는 로토로드 포자채집기와 같은 원리로 작동되는 연속식 포자채집 장치이다. 이 장치는 일반적으로 작물의 대규모 병해 발생의 감시나 라디오나 텔레비전에서 방송되는 꽃가루 계측을 포함한 알러지 수준을 측정하는 데 사용된다.

이 장치는 보호막 아래에 작은 구멍(그림 10.29 화살표)이 있는 밀봉된 드럼으로 구성되며, 모터의 힘에 의해 이 작은 구멍으로 고속으로 공기가 흡입된다. 포자와 작은 입자들이 구멍을 통해 드럼 안으로 흡입되면서 원판의 가는 밴드 테이프(그림 10.29의 2중 화살표)에 포자가 접착되도록 되어있다. 이 원판은 하루 또는 일주일을 주기로 공기가 흡입되는 구멍을 지나

그림 10.29 (a, b) 조립한 버카드 연속작동 포자채집기 (a) 화살표는 공기가 흡입되는 구멍을 표시하고, (b) 포자를 채취하기 위하여 접착테이프(이중화살표)를 붙여 놓은 회전원판의 모습이 보인다.

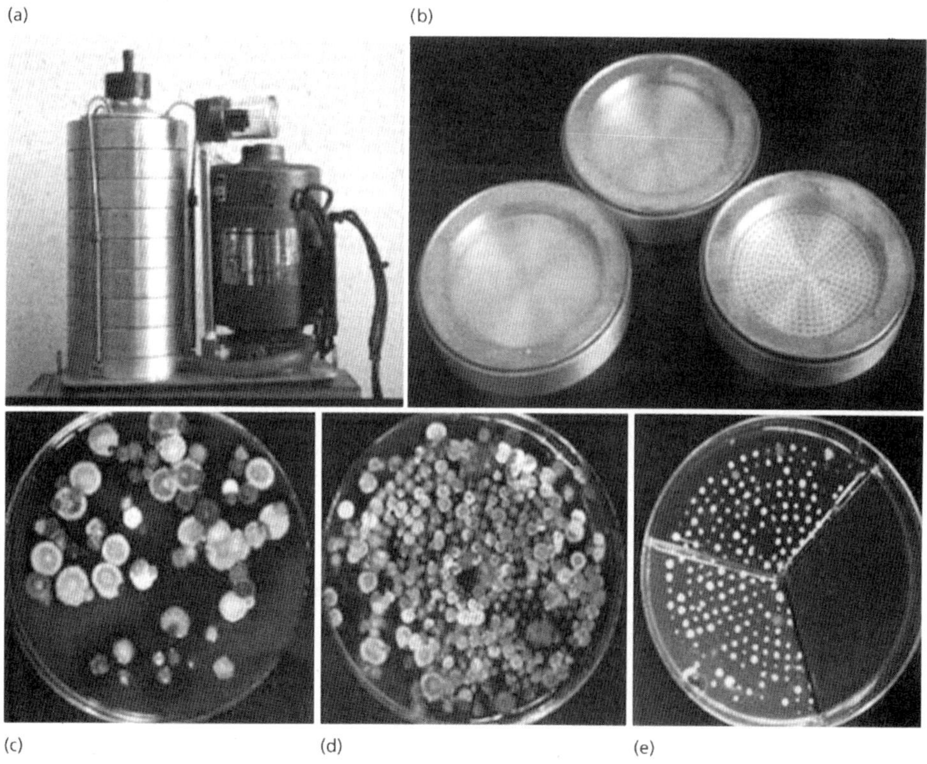

그림 10.30 (a) 조립된 앤더슨 포자채집기. (b) 바닥에 구멍이 뚫린 금속원판. (c-e) 서로 다른 앤더슨 포자채집기의 원판에 놓였던 배지에 형성된 균총들.

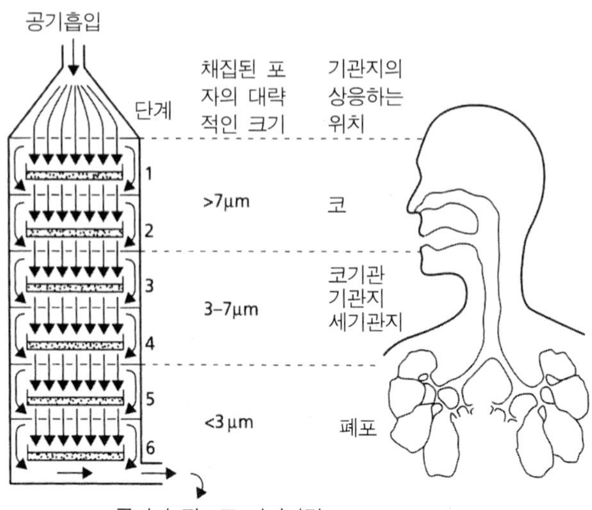

그림 10.31 앤더슨 포자채집기. 인간의 호흡기에서 서로 다른 크기의 포자들이 어떻게 축적되는가와 비교하였다.

천천히 회전하도록 되어있다. 공기 중에 존재하는 포자는 언젠가는 점착테이프에 접착되고, 결국 하루 또는 일주일을 주기로 포자수를 기록할 수 있다. 나중에 테이프를 제거한 후 시간대 별로 나누어 현미경으로 포자를 관찰할 수도 있다. 로토로드 포자채집기와 마찬가지로 이 장치 역시 충돌접착에 의한 포자채집기이다. 드럼의 작은 구멍을 통과하는 공기는 비교적 낮은 속도로 이동하므로 큰(무거운) 입자들만 테이프에 접착하게 된다. 채집되는 포자에는 알러지를 일으키는 꽃가루나 식물체의 잎을 감염하는 균류 포자 등이 있다.

앤더슨 포자채집기

앤더슨 포자채집기 (Anderson spore sampler) (그림 10.30)는 가장 기발한 장치이고, 인간의 호흡기 기능(그림 10.31)을 흉내 내어 만든 공기흡입 채집기라고 볼 수 있다. 이 장치는 구멍이 뚫린 여러 개의 금속판을 층층이 실린더처럼 만들어 금속판과 금속판 사이에 배양배지로 채워진 페트리접시를 넣어 사용하도록 되어있다. 금속판은 같은 수의 구멍을 가지고 있지만 아래로 내려갈수록 구멍의 크기가 점차 작아진다. 모터에 의해 상층부에서 공기가 흡입되어 하층부로 이동된다.

상층부에 설치된 배지에 접촉되는 공기는 저속으로 이동되어 큰 입자가 접착된다. 1차로 접착되지 않은 포자들은 우회하여 이동하고, 점차로 작아지는 구멍을 통과하는 공기의 속도는 증가하여 아래로 내려갈수록 작은 입자가 채집된다. 이들 포자는 farmer's lung 같은 급성 알러지를 일으키는 방선균 *Thermoactinomyces vulgaria*나 *Faenia rectivirgula*의 포자 같이 1~2㎛ 정도의 작은 포자들도 하층부에 설치되어있는 배지에 고속으로 접착하게 된다.

앤더슨 포자채집기는 각 층의 금속판에 모든 크기의 포자들이 지나갈 정도의 구멍이 있다. 따라서 앤더슨 채집기는 체가 아니며, 공기전염 입자들이 관성(질량×속도)에 따라 분류되도록 고안되어있다. 이러한 점이 로토로드 포자채집기나 버카드 포자채집기와 다르다.

포자의 채집량에 따라 일정 시간 동안 포자를 채집한 후 채집기를 분해하여 페트리접시 내의 포자를 배양하여 동정한다. 예를 들면, (그림 10.30의 아래 그림에서 보는 바와 같이) 왼쪽부터 오른쪽으로 순서대로 최상층부에 있던 플레이트의 콜로니, 중간층에 있던 플레이트의 콜로니, 그리고 최하층부에 있던 플레이트의 콜로니 등 작은 입자의 방선균 콜로니로 구분할 수 있다. 가장 오른쪽에 있는 플레이트는 3가지의 서로 다른 배지로 만든 분할 배양 배지(split plate)로서 동시에 여러 종류의 미생물을 확인할 수 있다.

참고문헌

Adams, M.J. (1991) Transmission of plant viruses by fungi. *Annals of Applied Biology* **118**, 479–492.

Brasier, C.M. (1995) Episodic selection as a force in fungal microevolution, with special reference to clonal speciation and hybrid introgression. *Canadian Journal of Botany* **73**, S1213–S1221.

Brunt, A.A. & Richards, K.E. (1989) Biology and molecular biology of furoviruses. *Advances in Virus Research* **36**, 1–32.

Carter, M.V. (1965) Ascospore deposition of *Eutypa armeniacae*. *Australian Journal of Agricultural Research* **16**, 825–836.

Cho, C.W. & Fuller, M.F. (1989) Ultrastructural organization of freeze-substituted zoospores of *Phytophthora palmivora*. *Canadian Journal of Botany* **67**, 1493–1499.

Coley-Smith, J. (1987) Alternative methods of controlling white rot disease of *Allium*. In: *Innovative Approaches to Plant Disease Control* (Chet, I., ed.), pp. 161–177. Wiley, New York.

Deacon, J.W. & Donaldson, S.P. (1993) Molecular recognition in the homing responses of zoosporic fungi, with special reference to *Pythium* and *Phytophthora*. *Mycological Research* **97**, 1153–1171.

Deacon, J.W. & Mitchell, R.T. (1985) Toxicity of oat roots, oat root extracts, and saponins to zoospores of *Pythium* spp. and other fungi. *Transactions of the British Mycological Society* **84**, 479–487.

Deacon, J.W., Donaldson, S.J. & Last, F.T. (1983) Sequences and interactions of mycorrhizal fungi on birch. *Plant and Soil* **71**, 257–262.

Fox, F.M. (1986) Groupings of ectomycorrhizal fungi on birch and pine, based on establishment of mycorrhizas on seedlings from spores in unsterile soils. *Transactions of the British Mycological Society* **87**, 371–380.

Gregory, P.H. (1973) *Microbiology of the Atmosphere*, 2nd edn. Leonard Hill, Aylesbury.

Gubler, F. & Hardham, A.R. (1988) Secretion of adhesive material during encystment of *Phytophthora cinnamomi* zoospores, characterized by immunogold labeling with monoclonal antibodies to components of peripheral vesicles. *Journal of Cell Science* **90**, 225–235.

Hardham, A.R. (1995) Polarity of vesicle distribution in oomycete zoospores: development of polarity and importance for infection. *Canadian Journal of Botany* **73**(suppl.) S400–407.

Hardham, A.R. (2001) Cell biology of fungal infection of plants. In: *The Mycota VIII. Biology of the Fungal Cell* (Howard, R.J. & Gow, N.A.R., eds), pp. 91–123. Springer-Verlag, Berlin.

Hardham, A.R., Cahill, D.M., Cope, M., Gabor, B.K., Gubler, F. & Hyde, G.J. (1994) Cell surface antigens of *Phytophthora* spores: biological and taxonomic characterization. *Protoplasma* **181**, 213–232.

Hiruki, C. & Teakle, D.S. (1987) Soil-borne viruses of plants. In: *Current Topics in Vector Research*, vol. 3 (Harris, K.F., ed.), pp. 177–215. Springer-Verlag, New York.

Hsu, S.C. & Lockwood, J.L. (1973) Soil fungistasis: behavior of nutrient-independent spores and sclerotia in a model system. *Phytopathology* **63**, 334–337.

Ingold, C.T. (1971) *Fungal Spores and their Dispersal*. Clarendon Press, Oxford.

Lacey, J. (1988) Aerial dispersal and the development of microbial communities. In: *Micro-organisms in Action: concepts and applications in microbial ecology* (Lynch, J.M. & Hobbie, J.E., eds), pp. 207–237. Blackwell Scientific, Oxford.

Lockwood, J.L. (1977) Fungistasis in soils. *Biological Reviews* **52**, 1–43.

Mitchell, A.G. & Brasier, C.M. (1994) Contrasting structure of European and North American populations of *Ophiostoma ulmi*. *Mycological Research* **98**, 576–582.

Moss, S. (1986) *The Biology of Marine Fungi*. Cambridge University Press, Cambridge.

Reichle, R.E. & Fuller, M.F. (1967) The fine structure of *Blastocladiella emersonii* zoospores. *American Journal of Botany* **54**, 81–92.

Ron, E.Z. & Rosenberg, E. (2001) Natural roles of biosurfactants. *Environmental Microbiology* **3**, 229–236.

Warburton, A.J. & Deacon, J.W. (1998) Transmembrane Ca^{2+} fluxes associated with zoospore encystment and cyst germination by the phytopathogen *Phytophthora parasitica*. *Fungal Genetics and Biology* **25**, 54–62.

제11장

균류생태학: 부생균

본 장은 다음과 같은 주요 부분으로 구성되어있다.

- 이론적 모델: 생활사 전략의 개념
- 균류 생태학의 생화학적 분자생물학적 도구
- 일반적 분해 경로
- 퇴비의 균류 군집
- 근권의 분해균류
- 부후 중인 목재의 균류 군집

생태계에서 균류의 중요성은 부정할 여지가 없다. 균류는 많은 육상 및 수서 환경에서 주된 분해자이다. 특히, 균류는 매년 재순환되는 모든 식물 세포벽의 70%를 차지하는 섬유소와 헤미셀룰로스의 분해 및 재순환에 중요한 역할을 담당한다. 더욱이, 균류는 리그닌과 복합체를 이루고 있는 섬유소(**리그노셀룰로스**)를 함유한 목재 성분을 분해할 수 있는 유일한 생물군이다. 또한 균류는 다른 여러 가지 자연물질 및 인공물질을 분해하여 심각한 경제적 손실을 일으키기도 한다.

앞의 장에서는 균류생태학을 이해하기 위한 기본으로 균류의 생리, 생장, 유전 및 분산에 관해 다루었다. 그러나 자연환경에서 균류를 연구할 때는 자연 군집이 수많은 종류의 기질, 종간의 상호작용, 미세서식지 등으로 매우 복잡하기 때문에 커다란 문제점에 직면하게 된다. 따라서 실제적으로 균류의 행동을 이해하기 위해서는 균류의 행동을 명확하게 보여줄 수 있는 잘 정립된 군집을 찾아야만 한다. 이러한 이유로 엽권, 낙엽층, 근권, 퇴비 및 부후목 등 비교적 잘 연구된 자연의 모델시스템에 중점을 두어 균류의 행동을 이해하고자 한다. 자연 모델시스템에서 얻어진 결과는 균류 전체에 걸쳐 일반적으로 적용될 것이다. 또한, 복잡한 자연환경에서 균류를 찾고 동정하기 위한 생화학 및 분자생물학적 방법에 대해서도 설명한다.

이론적 모델: 생활사 전략의 개념

본질적으로 생태학 연구는 복잡한 정보를 종합하기 위해 이론적 모델을 사용한다. 이런 분야의 중요한 참고문헌은 이 장의 뒷부분에 정리되어있다. 여기에서는 이러한 모델들 중 하나인, 동물생태학자들에게서 개발되어 식물, 균류로 적용된, **생활사전략**(生活史戰略; **life-history strategy**)에 관해 간단하게 설명한다(그림 11.1).

우선, 생태학자들은 극단적인 생활양식을 갖는 두 부류의 생물 즉, **r-selected** 생물과 **K-selected** 생물의 개념을 도입하였다. r-selected 생물(**황무지 적응 생물**)은 스스로 적절한 조건에 자리잡아 빠르게 생장한다. 짧은 생장기가 지나면 많은 후손은 생산하지만 성공적인 번식의 기회는 매우 적다. 잡초와 빠른 생장을 하는 접합균류(*Mucor, Rhizopus* 등, 제2장)가 이러한 생활전략의 대표적인 예이다. 반대로, K-selected 생물들은 전형적으로 늦게 자리 잡아 서서히 생장하며, 긴 시간동안 생존하며, 적지만 새로운 환경에 잘 적응하는 후손을 만들어낸다. 대형 포유류, 나무에 다년생의 자실체를 형성하는 담자균류(그림 11.2) 등이 좋은 예이다. 따라서 r-selected 생물과 K-selected 생물의 차이는 각 생물들이 각각의 후손을 생산하기 위해 먹이를 확보하는 방식의 차이이다.

세 번째 요인인 **스트레스-내성**이 두 생활사 전략에 첨가되어 황무지 적응성, 스트레스-내성 및 K-selected 행동의 삼각구도가 이루어진다(그림 11.1). 이론적으로는 어떠한 생물도 그들의 생활사 전략의 표현 정도에

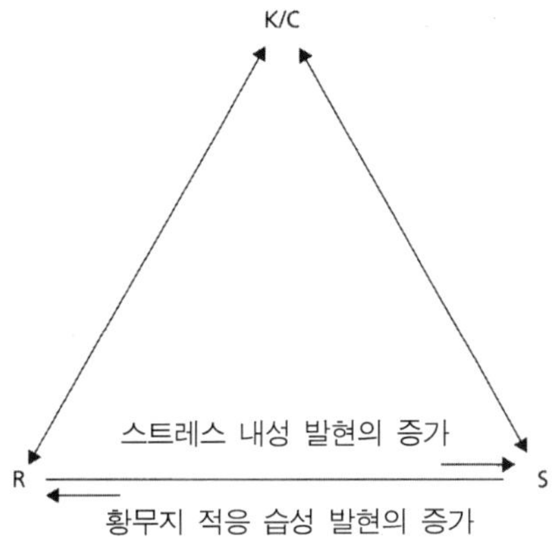

그림 11.1 3가지 기본 전략의 표현 정도에 따라 균류의 생활사 전략을 결정하는 방법: 황무지 적응 습성 (R), K-selected 또는 호전적 습성(K/C), 스트레스 내성(S).

따라 황무지 적응성, 스트레스-내성 및 K-selection (균류의 경우 호전적 행동)의 삼각구도에 속할 수 있다. 이 모델 및 여타 모델에 대해서는 Andrews(1992)가 잘 논의하였다.

균류 생태학 연구를 위한 생화학적 분자생물학적 도구

생화학적 특징분자(쪽지분자)를 통한 자연물에서의 균류 함량 추정

자연물의 균류 함량을 추정하기 위해 여러 가지 생화학적 기법이 사용되고 있으나, 모든 방법에는 한계가 있다. 1970년대에 개발되어 사용된 초기 방법 중의 하나는 토양이나 다른 물질의 **카이틴 함량**을 측정하는 것이다. 즉, 카이틴을 가수분해하여 생성된 단량체인 *N*-아세틸글루코사민을 발색시켜 정량하는 방법이다. 이 방법은 식물조직에서 자라는 식물병원균의 균류 함량이나 균근성 균류의 양을 측정하는 데 사용되어 왔다. 그러나 균류 세포벽에 존재하는 카이틴의 양이 균류의 종류, 생장 조건, 균류의 생활사 단계 등에 따라 변이가 심한 것이 가장 큰 단점이다. 또한, 자연계에서 카이틴의 기원이 균류의 세포벽인지 곤충의 외골격에서 유래한 것인지에 대한 구별이 어려운 단점

(a)

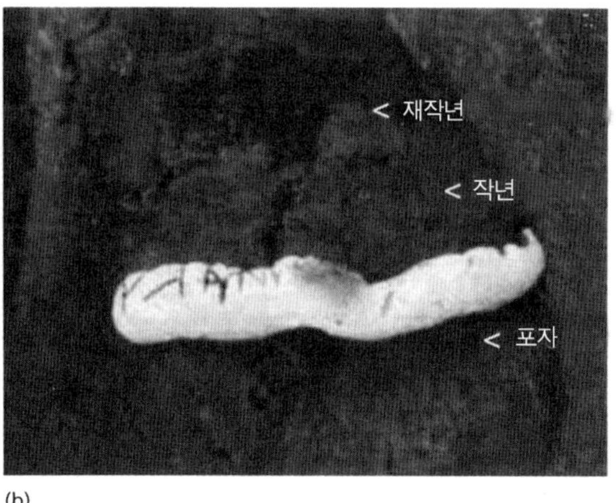

(b)

그림 11.2 강한 K-selected 습성을 보이는 불로초의 일종인 *Ganoderma adspersum*. 이 균은 살아있는 나무 특히, 유럽너도밤나무(*Fagus sylvatica*)의 심재를 썩히며 다년생이고 말굽 모양의 목질성 자실체를 형성하며 수백만 개의 포자를 형성한다. 금년에 형성된 어린 부분은 흰색을 띤다.

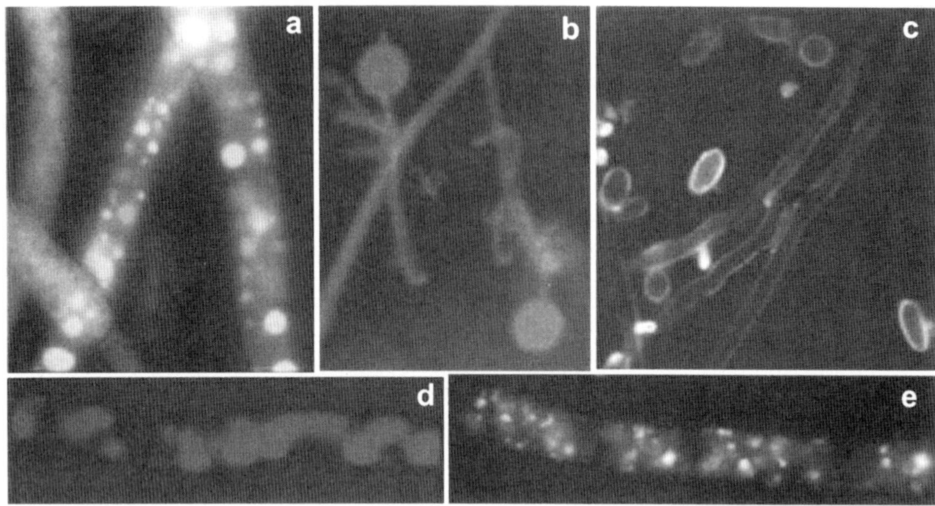

그림 11.3 몇몇 생체 형광염료의 예; 보다 해상도가 높은 칼라사진은 인터넷 참고. (a) CMFDA를 처리한 *Sclerotium cepivorum*의 균사, 염료는 균의 액포에 축적되어 밝은 녹색형광을 띤다. (b) 균의 세포벽에 있는 카이틴에 결합하여 청색형광을 띠는 염료인 Cellufluor로 염색한 *Pythium oligandrum*의 균사와 포자. (c) 균류 세포막에서 녹색 또는 적색 형광을 띠는 DiI과 DiO로 염색한 *Fusarium oxysporum*의 균사. (d) 액포에 청색형광을 띠는 CMAC로 염색한 *Botrytis cinerea*의 균사. (e) Nile red로 염색한 *Fusarium oxysporum*의 균사. 기름방울은 황색형광을 띠나 원형질은 오렌지색 형광을 띤다.

도 있다. 따라서 매우 잘 정립된 모델 시스템을 제외하고는 실제 사용에는 한계가 있다.

다른 방법은 **에르고스테롤 함량**을 추정하는 것으로서 에르고스테롤을 추출하고 HPLC를 사용하여 분리한 후 280 nm에서 정량한다. 에르고스테롤은 대부분 균류의 세포막에만 존재하고, 식물이나 다른 토양 생물에는 없는 대표적 스테롤이다. 그러나 그 함량도 균류의 분류군에 따라 차이가 크다. 인지질 지방산 같은 "특징분자(쪽지분자)"를 분석하는 방법을 포함한 모든 방법의 단점에 대해 Olsson *et al*. (2003)은 현재까지 사용할 수 있는 생화학적 표지로는 서로 다른 균류의 생물량을 비교하는 것이 어렵다고 결론 내렸다.

항체 기법

형광항체기법을 이용하여 균류의 외부구조 및 내부 항원에 따라 균류를 탐색할 수 있다. 일반화된 방법으로 특정한 균의 항원으로부터 항체를 얻을 수 있다. 즉, 균의 항원을 토끼에 주사하고, 형성된 항체를 자연 시료에서 균류를 탐색하는 데 사용한다. 형광물질이 붙어있는 이차항체가 일차항체에 결합함으로써 탐색 대상 균류를 형광현미경 하에서 관찰할 수 있다. 이외에도 이차항체에 기질과 반응하여 발색할 수 있는 효소를 결합시킬 수도 있으며, 이러한 기법을 **ELISA(enzyme-linked immunosorbent assay; 효소면역측정법,** 酵素免疫測定法)라고 하며 시료 내의 특정 항원의 함량을 정량할 수 있다. 두 방법의 가장 큰 단점은 항체가 다른 균류의 항원과도 반응할 수 있다는 점이다. 하나의 특정한 항체만을 생성하는 세포주로부터 만들어진 **단일클론항체**(單一클론抗體; **monoclonal antibody**)는 좀 더 특이적이다. 이러한 방법들의 사용 예는 제10장에서 언급하였다(그림 10.16 참조).

형광생체염료

균류의 세포 표면 또는 특정 세포기관과 결합하는 **형광염료**(螢光染料; **fluorochrome**)를 처리하여 직접적으로 관찰할 수 있으며 세포는 형광현미경 하에서 잘 보인다(그림 11.3). 이러한 염료의 몇 종류는 균사에 주입했을 때 균사의 선단이 신장함에 따라 9mm나 이동될 수 있다. 이러한 염료는 균류의 생장 및 균류와 토양 또는 다른 자연 기질과의 상호작용을 추적하기 위하여 잠재적으로 이용될 수 있다. 또한 이들 염료가 활발한 대사과정에 축적될 경우에는 살아있는 세포와 죽은 세포를 구별할 수도 있다. 토양은 형광을 강력하게 소멸하는 특성을 지니고 있고, 이런 경우에는 형광염료의 사용이 불가능하지만 그래도 생체 형광염료는 미소 생태계 연구에 가치 있는 도구이다.

가장 보편적으로 사용되고 있는 형광염료는 스틸벤(stilbene) 염료인 **cellufluor**(또는 Calcofluor white)이며, 균류 세포벽의 β-1,4 결합 중합체와 결합하여 청색형광을 띤다. 그러나 이 염료는 세포질에 염색되지 않아 살아있는 균사와 죽은 균사를 구별할 수 없다. 많은 응용성을 지닌 또 다른 보편적인 염료는 페녹사진(phenoxazine) 염료인 **Nile red**로 중성 지방에 매우 높은 특이성을 가지고 있다. 이 염료는 세포막을 통과하여 지질 방울이 밝은 황색형광을 띠게 하고, 세포질은 오렌지색형광을 띠게 한다. 살아있는 균사의 지표로 중요하게 사용되는 또 다른 화합물인 **carboxyfluorescein diacetate**(CFDA)는 세포내에서 가수분해되어 친수성 화합물인 carboxyfluorescein을 만들고 이들이 액포에 축적되어 밝은 녹색형광을 띤다. 염화메틸 염료인 **chloromethylfluorescein diacetate** (CMFDA)와 **aminochloromethyl coumarin** (CMAC)도 세포막을 통과할 수 있는 염료이다. 일단 균사안에 들어가면 글루타치온-S-트랜스퍼라아제에 의해 세포를 통과할 수 없는 산물로 전환되며, 이들이 액포에 축적되어 녹색형광 (CMFDA) 또는 청색형광 (CMAC)을 나타나게 된다. 이들은 빛에 매우 안정하여 최소한 72시간 형광을 나타낼 수 있다. 가장 널리 사용되고 있는 염료는 DiIC18과 DiOC18이라 불리는 **carbocyanine 염료**로 친지질성을 지녀 세포막과 결합하여 각각 적색형광과 녹색형광을 띤다. **DAPI** (4′6-diamidino-2-phenylindole-2HCl)은 DNA의 A-T 부분에 끼어들어 청색형광을 띠어 핵산 관찰을 가능하게 해주는 염료이다(그림 11.4).

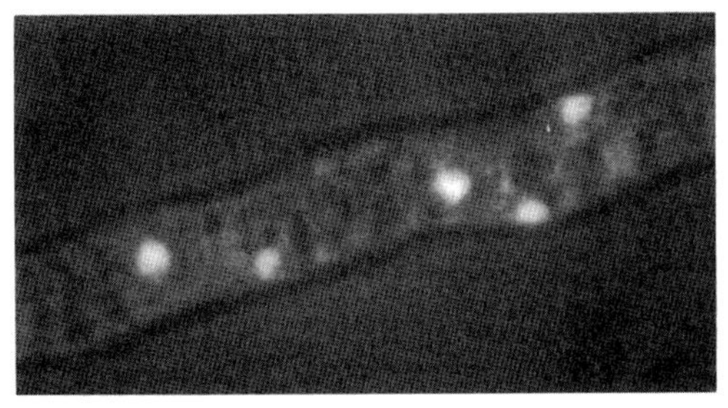

그림 11.4 핵에 특이적인 염료 DAPI로 염색한 균사에서 청색형광을 띠고 있는 핵.

올리고뉴클레오타이드 탐침을 이용한 균류의 동정

제9장에서 언급한 바와 같이 **RFLP, RAPD, AFLP 및 형광 AFLP** 같은 여러 가지 분자생물학적 기법이 균류의 탐색에 사용될 수 있다. 모든 방법을 하나의 kit 형태로 이용할 수 있어 분자생물학에 대한 자세한 지식이 없어도 사용할 수 있다. 이러한 기법들은 균류 군집 생물학 연구에 지대한 영향을 주고 있다.

비교적 최근에는 **형광 현장내 혼성화 (fluorescence in-situ hybridization, FISH)** 기법이 미생물 생태학자(또한 유전학자들에게는 염색체 색칠법)들에게서 널리 사용되고 있지만 아직도 이 기법을 사용하는 균류생태학자는 매우 드물다. FISH 기법은 단일 가닥의 DNA 또는 RNA 탐침이 환경 시료에 존재하는 상보적인 핵산 서열과 혼성화한다는 원리에 기초하고 있다. 탐침에 형광물질을 붙이면 비록 배양할 수 없는 생물일지라도 그 생물의 핵산을 관찰할 수 있게 된다. **올리고뉴클레오타이드 탐침**은 18S 리보솜 RNA 유전자 서열에 기초하여 제작한다(제9장). 이들 중 몇 개는 공통적인 탐침으로서 모든 생물에서 발견되는 16S rRNA 또는 18S rRNA 유전자와 상보적이다 - 예를 들면 [5′-GAA TTA CCG CGG TAA CTG CTG-3′]. 다른 탐침은 **특정서열(signature sequence)**이라 불리며 특정 생물 그룹에 특이적인 서열이다. 예를 들면:

- **UUCCG**는 95% 이상의 세균에서 발견되는 서열이나 고세균이나 진핵생물에서는 전혀 발견되지

있지만(제12장), 토양내 신선한 식물 잔해에 집락을 형성하기 때문에 이 범주에 속한다.

이들 개척자 부생균류(pioneer saprotrophic fungi)의 포자는 가용성 영양분에 반응하여 발아하고 빠른 생장을 하며 수일 내에 다음 세대의 분산을 위한 무성포자나 휴면 유성포자를 형성한다(그림 2.8 참조). 보통 이들 균류는 섬유소 같은 복잡한 구조의 중합체는 분해할 수 없다. 실험실에서 배양할 경우에는 항생제 또는 다른 균류의 대사산물에 저항성을 나타내지 못하며 스스로 항생물질을 만들지도 못한다. 따라서 개척자 균류는 전형적으로 짧은 개척 기간과 높은 먹이 경쟁 능력을 갖는다.

새로 쓰러진 나무에 빠르게 집락을 형성하는 **변재변색균류**(邊材變色菌類; **sapstain fungi**)도 대표적인 개척자 부생균이다. 이 균류는 목재의 유조직 같은 비목재성 방사조직에서 자라며, 균사는 짙은 색을 띠므로 목재를 변색시킨다(그림 11.8). 비록 목재의 구조에는 심각한 피해를 주지는 않지만 상품 가치를 현저하게 떨어뜨린다. 이러한 변색균류(staining fungi)에는 느릅나무 마름병(Dutch elm disease, 제10장)을 일으키는 *Ophiostoma ulmi*와 연관된 몇몇 종의 *Ophiostoma*가 포함된다. Vanneste *et al.* (2002)은 뉴질랜드에서 시행되고 있는 자연산물이나 생물적 방제 물질을 이용한 목재변색균류의 방제법에 대하여 자세하게 설명하였다. 그러나 비슷한 청변균(bluestain)에 속하는 *Chlorosplenium aeruginascens*(자낭균)는 목재에 매혹적인 터키옥색을 띠게 한다. 이 목재는 매우 고가의 장식품인 상감목공세공품 생산에 사용되며 Tunbridge wells의 Kentish 마을의 공장에서 유래하여 턴브리지 웨어(Tunbridge Ware)라고 불린다.

중합체 분해균류

중합체 분해균류는 상당 기간동안 섬유소, 헤미셀룰로스, 카이틴 같은 구조적 중합체에서 자란다. 일단 점유하면 질소 같은 극히 제한된 영양물질을 차단하거나 길항물질을 생산함으로써 잠재적인 침입자에 대항하여 양분을 보호하는 경향이 있다(제6장).

이 범주에 속하는 많은 균류가 이용하는 기질의 종류, 요구하는 환경적 요인, 분해 경로에서의 역할 등에서 매우 다르다. 다음의 예가 이들의 다양성을 보여준다.

곡물의 짚이나 섬유소가 풍부한 물질이 토양에 묻히게 되면, *Fusarium, Chaetomium, Stachybotrys, Humicola, Trichoderma* 같은 균류에 의해 집락이 형성된다. *Fusarium*은 수분포텐셜이 -5MPa까지 낮아져도 거의 영향을 받지 않고 생장할 수 있기 때문에 낮은 수분포텐셜(건조 스트레스)에서 유리하다. *Trichoderma*는 pH 3.0에서 잘 자라기 때문에 산성 토양 (pH 스트레스)에서 유리하다. 염 저항성 섬유소분해균류의 스펙트럼은 조수간만의 차가 큰 강어귀의 식물 잔재(*Lulwarthia* spp., *Halosphaeria hamata* 및 *Zalerion varion*)나 하천 (*Tetracladium, Lemonniera, Alatospora* 같은 4방사상 포자를 갖는 균류, 제10장)에서 발견된다. 카이틴은 토양에서는 *Mortierella*(접합균), 담수에서는 *Chytridium confervae*(병꼴균)와 같이 서로 다른 균류에 의해 집락이 형성된다.

중합체 분해균류는 서로 다른 미세 서식지를 이용할 수 있으며, 하나의 기질 양분에서 공존할 수 있다. 이에 대한 가장 좋은 증거는 토양에 묻은 투명한 섬유질 필름 (셀로판)에 대한 현미경 조사로 입증되고 있다(Tribe 1960). 젖은 토양에서, 필름은 섬유소 분해 병꼴균(*Rhizophlyctis rosea*, 그림 11.9)과 병꼴균성 미생물

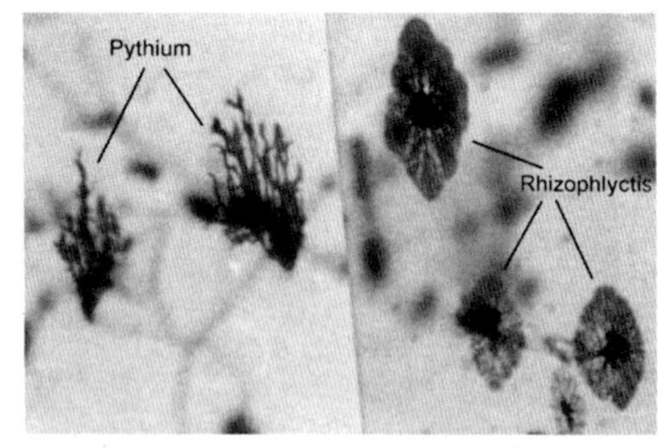

그림 11.9 토양에서 회수한 후 trypan blue로 염색한 투명 섬유소 필름의 작은 조각 (약 3 x 2 cm). 필름에서 서로 다른 정도로 자라는 균류가 관찰된다. *Rhizophlyctis rosea*는 미세하게 분지된 헛뿌리를 만든다. 다른 사진에서는 *Pythium graminicola*가 만드는 손가락 모양의 분지가 보인다.

(*Hyphochytrium catenoides*)에 의해 집락이 형성된다. 이들은 필름의 층 사이에서 잘 분지된 가근을 형성함으로써 섬유소를 부분적으로 분해한다. 필름의 다른 부분은 *Humicola grisea, Fusarium, Rhizoctonia* 같은 사상균류에 의해 집락이 형성된다. *Rhizoctonia*와 *Fusarium* 집락은 필름의 표면에서 느슨한 균사망을 형성하는 반면, *Humicola*는 그림 11.9에서 보여진 *Pythium graminicola*의 부채 모양과 유사하게 섬유소 필름 속에 뿌리를 내리고 섬유소 필름 안에 국소적이고 조밀한 집락을 형성해 부채 모양의 균사를 만든다.

난분해성(분해 저항성) 중합체 분해균류

리그노셀룰로스 (리그닌과 섬유소의 결합 물질) 같이 분해가 어려운 중합체를 분해하는 균류는 분해과정의 최종 단계에서 탁월한 능력을 나타낸다. 이들의 대다수는 담자균류이며, 삼림의 낙엽에 발생하는 조그만 버섯인 *Mycena galopus*(애주름버섯의 일종)가 포함된다. 다른 일반적인 예는 오래된 초지에서 흔히 관찰되는 **균륜형성균류**(菌輪形成菌類; **fairy ring fungi**)이다. 이러한 균류는 초지의 죽은 풀잎으로 만들어진 두꺼운 층위에서 자라며 해마다 점점 바깥으로 퍼져나간다. 식용버섯인 주름버섯(*Agaricus campestris*)을 비롯한 여러 종의 균류가 이러한 균륜을 형성한다. 이들은 죽은 유기물에서 자라기 때문에 해를 끼치지 않으며, 유기물이 분해되어 분비되는 무기영양분으로 인해 무성하게 자라는 초지에 형성되는 강력한 균륜이 이들의 존재를 알게 해준다. 그러나 선녀낙엽버섯(*Marasmius oreades*)은 예외로 균륜이 점차 바깥으로 퍼져나감에 따라 잔디를 죽인다. 이러한 이유는 이 균이 잔디의 표면 바로 아래에서 균사덩어리를 형성하고, 한 여름에 이 균사덩어리가 말라 소수성을 갖게 되어 토양으로부터의 수분 공급을 차단하여 잔디를 죽인다. 살균제를 사용하여도 효과적으로 잔디를 보호할 수 없으나, 계면활성제(주방세제 희석액 등)는 이러한 피해를 줄일 수 있다.

인간이나 다른 동물의 피부병균(제16장)으로 알려진 케라틴분해균류는 털이나 발굽을 분해하는 과정의 최종 단계에서 발견된다. 그들은 더 일찍 발생될 수도 있으나, 단백질과 지질을 손쉽게 이용하는 접합균류와 *Penicillium*에 의해 초기 영양분 소비가 있은 후에 본격적으로 출현한다.

이 집단에 속한 균류의 생태적으로 성공적인 이유는 대부분의 다른 균류가 분해할 수 없는 중합체를 분해하는 그들의 특수한 능력에서 유래된다. 그러나 이 균류가 자신들의 주된 에너지원으로 복합적 중합체를 이용한다는 사실을 꼭 믿을 필요는 없다. 실제로, 위에서 언급한 *Mycena galopus*는 보다 쉽게 이용할 수 있는 기질로서 섬유소나 헤미셀룰로스를 공급받지 못할 경우에는 배양 중에 리그닌을 분해할 수 없다. 이 균의 주된 속성은 난분해성 중합체를 분해하고 변형시킴으로써 화학적으로나 물리적으로나 난분해성 중합체와 결합하고 있는 다른 기질을 얻는다. 식물 세포벽에 있는 섬유소의 대부분은 리그닌에 공유결합을 하든 리그닌에 의해 외피가 덮여지든 간에 본질적으로 리그닌과 연관되어 있으며, 리그닌을 변형시킬 수 없는 균류는 이 리그노셀룰로스를 거의 이용할 수 없다. 가장 많이 연구된 리그닌 분해균류 중의 하나인 *Phanerochaete chrysosporium*에 있어 리그닌 분해효소의 생성은 질소 결핍에 의해 현저하게 증가한다. 이것은 왜 이들 균류가 물질을 분해하는 과정의 최종 단계에서 발생하는지에 대한 이유를 설명할 수 있다 - 이들은 다른 균류가 가용 질소의 대부분을 사용할 때까지 기다릴 필요가 있을 지도 모른다.

이차 (기회적) 침입균

이차 침입균류(secondary invaders) 또는 기회적 침입균류(opportunistic invaders)는 자연계의 물질이 분해되는 여러 과정에서 발견된다. 이 기회적 균류 중 몇몇은 효소활동에 의해 분해된 산물을 이용하면서 중합체 분해자와 밀접한 관계를 갖고 생장할 수 있다. 나중에 토의하겠지만, *Thermomyces lanuginosus*는 퇴비에서 이러한 작용을 행할 수 있다. 다른 이차 침입균은 배양 중에 다른 균에 기생하거나 (예, *Pythium oligandrum*; 제12장) 죽은 균사 잔존물에서 생존하는 것으로 알려져 있으며, 다른 균들(예, *Mortierella*)은 배설물 또는 물질 분해과정에서 풍부하게 존재하는 미

그림 11.10 (a) 선녀낙엽버섯(*Marasmius oreades*)이 형성한 균륜의 일부. (b) 잔디가 들려진 부분에서는 토양 표층 바로 아래 흰색의 균사 덩어리가 보인다. (c) 조그만 버섯인 낙엽버섯(*Marasmius*)에 의한 균륜은 잔디가 죽은 지역에서 가을에 발생한다. (d) 전형적인 성긴 주름살을 보이는 낙엽버섯류의 확대사진. (e) 또 다른 균륜을 형성하는 균으로서 갓 표면이 번들거리며 주홍색을 띤 꽃버섯(*Hygrocybe* sp.). 이 균은 자실체의 균륜을 형성하지만 잔디를 죽이지는 않는다.

소절지동물의 외골격에서 생장하기도 한다. 이 균류의 잠재적인 습성의 특징은 일반적으로 말하기 어렵지만, 그들의 특징은 공통적으로 다음과 같은 것이 있다. (1) 소량의 영양분을 이용하기 때문에 영양에 대하여 기회적인 특성이 있다. (2) 다른 균류가 만들어내는 대사 부산물에 대하여 내성을 나타낸다.

결국 부식질 잔해(부식토)를 남겨놓은 채 모든 분해 가능한 물질은 이용된다. 부식토는 방향족 화합물과 사슬형 화합물의 골격에 단백질과 당류가 복합체를 형성한 이형 중합체이다. 부식토는 본질적으로 분해가 불가능하며, 토양 구조의 향상과 수분의 함유, 토양 중 미량원소의 이온교환 장소를 제공함으로써 토양 비옥화에 필수적인 역할을 한다.

퇴비의 균류 군집

퇴비는 어떤 종류이건 분해될 수 있는 유기물을 적당한 무기양분과 수분 공급 그리고 통기가 되도록 더미를 쌓아서 만들 수 있다. 버섯용 퇴비의 경우에는 길게 쌓은 더미를 퇴비단(windrows)이라 한다. 퇴비는 곡류의 짚과 동물의 배설물을 섞어서 버섯(양송이)의 상업적 생산에 대규모로 이용되거나 원예 폐기물 및 도시 쓰레기 처리에도 이용될 수 있다.

기본적인 요구조건이 충족되면 분해과정은 밀짚과 질소원으로 암모니아가 공급된 실험용 퇴비 제조 과정인 그림 11.11과 같이 표준화된 과정을 따른다. 더 쉽게 이용 가능한 가용성 영양물질에서 생장하는 미

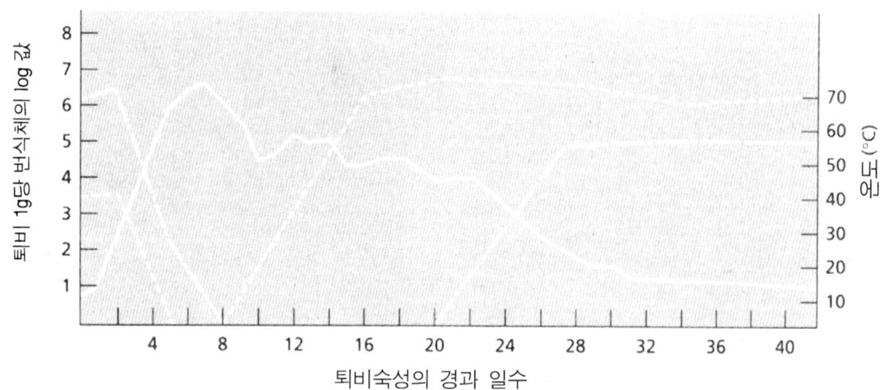

그림 11.11 밀짚퇴비에서 온도의 변화(굵은 선)와 중온성 균류의 군집(점선)과 고온성 균류의 군집(가는 선)의 변화. [출처: Chang & Hudson 1967.]

생물의 대사작용으로 발생된 열 때문에 퇴비더미의 온도는 며칠 안에 70~80℃까지 올라간다. 세균이 초기 온도 상승시기에 일차적으로 작용하며, 여기에는 farmer's lung을 유발하는 고온성 방선균(제10장)과 주로 온천에서 서식하는 것으로 알려졌으나 최근 조사 결과 퇴비나 열이 발생하는 지역에 광범위하게 존재하는 것으로 알려진 세균 *Thermus*가 포함된다. 이러한 균류는 초기 생장속도가 너무 느리며, 균류의 생장을 허용하는 최대온도가 62~65℃ 정도이기 때문에 퇴비화 초기 과정에서는 미미한 역할을 한다.

열이 극대점에 도달한 후에는 대부분의 미생물이 퇴비의 중심부에서 사멸하기 때문에 퇴비는 열이 식기 시작하지만 몇몇 *Bacillus*는 포자로 생존이 가능하며, 다른 세균들은 퇴비의 표면으로부터 집락을 형성할 수 있어 2차, 3차의 소폭적인 열이 발생한다. 그 후 온도가 서서히 내려가서 주위와 비슷한 온도에 도달하기까지는 20~30일이 걸린다. 세균의 밀도는 이 기간 내내 높게 유지되지만, 균류는 열이 최대점에 도달한 후에 다시 집락을 형성하며 온도가 서서히 내려감에 따라 유기물의 대부분을 분해시키기 때문에 이 시기에 가장 중요한 역할을 한다.

Chang & Hudson(1967)은 퇴비조성 과정의 각 단계마다 발생하는 다양한 특징의 균류 집단을 확인하였다. 그림 10.5에서 그 균류 집단을 쉽게 설명하였다.

1. **나약기생균(weak parasite)**과 **개척자 부생균(pioneer saprotrophic fungi)**의 혼합상태가 처음 며칠 동안 관찰된다. 그들 중 많은 수는 자연 상태의 물질에서 생존하며, 잎 표면 부위에 생장하는 균류(*Cladosporium* 등)와 *Fusarium*이 여기에 포함된다. 극소수의 몇몇 고온성 균류, 즉 *Thermomucor pusillus*와 *Mucor* (*Thermomucor*) *miehei*도 초기 며칠 동안 생장한다. 이러한 개척자 부생균은 최대 생장 가능온도가 57~60℃이므로 극대점까지 상승한 고온으로 인해 활성을 상실하거나 사멸함으로써 다시 출현할 수 없게 된다.
2. 섬유소를 분해하는 자낭균류와 불완전균류는 열로 인해 온도가 극대점에 도달한 이후에 집락을 형성하고 그 후 10~20일 동안 생장을 지속한다. 높은 온도는 이러한 몇몇 균의 휴면 중인 자낭포자를 자극하여 활성을 촉진시키는 것으로 보인다(제10장). 이러한 섬유소분해균류의 발생빈도는 퇴비의 종류에 따라 차이를 나타낼 수 있지만, 일반적으로 *Chaetomium thermophile*, *Humicola insolens*, *Thermoascus aurantiacus*(그림 11.12), *Scytalidium thermophilum*, *Aspergillus fumigatus*(그림 8.4 참조) 등을 들 수 있다. 온도가 극대점까지 상승한 후에는 그들이 얼마나 빨리 집락을 형성할 수 있는지는 각

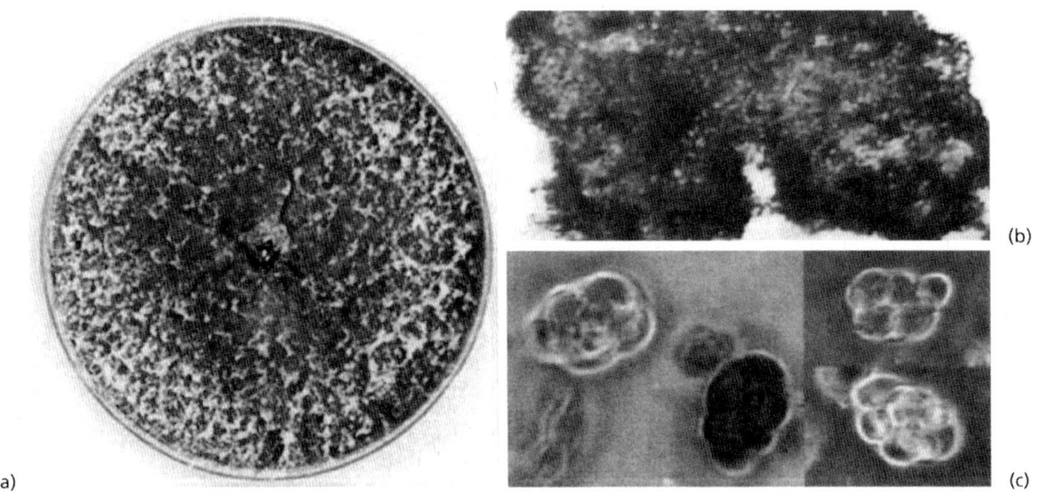

그림 11.12 (a) *Thermoascus aurantiacus*는 고체배지에서 두껍고 딱딱한 황갈색의 집락을 형성한다. (b) 딱딱하게 보이는 것은 자낭을 지니고 있는 폐자낭각이 많이 있기 때문이다. (c) 각 자낭의 내부에는 8개의 자낭포자가 있으며, 각기 다른 숙성시기에 있음을 보여준다.

균류의 생장온도 범위에 따라 결정된다(그림 8.2 참조). 예를 들어, *C. thermophile* (최대온도는 약 55℃, 최적온도는 약 37℃)은 *H. insolens* (최대온도는 약 55℃, 최적온도는 약 50℃)보다 일찍 집락을 형성하기 시작하며, 두 균 모두 *A. fumigatus* (최대온도는 약 52℃, 최적온도는 약 37℃)보다 먼저 생장하는 것으로 알려졌다. 온도가 극대점에 도달한 후에 따뜻한 온도가 지속되는 동안, 퇴비는 섬유소와 헤미셀룰로스(arabinose, xylose, mannose 및 glucose의 혼합 중합체) 같은 주요 식물세포벽 구성요소의 약 2/3를 포함하여 최초 건조 중량의 절반 정도까지 감소하게 된다. 불완전균류인 *Thermomyces lanuginosus*(그림 8.3 참조)는 최대 생장 온도는 62℃ 정도, 최적온도는 47℃ 정도이며, 고온기 동안 생장하며 모든 종류의 퇴비 속에서 흔히 발견되는 균류 중의 하나이다. 그러나 섬유소를 분해하는 특성이 없기 때문에 다른 균이 분비하는 효소에 의해 만들어진 당류를 이용하는 편리공생의 방법으로 생장을 하는 것처럼 보인다(뒷부분 참조).

3. 온도가 35~40℃ 이하로 떨어짐에 따라 고온성 균류는 사라지기 시작하지만 *A. fumigatus*는 생장활성을 잃지 않는다. 이후 퇴비는 몇몇 불완전균류 (예, *Fusarium, Doratomyces*)와 재먹물버섯 (*Coprinus cinereus*, 최대온도는 약 40℃, 최적온도는 더 낮음) 같은 담자균류를 포함한 중온성 균류가 점진적으로 집락을 형성한다. 먹물버섯류(*Coprinus* spp.)는 대표적인 **난분해성 중합체 분해균류**로 리그노셀룰로스를 이용하며, **균사간섭**(菌絲干涉; **hyphal interference**) (제12장) 과정에 의한 접촉을 통하여 균사에 손상을 줌으로써 다른 균에 대하여 고도의 저항성을 나타낸다. 상업적으로 생산되는 버섯인 양송이의 포자는 30℃ 이하로 떨어질 때 퇴비 속에 접종한다. 양송이는 요구되는 온도 때문에 일찍 접종할 수는 없지만, 먹물버섯류가 퇴비에서 정착하기 전 또는 먹물버섯류가 항균성을 나타내기 전에 반드시 접종되어야 한다. 실제로 이 문제는 온도가 극대점에 도달한 직후에 퇴비를 저온살균함으로써 서식하는 균류의 대부분을 사멸시키고 양송이의 접종원을 첨가하여 극복한다(전체 퇴비화 과정의 속도도 더욱 빨라진다).

퇴비화 과정에서 질소의 중심적 역할

일반적으로 무기양분의 적절한 공급은 퇴비 제조나 유기물 분해에 필수적이다. 질소원의 공급은 특히 더 중요하며 흔히 퇴비화 속도를 결정할 수 있다. 질소원의 이용도는 흔히 이용 가능한 형태의 질소와 탄소의 비율, 즉 **탄질비**(炭窒比; **C:N ratio**)로 표현한다. 이 값의 중요성을 알아보기 위하여 두 가지 사항을 주목할 필요가 있다.

1. 비록 탄질비가 균사의 연령과 다른 요인에 따라 변할 수 있다고 해도 균류의 균사는 전형적으로 약 10:1의 탄질비를 갖는다.
2. 균류가 생장하고 있는 동안, 균류는 탄소기질의 약 1/3을 세포구성물질로 변화시키며(제4장에서 설명한 바와 같이 기질변화 효율은 약 33%), 다른 2/3는 이산화탄소로 전환된다. 이러한 값은 추정치이지만 분석의 지침으로 사용된다.

탄질비가 약 30:1인 물질은 균형적인 기질이며 다음과 같은 이유로 신속하고 완벽하게 분해된다.

탄소단위 중 10은 균류 바이오매스로 통합되며;
탄소단위 중 20은 이산화탄소로 방출된다;
질소의 1 단위는 균류 바이오매스로 통합된다.

이제 탄질비가 100:1이라는 물질을 고려해 보자(대략 밀짚은 80:1이고; 톱밥은 350:1부터 1250:1의 범주에 속하며; 신문용지는 본질적으로 질소를 갖고 있지 않다). 어떤 균이 이 물질 위에서 생장을 시작하지만, 가용성 질소는 모든 유기탄소가 이용되기 훨씬 전에 이미 고갈된다. 간단히 표현하면, 분해작용은 다음과 같은 시기에 정지될 것이다:

탄소 10단위는 질소 1단위와 함께 균사체로 통합된다;
탄소 20단위는 이산화탄소로 방출된다;

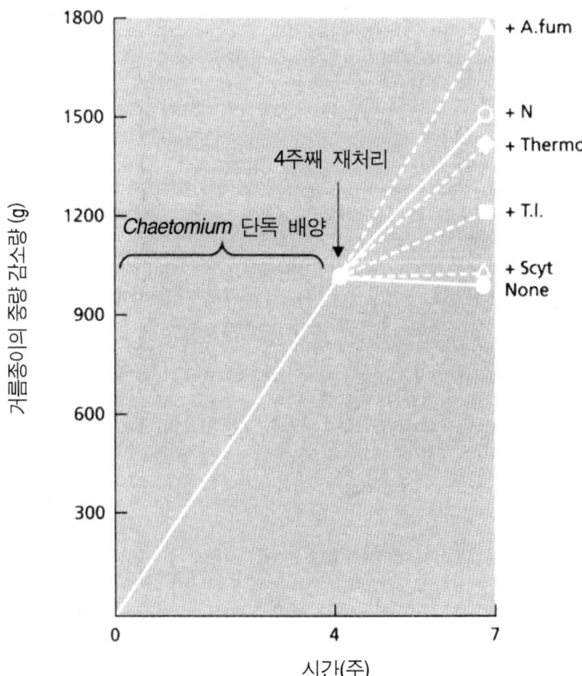

그림 11.13 섬유소에서 자라는 고온성 균류의 천이 유발 실험 (Deacon 1985; 자세한 내용은 본문 참조). A. fum = *Aspergillus fumigatus*; N = nitrogen; Scyt = *Scytaidium thermophilum*; Thermo = *Thermoascus aurantiacus*; T.I. = *Thermomyces lanuginosus*.

탄소 70단위는 잔여 기질 안에 남는다.

사실상 균류가 이용할 수 있는 더 이상의 질소가 없기 때문에 기아 상태가 초래된다. 이 단계에 이르면 여러 가지 현상이 발생된다. 몇몇 균류는 노화된 균사를 자가분해하여 세포 내의 질소를 재순환시킬 수도 있으며, 또는 꼭 필요한 대사과정에 질소를 선별적으로 할당함으로써 낮은 질소환경에 대응하고 있다. 예를 들면 구름버섯(*Coriolus versicolor*) 같은 목재부후균류가 이러한 기작을 지닌 것 같다(나중에 논의). 세 번째 가능성은 여분의 질소를 토양으로부터 보충하는 것인데, 이는 퇴비 같은 폐쇄된 체제에서는 불가능하다. 실제로 질소가 제한되면 많은 균류의 균사는 죽게 되고, 그 결과로 생긴 질소는 동일한 종의 잔여 세포나 다른 종에 의해 재사용될 수 있다. 동일한 개념을 한정된 분량으로 존재하는 다른 필수 무기영양분에도 적용할 수 있다.

질소의 고갈이 균류의 천이에 영향을 주는가?

이 질문은 위에서 설명한 내용으로부터 나온다: 만일 한 균류가 이용할 수 있는 질소원이 고갈되고 재순환시킬 수 없다면 그 세포는 죽게 되고 그들의 산물은 후에 나타나는 다른 균류에 의해 이용될 것이다.

이러한 가능성은 멸균한 여과지(거의 순수한 섬유소) 7g과 질소원으로 질산염(C:N = 200:1)을 넣고 다른 무기양분을 담고 있는 플라스크를 가지고 실험실 내에서 실험적으로 조사하였다. 모든 플라스크에 섬유소분해균 *Chaetomium thermophile*를 접종하여 45℃에서 4주간 배양하였다. 처음 4주 동안 본래의 여과지 중에서 1g 만을 분해하고 생장이 중지되었고, 7주가 지난 후까지도 더 이상의 분해는 없었다. 4주째 여분의 질소를 첨가하면 섬유소의 분해가 지속된 것으로 보아 이러한 현상은 질소 고갈에 의한 것으로 보인다(그림 11.13).

질소가 고갈된 시기인 4주째 **여분의 질소를 공급하지 않은 채로** 다른 처리를 하였다. 모든 처리구에서 *Chaetomium* 배양액에 작은 크기의 고온성 균류 접종원을 넣었다. 4주째 *Chaetomium* 배양 플라스크에 *Scytalidium thermophilum*을 처리하였을 경우에 비록 *Scytalidium* 단독으로 자라면 섬유소를 분해할 수 있지만 더 이상의 섬유소 분해는 일어나지 않았다. 반면에 *Thermoascus aurantiacus*를 4주된 *Chaetomium* 배양액에 접종할 경우에는 7주까지 섬유소의 중량 감소가 일어났으며, *A. fumigatus*가 가장 효과적으로 거의 2배의 중량 감소가 일어났다. 이 균은 본래 접종한 *Chaetomium* 집락 위에서 자라는 것처럼 보였다. 섬유소를 분해할 수 없는 *Therommyces lanuginosus* 조차도 4주 후에 접종하면 섬유소 중량의 감소가 일어났다.

이러한 결과는 기질 천이과정에서 초기의 균류(높은 최적 생장온도를 지닌 *Chaetomium*의 경우)가 질소가 고갈된 조건에서 천이과정 중 후기에 나타나는 균류(예, *Thermoascus*나 *A. fumigatus*)에 의해 대체될 수 있음을 의미한다.

자연물질에서 진행되는 균류활성의 천이에 있어서, 담자균류(양송이, 재먹물버섯 등)는 전형적으로 천이 속도가 느리며, 그들 중 상당수는 질소원으로 단백질을 이용하는 것으로 알려져 있다. 실제로, 양송이는 오직 살아있는 세균 또는 열처리에 의해 죽은 세균의 형태로 질소가 제공될 때도 생장이 가능하다. 우리는 이미 *Phanerochaete*가 질소원 제한에 대응하여 리그닌 분해효소 합성을 유도한다는 사실을 알고 있으며; 먹물버섯(*Coprinus*) 같은 담자균류가 접촉에 의해 다른 균류의 균사를 파괴시키며, 이것을 유기질소원으로 사용할 수 있다는 것을 제12장에서 설명할 예정이다. 따라서 질소의 이용도는 균류의 천이에 있어 중요한 요인이 되며, 후기의 천이 균류는 초기의 천이 균류가 이용했던 질소를 얻는 (재순환시키는) 특별한 능력을 가지고 있는 것으로 보인다.

근권의 분해 균류

운동성 *Pseudomonas* spp.나 난균류와 변형균류의 유주포자가 뿌리의 끝부분에 모이는 것으로 보아 살아있는 식물의 뿌리는 끊임없이 영양분을 토양에 공급

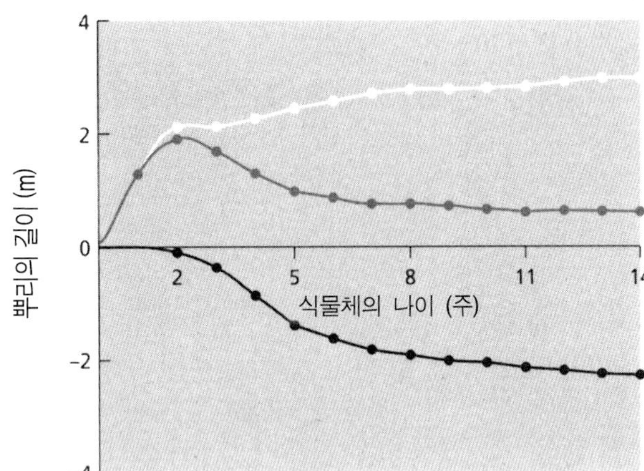

그림 11.14 14주 동안 자란 땅콩에서 관찰되는 총 생성 뿌리 (흰색), 총 부후 뿌리 (아래쪽 검은색) 및 살아있는 뿌리 (위쪽 검은색). 다섯 개의 서로 다른 재배종으로 2반복 실험을 하였을 때도 거의 동일한 결과를 얻었다. [출처: Krauss & Deacon 1994.]

하고 있다. 아미노산, 당류 및 기타 여러 가지 유기물이 뿌리의 삼출액에서 흔히 발견되며, 총 미생물 군집은 뿌리끝 뒤에서부터 정점에 도달할 때까지 점차 증가한다. 이 지점에서 미생물 군집의 크기는 뿌리의 "전달능력"을 나타낸다. 다시 말해, 지속적으로 분비되는 영양분의 분비 속도는 **뿌리에 존재하는 군집에 의해 영양분이 이용되는** 속도와 일치한다.

뿌리에 영향을 받는 토양 지역을 **근권**(根圈; **rhizosphere**)이라 부른다. 제10장에서 보았듯이 균류의 포자는 식물 뿌리 삼출액 또는 영양분으로는 작용하지 않지만 신호전달에 관련된 작은 분자에 의해 발아가 유도된다. 그러나 이러한 현상도 부생균, 기생균 및 병원균이 뿌리에 집락을 형성하는 지속적인 과정의 시작에 불과하고 최종적으로 뿌리는 죽고 영양분이 토양으로 되돌려질 때까지 계속된다.

야외에서 뿌리의 행동을 연구하는 것은 매우 어렵고, 온실 내에서 주기적으로 관찰할 수 있는 투명한 장치를 설치하여 식물을 배양함으로써 가능하다. 물론, 뿌리는 정기적인 관찰시기를 제외하고는 어두운 상태를 유지한다. 그림 11.14와 11.15는 이러한 장치에서 땅콩(*Arachis hypogea*)을 14주 동안 키우면서 얻은 결과이다(Krauss & Deacon 1994). 눈에 보이는 뿌리의 모든 부분을 1주일 간격으로 조사하였고, 살아있는 뿌리(흰색의 뿌리)와 죽은 뿌리(갈색으로 썩는 뿌리와 없어지는 뿌리)를 구별하여 조사하였다.

그림 11.14와 11.15는 놀라울 정도의 빠른 속도로 일어나는 **뿌리노화(rhizodeposition)**를 보여준다. 즉, 뿌리 성분이 토양으로 빠져나가고 근권에 서식하는 미생물 군집에 의해 이용된다. 비록, 총 뿌리의 길이는 식물이 숙성하는 시기인 14주 또는 20주 (땅콩의 재배품종에 따라 좌우됨)까지 계속 길어지지만, **살아있는 뿌리의 최대 길이**는 모든 식물에서 파종 후 2~4주 사이에 최대에 도달한다. 그 시기를 지나도 원뿌리는 계속 생장하며 더 많은 곁뿌리를 만든다. 그러나 뿌리가 죽는 속도가 새로운 뿌리가 만들어지는 속도를 앞질러서 결국 전체 뿌리의 길이가 감소되기 시작한다. 말라위의 땅콩 실험구에서 파종 5주 후인 곁뿌리가 죽기 시작하는 초기에 대한 연구도 진행되었다. 최소한 땅콩의 경우에서는 뿌리의 조락이 끊임없이 일어나고 이로 인해 균류나 다른 토양 미생물에 영양분을 지속적으로 공급한다.

다른 연구는 뿌리의 피층을 점진적으로 죽게하는 염료를 사용하여 곡류와 목초류 뿌리에 촛점을 맞추어 수행하였다. **아크리딘오렌지(acridine orange)**는 뿌리를 뚫고 들어가 핵 속의 DNA와 결합하고 담녹색의 형광을 띠어 형광현미경으로 관찰이 가능하다(그림 11.16a, c). 다른 방법으로 뿌리에 **뉴트랄레드(neutral red)**를 침투시켜 원형질에 축적되게 하고 삼투압이 강한 용액을 사용하여 원형질을 수축되게 한다(그림 11.16b, d). 두 방법 모두 살아있는 세포의 수와 분포를 측정할 수 있다. 온실에서 자란 밀 유묘의 경우에 7~10일 된 부분인 제일 바깥에 있는 피층이 처음으로

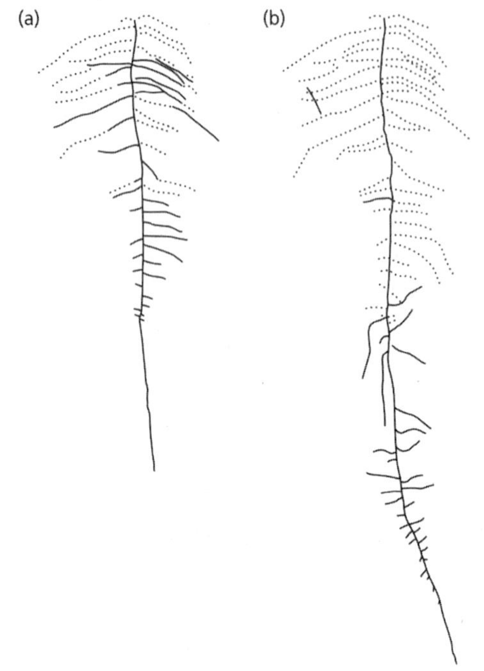

그림 11.15 땅콩의 근계를 추적한 전형적인 트레이싱. 뿌리의 분포를 1주일 간격으로 투명한 종이 위에서 겹쳐서 트레이싱한 6주째 (A)와 13주째 (B)의 결과이다. 굵은 선은 이 실험을 할 때 살아있는 뿌리를 나타내며, 점선은 썩어서 사라진 뿌리를 나타낸다. 다섯 가지의 재배품종(각 품종 당 2 반복)으로 실험을 하였어도 거의 같은 결과를 얻었다. [출처: Krauss & Deacon 1994.]

죽고 다음에 3~4일 간격으로 내부의 피층세포가 연속적으로 죽게 되며, 최종적으로 뿌리 내피 바로 다음에 있는 제일 안쪽의 피층세포만 살아있게 된다. 이러한 뿌리 끝부분 뒤에 있는 **뿌리피층의 연속적인 사멸**은 **토양이나 무균 조건**에서 자라는 뿌리에서 관찰할 수 있다. 뿌리피층의 사멸은 어떤 곡류가 다른 곡류에 비해 빠르게, 잔디보다는 곡류에서 빠르게, 야외보다는 실험실내에서 빠르게 일어난다. 그러나 피층이 죽는 모든 경우가 뿌리의 기능에 영향을 주는 것은 아니다. 왜냐하면, 뿌리는 계속해서 새로운 토양으로 뻗어나가고 오래된 뿌리 부분은 과잉의 노화된 피층을 지닌 채 물질 수송 기능을 수행하기 때문이다.

곡류와 목초류 뿌리의 균류 침입

Waid(1957)의 실험 결과는 위에서 관찰한 뿌리 피층세포의 사멸은 다년생 호밀풀(*Lolium perenne*)의 뿌리에 균류가 침입하는 양상과 정확하게 일치한다. 그 결과는 다음에 요약하였지만 본질적으로 기생균, 나약기생균, 부생균에 의한 연속적인 침입과 이에 반응하는 뿌리 피층 노화의 연속과정이다:

1. 생장 중인 뿌리 끝에는 균사가 없지만, 끝부분 뒤에는 상당히 복잡한 균류의 군집이 발달한다.
2. 노화된 뿌리의 근권뿐만 아니라 미성숙한 뿌리의 근권에서 조차 가장 내부의 피층세포에서 투명한 무색의 균사를 지닌 균이 발견된다. 이 균은 살아있는 기주세포 속에 생존하는 수지상균근임이 거의 확실하다(제13장).
3. 뿌리 끝에서 조금 떨어진 부위의 뿌리 표면에서는 *Mucor*와 *Penicillium*이 발견되며, 그들은 모든 시기의 뿌리 표면과 연관되어있다. 이들 균류는 뿌리 세포로부터 누출되는 가용성 영양물을 이용하거나 표면에 있는 점액질(펙틴 같은 물질)을 이용하여 자라는 것으로 추정된다. 그러나 그들의 균사는 근권에서 쉽게 동정되거나 관찰될 수 없으며, 최초의 생장기나 생장주기를 거친 후에 뿌리의 표면이나 근처에서 포자로서 생존할 가능성이 있다.
4. 검게 착색된 균사를 갖는 균은 미성숙한 식물 근권에 있는 뿌리 표면에서 발견되고, 그 균은 뿌리가 노화됨에 따라 피층 속 상당한 정도의 깊이에서도 발생하는 것으로 보인다. 이 균은 목초의 뿌리에서 다량으로 발견되는 *Phialophora graminicola*이며, 피층 세포에서 노화의 과정이 시작되는 초기에 순수 부생균 보다 먼저 뿌리의 피층세포를 침입하여 절묘한 기회를 이용하는 나약기생균이다(제12장).
5. *Phialophora*가 안쪽으로 세력을 확산해 나감에 따라 일련의 균류가 뒤따라 감염하게 된다. 이러한 균류에는 투명 균사로 생장하며 포자를 만들지 못하는 불임성 미확인 균류와 죽은 조직과 죽어가는 조직의 집락 형성균이면서 수분이 부족한 조건에 있는 곡류와 목초류에 병원성을 유발하는 *Fusarium*

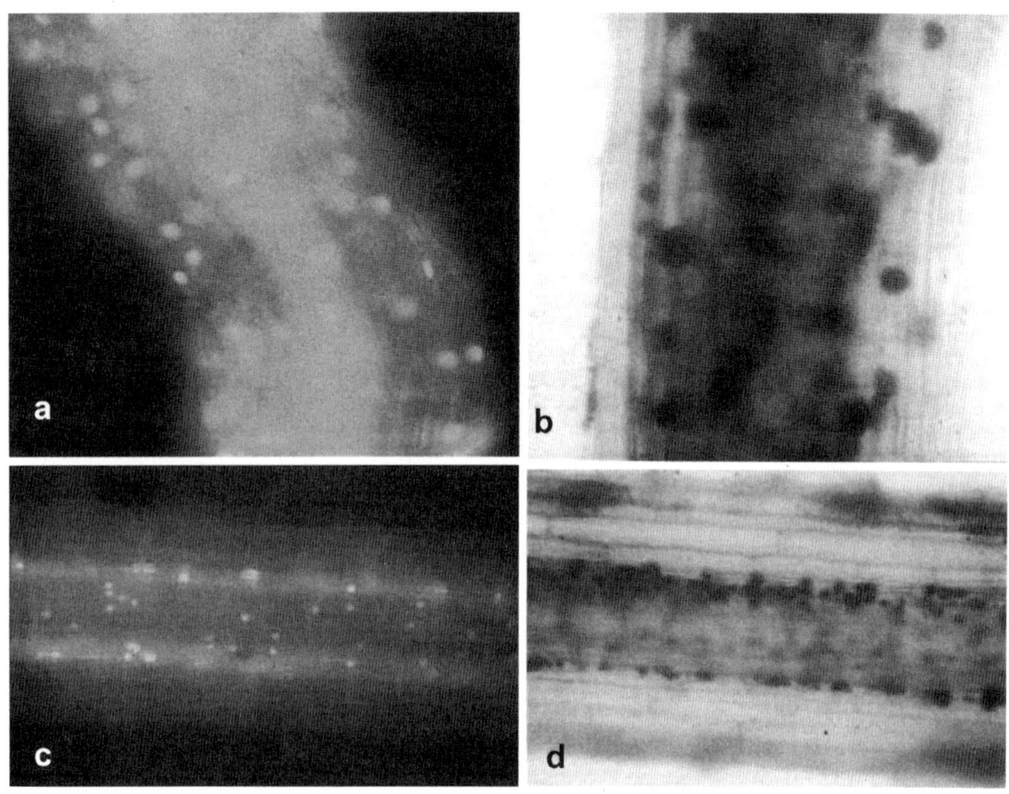

그림 11.16 아크리딘오렌지(acridine orange) (a,c) 또는 뉴트랄레드(neutral red) (b,d)로 염색한 병원균에 감염되지 않은 밀 뿌리 피층 세포의 사멸. 모든 피층 세포층이 살아있고 (a), 대부분의 세포층이 살아있다 (b). 오래된 뿌리에서는 바깥의 5층 또는 6층이 사멸했으나(c,d), 가장 안쪽의 6층은 뿌리 자체가 사멸할 때까지 살아있다. [출처: Lascaris & Deacon 1991.]

*culmorum*이 포함된다.

6. 노화된 뿌리의 근권에서는 *Trichoderma*와 *Clonastachys rosea*(*Gliocladium roseum*)가 외부 피층에 집락을 형성한다. 이들은 대표적인 토양 및 근권 균류이며, 고체 배지에서 다른 균류에 대하여 길항작용을 나타내거나 다른 균류를 압도하여 월등한 생장을 하는 것으로 알려졌다(제12장). 따라서 그들은 아마도 이차 (기회적) 침입균으로서 피층 속에서 생장할 것이다.

부후 중인 목재에서의 균류 군집

물리적으로나 화학적으로 목재는 분해하기 어려운 물질이기 때문에 대부분의 균류는 목재를 잘 이용하지 못한다. 목재는 주로 섬유소(건중량 40~50%), 헤미셀룰로스(25~40%) 및 리그닌 (20~35%)으로 이루어져 있다. 이 중에서 리그닌은 복합한 방향족 중합체로 식물의 세포벽을 둘러싸고 있어 효소의 접근을 방해하여 보다 쉽게 분해될 수 있는 섬유소와 헤미셀룰로스의 분해를 막음으로써 목재 부후의 주된 장애물로 작용한다. 리그닌은 화학적으로 구조가 복잡할 뿐만 아니라 다양한 구조, 불용성 및 가수분해가 되지 않는 특성으로 인하여 일반적인 효소 체제로는 분해되지 않는다. 목재는 매우 낮은 질소함량(보통 500:1 정도의 탄질비)과 낮은 인의 함량을 지닌다. 또한, 목재는 심

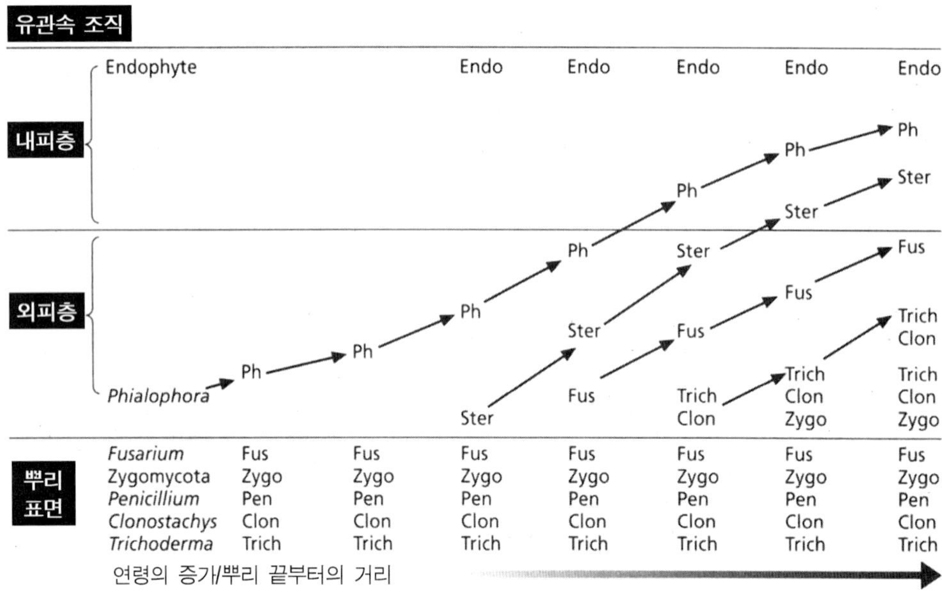

그림 11.17 식물의 연령 증가와 뿌리 끝부터의 거리에 의해 호밀풀 뿌리에 균류가 침입하는 순서. 나약기생균 *Phialophora graminicola* (Ph)는 뿌리 피층의 노화가 시작되면 침입을 개시한다. 다음에 투명한 무포자 균(Ster)과 *Fusarium culmorum* (Fus)가 침입하고, 접합균문(Zygo)에 속하는 균과 *Penicillium* (Pen), *Clonostachys rosea* (Clon), *Trichoderma* (Trich) 같은 부생균이 뒤따라 침입한다. [출처: Waid (1957) 및 추가자료.]

재 속에 균류에 독성을 나타내는 화합물을 갖고 있다. 활엽수에서 이 독성물질은 단백질과 결합하며 동물 피부가 썩는 것을 방지하는 성분인 **탄닌(tannin)**이지만, 침엽수는 테르펜(terpenes), 스틸벤(stilbenes), 후라보노이드(flavonoids) 및 트로폴론(tropolones) 같은 페놀성 물질이 독성물질로 존재한다. 트로폴론의 독성의 대부분은 산화적 인산화의 공역방지제(uncoupler)로 작용하는 **투자플리신(thujaplicins)**이며; 특히 편백나무 목재(cedarwood)에 많은데, 목재부후에 내성을 가지므로 우수한 품질의 가구재 등으로 사용된다.

이러한 강력한 물질의 존재에도 불구하고 목질부 조직은 균류에 의해 분해되며, 목질부 세포벽을 공격하는 방식에 따라 **연부후균**(軟腐朽菌; **soft rot fungi**), **갈색부후균**(褐色腐朽菌; **brown rot fungi**) 및 **백색부후균**(白色腐朽菌; **white rot fungi**)의 3가지로 나뉜다.

연부후균

연부후균은 습한 환경에 있는 목재에서 생장한다. 이들은 담장기둥, 목재 전신주, 목재 창문틀, 냉각탑의 목재와 수중 환경 속에 있는 목재를 부후시키는 대표적인 균류이다. 그림 11.18에서 보는 바와 같이 연부후균은 상대적으로 단순한 방법으로 목재를 공격한다. 이들의 균사는 세포벽에 있는 막공(pit)을 통하여 목재 내부로 들어온 후에 각 목재세포의 내강에서 생장한다. 그 후에 미세한 침입 가지를 형성하여 리그닌으로 얇게 코팅된 S3층을 지나 섬유소가 풍부하고 두꺼운 S2층에 도달하게 된다. 침입 균사가 S2층에 있는 약화된 면에 도달하게 되면 넓은 T-형의 균사를 만들고 섬유소분해효소를 분비하면서 약화된 면을 따라 생장하게 된다. 섬유소분해효소의 확산은 세포벽에 마름모꼴 공간이 형성되는 특징적인 형태의 분해를 초래한다. 이러한 공간은 균류가 죽은 후에도 계속 존재하면서 연부후균의 특징적인 흔적을 남긴다. 연부후균은 리그닌에 대해 거의 영향을 미치지 못하여 리그닌은 원래의 상태로 남게 된다. 모든 연부후균은 목재를 부후시

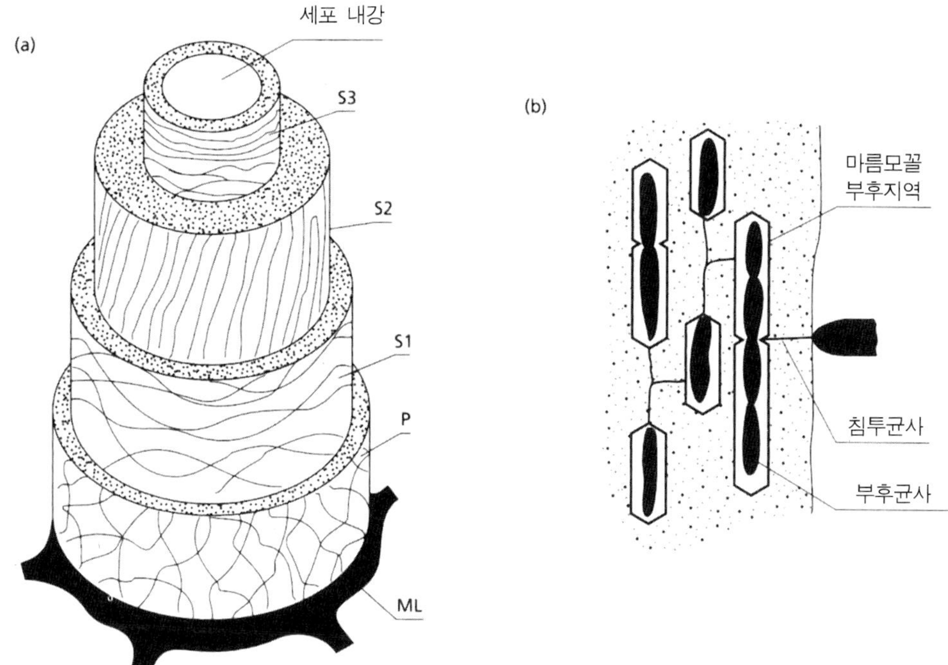

그림 11.18 (a) 미세섬유소의 배열을 보여주는 목재조직 세포벽 층의 그림. ML = 인접세포 사이에 있는 중엽층; P = 느슨하고 불규칙하게 배열된 미세섬유로된 얇은 1차벽; S1-S3 = 2차 세포벽 층 (b) S2 층에 있는 연부후균의 특징적 부후방식. 연부후균은 가느다란 균사를 사용하여 세포벽 관통하여 약화된 세포벽 속에 넓은 균사를 형성하고, 그 균사는 섬유소가 효소적으로 분해되는 곳인 마름모꼴의 공간을 만든다.

키기 위해 상대적으로 높은 양의 질소를 요구하며, 그 양은 전형적으로 목재 질소원의 1% 정도에 해당한다. 목재 자체에서 이용할 수 있는 질소가 없다면 담장 기둥 아래의 토양과 같은 환경에서 질소를 보충할 수 있다.

연부후를 일으키는 균류는 자낭균류와 불완전균류에 속하며, 육상환경에서는 *Chaetomium*과 *Ceratocystis*가, 해양이나 강어귀 같은 수서환경에서는 *Lulworthia, Halosphaeria* 및 *Pleospora*가 해당한다.

갈색부후균

갈색부후균은 치마버섯(*Schizophyllum commune*), 말굽버섯(*Fomes fomentarius*, 그림 2.24 참조), 건부후균 버짐버섯(*Serpula lacrymans*, 그림 7.8 참조) 같은 담자균류가 대부분을 차지한다. 많은 갈색부후균은 죽은 나무의 줄기에 선반형의 자실체를 형성하나, 갈색부후가 일어나면 목재가 갈색으로 변하고 독특한 형태의 분해로 인해 약한 부분을 따라 벽돌 모양의 틈이 생기는 것이 공통적인 특성이다(그림 11.19)(Bagley & Richter 2002).

버짐버섯은 유럽의 건물에서 구조 목재에 많은 피해를 준다. 그러나 건부후라는 용어는 다른 형태의 목재부후를 의미하지는 않는다. 대신에 이 균이 일단 정착하면 환경이 매우 건조한 조건에서 조차 계속 생장하기 위해 목재 속의 섬유소를 분해하여 충분한 양의 수분을 만들 수 있다는 것을 의미한다. 버짐버섯은 환기가 불량한 영국이나 유럽의 건물에서는 매우 흔하게 발견되나 아무도 자연 환경에서는 발견한 적이 없었으므로 오랜 세월 동안 베일에 싸인 균으로 인식되었다. Singh *et al.* (1993)은 이 균이 자연 서식지로 보

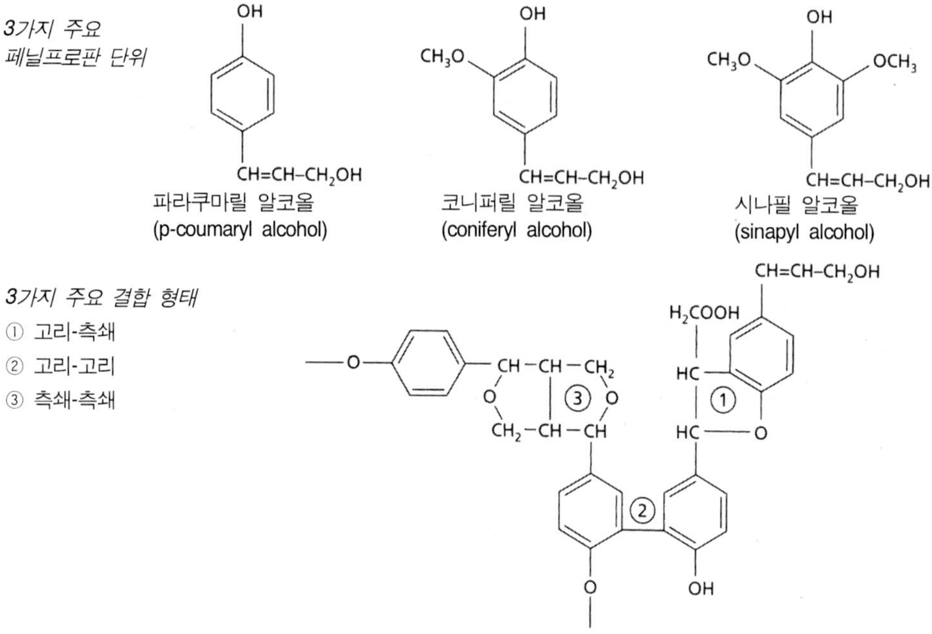

그림 11.22 세 가지 주된 페닐프로판 단위와 이들을 연결하는 세 가지 주요 결합방식이 나타난 리그닌의 구조. 리그닌 분자의 작은 일부분만 나타나 있음.

를 사용하는 것으로 보이지만 질소의 이용은 매우 효율적이다. 예를 들어, 구름버섯을 탄질비가 32:1인 배지에서 생장할 경우에는 4% 정도의 질소함량을 갖지만, 탄질비가 1600:1인 배지에서 생장하는 경우에는 단지 0.2%의 질소함량을 갖는다. 질소가 결핍된 조건에서 이 균은 세포외 효소와 필수적인 세포 구성요소를 생산하는 데 질소를 우선적으로 배분하므로 균사체에서 질소를 효과적으로 재순환할 수 있다(Levi & Cowling 1969). 백색부후균은 목재에서 질소고정 세균의 생장으로부터 이익을 얻기도 한다.

백색부후균의 가장 두드러진 특징은 리그닌을 완전히 분해할 수 있는 능력에 있다. 그림 11.22에서 보듯이 리그닌은 3가지 형태의 페닐프로판 단위 (3개의 탄소 측쇄를 지닌 6개의 탄소로 구성된 고리)로 구성된 복합적인 중합체이며, 페닐프로판 단위는 최소한 12가지 방법으로 서로 결합한다. 만일 리그닌이 일반적인 방법으로 분해된다면 수없이 많은 효소가 필요하다. 그 대신 리그닌은 산화적 과정에 의해 분해된다. 이 과정은 매우 복잡하지만, 백색부후균은 오직 소수의

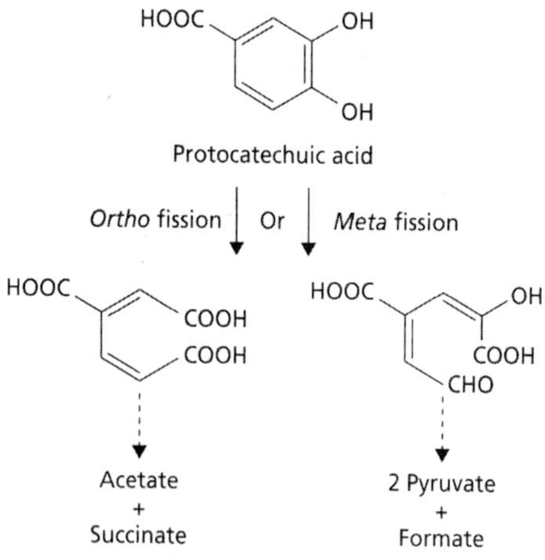

그림 11.23 방향족 고리가 열리는 방법. (왼쪽) *ortho* 열개에 의해 리그닌이 분해되는 과정. (오른쪽) *meta* 열개에 의해 살충제나 다른 난분해성 물질이 분해되는 과정. 우선 고리에서 인접한 탄소원자 사이에 2개의 수산기가 치환되며, 두 탄소원자 사이 (*ortho* 열개) 또는 탄소와 인접한 다른 원자 사이 (*meta* 열개, 세균의 플라스미드에 암호화된 기능)에서 고리가 열린다.

그림 11.24 (a) 서로 다른 균류 집락 사이에서 형성된 짙은 대선(zone line)을 보이고 있는 유럽산 너도밤나무의 썩은 그루터기 부분. (b) 대선이 있는 너도밤나무 무늬목을 사용하여 만든 장식용 사발. (c) 조직 내부에 멜라닌화된 세포가 보이는 심하게 썩은 목재의 그루터기.

효소 [리그닌퍼옥시다제(lignin peroxidase), 망간퍼옥시다제(manganese peroxidase), 과산화수소 생산 효소(H_2O_2-generating enzyme), 라카제(laccase)]와 리그닌 구조를 연소할 수 있는 강력한 산화제만을 필수적으로 생성한다(Kirk & Farrell 1987).

고리 절단(ring-cleavage)을 시작하는 주요 효소는 **라카제(laccase)**인데, 페놀화합물에 또 다른 수산기 그룹의 첨가를 촉매한다. 고리는 수산기가 붙어있는 2개의 인접한 탄소원자 사이에서 열린다(그림 11.23). 이 과정은 고리가 리그닌 분자에 붙어있을 때 일어나며, 세균이 살충제 페놀고리(고리가 다른 부분에서 열림, 그림 11.23 참조)를 분해하는 *meta* 열개와 구분하여 *ortho* 열개로 명명되었다.

다른 효소들은 산화제를 생성하거나 이동시키는 데 주로 관여한다. 이 효소들은 포도당으로부터 H_2O_2를 생성하는 **포도당산화효소**(葡萄糖酸化酵素; **glucose oxidase**), 망간(Ⅱ)를 유기분자를 산화할 수 있는 형태인 망간(Ⅲ)로 산화시키는 **망간퍼옥시다제(manganese peroxide)**, 그리고 H_2O_2로 부터 방향족 고리까지 단일항 산소(singlet oxygen)의 이동을 촉매함으로써 리그닌 구조의 분해 초기과정에 관여하는 리그닌퍼옥시다제 등이 있다. 이러한 초기의 산화반응은 단일전자가 이동함으로써 리그닌 구조 유지에 매우 불안정한 조건이 형성되고 이후 일련의 화학적 산화반응이 진행된다.

명백히 리그닌 분해는 산소의 공급에 크게 의존하기 때문에 침수상태에서는 발생하지 않는다. 몇몇 산화적 중간생성물은 균류에 독성을 나타내기 때문에 리그닌의 분해는 균류에게 잠재적 위험을 발생시킨다. 백색부후균은 실내 실험에서 페닐프로판 단위로부터 독성화합물을 생성하지만, 멜라닌성 색소로 중합화 함으로써 독성을 무독화 시킨다. 이 현상은 목재부후균의 두 집락이 만나는 곳에서 흔히 발생하며, 접촉면에서 상당히 짙은 멜라닌화 대선(zone line)(실질적으로 멜라닌화 세포들의 집락)을 형성한다(그림 11.24). 경계선의 양쪽 면에서 균을 분리하면, 이들은 상이한 종이거나 체세포적으로 비화합성인 동종의 다른 균주들이다. 대선이 형성된 목재 (spalted wood)는 장식물로 인기가 있다(그림 11.24).

목재부후균의 생물공학

리그노셀룰로스는 목재가공산업의 부산물로 나오거나 작물의 잔재에도 풍부하게 들어있으므로 저렴한 상업적 기질로 이용할 잠재적 가능성은 매우 크다. 예를 들어, 만약 섬유소를 당류로 분해할 수 있다면 미생물의 발효에 의해 연료용 알코올을 생산함으로써 화석연료를 대체할 수 있다. 이러한 전망으로 탈리그닌에 대한 연구가 촉진되어 왔으며, 특히 액체배양에서 신속히 생장하면서도 담자균류로는 특이하게도 다량의 분생포자를 형성하는 백색부후균 *Phanerochaete chrysosporium*이 많이 연구되었다. 최적에 가까운 배양조건에서 이 균은 하루에 균사체 생물량 1g당 200mg 정도의 리그닌을 분해할 수 있다. 그러나 이 균은 리그노셀룰로스의 섬유소 성분도 함께 분해·이용하므로 실용화에는 실패하였다. 유전공학은 이것에 대하여 잠재적인 해결책을 제시하고 있는데, *Phanerochaete*가 회분배양에서 정지기의 초기에 리그닌분해효소를 생성한다는 사실이 발견됨으로써 유전공학을 통한 실현이 가능해졌다(제14장). 효소 생성은 질소를 제한함으로써 크게 증진되었고, 리그닌을 첨가함으로써 더욱 촉진되었다. 이러한 조건과 대응하는 비유발조건에서 생성된 mRNA를 비교함으로써 리그닌퍼옥시다제(lignin peroxidase) 유전자가 동정되었고, 염기서열이 결정되었으며, 대장균(*E. coli*)에 클로닝되었다. 이 재조합 세균에 의해 생성된 리그닌분해효소는 실내실험 조건에서 다양한 종류의 리그닌 모델화합물에 작용하므로, 탈리그닌 과정에서 높은 효율을 나타내는 재조합 미생물을 사용할 전망을 밝게 하였다.

백색부후균과 그들의 효소체계도 방향족 오염물질에 의해 오염된 토양의 생물학적 복원에 사용될 잠재력을 지니고 있으며, Ralph & Catcheside(2002)가 제시한 여러 가지 공정도 응용 가능성이 매우 높다.

참고문헌

Andrews, J.H. (1992) Fungal life-history strategies. In: *The Fungal Community: its organization and role in the ecosystem* (Carroll, G.C. & Wicklow, D.T., eds), pp. 119–145. Marcel Dekker, New York.

Bagley, S.T. & Richter, D.L. (2002) Biodegradation by brown rot fungi. In: *The Mycota X. Industrial Applications* (Osiewicz, H.D., ed.), pp. 327–341. Springer-Verlag, Berlin.

Carroll, G.C. & Wicklow, D.T. (1992) *The Fungal Community: its organization and role in the ecosystem.* Marcel Dekker, New York.

Chang, Y. (1967) The fungi of wheat straw compost: paper II. *Transactions of the British Mycological Society* **50**, 667–677.

Chang, Y. & Hudson, H.J. (1967) The fungi of wheat straw compost: paper I. *Transactions of the British Mycological Society* **50**, 649–666.

Deacon, J.W. (1985) Decomposition of filter paper cellulose by thermophilic fungi acting singly, in combination, and in sequence. *Transactions of the British Mycological Society* **85**, 663–669.

Harper, J.L. & Webster, J. (1964) An experimental analysis of the coprophilous fungus succession. *Transactions of the British Mycological Society* **47**, 511–530.

Hudson, H.J. (1968) The ecology of fungi on plant remains above the soil. *New Phytologist* **67**, 837–874.

Kirk, T.K. & Farrell, R.L. (1987) Enzymatic "combustion": the microbial degradation of lignin. *Annual Review of Microbiology* **41**, 465–505.

Krauss, U. & Deacon, J.W. (1994) Root turnover of groundnut (*Arachis hypogea* L.) in soil tubes. *Plant & Soil* **166**, 259–270.

Lascaris, D. & Deacon, J.W. (1991) Comparison of methods to assess senescence of the cortex of wheat and tomato roots. *Soil Biology and Biochemistry* **23**, 979–986.

Levi, M.P. & Cowling, E.B. (1969) Role of nitrogen in wood deterioration. VII. Physiological adaptation of wood-destroying and other fungi to substrates deficient in nitrogen. *Phytopathology* **59**, 460–468.

Li, S., Spear, R.N. & Andrews, J.H. (1997) Quantitative fluorescence in situ hybridization of *Aureobasidium pullulans* on microscope slides and leaf surfaces. *Applied and Environmental Microbiology* **63**, 3261–3267.

Lu, G., Cannon, P.F., Reid, A. & Simmons, C.M. (2004) Diversity and molecular relationships of endophytic *Colletotrichum* isolates from the Iwokrama Forest Reserve, Guyana. *Mycological Research* **108**, 53–63.

Olsson, P.A., Larsson, L., Bago, B., Wallander, H. & van Aarle, I.M. (2003) Ergosterol and fatty acids for biomass estimation of mycorrhizal fungi. *New Phytologist Letters* **159**, 7–10.

Ralph, J.P. & Catcheside, D.E.A. (2002) Biodegradation by white-rot fiungi. In: *The Mycota X. Industrial Applications* (Osiewacz, H.D., ed.), pp. 303–326. Springer-Verlag, Berlin.

Schroder, S., Hain, M. & Sterflinger, K. (2000) Colorimetric in situ hybridization (CISH) with digoxigenin-labeled oligonucleotide probes in autofluorescent hyphomycetes. *International Microbiology* **3**, 183–186.

Singh, J., Bech-Andersen, J., Elborne, S.A., Singh, S., Walker, B. & Goldie, F. (1993) The search for wild dry rot fungus (*Serpula lacrymans*) in the Himalayas. *The Mycologist* **7**, 124–130.

Stewart, A. & Deacon, J.W. (1995) Vital fluorochromes as tracers for fungal growth studies. *Biotechnic and Histochemistry* **70**, 57–65.

Tribe, H.T. (1960) Decomposition of buried cellulose film, with special reference to the ecology of certain soil fungi. In: *The Ecology of Soil Fungi* (Parkinson, D. & Waid, J.S., eds), pp. 246–256. Liverpool University Press, Liverpool.

Vanneste, J.L., Hill, R.A., Kay, S.J., Farrell, R.L. & Holland, P.T. (2002) Biological control of sapstain fungi with natural products and biological control agents: a review of the work carried out in New Zealand. *Mycological Research* **106**, 228–232.

Waid, J.S. (1957) Distribution of fungi within the decomposing tissues of ryegrass roots. *Transactions of the British Mycological Society* **40**, 391–406.

제12장

균류의 상호작용: 기작과 실제적 이용

이 장은 다음과 같은 주요 부분으로 구성되어있다:

- 균류의 상호작용에 관한 용어
- 균류의 상호작용에 있어서 항생물질의 역할
- *Trichoderma* 류에 의한 항생물질과 발병억제
- 균사간섭: 응용 생물적 방제의 고전적 사례
- 균류기생균: 다른 균류에 기생하는 균류
- 균류 사이의 경쟁작용
- 균류 사이의 편리공생과 상리공생

미생물은 다양한 방법을 통해 상호작용을 한다. 이 장에서는 균류가 관여하는 상호작용의 몇 가지 주요 특징과 균류가 실제적인 이익을 위해 이러한 상호작용을 이용할 가능성을 다루고 있다. 또한 생물적 방제제로서의 균류의 상업적 이용에 대해서도 논의할 것이다.

균류의 상호작용에 관한 용어

균류의 상호작용에 관한 용어는 어려운 일면이 있지만 쉽게 이해할 수 있도록 균류 사이의 상호작용을 대략 3가지의 범주로 정리할 수 있다:

1. 어떤 종이 **경쟁**(競爭; **competition**)을 통하여 다른 종을 배척하려는 작용으로서 때로는 **소비경쟁**(消費競爭; **exploitation competition**)이라고도 하는데, 공간이나 기질 등의 자원을 상대보다 더 빠르고 효과적으로 이용하는 경우를 말한다.
2. 어떤 종이 **길항작용**(拮抗作用; **antagonism**)을 통하여 다른 종의 활동을 배척하거나 무력화시키는 작용으로서 때로는 **간섭경쟁**(干涉競爭; **interference competition**) 또는 **간섭투쟁**(干涉鬪爭; **interference combat**)이라고도 하는데, 항생물질의 생성이나 기생을 통하여 다른 균류에 직접적인 영향을 주는 것을 말한다.
3. 두 종이 공존하는 능력으로서 **편리공생**(片利共生; **commensalism**)이라고 하며, 특히 양쪽 모두에 이익이 되는 경우를 **상리공생**(相利共生; **mutualism**)이라고 한다.

균류는 서로 다른 조건에서 달리 행동할 수 있으므로 어떤 종이 반드시 어떤 유형의 상호관계에 속한다고 할 수 없다는 점을 강조해야 한다.

균류의 상호작용에 대한 항생물질의 역할

다소 자의적인 정의를 내린다면 항생물질이란 어떤 미생물의 2차대사물질로서 100μg $m\ell^{-1}$ 또는 그 미만의 농도로 다른 균류의 작용을 억제할 수 있다. 이 정의에서 이산화탄소나 유기산 같은 일반적인 대사부산물은 제외된다. 항생물질이란 용어는 오로지 특정 표적 세포에만 영향을 끼치는 고도의 특이 활성물질로서 제한된다.

균류에서 분리된 항생물질 중에서 잘 알려진 것으로는 **penicillins**(제7장), **cephalosporins**, **griseofulvin**(제5장) 등이 있는데, 이러한 항생물질은 세균의 억

제에 임상적으로 이용되며, 특히 griseofulvin은 균류의 억제에 사용되고 있다. 최근에 발견된 항생물질로는 불완전균류 *Fusidium coccineum*에서 유래한 **fusidic acid**가 있는데, 이는 그람양성세균에 대하여 활성을 가지며, *Aspergillus fumigatus*에서 유래한 **fumagillin**은 수의약품으로서 기생성 원생동물의 억제에 사용되고 있으며, *Sordaria*(자낭균)로부터 유래한 sordarin은 인체의 진균감염증 치료에 사용된다.

이러한 것들은 균류로부터 생성되는 것으로 알려진 1,000가지 이상의 항생물질 중 극소수에 해당된다. 화학회사의 통상적인 선발작업에서 발견한 항생물질의 대부분은 독성이나 다른 바람직하지 못한 부작용으로 인해 상업적으로 이용할 수 없다. **Patulin**이 그러한 사례의 하나인데(그림 7.13 참조), 유망한 항생물질이지만 무엇보다도 균독소로서의 가능성이 있다는 사실이 밝혀짐으로써 개발이 중단되었다. 그러나 항생물질은 다양한 환경조건에서 자연적으로 생성되며, 종 사이의 상호작용에서 중요한 역할을 담당하고 있다. 자연환경과 농업환경에서 항생물질을 생성하는 가장 흔한 균류 중에는 *Penicillium, Aspergillus, Fusarium, Trichoderma* 등 자낭균류 및 불완전균류가 포함되어있다. 담자균류도 여러 항생물질을 생성하지만, 병꼴균류, 접합균류, 난균류에 속하는 균류는 극소수의 항생물질만 생성하는데, 아마도 이러한 균류는 짧은 생활사를 갖고 있으며 침입자에 대항하여 기질을 방어할 필요가 없기 때문인 듯하다.

자연환경에서 항생물질: 형광성 *Pseudomonas* 세균에 의한 균류의 방제

지난 20년 동안 작물의 근권(rhizosphere)으로부터 항생물질을 추출하는 데 있어서 큰 발전을 이루어 왔는데, 그 덕분에 형광성 *Pseudomonas* 세균이 뿌리의 병원균류에 대한 방제기작을 설명할 수 있게 되었다. 형광성 *Pseudomonas* 세균은 많은 식물의 뿌리에 흔히 높은 밀도로 분포하며, 토양평판법으로 King's B agar에 배양하면 쉽게 검출할 수 있다. 이 배지는 철분이 결핍되어 있으므로 이들 세균이 철분을 포착하기 위하여 형광성 철분포획체(siderophore; 철분 킬레이트 화합물)를 방출하도록 유도한다(제6장 참조). 그러나 *Pseudomonas fluorescens* 및 *P. aureofaciens*를 포함한 형광성 *Pseudomonas* 세균의 일부분만 균류를 억제하는 데 높은 효과를 나타낸다. 이러한 균주들은 **phenazine-1-carboxylic acid**(PCA)와 **2,4-diacetylphloroglucinol** (DAPG) 같은 특수한 항진균성 항생물질을 생성한다(그림 12.1).

이러한 균주들은 담배나 밀 같은 작물에서 처음 발견되었는데, 자연적으로 PCA나 DAPG를 생성하는 균류가 많이 존재하는 곳에서 자란 작물이 그렇지 않은 곳의 것에 비해 더 잘 자랐다. **발병억제토양**(發病抑制土壤; **disease-suppressive soil**)과 **발병유도토양**(發病誘導土壤; **disease-conducive soil**)이라

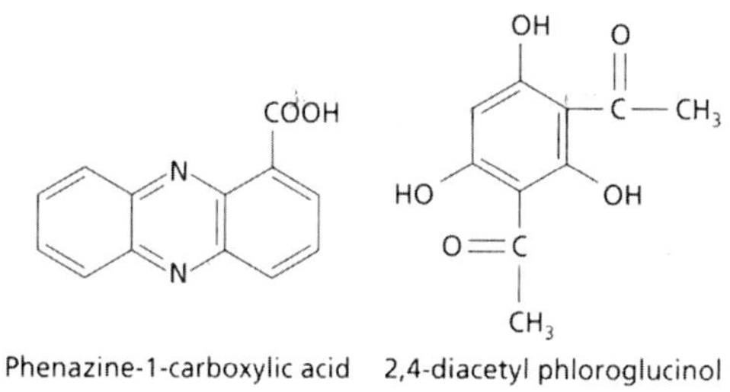

Phenazine-1-carboxylic acid 2,4-diacetyl phloroglucinol

그림 12.1 식물병원균류의 방제에 널리 관련되는 형광성 *Pseudomonas* 세균에서 유래한 두 가지 항생물질.

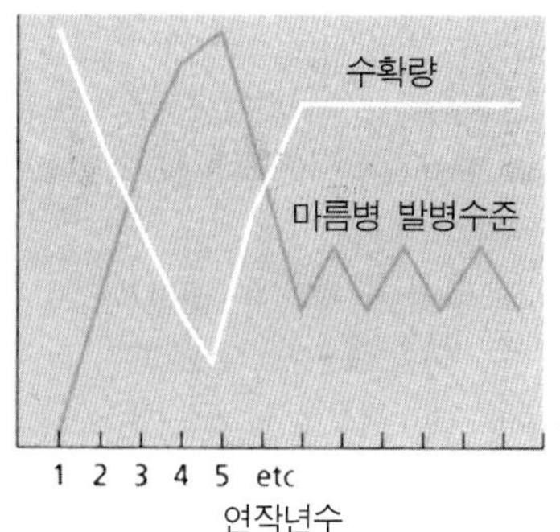

그림 12.2 포장조건에서 연작하는 동안의 곡류 마름병의 감소.

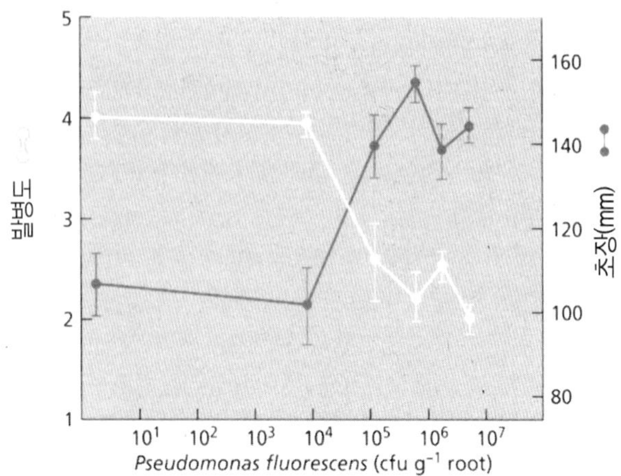

그림 12.3 마름병 발병토양에서 diacetyl-phloroglucinol을 생성하는 형광성 *Pseudomonas* 세균의 밀도가 밀의 발병정도(또는 초장)에 미치는 영향.

는 용어는 이러한 차이점을 표현하기 위해 사용된다. 실험을 통하여 발병억제토양은 저온살균법(60℃, 30분 처리)에 의해 발병유발토양으로 전환될 수 있다. 거꾸로 말하면, 항생물질을 생성하는 이러한 형광성 *Pseudomonas* 세균을 토양 속에 높은 밀도로 처리할 경우에는 그 토양은 다시 발병억제토양으로 되돌릴 수 있는 것이다.

토양억제성에 관련한 가장 상세한 연구는 곡류의 뿌리에 발병하는 가장 중요한 병원균 중의 하나인 *Gaeumannomyces graminis*, 즉 **마름병균(take-all fungus)**을 대상으로 이루어졌다. 이 병원균은 전년도에 수확한 작물로 인하여 토양에서 생존하던 접종원이 뿌리를 감염한 후 검게 착색된 생장균사의 형태로 뿌리를 따라 전파된다(그림 9.11 참조). 이 병원균은 표피세포를 파괴하고 뿌리에 감염균사를 침투시켜 유관속까지 도달하는데, 이곳에 도달한 감염균사는 당분을 운반하는 사부를 파괴하고 검은색의 유관속 겔(vascular gel)을 이용하여 수분을 운반하는 도관을 봉쇄한다. 만약 곡류를 한 장소에서 연작한다면 마름병의 감염 정도는 연차적으로 증가한다. 그러나 작물을 단작(monoculture)하여 3~4년이 경과하면 그 병은 절정에 달하지만, 그 후에는 작물의 수확량에 심한 손실을 받지 않을 수준까지 자연적으로 쇠퇴한다.

이러한 발병수준의 자발적인 감소를 **마름병 쇠퇴(take-all decline)**라고 하며(그림 12.2), 이 현상은 항생물질을 생성하는 형광성 *Pseudomonas* 세균의 높은 밀도와 깊은 관련이 있는데, 그러한 형광성 *Pseudomonas* 세균은 작물의 연작재배에 의해 생장이 촉진되는 것으로 보인다.

이 현상에 대해서는 1990년대 초 **high performance liquid chromatograpy**(HPLC)를 이용하여 밀 유묘의 근권에서 phenazine-1-carboxylic acid(PCA)를 추출한 Thomashow *et al.* (1990)의 실험에 의해 획기적인 진전이 이루어졌다. 이 밀 유묘는 phenazine을 생성하는 *Pseudomonas* 세균이 접종된 종자에서 발생되어 마름병균이 함유된 자연토양으로 처리한 포트에서 생장하였다. 4주가 지난 후 그 유묘는 수확되었고, 근권 토양에서는 토양이 부착된 뿌리 1g 당 30~40ng의 항생물질이 있음이 밝혀졌다. 접종된 유묘가 살균토양에서 생장할 때 PCA의 수준은 10배 정도 더 높지만, 이는 근권에 서식하는 다른 세균으로부터의 경쟁이 결여되어 있기 때문이다. 대조군(미

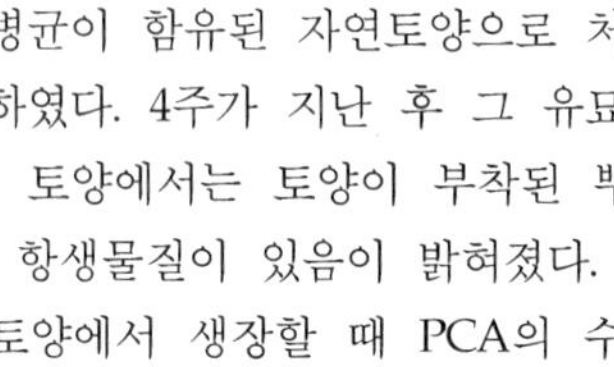

그림 12.4 형광성 *Pseudomonas* 세균에 의한 phenazine 항생물질의 합성을 조절하는 quorum-sensing molecule인 *N*-hexanoyl-L-homoserine lactone의 구조.

처리된 종자)과 비교한다면, PCA를 처리한 종자는 마름병의 발생을 현저히 억제하였다. 자연조건 하에서 phenazine을 생성하는 균주와 비교하였을 때, 트랜스포존 돌연변이(transposon mutagenesis)에 의하여 phenazine 생성능력이 결여된 균주(phenazine-minus strain)는 마름병을 억제하지 못하였고 항생물질도 검출되지 않았으나, phenazine을 생성하는 퇴행적 돌연변이를 통해 마름병을 억제할 수 있는 능력을 회복하였다. 이와 동일한 결과가 diacetyl-phloroglucinol(DAPG)을 생성하는 균주에서도 발견되었다. 이러한 사실은 마름병 억제토양에서 항생물질을 생성하는 형광성 *Pseudomonas* 세균의 역할에 대한 명백한 증거가 된다.

이러한 연구에 의해 규명된 흥미로운 사실은 마름병을 유발하는 병원균 존재 하에 항생물질을 생성하는 *Pseudomonas* 세균의 밀도가 맥류에 크게 의존적이라는 것이다. 밀은 온실조건에서 마름병 유발 병원균이 없는 상태로 거듭하여 생장할 수 있지만, 이것이 길항성 *Pseudomonas* 세균의 밀도의 증가로 이어지지 않기 때문에 작물은 발병억제가 시작되기 전에 병에 대한 저항력을 갖고 있어야 한다.

이는 그림 12.3에 나오는 실험결과에 의해 증명될 수 있다. 밀 종자에 DAPG를 생성하는 *Pseudomonas* 세균을 다양한 밀도로 접종하여 온실조건에서 마름병 유발 병원균이 있는 자연토양에 파종하였다. 밀 유묘는 파종처리 후 4주가 경과한 다음 표본으로 추출하여 발병정도와 생장 길이에 대한 분석을 시행하였다. 뿌리 위에서 DAPG를 생성하는 *Pseudomonas* 세균의 밀도가 뿌리 g당 10^4 colony-forming unit(CFU)를 초과할 때까지는 병에 대한 억제가 발생하지 않았으나 10^5의 수준을 초과하면서 발병의 현저한 감소와 함께 밀 유묘의 초장도 늘어났다. 이 효과("all or nothing" effect)는 세균의 신호전달체계인 quorum sensing의 특징이다. **Quorum sensing**이란 용어는 의사결정을 하려면 반드시 위원들의 정족수가 넘어야만 의결이 이루어질 수 있는 위원회 회의란 말에서 유래하였다. 그람음성세균의 밀도에 의한 quorum sensing은 *N*-acyl homoserine lactone이라는 분자물질의 지속적인 방출을 요구한다(그림 12.4). 이러한 물질의 농도가 일정 수준에 도달하였을 때(그람음성세균의 밀도가 충분히 커졌을 때), 이와 관련된 유전인자가 작동하기 시작한다. 이 경우에는 항생물질생성을 조절하는 유전인자가 관계하기 때문에 마름병의 방제가 이루어지는 것이다. 항생물질 phenazine의 생성은 quorum sensing 체계의 영향을 받는 것으로 알려졌으나(Chin-A-Woeng *et al.* 2003), **DAPG**의 생성이 비슷한 방법으로 조절된다는 것에 대해서는 아직 뚜렷이 밝혀진 바가 없다.

항생물질과 *Trichoderma* 균류에 의한 병 방제

*Trichoderma*류(그림 12.5)가 다른 균류에 대하여 길항작용을 하는 것은 잘 알려져 있다. 이들은 토양에서 항생물질을 생성하는 균류 중에서 제일 먼저 알려졌다(Weindling 1934). 사실상 이들은 균류, 세균 또는 양쪽 모두에 대해서도 길항작용을 하는 휘발성 화합물 및 비휘발성 화합물을 포함한 여러 가지 항생물질을 생성한다(그림 12.6).

Trichoderma viride, T. harzianum, T. hamatum 등은 중요한 휘발성 항생물질인 **6-pentyl-α-pyrone**(6-PAP)을 생성하는 반면, **trichodermin**, **suzukacillin** 및 **alamethicine** 같은 중요한 비휘발성 항생물질도 생성한다. 그러나 *T. viride*와는 구별되는 *Trichoderma virens*는 상이한 스펙트럼의 항생물질을 생성한다: 일부 계통은 **viridin**, **viridiol**(viridin의 환원물질), **gliovirin** 및 **heptelidic acid**를 생성하는 한편, 다른 계통은 **viridin**과 **gliotoxin**을 생성한다.

Trichoderma 계통에 따라 항생물질의 생성에 차이가 있음은 중요한 의미가 있는데, 식물병원성 균류에 대한 생물적 방제제로 널리 상업화 되는 이유가 된다. 예를 들어, 6-PAP는 *T. viride, T. harzianum* 및 *T. hamatum*의 몇몇(모두가 아님) 계통이 생성하는데, 실내실험 또는 유묘검정에서는 6-PAP를 생성하는 계통이 생성하지 않는 계통보다 식물병원균에 대한 길항능력이 우수하다. Gliovirin을 생성하는 *T. virens*

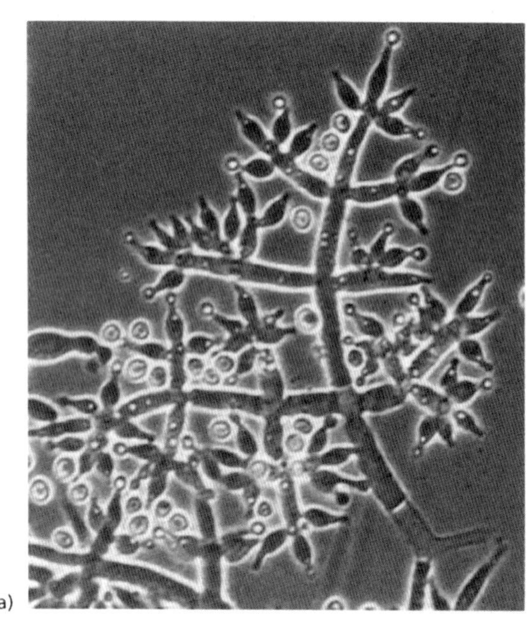
(a)

(b)

그림 12.5 (a) *Trichoderma harzianum*의 포자 형성구조체: 분생포자경은 직각으로 분지하고 삼각플라스크 모양의 분생포자원세포 끝에 분생포자를 형성한다. (b) *Trichoderma*의 균사에 의해 코일 형태로 감긴 *Rhizoctonia solani*의 균사: *Trichoderma*의 균사는 *R. solani*의 균사에 침입하여 균사를 분해한다. [사진제공 (a): Samuels, G.J., Chaverri, P., Farr, D.F. & McCray, E.B.]

계통은 실내실험에서는 *Pythium ultimum*의 생장을 억제하지만 *Rhizoctonia solani*를 억제할 수 없고, 실험적으로 목화종자에 적용하면 gliovirin을 생성하는 계통만 *P. ultimum*에 의한 유묘병을 방제한다. 역으로 말하면, gliotoxin은 실내실험의 상태에서 *Pythium*보다는 *Rhizoctonia*에 더 우수한 억제능력을 나타내며, gliotoxin을 생성하는 계통은 유묘에서 *Rhizoctonia*를 방제하는 데 더 효과가 있다(Howell *et al.* 1993).

Trichoderma 류의 이야기는 단지 길항적인 면에서 끝나는 것이 아니다. 많은 계통은 실온에서 24시간에 25mm까지 신속히 생장한다. 다른 균류와 혼합배양하거나 균류의 세포벽 구성물질을 첨가해주면 chitinase와 β-1,3-glucanase를 분비한다. *Trichoderma*의 균사는 다른 균류의 균사를 감고(그림 12.5), 결국 숙주균사로 침투한다. 이처럼 강력한 길항기작은 다른 균류에서는 발견되지 않는다.

*Trichoderma*의 시판용 생물적 방제제

Trichoderma 류는 배양배지에서 쉽게 생장하며, 여러 제형으로 시판되어 왔으며, 성공적인 사례도 있다. 그 중 포도의 잿빛곰팡이병균 *Botrytis cinerea*를 방제하는 **Trichodex**™(*T. harzianum*)가 대표적인 사례이다. 비록 이것이 시판 살균제만큼 효과적이지는 못하지만, 살균제와 교호사용하면 농약 투여량을 반감시킬 수 있으므로 환경적인 측면에서는 바람직하다(O'Neill *et al.* 1996). 목재부후균을 방제하기 위하여 수목에 드릴 구멍을 뚫고 *Trichoderma*를 쐐기목으로 때려 박는데, 유사한 방법으로 자두나무 목재에서 생장하는 *Chondrostereum purpureum*(담자균)의 독소에 의해 발생하는 은엽병을 방제하기도 한다. 이것은 **Trichodowells**™ 라는 이름으로 뉴질랜드의 가든센터를 통하여 시판되고 있다.

생물적 방제에서 *Trichoderma*류가 다른 균류보다

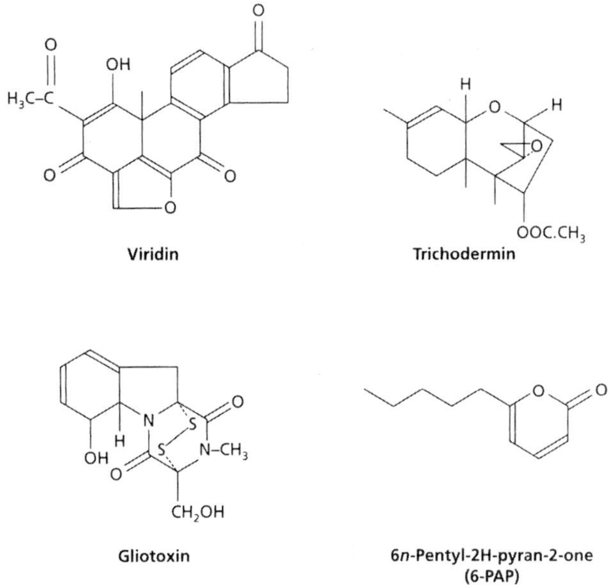

Viridin

Trichodermin

Gliotoxin

6*n*-Pentyl-2H-pyran-2-one (6-PAP)

그림 12.6 *Trichoderma*류가 생성하는 몇몇 항생물질의 구조.

탁월한 점이 하나 있다. 즉, 상업적으로 유묘를 생산하는 온실에서 무토양발근상에서 접종할 수 있다는 점이다. 무토양발근상은 토탄 또는 유사한 재료가 주성분으로서 토착미생물의 밀도가 낮으므로 생물학적 "완충능력"이 없다. 이러한 조건에서 유묘병원균이 정착하면 빠르게 확산되어 큰 피해를 준다. 따라서 무토양발근상에 밀기울이나 다른 유기기질과 함께 *Trichoderma* 제제를 첨가하면 길항 미생물상의 정착에 도움이 된다. 상업적으로 가장 성공적인 생물학적 방제제의 하나인 *Trichoderma harazianum* T-22 계통은 두 "야생균주"를 원형질 융합시키고 세포벽을 재생시키고 안정된 표현형을 발현시켜서 개발된 것이다. 이와 같이 개발된 T-22 균주는 전체 근계에 정착하고 작물이 자라는 동안 계속 유지되는 매우 강력한 "근권경쟁력"을 발휘한다. 이 균주는 **Bio-Trek** 22G^{TM} 이라는 상품명으로 골프 코스용 잔디에 사용되며, 다른 상품명으로 밭작물이나 온실의 인조토양에 사용된다. 이 새로운 균주는 유전공학적으로 만들어진 것이 아니라 원형질융합을 통하여 탄생한 것이므로 유전자변형생물에 대한 법적규제를 받지 않는다.

균사간섭

균사간섭(菌絲干涉; **hyphal interference**)이란 두 균류의 균사가 서로 접촉하는 부위에서 다른 균류에게 길항적인 특성을 나타내는 여러 담자균의 습성을 표현한 전문용어이다(그림 12.7). 이 길항능력은 담자균의 서로 다른 종 사이에 또는 담자균과 다른 부류의 균류 사이에 발생한다. 균사간섭 현상은 초식동물의 배설물에서 분리한 균류의 상호작용을 실험실 조건에서 연구하는 과정 중에 발견되었는데(그림 10.8), 이 균사간섭 현상은 담자균이 다른 균류의 작용을 차단하고 균류의 집단을 확실히 지배하는 방법을 보여준다(Ikediugwu 1970). 이 균사간섭 현상은 담자균이 상호간에 배타적인 특성을 나타내는 이유를 설명하고 있다. 예를 들어 *Coprinus heptemerus*와 *Bolbitius vitellinus*는 둘 다 배설물에서 발생하는 버섯이지만, 서로 길항작용을 나타내기 때문에 한 배설물에서 함께 살아갈 수 없다(Ikediugwu & Wedster 1970).

균사간섭은 균사의 접촉 후 몇 분 안에 신속하게 발생하며 균사의 한 부분에만 한정된다. 뚜렷한 첫

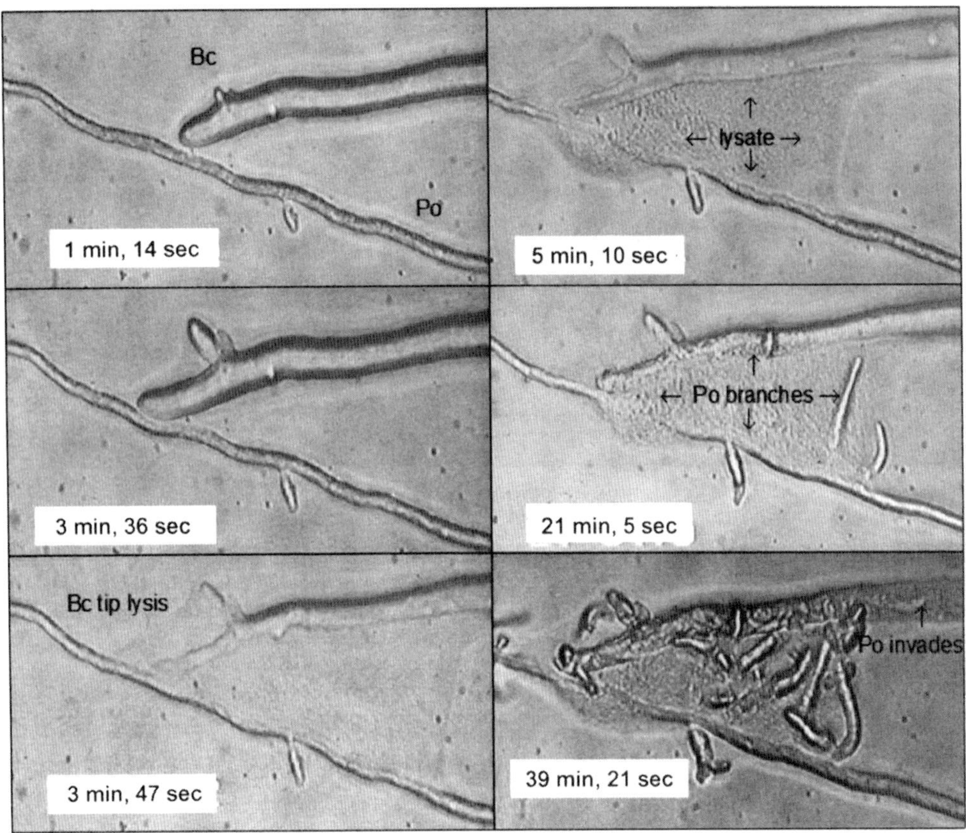

그림 12.14 물한천배지 표면의 수막에서 *Botrytis cinerea*(Bc)의 균사가 *Pythium oligandrum*(Po)의 균사와 접촉하는 경우를 영상으로 녹화한 모습. 시간의 표시는 녹화(0분)를 시작한 후 경과된 시간을 나타낸다.

그림. 12.15 오른쪽의 윗부분으로부터 생장을 시작한 *Pythium oligandrum*이 *Rhizoctonia solani* 균사와 접촉하는 경우를 영상으로 녹화한 모습. *Pythium* 균사는 계속 생장하지만, 그 균사는 5분 이내에 접촉점에서 균사의 분지가 이루어져 *Rhizoctonia solani* 균사를 둥글게 감는다. 최초의 접촉 후 49분 정도가 경과하면 *P. oligandrum*은 기주 균사를 침입하여 원형질을 붕괴시킨다.

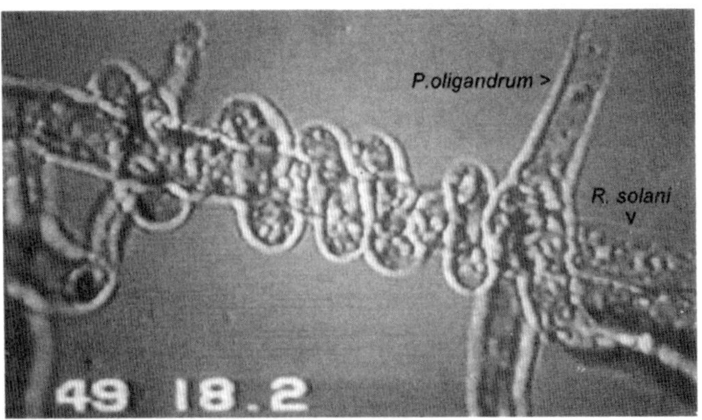

표 12.1 한천배지에서 다른 균류의 집락을 가로질러 생장하는 여러 균류기생균의 능력. [자료제공: Mulligan & Deacon 1992.]

균류기생균	*사전에 정착시킨 균*	*기생균류를 가진 토양의 수(최대 28개의 토양을 대상)*
Pythium oligandrum	*Fusarium culmorum*	18
	Trichoderma aureoviride	3
	Rhizoctonia solani	0
	Botrytis cinerea	12
Clonostachys rosea	*F. culmorum*	20
	T. aureoviride	27
	R. solani	26
	B. cinerea	25
Trichoderma harzianum	*F. culmorum*	2
	T. aureoviride	0
	R. solani	22
	B. cinerea	13
Papulaspora sp.	*F. culmorum*	0
	T. aureoviride	11
	R. solani	3
	B. cinerea	19

주해: 토양은 영국의 다른 28개 지역으로부터 채집하였으며, 풍건하여 저장하였다. 28개의 감자한천배지는 *Fusarium culmorum*으로 접종되었고 또 다른 28개의 한천배지도 *Trichoderma aureoviride, Rhizoctonia solani* 또는 *Botrytis cinerea*를 이전과 유사한 방법으로 접종하였다. 이러한 균류가 한천배지를 덮었을 때, 약간의 풍건 토양을 첨가하였으며, 그리고 그 한천배지는 균류의 집락을 가로질러 생장하는 균류기생균을 검색하기 위해 배양되었다. 모든 균류기생균은 배지에 있는 균류의 집락을 가로질러 완전히 생장하거나 그와 반대의 생장현상을 나타내었다. 도출된 이 결과에서, 4종의 균류기생균이 28개 토양 중 적어도 18개의 토양에서 검출되었다는 사실을 통해 4종의 기생균은 토양 속에서 흔히 서식하는 균류임을 알 수 있다.

이 기술을 균을 분리하는 방법으로 사용하면 *P. oligandrum*은 영국에서 채집한 토양, 특히 농경지에서 채집한 토양 중 거의 반 정도의 토양에서 분리된다. *P. oligandrum*과 유사한 균류인 *P. acanthicum*과 *P. periplocum*은 미국, 유럽대륙 및 뉴질랜드에 널리 분포한다.

*Pythium oligandrum*에 의한 균류기생은 영상현미경기술을 사용하여 상세히 연구되었다(그림 12.14). 일련의 결과를 보면, 식물병원균 *Botrytis cinerea*의 균사 끝부분이 *P. oligandrum*의 균사와 접촉하는 경우에는 *Botrytis* 균사 함유물이 빠져나가면서 그 균사는 3분 이내에 분해된다. *P. oligandrum*은 그 시기에 균사의 왕성한 분지를 나타내고 *Botrytis*의 균사 안으로 침입한다. 다른 기주 균류와 다른 균류기생성 *Pythium*균을 포함시킨 유사한 결과는 Laing & Deacon(1991)의 연구에서 밝혀졌다.

어떤 균류는 균사의 접촉이 있은 후 1~2시간이 경과할 때까지 *P. oligandrum*에 의해 공격을 받지 않으며, 이 시간이 경과하는 동안에 균류기생균 *P. oligandrum*은 최초의 접촉점으로부터 돌출하는 분지성 균사를 사용하여 기주 균사의 둘레를 감은 후 감긴 부분의 바로 밑의 균사부위를 침입한다. 이 현상은 식물병원성 *Pythium* 균류와 상호작용이나 *Rhizoctonia solani*의 성숙한 균사와의 상호작용에서 흔히 볼 수 있다(그림 12.15).

균류가 정착한 한천배지에서 균류기생균의 검출

살생영양성 기생균류는 적합한 방법(precolonized plate method)을 사용하여 토양에서 쉽게 검출하여 분리할 수 있다(그림 12.13). 토양에서 자연히 발생된 각자의 형태, 즉 토양에서 균류기생균에게 나타나는 각각의 다른 형태는 실내실험에서 한천배지에 발생한 여러 가지의 형상을 참고로 하여 확인이 가능하기 때문에 이 방법은 흥미가 있다(표 12.1). 예를 들어, 이 도표의 맨 윗줄에 있는 *Pythium oligandrum*은

*Fusarium culmorum*이 정착한 한천배지에 처리한 토양시료, 즉 서로 다른 특징을 갖는 총 28개의 토양시료 중에서 18개의 토양시료로부터 검출되었으나 *Trichoderma*가 정착한 한천배지에서는 단지 3개의 토양시료에서만 검출되었으며, *Rhizoctonia*가 정착한 한천배지에서는 어떠한 토양에서도 검출되지 않았다. 이러한 자료는 각자 다른 특징을 갖는 균류기생균이 최소한 실험실 조건 속에서 각자 다른 특징을 띤 기주 균류에 의해 선택적인 대상이 되고 있음을 나타내는 것이다.

영국에서 각광을 받는 균류기생균

과거에 영국에서만 발견된 한 종의 균류기생균이 있는데, 그 균은 매우 흔하게 발견할 수 있다. *Pythium mycoparasiticum*(그림 10.2를 참조)은 다른 균류가 정착한 한천배지에서 발견되지만 정착한 균류보다는 상대적으로 생장이 느린 기생균이다. 그러나 토양을 모래와 연속적으로 희석을 시켜 강한 병원성을 띤 균류기생균의 포자를 골라낸다면, *P. mycoparasiticum*은 자연토양에서 강한 경쟁력을 나타낼 수 있다 (Deacon *et al.* 1991). 이 현상은 많은 나라에서도 발생하고 있으며, 이러한 예는 새로운 분리방법을 사용하는 경우에는 다른 유용한 균류가 발견될 수 있음을 설명하는 하나의 사례이다.

생물적 방제균 Pythium oligandrum

Pythium oligandrum 및 다른 균류기생성 *Pythium* 균류는 식물병원균에 대한 생물적 방제에 사용할 수 있는 잠재력이 있는데, 특히 유묘 병원균을 방제하기 위해 종자에 처리할 수 있는 장점을 갖고 있다. 그러므로 *Pythium oligandrum*은 당밀(糖蜜)처럼 값싼 기질에서 신속하게 생장하며, 진탕배양하면 많은 수의 난포자를 생산할 수 있다. 이 난포자는 물냉이, 사탕무, 그리고 다른 작물의 종자에 피복하여 적용할 수 있으며, 실험적으로는 *Pythium ultimum*에 의한 유묘병도 방제할 수 있다고 한다(McQuilken *et al.* 1990). *P. oligandrum*의 분말제품은 체코에서 개발되었다. 그러나 이 제품은 기술적인 문제로 인하여 널리 사용할 수 없는데, 주요한 문제는 *P. oligandrum*의 난포자가 휴면을 나타내기 때문에 발아속도가 느릴 뿐 아니라 발아율도 저조하다는 점이다(제10장). 아무리 극대치를 늘려 잡는다고 해도 액체배양기에서 신선한 상태로 수확한 난포자 중에서 10~40%만 즉시 발아할 수 있으며, 저장을 위해 그 난포자를 건조처리하면 발아할 수 있는 난포자는 불과 5% 내외로 떨어지는데, 이러한 난포자의 생산은 경제적으로 보면 수지타산이 맞지 않는다. 만약 지속적으로 높은 난포자 발아율을 보증하는 방법이 개발되면, *P. oligandrum* 및 다른 균류기생성 *Pythium* 균류는 오

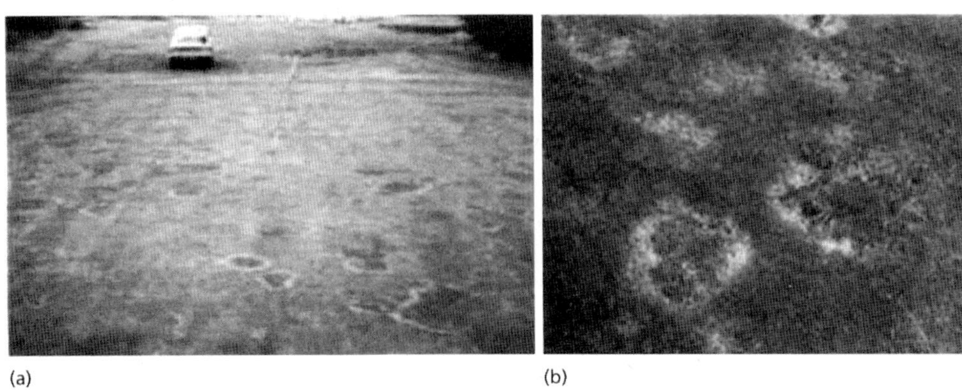

그림 12.16 (a, b) 골프장의 그린에서 *G. graminis* var. *avenae*에 의해 유발된 잔디마름병. 양질의 잔디가 병원균에 의해 말라죽어 잡초와 코스용 잔디로 대체됨으로써 잔디의 품질이 불량해졌다.

로지 생물적 방제를 위한 균으로만 사용될 수 있다. 그러나 이것은 생물적 방제인자로서 여겨지는 *P. oligandrum*을 위한 자연적인 역할을 배제할 수는 없다. *P. oligandrum*은 캘리포니아에 있는 관개 처리된 목화밭에서 *Pythium ultimum*이 유발한 식물병을 억제하였다는 유력한 증거가 있다. 이러한 현상은 생장기가 끝나갈 무렵 작물의 잔재물을 대상으로 *Pythium ultimum*과의 경쟁에 의해 발생하는데, 즉 토양에서 *P. ultimum*이 전염원의 밀도를 높이기 위하여 이러한 잔재물을 이용하는 경우에는 *P. oligandrum*이 방해함으로써 억제작용이 발생하는 것 같다(Martin & Hancock 1986).

식물에서 경쟁적 상호작용

이 장을 처음 다룰 때 이미 정의하였던 것처럼, 경쟁이란 어떤 미생물이 기질에 좀 더 빨리 도달하여 좀 더 신속히 생장하며 좀 더 효과적으로 그 기질을 이용하는 방법을 통하여 어떤 미생물이 다른 미생물보다 우세한 위치에 올라서는 작용, 즉 미생물 사이에 이루어지는 상호작용의 모든 부류를 포함한다. 경쟁이란 자연환경에서 이루어지는 가장 흔한 상호작용일 수 있지만, 다른 잠재적 기작까지 고려하여 입증한다는 것은 쉽지 않다. 여기에서는 경쟁의 증거가 뚜렷한 몇 가지의 사례를 다루어 보려고 한다.

*Phialophora graminicola*에 의한 마름병균의 방제

제9장에서 언급하였던 것처럼(그림 9.11을 참조), 마름병균 *Gaeumannomyces graminis*는 거무스름한 균사를 생장시켜 뿌리의 유관속 조직을 침투하는 방법으로 곡류와 잔디류의 뿌리를 공격한다. 이 병원균의 변종으로 3가지가 있다. *G. graminis* var. *tritici*는 밀과 보리의 뿌리를 감염하는 주요한 병원균이고, *G. graminis* var. *graminis*는 대부분 비병원성이며, *G. graminis* var. *avenae*는 귀리와 골프장의 그린, 볼링장의 그린 및 기타 섬세한 경기를 하는 운동장에 이용되는 *Agrotis*종의 고운 잔디를 공격한다(그림

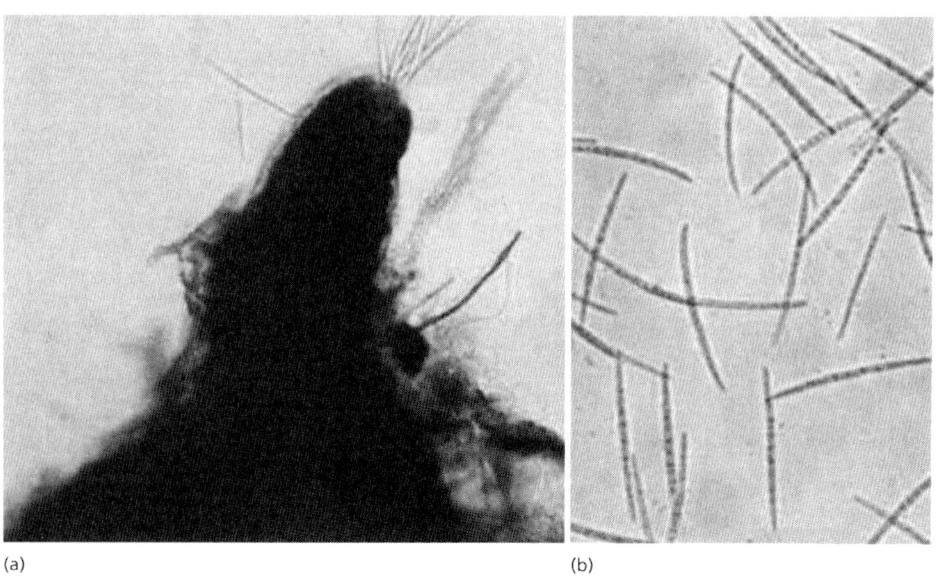

그림 12.17 (a, b) 정단부의 공구(孔口)에서 방출되는 긴(약 80㎛) 자낭포자를 가진 *G. graminis* var. *avenae* 자낭각의 정단부. 이들 자낭포자는 자연적 길항미생물로 보호되지 않은 잔디를 침해할 수 있다.

12.16).

G. graminis var. *avenae*에 의한 잔디 **마름병**(立枯病; **take-all patch disease**)은 그 병이 아래와 같이 특수한 경우에만 발생하기 때문에 자주 눈에 뜨이지는 않는다:

1. 토양의 산도를 높이기 위해 잔디밭에 석회를 과량 살포하였을 때.
2. 해충과 미생물에 의한 병을 방제하려고 훈증소독을 하거나 살균제를 처리한 지역에서 새로운 잔디를 조성하였을 때.
3. 골프코스의 그린에 있는 천연잔디를 제거하고 모래판(sand beds) 위에 새로운 잔디로 대체하였을 때.

이와 같이 모든 3가지 경우는 발병을 유발하는 공통적인 요인을 갖고 있는데, 잔디 마름병의 확산을 막아주는 **토착성 길항미생물**(土着性 拮抗微生物; **resident microbial antagonist**)의 밀도가 축소되거나 파괴된다는 것이다. 위에서 언급한 토양의 과도한 산성(위의 1의 경우)은 잔디밭의 녹색상태를 유지하기 위해 매년 암모니아 비료를 연용하여 일어난 것이다. 암모늄 이온이 뿌리에 흡수되면 수소(H^+)이온이 방출됨으로써 잔디밭 토양의 pH가 점차 낮아진다. 결국에는 잔디밭의 pH가 너무 낮아져서 비료를 시용해도 잔디는 더 이상 반응하지 않는다. 그러므로 토양산도를 중성으로 회복시키기 위해서 잔디밭에 석회를 과도하게 살포하게 된다. 이러한 것이 *G. graminis* var. *avenae*(그림 12.16)의 공기전파성 자낭포자에 의해 마름병의 극심한 발생을 초래할 수 있다(그림 12.17). 만약 이러한 포자가 토양에 서식하는 정상적인 토착성 길항미생물과 경쟁해야 한다면, 포자는 감염을 위해 충분한 영양분을 가지고 있지 못할 것이다. 그러나 이러한 길항미생물은 pH에 민감하기 때문에 잔디밭 토양의 낮은 pH로 인하여 대부분 사멸할 것이다.

훈증소독제 및 살균제(2의 경우)를 처리하는 것도 역시 토착성 길항미생물의 밀도를 점차적으로 감소시킨다. 모래판(3의 경우)은 유기물 함량이 낮기 때문에 길항미생물의 밀도도 자연히 낮아진다. 마름병이 2~3년 동안 신속히 확산되면서 고운 잔디는 죽어버리고 볼품없는 풀이나 잡초가 발생한다. 그 후에는 병반은 더 이상 확산되지 않으나 잔디밭의 질적인 상태는 심각한 손상을 받는다.

자연에 서식하는 서로 다른 두 종류의 길항미생물이 마름병의 방제에 관여한다고 알려졌다. 하나는

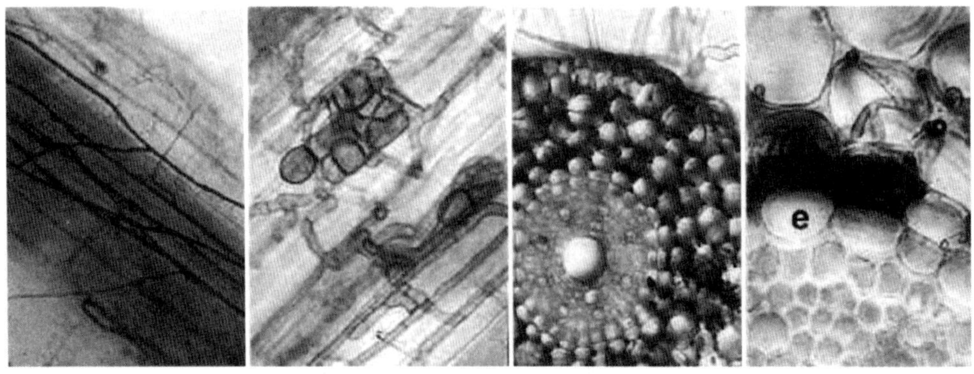

그림 12.18 병원성이 강한 마름병균의 침입을 효과적으로 억제하는 기생균, 즉 뿌리에 서식하는 비병원성 균 *Phialophora graminicola*에 의해 곡류 및 잔디류의 뿌리에 *P. graminicola*의 정착. (a) 잔디류 뿌리 속의 피층에 있는 *Phialophora*의 검은색 균사. (b) 뿌리의 피층에 있는 검게 착색된 *Phialophora* 세포의 집단. (c) *Phialophora*에 의해 곡류 뿌리 피층이 심하게 감염되었지만, 유관속 조직은 침입당하지 않았다. (d) 고배율의 현미경으로 관찰해보면, *Phialophora*의 균사는 뿌리의 피층에 정착하지만 내피(e)에 막혀 유관속 조직까지는 침입하지 못한다.

거의 중성 pH를 갖는 잔디밭에서 *G. graminis*를 억제하는 항생물질을 생성하는 형광성 *Pseudomonas* 세균이다. 다른 하나는 잔디 뿌리의 피층(그림 12.18)에 침입해도 병원성을 나타내지 않을 뿐 아니라 거의 중성 pH를 갖는 잔디밭에서 *G. graminis*를 억제하는 *Phialophora graminicola* 이다(Deacon 1973).

전체적으로 요약해보면, 잔디 마름병을 방제할 수 있는 해법은 *Phialophora*와 형광성 *Pseudomonas* 세균과 같이 자연에 서식하는 길항미생물의 활성이 촉진되도록 잔디밭의 토양 pH를 관리하는 것이다. 이러한 사례는 자원을 대상으로 한 경쟁(**경쟁적 서식장소 배척; competitive niche exclusion**)이 병의 방제를 위한 매우 효과적인 대책일 수 있음을 설명하고 있다.

결빙에 의한 피해와 수확 후 과일의 부패

잎과 과실의 표면에는 수많은 세균과 효모가 서식하고 있다. 이러한 미생물 중에는 빙핵활성이 있는 표면단백질을 갖는 *Pseudomonas syringae*가 있다. 이 세균은 대기온도가 0℃ 이하로 약간만 떨어져도 식물의 표면에 얼음 결정체를 형성하여 서리 피해를 유발한다. 만약 이 세균이 없다면 온도를 영하 4℃나 또는 그 이하의 온도로 냉각시켜도 결빙은 발생하지 않는데, 이 차이점은 결빙에 민감한 식물에 대하여 중요한 의미를 갖는다. Lindow와 공동 연구원들(Lindow 1992)은 표면단백질이 없는 *P. syringae*의 돌연변이종(ice^-)을 우선적으로 잎의 표면에 접종처리를 하여 야생종(ice^+)을 배척함으로써 결빙에 의한 피해로부터 작물을 보호하였다는 사실을 증명하였는데, 이러한 사례는 **선제적인 경쟁적 서식장소 배척(pre-emptive competitive niche exclusion)**의 또 다른 사례를 나타낸다.

수확 후 발생하는 과실의 손상을 방제하기 위해 세균 *P. syringae*의 다른 균주와 효모 *Candida oleophila*의 균주가 탐구되어 왔다. 과실의 취급 및 포장에서 과실 표면에 발생하는 미세한 손상은 *Botrytis cinerea, Penicillium* spp., *Mucor* spp. 등의 부패균이 침입하는 통로가 될 수 있다. 이것을 막기 위해 생물적 방제에 효과적인 미생물이 과실의 표면에 처리되어 미세한 손상부위를 선점함으로써 효과적인 보호역할을 수행하는 것이다. *P. syringae*의 돌연변이종(ice^-)에서 알 수 있듯이 그 돌연변이종들은 영양분을 얻기 위한 경쟁을 통해 보호역할을 수행한다. 현재 미국에는 적어도 2개의 회사가 각자 다른 균주로 제조한 생물농약을 시중에 시판하고 있다. *P. syringae*로 제조한 생물농약은 수확 후 발생하는 사과와 배의 부패를 방제하기 위해 **Biosave 110**이라는 상표로 시판하고 있고, **Biosave 100**은 감귤류에 발생하는 부패를 방제하기 위해서 시판된다. *Candida oleophila* 균주로 제조한 생물농약은 감귤류에 감염하는 *Penicillium* spp.를 방제하고 사과에 감염하는 *Botrytis cinerea*와 *Penicillium* spp.를 방제하기 위하여 **Aspire**라는 상표로 시판되고 있다. 이러한 자연 서식 균주로 처리된 과실은 기존의 살균제에 적용하는 기준을 적용하지 않는다.

편리공생과 상리공생

우리가 공생을 하는 지의류(제13장)를 임의로 무시해 버리면, 균류의 상호관계에 있어서 양자 간에 상생의 원리가 적용되는 **상리공생**(相利共生; **mutualism**)이나 어느 한 쪽에만 이익을 얻고 다른 한 쪽에는 손실을 주지 않는 **편리공생**(片利共生; **commensalism**)과 같은 균류의 상호작용에 관한 확실한 사례를 찾기 어렵다. 이러한 상호관계의 유형은 일반적인 것이지만 증명하기란 쉽지 않다. 퇴비에 서식하지만 섬유소를 분해할 수 없는 *Thermomyces lanuginosus*와 섬유소분해균 *Chaetomium thermophile* 사이의 상호작용을 대상으로 실내실험을 통해 도출된 하나의 사례를 살펴보기로 하자. 이것은 이전에 논의했던 사례를 조금 더 부연하고 있다(그림 11.13 참조).

T. lanuginosus(T.l.)와 *C. thermophile*(C.t.)은 대부분의 섬유소가 분해되어 퇴비에서 지속적으로 높은 온도를 유지하는 기간 동안 생장할 수 있다(제11장). T.l.은 이 조건에서 C.t.나 다른 섬유소분해균류가 만든 가용성 당분을 이용하여 생장한다. 그러나 퇴비

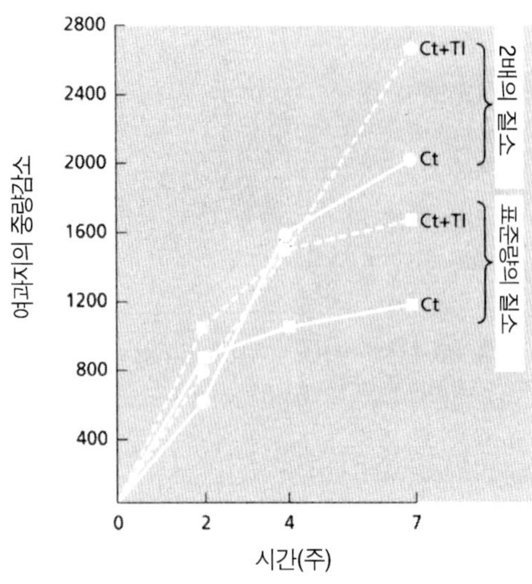

그림 12.19 *Chaetomium thermophile*을 단독으로 접종하거나 *C. thermophile*을 비섬유분해균류 *Thermomyces lanuginosus*와 혼합(Ct+Tl)하여 접종하고 45℃의 온도로 삼각플라스크 속에서 배양한 여과지(7g의 건조중량)의 중량감소. 미량영양분은 질소의 표준량(C:N율, 174:1)를 갖고 있거나 또는 2배의 질소(C:N율, 88:1)을 갖고 있는 삼각플라스크에 첨가하였다. [자료제공: Deacon 1985.]

의 복잡한 환경조건을 대상으로 이것을 증명하기란 어렵기 때문에 대부분의 입증은 실내실험을 바탕으로 도출되었다. 적용방법은 제11장에서 언급한 방법과 유사하다. 질산염과 다른 미량영양물질로 처리된 살균여과지를 삼각플라스크에 넣은 후 C.t.와 T.l.만을 각각 단독으로 처리하거나 또는 C.t.와 T.l.을 서로 혼합하여 삼각플라스크에 접종처리를 하였다. 그 균류는 45℃로 7주 동안 배양되었고, 그 후 삼각플라스크에 있는 함유물에 대한 건조중량을 측정하여 중량의 감소를 파악하였다(그림 12.19).

*Thermomyces*는 섬유소를 분해할 수 없고 질산염을 탄소원으로 이용할 수 없기 때문에 단독으로 생장하는 것은 불가능하다. 반면에, *Chaetomium*을 단독접종하면 *Chaetomium*은 배양 4주 후에 1,000mg 정도의 섬유소를 분해하며, 7주를 경과하면 1,200mg 정도의 섬유소를 분해할 정도로 양호한 생장을 나타낸다. 그러나 C.t.와 T.l.을 혼합배양하는 경우에는 상당한 중량감소가 나타나는데, 4주 후에는 약 1,500mg이 감소되고 7주가 경과하면 1,600mg 이상이 감소된다. 이러한 모든 차이는 통계적인 유의성이 입증되었다.

이 실험은 질소의 표준적 수준(탄질비를 174:1로 적용)을 적용하는 것 이외에도 질소의 2배의 수준(탄질비를 88:1로 적용)을 적용하여 시행하였다. 이 효과는 분해비율을 더 오랫동안 지속할 수 있기 때문에 7주가 지난 후 *Chaetomium*만의 단독처리는 여과지의 7,000mg 중에서 2,000mg을 분해한 반면, C.t.와 T.l.의 혼합처리는 2,700mg의 중량감소를 나타내었다.

이와 같은 단순한 실험조차도 해석하는 것은 쉽지 않으나, 몇 가지의 요점을 정리할 수 있다:

- 섬유소의 분해산물 중 일부는 균의 생체량으로 전환되므로(플라스크 내에 남음) 플라스크 내용물의 중량감소로 인해 실제 섬유소의 분해량을 적게 평가된다.
- *Thermomyces*는 *Chaetomium*과 상호관계를 가질 경우에 잘 생장할 수 있다. *Thermomyces*는 여과지에서 생장할 수 있고 특징적인 포자를 형성할 수 있다. 그러므로 *Thermomyces*가 *Chaetomium*과의 상호관계를 가질 경우에 *Thermomyces*는 탄소원(당분)과 질소원을 어떤 방법을 통하여 획득한 것이 틀림없다. 기생에 대한 증거는 아직 없으며, 이것은 한천에서 발생한 균사의 상호작용 연구를 통해 확인되었다.
- *Thermomyces*는 어떤 방법을 사용함으로써 *Chaetomium*에 의한 섬유소의 분해를 증진시킨다. 이것은 섬유소분해효소의 조절작용에 대한 지식을 통하여 알 수 있는데(제6장), 당이 축적되면 효소가 작용하는 속도는 느려지고 더 이상의 효소작용은 억제되기 때문이다. 그러므로 *Thermomyces*는 축적된 당의 일부를 이용함으로써 이러한 불리한 조건을 극복해 나갈 수 있다.
- *Thermomyces*는 역시 질소사용효율에도 영향을 끼치는데, *Chaetomium*이 단독으로 생장할 때보다는 두 균이 공생하는 것이 섬유소분해를 더욱 오래 지속시켜 질소를 가용상태가 되도록 하기 때문이다. 우리가 제11장에서 확인하였듯이 *Chaetomium*은 곧 질소의 이용을 제한받게 되는데, 아마도

그 이유는 *Chaetomium*이 질소를 효율적으로 재순환시킬 수 없기 때문일 것이다.

만약 *Chaetomium*이 자신이 소유한 생물량을 증가시키거나 또는 퇴비에서 다른 균류에 의해 자신이 대체되는 현상을 극복하는 것과 같은 방법을 통하여 두 균류의 상호작용으로부터 이익을 얻을 수 있는지를 파악하는 것은 흥미로운 일이다. 그러나 아직은 증거가 없기 때문에 이 사례는 일종의 편리공생으로 설명되어야 한다. 적어도 이 사례는 균류가 다른 균류에 대하여 항상 부정적인 영향만을 주는 것은 아님을 나타낸다.

온라인자료

Database of Microbial Biopesticides (DMB). http://www.ippc.orst.edu/biocontrol/biopesticides/

Weeden, C.R., Shelton, A.M., Li, Y. & Hoffman, M.P., eds. Biological Control: a guide to natural enemies in North America. Cornell University. http://www.nysaes.cornell.edu/ent/biocontrol/

참고도서

Cook, R.J. & Baker, K.F. (1983) *The Nature and Practice of Biological Control of Plant Pathogens*. American Phytopathological Society, St Paul, Minnesota.

Deacon, J.W. (1983) *Microbial Control of Plant Pests and Diseases*. Van Nostrand Reinhold, Wokingham.

Gnanamanickam, S.S., ed. (2002) *Biological Control of Crop Diseases*. Marcel Dekker, New York.

참고문헌

Chin-A-Woeng, T.F.C., Bloemberg, G.V. & Lugtenberg, B.J.J. (2003) Phenazines and their role in biocontrol by *Pseudomonas* bacteria. *New Phytologist* **157**, 503–523.

Deacon, J.W. (1973) Factors affecting occurrence of the *Ophiobolus* patch disease of turf and its control by *Phialophora radicicola*. *Plant Pathology* **22**, 149–155. [Note: *Ophiobolus* is now called *Gaeumannomyces*; *P. radicicola* is now called *P. graminicola*.]

Deacon, J.W. (1985) Decomposition of filter paper cellulose by thermophilic fungi acting singly, in combination, and in sequence. *Transactions of the British Mycological Society* **85**, 663–669.

Deacon, J.W., Laing, S.A.K. & Berry, L.A. (1991) *Pythium mycoparasiticum* sp. nov., an aggressive mycoparasite from British soils. *Mycotaxon* **62**, 1–8.

Howell, C.R., Stipanovic, R.D. & Lumsden, R.D. (1993) Antibiotic production by strains of *Gliocladium virens* and its relation to the biocontrol of cotton seedling diseases. *Biocontrol Science and Technology* **3**, 435–441.

Ikediugwu, F.E.O. (1976) The interface in hyphal interference by *Peniophora gigantea* against *Heterobasidion annosum*. *Transactions of the British Mycological Society* **66**, 291–296. [See also pp. 281–290; note that *Peniophora* is now called *Phlebiopsis*.]

Ikediugwu, F.E.O. & Webster, J. (1970) Antagonism between *Coprinus heptemerus* and other coprophilous fungi. *Transactions of the British Mycological Society* **54**, 181–204.

Jeffries, P. & Young, T.W.K. (1976) Ultrastructure of infection of *Cokeromyces recurvatus* by *Piptocephalis unispora* (Mucorales). *Archives of Microbiology* **109**, 277–288.

Jeffries, P. & Young, T.W.K. (1994) *Interfungal Parasitic Relationships*. CAB International, Wallingford.

Kim, K.K., Fravel, D.R. & Papavizas, G.C. (1988) Identification of a metabolite produced by *Talaromyces flavus* as glucose oxidase and its role in the biocontrol of *Verticillium dahliae*. *Phytopathology* **78**, 488–492.

Laing, S.A.K. & Deacon, J.W. (1991) Video microscopical comparison of mycoparasitism by *Pythium oligandrum*, *P. nunn* and an unnamed *Pythium* species. *Mycological Research* **95**, 469–479.

Lindow, S. (1992) Ice$^-$ strains of *Pseudomonas syringae* introduced to control ice nucleation active strains on potato. In: *Biological Control of Plant Diseases; progress and challenges for the future* (Tjamos, E.C., Papavizas, G.C. & Cook, R.J., eds), pp. 169–174. Plenum Press, New York.

McQuilken, M.P., Whipps, J.M. & Cooke, R.C. (1990) Control of damping-off in cress and sugar-beet by commercial seed-coating with *Pythium oligandrum*. *Plant Pathology* **39**, 452–462.

Manocha, M.S. & Chen, Y. (1990) Specificity of attachment of fungal parasites to their hosts. *Canadian Journal of Microbiology* **36**, 69–76.

Martin, F.M. & Hancock, J.G. (1986) Association of chemical and biological factors in soils suppressive to *Pythium ultimum*. *Phytopathology* **76**, 1221–1231.

Mulligan, D.F.C. & Deacon, J.W. (1992) Detection of presumptive mycoparasites in soil placed on host-colonized agar plates. *Mycological Research* **96**, 605–608.

O'Neill, T.M., Elad, Y., Shtienberg, D. & Cohen, A. (1996) Control of grapevine grey mould with *Trichoderma harzianum* T39. *Biocontrol Science and Technology* **6**, 139–146.

Raaijmakers, J.M. & Weller, D.M. (1998) Natural plant protection by 2,4-diacetylphloroglucinol-producing *Pseudomonas* spp. in take-all decline soils. *Molecular Plant–Microbe Interactions* **11**, 144–152.

Rishbeth, J. (1963) Stump protection against *Fomes annosus*. III. Inoculation with *Peniophora gigantea*. *Annals of Applied Biology* **52**, 63–77. [Note: *Fomes annosus* is now called *Heterobasidion annosum*; *Peniophora* is now called *Phlebiopsis*.]

Thomashow, L.S., Weller, D.M., Bonsall, R.F. & Pierson III, L.S. (1990) Production of the antibiotic phenazine-1-

균류가 관여하는 공생의 주요 유형

공생의 유형	*균류*	*상대 공생체*
균근	자낭균, 담자균, Glomeromycota	육상식물 — 선태식물, 양치식물, 나자식물, 피자식물
지의류	자낭균 또는 가끔 담자균	녹조류 또는 시아노세균
Geosiphon pyriforme	Glomerales와 유사한 균	*Nostoc* (시아노세균)
목초류의 내생균(제14장)	*Neotyphodium* 과 맥각균류 (Clavicipitaceous fungi)	벼과에 속하는 여러 목초류
반추위 공생 (제8장)	절대 혐기성 병꼴균류	반추동물
딱정벌레와 암브로시아 균	다양한 담자균, 자낭균, 무성포자 (mitosporic) 균류	딱정벌레 (Scolitidae)
송곳벌	*Amylostereum areolatum* (담자균)	목본식물
가위개미, 흰개미, 천공성 딱정벌레의 균류 정원,	담자균(*Termitomyces*; *Leucagaricus*)	Attine개미, 흰개미, 딱정벌레

이 존재한다. 제1장에서 스코틀랜드의 Rhynie Chert 퇴적물에서 나온 화석에서 오늘날 가장 일반적인 균근균인 **수지상균근균**(樹枝狀菌根菌; **arbuscular mycorrhizal fungi**)과 유사한 구조를 갖고 있다는 것을 살펴보았다. 따라서 초기의 육상식물 중 일부는 이미 균근 관계를 갖고 있었고, 이는 아마도 육상에서 생명이 존재하기 위한 전제조건이었을 수도 있다(Simon *et al.* 1993).

다양한 종류의 균근

표 13.1은 균근의 주요 유형과 주요 생태적 역할 중 일부의 목록이다. 일반적인 수지상균근을 비롯하여 독립적으로 진화하여 다른 역할을 수행하는 여러 유형의 균근들이 있다(Harley & Smith 1983). 여기서는 식물과 균류 사이의 상호작용과 기능적 중요성이라는 의미에서 가장 일반적인 유형들만을 다룰 것이다.

수지상균근

수지상균근(arbuscular mycorrhiza; AM)은 가장 일반적인 균근의 형태이며 전 세계에 걸쳐 작물, 야생 초본 및 목본식물, 많은 양치식물과 일부 선태식물에서 발견된다. 최근까지 AM균은 접합균류로 분류되어 왔다. 그러나 소단위(18S) 리보솜 RNA에 대한 유전자를 분석한 결과에 따르면, AM균이 접합균류와 관련되지 않고 아마도 자낭균류 및 담자균류의 조상과 같은 조상으로부터 유래했을 것이라는 사실을 명확히 보여준다. 따라서 AM균은 새로운 단계통 그룹인 ***Glomeromycota***로 분리되었다(Scheussler *et al.* 2001; 그림 2.4 참조). 주로 포자의 특징에 따라 7개의 속인 *Acaulospora, Entrophospora, Archaeospora, Glomus, Paraglomus, Gigaspora, Scutellospora* 등이 인정되고 있다. 모든 AM균은 숙주식물이 없이는 생장할 수 없으므로 이들 균류는 탄소와 에너지원을 전적으로 식물에 의존하는 것으로 여겨진다.

AM균에 감염된 뿌리는 외형으로는 감염의 여부를 알 수 없다. 보통의 뿌리처럼 보이며 균사의 감염정도는 특수한 방법을 통해서만 알 수 있다. 이 중 하나의 방법이 차등간섭대비(DIC) 현미경을 사용하는 것이다. 그러나 일반적인 방법은 뿌리를 강한 염기로 처리하여 식물의 원형질을 파괴한 후에 trypan blue 같은 균류 염색시약으로 뿌리를 염색하는 것이다. 균사는 뿌리의 피층세포 사이로 자라서, 크고 부

표 13.1 균근의 주요 유형과 생태학적 중요성.

균근유형	*대표적 숙주식물*	*공생균류*	*주요 중요성*
수지상균근	많음	Glomeromycota	
외생균근	주로 온대 및 한대의 산림수	담자균류, 자낭균류	토양에서 질소 흡수
내외생균근	주로 소나무류, 가문비나무, 낙엽송	*Wilcoxina*속의 자낭균	토양에서 무기양분 흡수
Arbutoid 균근	*Arctostaphylos, Arbutus, Pyrola*	담자균류, 외생균근균과 유사	토양에서 무기양분 흡수
구상난풀 균근	비광합성식물 (예, 구상난풀)	그물버섯(*Boletus edulis*) 등의 담자균류	식물은 외생균근균으로부터 당을 얻음
진달래균근	히스지역 식물. *Erica* 속, *Calluna* 속 등	자낭균류와 무성포자형성균류; *Hymenoscyphus ericae*	토양에서 질소 흡수
난초균근	난과식물	*Rhizoctonia*와 유사한 균류 (담자균류)	균이 식물에게 당 공급

푼 **소낭**(小囊; **vesicle**)를 형성하기도 하고, 각 뿌리세포에 침입하여 **수지상체**(樹枝狀體; **arbuscule**)라고 불리는 나무 모양의 분지구조를 형성한다(그림 13.1).

AM균은 큰 포자를 형성하는데, 어떤 것은 지름이 400 μm에 이르므로 맨눈으로도 쉽게 볼 수 있다. 이러한 포자는 토양을 연속적인 크기의 구멍을 가진 체를 통과시켜 씻고, 포자를 물에 띄워 추출할 수 있다. 단포자를 식물에 접종하여 멸균토양에서 배양하는 "화분 배양(pot culture)"은 계통을 유지하기 위한 표준 방법이다. 포자는 발아하여 제5장에서 논의한 식물병원균의 감염구조와 비슷한 부착기와 유사한 감염구조를 통해 뿌리에 감염된다. 이러한 초기 감염지점으로부터 균은 뿌리의 피층세포 사이에서 광범위하게 자라는데(그림 13.2), 뿌리 안에서 크고 부풀은 소낭을 만들기도 한다. 소낭은 저장 기능을 가지고 있을 것으로 생각된다. 다른 균사는 뿌리세포에 침입하여 각 세포 안에서 반복적으로 가지를 뻗어 두 갈래로 갈라진 나무 모양의 수지상체를 형성한다(그림 13.3). 수지상체는 균과 뿌리 세포 사이의 영양분 교환의 주요 부위라고 생각된다. 수지상체에 감염된 식물의 세포는 살아있는데, 식물의 세포막이 함입되어 수지상체의 가지를 둘러싸서 세포막이 뚫리지 않기 때문이다. 각 수지상체는 비교적 짧은(2~3주) 기간 동안 유지되고 이내 퇴화하며, 뿌리의 다른 부분에서 새로운 수지상체로 교체된다.

수지상균근의 생태학적 중요성

AM균의 주요 역할은 식물에게 무기염류를 제공하고 식물은 균류에게 당을 제공한다. 식물 영양의 관점에서, **인**(燐; **phosphorus**)은 질소에 이어 식물이 요구하는 두 번째로 중요한 무기양분이지만 부동 원소이다. 인산이온이 수용성 인산 비료의 형태로 토양에 첨가될 경우에는 칼슘 및 다른 2가 양이온과 쉽게 결합하여 불용성의 무기인산염을 형성하거나 유기물에 결합하여 불용성 유기인산염을 형성한다. 인산염의 자연적 방출속도는 극히 느리고 식물생장의 제한 요인으로 작용한다. AM균은 인의 흡수를 위해 넓은 표면적을 갖는 광범위한 균사 연락망을 토양에 형성한다. AM균은 **산성 인산가수분해효소**(酸性 燐酸加水分解酵素; **acid phosphatase**)를 분비하여 유기물로부터 인산염을 분리한다. AM균은 필요 이상의 인산염을 흡수하여 다인산염의 형태로 저장한 후에 식물에게 보낸다.

균근균의 숙주범위와 군집

AM균은 놀랍게 넓은 숙주범위를 가지고 있다. 적어도 인위적 접종에서 식물의 한 가지 유형으로부터

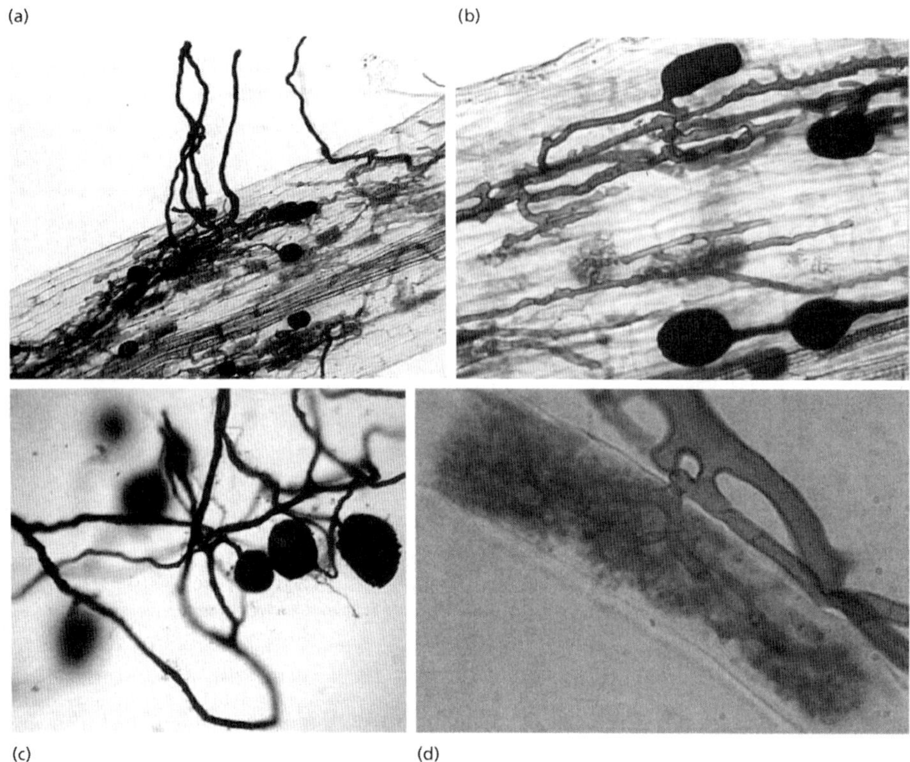

그림 13.1 강알칼리용액으로 뿌리 조직을 깨끗이 씻어내고 균류염색시약인 trypan blue로 염색한 수지상균근(AM)의 주요 모습. (a) 토양으로 뻗어 나가는 균사를 가진 AM균에 의해 감염된 뿌리. (b) 뿌리 피층의 깊이를 통해 관찰해보면 AM균의 균사는 흔히 뿌리의 축을 따라 자라는데, 이는 뿌리의 피층세포 사이로 생장하는 것이다. 이러한 균사는 대부분의 다른 균의 균사와는 달리 오목하고 볼록한 부위를 가진 불규칙한 모양을 하고 있다. 이들은 뿌리 조직내에서 부풀어 오른 커다란 소낭을 만들기도 한다. (c) 외부 균사와 균사 뭉치의 일부는 토양에서 포자 클러스터를 형성한다. (d) 뿌리 피층세포의 일부는 균사에 의해 감염되는데, 균사가 반복적으로 가지를 쳐서 복잡하게 얽힌 수지상체를 만들며 이는 뿌리세포를 완전히 가득 채우기도 한다.

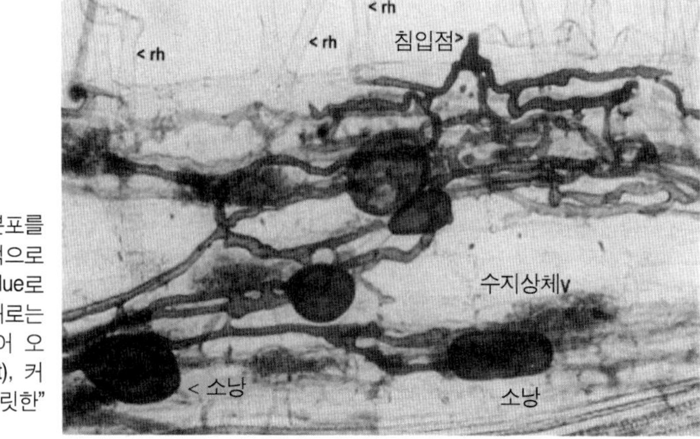

그림 13.2 뿌리 내의 균사 구조의 분포를 보기 위해 강알칼리로 처리하여 부분적으로 파괴하고 원형질을 제거한 후 trypan blue로 염색한 토끼풀 뿌리의 일부. 주요 형태로는 뿌리털(rh), 다이아몬드 모양으로 부풀어 오른 부착기와 동일한 침입점(entry point), 커다랗게 부풀어 오른 소낭(vesicle), "흐릿한" 수지상체(arbuscule) 등이 보인다.

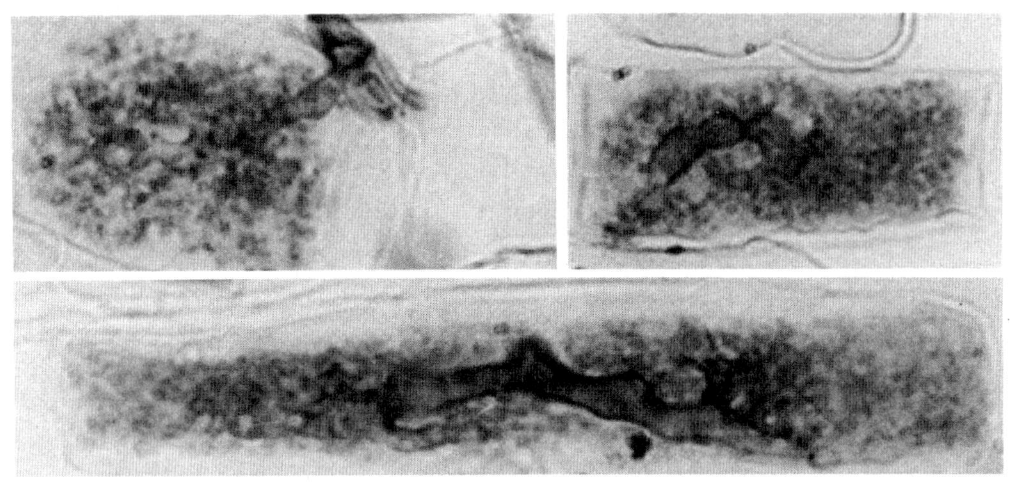

그림 13.3 뿌리 세포 안에서 자라는 AM균의 수지상체. 수지상체는 세포 사이의 균사에서 뿌리 세포로 들어간 후에 계속 분지하여 대부분의 세포를 가는 가지를 가진 AM균사로 채우게 되는데, 이는 기주식물과 균 사이에 양분교환을 위한 넓은 접촉면을 제공하게 된다.

획득된 AM균은 관련 없는 많은 식물의 뿌리를 감염시킬 수 있다. 그럼에도 불구하고, Van der Heijden *et al.* (1998)의 실험 연구는 자연 군집에서 식물은 다른 종류의 AM균에 의해 우선적으로 감염되며, 한 지역에서 AM균의 다양성은 자연 생태계에서 식물의 다양성에 영향을 미친다는 사실을 보여주었다.

이와 같은 결론에 대한 증거들을 그림 13.4에 제시하였다. 야외의 작은 구획에 감마선이 조사된 토양을 설치하고 전형적인 북미 "old field"시스템 식물 15종의 종자를 각각 100개씩 뿌렸다(1,2,4,8, or 14). 각 구획에 AM균이 없거나 AM균의 다른 종들(1,2,4,8,14)로 구성된 균근 접종원을 접종하였다. 한 시즌의 생장 후에 각 구획 내의 식물을 수확하였고 몇 가지 변수를 측정하였다. 결과는 AM종의 수가 증가함에 따라 **총 지상부 생체량 (total shoot biomass)**, **총 뿌리 생체량(root biomass)**, 뿌리에서 **AM균의 균사의 총 길이(AM fungal hyphae)**가 증가했고, **식물의 종 다양성(plant species diversity)**과 **식물 인 농축(plant phosphorus concentration)**이 증가했다는 것을 명확히 보여주었다. 즉, AM균의 다양성 증가에 따라 식물의 생산성과 식물의 다양성이 증가하였다.

이 연구의 또 다른 부분은 멸균토양을 담은 컨테이너를 이용한 온실 실험으로서 석회질 초지로부터 분리된 4개의 AM균을 사용하였다. 6가지의 처리구로서 (1) AM균이 없는 토양 (2-5) 4종의 AM 균을 각각 담은 토양 (A, B, C, D), 그리고 (6) AM균 4개 모두를 함께 담은 토양. 각 토양 컨테이너에 석회질의 목초지에서 채집한 70개의 종자(식물 11종)를 섞어서 뿌렸다. 두 번의 생장 시즌 후에 각 식물의 지상부를 수확하여 생체량을 측정하였다(그림 13.5).

그림 13.5에서 가장 놀라운 사실은 식물 군집에서 종에 따라 균근균에 다르게 반응하는 것 같다는 것이었다. 예를 들면, 벼과식물인 *Brarcypodium pinnatum*(숲개밀속의 식물)은 균근이 없을 때 잘 자라지 못했고 균근균 B와도 마찬가지로 부실했으나 균근균 C와는 잘 자랐다. 목초지 초본식물인 *Prunella vulgaris*(스스로 치료한다고 해서 "self-heal"로 잘 알려진 꿀풀)도 균근이 없을 때는 부실하게 자랐으나 모든 균근균의 존재 하에서는 잘 자랐다. 사초과식물인 *Carex flacca*(청록사초)는 균근이 없을 때에 가장 잘 자랐고 모든 4가지 AM균의 혼합에서 매우 부실했다. 현화식물 중 사초과, 골풀과, 십자화과, 명아주과 식물은 전형적인 비균근성 식물이기 때문에 위와 같은 결과가 그리 놀라운 사실은 아니

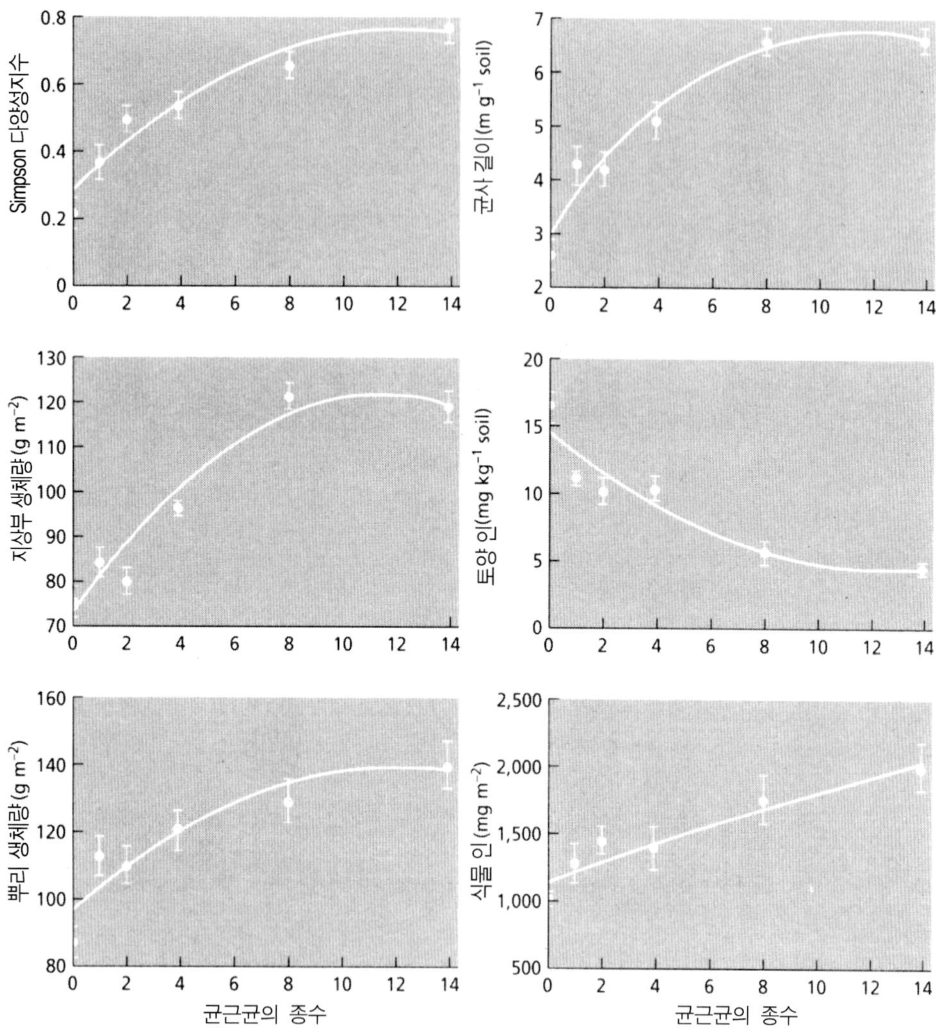

그림 13.4 토양에서 수지상균근균의 종수가 증가하면 식물의 생산성과 식물의 다양성도 증가한다. [출처: van der Heijden *et al.* 1998.]

다. 이 식물들은 개방된 서식지의 식물이며 황무지나 자주 교란되는 토양의 개척자 식물이다. 이 식물들은 어떤 단계에서는 균근성일 수 있으나 전형적인 개방된 서식지 종으로서 아마도 비균근성으로 사는 것이 이득일 것이다.

외생균근

외생균근은 열대지방을 제외한 지역에서 많은 종의 구과식물과 활엽식물을 포함한 목본식물에서 주로 발견된다. 예를 들면, 외생균근은 소나무, 가문비나무, 낙엽송, 참나무, 너도밤나무, 자작나무, 유칼리나무 같은 수목에서 전형적으로 발견된다. 그러나 열대지방과 일부 온대지방의 목본식물(버즘나무, 양물푸레나무, 포플러나무)은 내생균을 가지고 있고, 어떤 경우에는 (예, 버드나무류) 두 균근을 모두 가질

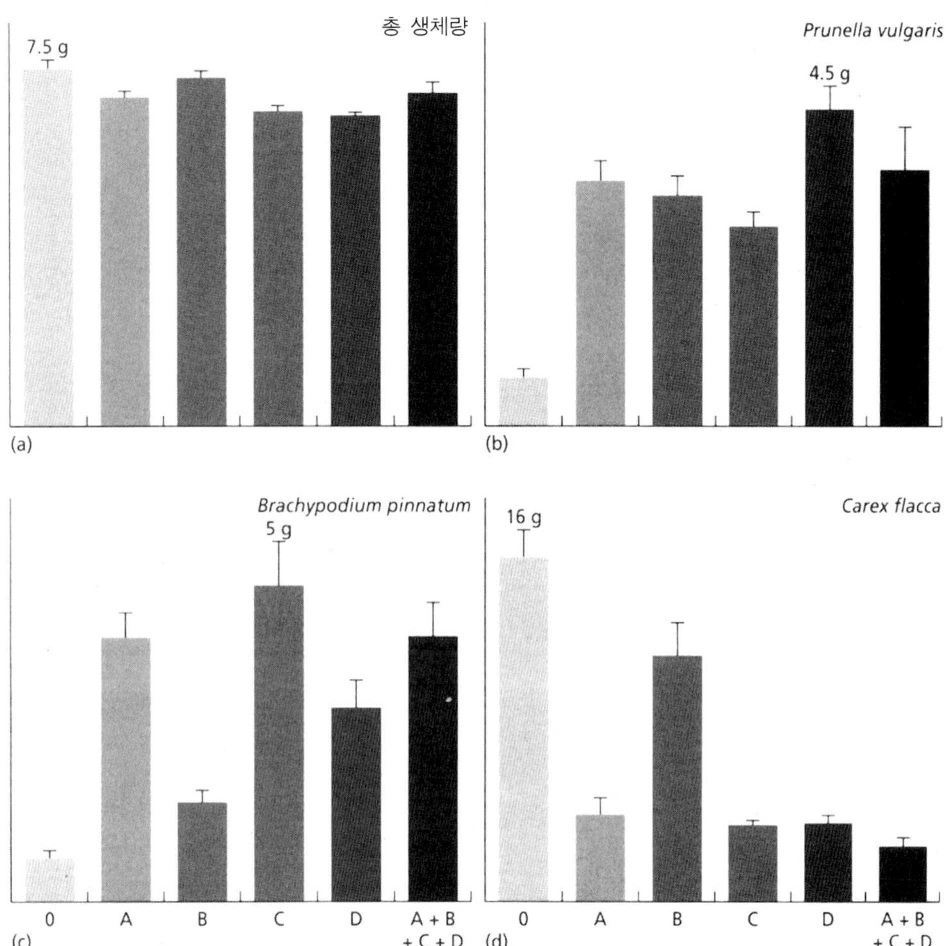

그림 13.5 AM균이 없는 토양(0), 4종의 AM균(A,B,C,D)이 있는 토양, 그리고 4종 모두가 들어있는 토양에서 생장한 대표적인 식물 3종의 총생체량(a)과 각 식물의 생체량(b-d). 각 히스토그램의 세로축 단위는 다르지만 가장 큰 생체량을 표시하였다. [출처: van der Heijden *et al.* 1998.]

수 있다. 외생균근을 형성하는 균류는 대체로 숲의 바닥에 흔한 버섯을 형성하는 담자균류(예를 들면 광대버섯속 *Amanita*, 그물버섯속 *Boletus*, 끈적버섯속 *Cortinarius*, 자갈버섯속 *Hebeloma*, 젖버섯속 *Lactarius* 에 속하는 종들; 그림 13.6)이지만, 송로버섯(truffle)을 비롯한 일부 자낭균류에 의해 형성되기도 한다. 이러한 종류의 공생에 관련된 식물과 균의 범위로 볼 때, 외생균근 관계는 지난 1억3천만년~1억8천만년 동안 여러 번 독립적으로 진화했다고 생각된다.

양분을 흡수하는 잔뿌리를 감싸는 균조직으로 이루어진 균사초(sheath)는 외생균근의 가장 중요한 특징으로(그림 7.10 참조), 잔뿌리 자체는 짧고 뭉툭하며 뿌리털이 없다. 균사 또는 **균사끈(mycelial cord**, 그림 5.12 참조)의 망상조직은 아주 광범위한데, 뿌리의 균사초 표면의 바깥쪽에서는 토양으로 널리 퍼져나가는 반면에 균사초 아래의 균은 **뿌리의 피층 세포 사이**를 침입하여 "**hartig net**"을 형성한다. 균이 이 지역에서 뿌리 세포와 밀접하게 접촉하고 있다 하더라도 기주 세포안으로는 침입하지 않으므로 외생균근(외부에서 양분을 흡수하는)이라 불린다(그

그림 13.6 산림수와 외생균근을 형성하는 대표적인 균류의 자실체. (a) 참나무 유묘의 뿌리에서 자라는 *Hebeloma* sp. (자갈버섯). (b) 야외 지역에서 소나무 뿌리에 생장하는 *Amanita muscaria* (광대버섯). (c) 자작나무 뿌리에서 자라는 *Lactarius* sp. (젖버섯. 주름살이 손상되면 유액을 분비)

림 13.7).

뿌리털이 없고 흡수근이 균의 균사초에 의해 완전히 싸여있기 때문에 식물로 들어가는 모든 무기양분은 사실상 균을 통과해야만 뿌리로 들어갈 수 있다. 양분을 균근 균사초로 전달하는 토양에 널리 퍼져있는 균사는 토양으로부터 식물의 무기양분 흡수를 촉진한다. 이러한 공생관계에서 균류의 이익은 식물로부터 당을 얻는 것이다. 나무는 상당한 양의 광합성산물을 균사 연결망을 유지에 투자하는데, 한 나무의 년간 광합성산물 중 10% 이상일 것으로 추정된다.

초기의 고전적 실험에서 Harley는 식물 잎에서 뿌리로 당이 이동하는 것을 증명하였다. 이 실험에서

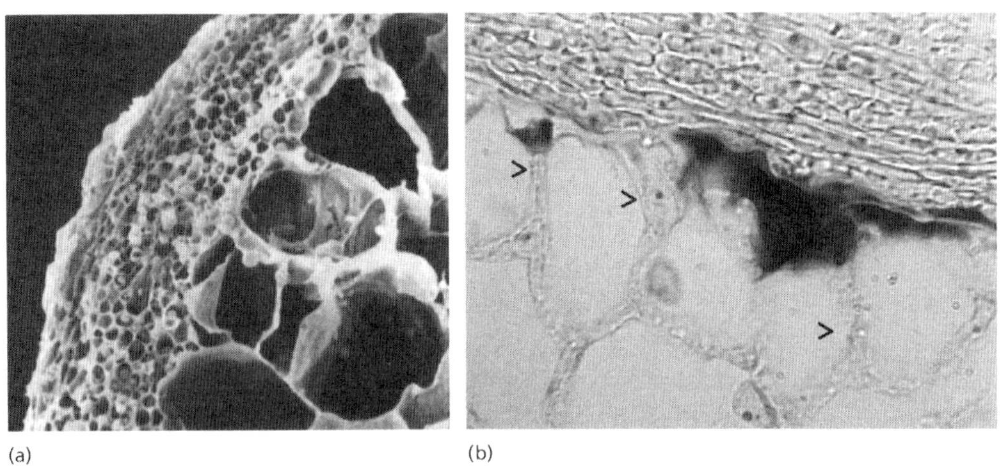

그림 13.7 (a) 균근 뿌리 단면의 전자현미경 사진. 뿌리를 둘러싸는 균사초가 보인다. (b) 외생균근을 형성한 뿌리의 일부를 얇게 절단한 단면. 화살표는 뿌리의 피층세포 사이로 자라서 Hartig net을 형성하는 균사를 나타낸다. 균과 뿌리 사이의 양분교환은 이 부분에서 일어나는 것으로 생각된다.

어린나무의 잎을 ^{14}C로 표지된 CO_2에 노출하였고, 이 탄소는 식물 조직을 통하여 추적되었다. 표지된 탄소는 뿌리와 줄기 조직에서 자당이나 포도당 같은 일반적인 식물 당의 형태로 발견되었으나, 표지된 탄소가 균의 균사초에 들어갈 때는 만니톨, 아라비톨, 에탄올 같은 알코올당의 형태로 발견되었다. 따라서 대부분의 식물이 "균류 당"을 사용할 수 없기 때문에 탄수화물의 흐름은 식물에서 균으로의 한 방향만 존재한다(Harley & Smith 1983; Harley 1989).

많은 외생균근균은 단순한 유기배지를 이용하여 실험실에서 배양할 수 있으나 자낭균과 담자균의 일반적인 분해자와 달리 외생균근균은 섬유소와 리그닌을 분해할 능력이 아주 적거나 없다. 따라서 외생균근균은 생태학적으로 공생체로서 자라는 데 적응된 것으로 보인다. 외생균근균은 숙주특이성의 정도가 그리 높지 않으므로 한 그루의 성숙한 나무의 균근에서 10종 이상의 균을 발견하는 것은 아주 일반적이다. 그러나 넓은 의미에서 보면 외생균근균은 두 가지 유형으로 나눌 수 있다. 일부는 다양한 숙주에 공생하는 "일반적인 균류"인데, 이들은 특히 새롭게 형성된 산림의 어린나무와 공생관계를 형성한다. 대표적인 예로는 *Laccaria* spp. (졸각버섯류), *Hebeloma* spp. (자갈버섯류), *Thelephora terrestris* (갈색사마귀버섯), *Paxillus involutus* (주름우단버섯) 등이 있다. 나머지는 숙주가 더 제한되어 있고 성숙한 나무에 우점하는 경향을 나타낸다. 예를 들면, 소나무의 *Suillus luteus* (비단그물버섯), 낙엽송의 *Suillus grevillei* (큰비단그물버섯) 그리고 너도밤나무 또는 참나무의 *Tuber* spp. (덩이버섯류) 등이 있다. 이 "성숙한" 형태는 배양 시 단백질분해효소를 만들어 내고, 이것은 질소 양분에 중요한 것으로 생각된다. *Laccaria* (졸각버섯류)나 *Hebeloma* (자갈버섯류) 같은 몇몇 균근균은 토양으로부터 질산염을 흡수할 수 있지만 질산염은 빗물에 의해 토양에서 쉽게 씻겨 나갈 수 있다. 대부분의 균근성 균류는 암모니아나 아미노산을 토양으로부터 흡수할 수 있으나 온도가 낮고, 습기가 많으며, 산성 환경인 북반구의 여러 지역에서는 유기물의 분해 속도가 매우 느려서 식물의 생장률을 상당히 제한할 수 있다. 따라서 이 균류에 의한 단백질분해효소의 방출은 외생균근성 식물에게 아미노산의 형태로 질소를 공급한다는 점에서 중요할 수 있다.

균류의 연결망

외생균근균은 생태계 기능에서 중요한 역할을 한다 (Allen 1992). 균사와 균사끈(mycelial cords)의 광범위한 연결망은 균근 균사초로부터 토양으로 그물처럼 퍼져있다 (그림 13.8). 이 그물망은 이들 균의 숙주특이성이 일반적으로 적기 때문에 다른 종의 식물일 지라도 서식지 내의 다른 많은 식물을 연결할 수 있다. 예를 들면, 큰 나무의 잎에서 흡수된 $^{14}CO_2$가 근처 묘목의 뿌리와 지상부 조직에서 발견되는 것처럼, 어린 묘목이 균근의 공통 연결망에 의해 "어미나무(mother tree)", 또는 "보모나무(nurse tree)"와 연결될 수 있다고 알려진다. 이런 방법으로 이동되는 양분의 양은 많지 않을 수도 있으나 존재하는 균사 연결망에 있는 묘목은 이러한 연결망으로부터 이득을 얻을 수 있다(Smith & Read 1997).

이러한 지하 연결망에는 적어도 잠재적인 두 가지 중요한 기능이 있다. 외생균의 잔뿌리 중 매년 대략 70~90%는 죽고 새로운 잔뿌리로 대체된다. 만일 이 잔뿌리가 서로 연결되어 있지 않다면 이들은 분해되고, 적어도 양분 중 일부는 토양으로부터 빠져나가 버릴 것이다. 균사의 연결은 퇴화하는 균근으로부터 아직도 기능을 하고 있는 다른 균근으로 양분을 회수함으로써 무기양분을 보유할 수 있도록 도울 수 있을 것이다. 더구나 그림 13.8에서 보는 것처럼, 균사끈 시스템은 근권 밖으로 멀리 뻗어나간다. 관찰배양기에서 이탄 기질은 균근이 없는 묘목이 말라 죽게 하지만 균근에 감염된 식물은 균사가 뿌리가

그림 13.8 배양기에서 자라는 약 3cm 크기의 낙엽송 유묘. 균근은 줄기의 기부에서도 볼 수 있지만(화살표), 여기서 보이는 거의 모든 생장 범주는 양분흡수를 위해 토양에 퍼진 균사끈이다. [출처: D. Read.]

닿을 수 없는 컨테이너의 깊은 곳으로부터 물을 운반할 수 있기 때문에 건강하게 살아남는다. 이러한 역할은 토양 복원을 위해서 나무를 심고 있는 이전의 채광지역과 같이 함수율이 낮은 토양에서 특히 중요한 역할을 한다. 실제로, 이러한 역할은 제8장에서 언급했듯이, 모든 균이 식물이 견딜 수 있는 범위 이상의 수분포텐셜에서 자랄 수 있기 때문에 균사끈 형성 균류(cord-forming fungi)에만 제한되는 것은 아니다. 이러한 이유로 내생균근성 균류도 미국의 남서부의 사막 같은 건조한 환경에서 중요할 수 있다. 거대 선인장을 포함하여 이런 유형의 환경(그림 13.9)에 사는 대다수의 식물들은 AM균을 뿌리에 가지고 있다(Bethlenfalvay *et al.* 1984).

진달래균근

서늘하고 양분이 거의 없으며 산성인 북반구의 고산지대 토양은 *Calluna, Erica, Vaccinium* 속 등의 진달래과(Ericaceae) 식물들이 우점하는 경향이 있다. 남반구에서는 이와 같은 토양에서 다른 과인 Epacridaceae에 속하는 식물들이 살고 있다. 이런 종류의 식물들은 모두 "털뿌리(hair root)"라고 불리는 가는 곁뿌리에 균사 코일(coil)을 만드는 자낭균과 독특한 균근관계를 갖는다. 그 코일은 숙주식물의 뿌리 세포 내에 있으나 숙주의 원형질막 밖에서 발달하고, 양분교환은 주로 이 접촉면을 통해서 일어난다고 생각된다. 진달래균근을 형성하는 균류는 토양에서 독립생활을 하는 부생균처럼 보이기 때문에 일반적이지 않아 보인다.

이들은 실험실에서 배양하면 분절되고 지그재그 모양으로 자라며 격벽을 가진 균사를 형성하면서 생장하는데, 그 중 한 종(*Hymenoscyphus ericae*)만 자세

그림 13.9 키가 7미터 이상인 사구아로 선인장(*Carnegia gigantea*)과 촐라선인장이나 손바닥선인장과 같이 큰 선인장들은 수지상균근균에 크게 의존하는데, 이들 식물의 뿌리는 두껍고 육질이며 뿌리털이 없거나 거의 없기 때문이다.

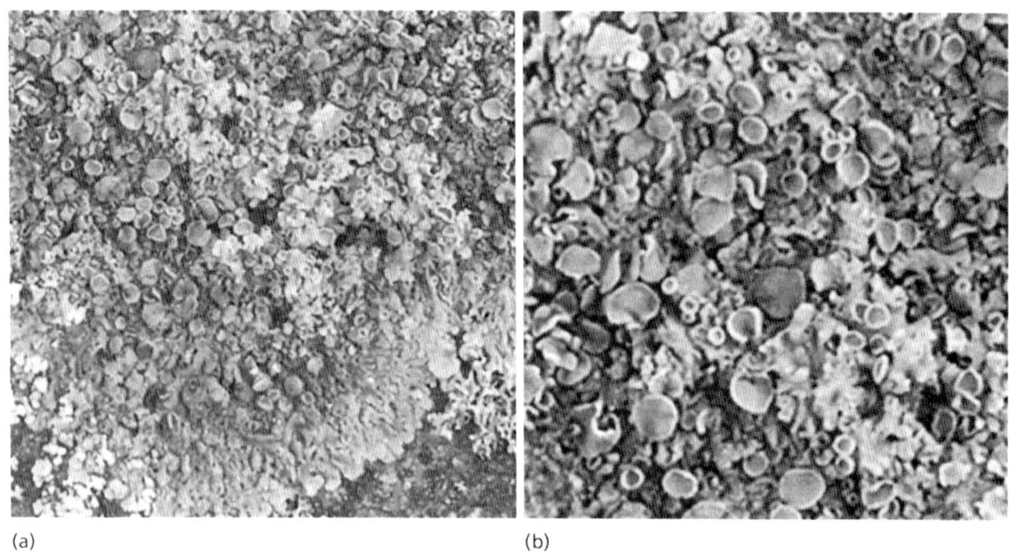

(a) (b)

그림 13.11 지의류 *Xanthoria parietina*는 염분이 많은 해안의 바위에서 흔히 자란다. (a) 지의류의 지의체. (b) 지의체 부분의 확대 모습으로서 자낭포자를 방출하는 접시 모양의 자낭반을 볼 수 있다.

3~4%에서 발견되고 시아노세균의 질소고정능력을 이용하는 역할을 하는 것으로 추정된다.

지의류가 한 종류 이상의 균(자낭균과 담자균)과 한 종류 이상의 광합성 파트너(녹조류와 시아노세균)에 의해서 형성될 수 있다는 사실은 이러한 공생이 여러 번 독립적으로 진화하였음을 시사해준다. 지의류의 진화 역사를 추적하는 것은 불가능한데, 이들이 하나의 생물이 아니기 때문이다. 그러나 지의류 공생은 최소한 자낭균이 나타난 3억 년 전까지는 진화하지 않았을 것이다.

지의류 형태의 범위

지의류는 다양한 형태를 나타내는데, 일부 사막의 피각(나중에 더 논의)에서 균과 광합성세포의 일시적 공생관계에서부터 고도로 분화된 형태까지 다양하다. 자낭포자는 발아해서 정상적인 배지에서 전형적인 균의 집락을 만들 수 있지만, 적절한 공생조류에 의해 형태발생적 변화를 일으켜 다양한 형태의 **지의체**(地衣體; **lichen thallus**)(지의류의 몸)를 형성하게 되는데, 일반적으로 4가지 유형으로 나누어진다(그림 13.12~13.15):

1. 엽상(葉狀; foliose)지의류 — 편평하고 잎 모양의 구조를 가진 지의류.
2. 수지상(樹枝狀; fruticose)지의류 — 곧게 서있거나 매달려있는 지의류.
3. 인편상(鱗片狀; squamulose)지의류 — 작고 비늘 같은 판을 형성하는 지의류.
4. 분상(粉狀; crustose)지의류 — 바위, 토양, 나무 표면 등에 편평한 외피를 만드는 지의류.

지의류의 구조

많은 대형 지의류는 *Xanthoria parietina*의 단면(그림 13.16)과 *Peltigera*의 조직(그림 13.17)에서 보는 바와 같이 뚜렷이 구분되는 구조를 가지고 있다. 전형적으로 꽉 채워져 있는 균세포의 **상피층**(上皮層; **upper cortex**)은 더 느슨하게 배열된 균사로 이루어진 **수층**(髓層; **medulla**)으로 합쳐진다. 공생조체의

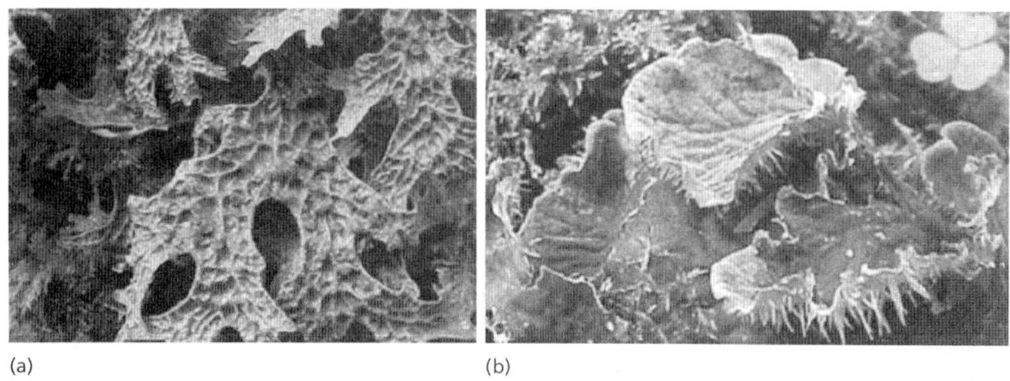

(a) (b)

그림 13.12 엽상 지의류. (a) 영국의 오염되지 않은 지역의 나무줄기에서 자라는 *Lobaria pulmonaria*. 엽체(葉體)는 밝은 녹색인데 지름이 1~2cm이고 가장자리에 갈색의 균류 자실체(자낭반)를 가지고 있다 (b) *Peltigera canina*는 약 2~3cm의 지름을 가진 편평하고 회색의 엽체를 만드는 흔한 지의류이다. 잎의 아랫면에 뿌리 모양의 돌기인 위근(rhizinae)을 보라.

(a) (b)

그림. 13.13 수지상 지의류. (a) *Cladonia rangiferina* ("순록이끼")로서 회녹색의 부서지기 쉬운 여러 층의 가지를 가진 지의체. 고산지역에 이와 유사한 여러 *Cladonia* 종들이 있다. 스칸디나비아에서 순록의 겨울철 먹이의 주요 공급원이 된다. (b) 나뭇가지에 붙어서 길게 매달려 자라는 담녹색 가닥의 지의류인 *Usnea* sp.

세포는 피층과 수층의 결합지점에서 나타난다. *Xanthoria*를 포함하는 많은 지의류에서는 **위근**(僞根; **rhizinae**)이라는 부착 돌기를 갖는 **하피층**(下皮層; **lower cortex**)이 있다. 이러한 층상구조의 중요한 특징은 광합성 세포가 상피층의 빽빽이 채워진 세포에 의해 강한 햇빛에 대한 노출과 건조로부터 보호받는다는 점이다. 그러나 조류세포는 광합성을 위한 가스교환이 필요하기 때문에 가스교환을 위한 공간을 제공하는 hydrophobin으로 덮인 느슨한 균사층에 위치한다(그림 13.16).

지의류의 생리: 수분관계 및 양분교환

많은 지의류는 지속된 가뭄을 견딜 수 있으며 수분

그림 13.14 인편상 지의류로서 토탄질의 토양에서 흔히 볼 수 있다. *Cladonia* 종의 인편(squamule)은 작고 녹색의 비늘 모양이며, 지름은 약 1~2mm이고 피부의 박편처럼 보인다. 이런 종류의 지의류는 아주 다양한데, 술잔 모양이나 촛대 모양을 비롯한 다양한 형태로 생장할 수 있기 때문이다. (b) 바닥에 인편을 볼 수 있다.

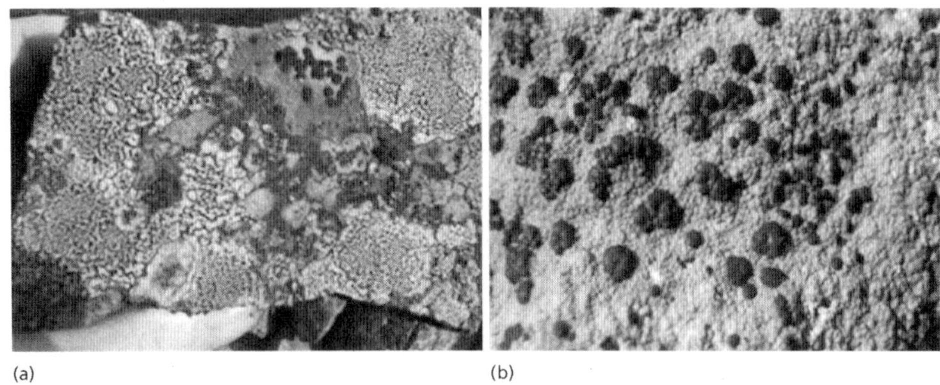

그림 13.15 바위 표면에서 흔히 자라는 분상 지의류. (a) 약 15x10 cm의 녹색 지의류 *Rhizocarpon geographicum*가 우점하고 있는 바위 표면 (지도지의류) (b) 5mm 정도의 특징적인 적갈색의 자낭반을 형성하며 바위 표면을 덮는 회색의 분상지의류.

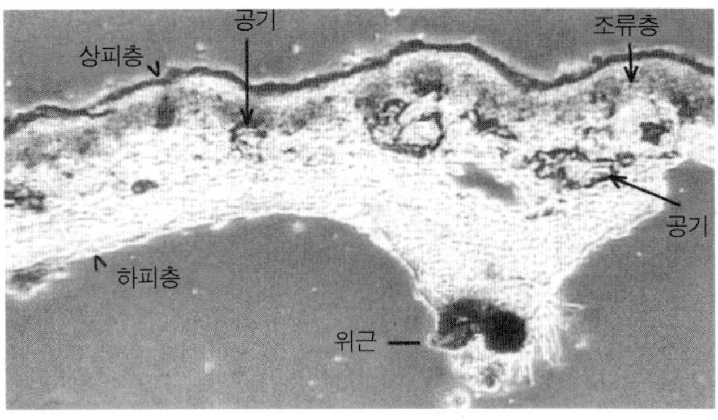

그림 13.16 조직의 층상구조를 보여주는 *Xanthoria parietina* 의 단면.

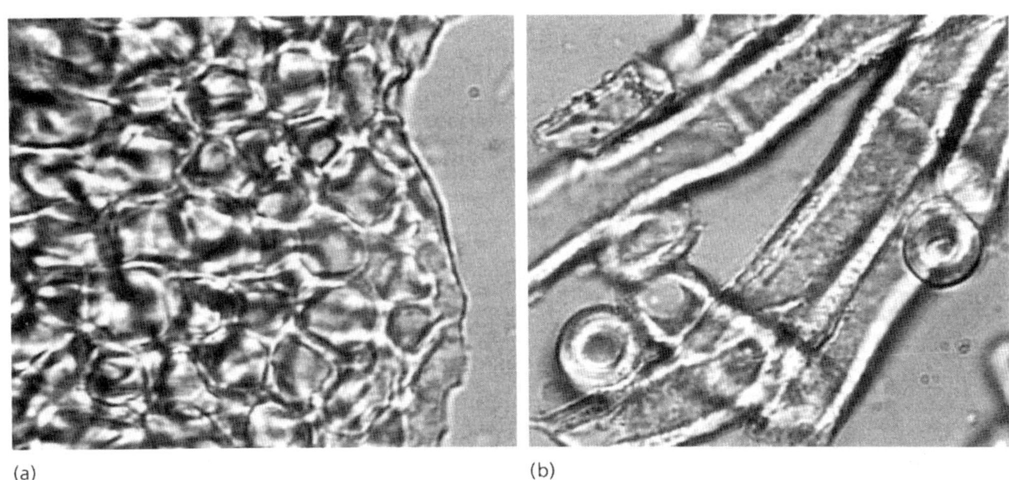

그림 13.17 (a) 지의류 *Peltigera canina*의 상피층의 조밀한 조직 (b) 두꺼운 벽을 가진 *Petigera* 수층의 소수성 균사.

이 공급된 후에는 빠르게 활성을 되찾을 수 있다. 녹조류성 지의류는 습한 공기로부터 수분을 흡수해서 회복할 수 있고 짧은 시간 내에 광합성을 다시 시작할 수 있다. 그러나 시아노세균성 지의류는 액체상태의 물을 흡수한 후에만 광합성을 재개할 수 있다. 모든 경우에 가뭄에 대한 지의류의 내성은 수층의 균사벽을 덮고 있는 방수성 hydrophobin에 의해 나타나는 것 같다. hydrophobin은 균류에 의해서만 만들어지는 듯한데, 이는 자연적으로 친수성 표면을 가진 *Trebouxia*의 세포가 지의류 균의 존재 하에서 생장할 때 소수성물질로 덮여지기 때문이다.

지의류에서 균류의 기본적 역할은 광합성세포를 물리적으로 보호하는 것과 아래의 기질이나 빗물로부터 무기양분을 흡수하는 것이다. 지의류균은 환경에서 미세한 양의 양분을 축적하는 데 특히 적응되어있다. 지의류는 이러한 측면에서 상당히 효과적인데 대기의 오염물질, 특히 이산화황을 독성 수준까지 축적하는 경향이 있다. 이는 많은 지의류가 주요 도시에서 거의 보이지 않는 이유가 된다. *Hypogymnia*와 *Xanthoria parietina* 같은 일부 종만 도시에서 흔히 발견되지만, 오염되지 않은 환경에서의 생장에 비해 거의 자라지 않는다.

광합성파트너의 기본적 역할은 지의류의 생장을 위한 당을 제공하는 것이다. 방사성동위원소 연구를 통하여 녹조류와 시아노세균이 광합성산물의 90%까지 균류에게 제공할 수 있음이 밝혀졌다. 공생조류로서 *Trebouxia* 같은 녹조류와 공생하는 지의류에서는 균사가 조류의 세포벽을 뚫고 들어가는 짧은 가지를 만들 수 있는데, 이는 양분흡수구조(흡기; 그림 13.18)로 작용한다. 시아노세균과 공생하는 지의류에서 균사는 마찬가지로 시아노세균 주변의 소수성 점액질막을 침입하는 돌기를 형성한다(그림 13.18).

지의류에서 주요 용해성 탄수화물은 **당알코올**(**sugar alcohols**; polyols)인데, 균사에 만니톨과 낮은 정도의 아라비톨의 형태로 존재한다. 녹조류에서는 예를 들면 *Trebouxia*의 경우에 주요 광합성산물로서 **리비톨**(**ribitol**) 같은 당알코올을 생성한다. 그러나 시아노세균은 세포내 글루칸이 효소로 분해된 후 세포막의 포도당 운반체를 통해서 균류에게 **포도당**(**glucose**)을 제공하는 것 같다. 공생조체로부터 양분 방출의 최대속도는 적정 수분조건에서 나타나는 반면에 수분스트레스의 조건에서는 공생조체가 광합성 산물의 대부분을 보존한다. 이는 각 파트너가 수분과 건조 주기의 다른 단계에서 탄수화물을 얻을 수 있다는 점에서 이러한 수분과 건조의 주기적 순환이 지의류공생체를 유지하는 데 이득이 될 수도 있다.

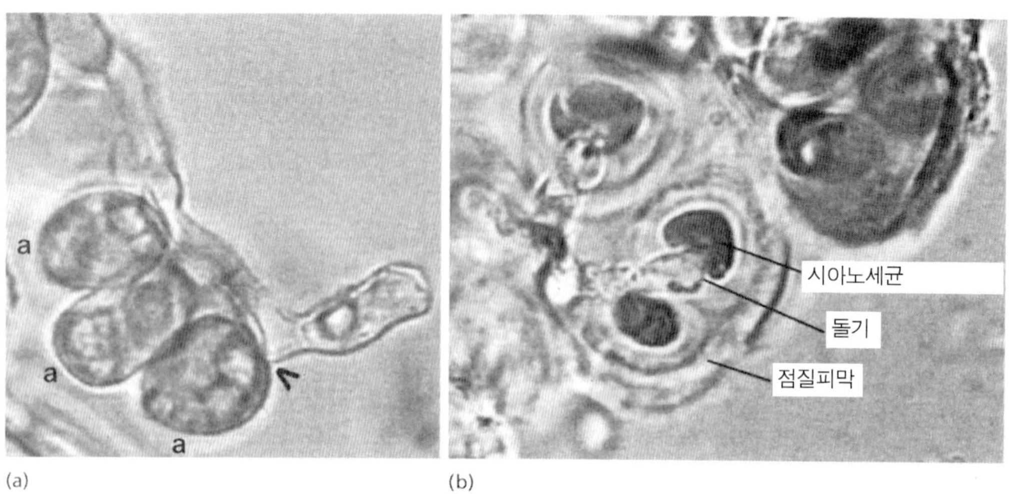

그림 13.18 건조한 사막토양의 토양피각 군집의 지의류에서 양분교환 지점. (a) 지의류 *Peltula* (*Peltula*의 이미지는 그림 13.22 참조)에서 수층 균사에 단단히 부착된 3개의 녹조세포(a로 표시). 화살표는 조류세포에 침투하는 균사를 나타낸다. (b) 시아노세균 지의류(*Collema* 종, 점질성 지의류 중 하나); 균의 돌기(peg)는 점질피막(gelatinous sheath)에 의해 둘러싸인 시아노세균의 세포의 함입과 밀접히 관련된다.

생식과 산포기작

지의류 자신을 무한하게 유지하는 유일한 방법은 영양번식이고 이는 여러 가지 방법에 의해 이루어 질 수 있다. *Cladonia* spp. 같은 일부 지의류의 건조한 지의체는 부스러지기 쉬운데, 떨어져 나온 조각들이 바람이나 동물에 의해 다른 곳으로 옮겨진다. 다른 지의류는 **열아**(裂芽; **isidium**)라고 불리는 부숴지기

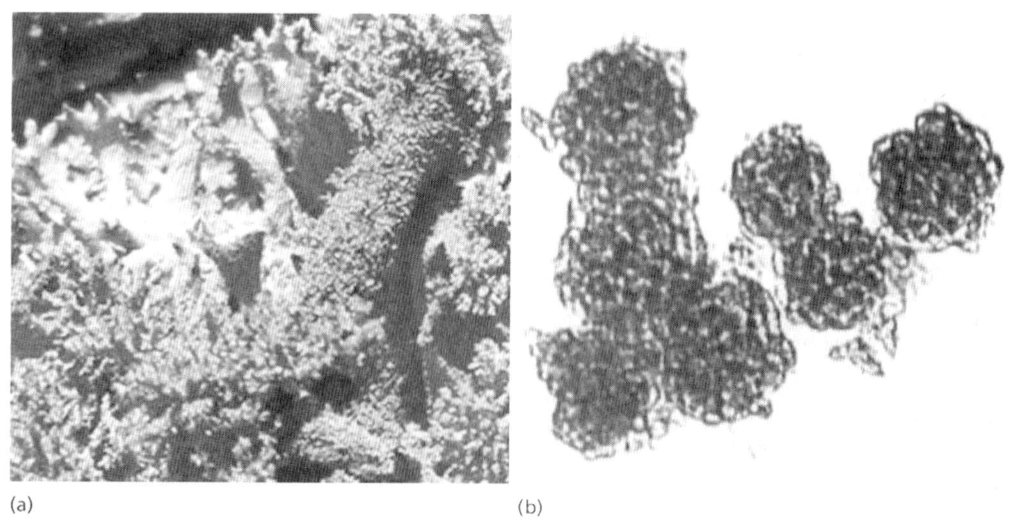

그림 13.19 열아(a)와 분아(b): 지의류가 영양번식하는 두 가지 방법.

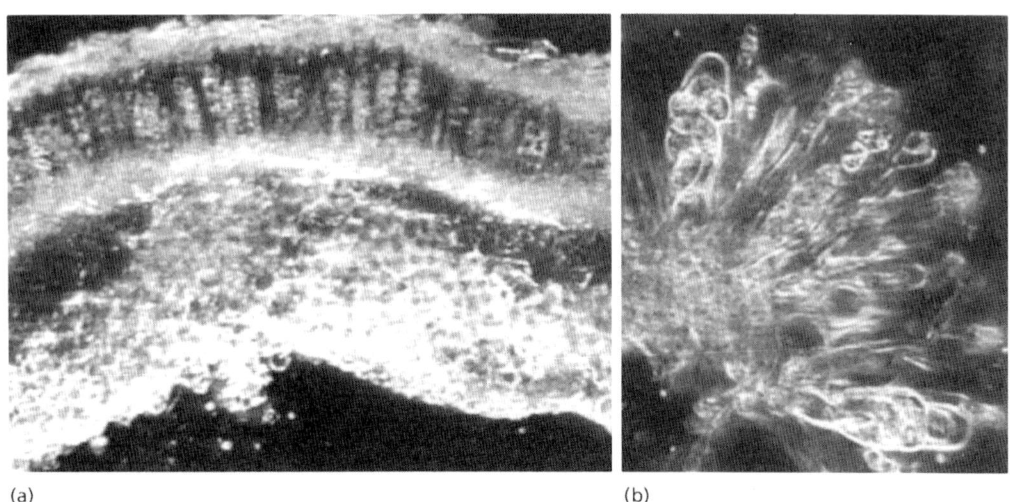

그림 13.20 *Xanthoria parietina* 지의체의 일부인 자낭반의 단면. (a) 많은 자낭이 자낭반의 위 표면 바로 아래에 보인다. (b) 눌려진 자낭반의 일부분으로서 자낭포자가 들어있는 자낭과 측사를 볼 수 있다.

쉬운 특수한 구조를 만드는데, 이 줄기가 부러져 산포된다(그림 13.19). 한편, 어떤 지의류는 **분아**(粉芽; **soredium**)라고 불리는 가루 번식체를 대량으로 만든다. 이는 균사로 싸인 일부 광합성 세포로 구성되며 바람에 의해 즉시 산포된다(그림 13.19).

많은 지의류는 유성포자(자낭포자)를 산포하기 위해서 자낭반을 형성한다(그림 13.20). 포자가 발아하여 새로운 지의체를 만들기 위해서는 적절한 광합성 파트너를 만나야 한다. 이러한 "재조합"의 과정은 실험실 조건에서 재현할 수 있으며 자연조건에서도 일어난다는 증거도 있다. 그러나 그 빈도는 지의류의 종류에 따라 다양하다. 예를 들면, 흔한 지의류인 *Xanthoria parietina*(그림 13.20)는 균류와 조류의 세포들을 분리해서 산포(그리고 뒤따르는 재조합)하는데, 이는 분아 또는 다른 특수화된 영양번식체를 만들지 않는 지의류의 주요 산포방법이다.

지의류 생태와 중요성

지의류는 넓은 범위의 환경에서 고전적인 "개척자" 생물이다. 이들은 온대 지역의 수피나 열대우림의 나무 잎에서 착생식물처럼 생장한다. 일부 지의류는 식은 용암이나 바위 표면과 같이 지구에서 가장 좋지 않은 환경에서 나타난다. 다른 종류들은 툰드라 토양에서 풍부하게 자라는데, 북극과 아북극지역에서 순록에게 겨울동안 먹이를 제공한다. 그러나 다른 지의류는 커피나무, 카카오나무, 고무나무 같은 경제적으로 중요한 열대수목의 다년생 잎에서 자란다. 이러한 측면에서 지의류는 생태계의 중요한 구성원이다. 그러나 이들의 가장 중요한 역할은 토양 형성에 대한 기여인데, 이는 많은 경우에 너무 단순해서 균과 광합성세포가 단지 나란히 배열되어있는 것처럼 보이는 미성숙 지의류에 의해서 이루어진다. 예를 들면, 세계의 많은 건조 지역을 덮고 있는 **토양피각**(土壤皮殼; **soil crust**)에서 미생물집단은 균사에 퍼져있는 시아노세균의 뭉치와 눈으로 겨우 볼 수 있는 약간의 작은 지의류들로 구성된다(그림 13.21~13.23).

지의류 공생의 요약

지의류와 지의류가 사는 환경의 높은 다양성은 이러한 공생이 아주 성공적이라는 사실을 입증한다. 지의류는 느리게 생장하는 생물이므로 생산성에 크게

그림 13.21 건조한 토양피각의 지의류, 시아노세균, 균사의 군집. 이들은 건조한 토양의 표면에 결합하여 덮개를 형성하고 있다. 이러한 군집은 백년 이상 되었으며 토양형성의 초기 단계를 나타낸다.

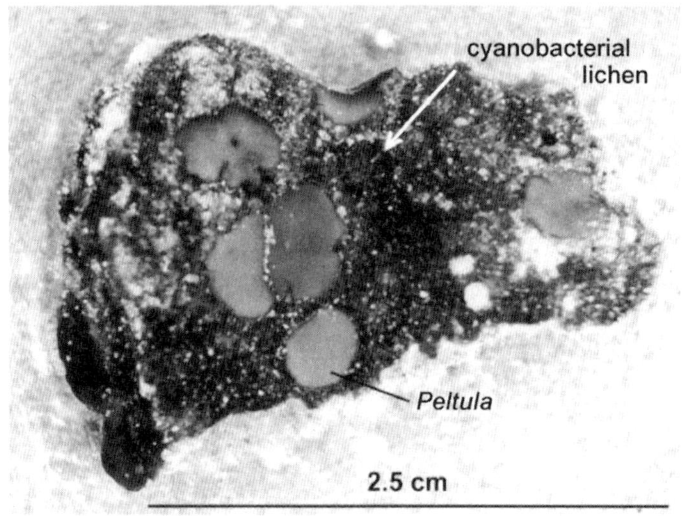

그림 13.22 사막의 토양피각 군집의 작은 조각이 수분에 적셔진 상태. 여러 개의 작은 지의류 지의체 (*Peltula*)와 하나의 작은 시아노세균 지의류(cyanobacterial lichen)인 *Collema*를 볼 수 있다. 시아노세균 *Scytonema*의 사상체가 토양표면의 대부분을 덮고 있다.

기여하지는 않는다. 그러나 이들의 독특한 공생은 다른 어떤 생물도 견딜 수 없는 환경범위에서 생장할 수 있게 하며, 특히 이들을 구성하는 파트너들이 각각 독립적으로는 견딜 수 없는 환경에서 생장할 수 있게 한다.

Geosiphon pyriforme

*Geosiphon pyriforme*은 1996년에 처음 보고된 놀라운 생물이며 독일의 몇몇 장소에서만 발견되었다. 이 균은 수지상균근균과 밀접히 관련되지만 이 균은 세

(a)

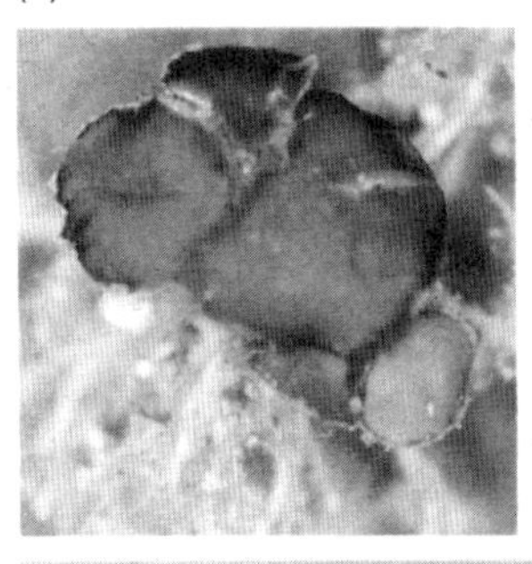

(b)

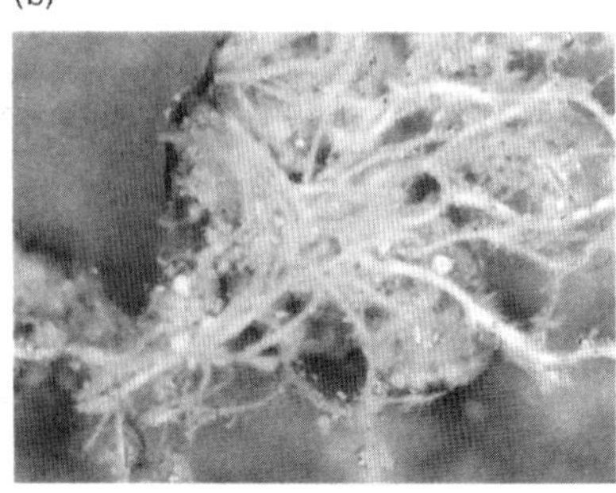

(c)

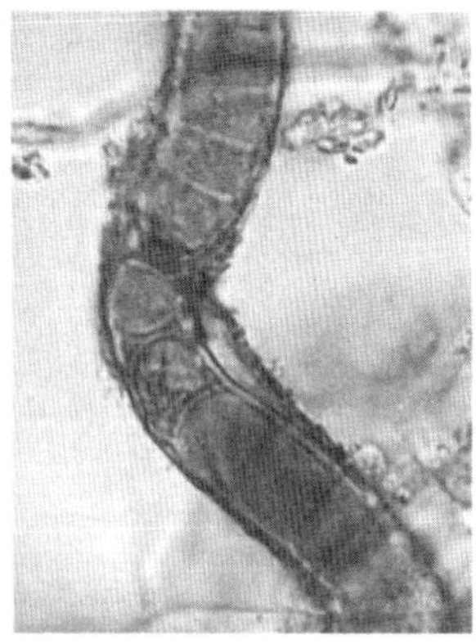

(d)

그림 13.23 (a) 사막 토양 피각 지의류인 *Peltula*는 여러 개의 인편(squamule)으로 이루어진 지의체로 자란다. (b) 같은 지의류를 아래에서 본 사진. 사막모래로 뿌리를 내는 위근의 분지 모습. (c) 그림 13.22의 일부. 시아노세균(*Scytonema* sp.)의 사상체들을 보기 위해 확대. (d) 토양 입자가 붙어있는 점질초에 싸여있는 *Scytonema*의 사상체.

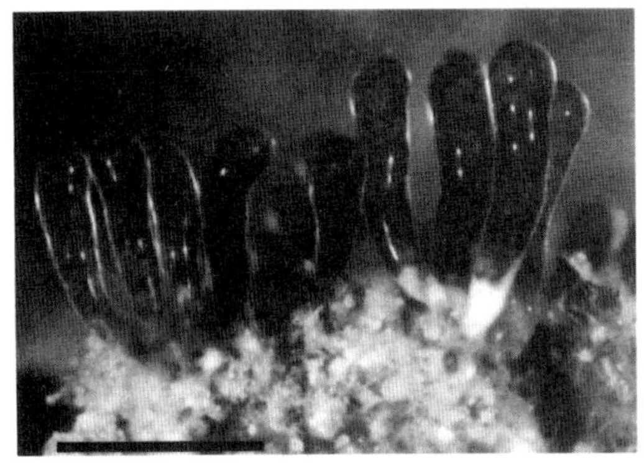

그림 13.24 토양의 표면에서 자라는 *Geosiphon pyriforme*의 낭포. 막대 = 1 mm. [사진제공: A. Schuessler.]

포 내에 내부공생체인 시아노세균(염주말의 일종인 *Nostoc punctiforme*)을 갖고 있다. 성숙기에 이 균은 토양 표면에 투명한 방광같은 구조를 만드는데, 각각은 1mm 높이이고 이 낭의 위쪽의 끝부분에 시아노세균이 위치한다. 균사는 그 낭의 아랫부분에서 토양으로 방사상으로 퍼지며 균사는 수지상균근을 형성하기 위해 식물뿌리와 상호작용하는 것이 가능하다(아직까지 증명되지는 않았다). 공생관계가 완전히 이루어졌을 때, 시아노세균은 광합성에 활성을 나타내고 이형세포를 만드는데, 이는 대기의 질소를 고정할 수 있다.

실험연구를 통하여 이러한 독특한 공생에서 나타나는 여러 가지의 발생 단계를 밝힐 수 있었다. 두 종류의 생물은 처음에는 토양의 표면에 독립적으로 살아가며, 원기(primordium)단계라고 불리는 생활사의 특정 시기에 시아노세균이 존재할 때에만 공생관계가 이루어진다. 이 시기에 시아노세균이 균류와 만나면 균사의 끝부분이 부풀어 오르고 시아노세균의 세포 일부를 둘러싸게 되는데, 이는 **내포작용**(內胞作用; **endocytosis**)에 의해 균으로 들어가게 된다. 이는 내부에 시아노세균이 존재하고 세포내용물의 나머지와는 분리되는 막결합 구조인 **심바이오솜**

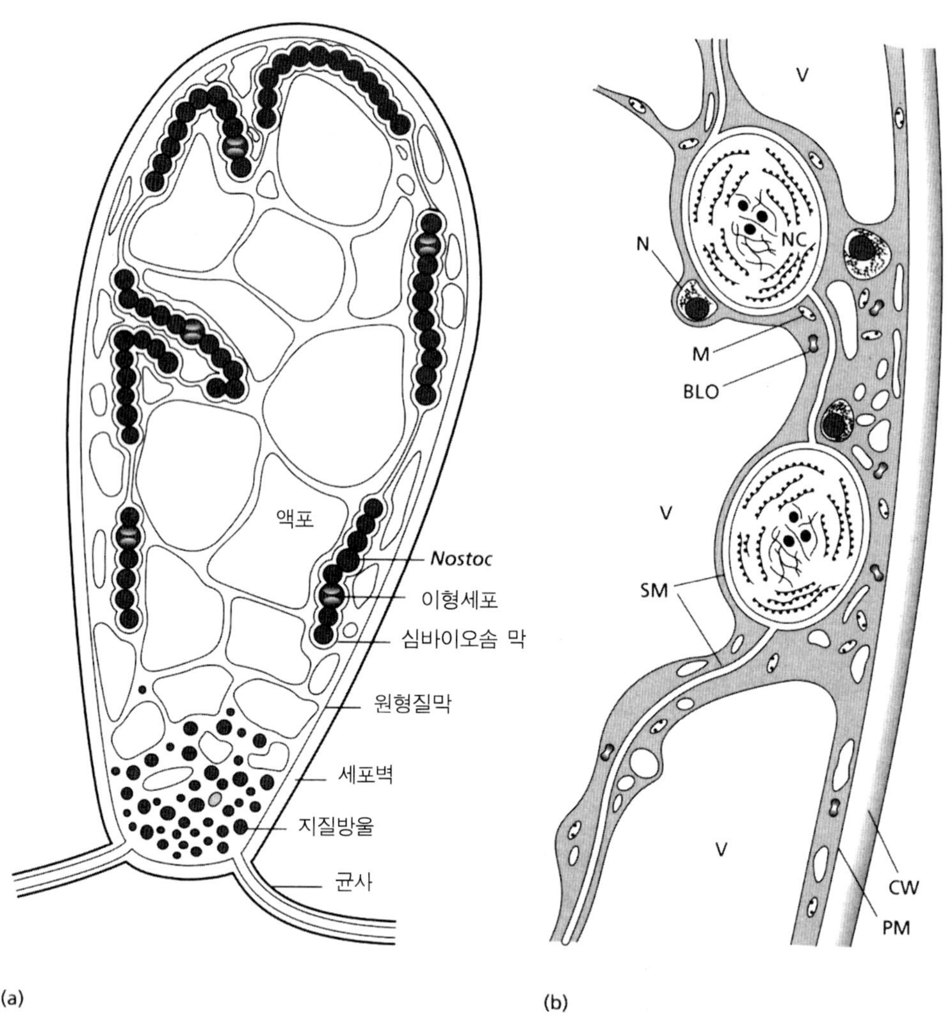

그림 13.25 *Geosiphon* 낭포(bladder)의 구획 (a) *Nostoc*의 세포는 균 세포의 가장자리 쪽에 있는 막결합 심바이오솜(symbiosome)의 안에 위치한다. (b) 세균같은 생물(BLO)을 자세히 보여주는 그림. 세포벽(CM), 미토콘드리아(M), 핵(N), *Nostoc* 세포 (NC), 원형질막(PM), 심바이오솜 막(SM), 액포(V). [출처: A. Scheussler & M. Kluge; Schuessler & Kluge 2001.]

(symbiosome)이 발달한다. 각 낭포(bladder)는 시아노세균 세포 하나가 합쳐진 결과이며 이러한 과정이 그 집락에서 여러 번 일어나야만 한다.

각각의 낭포는 한번 형성되면 반 년 이상 생존할 수 있다. 이와 같은 공생관계에서 시아노세균 공생체(*Nostoc punctiforme*)는 실험실 조건에서 아주 쉽게 배양할 수 있으며, 시아노세균의 여러 종류들뿐만 아니라 우산이끼인 *Blasia*나 고등식물인 *Gunnera* 처럼 다른 공생관계로부터 온 시아노세균의 종류도 *Geosiphon* 공생을 만드는 데 사용될 수 있다.

*Geosiphon*은 공생관계이며 **상리공생**(相利共生; **mutualism**)이라는 강한 증거가 있다. 균류는 시아노세균으로부터 광합성산물을 공급받아 이득을 얻는 반면에 시아노세균은 아마도 인의 공급을 균류에 의존하는 것 같다. *Geosiphon*의 낭포(bladder)는 당과 같은 아주 작은 유기화합물조차 비투과성인 것으로

밝혀졌으며, 따라서 균은 광합성파트너에 의해서 이들을 공급받을 필요가 있을 것이다. 이 놀라운 **새로 발견된 형태의 공생**은 현미경적 토양 생물들 사이의 초보적인 결합 연구에 새로운 흥미를 자극하였다.

균-곤충 상리공생

여러 곤충들은 곤충에게 적절한 먹이를 제공하는 균과의 상리공생관계를 발달시켜왔다. 이러한 공생관계는 곤충이 섬유소를 분해하지 못하기 때문에 가능하였을 것이다. 대신에 곤충은 먹이를 얻기 위해 균류의 섬유소분해활성을 이용한다. 고도로 진화된 이러한 유형의 관계에서 곤충은 다음과 같은 방법으로 공생을 지속해왔다:

- **균낭**(菌嚢; **mycangium**)이라는 특수하게 적응된 기관에서 균을 보관하고 전달;
- 균의 포자를 적절한 재료에 접종;
- 곤충의 먹이공급원으로 사용될 균의 생장을 촉진시키기 위해 재료를 돌보고 가꿈.

Sirex 목재벌 관계

송곳벌아속(*Sirex*)에 속하는 암컷의 목재벌은 송곳모양의 산란관을 이용하여 약해지거나 손상된 나무의 목질부에 알을 주입한다(그림 13.26). 그 후에 벌은 같은 입구에서 다른 각도로 관을 2~3개 더 뚫어 더 많은 알을 낳는다. 그러나 벌은 산란관의 아랫부분에 위치한 **균낭**(菌嚢; **mycangium**)이라는 주머니에서 목재부후균 *Amylostereum areolatum*(담자균)의 포자를 마지막 관에 주입한다. 균의 포자를 담고 있는 점액은 독성이 있고 잎을 시들게 하고, 균류의 생장은 목질부를 부분적으로 마르게 하며 나무의 줄기에서 물의 이동을 중단시킨다. 이러한 요인들은 벌의 유충의 발달을 위한 이상적인 영양조건을 제공하는데, 이 유충은 균과 목재의 섬유소 분해산물을 먹는다. 유충은 용화 후에 새로운 무리의 성충을 만들고 암컷이 나옴에 따라 부후목재로부터 포자를 모아서 다

그림 13.26 알과 균의 포자를 넣기 위해 나무에 구멍을 뚫고있는 목재 송곳벌 *Sirex noctilio*. [사진제공: M. P. Coutts, J. E. Dolezal 및 Tasmania 대학; Madden & Coutts 1979 참조.]

른 나무에 균을 접종하기 위해 균낭에 보관한다.

여러 종류의 목재 벌이 죽은 나무에 알을 낳지만 살아있는 나무에 가장 중요한 손상은 *Sirex noctilio*에 의해 일어난다. 이 벌은 소나무 조림지에서 경제적으로 중요한 해충일 수 있고 여러 다른 소나무도 공격할 수 있다. *Sirex noctilio*는 자연적으로 영국과 아시아의 여러 나라를 포함하는 북반구에 나타나지만 지난 세기에는 아프리카, 남미, 호주와 뉴질랜드를 비롯한 남반구의 여러 나라에 퍼졌었다.

Slippers *et al.* (2002)은 해충방제와 검역측정을 위한 기초자료로 사용하기 위해 다른 목재 벌과 관련된 종류인 *Amylostereum*의 개체군 구조를 분석하였다. PCR-RFLP(중합효소연쇄반응-제한절편길이다형성)와 핵의 intergenic spacer DNA의 분석을 이용해서, *S. noctilio* 의 최근의 지리적 이동과 여러 분리균주를 비교하는 것이 가능했다. 1900년 전후로 북반구로부터 남반구로 *S. noctilio*가 도입된 이래 계속된 이 해충의 이동은 남반구에 있는 나라들 사이에서만 있었으며 북반구로부터의 계속된 도입에 의해서가 아니었다는 결과를 보여주었다. 이것은 관리전략의 잠재적 기초를 제공하며, 지역검역측정은 나중에 해충이 퍼지는 것을 막는 데 적용될 수 있을 것이다.

가위개미, "원예" 흰개미, 암브로시아 균류

여러 곤충과 절지동물이 균과 상리공생관계로 공진화하였다. 고전적인 세 가지 예는 중남미의 가위개미(leaf-cutting ants), 아프리카와 동남아시아의 "농사를 짓는(garden-tending)" 흰개미 그리고 세계의 여러 지역에서 나무를 뚫는 딱정벌레이다(Mueller & Gerardo 2002).

일반적으로 **attine 개미**라고 불리는 가위개미는 지하에 많은 방을 가진 커다란 집을 만든다. 이 집은 날개가 하나인 암컷에 의해서 시작되는데, 이 암컷이 미래의 여왕이고 입 뒤쪽의 주머니에 균의 접종원을 가지고 있다. 암개미는 적절한 식물재료에 균을 놓고 균이 자라면 알을 낳기 시작한다. 일개미들은 둥지로 잎 조각을 가져와서 핥고 씹고 배설한 후에 균을 접종하고, 접종한 재료를 방에 채워 넣는다. 놀랍게도 이들 "곰팡이정원(fungus gardens)"은 거의 한 종류의 균으로 구성되는데, 이 균은 *Leucoagaricus* 속에 속하며 버섯을 형성하는 종이다. 균사는 독특한 생장형태로 발달하는데, **공길리디아(gongylidia)**나 브로마티아(bromatia)라고 불리는 끝이 풍선처럼 부풀어 오른 균사를 만든다. 이 균사는 유충의 먹이 공급원이 된다. 식물의 수액을 먹는 개미들도 공길리디아를 먹어 먹이를 보충하게 된다. 최근에는 균류가 protease, laccases, pectinase, carboxymethyl cellulase와 같이 잎을 분해하는 많은 효소를 곤충에게 제공한다는 사실이 밝혀졌다(Ronhede *et al.* 2004).

이들 효소는 개미의 장을 통과하는 동안 보호되고 농축되는 것 같고 분비물로 배출된다. Mueller & Gerardo는 개미와 균의 관계에 대한 분지분석을 통해서 균을 재배하는 개미의 능력이 5천만 년에서 6천만 년 전에 단지 한번 나타났지만 이후에 균류를 재배하는 개미는 대략 200여종이 나타났다는 사실을 보여주었는데, 이는 특이적인 균 관계와 일치하는 결과이다.

아주 유사한 형태의 공생관계가 아프리카나 동남아시아의 흰개미의 한 아과(Macroternitinae)에서 발견된다. 대부분의 흰개미와 달리 이 흰개미는 내장에 섬유소를 분해하는 원생동물이 없기 때문에 목재를 소화시킬 수 없다. 대신에 이들은 계속적으로 그 집단에 첨가되는 식물 부스러기를 사용해서 곰팡이 정원에 배양된 균 *Termitomyces*(담자균)와의 공생을 진화시켰다. 흰개미는 모든 오염균류를 제거함으로써 그들의 정원을 가꾼다. 어느 정도 많은 비가 내린 후 균은 지하에 긴 줄기를 가진 큰 버섯을 만든다. *Termitomyces* 종은 흰개미 집에서만 발견되기 때문에 고도로 특수화된 관계이다.

세 번째 종류의 공생관계는 손상되거나 죽은 나무에 구멍을 뚫어 터널을 만드는 딱정벌레에서 발견된다. 이 딱정벌레는 이 터널에 알을 낳고 **암브로시아 균(ambrosia fungi)**으로 알려진 균의 포자를 터널의 벽에 바른다. 균의 포자는 딱정벌레의 몸에 있는 '균낭'이라는 특별한 주머니에 저장되어 있는데, 이는 새로운 지역에 정원을 만들 때 접종원으로 사용된다. 딱정벌레 유충은 나무줄기 아래의 터널에서 주로 균을 먹으며 생장한다. 이런 정원은 한 종류의 균만을 키우는데, 오염균이 제거되기 때문이다.

이러한 세 가지의 "균 농사"시스템은 수평진화의 결과인데, 약 4천만에서 6천만 년 전에 흰개미, 개미, 딱정벌레는 독립적으로 자신의 먹이원으로 균을 배양하는 능력을 진화시켰다. 개미와 흰개미에서 균을 배양하는 능력은 그 기원이 각각 한 번씩이나, 암브로시아 딱정벌레에서는 그 기원이 최소한 일곱 번이었다. 현재 이러한 모든 균 배양 곤충과 균 공생체는 상호 의존적이다. 이들이 각각 독립적 존재로 되돌아갔다는 어떤 증거도 없다.

참고문헌

Allen, M.F. (ed.) (1992) *Mycorrhizal Functioning*. Chapman & Hall, New York.

Bethlenfalvay, G.J., Dakessian, S. & Pacovsky, R.S. (1984) Mycorrhizae in a southern California desert: ecological implications. *Canadian Journal of Botany* **62**, 519–524.

Bidartondo, M.I., Bruns, T.D., Weiss, M., Sèrgio, & Read, D.J. (2003) Specialized cheating of the ectomycorrhizal symbiosis by an epiparasitic liverwort. *Proceedings of the Royal Society of London, B* **270**, 835–842.

Gehrig, H., Scheussler, A. & Kluge, M. (1996) *Geosiphon pyriforme*, a fungus forming endocytosymbiosis with *Nostoc* (*Cyanobacteria*) is an ancestral member of the Glomales: evidence by SSU rRNA analysis. *Journal of Molecular Evolution* **43**, 71–81.

Harley, J.L. (1989) The significance of mycorrhiza. *Mycological Research* **92**, 129–139.

Harley, J.L. & Smith, S.E. (1983) *Mycorrhizal Symbiosis.* Academic Press, London.

Madden, J.L. & Coutts, M.P. (1979) The role of fungi in the biology and ecology of woodwasps (Hymenoptera Siricidae). In: *Insect–Fungus Symbiosis* (Batra, L.R., ed.), p. 165. Allanheld, Osmun & Co., New Jersey.

Mueller, U.G. & Gerardo, N. (2002) Fungus-farming insects: multiple origins and diverse evolutionary histories. *Proceedings of the National Academy of Sciences, USA* **99**, 15247–15249.

Nash, T.H. (1996) *Lichen Symbiosis.* Cambridge University Press, Cambridge.

Ronhede, S., Boomsma, J.J. & Rosendahl S. (2004) Fungal enzymes transferred by leaf-cutting ants in their fungus gardens. *Mycological Research* **108**, 101–106.

Scheussler, A. & Kluge, M. (2001) *Geosiphon pyriforme*, an endocytosymbiosis between fungus and cyanobacteria, and its meaning as a model system for AM research. In: *The Mycota*, vol. IX. *Fungal Associations* (Hoch, B., ed.), pp. 151–161. Springer-Verlag, Berlin.

Scheussler, A., Schwarzott, D. & Walker, C. (2001) A new fungal phylum, the Glomeromycota: phylogeny and evolution. *Mycological Research* **105**, 1413–1421.

Simon, L., Bousquet, J., Levesque, R.C. & Lalonde, M. (1993) Origin and diversification of endomycorrhizal fungi and coincidence with vascular land plants. *Nature* **363**, 67–69.

Slippers, B., Wingfield, M.J., Coutinho, T.A. & Wingfield, B.D. (2002) Population structure and possible origin of *Amylostereum areolatum* in South Africa. *Plant Pathology* **50**, 206–210.

Smith, S.E. & Read, D.J. (1997) *Mycorrhizal Symbiosis*, 2nd edn. Academic Press, San Diego.

van der Heijden, M.G.A., Wiemken, A. & Sanders, I.R. (1998) Mycorrhizal fungal diversity determines plant diversity, ecosystem variability and productivity. *Nature* **396**, 69–72.

제14장

식물병원균으로서의 균류

이 장은 다음과 같은 주요 부분으로 구성되어있다:

- 식물병원균류
- 미성숙 또는 저항성이 저하된 기주의 펙틴분해효소의 역할
- 기주특이적 사물영양성 병원균
- 유관속시들음병
- 깜부기병균
- 내생균류와 독소
- Phytophthora류에 의한 역병
- 활물영양성 병원균

균류는 식물병원균으로 잘 알려져 있다. 대략 모든 주요 작물병해의 약 70%가 진균 또는 유사균류인 난균류에 의해 발생된다. 가장 잘 알려진 예를 하나 들면, 1840년대에 아일랜드의 감자 재배에 큰 피해를 입혀서 넓은 지역에서 기아를 일으켰던 *Phytophthora infestans* (난균)에 의한 **감자 역병 (potato late blight)**이다. 그 당시에 50만 명 이상이 굶어죽었고 비슷한 수의 사람들이 유럽의 타 지역이나 북미로 이주하였던 것으로 추산된다. 감자 역병은 육종과 살균제(제17장 참조)를 사용하여 방제를 시도하였음에도 불구하고 지금까지도 감자 재배지역에서는 언제든지 발생할 수 있는 위험한 병해이다. 최근에 발생한 대표적인 사례는 1943년의 **벵갈 대기근 (Great Bengal Famine)**으로 벼깨씨무늬병균 *Helminthosporium oryzae* (요즘은 *Bipolaris oryzae* 또는 *Cochliobolus miyabeanus* 등으로 다양하게 알려져 있음)에 의해 벼에 발생한 피해로 약 200만 명의 생명을 앗아간 것으로 추산된다.

균류는 조경수나 관상수에도 심각한 병을 많이 일으킨다. *Ophiostoma ulmi* 및 관련종 *O. novo-ulmi*에 의해 발생하는 **느릅나무 마름병(Dutch elm disease)**은 지난 20세기에 북미, 영국, 유럽대륙 전역을 반복해서 휩쓸어서 느릅나무숲이 격감하게 되었다. 마찬가지로 *Cryphonectria parasitica*에 의한 **밤나무 줄기마름병 (chestnut blight)**은 미국밤나무(*Castanea dentata*)에 큰 피해를 입혔고, 이 병은 1904년 뉴욕 동물원에서 처음으로 보고된 후에 미국 동부지역 전역을 휩쓸었다. 이제는 미국의 장대한 밤나무숲이 사라졌고 관목 같은 하층식생대만 남게 되었다. *Phytophthora cinnamomi*에 의한 **Cinnamomi 뿌리썩음병 (Cinnamomi root rot)**은 다른 지역에서 유입된 병원균에 의한 피해의 또 다른 예로서, 현재 호주의 광범위한 유칼리나무 천연임지를 위협하고 있다. 이 책의 내용을 기술하고 있는 지금, *Phytophthora ramorum*에 의한 **참나무 급사병 (sudden oak death)**으로 인하여 캘리포니아 북부와 오레곤 남부의 해안지역에 위치한 천연 참나무 임지가 파괴되고 있다. 이 "새로운 병해"는 1996년에 처음 보고 되었고 지금은 유럽의 여러 지역으로 확산되면서 심각한 경종을 울리고 있다. 이 병으로 영국의 오래된 산림이 파괴될 가능성이 있다. 이러한 사례는 여러 병해 중의 단지 일부이며, 종합적으로 작물, 재배지, 산림에서 병발생은 엄청난 피해를 일으킨다. 이 장에서는 식물병원균류의 역할과 발병과정에 대하여 기술하였고, 제17장에서는 이러한 병해의 방제에 대하여 언급할 것이다.

식물병원균류의 주요한 종류

일부 용어의 정의를 내리고 시작하는 것이 도움이 될 것이다.

1. **기생체**(寄生體; **parasite**)는 필요한 양분의 일부 또는 전부를 다른 생물체, 즉 **기주**(寄主; **host**)의 살아있는 조직에서 얻는 생물체로 정의될 수 있다. 다른 말로 **영양적 상관관계**(營養的 相關關係; **nutritional relationship**)를 묘사한다.
2. **병원체**(病原體; **pathogen**)는 병을 일으키는 생물체로 정의될 수 있다. 병원체는 거의 대부분 기생체이지만, 기생체가 항상 뚜렷하거나 심각한 병을 일으키는 것은 아니기 때문에 기생체와 병원체를 구별하는 것이 중요하다.

수천 종의 식물병원균류가 있으므로 이들의 기초적인 생물적 특성을 반영하여 그룹으로 나누는 것이 필요하다. 이들은 (1) 병원균와 기주 간의 영양적 상관관계와 (2) 병원균의 기주범위가 넓은지 아니면 기주특이적인지의 여부 등 두 가지의 주요 특징에 따라 나누어진다.

영양적 상관관계에 있어서는 **사물영양성**(死物營養性; **necrotrophic**) 병원균과 **활물영양성**(活物營養性; **biotrophic**) 병원균으로 구분한다. 사물영양성 병원균은 기주조직을 직접 침입하거나 독소 또는 분해효소를 분비하여 조직에서 양분을 취함으로써 기주조직을 죽인다 (희랍어: *nekros* = dead; *trophos* = a feeder). 대조적으로 활물영양성 병원균은 기주조직 내에 접하는 곳에 양분을 흡수하는 특수한 구조체를 형성하여 살아있는 조직에서 양분을 섭취한다(희랍어: *bios* = life). 세 번째 그룹은 **반활물영양성**(半活物營養性; **hemibiotrophic**) 병원균으로 처음에는 활물영양체로 시작하지만 나중에는 기주조직을 침입하여 죽인다. *P. infestans*를 비롯한 *Phytophthora*속의 종들이 여기에 속한다.

기주범위(寄主範圍; **host range**)가 넓은 다범성 병원균과 기주범위가 좁은 기주특이성 병원균의 개념을 살펴보자. 다범성 병원균은 항상 미성숙이거나

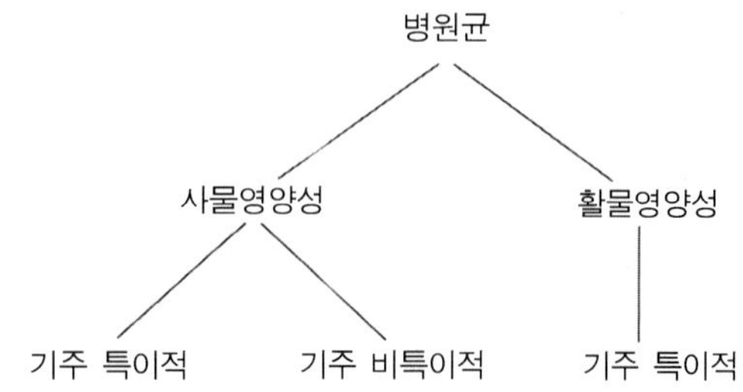

퇴화하는 조직 또는 환경요인에 의해 저항성이 저하된 식물체를 가해한다. 대조적으로 기주특이성 병원균은 감염을 피하기 위하여 식물체가 생성하는 균독성 화합물 같은 식물체의 특수한 방어기작을 극복하도록 적응되어있다. 활물영양성 병원균은 반드시 기주특이적이다.

그리하여 거의 모든 병원균은 이 장의 나머지 부분에 대한 기초가 되는 아래의 간단한 개요로 구분할 수 있다. 여기에서 식물병원균류의 다양성과 그들의 활성에 대한 이해를 돕기 위하여 주요한 식물병의 대표적인 예에 대하여 논의할 것이다.

미성숙 또는 저항성이 저하된 기주의 사물영양성 병원균

수많은 균류가 어린 식물체의 조직을 가해하여 종자썩음병이나 유묘병을 일으킨다. 다른 종류의 균류는 식물체의 오래되고 노화된 조직을 가해하며, 또 다른 종류는 가뭄이나 스트레스 요인에 의해 저항성이 저하된 식물체를 가해한다. 이들 균류는 기생의 복잡한 형태는 아니지만 심각한 경제적인 피해를 일으킬 수 있다. 일부 예들이 아래에 언급되어있다.

종자썩음병 및 유묘병의 병원균

특정한 그룹의 균류는 습한 토양조건과 관련이 있기 때문에 **모잘록병**(**damping-off**)이라고 통칭하는 종자썩음병 또는 유묘병을 일으킨다. 예를 들면, 많은 *Pythium*종(난균)은 유묘의 뿌리끝을 가해하고

Rhizoctonia solani 균주는 어린 새순의 기부, 즉 토양에 맞닿은 바로 위 또는 아래를 가해한다. 비슷한 작용을 하는 다른 균류로는 곡류의 종자썩음병과 유묘병을 일으키는 *Fusarium* spp.이 있다. 이들 모든 균류는 종자나 유묘에서 분비물이 나오면 신속하게 반응하여 저항성이 약한 어린 조직을 침입한다. 이에 대비하기 위해서 종자를 maneb, thiram, dinocap 등 균류의 기초대사과정을 방해하는 범용성 살균제(제17장)로 항상 피복처리한다. 그러나 종자의 살균제 처리를 생물적 방제제로 대체하는 경향이 점차 증가하고 있다. 이들 중 몇 가지는 요즘 상업적으로 판매되고 있으며, 미국에서 면화를 비롯한 몇몇 작물 재배에 널리 사용되고 있는 *Bacillus subtilis* 같은 항생물질 생성 세균과 스칸디나비아 반도에서 곡류를 유묘병으로부터 보호하기 위하여 널리 사용되는 *Pseudomonas chlororaphis* 등이 있다. *Trichoderma* spp.와 *Clonostachys rosea*(이전에 *Gliocladium catenulatum*)를 포함하는 수 종의 균류도 유묘병의 생물적 방제제로 판매된다.

이런 모든 제품은 적합한 조건에서는 효과가 좋으나 유묘 병원균은 생물적 방제제가 작용하기 전에 빠르게 감염한다. 예를 들면, 유묘병원균 *Pythium ultimum*의 토양전염성 포자낭은 발아하는 종자에서 분비되는 휘발성 대사물질(아마도 에탄올 또는 아세트알데하이드)에 반응하여 1~2시간 이내에 발아할 수 있고, *Pythium*으로 만연된 토양에 심겨진 종자의 조직은 6~12시간 내에 병원균에 의해 심하게 감염될 수 있다. 생물적 방제제는 이러한 병원균을 방제할 수 있을 만큼 충분히 빠른 속도로 작용하는 것 같지는 않다(Nelson 1987, 1992).

Athelia rolfsii

균핵을 형성하는 *Athelia* (*Sclerotium*) *rolfsii* 라는 담자균은 강우가 계절적으로 내리는 온화한 지역에서 유묘에 가장 큰 피해를 입히는 병원균류 중의 하나

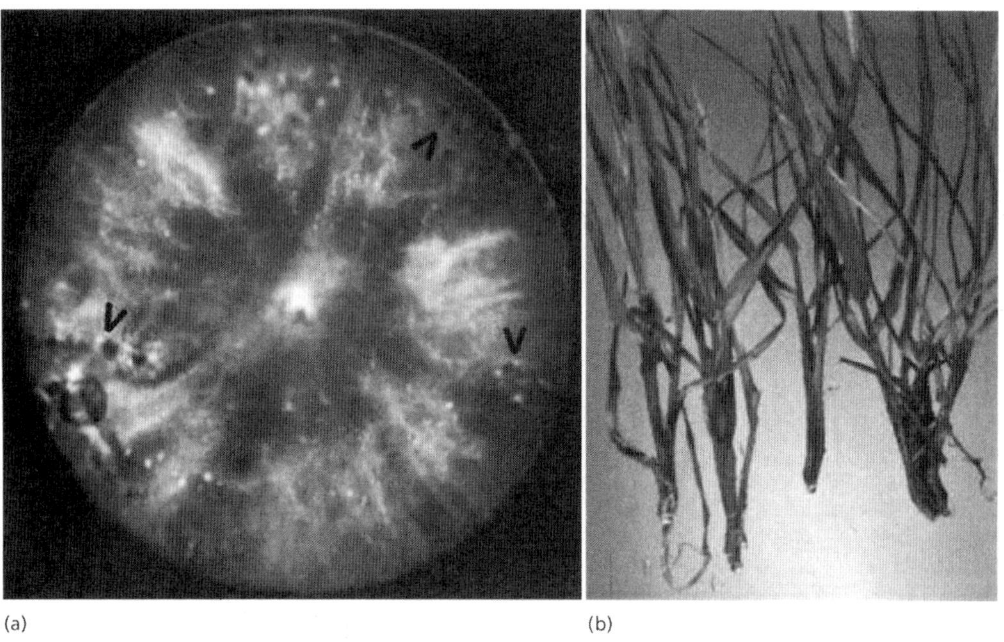

그림 14.1 (a) 배지상에서 *Athelia rolfsii*의 균총. 균핵(일부는 화살표로 표기)이 균총의 가장자리 근처에서 발달된다. 흰색의 균사체는 뭉쳐져서 균사체 끈을 만든다. (b) 어린 밀이 토양 바로 아래에서 *A. rolfsii*에 의해 썩어있다.

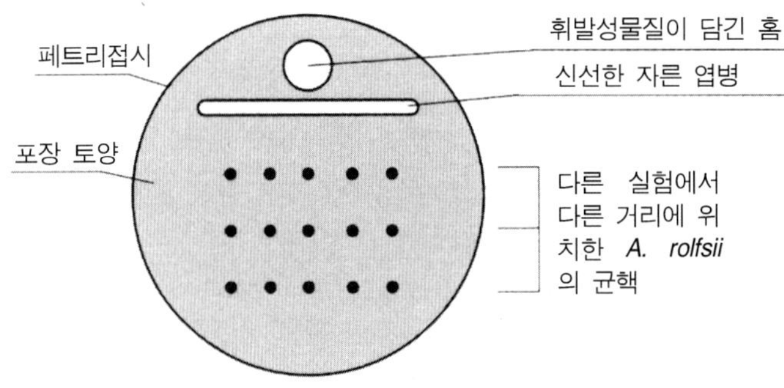

그림 14.2 천연 토양 위에서 다른 거리에 놓여진 *Athelia rolfsii*의 균핵으로부터 엽병(살아있는 식물조직)의 감염을 연구하기 위한 실험적 장치.

표 14.1 그림 14.2에서의 실험에서 *Athelia rolfsii* 균핵의 발아와 균핵이 엽병에서 거리를 달리하여 위치하였을 때 엽병의 감염. [자료 출처: Punja & Grogan 1981.]

	엽병으로부터 균핵의 거리(cm)						
	0	1	2	3	4	5	6
건조하지 않은 균핵							
휘발성물질이 없을 시							
발아율	19	16	11	11	19	14	15
감염률	12	0	0	0	0	0	
휘발성물질이 있을 시							
발아율	90	73	67	51	17	14	9
감염률	90	71	54	39	0	0	0
건조한 균핵							
휘발성물질이 없을 시							
발아율	78	75	71	63	74	68	73
감염률	78	75	60	56	0	0	0
휘발성물질이 있을 시							
발아율	100	100	96	95	100	98	87
감염률	100	100	91	87	100	82	16

이다. *A. rolfsii*의 균핵(그림 14.1)은 건조기에는 토양에서 생존하고 처음으로 비가 온 후에 발아하기 시작한다. 병원균은 전년도에 재배한 작물의 젖은 잔해에서 양분을 섭취하면서 생장하고 새로운 작물이 심겨지면 3~4주 이내에 줄기 기부의 조직을 썩힌다. 곡류와 다른 작물을 재배하는 넓은 면적에서 이 병원균에 의해 큰 피해를 입을 수 있다.

*A. rolfsii*를 이해하는데 중요한 것은 그림 14.2와 표 14.1의 실험에서 보는 것처럼 균핵의 역할을 이해하는 것이다. 만약 실험실 배양기에서 **균사발아**(菌絲發芽; **hyphal germination**)를 하는 균핵을 수확하여 사용하면 거기에서 단지 몇 가닥의 균사만이 나와서 균핵에서 가까운 거리(0.5cm)에 있는 식물체를 감염시킬 수 있다. 그러나 공기 중에서 건조된 균핵은 수분으로 다시 적셨을 때 **폭발적 발아**(爆發的發芽; **eruptive germination**)를 한다. 즉, 모든 균핵 저장물은 균사끈으로 조직되어 3.5cm 거리의 식물체를 감염시킬 수 있는 균사덩어리를 형성하는 데 사용된다. 이 병원균의 균핵은 신선한 분해 유기물(예를 들면, 처음 비온 후부터 분해가 시작되는 전년도 재배한 작물의 잔해)이 있는 경우에 훨씬 효과적으로 작용한다. 특히 메탄올 같은 휘발성 화합물이 분

그림 14.3 남아공 북부 Transvaal에서 *Rhizoctonia solani*에 의한 밀의 분화구병(crater disease) (Deacon & Scott 1985). (a) 위축된 식물체가 광활한 면적에 펼쳐져 있는 항공사진. (b) 건전한 작물과 위축된 부분사이의 뚜렷한 구분을 보여주는 분화구병. (c) 듬성한 표면토양과 심하게 경화된 진흙토양의 경계가 약 5~8cm 깊이에 나타난다. (d) 처음으로 형성되는 종자근(seminal roots)에 형성된 구슬 모양의 *Rhizoctonia*; 이 뿌리는 토양단면으로 깊이 침투하여 표층토가 건조할 때 깊은 곳에서 물을 끌어올리기 때문에 중요한다. (e) 정상적으로 건전한 식물체와 분화구내에 있는 식물체의 비교.

해되는 잔재에서 나오는데, 이것은 잔재물에 존재하는 펙틴분해효소의 작용에 의한 것이다. 이러한 휘발성 화합물을 양분으로 이용하여 균핵은 폭발적으로 발아를 시작하게 하고 메탄올이 있는 방향으로 생장한다. 이러한 조건에서는 균핵이 6cm나 떨어진 유묘를 감염할 수 있다. 이런 실험들은 작물재배에서 균류의 역할과 매우 유사한 것 같은데, *A. rolfsii*는 특징적으로 작물의 잔재에 정착하여 양분저장고로 이용하며 어린 식물체의 줄기 기부조직을 감염시키는 것을 지원한다. 이 균은 아주 적극적으로 식물체를 가해하며 많은 양의 옥살산 생성에 의해 도움을 받아 펙틴분해효소를 분비하여 식물체를 분해시킨다.

Rhizoctonia solani

Rhizoctonia solani (유성세대 *Thanatephorus cucumeris*; 담자균)는 식물체 줄기의 기부조직을 가해하는 또 다른 흔한 유묘 병원균인데, 분류학적으로는 복합적

인 균이다. 즉, 분자 지문별, 기주범위별, 배지 상에서 균총을 다른 균총과 마주보고 배양시 균사융합하는 능력(그림 9.6 참조)에 따라 분화되는 균주들로 구성되어 있는 종 집합체이다. 일부 균주는 남아공 Transvaal의 검은 점질토에서 재배하는 밀의 **분화구병(crater disease)** 같은 곡류의 왜소병을 일으킨다(그림 14-3). 이 병에서 식물체는 처음에는 정상적으로 생장하지만 왜소한 식물체가 파종 3~4주 후부터 넓은 지역에서 나타나기 시작하며, 이때부터 왜소한 식물체는 거의 생장하지 않으나 나머지 개체들은 정상적으로 생장한다. 왜소한 식물체의 뿌리에는 느슨한 배양토가 쟁기질이 안 된 점질토와 접하고 있는 토양표면에서 7~10cm 깊이에서 구슬같은 균사덩어리가 형성된다. 이 균사덩어리에서 병원균은 뿌리를 가해하고 죽여서 왜소증상이 나타나게 한다. 이와 유사한 곡류의 왜소병이 호주의 경화된 사토에서 발생되는데, 뿌리 끝이 썩으므로 갈변하고 창끝처럼 뾰쪽해진다.

이런 종류의 병에는 공통적인 원인이 있다: 경화된 토양층이 뿌리의 생장을 방해하며 뿌리생장점에서 양분의 누출이 증가하므로 *Rhizoctonia*에 의한 침입이 촉진된다. 게다가 *Rhizoctonia*는 깊고 안정된 토양층에서 여러 방면으로 균사생장이 양호하다. 병이 발생하는 지점은 토양표면 아래에 병원균이 존재하고 있다는 것을 나타내며 이런 지점은 고랑을 따라서 매년 증가하며 병은 점진적으로 번져나간다(그림 14.3). 이 병의 가장 효과적인 방제법은 깊이 밭갈이를 하는 것인데, 점질토에서는 그리 효과적이지 못하다. 그러나 호주의 사토에서는 종자를 파종하는 토양에 10~12cm의 깊이갈이를 할 수 있는 쟁기를 사용하면 뿌리가 깊게 침투할 수 있게 하여 작물의 생산량을 크게 증가시킬 수 있다.

쇠락과 재식(replant) 병해

딸기, 사과나무, 양앵두나무, 아보카도나무 등 일부 다년생 과수는 생산량이 더 이상 경제적이지 않을 때까지 식물체의 나이에 따라 생산량이 점진적으로 감소한다. 만약 쇠락하는 식물체를 제거하고 다른 식물체를 대신 심으면 새로 심은 식물체가 잘 자라지 않거나 죽기도 한다. 이런 쇠락과 재식 병해는 공통적인 원인을 나타내며 밀접하게 관련되어있다. 이미 제10장에서 본 바와 같이 식물체의 어린 "흡수근(feeder roots)"은 이들이 쇠퇴하여 다른 뿌리들로 대체될 때까지 짧은 기간을 생존한다(그림 11.14, 11.15 참조). 쇠락과 재식 병해에서 뿌리형성률과 부후율 간의 균형이 변하여서 생장점의 부후율이 생장점 형성률보다 높아지게 되면 결국 작물이 죽는다. *Pythium* 관련 종(예를 들면, *P. sylvaticum*)은 사과나무 같은 과수의 쇠락에 상당히 관련되어있다. 이와 유사하게, *Phytophthora cinnamomi*(난균문)는 아보카도 재배지에서 쇠락을 일으키는 주요 원인 중의 하나이며, 호주의 유칼리나무에는 **쇠락병**(衰落病; **dieback disease**)을 일으키기도 한다.

*Pythium*과 *Phytophthora*가 쇠락과 재식 병해와 연관되어 있다는 주요한 증거 중의 하나는 acylalanine 살균제(제17장)가 난균문에 특이적으로 작용하지만, 실험적으로 (비경제적 수준으로) 작물에 처리했을 경우에는 식물체의 생장이 경이적으로 개선되었다는 것이다. 유사한 연구에 의하면 미국 태평양 북서부 연안의 밀 재배지에서 육안으로는 건전하게 보이지만, *Pythium*에 의해 수확량이 10%나 감소하는 것으로 보고하였다.

이런 예는 두 가지 중요한 점을 제시하다. 첫째, 뿌리 생장점과 어린 조직은 식물체가 살아있는 동안에는 항상 감염에 감수성이므로 병원균에 의한 뿌리 부후가 뿌리생장점의 형성률보다 높으면 다 큰 나무도 쇠락할 수 있다. 둘째, 이들 병원균의 다수가 어느 정도 기주적응성(host-adaptation)을 보인다. 예를 들면, *Pythium graminicola*와 *P. arrhenomanes*는 예외적인 것은 아니지만 특징적으로 화본과 기주(grass family)과 관련이 있고, 사탕수수의 점진적인 쇠락에 관련되어 있다. "기주"와 "비기주(nongrass)" 식물을 비교하는 실험연구에서 이들 두 종류의 균류의 기주적응은 기주식물체에 이들 균류가 유주포자 피낭화(encystment)를 얼마나 효과적으로 하는가에 연관되어 있다고 주장하고 있다. 이와 유사하게, *Phytophthora sojae*는 콩에 기주적응된 병원균이며, 유

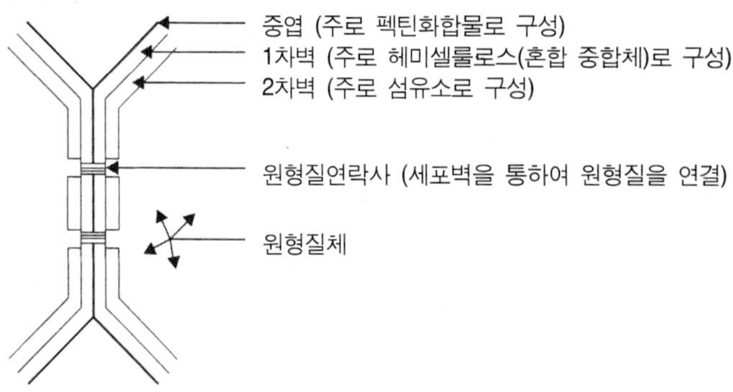

펙틴화합물

주로 **펙트산**과 **펙틴산**으로 구성

펙트산: α-1,4-갈락튜론산의 직선사슬구조

펙틴산: 펙트산과 유사하나 일부 잔기가 메틸화되어 있는 구조.

펙틴분해효소

1. Pectinmethylesterase는 펙틴산의 methyl esters를 가수분해하여 펙트산을 생성한다.
2. Polygalacturonase(체외- 와 체내- 형)는 펙트산 사슬을 갈락튜론산으로 가수분해한다.
3. Pectin lyase(체외- 와 체내- 형). 펙트산 사슬에서 물을 제거시켜 단량체로 쪼갠다.

그림 14.7 식물 세포벽 사이의 중엽(시멘트층)의 구성, 이를 분해시키는 펙틴화합물과 펙틴효소.

퇴화하는 식물체 조직의 특수한 자연적 침입자이다.

과실의 병원균: 펙틴분해효소의 역할

성숙 중인 과실과 당 또는 전분이 풍부한 식물체 조직은 흔히 균류에 의해 썩는다(그림 14.5, 14.6). 이런 균류 중에서 가장 흔한 예가 딸기, 나무딸기, 포도 등의 과실에 잿빛곰팡이병을 일으키는 *Botryotinia fuckeliana* (무성세대 *Botrytis cinerea*로 더 잘 알려짐)이다(그림 5.20 참조). 이 병원균은 퇴화하는 꽃에서 생장하면서 감염을 시작하여 (이것은 화훼산업에서 또한 문제이다) 익어가는 과실의 살아있는 조직으로 침입한다. 반면에 다른 종류의 과실썩음균류는 곤충 또는 수확이나 포장하는 동안 생긴 피해로 과실의 표면에 생긴 작은 상처를 통하여 침입한다. 이러한 균류에는 흔히 오렌지를 썩히는 *Penicillium italicum*과 *P. digitatum*, 저장 중인 사과를 썩히는 *P. expansum* (그림 14.5), 수확하기 전에 새나 벌에 의해 생긴 상처를 통해서 사과, 복숭아, 다른 과실 등을 썩히는 *Sclerotinia fructigena*(그림 14.5, 14.6), 배를 포함하여 여러 과실을 썩히는 *Rhizopus* (그림 14.6) 등이 있다.

이들 균류의 재미있는 특징은 급속히 퍼지는 수인성 썩음에서부터 딱딱하고 건조한 썩음까지 다양한 종류의 썩음병을 일으킨다는 것이다. 어떤 경우에도 과실이 성숙하기 시작하는 **클라이막테릭(climacteric)**이라는 상태를 지날 때까지는 과실을 썩힐 수가 없는데, 이 시기는 산의 농도가 감소하고 당의 농도가 증가하기 시작하는 단계이다.

발병에서 펙틴분해효소의 역할

모든 과실부패병의 가장 일반적인 특징은 인접한 식물 세포사이의 **중엽**(中葉; **middle lamella**)을 분해하는 펙틴분해효소에 의해 조직이 썩는 것이다(그림 14.7). 중엽의 펙틴은 α-결합된 갈락튜론산 잔기들의 연결로 구성되어 있는데, 이들 일부는 메틸화되어 있고 갈락튜론산, 만노즈, 소량의 당 등의 복합 중합체이다. **펙틴분해효소(pectic enzymes)**는 3가지의 주요형으로 이루어져 있다.

1. **Pectin methyl esterase**(PME)는 흔히 식물체 자체에서 생성되어 펙틴을 탈메틸화시킨다. PME은 펙틴의 분해에는 거의 역할을 하지 않으나 이 효소에 의해 생기는 메틸알코올은 *Athelia rolfsii*의 발아 유인이나 탄소원으로 작용한다.
2. **Pectic lyase**(PL)는 연쇄고리의 내측(endo)과 외측(exo)에 작용하는 고리 절단 효소이다. 이 효소는 당과 당 사이의 결합에서 물을 제거하는 특이한 방법으로 연결고리를 분리시킨다.
3. **Polygalacturonase**(PG)는 연쇄고리의 내측(endo)과 외측(exo)에 작용하는 또 다른 고리 절단 효소이다. 이 효소는 PL과는 다르게 가수분해효소이므로 물을 사용하여 인접하여 연결된 당의 결합을 끊는 동안 하나의 당에는 H^+를, 다른 당에는 OH^-를 제공한다.

균류는 펙틴화합물이 존재할 때 펙틴분해효소의 합성이 유도되며, 이 효소들은 거의 일제히 작용한다. 이것은 세균 *Erwinia carotovora*(감자 줄기검은병의 병원균)의 동일한 효소를 암호화하는 유전자를 분리하여 *E. coli*에 유전공학적으로 재조합시켰을 때 확인되었다. 수용체 세포는 감자 조직을 썩히기 위하여 최소한 하나의 exo-PL, 2개의 endo-PLs, 하나의 endo-PG를 요구하였다. 균류의 펙틴분해효소는 전기영동시 크기와 전하에 따라 분리되는 이성체(isomers)로 존재한다. 펙틴의 자이모그람(zymogram) 결과는 균류를 그룹으로 구분하는 데 사용될 수 있으나(그림 9.8), 이성체는 기능에 있어서는 다르지 않은 것 같다.

초기에 병발생에 있어서 펙틴분해효소의 주된 역할은 세포벽을 통하여 세포들을 연결시키는 원형질체의 연결다리(원형질연락사)를 파괴하여 세포를 분리시키는 것으로 생각했었다. 최근의 연구에서 다른 역할이 제시되었는데, 펙틴분해효소가 식물의 원형질체에 직접적으로 독성을 나타낼 수 있다는 내용으로 4 또는 5 갈락튜론산으로 구성된 펙틴-올리고체가 endo-PG의 분해에 의해 부분적으로 생성된 산물이 특별히 독성이 있어서 세포를 갑작스럽게 죽인다는 것이다.

식물 세포는 또한 보편적인 저항성 기작으로 PG 억제 단백질을 포함하고 있다. 식물체 조직이 나이가 들어감에 따라 펙틴화합물은 칼슘과의 결합이 증가하게 되어 아마도 내측에 작용하는 효소의 접근을 억제시킴으로써 분해에 저항성을 나타내게 한다. 예를 들면, 강낭콩(*Phaseolus vulgaris*) 유묘의 배축(기부 줄기조직)은 발아한 지 약 2주 후에 중엽의 칼슘화와 일치하여 *Rhizoctonia solani*에 의한 감염에 대하여 저항성이 현저히 증가한다. 노화된 식물체 조직을 썩히는 병원균(*Athelia rolfsii*와 해바라기 같은 작물의 종자부분을 썩히는 *Sclerotinia sclerotiorum*)은 실험실 배양에서도 생성되는 옥살산을 대량으로 생성하여 이를 극복한다. 옥살산은 칼슘과 결합하며 펙틴화합물과 결합하여 칼슘을 제거시켜서 효소에 의한 공격에 감수성이 되게 한다.

기주 특이적인 사물영양성 병원균

미성숙 또는 저항성이 저하된 기주의 병원균과는 대

조적으로 다수의 사물영양성 병원균은 기주 특이적이다. 이들 병원균은 기주의 특이적 방어기작을 극복함으로써 식물체의 건전조직을 침입하는 진화된 기작을 지니고 있다. 이런 방어기작에는 침입에 대한 물리적인 방어벽 또는 균독성 화학물질이 있고, 이들은 미리 형성되어 있거나 감염에 반응하여 형성된다. 뒷부분에서 기주 특이적인 병원균의 특성에 대하여 언급할 것이다

전염원의 역할: *Botrytis fabae*와 *B. cinerea*

*Botrytis cinerea*와 *B. fabae*는 밀접하게 관련있는 균류이지만, *B. cinerea*는 많은 식물체의 노쇠한 조직을 침입하는 반면에 *B. fabae*는 잠두(*Vicia faba*)의 기주 특이적인 병원균이다. 이들 두 병원균은 타원형의 분생포자를 형성하지만 *B. fabae*의 분생포자(20~25㎛ 길이)가 *B. cinerea*의 분생포자(10~15㎛)보다 부피에 있어서 대략 6배 차이를 나타내며 더 크다. 제10장에서 언급한 것처럼 큰 포자는 특히 잠두 잎처럼 크기가 큰 잎에 더 잘 밀착한다. 큰 포자는 내부에 감염에 필요한 양분도 더 많이 저장하고 있다.

*B. fabae*와 B. *cinerea*의 포자는 잠두 잎 표면의 물방울에 떨어지면 발아하지만 *B. fabae*는 침입하여 침입한 세포와 인접세포가 사멸하여 큰 괴저 점무늬가 형성되는(그림 14.8) 급속한 기주 반응이 일어나지만, *B. cinerea*는 흔히 큐티클층을 침입할 수 없다. 감염에

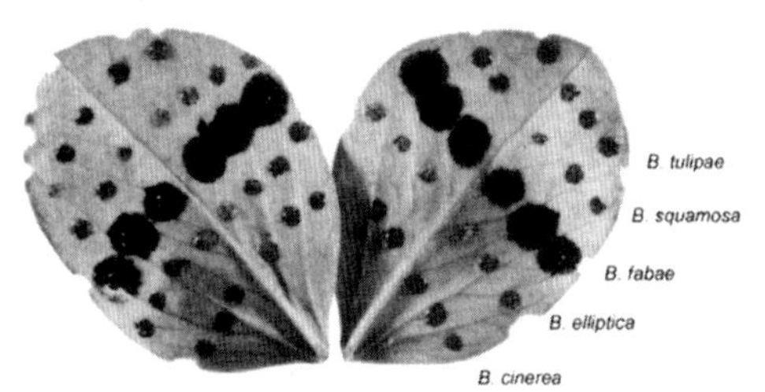

그림 14.8 다른 *Botrytis* spp.의 포자를 포함하는 물방울로 접종한 잠두의 잎. *B. fabae*만 잠두의 기주특이적 병원균이며: 다른 *Botrytis* spp.는 다른 기주를 가지나 *B. cinerea*는 약한 병원균이다. [자료제공: Manshield]

대한 이런 반응을 **과민성반응**(過敏性反應; **hypersensitive reaction**)이라고 하며 사멸한 세포내에 더 이상의 감염을 막을 수 있을 정도로 충분한 균독성 대사물질의 축적과 관련이 있다.

Botrytis 종의 초기침입에서의 차이점은 저장된 양분으로 설명할 수 있다. *B. cinerea*는 만약 당을 전염원에 첨가하면 침입하여 괴저 점무늬를 형성할 수 있다. 또는 항생물질에 의해 잎 표면 미생물이 죽어서 *B. cinerea*가 잎 표면의 분비물을 이용할 수 있는 정상적인 잎의 표면에서 조차 침입하여 점무늬를 형성할 수 있다. 이와 반대로, 균총의 오래된 부위에서 취한 노화된 *B. fabae* 포자는 내부에 저장한 양분이 모두 소진되었기 때문에 잎의 표면을 침입할 수 없지만 만약 외부에서 당을 공급하면 침입할 수 있다. 그리하여 *B. cinerea*는 노화한 조직의 침입자로 진화되었다: 이 균은 주어진 자원으로부터 많은 포자를 형성하지만 노쇠한 기주 조직에서 방출되는 양분에 의존한다. *B. fabae*는 동일한 조건에서 포자를 적게 형성하지만 각 포자는 건전한 기주를 감염시킬 수 있는 능력을 가지고 있다.

병원균의 감염성에 있어서 이런 차이점은 다른 조건에서 감염의 가능성을 예측하기 위하여 정량화시킬 수 있다. 그림 14.9는 *Botrytis cinerea*와 *B. fabae* 포자의 양이 다르게 포함되어 있는 물방울을 잠두 잎에 올렸을 때의 결과를 보여준다. 감염은 각 물방울 아래에 괴저 점무늬가 형성되는지의 여부로 판단하여 반응률(감염은 probit 값으로 표기하였으며 probit 5=50%를 의미)에 대한 포자농도(포자의 수)의 log지수로 그래프가 작성되었다. 이런 형태의 분석은 비대칭 종 모양의 곡선을 직선으로 변환시켜서 감염이 50% 일어날 확률이 있는(ED_{50}값) 포자의 **추정농도**(推定濃度; **estimated dose**)를 그래프에서 읽을 수 있다. 동일한 형태의 분석방법이 화학물질 등에 치사(致死; lethal) 독성량을 나타내는 LD_{50}값을 얻기 위하여 식물과 동물에서 널리 이용된다. 기주 특화균인 *B. fabae*는 단포자가 감염을 일으킬 수 있는 확률이 16%에 해당하는 ED_{50}값 4에 해당하는 것으로 밝혀졌다. 대조적으로 *B. cinerea*는 확률이 0.14%에 해당하는 ED_{50}값 500으로 나타났다.

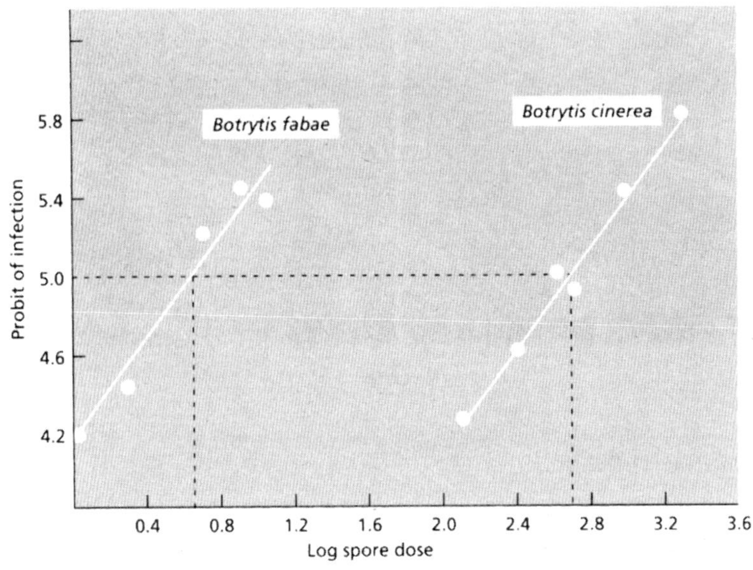

그림 14.9 *Botrytis fabae*와 *B. cinerea*에 의한 잠두 잎의 감염의 log 약량/확률 반응. 자세한 내용은 본문 참조. [출처: Wastie 1960.]

이런 형태의 실험은 포장 조건에 적절한 정보를 제공한다. 예를 들면, 말레이시아에서 수 종의 *Colletotrichum*은 고무나무 잎에 점무늬를 형성한다. 물방울에 포함된 포자를 접종함으로써 (i) 적은 수의 포자로 감염을 일으킬 수 있는 종과 (ii) 두꺼운 큐티클의 발달로 인해 더 많은 감염을 막기 전에 잎이 가장 감염 잘 되는 시기 등을 예측하는 것이 가능해졌다.

조직을 분해시키는 효소의 역할

다수의 사물영양성 균류는 앞에서 설명한 펙틴분해효소처럼 병발생의 1차기작으로 조직을 분해시키는 효소를 생성한다. 그러나 화본과에 속하는 식물체는 다른 많은 식물체와는 다른 종류의 세포벽 교질 요소로 구성되어 있기 때문에 다르다. 중엽은 펙틴 대신에 β-1,4-자이란과 α-1,3-아라비노즈 중합체가 소량의 비섬유소 β-1,4와 β-1,3 글루칸과 혼합되어있다. Cooper *et al.* (1988)은 곡류의 줄기 기부를 가해하는 sharp eyespot disease를 일으키는 *Rhizoctonia cerealis*, fusarium foot rot을 일으키는 *Fusarium culmorum*, "진정" eyespot disease를 일으키는 *Tapesia yallundae* 등 3종류의 병원균에 의해 생성되는 효소를 조사하였다. 이들 균류를 실험실에서 곡류의 세포벽위에서 배양시켰을 때, 모든 균이 arabinase, xylanase와 β-1,3-glucanase를 생성하였으나 펙틴분해효소는 아주 소량 생성하였다. 대조적으로 화본과에 속하지 않는 식물체의 병원균(*Fusarium oxysporum*, *Verticillium albo-atrum*)을 기주식물의 세포벽에서 배양하였을 때, 이들은 많은 양의 펙틴분해효소를 생성하였다. 그래서 곡류의 병원균은 기주의 전형적인 세포벽 구성성분을 분해시키도록 적응된 것처럼 생각된다. 그러나 이 연구에서 놀라운 결과는 곡류 병원균이 기주 세포벽 물질이 없는 상태에서 arabinose와 glucanase를 **본질적으로(constitutively)** 생성하며 이들 효소의 생성은 당에 의해서도 억제되지 않는다는 것이다. 이것은 일반적으로 중합체분해효소가 유도되며 억제되기 때문에 특수한 경우이다. 이 현상에 이들 기주 특이적 균이 곡류에서만 생장해서 필

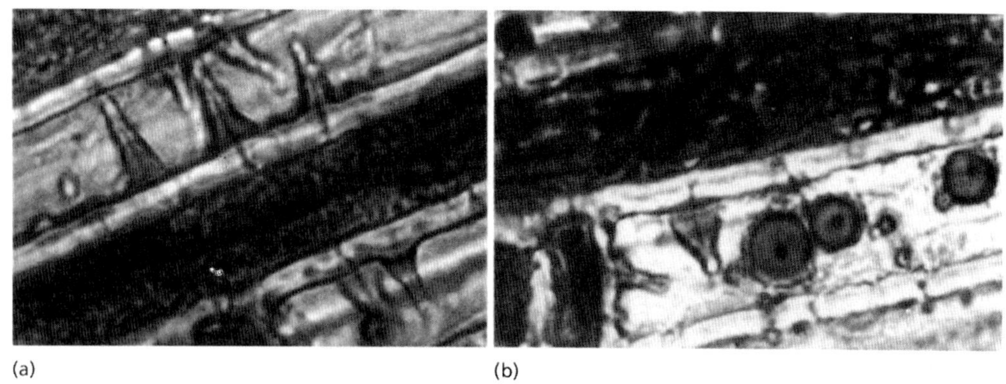

그림 14.10 (a, b) 마름병균 *Gaeumannomyces graminis*의 밀 뿌리세포 침입에 반응하여 생성된 리그닌화 유두돌기. 세포벽을 침투하여 생장하는 가느다란 침입균사가 있으나 유두돌기의 발달에 의해 차단된다.

요한 세포벽분해효소를 연속적으로 생성하도록 적응되었기 때문으로 설명된다.

기주 특이적 사물영양성 병원균에 대한 식물체 방어

식물체는 병원균의 침입을 방어하는 능력을 지니고 있다. 이런 방어능력에는 물리적 방어벽과 식물체 조직 내에 균독성 화합물이 포함된다.

많은 식물체의 감염에 주요한 물리적 방어벽은 잎이나 줄기 표면에 있는 큐티클이며, 이 점에서 **큐틴분해효소**(cutinase)는 균류의 감염에 중요한 것으로 여겨져 왔다. 이에 연관된 그럴듯한 증거가 있다. 그러나 3종류의 잎 병원균에서 큐틴분해효소의 생성을 막기 위하여 대상 유전자를 파괴하였을 때 2종류의 균은 병원성이 감소되지 않았고 한 종류에서만 부분적으로만 감소되었다(VanEtten *et al.* 1995). 이것은 병원성 유전자의 일부가 단지 감염 동안에 발현될 수 있으나 실험실 배양에서는 발현되지 않는 것으로 설명이 가능하다. 이들 유전자는 다중 형태가 있으며 유전자의 일부는 배양기내에서 발현되나 다른 유전자는 기주 환경에서만 발현된다. 이런 예는 식물체의 흔한-복합적인 기주 방어체계를 설명하는 것이 어렵다는 것을 보여준다.

식물체는 미리 형성된 물리적 방어벽 이외에 침입받은 부위에서 세포벽이 부분적으로 두꺼워진 돌기를 발달시켜 감염에 반응할 수 있다. 극단적인 경우에 돌기는 균사가 생장하는 것처럼 계속해서 발달하여(그림 14.10) 침입한 균사를 덮어싸게 된다. 전자현미경 사진에서 돌기는 세포막과 다른 분해된 세포질 구성요소들이 뭉쳐져서 세포벽 물질이 국부적으로 축적된 것처럼 보인다. 세포질을 염색하면 돌기 내에 항상 칼로스(callose)가 존재하는 것을 확인할 수 있으나 벼과식물에서는 돌기가 흔히 리그닌과 수베린에 대해 염색반응을 나타내기도 한다.

식물체 저항성에서 돌기는 다른 방어기작이 활성화될 때까지 균사가 침입하는 것을 연기시키는 중요한 작용을 한다. 화본과의 돌기 내에 있는 리그닌 유사 전구체는 리그닌이 세포벽 중합체와 복합체를 만들어 효소에 의한 분해를 막기 때문에 특히 중요하다. Ride & Pearce(1979)는 *Botrytis cinerea*(곡류의 병원균이 아님)와 침입하는 동안 리그닌화된 돌기의 형성을 유도하는 다른 수 종의 균류로 접종한 곡류의 잎을 가지고 이것을 증명했다. 정상적인 잎의 세포벽은 상업적으로 판매하는 세포벽 분해효소에 의해 쉽게 분해되지만 돌기와 리그닌화된 세포벽 물질의 주위 "달무리(haloes)"는 분해되지 않는다. 그래서 리그닌화와 돌기의 발달은 세 가지의 저항성 관련 기능을 가진다: 내생성 에너지 저장에 의존하는 동안 병원균이 통과해야 하는 세포벽의 두께를 증가시키는 것; 균류 효소에 의한 분해에 세포벽이 저항성을 갖게 하는 것; 리그닌과 수베린의 페놀성 전구체에 의해 국부적으로 독성환경을 만들어 주는 것.

산화적 폭발

식물체의 잎과 다른 지상부위에서 침입과정 중에 가장 먼저 일어나는 일은 식세포(phagocyte)에서의 산화적 폭발과 동등한 산화적 폭발(oxidative burst)이다. 이것은 국부적인 침입에 반응하여 세포가 집단으로 급속하게 죽는 과민성반응에 관련하여 주로 연구되었다(예를 들면 그림 14.8). 그러나 이것은 기생적인 침입이나 화학 요인에 의한 외상에 식물체 세포의 일반적인 반응인 것 같다. Lamb *et al.*(1994)은 이 현상은 산소가 NADPH와 반응하여 과산화물을 생성함으로써 식물체 표면 또는 주변에 아주 신속하게(2~3분) 과산화수소가 생성되는 것이 포함된다고 하였다.

$$O_2 + \text{NADPH} \rightarrow O_2^- + \text{NADP}^+$$

그 후 O_2^-는 원형질막 산화효소에 의해 과산화수소로 변형된다. 과산화수소는 세포벽 분해효소의 작용에 대하여 세포벽을 강화시킬 수 있는 식물세포벽 단백질의 교차연관을 일으킨다.

화학적 방어

식물체는 침입 생물체에 대항하기 위하여 다양한 2차대사산물을 생성한다. 이들의 일부는 미리 형성된 화합물로서 **파이토안티시핀(phytoanticipin)**이라고 부른다. 이 물질은 활성 화합물로 존재하거나 감염에 반응하여 신속하게 활성화되는 전구체로서 존재한다. 방어 화합물의 두 번째 그룹이 **파이토알렉신(phytoalexin)**이다. 이 물질도 2차대사산물이지만 감염에 반응하여 새로(*de novo*) 합성된다. 그러나 이 두 그룹의 화합물 사이에는 항상 명확한 차이점이 있는 것은 아니다.

파이토안티시핀과 파이토알렉신은 식물체에 병을 일으키는 대부분의 침입자들을 최소한 지배할 수 있다는 점에서 식물체 방어체계의 중요한 요소로 널리 믿어진다. 그러나 기주 특화적 병원균은 가끔 특이적 기주의 방어를 극복할 수 있는데, 아래에 대표적인 예를 설명하고자 한다.

파이토안티시핀

파이토안티시핀의 역할에 대한 가장 좋은 증거는 각종 곡류의 마름병(立枯病; take-all)을 일으키는 *Gaeumannomyces graminis*에 대한 연구와 토마토 병원균 *Septoria lycopersici*에 대한 관련 연구이다. 제9장에서 설명한 것처럼(그림 9.12 참조), 기주 특화된 균류는 파이토안티시핀을 무독화시키는 효소(avenacinase와 α-tomatinase)를 생성하여 기주 식물체의 파이토안티시핀을 극복할 수 있는 반면에 이들 기주에 특이적으로 적응되지 않은 균류는 이들 화합물에 의해 죽게 된다.

파이토안티시핀은 여러 개의 다른 식물체-병원균 상호관계에도 관련이 있다. 전형적인 예가 "양파 흑점병"을 일으키는 *Colletotrichum circinans*에 붉은 껍질 또는 노란 껍질 양파의 저항성인 반면에 흰색 껍질 양파는 감수성이다. 색소 그 자체는 중요하지 않지만 이들은 높은 수준의 페놀성 파이토안티시핀, **catechol**과 **protocatechuic acid**와 관련이 있다.

파이토알렉신(방어화합물)

파이토알렉신은 **감염에 반응하여** 생성되는 저분자량의 화합물이기 때문에 파이토안티시핀과는 구별된다. 350종 이상의 파이토알렉신이 다양한 작물, 특히 강낭콩, 감자, 완두, 면화 등의 쌍자엽식물에서 보고되었다. 이들의 대부분은 세 가지의 주요한 2차대사경로에 의해 합성되는 플라보노이드류, 페놀성 화합물, 테르페노이드류이다: 균류의 2차대사경로와 유사한 acetate-malonate 경로, acetate-mevalonate 경로와 시키미산 경로(제7장). 4종류의 파이토알렉신 구조가 그림 14.11에 제시되어있다.

파이토알렉신은 최소한 균류의 일반적인 공격에

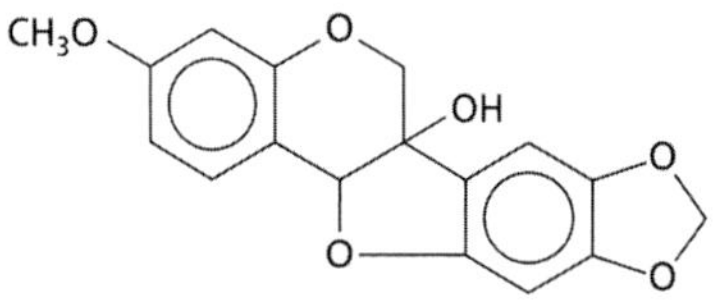

Pisatin (isoflavonoid)

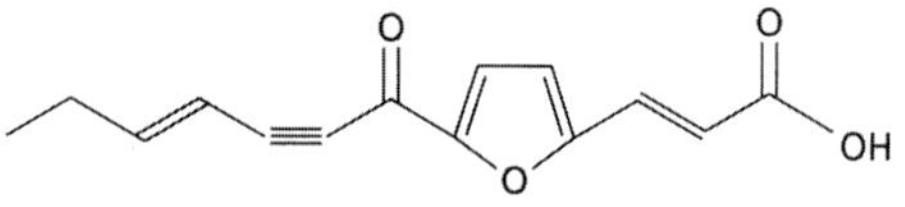

Wyerone acid (acetylene)

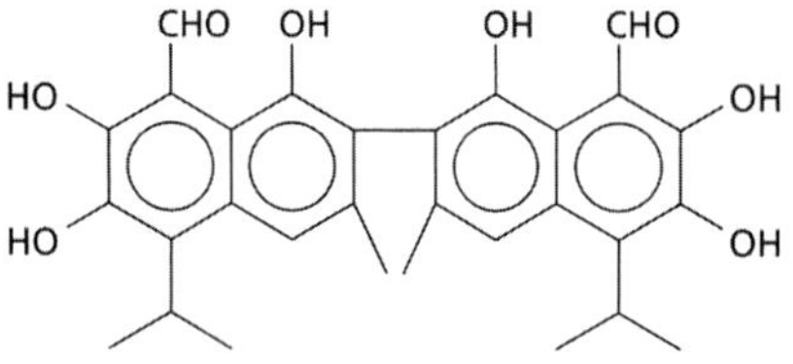

Gossypol (dimeric sesquiterpene)

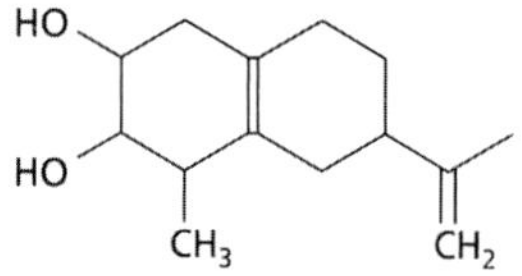

Rishitin (bicyclic sesquiterpene)

그림 14.11 4가지 파이토알렉신의 구조: 완두에서 **pisatin**; 잠두의 **wyerone acid**; 목화에서 **gossypol**; 감자에서 rishitin.

대항하여 식물체를 보호하는 방어 화합물로 작용한다는 것이 실체적인 증거로 제시되었다. 이들 화합물은 과민반응 동안 죽은 조직 또는 죽어가는 조직의 주변에 생장을 억제시키는 수준으로 신속하게 축적된다. 그러나 이들은 개별적인 식물종에 특이적인 병원균에 의해 무독화될 수 있어서 기주반응의 속도와 곰팡이가 방어 화합물을 무독화시키는 능력 사이에는 역학적인 상호작용이 있다.

파이토알렉신의 국지적인 축적은 인위적으로 상처를 내거나 식물체 표면에 독성물질을 처리하여 비슷하게 유도할 수 있다. 산화적 폭발이 항상 먼저 일어나고 과산화수소는 파이토알렉신 생성에 관여하는 방어 유전자를 활성화시키는 초기 신호 중의 하나로 생각된다. β-결합한 당의 잔기로 구성되어 있는 저분자량의 화합물이 과민성반응의 강력한 elicitor로 작용할 수 있다는 발견을 이용하여 파이토알렉신 축적에 이르는 일련의 과정이 연구되어 왔다. 이들 올리고당은 아마 식물세포벽에 있는 β-glucanase의 작용에 의해 균류 균사의 세포외 다당류로부터 만들어진다. 시험관에서 식물세포나 조직에 처리하면 elicitor가 조기에 산화적 폭발을 일으키고 파이토알렉신의 생성에 관여하는 phenylalanine ammonia lyase를 포함하는 phenylpropanoid 경로의 식물효소의 유도와 균류 세포벽을 분해시킬 수 있는 카이틴분해효소와 β-1,3-글루칸분해효소의 식물체에 의한 합성 등을 야기한다.

명확히, 세포의 이 연쇄반응은 병원균에 대하여 부적절한 환경을 만든다. 그래서 기주 적응한 사물영양성 병원균은 이들 방어를 어떻게 극복하거나 회피할 수 있을까? **Botrytis**와 콩의 상호작용에 대한 연구를 통하여 *B. fabae*와 *B. cinerea*가 적절한 환경에 반응하여 과민성반응을 일으킬 수 있고 죽은 세포에는 파이토알렉신인 wyerone acid가 축적된다는 것이 알려졌다. 그러나 시험관내에서 *B. fabae*는 *B. cinerea* 보다 wyerone acid에 더 내성이 있고, *B. fabae*는 또한 wyerone acid를 아마 무독화시켜서 반점에 wyerone acid가 덜 축적되게 한다. 그리하여 *B. cinerea*는 결코 괴저반점에서 더 멀리 퍼져나가지 않는 반면에 *B. fabae*는 주변 조직을 통하여 퍼져나가서 점진적으로 죽일 수 있는 것으로 확인되었다. 결과적으로 형성되는 큰 갈색의 반점 때문에 이 병의 이름이 chocolate spot로 이름 지어졌다(그림 14.8 참조).

파이토알렉신의 무독화 기작이 일부 다른 균류에 대하여 보고되어있다. 완두의 병원균 *Nectria haematococca*는 탈메틸화에 의해 **pisatin**을 무독화시

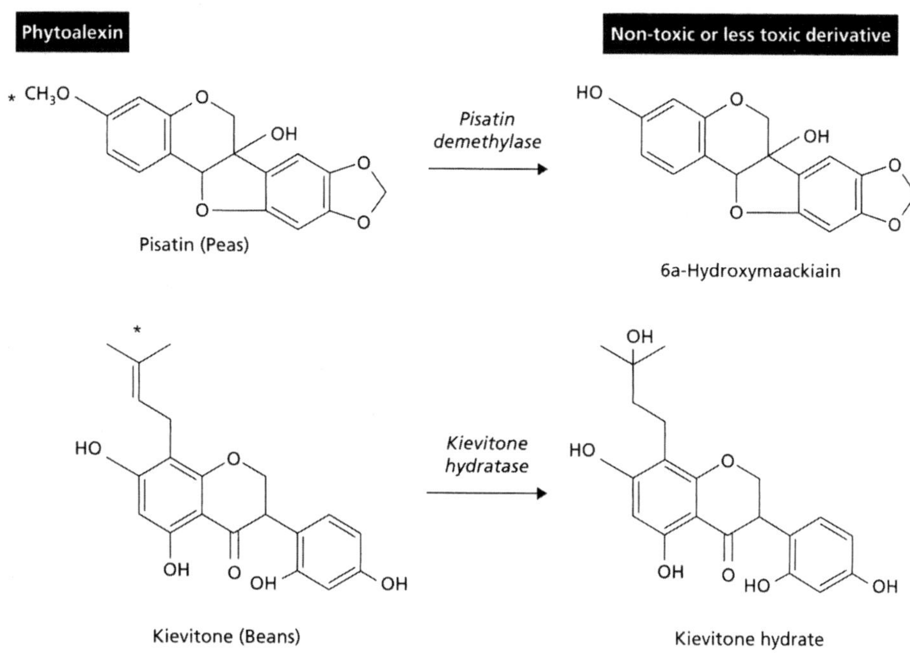

그림 14.12 파이토알렉신을 무독화시키는 두 가지의 예 (*로 표기된 위치에서).

킨다(그림 14.12). 강낭콩을 감염시키는 이 병원균의 다른 균주는 수화(hydration)에 의해 강낭콩의 파이토알렉신 중의 하나인 kievitone을 무독화시킨다(그림 14.12). 이 두 가지 경우에 식물체를 감염시키는 병원균의 능력은 파이토알렉신을 무독화시키는 능력과 상관되어있다. 더구나 *N. haematococca*로부터의 pisatin demethylase 유전자를 옥수수 병원균 *Cochliobolus heterostrophus*에 형질전환 했을 때 이 균은 완두 잎의 병원균이 된다. 그래서 기주에 적응된 병원균은 기주의 파이토알렉신 억제효과를 극복하는 기작을 진화시켜왔고 단 하나의 파이토알렉신 무독화 유전자 습득조차도 병원균의 기주범위를 변경시킬 수 있다는 강한 증거가 있다. 그러나 이 이야기에 곡해가 있다. **Nectria-강낭콩 상호작용**에서 모든 *N. haematococca* 균주는 수화 효소인 kievitone hydratase를 생성하지만 일부 균주는 균사에서 이 효소를 분비하지 않는 것으로 알려져 있다. 이들 균주는 효소를 분비하는 균주와는 대조적으로 비병원성이다. **Nectria-완두의 상호작용**에서 병원성과 무독화효소 생성과의 관계는 많은 예로 증명되었지만 pisatin demethylase 유전자를 파괴하여도 균주는 여전히 병원성이었다. 파이토안타시닌과 파이토알렉신의 무독화에 대한 모든 연구를 검토하여 VanEtten *et al.* (1995)은 병원균은 기주 방어를 극복하는 여러 종류의 기작을 진화시켜와서 일부 기작은 중복되었다고 제시하였다.

전신획득저항성과 전신유도저항성

이 장의 전반부에서 식물체는 사물영양성 병원균의 공격으로부터 감염된 세포와 인접 세포가 신속하게 사멸하고 균독성 화합물을 축적하는 **과민성반응**(過敏性反應; **hypersensitive response**)을 나타냄으로써 반응할 수 있다는 것을 설명했다. 이 반응은 국부적으로 나타나지만 식물체 전체를 통하여 유동하는 신호분자가 생성되어 그 효과로 식물체가 면역화 된다. 그 이후에 이어지는 감염에 대해서는 저항성이 증가하고 병발생이 줄어든다. 이런 현상을 **전신획득저항**

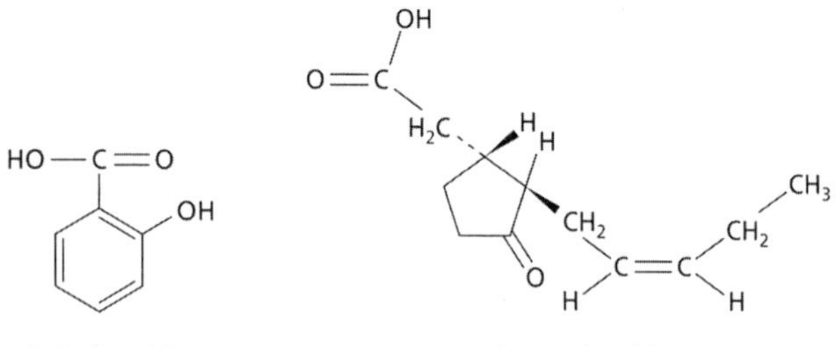

Salicylic acid

Jasmonic acid

그림 14.13 살리실산과 야스몬산—병원균의 침입에 식물체의 저항성을 증강시키는 두 가지 신호화합물.

성(全身獲得抵抗性; **systemic acquired resistance, SAR**)이라고 한다. 여기에는 침입 균류의 세포벽을 가해할 수 있는 β-글루칸분해효소와 카이틴분해효소를 포함하는 병발생관련단백질을 합성하는 유전자들의 활성화가 포함된다. 아스피린 유사화합물인 **살리실산**(**salicylic acid**)(그림 14.13)은 획득저항성과 관련 있는 신호분자로 밝혀졌으며, 이 사실은 살리실산을 외부에서 제공하면 병발생관련단백질이 유도되어 식물체의 저항성이 증가하게 된다는 사실의 발견에 의해 힘을 얻게 되었다. 실제로 살리실산은 이런 목적을 위하여 상업적으로 판매되고 있다. 확실한 점은 SAR이 균류, 세균, 바이러스 등의 다양한 병원균에 보편적인 저항성을 나타낸다는 것이다.

한편, 두 번째 종류의 유도저항성은 *Pseudomonas fluorescens* 같은 근권 세균의 특이적 비병원성 균주에 의해 식물체 뿌리에서 정착하여 반응할 때 발달된다. 그러나 이 방어체제는 **야스몬산**(**jasmonic acid**)과 **에틸렌**(**ethylene**)을 포함하는 다른 종류의 신호화합물에 의해 중재된다. 이런 종류의 유도저항성을 근권 세균이 중재한 **전신유도저항성**(全身誘導抵抗性; **induced systemic resistacne, ISR**)이라고 한다. SAR처럼 유도저항성도 *Fusarium oxysporum* 균주, 노균병균 *Peronospora parasitica*(난균), 세균 *Xanthomonas campestris*와 *Pseudomonas syringae* 등 여러 다른 종류의 병원균에 대항하여 작용한다. 그리하여 두 가지 뚜렷한 신호경로가 있는데, 하나는 살리실산에 의해서, 다른 하나는 야스몬산/에틸렌에 의해 중재되며 두 가지 모두 병원균의 공격에 대하여 저항성을 발휘한다. 최근의 연구에 의하면 이 두 가지 경로가 서로 간에 중요한 교신이 없기 때문에 동시에 작용할 수 있다. 그러므로 SAR과 ISR의 조합은 식물저항성의 수준을 높일 수 있다.

유관속시들음병해

가장 피해가 심한 식물병 중에는 유관속시들음병균에 의해 발생하는 것도 있다. 병원균은 느릅나무 마름병(*Ophiostoma ulmi*와 *O. novo-ulmi*, 제10장 참조)의 경우처럼 나무좀 같은 매개충이나 상처를 통하여 수분이 이동하는 물관에 침입하거나 뿌리생장점으로 침입하는 것이 특징적인 감염방법이다. 그 후 병원균은 물관부에서 포자나 효모 같은 출아세포로 번성하여 수액 흐름에 따라 상부로 이동된다. 포자는 천공된 도관말단 세포벽에 모여서 발아하고 생장하여 더 많은 포자를 형성하여 점진적으로 상부로 이동된다(그림 14.14).

식물체는 유관속시들음병균의 침입에 대하여 여러 방법으로 반응한다(그림 14.14):

- 풍선처럼 부풀어 오른 것(전충체)이 물관에 인접한 유조직세포 내로 부풀어 오를 수 있다; 이것은 다른 방어기작이 작동하기 전에 초기에 반응하는 것 같다.
- 펙틴젤이 물관부의 얇은 벽인 경계 구멍을 통하여 물관부 내로 터져나온다. 왜냐하면 이 벽은 2차 섬유질 세포벽이 위에 덮여있지 않고 단지 1차벽으로만 되어있기 때문이다.
- 페놀이 저장된 세포에서 페놀성 화합물이 물관으로 분비된다. 페놀성 화합물은 산화되어 중합되고

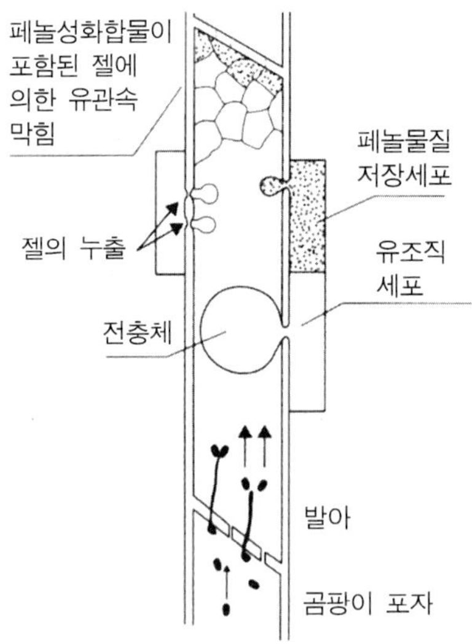

그림 14.14 유관속시들음병에서 병원균의 이동과 물관 막힘을 보여주는 그림. 포자 또는 효모 같은 세포들은 수분흐름에 따라 위로 이동되어서 천공된 도관말단의 세포벽에 모이게 된다. 이들은 발아하여 도관공을 통하여 생장하여 다음 도관 말단벽을 향해 이동하는 더 많은 세포들을 형성한다. [출처: Beckman & Talboys 1981.]

젤을 안정화시켜서 균독성 환경을 만드는 데 도움을 준다.

- 일반적인 스트레스 반응의 일부로서 파이토알렉신이 물관에 축적된다.

만약 물관의 침입에 기주가 빠르게 반응한다면 감염은 억제되어 식물체는 피해가 심하지 않을 것이다. 그러나 만약 기주가 늦게 반응하면 병원균이 물관에서 점진적으로 정착하여 급속하게 시들음병을 일으켜서 식물체는 죽는다(그림 14.15, 14.16).

유관속시들음병균의 재미있는 특징은 이들 병원균은 식물체의 병이 심할 때까지 **죽은 물관에 제한적으로 남아있고** 조직이 죽으면 결국 토양으로 돌아가는 세포벽이 두꺼운 휴면구조체를 형성하며 살아있는 유조직세포를 침입한다.

유관속시들음병균

유관속시들음병을 일으키는 주요한 병원균 3종은 *Fusarium oxysporum, Verticillium albo-atrum*과 *V. dahliae*이다. 이 중에서 *F. oxysporum*은 특별한 작물종에 특이적인 병원성을 나타내는 80균주 이상으로 구성되어 있기 때문에 가장 중요하다(Amstrong & Amstrong 1981). 이들 균주를 "기주분화형(*forma specialis*)"이라고 하며 약자로는 ff. sp. (복수). f. sp. (단수)로 표기한다. 예를 들면, 바나나나무의 유관속시들음병균은 *F. oxysporum* f. sp. *cubense*이고, 토마토 병원균은 *F. oxysporum* f. sp. *lycopersici*이다. 이 모든 균주는 거의 동일하게 보이고 **후벽포자**(厚壁胞子; **chlamydospore**)(양분이 축적되고 두꺼운 저항성 세포벽이 발달되어 각 균사의 단편으로부터 형성되는 포자)를 형성하여 생존한다. 이들 포자는 토양에서 여러 해 동안 생존할 수 있으나 근권에서 발아하여 부생적으로 생장하며 밀도를 유지한다. *Verticillium albo-atrum*과 *V. dahliae*도 호프와 다른 작물의 버티실리움시들음병을 일으킨다. 그러나 이 병원균은 한 종류의 기주에서 분리한 균주가 다른 수종의 관련없는 기주에도 인공접종에 의해 감염을 일으킬 수 있기 때문에 *F. oxysporum*보다는 기주특이성이 낮은 것 같다.

병원성 결정인자

유관속시들음병의 전형적인 병징은 항상 엽병이 조기 붕괴되어 잎이 아래로 달리는 상편생장(epinasty)이라고 부르는 증상이 나타나며 잎은 점진적으로 황화되어 마른다. 이러한 병징은 병의 증상에 독소가 작용한다는 것을 강하게 제시한다. 최초로 밝혀진 가능성이 있는 독소 중의 하나가 **fusaric acid**이다. 이 독소는 실험실 배양에서 *F. oxysporum*에 의해 생성되는 것으로 알려져 있다. 이 물질은 병든 식물체에서도 발견되었고 시험관에서 식물체 원형질체에 처리했을 때 철분의 투과성을 증가시켰다. 그러나 fusaric acid는 물관 용액 내에서의 농도가 낮기 때문에 여전히 생체 내에서의 역할에 대해 의문점이 있다. *Ophiostoma ulmi*(느릅나무 마름병균)에 의해 생성되는 **cerato-ulmin**이라는 독소의 더욱 확실한 역

그림 14.15 *Fusarium oxysporum* **forma specialis** ("기주분화형") *cubense*에 의한 바나나나무 파나마병. (a) 병이 진전된 어린 바나나나무; 대부분의 잎은 죽어서 줄기 기부 주위에 "스커트"처럼 아래로 늘어지며, 달려있는 잎에도 점차 황화와 괴저가 나타나고 있다. (b) *F. oxysporum*에 감염되어 잎이 아래로 늘어지고 바나나가 달려있는 늙은 바나나나무.

할이 밝혀졌다. 느릅나무 어린가지의 자른 밑부분을 cerato-ulmin 용액에 담그면 느릅나무 마름병에 의해 잎에 나타나는 전형적인 병징이 발달된다. Cerato-ulmin은 소수성이므로(제5장), 소수성 분자들은 물과 공기의 접촉면에서 저절로 물이 없는 층에 붙는다. 그러므로 이 물질은 물관 내의 수분흐름을 억제하는 중요한 역할을 한다.

환경요인의 역할

유관속시들음병에서는 환경인자들이 중요한 역할을 한다. 이런 증상의 초기 예는 중앙아메리카의 바나나 농장에서 이미 알려졌는데, 이곳의 토양은 "장생(長生)" 또는 "단생(短生)"으로 구분된다. 장생 토양에서 바나나 농장은 병이 거의 발생하지 않으면서 여러 해 동안 생산성이 높은 반면에, 단생 토양은 작물을 심은 지 몇 년 내에 생산성이 떨어졌다. 화학분석 결과에 의하면 점토무기질의 여러 종류와 바나나 농장의 생명체간에는 개괄적인 상관관계가 있었다. 장생 토양에는 montmorillonite 점토의 함량이 높았지만, 단생 토양에는 kaolinite 점토의 함량이 높았다. 이것은 montmorillonite 점토가 양분을 더 많이 흡착하여서 세균에 적합한 pH를 만들어주기 때문에 길항세균의 밀도가 높아지는 것과 연관이 있다.

중앙아메리카에서 바나나 농장의 점진적인 쇠락은 앞으로 이 지역에서의 바나나 생산에 위협을 주고

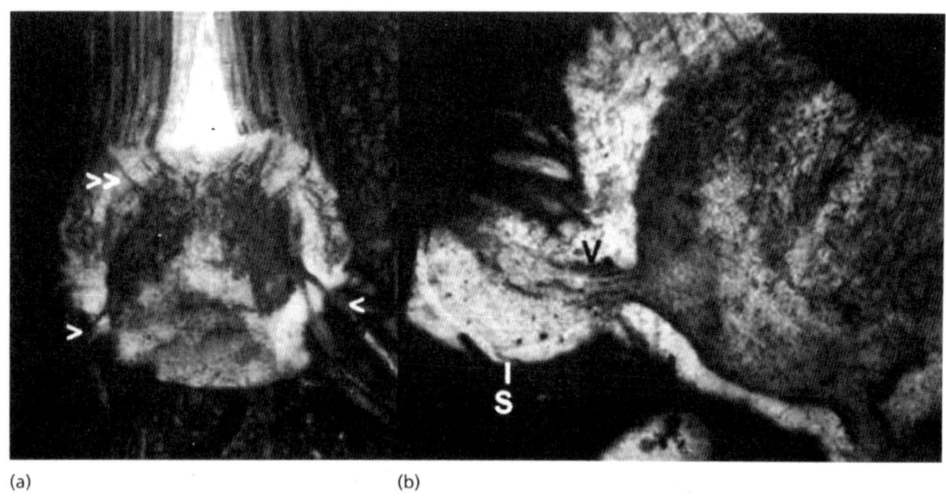

그림 14.16 병든 바나나나무의 기부 단면. (a) 병원균이 뿌리로부터 인경의 기부로 침입하여 심하게 변색된 유관속 끈(화살표)과 감염이 엽초에 있는 유관속 끈으로 퍼져 올라간 부위(화살표 2개). (b) 바로 옆에 바나나나무를 형성하는 "흡지"(S)를 만드는 오래된 인경. 유관속 병은(V) 새로운 나무로 이미 퍼지고 있다.

있는데, 이 지역에서는 파나마병에 고도 감수성 품종인 "Gros Michel"만을 재배하고 있다. 이런 위협은 시들음에 더 저항성 품종인 "Cavendish"가 우연히 발견됨으로써 피할 수 있었다. 병저항성 품종으로서의 가치 때문에 "Cavendish" 바나나 품종은 중앙아메리카의 적합한 지역에만 식재되었고 50년 이상 동안 병이 발생하지 않고 있다. 그러나 Cavendish 품종이 도입된 아열대지역(남아공, 대만, 카나리 군도, 북동 퀸스랜드)에서는 상황이 다르다. 이 중 상당히 많은 나무들이 파나마병(Panama disease)에 의해 죽었는데, 이것은 *F. oxysporum* f. sp. *cubense*의 새로운 병원균 타입(race 4)이 나타난 것과 일치한다. 이들 국가에서의 상황은 겨울의 기온이 12℃ 이하로 떨어지므로 바나나 생산에 한계이다. 바나나 나무는 이 온도에서 생장이 멈추지만(더 이상 잎이 생장되지 않는 것으로 확인), *F. oxysporum* f. sp. *cubense*은 시험관 내에서 12℃에서 여전히 생장할 수 있다. 이 때문에 새로운 병원균 타입이 용이하게 출현할 수 있다.

Fusarium *시들음—억제토양*

Fusarium-억제토양에 대한 "장생" 또는 "단생"이라는 용어는 이제 **발병억제토양**(發病抑制土壤; **disease-suppressive soil**)과 **발병유도토양**(發病誘導土壤; **disease-conducive soil**)으로 대체되었다. 세계적으로 유관속시들음병과 다른 병원균에 대하여 병 억제토양에 대한 많은 예가 보고되어 왔다(Schneider 1982). 거의 모든 경우에 미생물이 억제효과에 공헌한다는 뚜렷한 증거가 있다. 왜냐하면 억제토양은 멸균에 의해 발병유도토양으로 만들어지고, 역으로 아주 소량의 억제토양(10% 이하)을 멸균한 토양 또는 일반 포장 토양에 넣으면 억제토양을 만들 수 있기 때문이다.

병해 억제에 대한 재미있는 예가 채소 재배에서 수백 년 동안 병이 발생하지 않은 프랑스 Chateaurenard 지역 같은 곳에서 알려져 있다. 이런 지역에서는 *Fusarium oxysporum*의 비병원성 균주가 병원성 균주와 유기기질을 위해서 경쟁한다는 강한 증거가 있다. 또한 억제토양에는 후벽포자가 잘 발아되지 않고 발아관이 잘 생장하지 않아서 토양내 병원균의 밀도가 급격히 감소하며 병을 일으키는 데에는 훨씬 많은 전염원이 필요하다. 이런 토양은 *F. oxysporum*의 다양한 기주분화형에 억제효과를 지닌 것으로 밝혀졌지만 *Verticillium dahliae* 같은 관련이 없는 다른 병원균에는 억제효과가 없다. 최근에는 Fusarium시들음병을 일으키는 병원균을 방제하기 위하여 *F. oxysporum*의 비병원성 균주로 생물적 방제제로 이용하려는 시도를 하고 있다. 이것은 기주범위를 관장하는 인자 또는 유관속시들음 *Fusarium* spp.의 병원성에 대하여 아직까지 거의 알려져 있지 않기 때문에 위험성이 없는 것은 아니다(Fravel *et al.* 2003).

유관속시들음병을 일으키는 Fusarium*의 수수께끼*

유관속시들음병을 일으키는 *Fusarium* spp.가 한편으로는 가장 피해가 심한 식물병을 일으키고 기주특이성이 아주 높지만, 다른 한편으로는 죽은 물관부 조직에서만 생장하면서(미성숙한 뿌리생장점이나 상처를 통해 침입한 후) 식물체가 노화하기 시작할 때 살아있는 조직만 침입하기 때문에 이해하기 힘들다. 사실상, 이들 균류는 식물체에서 생활의 대부분을 물관에 흘러나오는 아주 적은 양의 유기양분에 의존하는 나약기생체로 작용한다. 어떤 점에서 이것은 기주에 피해를 입히지 않고 식물체의 세포벽 틈이나 세포내 용액에 드물게 생장하는 비병원성 **내생균**(內生菌; **endophytes**)의 생장방법과 유사하다(아래에 기술). 내생관계는 기주 세포와 정착하는 균 사이의 기본적인 화합성에 의해 유지된다는 것이 특징이다. 일치되는 내용으로, 완두와 *F. oxysporum* f. sp. *pisi*의 예처럼 유관속시들음 *Fusarium* 류와 기주식물체와의 상호관계는 이 장의 후반부에 설명할 활물영양성 병원균의 특징인 유전자와 유전자 상관관계에 의해 관장된다.

깜부기병균

깜부기병균(黑穗病菌; smut fungi)은 담자균문에 속하는데, 깜부기라는 이름은 **겨울포자**(冬胞子; **teliospores**)로 알려진 검은색의 그을음 같은 포자를 형성하기 때문에 붙여졌다. 1,000종 이상의 깜부기병균이 식물체에 기생하는 것으로 알려져 있으나, 경제적으로 중요한 병을 일으키는 것은 밀 겉깜부기병(*Ustilago nuda*; 그림 14.17), 옥수수 깜부기병(*Ustilago maydis*), trimethylamine 때문에 포자에서 생선냄새가 나는 밀 비린깜부기병(*Tilletia caries*) 등을 포함하는 곡류를 가해하는 종들이다. 깜부기병균의 특징은 식물 조직 내에서 아주 소량의 균사생장을 하면서 천천히 발달한다는 것이다. 그러나 이 균은 생육기에는 많은 수의 이배체(diploid) 겨울포자를 낟알이나 다른 증식 구조체에 형성한다. 예를 들면, 곡류 겉깜부기병(그림 14.17)에서 모든 화수(花穗; spike)는 포자덩어리로 덮이는데 성숙하면 포자를 덮고 있는 얇은 덮개가 벗겨지면서 포자가 노출된다. 비린깜부기병도 이와 비슷하지만 낟알이 종피(pericarp)로 둘러싸여 있어서 알갱이가 탈곡될 때에만 포자가 방출되기 때문에 정상적인 것처럼 보인다.

발아한 포자가 발달 중인 씨방에 침입할 때 식물체는 겉깜부기병에 감염되므로 형성된 종자내에는 균사가 존재한다. 그 후 종자가 발아할 때 이 균은 줄기조직 내에서 점진적으로 정착하여 결국에는 개화하는 화수로 들어가서 낟알을 포자덩어리로 대신 채운다. 비린깜부기병균에 의한 감염은 약간 다르다. 포자는 15년까지 생존할 수 있고 낟알과 동시에 발아하여 어린 줄기의 밑부분(배축)을 침입하고 조직 내에서 점진적으로 정착하여 마침내 포자덩어리를 형성한다. 다른 깜부기에서도 발달과정은 다르다. 예를 들면, 아네모네와 라넌쿨러스에서 생장하는 깜부기병균 *Uromyces anemones*에서 포자덩어리는 성숙하여 표피로 터져 나오기 전에 줄기와 잎의 표피 바로 아래에서 발달된다.

겨울포자가 발아할 때 전균사라는 반수체 상태를 형성하기 위하여 감수분열이 일어난다. 이것은 담자포자에 해당하는 단핵 소생자(sporidia)를 형성하고 화합성이 있는 교배형이 원형질융합(세포융합)하여 2핵 세포가 되고 결국 겨울포자 덩어리를 형성하게 된다. 깜부기병균의 재미있는 특징은 2핵체 상태는 식물체에 절대기생성이나 단핵 소생자는 효모처럼 출아하는 세포로 증식한다는 것이다. 이들은 비병원성이며 표준 실험배지에서 배양이 가능하다.

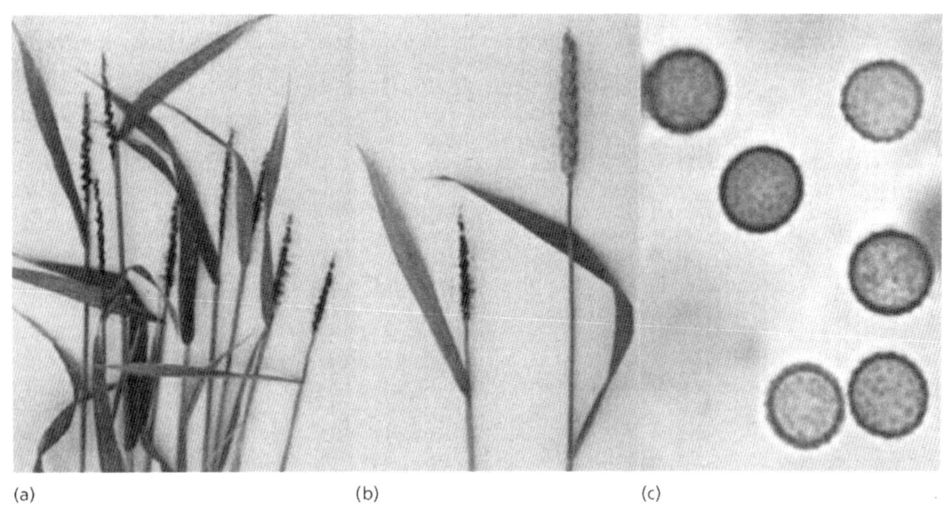

그림 14.17 (a,b) *Ustilago nuda*에 의한 밀 겉깜부기병. 성숙기에 화수는 종자에 생기는 곳에 검은색의 포자를 많이 형성한다. 중간에 있는 사진은 정상적인 화수와 깜부기병에 걸린 화수를 비교한 것이다. (c) 표면돌기가 있는 직경 약 8㎛의 포자(깜부기병균 포자).

내생균과 독소

최근 수년 동안에 여러 종류의 식물체 잎과 뿌리에 **무병징 내생균**(無病徵 內生菌; **symptomless endophytes**)으로 자라는 균류가 존재하는 것이 알려져 왔다. 이들 균류는 식물체 세포내로 침입하지 않는다. 대신 세포와 세포 사이의 공간이나 세포벽 내에서 세포액의 양분을 소량 이용하지만 식물체에는 피해를 입히지 않으면서 상대적으로 듬성듬성하게 생장한다. 이것은 앞에서 설명한 유관속시들음 *Fusarium* spp.가 물관부 용액 내의 양분을 소량 이용하는 것과 여러 면에서 유사하다.

내생균의 중요성은 내생균이 상업적으로 개발가능성이 있는 다양한 종류의 2차대사산물을 생성한다는 점이다. 더구나 일부 내생균은 식물체가 환경스트레스에 내성을 지니게 하거나 곤충의 섭식저해제로 작용한다. 지금부터 목초지의 목초 내에서 생장하면서 반복해서 곤충에 의한 피해를 감소시킨 한 특별한 그룹의 내생균에 초점을 맞추어 설명하고자 한다(Bony *et al.* 2001).

목초와 관련있는 내생균은 실험실 배양에서 아주 천천히 생장하며 포자를 형성하지 않는다. 이 균들은 항상 식물체내에서 생장하고 종피 내에서 생장하면서 이 세대에서 다음 세대로 전해지기 때문에 이들의 일부는 아마도 포자형성 능력을 상실하였을 것이다. 이 때문에 내생균에 감염된 목초와 내생균이 없는 목초 집단의 생태를 비교하는 것이 용이하다. 배양기에서 포자형성을 유도시킨 일부 균주는 *Neotryphodium*(이전에는 *Acremonium*으로 불리어짐)으로 분류되는 분생포자세대와 맥각균 *Claviceps purpurea*의 분생포자 세대와 흡사한 포자를 형성한다. 이 "맥각 내생균" (맥각균에 관련이 있기 때문에 그렇게 이름 붙여진)은 미국, 유럽과 뉴질랜드에 있는 *Lolium*(호밀풀), *Festuca*(페스큐)와 *Dactylis glomerata* (오차드그래스, 오리새) 등의 중요한 목초에서 발견된다. 이 균은 잎 조직 내에서 자라지만 생장은 잎의 생장과 합치되고 잎이 성숙하면 가끔 정지되기 때문에 빈틈없이 조절되는 것 같다(Clay 1989).

내생균으로 만연된 다년생 호밀풀은 특히 중요한 3종을 포함하여 수 종의 균독소를 지니고 있는 것으로 보인다:

1. 뉴질랜드에서 풀을 뜯는 양과 소에 피해를 입히는 "호밀풀 훈도병(暈到病; staggers)"을 일으키는 것으로 알려진 화합물인 **lolitrem B** 같은 포화된 aminopyrrolizidine 알칼로이드. 이 알칼로이드는 목초 총생물량의 2% 수준까지 이른다.
2. 풀을 뜯어먹는 동물에 "fescue foot"과 "fescue toxicosis" 같은 병을 일으키는 **ergovaline**.
3. 곤충에는 퇴치작용이나 독성을 나타내지만 포유동물에는 해가 없는 트리펩타이드인 **peramine**.

이들 화합물의 생성은 아마도 식물체 조직 내에서 천천히 기질 제한적으로 생장하는 내생균에 의한 것으로 예상된다. 왜냐하면 2차대사물질은 정상적인 생장을 억제하는 조건에서 축적되기 때문이다(제7장). 이들 균독소의 여러 효과는 딜레마를 제기한다. 한편, 내생균이 목초의 스트레스 내성을 증대시키고 곤충 피해를 방지하여 내생균이 없는 목초에 비해 경쟁적인 이점을 준다는 많은 연구보고가 있다.

내생균 *Neotyphodium coenophialum*은 톨페스큐 초지에서 발견되고 식물체 조직 내에 ergovaline을 생성한다. Ergovaline은 고열, 체중감소, 임신율 감소, 우유생산량 감소, 출산 기형(말에서)과 낙태 등을 포함하여 풀을 뜯는 동물에서 나타나는 다양한 증상을 일으킨다. 내생균 *N. lolii*은 다년생 호밀풀(ryegrass)에서 주된 독소로 **lolitrem B**를 생성한다. 이 신경독소는 동물이 떨림을 경험하고 조정능력이 없어지는 호밀풀 훈도병이라고 하는 환경을 일으킨다. 미국에서 말의 목초지에서의 조사에 의해 이들 잠재적인 문제점들이 밝혀졌다(그림 14.18; 미국농무성 2000). 전국적으로 표본 목초지의 61.6%에서 내생균이 있고, 총 28.5%가 독소가 있는 것으로 나타났다. 간섭없이는 감염된 목초가 감염되지 않은 것보다 경쟁에서 앞서기 때문에 감염률은 시간이 지남에 따라 증가할 것이다.

맥각 내생균은 기주식물체를 결코 떠나지 않기 때문에 목초 및 잔디관리자는 선택권을 가지고 있다. 초식동물을 위하여 목초지는 내생균이 없는 것으로 증명된 종자로 다시 조성할 수 있는 반면에 관상수목과 잔디 관리자는 개선된 목초의 활력과 곤충 저항성 때문에 내생균에 감염된 종자를 파종 선정할 수 있다. "내생균 강화 목초"를 놀이동산, 골프장, 운동경기장 등에서 사용하기 위하여 원예 및 종자판매점을 통하여 구입할 수 있는데, 이는 미국에서 또 하나의 시장을 형성하기 시작했다.

역병

*Phytophthora*속에는 50종 이상이 보고되어 있고 이들 대부분은 식물병원균이다(Erwin & Ribeiro 1996). *Phytophthora*라는 이름은 희랍어(Greek)에서 유래되었으며, 문어적으로 **식물파괴자**(植物破壞者; **plant destroyer**)를 뜻한다. *Phytophthora*의 여러 종 중에서 감자역병균 *P. infestans*은 기주범위가 좁아서 특별히 감자와 토마토(또는 다른 가지과식물)에만 피해를 입히지만 악명이 높아지게 되었다. 그러나 다른 여러 종은 기주범위가 아주 넓고 다양한 종류의 병을 일으킨다.

- **뿌리썩음병**(根腐病; **root rots**) (예를 들면, 아보카도나무와 유칼리나무의 주요한 뿌리병원균 *P. cinnamomi*)
- **궤양**(潰瘍; **cankers**), 수목의 기부 근처에서 발생 (예를 들면, **참나무 급사병**(急死病; **sudden oak death**)을 일으키며 캘리포니아주와 오레곤주 남부 해안가의 참나무림에 현재 큰 피해를 입히고 있는 *P. ramorum*)
- **경부썩음병**(頸部腐敗病; **collar rots**) 및 **근두썩음병**(根頭腐敗病; **crown rots**), 목본과 초본식물의 줄기 기부에서 발생 (예를 들면, 토마토, 오이, 수박, 호박 등을 가해하는 *P. capsici*)
- **마름병**(葉枯病; **aerial blights**) (예를 들면, 포인세티아와 다른 식물체를 가해하는 *P. nicotianae*)
- **과실썩음병**(果實腐敗病; **fruit rots**), 여러 식물체 (예를 들면, 고추, 파파야나무, 귤나무 등을 가해하는 *P. palmivora*)

경제적인 피해와는 별개로, *Phytophthora* spp.는 균류

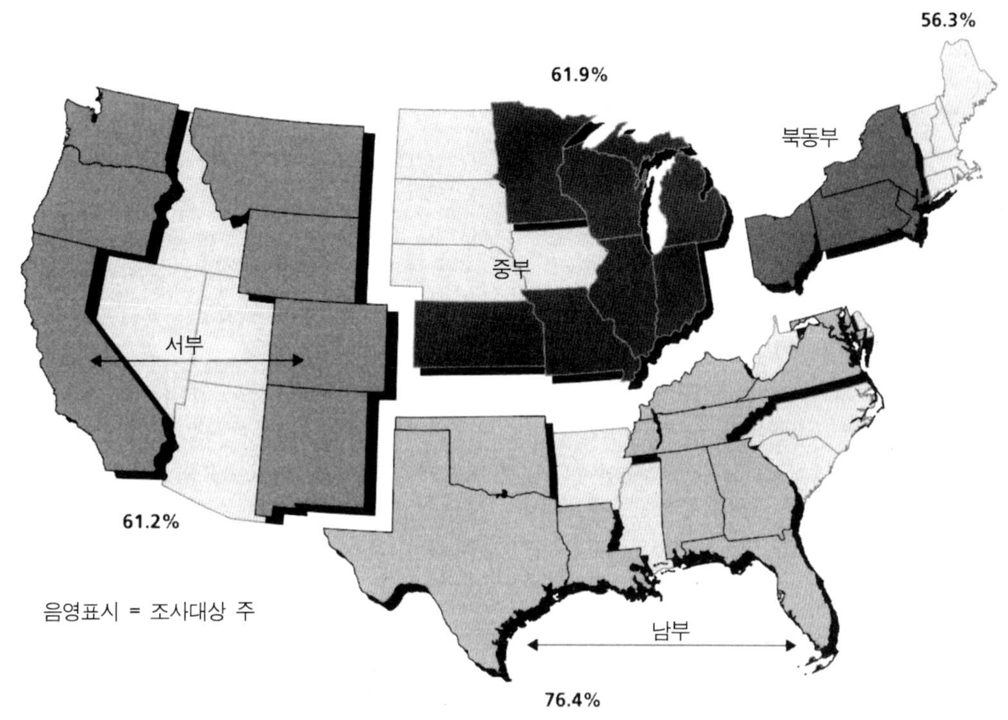

그림 14.18 1998년 미국 농무성에서 수행한 조사에서 *Neotyphodium* 내생균에 양성을 나타내는 목초의 비율. [출처: http://www.aphis.usda.gov/vs/ceah/Equine/eq98endoph.htm]

가 아니기 때문에 주목된다. 대신 반복적으로 기술한 바와 같이 이들은 Kingdom Straminipila(일부의 조류도 포함)의 난균문에 속하며 섬유소가 함유된 세포벽, 이배체 영양체 세대, 편모를 가진 운동성 포자, 여러 종류의 전통적인 살균제에 저항성을 나타내는 생화학적 특성 등의 몇 가지 뚜렷한 특징이 있다.

아주 다른 병을 일으키는 2종의 *Phytophthora*, *P. infestans*와 *P. ramorum*을 생각해 보자. 이 두 종은 전 세계적으로 퍼져나가며 야생식물과 작물에 심각한 피해를 입히는 사실을 포함하여 몇 가지 공통적인 특징을 지니고 있다. 이는 이 속의 종들이 계속적으로 위협을 주고 있다는 것을 보여준다.

Phytophthora infestans

야생 감자의 원산지는 중부 멕시코이고, 이 지역이 거의 확실히 *P. infestans*의 원산지일 것이다. 왜냐하면 이 병원균은 자웅이체성이어서 유성생식을 하기 위해서는 두 가지의 교배형(교배형 A1과 A2)이 필요하며, 이 두 종류의 교배형은 모두 중부 멕시코에서 쉽게 찾을 수 있기 때문이다. 이 균은 영국을 포함하는 유럽으로 옮겨져서 1840년대 이전에 감자에 심각한 손실을 일으켰다. 그러나 1980년대 초까지 멕시코 이외의 지역에서는 단지 A1 교배형만 발견되었다. 그 후 국제교역의 결과로 A2 교배형이 전 세계 대부분의 감자재배지역으로 퍼져나가기 시작하여 *P. infestans* 개체군의 다양성이 증가하였는데, 이것은 많은 다른 동위효소 profile의 존재에 의해 증명된 것처럼 이미 다양하였다.

포장 조건에서 감자 역병은 처음에 잎에 검은색의 퍼져나가는 반점이 나타나고 이 반점들은 차고 습한 조건에서 잎의 기공을 통하여 나오는 포자낭경을 많이 형성한다. 감자 괴경은 후에 생육기에 운동성 유주포자가 퍼져서 감염되어 (제10장) 괴경은 썩기 시작하여 2차 침입자인 세균에 의해 파괴된다. *P. infestans*가 전파되는 주요 방법은 바람에 의하거나 빗물에 튀어서 잎에 옮겨지는 포자낭의 형성에 의한 것이다(그림 5.17 참조). 이 포자낭은 기후 조건에 따라 두 가지 방법으로 발아할 수 있는데 이것은 실험실에서 재현할 수 있다. 20℃ 이상의 온도에서 포자낭은 균사가 포자낭 밖으로 생장해 나오면서 발아하는 반면(그림 14.19), 12℃ 이하에서는 포자낭의 세포질이 갈라지면서 틈이 생겨 운동성 유주포자가 형성된다. 낮은 온도에서 유주포자의 형성은 병이 초기에 퍼져나가는 데 특히 중요하지만, 후에 예를 들면 괴경의 감염에는 포자낭의 "직접" 발아가 더 중요하다. 감자의 홍색부패병(pink rot)을 일으키는 *P. erythroseptica*도 같은 전략을 가지지만 이 이원 전략은 *P. infestans*의 끔찍한 무기고의 일부분이다.

그러나 이 병원균의 주요한 무기는 의심할 여지없이 여러 해동안 감자 품종을 육종하는 데 이용되었던 "주요" 레이스 특이저항성 유전자를 극복하는 능력이다. *P. infestans*는 반활물영양성 식물병원균이다: 잎에 정착하는 초기 단계에는 기주 세포에 접속된 흡기를 사용하여 양분을 취하지만 뒤에는 사물영양성으로 바꾸어 조직을 파괴시킨다. 감자에 육종된 새로운 주요 저항성 유전자는 병원균의 돌연변이에 의해 금방 극복되어 하나의 주요 유전자에 의해서 조절될 수 없는 *P. infestans*의 새로운 "레이스"가 된다. 새로운 육종 전략은 살균제와 경작적 방법을 같이 사용하여 보편적 저항성(수평, 또는 다 유전자 저항성)을 이용하는 것이다.

Phytophthora ramorum: 참나무 급사병

*Phytophthora*의 새로운 종이 독일과 네덜란드에서 1993년에 발견되었으며 2001년에는 정식으로 *P. ramorum*으로 동정되었다. 이 균은 주로 철쭉(*Rhododendron*)의 가지에 피해를 입히고 가끔 분꽃나무(*Viburnum*)에도 피해를 입혀 결국 이들 관목을 죽이기도 한다. 이 병은 이제 전 유럽의 묘포장에서 관상용 철쭉류와 분꽃나무류에도 확산되고 있다. 그 사이에 캘리포니아 북부와 오레곤 남부의 안개상습

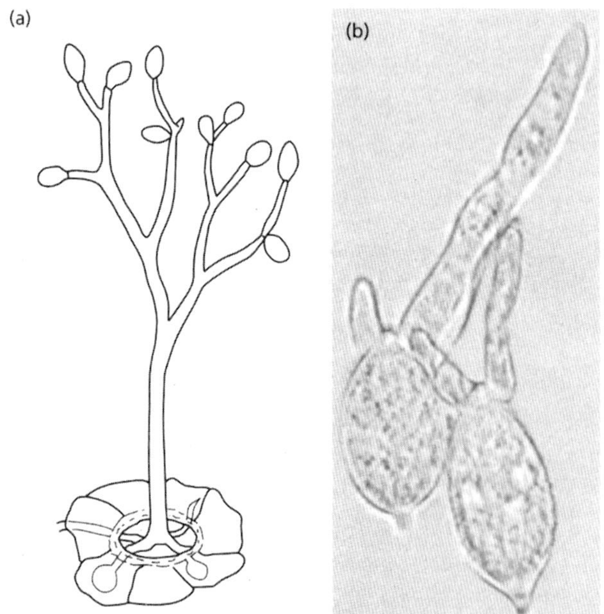

그림 14.19 *Phytophthora infestans.* (a) 감자 잎의 뒷면에 있는 기공에서 발달된 포자낭이 붙어있는 포자낭경. (b) 정단 돌기(papilla) 근처에서 밖으로 자라나온 발아관이 형성되어 있는 떨어져 나온 두 개의 포자낭. 포자낭의 기부에 특징적인 부러진 "줄기"를 주시하라.

그림 14.20 *Phytophthora ramorum*에 의한 참나무 급사병. (a) 미국 남서부 해안지대의 참나무 혼효림 군집에서 죽었거나 죽어가는 참나무(*Quercus agrifolia*). 죽었거나 죽어가는 나무가 표시되어있다. (b) 심하게 감염된 참나무의 줄기 하단의 수피에서 검은색의 끈적거리는 액이 흘러나온다. (c) 수피를 벗겨내면 검은 부분의 선이 나타난다. (d) 돌참나무(*Lithocarpus densiflorus*) 어린가지 끝에서 말단 마름과 시들음 증상. [사진제공: Joseph O'Brien, USDA Forest Service. WWW.invasive.org]

지역에서는 참나무 급사병이 발병하였고, 이 병은 *P. ramorum*에 의해 발병한다는 것이 밝혀졌다. 이 병원균은 여러 종의 참나무를 가해하지만, 주로 해안지역의 관목/교목 군집의 천연 식생의 부분인 "live oak" (*Quercus virginiana*)와 "tan oak" (*Lithocarpus densiflorus*)를 가해한다. 이 병원균은 두 가지 방법으로 식물체를 가해하는데, 한 가지 방법은 다양한 종류의 관목의 잎이나 어린가지에 반점을 형성하여 가지마름을 일으키는 것이고, 다른 한 방법은 수목의 줄기기부에 궤양을 형성하여 이 부위의 형성층(수피 바로 아래에 위치하여 새로 형성되는 목재의 연륜을 형성)을 점차 파괴시키는 방법이다. 이 병에 의한 병징으로는 수목의 줄기 기부에 수피의 열개(crakcing)와 수피에서 검질화(gummosis)라고 부르는 병징인 검은색의 점질성 수액의 침투이다(그림 14.20). 이 병이 진전되면 수목은 갑작스럽고도 극적으로 죽으므로 이름이 **참나무 급사병** (急死病; **sudden oak death**)으로 지어졌다. 그러나 수목의 고사가 갑작스럽게 일어나지만 이것은 수피 아래에서 천천히 점진적으로 감염이 일어난 결과이다. 이것은 흔히 수목에 진전된 병징이 갑자기 발달될 때까지 모르게 진행될 수도 있다.

*P. infestans*와 *P. ramorum* 간에는 밀접하게 닮은 점이 있다. 왜냐하면 두 가지 병원균 모두 이전에 발생하지 않았던 지역에서 유입되어 넓은 지역에 피해를 입혔기 때문이다. 유럽에는 *P. ramorum*의 A1 교배형만 존재하는 반면에 미국에는 A2 교배형만 존재한다. 이것은 두 집단의 근원이 분리되어있다는 것을 강하게 증명한다. 그러나 이 병원균의 근원지역이 어디인지는 아직 알려져 있지 않다. 전 세계적으로 많은 식물체를 가해하지만 지리적인 근원이 아직 알려져 있지 않은 다른 *Phytophthora* 종인 *P.*

*cinnamomi*와도 비슷한 점이 있다. 이 병원균은 호주의 유칼리나무에 심각한 피해를 입히고 있다. 병원균이 천연식생지역을 침입할 때마다 병원균은 다른 지역에서 유입되어온 것으로 생각된다. 그 이유는 천연 군집 내 식물체는 그 지역에 존재하는 병원균과 함께 진화하기 때문이다.

활물영양성 식물병원균

활물영양성 식물병원균은 식물조직을 죽이는 사물영양성 병원균과는 대조적으로 특징적으로 **살아있는 기주세포(living host cells)**와 영양적인 관계를 가지고 있다는 사실이다. 이런 종류의 기생이 성공적으로 이루어질 수 있는가는 두 가지 특성에 달려있다: (i) 유도되는 기주세포사멸을 회피하는 능력과 (ii) 살아있는 기주조직으로부터 계속적으로 양분공급을 확보하는 능력. 그래서 활물영양성 병원균은 여러 면에서 성공적인 기생체의 전형적인 모습이다. 이들은 기주세포를 죽이지 않고 양분을 취한다.

여러 종류의 활물기생성 균류 및 유사균류가 있다. 왜냐하면 이런 기작의 기생은 여러 경우에 독립적으로 진화되어 왔기 때문이다. 활물기생의 주요 그룹에는 **녹병균**(綠病菌; **rust fungi**)(담자균), **흰가루병균**(白粉病; **powdery mildew fungi**)(자낭균)과 세포간 **plasmodiophorids** (불확실한 분류 친화성의 원생생물이지만 균류와는 명확하게 구분됨)이 있다. 이외에도 내생성 균류는 필수적으로 활물영양체로 생장한다. 전형적인 예가 토마토에 잎곰팡이병을 일으키는 *Fulvia* (*Cladosporium*) *fulvum*이다. 도처에 존재하며 식물체 잎의 표면에서 생장하는 *Cladosporium* spp.와는 달리(제11장), *F. fulvum*은 발아한 포자가 기공을 통하여 침입하여 잎에서 광범위하게 세포내 연결망을 형성한 후, 기공을 통하여 더 많은 포자를 방출하는 분생포자경이 형성되어 나온다. 용탈물을 찾아 취하는 것 외에 살아있는 기주세포에서 양분을 취하는 뚜렷한 방법이 없다. 그러나 이 균은 누출율을 증가시키고 또한 세포벽물질의 일부를 사용한다. *F. fulvum*의 한 균주는 과민성반응을 유도하는 것을 피한다면 기주로부터 양분을 취할 수 있으며, 이것은 병원균의 "비병원성" 유전자와 상응하는 저항성 유전자에 의해 결정된다. 기주식물체와 관련이 있는 **유전자-유전자 관계(gene-for-gene relationships)** (Honee *et al.* 1994)는 활물영양성 식물병원균에서 일반적으로 찾을 수 있고 뒤에 다시 언급할 것이다.

활물영양성 식물병원균의 몇 종류에 대하여 알아보기로 하자.

흡기성 활물영양체

많은 활물영양성 균류는 기주식물체의 표면에 떨어져서 발아하고 기공을 통하여 침입하는 포자에 의해 감염이 시작된다. 침입초기에 일어나는 일에는 제5장에서 언급한 식물체 표면의 지형과 양분지수 같은 신호를 사용함으로써 발아관이 정확한 방향으로 생장하도록 하는 것이 포함된다. 균사는 기주세포 사이에서 생장하여 **흡기모세포**(吸器母細胞; **haustorial mother cells**)를 형성하여 각 세포에 부착한다. 여기에서 침입균사가 기주세포벽을 통하여 생장하지만 세포막은 통과하지 않는다. 대신에 기주세포막은 침입하는 균을 받아들이기 위하여 함입(invaginate)한다. 이것은 **흡기외막**(吸器外膜; **extrahaustorial membrane**)에 의해 기주 세포질에서 항상 분리되는 **흡기**(吸器; **haustorium**)로 발달된다(그림 5.7 참조).

그림 14.21에서 보는 바와 같이 성숙한 흡기는 액체교질로 싸여있고, 액체가 빠져나가는 것을 방지하기 위하여 목 부위에 견고한 "봉인"이 있다. 실험에서 얻어지는 이 결과 중의 하나는 전체 흡기의 복합체(막, 액체교질과 흡기)는 효소로 기주세포벽을 분해시키면 분리할 수 있다. 녹병균과 흰가루병균의 분리된 흡기 복합체에 대한 연구에서 흡기외막이 당과 아미노산을 자유롭게 통과시킨다는 것이 밝혀졌다. 식물의 세포벽과 세포막은 적절한 세포막 운반체를 통하여 양분의 이동이 가능한 것으로 알려져 있다. 그래서 병원균의 양분흡수를 위한 중요한 접촉영역은 흡기막인 것 같다(그림 14.21).

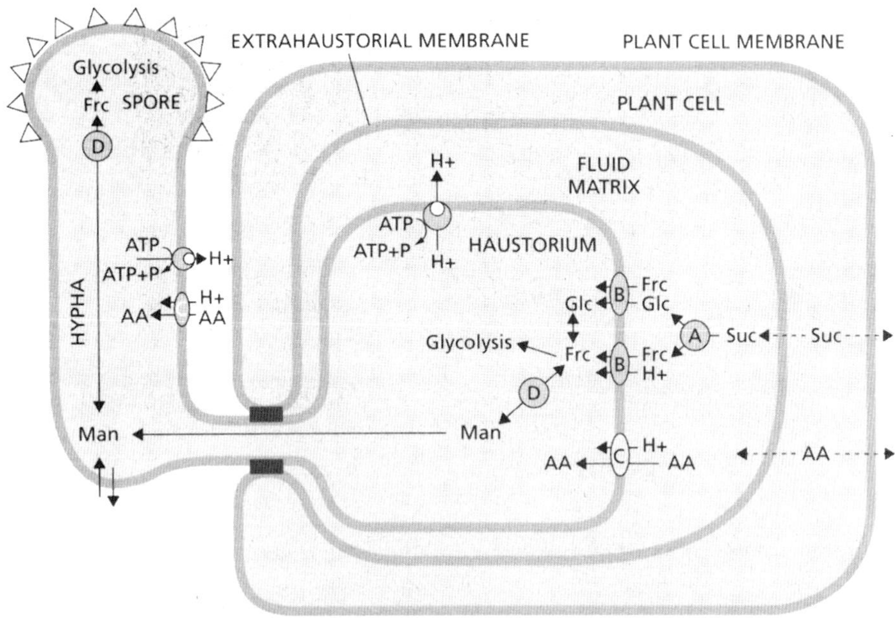

그림 14.21 녹병균에서 아미노산과 당의 흡수 및 재분배 모델. (a) 자당(Suc)과 아미노산(AA)은 식물세포 사이와 흡기외막(extrahaustorial membrane)을 통하여 기주를 둘러싸고 있는 액체로 차 있는 교질로 들어간다. Invertase(A)는 교질에서 자당을 포도당(Glc)과 과당(Frc)으로 분해시킨다. 그 후 이 당들과 아미노산은 막에서 공동수송 단백질(B)에 의해 흡기막을 통과한다. 양분 흡수를 위한 에너지는 ATP가 ADP + P_i의 변환에 의해서 막에서 생성되는 H^+에 의해 공급된다(C). 흡기내에서 과당은 주요한 알코올 탈수소효소에 의해 만니톨(Man)로 변환된다(D). 만니톨은 균사로 이동되어 포자형성에 필요한 양분을 제공한다. [출처: Voegele & Mendgen 2003.]

Voegele & Mendgen(2003)에 의해 제안된 모델에서 당과 아미노산이 막의 공동수송체(symporters)에 의해 H^+이온과 관련하여 ATPase에 의해 발생하는 양자 이동력을 사용하여 흡기 내로 이동하는 것으로 생각된다. 그 후 당은 흡기 내에서 합성반응에 이용된다. 과당(extrahaustorial matrix에서 자당이 포도당과 과당으로 가수분해되어 생성)은 **만니톨(mannitol)**로 변환되어 균사로 이동하고 결국에는 발달 중인 포자로 이동된다. 결과적으로 기주 표면에서의 반복되는 주기의 포자형성을 지원하기 위하여 양분이 계속적으로 살아있는 기주 세포에서 회수된다. 녹병균과 흰가루병균이 경제적으로 중요한 병원균이라는 것은 병원균의 포자형성을 지원하기 위해서 식물체에서 **양분의 지속적인 이탈(continuous withdrawal of nutrients)**에 기인한다.

녹병균

녹병균(rust fungi)이라는 이름은 뚜렷하게 녹슨 색깔을 띠며 대량 형성되어 여름에 비산하는 **여름포자**(夏胞子: **uredospore**)에서 따온 것이다. 4,000종 이상의 녹병균이 작물과 야생식물에서 보고되어있다. 많은 녹병균은 생활사를 완성시키기 위하여 두 종류의 기주가 필요하다. 예를 들면, *Puccinia graminis*(밀 줄기녹병균)는 곡류와 중간기주(매발톱나무)를 필요로 한다. 그러나 박하 녹병균 (*Puccinia menthae*) 같은 다른 녹병균류는 한 가지 기주에서 전 생활사를 마친다. 아래에 *P. graminis*의 생활사에 대하여 생각해 보자. 왜냐하면 *P. graminis*는 특히 북미에서 경제적으로 가장 중요한 종 중의 하나이기 때문이다. 이 병원균은 녹병균의 전형적인 포자세대를 모두 가지고 있다.

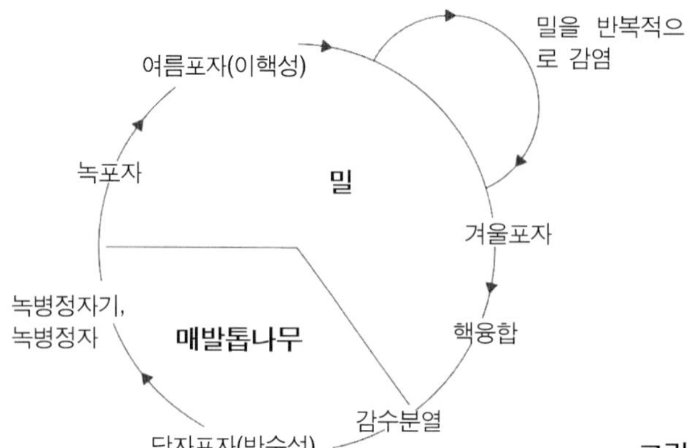

그림 14.22 밀과 매발톱나무에서 교대하며 생장하는 *Puccinia graminis*의 병환 개요.

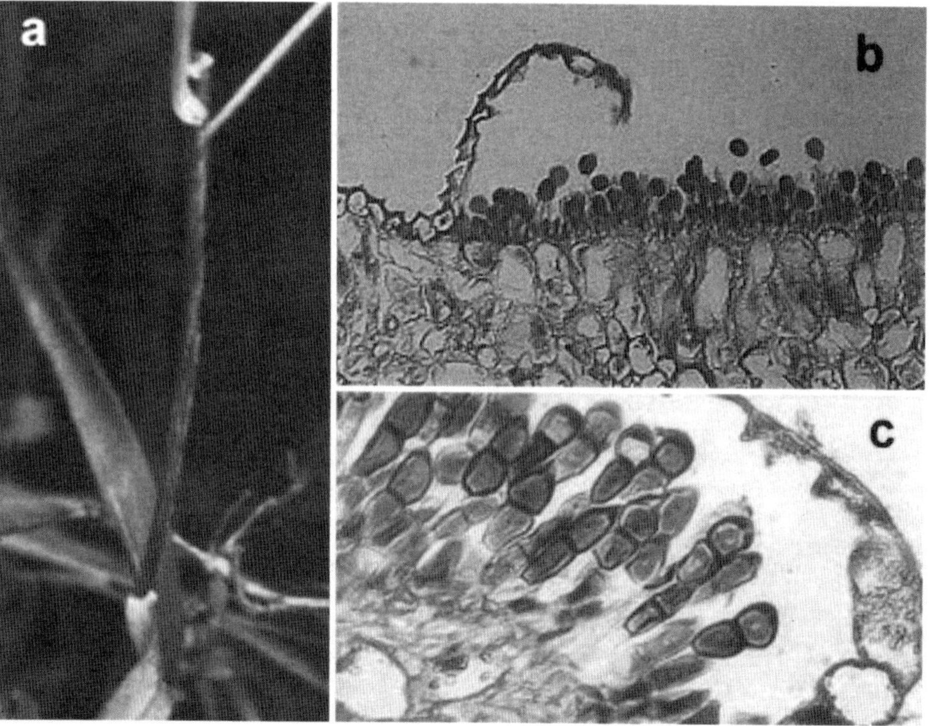

그림 14.23 *Puccinia graminis*에 의한 밀 줄기녹병. (a) 줄기에 여름포자가 형성되어 있는 길쭉한 반점. (b) 표피를 뚫고나온 여름포자퇴가 형성된 밀 줄기의 염색된 단편. (c) 겨울포자가 형성된 포자퇴의 단면.

밀 줄기녹병

밀 줄기녹병(stem rust)의 병환이 그림 14.22에 있다. 생활사는 초봄에 녹병균의 포자구조가 곡류나 벼과 식물 잎의 표피를 통하여 터져서 **여름포자퇴**(夏胞子堆; **uredium**)라고 하는 구조에서 특징적으로 녹 색깔을 띠는 수많은 **여름포자**(夏胞子; **uredospore**)가 방출되는 비산세대에서 시작한다(그림 14.23b 참조).

여름포자는 단세포이며 각각 교배친화형인 2개의 핵을 가지고 있는데 제1장에서 설명한 것처럼 2핵 상태(dikaryotic)이다. 여름포자는 바람에 의해 비산되어 생장기동안 여러 주기의 감염을 반복하여 주요한 전염병을 일으킨다. 생장기가 끝날 무렵 여름포자의 형성은 중단되고, 그 대신에 **겨울포자퇴**(冬胞子堆; **telium**)에 2개의 세포로 된 **겨울포자**(冬胞子; **teliospore**)를 형성한다(그림 14.23c). 겨울포자도 각 세포 내에 2개의 핵을 지닌 2핵 상태인데, 이배체 세포를 만들기 위하여 2개의 핵이 융합된다. 이 병원균은 이 상태로 월동한다. 이른 봄에 겨울포자의 각 세포는 발아하여 짧은 균사를 형성하고 이배체의 핵이 균사체로 이동해 와서 감수분열을 하여 단핵상태인 4개의 **담자포자**(膽子胞子; **basidiospore**)(단지 한 개의 반수체 핵을 지닌 포자)를 형성한다. 이 포자가 매발톱나무 잎에 떨어지면 더 발달하여 잎을 통하여 침입하고 며칠 후에 플라스크 모양의 **녹병정자기**(녹病精子器; **spermagonium**)를 형성한다. 이 구조체는 수용균사를 지니고 있으며 크기가 작은 많은 **녹병정자**(녹病精子; **spermatium**)를 방출한다(그림 14.23d, f).

각각의 녹병정자기는 한 가지의 교배형의 녹병정자를 형성하여 녹병정자기의 목을 통하여 당분이 있는 액체에 분출한다. 파리 등의 곤충이 여기에 유인되어 다른 교배형을 형성하는 녹병정자기를 방문했을 때 녹병정자를 옮기게 된다. 한 가지 종류의 교배형은 다른 교배형의 수용균사와 접합하여 세포벽에 있는 구멍을 통하여 핵이 이동된다. 이 핵은 쪼개져서 담자포자에서 생장한 단핵균사를 통하여 이동되어 **2핵균사**(二核菌絲; **dikaryotic mycelium**)가 된다. 이쯤에 균사체는 두꺼운 잎을 통하여 생장하여 표피조직을 통하여 뚫고 나오는 포자구조체를 형성하는데 이를 **녹포자**(녹胞子; **aeciospore**)를 가진 **녹포자퇴**(녹胞子堆; **aecium**)라고 한다(그림 14.23e, g). 2핵 상태의 녹포자만 밀을 감염시킬 수 있으며 감염된 부위에 여름포자가 형성되어 생활사가 마무리된다.

줄기녹병의 병환을 깨트리는 가능한 해결책은 매발톱나무 덤불을 제거하여 병원균이 중간기주를 감염시킬 수 없게 하는 방법이다. 지난 20세기에는 매발톱나무를 제거하는 프로그램이 북미에서 시도되었으나, 조기 파종하는 멕시코로부터 늦게 파종하는 미국의 북쪽 지역으로 병이 계속하여 점진적으로 번져나가기 때문에 이 프로그램은 실패로 끝났다.

흰가루병균

자낭균문에 속하는 흰가루병균(白粉病菌; powdery mildew fungi)은 만약 살균제를 처리하지 않으면 어느 계절이나 심각한 전염병을 일으키며, 특히 건조하고 더운 여름철에 더 심하다. 여러 종의 작물과 야생식물이 흰가루병균에 감염되며 대부분 기주특이적이다. 잘 알려진 예로 장미 흰가루병(*Sphaerotheca pannosa*), 구즈베리 흰가루병(*S. mors-uvae*), 산사나무 흰가루병 (*Podosphaera clandestina*) 등이 있다. 이들은 잎이나 과실의 표면에 흰색의 밀가루 같은 균사를 형성하기 때문에 대부분의 사람들은 이들 병 중에서 한 가지 이상을 본 적이 있을 것이다. 그러나 가장 경제적으로 피해를 주는 종은 곡류의 흰가루병을 일으키는 *Blumeria graminis* (이전에 *Erysiphe graminis* 로 불림)이다(그림 14.24). 녹병균처럼 *B. graminis*는 한 생장기동안 여러 주기의 감염을 일으켜서 여러 곡류에 심각한 피해를 입힌다. 곡류 잎의 기부에 "전략적으로" 병반이 하나만 생겨도 양분이 잎에서 다른 부분으로 전류되는 것을 성공적으로 억제할 수 있다. 상대적으로 뿌리는 식물체의 동화물질을 받는 경쟁력이 약하고 이 병원균은 건조한 토양조건에서 더 악화되기 때문에 줄기 및 뿌리의 생장에도 영향을 줄 수 있다. 그러나 흥미롭게도 흰가루병균의 포자는 잎이 젖은 상태에서는 감염을 일으킬 수 없고

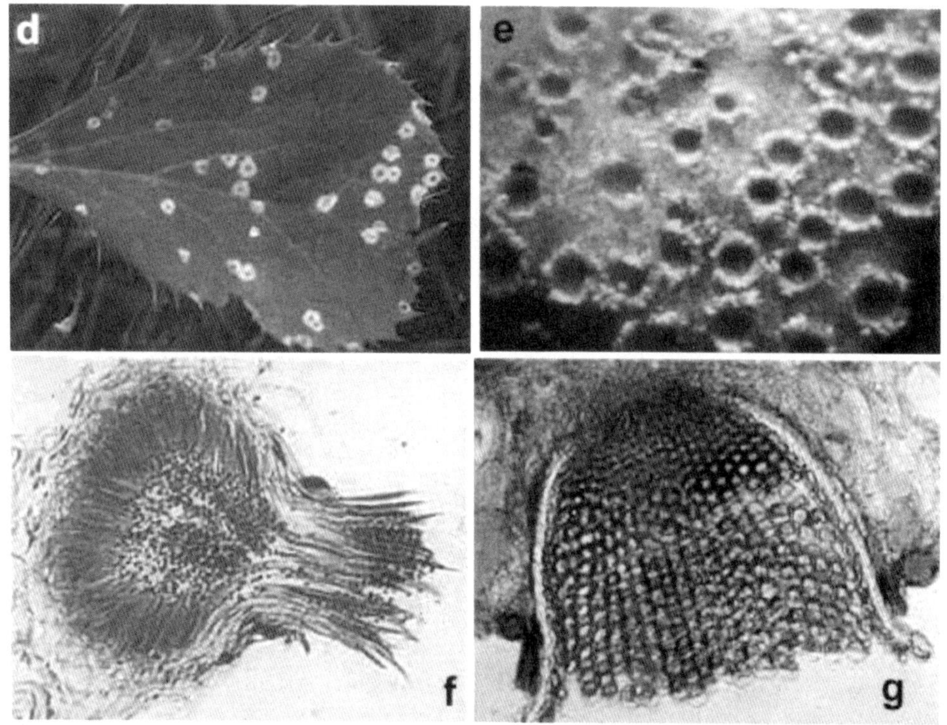

그림 14.23 (계속) (d) 매발톱나무 잎의 표면에 녹병정자기가 형성된 반점. (e) 매발톱나무 잎 뒷면의 표피를 뚫고나온 녹포자퇴. (f) 작은 녹병정자와 수용균사가 보이는 녹병정자기. (g) 녹포자기의 단면.

단지 마른 상태에서만 감염을 일으킨다. 이 병원균의 다른 특징들은 그림 14.24의 설명에 묘사되어있다.

노균병균(난균문)

노균병균(露菌病菌; downy mildew)은 감염과 포자 형성을 위하여 더 습한 조건을 필요로 하지만 녹병균과 흰가루병균과 비슷하게 살아가는 흡기성 활물영양체이다. 여기에 속하는 예로는 상추 노균병균 *Bremia lactucae*, 포도나무 노균병균 *Plasmopara viticola*, 호프 노균병균 *Pseudoperonospora humuli* 등이 있다. 그러나 난균류의 생태에는 어느 정도 차이가 있다. 왜냐하면 노균병균에 밀접하게 관련되어 있는 *Phytophthora* spp.는 흡기성 활물기생체로 기생 단계를 시작하지만 기주 조직을 죽이고 이 조직 내에서 사물영양체로 생장한다 (예를 들면, 감자에 *P. infestans*와 콩에 *P. sojae*).

병원균의 인식: 유전자-유전자 가설

작물재배 체계에서 큰 면적의 경작지에 알려진 모든 병원균 레이스에 저항성을 지니도록 육종된 단일 품종이 파종된다. 병원균에 도태압이 작용하여 돌연변이에 의해 이 저항성을 극복한다. 매년 단일포장에서 조차 주요 병원균에 의해서 수십억개의 포자가 방출되기 때문에 저항성이 무너질 가능성이 있다. 이것은 "소수" 유전자의 복합적인 활성에 기초한 "포장저항성"에 반하여 특히 단일 **주동유전자저항성**(主動遺傳子抵抗性; **major gene resistance**)(R 유전자 저항성)을 지닌 육종 작물에 해당된다. 저명한 식

그림 14.24 *Blumeria graminis* (자낭균)에 의한 곡류의 흰가루병. (a) 전형적인 흰가루병 병징을 나타내는 밀의 잎. (b) 둥근 기부세포에서 발달되어 기부에서 끝부분으로 점진적으로 성숙하는 포자 사슬. (c) 기주세포 내에 많은 흰가루병균의 특징인 손가락 모양의 여러 개 돌출부가 있는 흡기. 흡기가 있음에도 불구하고 세포가 여전히 살아있다는 것을 암시하는 기주세포내 핵을 주시하라. (d) 검은색의 부속사가 붙어있는 두 개의 자낭구(유성의 폐쇄된 자실체). 일반적으로 자낭구는 생육 후반기에 흰가루병에 감염된 잎 위에 발달된다. 자낭구는 부서져서 휴면생존하는 자낭포자를 방출한다.

물병리학자인 H. H. Flor는 1940년대와 50년대에 아마 녹병을 연구하여 주요 유전자저항성과 병발생과의 관계를 설명하기 위하여 간단한 개요, 즉 **유전자-유전자 가설**(遺傳子 - 遺傳子 假說; **gene-for-gene hypothesis**)을 제안하였다. 기주식물체와 병원균과의 유전에 대한 연구에 기초하여 아마에서 **저항성**(抵抗性; **resistance**)(**R**, 유전적으로 **우성** 인자)에 관여하는 모든 유전자에 대하여 병원균에 **비병원력**(非病原力; **avirulence**) (**AVR**, 다시 유전적으로 **우성** 인자)에 관여하는 상보적인 유전자가 있다는 것을 보여주었다. 그래서 기주-병원체의 상호관계에 대한 결과는 다음 표에 요약되어있다.

		기주 유전자형	
		RR 또는 Rr	rr
병원체 유전자형	AVR avr or AVR AVR	병 저항성	병 감수성
	avr avr	병 감수성	병 감수성

여기에서 **RR** = 동형접합성(homozygous) 저항성, **Rr** = 이형접합성(heterozygous) 저항성, **rr** = 동형접합성 감수성, **AVR AVR** = 동형접합성 비병원력, **AVR avr** = 이형접합성 비병원력, **avr avr** = 동형접합성 병원력. 이 표에서 저항성은 우성인 R 대립유전자(allele)와 우성인 AVR 대립유전자의 조합으로만 일어난다는 것을 알 수 있다. 간단하게 설명하면, **R** 유전자의 단백질 산물이 **AVR** 유전자의 단백질 산물과 혼합되어 활물영양체가 발달하지 못하도록 급속하게 세포가 사멸하는 과민성반응이 일어나게 된다. 그 결과, 기주의 R 유전자 산물은 병원균의 AVR 유전자 산물(**elicitor**)과 상호작용하는 수용체처럼 된다.

최근의 연구는 이 내용을 더 깊이 이해할 수 있도록 유전자-유전자 관계가 병원성 균류, 세균, 바이러스 및 선충과 식물체간의 상호관계와 식물-곤충의 상호관계까지를 포함하는 기주-기생체 조합에서 널리 보편적이라는 것을 보여준다. R 유전자와 AVR 유전자에 의해 관장되어서 과민성반응이 이르게 되는 **직접적 단백질-단백질 상호작용**(直接的 蛋白質-蛋白質 相互作用; **direct protein-protein interaction**)가 두 가지의 병체제에서 증명되었다: *Pseudomonas syringae*(병원성 분화형 *syringae*)에 의한 토마토의 감염과 *Magnaporthe grisea*에 의한 벼의 감염(벼 도열병). 이 경우에 상호작용은 아마도 표면에 위치한 단백질의 인식을 포함한다. 그러나 **직접적**(直接的; **direct**) 단백질-단백질 상호관계는 아직까지 다른 기주-병원체 체제에서 **발견되지 않았다**. 대신 최소한 세 번째(식물체) 단백질이 대부분의 유전자-유전자 상호관계에 관여하며, 이 세 번째 단백질(또는 그 이상의 단백질)이 방어반응을 중재한다는 증거가 있다. (Luderer & Joosten 2001; Bogdanova 2002에 의해 검토됨). 예를 들면, 이 상호관계에 관여하는 단백질은 병원체 인식에 직접적으로 관여하는 세포 표면 수용체가 아니고 세포질 단백질인 것 같다. 세포질 단백질은 비슷한 성질을 지닌 관련 단백질의 집단 또는 집단들을 구성한다. 예를 들면, "모델" 식물체인 *Arabidopsis thaliana*(분자유전학 연구에 널리 사용되는 식물)는 두 가지 세균에 저항성을 암호화하는 유전자를 가지고 있다. 이 유전자의 산물은 바이러스에 저항성을 나타내는 담배 유전자, 아마 녹병에 저항성을 나타내는 아마 유전자, *Fulvia fulvum*에 저항성을 나타내는 토마토 유전자와 선충에 저항성을 나타내는 사탕수수 유전자 등 몇 가지 다른 생물체의 저항성 유전자 산물과 비슷하다. 이들 모든 유전자 산물은 루신이 풍부한 반복 영역이 있고, 신호연결을 시작할 수 있는 뉴클레오티드 접합부위를 가지고 있어서 식물체 방어반응을 활성화한다.

온라인자료

Endophytes in US Horse Pastures (Aphis Info Sheet; Veterinary Services; April 2000). http://www.aphis.usda.gov/vs/ceah/Equine/eq98endoph.htm

Sudden Oak Death. USDA Forest Service. www.invasive.org

참고도서

Agrios, G.N. (1998) *Plant Pathology*, 4th edn. Academic Press, San Diego.

Lucas, J.A. (1998) *Plant Pathology and Plant Pathogens*, 3rd edn. Blackwell Science, Oxford.

Manners, J.G. (1993) *Principles of Plant Pathology*, 2nd edn. Cambridge University Press, Cambridge.

참고문헌

Armstrong, G.M. & Armstrong, J.K. (1981) *Formae speciales* and races of *Fusarium oxysporum* causing wilt diseases. In: *Fusarium: diseases, biology and taxonomy* (Nelson, P.E., Toussoun, T.A. & Cook, R.J., eds), pp. 391–399. Pennsylvania State University Press, University Park, PA.

Beckman, C.H. & Talboys, P.W. (1981) Anatomy of resistance. In: *Fungal Wilt Diseases of Plants* (Mace, C.E., Bell, A.A. & Beckman, C.H., eds), pp. 487–521. Academic Press, New York.

Bogdanove, A.J. (2002) Protein–protein interactions in pathogen recognition by plants. *Plant Molecular Biology* **50**, 981–989.

Bony, S., Pichon, N., Ravel, C., Durix, A., Balfourier, F. & Guillaumin, J.-J. (2001) The relationship between mycotoxin synthesis and isolate morphology in fungal endophytes of *Lolium perenne*. *New Phytologist* **152**, 125.

Clay, K. (1989) Clavicipitaceous endophytes of grasses: their potential as biocontrol agents. *Mycological Research* **92**, 1–12.

Cooper, R.M., Longman, D., Campbell, A., Henry, M. & Lees, P.E. (1988) Enzymatic adaptations of cereal pathogens to the monocotyledonous primary wall. *Physiological and Molecular Plant Pathology* **32**, 33–47.

Deacon, J.W. & Scott, D.B. (1983) *Phialophora zeicola* sp. nov., and its role in the root rot-stalk rot complex of maize. *Transactions of the British Mycological Society* **81**, 247–262.

Deacon, J.W. & Scott, D.B. (1985) *Rhizoctonia solani* associated with crater disease (stunting) of wheat in South Africa. *Transactions of the British Mycological Society* **85**, 319–327.

Dodd, J.L. (1980) The role of plant stresses in development of corn stalk rots. *Plant Disease* **64**, 533–537.

Erwin, D.C. & Ribeiro, O.K. (1996) *Phytophthora Diseases Worldwide*. APS Press, St Paul, Minnesota.

Fravel, D., Olivain, C. & Alabouvette, C. (2003) *Fusarium oxysporum* and its biocontrol. *New Phytologist* **157**, 493–502.

Honee, G. and 10 others (1994) Molecular characterization of the interaction between the fungal pathogen *Cladosporium fulvum* and tomato. In: *Advances in Molecular Genetics of Plant–Microbe Interactions* (Daniels, M.J., Downie, J.A. & Osbourne, A.E., eds), pp. 199–206. Kluwer Academic, Dordrecht.

Lamb, C.J., Brisson, L.F., Levine, A. & Tenhaken, R. (1994) H_2O_2-mediated oxidative cross-linking of cell wall structural proteins. In: *Advances in Molecular Genetics of Plant–Microbe Interactions* (Daniels, M.J., Downie, J.A. & Osbourne, A.E., eds), pp. 355–360. Kluwer Academic, Dordrecht.

Luderer, R. & Joosten, M.H.A.J. (2001) Avirulence proteins of plant pathogens: determinants of victory and defeat. *Molecular Plant Pathology* **2**, 355–364.

Nelson, E.B. (1987) Rapid germination of sporangia of *Pythium* species in response to volatiles from germinating seeds. *Phytopathology* **77**, 1108–1112.

Nelson, E.B. (1992) Bacterial metabolism of propagule germination stimulants as an important trait in the biological control of *Pythium* seed infections. In: *Biological Control of Plant Diseases* (Tjamos, E.C., Papavizas, G.C. & Cook, R.J., eds), pp. 353–357. Plenum Press, New York.

Punja, Z.K. & Grogan, R.G. (1981) Mycelial growth and infection without a food base by eruptively germinating sclerotia of *Sclerotium rolfsii*. *Phytopathology* **71**, 1099–1103.

Ride, J.P. & Pearce, R.B. (1979) Lignification and papilla formation at sites of attempted penetration of wheat leaves by nonpathogenic fungi. *Physiological Plant Pathology* **15**, 79–92.

Schneider, R.W. (1982) *Suppressive Soils and Plant Disease*. American Phytopathological Society, St Paul, Minnesota.

VanEtten, H.D., Sandrock, R.W., Wasmann, C.C., Soby, S.D., McCluskey, K. & Wang P. (1995) Detoxification of phytoanticipins and phytoalexins by phytopathogenic fungi. *Canadian Journal of Botany* **73**, S518–S525.

Voegele, R.T. & Mendgen, K. (2003) Rust haustoria: nutrient uptake and beyond. *New Phytologist* **159**, 93–100.

Wastie, R.L. (1960) Mechanism of action of an infective dose of *Botrytis* spores on bean leaves. *Transactions of the British Mycological Society* **45**, 465–473.

제15장

곤충과 선충에 기생하는 균류

이 장은 다음과 같은 주요 부분으로 구성되어있다:

- 곤충병원성 균류
- 선충구제 균류

자연환경에서 균류는 흔히 곤충, 선충 및 기타 무척추동물을 공격한다. 균류의 이러한 행동은 자연적인 밀도 조절자의 역할로서 해충과 유해 선충 억제에 도움을 주고 있다. 또한 몇몇 곤충병원성 및 선충구제 균류가 생물적 방제제로 개발될 수 있고, 이들 중 몇 가지는 화학농약의 대체제로서 시장에서 구매할 수 있다.

이 장에서는 균류가 이러한 기생의 형태로 특이하게 적응한 면들을 살펴보겠다. 이 주제를 다루는 것은 기생관계에 대한 관점을 넓혀줄 수 있을 뿐만 아니라 현재 해충과 선충의 방제를 위해 인간과 환경에 해롭거나 유해가능성이 있는 고독성의 화학물질이 사용되고 있다는 점에서 매우 중요하다. 예를 들어 카바메이트계인 Aldicarb은 침투성 살충제, 살선충제 및 살비제(응애 방제제)인데 최근 미국에서 소수의 작물에 한정적으로 사용하도록 등록되었다. 이것은 포유류와 수생 무척추동물, 어류 및 조류에 심각한 급성독성을 보이는 농약 중의 하나로서 지하수에 축적되며, 경구 및 피부 접촉을 통해 독성을 나타낸다. Aldicarb의 해독제는 *Atropa belladona* 식물에서 유래하는 아트로핀인데, 이는 전통적으로 아프리카 부시맨들의 독침의 해독제로 사용되었다. 효과적인 생물제제의 개발은 적어도 이러한 환경적 문제들 중 몇 가지에 대해서는 부분적인 해결책을 제시할 수 있다.

곤충병원성 균류

몇 가지 일반적인 곤충병원성 균류(곤충병원균)는 표 15.1에 기재되어있다. 여기에 기재된 모든 균류는 곤충기생에 특이하게 적응되어 있어서 자연에서 그들의 생존이 곤충에 달려 있다. 다음 절에서는 우선 그들의 일반적인 기생 형태를 다루고 곤충병원성 균류의 생물적 방제제로서의 이용 가능성을 포함한 구체적인 사항에 집중하겠다. 이 주제의 많은 부분이 Butt *et al.* (2001)과 Butt(2002)에 나와 있다.

많은 곤충병원성 균류 *Beauveria*와 *Metarhizium* 종(그림 15.1)이 자연 환경에서 흔히 발견되며 특히 온실이나 다른 시설 작부체계에서 실제로 해충 방제의 높은 잠재력을 가지고 있다. 이 두 속의 균은 실험실 배양에서와 곤충 숙주에서 많은 분생포자를 형성하지만 유성세대가 있는지는 알려지지 않았다. *Beauveria* 균의 종은 가축방식(sympodial fashion)으로 분생포자를 형성하는데, 처음에 하나의 말단 포자의 형성 이후 분생포자경이 길어져 이 포자 아래에 포자를 더 형성하여 지그재그 형태로 배열된다(그림 15.1a, 15.2). 분생포자가 희기 때문에 통상 이 균의 감염을 백강병(白殭病)이라 부른다. 반면에 *Metarhizium* 균의 종은 연쇄상의 녹색 분생포자를 분생포자원세포로부터 형성하고(그림 15.1b), 이 균의 감염을 녹강병(綠殭病)이라 부른다.

표 15.1 곤충 및 절지동물에 기생하는 대표적인 균류.

기생균	*숙주*
Metarhizium anisopliae	다양함: 나비目, 딱정벌레目, 메뚜기目, 노린재目, 벌目
Beauveria bassiana	모든 곤충 및 절지동물
Hirsutella thompsonii	거미綱 (응애류)
Cordyceps militaris	나비目의 많은 유충과 번데기, 딱정벌레目의 일부
Nomuraea rileyi	나비目과 딱정벌레目의 유충과 번데기
Paecilimyces farinosus	다양함(나비目, 파리目, 매미目, 딱정벌레目, 벌目, 거미綱)
Lecanicillium lecanii	일부, 특히 깍지벌레류, 총채벌레류, 진딧물류
Entomophthora, *Erynia* 및 유연관계의 접합균류	다양하고 때로는 숙주특이적. 예, 집파리의 *Entomophthora muscae*, 진딧물류의 *Erynia neoaphidis*
Coelomomyces spp.	모기류와 유충; 흔히 숙주특이적

나비目-나비류와 나방류; 파리目-파리류; 매미目-매미류; 딱정벌레目-딱정벌레류; 벌目-말벌류와 벌류; 메뚜기目-메뚜기류; 노린재目-노린재류; 거미綱-거미류와 응애류.

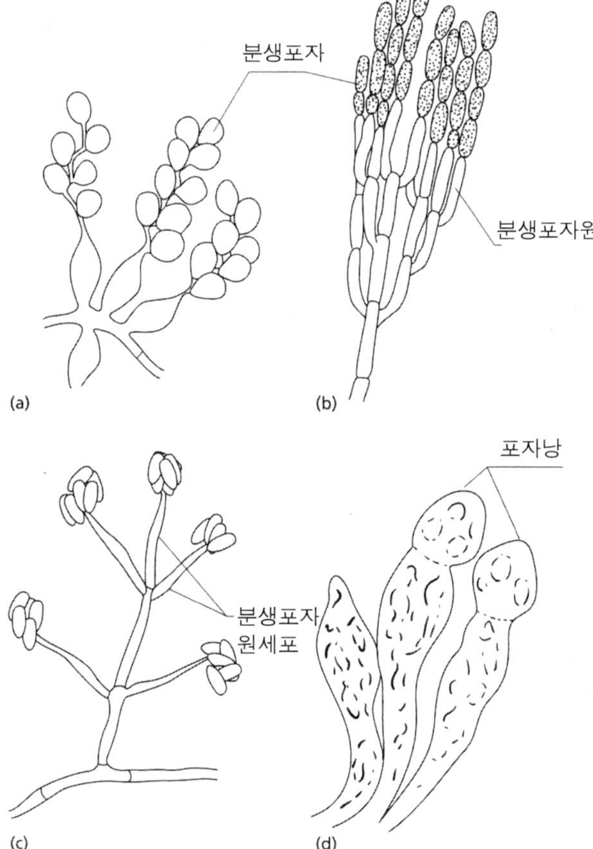

그림 15.1 몇 가지 흔한 곤충병원성 균류의 포자결실 구조. (a) *Beauveria bassiana*(불완전균); 크림빛 흰색의 분생포자가 분생포자경의 팽창한 말단부에 교대로 형성된다. (b) *Metarhizium anisopliae*(불완전균); 녹색의 분생포자는 분생포자원세포로부터 연쇄상으로 형성된다. (c) *Lecanicillium lecanii*(불완전균); 분생포자는 분생포자원세포 끝의 물방울 안에 다발로 형성된다. (d) *Entomophthora* spp. (접합균); 단일 말단 포자낭은 성숙하면 떨어져서 포자로서 기능을 한다.

그림 15.2 *Beauveria bassiana*와 이 균에 의한 병의 예. (a) 실험실 배양에서 자란 *Beauveria bassiana*의 포자결실 구조 (b) 곤충 각피의 체절간절편판(intersegmental plate) 사이로 자라나온 *B. bassiana*의 하얀 포자형성반으로 덮인 매미 성충. (c) 자연 감염된 풍뎅이(*Anoplostephus laetus*)의 각피판 사이에 *Beauveria*의 포자형성. (d) *Beauveria*에 의해 심하게 감염된 피칸바구미 성충. (e) 피칸바구미 유충으로 *Beauveria*에 의한 감염 시기별 피칸바구미 유충(굼벵이). [사진제공: (a, b) G.L. Barron, (c) Shirley Kerr; http://www.kaimaibush.co.nz/ (d, e) Louis Tedders and USDA, Agricultural Research Service.]

또 다른 흔한 곤충병원성균 *Lecanicillium lecanii* (이전에는 *Verticillium lecanii*로 알려져 있음)은 분생포자원세포의 끝에 습성 분생포자 다발을 형성한다(그림 15.1c). 이 균은 아열대 및 열대 환경에서 깍지벌레의 기생체로 나타나며, 생장의 적온이 상대적으로 높기 때문에 추운 지역에서는 유리온실에 한하여 생물제제로 이용이 가능하다. 이러한 분생포자를 형성하는 균류 이외에도 접합균문의 여러 종이 흔히 자연 환경이나 농작물에서도 곤충병을 일으킨다. 이 균류는 Entomophthorales목이라고 불리는 접합균문의 하위 집단에 속한다(그림 2.11 참조). 여기에는 *Entomophthora*와 *Pandora* (구명 = *Erynia*) 두 속이 포함되어있다. 이들은 균사 끝에 큰 포자낭을 형성하고 이 포자낭이 그대로 방출되어 비산포자로서 기능을 한다(그림 15.1d). Entomophthorales목의 균류는 습한 조건에서는 자연적인 유행병을 일으키므로, 이 균을 이용하여 상업적인 생물적 방제제로 개발하려는 시도가 이루어지고 있다.

감염주기

곤충병원성 균류의 일반적 감염주기는 그림 15.3에 요약하였다. 거의 모든 경우에 있어서 이러한 균류는 곤충의 각피에 도달하여 부착한 포자에서부터 감

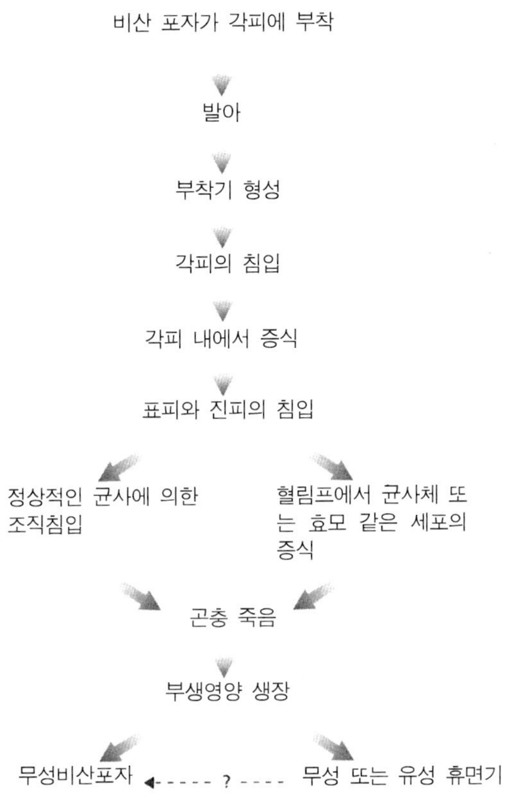

비산 포자가 각피에 부착

↓

발아

↓

부착기 형성

↓

각피의 침입

↓

각피 내에서 증식

↓

표피와 진피의 침입

↙ ↘

정상적인 균사에 의한 조직침입 | 혈림프에서 균사체 또는 효모 같은 세포의 증식

↘ ↙

곤충 죽음

↓

부생영양 생장

↙ ↘

무성비산포자 ←- - - - ? - - - - 무성 또는 유성 휴면기

그림 15.3 곤충병원성균의 일반적 감염순서. [출처: Charmley 1989.]

염을 시작한다. 그런 다음 상대습도가 충분히 높으면 포자는 발아하고 보통 식물병원균류에서 형성되는 부착기(그림 5.2 참조)에 상응하는 부착기를 형성한다. 이 부착기는 각피의 체절간(intersegmental) 부위에서 발달하는데, 가장 흔한 곤충병원성 균류의 일종인 *Metarhizium anisopliae*에 있어서는 이러한 행동이 식물의 녹병균의 경우와 매우 유사하다(제4장). 왜냐하면 발아관은 숙주 표면의 지형이나 특정한 간격의 능선과 홈을 갖도록 제작된 인공표면을 인식하기 때문이다. 각피의 침입은 부착기 밑의 가는 침입돌기에 의해 이루어지며 침입 시에는 지질분해효소(lipases), 단백질분해효소(proteases) 및 카이틴분해효소(chitinases) 같은 각피분해효소의 작용을 수반한다. 이러한 효소들은 곤충병원성 균류의 실험실 배양기상에서 생성되는 것으로 알려져 있다. 침입돌기는 외표피(epicuticle)와 원표피(procuticle) 두 층을 모두 투과하거나 단지 딱딱한 외표피만을 침입한 후 물리적으로 약한 부분을 이용하여 원표피의 박판(lamellae) 사이에 균사판(fungal plate)을 형성한다. 이런 균사판으로부터 침입균사가 더 발달한다.

이 단계에 이르러 곤충이 탈피하면 감염은 중단된다. 그렇지 않으면 균은 표피나 진피를 침입하며 숙주는 일련의 국지적인 방어반응을 일으킨다. 만약 그 균이 이러한 것들을 극복하면 그 후에는 균사가 곤충조직 내에서 분지하거나, 대부분이 팽윤된 **분아포자**(分芽胞子; **blastospore**)(효모처럼 분아된 세포) 또는 **분절균사**(分節菌絲; **hyphal bodies**)(짧은 균사단편) 또는 혈림프(haemolymph; 곤충혈액) 내에서 급격히 증식하는 원형질체(*Entomophthora*와 이와 관련된 접합균류)를 형성한다. 이러한 단세포성 생장과 전파의 단계에 이르면 곤충은 혈당수준의 고갈이나 또는 독소의 생성에 의해서 죽는다. 그러면 그 균은

각류의 밀도를 증가시킴으로써 *Coelomomyces* 밀도를 간접적으로 조절할 수 있으면 모기 유충을 감염하기에 충분한 접종원이 생성된다.

곤충병원성 균류에 의해 발생되는 자연 상태의 전염병

곤충병원성 균류는 그들의 숙주집단의 자연적이고 엄청난 몰락을 불러올 수 있다. 그림 15.6에 서 보는 바와 같이, 잠두진딧물 *Aphis fabae*의 한 포장 내 밀도는 7월 중순에 가장 높아지나 그 이후 *Pandora neoaphidis*와 *Neozygites fresenii*(모두 접합균문의 절대기생균)의 자연적인 전염병에 의해 급격히 감소한다. 병원균의 밀도 변화 형태는 절대기생균의 전형이다. 즉, 이 관계는 밀도에 의존적이기 때문에 병원균의 밀도 증가는 숙주에 비해 항상 뒤떨어진다. 이는 적어도 어느 정도는 농작물의 피해가 항상 있음을 의미한다. 더욱이 이런 곤충병원성 균류에 의한 전염병은 환경요인, 특히 습도에 의해 크게 영향을 받는다. 일반적으로 곤충병원균은 포자발아에 높은 습도가 요구되며 죽은 곤충체에서 포자형성을 위해서도 높은 습도가 필요하다. 그러므로 자연적으로 전염병의 예측은 불가능하다고 할 수 있고, 이러한 균류를 상업적으로 적용하였을 경우도 환경이 좋지 않으면 실패하기 쉽다.

실용적인 생물적 방제의 개발

어느 정도의 이러한 자연적인 생물적 방제의 제한점은 상업적으로 생산되는 접종원이 우수한 등급으로 조제되면 극복할 수 있을 것이다. Feng *et al.* (1994)은 숙주범위가 넓기 때문에 생물적 방제제로 상업성이 있는 *B. bassiana*의 생산 기술에 대해 조사하였다. 그들은 중국에서는 80만~130만 헥타르의 산림과 농경지에 처리하기 위해 *B. bassiana*를 포함하고 있는 약 10,000톤의 포자 분말을 생산한다고 보고하였다. *Metarhizium* 종과 계통을 이용하는 중규모 및 대규모로 지역 현지에 보급되고 시험이 수행되어 왔다. 그러나 불행히도 이러한 현지 프로그램에서 많은 성공적인 생물적 방제 보고는 실험데이터가 발표되지 않았고 또 통계적인 분석에 의해 입증되지도 않았기 때문에 하나의 이야깃거리에 불과하다.

지금까지 가장 종합적이고 현장규모로 수행된 곤충의 생물적방제 프로그램으로서 LUBILOSA가 있는데, 이는 "메뚜기와 여치의 생물적 방제"에 해당되는 프랑스어(Lutte Biologique contre les Locutes et Sauteriaux)의 머리글 약성어이다. 이 프로그램은 중앙아프리카에서 메뚜기와 여치를 방제하기 위한 생물적 방제제의 개발을 목적으로 국제개발국의 재정지원을 받았다. 사용된 균주 계통은 rDNA 염기서열분석에 의해 *M. anisopliae* var. *acridium*으로 규명되었으며, 수분함량을 5% 이하로 건조할 수 있고 20℃ 이하에서 장기보존을 위해 밀봉할 수 있도록 지제를 기름으로 한 제형으로 개발되었다.

이 계통의 균주로 실시한 현장실습의 결과가 성공적이었음이 보고되고 있는데, 그러나 적어도 LUBILOSA 균주의 경우에 유일한 경제적인 생산방법은 대규모 고형물 배양뿐이라고 여겨지며 이는 지방에서 수행할 수 있는 중규모 시설을 넘어 상업적 생산회사의 전문기술을 요한다. LUBILOSA 제품은 현재 "Green Muscle"을 포함한 상품명으로 사기업으로 이전되었다. LUBILOSA 프로그램의 현장 실험에서 다음과 같은 흥미로운 특징이 나타났다.

1. 초기 소규모 현장시험에서는 기대 이하의 결과가 나왔는데 그 이유는 너무 많이 처리된 곤충이 그 지역 밖으로 유출되었고 또한 처리되지 않은 곤충이 유입되었기 때문이다. 그러나 800 헥타르 대규모 현장시험 규모에서는 살포 10일 이내에 분명한 메뚜기 사멸이 입증되었고 작물의 생육기가 끝날 때까지 계속적으로 메뚜기가 죽었다.
2. *Metarhizium*을 처리한 구역과 살충제 fenitrothion을 처리한 구역의 비교에 있어서는 살충제의 메뚜기 살충효과는 빨리 나타났으나 메뚜기가 곧 다시 그 구역에 만연하였다. 반대로 *Metarhizium*을 처리한 구역은 메뚜기가 재만연하지 않았다. 이는 처리 10일 후에는 두 처리 구역의 메뚜기 개체군의 밀도는 대체로 같으나 그 이후 계속해서 *Metarhizium* 처리가 살충제 처리보다 방제가가

표 15.2 현재 등록되어 있는 균류살충제의 몇 가지 예.

국가	*등록 제품명*	*균*	*표적 해충*	*작물*
미국	Mycotrol, Botanigard	*Beauveria bassiana*	가루이류, 진딧물류, 총채벌레류	온실 토마토와 관상식물
미국	Naturalis	*B. bassiana*	저작구해충류	목화, 온실작물
미국	BioBlast	*Metarhizium anisopliae*	흰개미(termites)	가정집
미국/유럽	PFR-97™	*Paecilomyces fumosoroseus*	가루이류, 총채벌레류	온실작물
영국, 유럽	Vertalec	*Leucanicillium lecanii*	진딧물류	온실작물
영국, 유럽	Mycotal	*L. lecanii*	가루이류, 총채벌레류	온실작물
남아공	Green Muscle	*M. anisopliae*	메뚜기류	자연 관목림
Reunion	Betel	*B. bassiana*	딱정벌레 유충	사탕수수
스위스	Engerlingspilz	*Beauveria brogniatii*	딱정벌레 유충	목초
스위스	Beauveria Schweizer	*B. brogniatii*	딱정벌레 유충	목초
프랑스	Ostrinol	*B. bassiana*	옥수수명나방 유충	옥수수
호주	BioGreen	*Metarhizium flavoviride*	풍뎅이	목초, 잔디

높음에 기인한 결과로 보인다.

3. 메뚜기와 여치는 균류에 감염되면 그들의 체온을 오르게 하는 "발열" 증상을 나타내는데, 이것이 감염을 이겨내는 데 도움이 된다. 메뚜기는 자연적으로 이 일을 하지만 여치는 그들의 체온을 올리기 위해 햇볕을 쬐어야 한다. 이러한 지식을 지리정보망(GIS)과 연계하면 현장 상황에서 *Metarhizium*을 사용하는 데 가장 좋은 조건을 예측할 수 있을 것이다.

상업용 생물적 방제제로서 **Lecanicillium lecanii***의 개발*

*Lecanicillium lecanii*는 상업적으로 가장 성공한 곤충의 생물적 방제제 중의 하나이다. 이는 1970년대 후반에 개발되었고, 주로 분화용 국화에서 진딧물 방제와 오이에서 가루이 방제를 위해 (다른 계통을 사용) 온실이나 시설재배에서 사용된다. 이런 목적을 위하여 이 균은 발효기에서 배양한 분생포자로서 생산된다. 왜냐하면 이 균은 비교적 쉽게 액체배지에 잠겨서 분생포자를 형성하는 아주 드문 균류 중의 하나이기 때문이다.

*L. lecanii*는 자연 상태에서 아열대지방의 진딧물과 깍지벌레의 기생체로서 발생하는데, 이 균이 감염을 일으키기 위해서는 비교적 따뜻한(15℃ 이상) 조건을 필요로 하기 때문이다. 모든 곤충병원체처럼 이 종류는 발아와 침입하는 동안에 높은 상대습도를 요구한다. 그러나 침입 후에 습도가 감소해도 기생성에 영향을 주지는 않는다. 모든 이런 조건이 사시사철 가장 중요한 원예작물 중의 하나인 분화용 국화에 사용하기에 이상적인 균이다. 왜냐하면 국화의 개화를 유도하기 위한 단일 조건을 만들기 위해 매일 일정 시간 동안 폴리에틸렌 암막을 덮어 햇볕을 차단하기 때문이다. 이러한 암막차단으로 *L. lecanii*가 감염할 수 있도록 습도가 올라가는데, 암막차단 직전에 1회의 분생포자 분무로도 중요한 해충인 복숭아혹진딧물(*Myzus persicae*)을 작물의 생육기 내내 충분히 방제할 수 있다. 그러나 실험결과 국화의 주요 해충이 아닌 두 가지 진딧물 *Macrosiphoniella sanborni*와 *Brachycaudus helichrysi*에 대해서는 덜 효과적인 것으로 나타났다. Hall & Burges(1979)는 이 현상이 3가지 진딧물 종의 감수성에 있어서 유전형질의 차이와 연관되어 있지 않음을 밝혔다. 대신에 이 현상이 각 진딧물 종의 행동의 차이점으로 설명된다. 즉 *M. persicae*는 습도가 좀 더 높은 곳인 잎의 아랫면에서 흡즙하는 경향이 있으며, 국화는 이 진

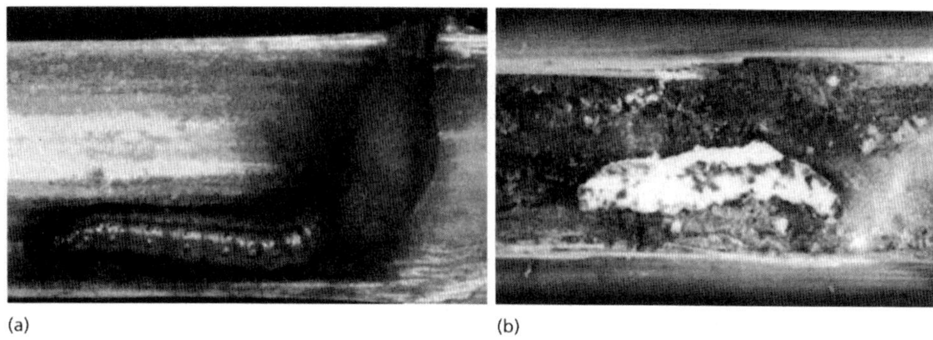

(a) (b)

그림 15.7 옥수수식물의 줄기에 있는 유럽조명나방(*Ostrinia nubilaris*). (a) 건전한 곤충. (b) *Beauveria bassiana*에 의해 죽은 곤충, 곤충 사체 위에 포자와 균사가 많이 형성되어있다. [사진제공: Marlin E. Rice, University of Ohio.]

덧물이 선호하는 기주식물이 아니어서 짧은 시간 동안의 흡즙 후에 계속 이동하므로 다른 진딧물보다 이동성이 더 크다. 앞에서 언급한 것처럼 *L. lecanii*는 흔히 진딧물이 아직 살아있는 동안에도 충체에 포자를 형성하므로 *M. persicae*에 감염된 개체에서 작물 위의 같은 부위를 섭식하는 다른 개체로 감염이 확산될 수 있다.

*L. lecanii*는 근래에 네덜란드에 기반을 둔 회사인 Koppert BV에 의해 **Mycotal**®과 **Vertalec**®이라는 두 가지 제품으로 시장에서 거래되고 있다. Mycotal 제품은 오이류, 토마토류, 피망류, 강낭콩류, 가지, 양상추, 관상식물, 절화류 등 시설작물에서 가루이와 총채벌레를 방제하기 위해 주로 사용된다. Vertalec 제제는 *L. lecanii*의 다른 계통으로 되어 있는데 많은 진딧물 종을 방제한다. 두 제품은 오랜 성공적인 사용 역사를 가지고 있다. 그러나 제조사의 기술서에 따르면 가장 좋은 결과는 온도가 18~28℃이고 적어도 하루에 10~12시간 동안은 상대습도가 80%는 되어야 한다.

여러 가지 다른 균류살충제가 상용으로 등록되었고 그 중 몇 가지를 표 15.2에 소개하였다. 많은 것들이 *Beauveria* 또는 *Metarhizium*의 다른 계통과 종이 주재료이다. 이런 점에서 다른 계통과 다른 종이 상당히 다른 숙주범위를 가질 수 있음에 주지하여야 하며, 따라서 이러한 매우 가변적인 균류의 그룹에 있어서 어느 한 계통의 활성이 다른 계통의 활성을 예상하는 데 이용될 수 없다.

흥미로운 보고로 *B. bassiana*가 미국에서 몇 가지 옥수수 품종에 서식하고 있는데, 제14장에서 논의된 식물의 내생균과 유사하게 옥수수의 조직에 내생균으로 자란다. *B. bassiana*의 입제를 옥수수의 잎에 살포하면 이 균은 식물 내에서 자라며 작물의 전 생육기간 동안 존속하여서 옥수수에서 가장 중요한 해충인 유럽조명나방(*Ostrinia nubilaris*) 유충에 의한 피해를 크게 억제한다.

선충구제 균류

선충(nematodes)은 보통 1~2 mm 길이의 작은 동물이다. 선충은 토양, 동물의 분변 그리고 분해되는 유기물에 아주 흔하다; 예를 들면 유럽의 초원에는 평방미터당 $1.8\text{~}120 \times 10^6$ 마리의 개체군이 존재하는 것으로 추정된다. 대부분의 선충은 세균이나 다른 작은 유기입자를 먹고사는 부생영양체이지만, 어떤 것은 사람을 포함한 (예; 사람의 근육조직을 침범하는 *Trichinella spiralis*) 동물의 기생체이며, 또 어떤 것은 작물의 기생체이다. 작물에 중요한 선충으로는 뿌리혹선충(*Meloidogyne* spp.), 시스트선충(예; *Heterodera, Globodera* spp.) 그리고 다양한 외부기생선충과 뿌리썩이선충도 있다. 살아있는 식물이나 유

표 15.3 선충포식성 균류의 대표적인 예.

균	*구분*	*감염 단위*
병꼴균문		
Catenaria anguillulae	내부기생체	유주포자
난균문		
Nematophthora gynophila	내부기생체	유주포자
Myzocytium humicola	내부기생체	점착성 유주포자낭
접합균문		
Stylopage 및 *Cytopage* spp.	포식자	점착성 균사
불완전균문 (일부는 유성세대가 밝혀져 자낭균문에 속함)		
Arthrobotrys oligospora	포식자	점착성 망
Monacrosporium cionopagum	포식자	점착성 가지
Dactylella brochopage	포식자	수축성 고리
Drechmeria coniospora	내부기생체	점착성 분생포자
Hirsutella rhossiliensis	내부기생체	점착성 분생포자
Verticillium chlamydosporium	난기생체	균사침입
Dactylaria candida	포식자	점착성 봉 및 비수축성고리
자낭균문		
Atricordyceps (*Harpospoirum oxycoracum*의 유성세대)	내부기생체	비점착성 분생포자
Orbilia spp. (*Dactylella, Arthrobotrys, Monacrosporium* spp.의 유성세대)		
담자균문		
Hohembuehelia (주름버섯의 하나이며 몇몇 *Namatoctonus* spp. 의 유성세대)	포식자	점착성 분생포자
Pleurotus ostreatus	포식자 독소 생성	점착성 덫과 독성 비말

기물 내에 사는 기생선충을 방제하는 데 사용될 수 있는 화학물질은 매우 독성이 높아서 환경적으로 바람직하지 않다. 이런 이유로 생물적 방제제로 이용될 수 있는 **식선충성균류**(食線蟲性菌類; **nematophagous fungi**)와 다른 선충기생체에 많은 관심을 가져왔다.

식선충성 균류는 보통 유기물이 풍부한 환경에서 흔하다. 이 균류는 거의 모든 대표적인 주요 균류 그룹을 포함하고 있다(표 15.3). 여기서는 선충 섭식을 위해 서로 달리 적응된 3가지 주요 유형, 즉 선충포획균류, 내부기생성균류, 선충의 알 및 시스트 기생균류에 대해 생각해 보고자 한다. Barron(1977)의 저서에서 이들 3가지 균류에 대해 광범위하게 설명하고 있다.

선충포획균류

선충포획균류(線蟲捕獲菌類; nematode-trapping fungi)는 여러 가지 형태의 특이한 장치로 먹이를 포획하는 포식성 종류이다: 점착성 균사(*Stylopage* 및 *Cystopage*; 접합균류), 점착성 망(예; *Arthrobotrys oligospora*; 그림 15.8), 짧은 점착성 가지(예; *Monacrosporium cionopagum*), 점착성 마디(예; *M. ellipsosporum*; 그림 15.8), 비수축성고리 및 선충이 들어가서 접촉하면 수축되는 수축성고리(예; *Dactylella brochopaga*)가 있다. 선충포획균류의 한 속에도 종에 따라 한 가지 이상의 포획 기작을 갖고 있다.

이런 모든 균류는 본래 부생영양성으로 간주된다. 왜냐하면 이들 균류는 실험실 배양에서는 섬유소를 포함한 다양한 유기물에서 쉽게 자라며 어떤 종류는 목재부후를 일으키는 담자균류의 일종이기 때문이다. 또한 어떤 종(예; *A. oligospora*)은 배양기에서 다른

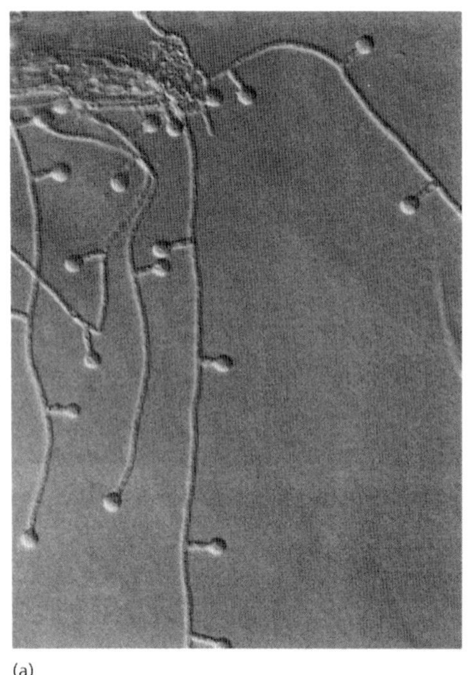
(a)

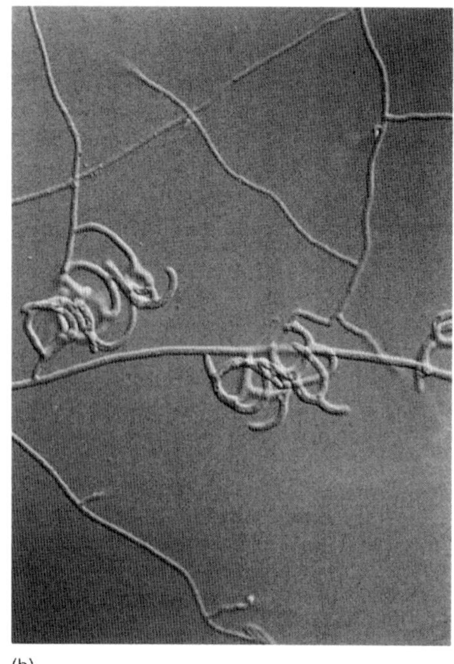
(b)

그림 15.8 (a) *Arthrobotrys oligospora*의 점착성 망. (b) *Monacrosporium ellipsosporium*에 기생당한 선충(그림의 왼쪽 위)에서 자라나온 균사 위에 형성된 점착성마디. [사진제공: B.A. Jeffee; 출처: Jaffee 1992.]

균류의 균사 주위를 감아서 균류기생성 행동을 나타낸다(제12장). 그러나 이들 균류의 특수한 포획장치는 이들이 선충류를 섭식토록 적응되어 있음을 보여준다. 어떤 경우에는 이들 균류는 배양기에서 정상적으로 자라는 동안에 포획장치를 형성한다. 그러나 다른 경우(예; *A. oligospora*)에는 포획장치가 선충 또는 선충의 분비물이 존재할 때만 형성되는데, 작은 펩타이드나 페닐알라닌과 발린 같은 아미노산의 조합을 공급해주어도 같은 현상을 유발시킬 수 있다. 선충포획 균류는 선충을 주로 질소원으로 이용하고 있는 것 같은데 질소원은 선충포획균류가 자라는 서식처 특히 목재물질에서 공급이 부족하기 쉽다.

균과 선충과의 여러 가지 자세한 상호작용이 최근에 확인되었다. 예를 들어 초기의 점착은 거의 순간적으로 일어나며 사실상 비가역적이다. 선충이 균을 떨쳐버리고 빠져나갈 때마저도 포획장치는 균사에서 떨어져 나오지만 선충에 붙어 남아있으면서 감염을 시작한다. 그러나 포획장치는 일반적인 의미의 '점착성'은 아닌데, 그 이유는 그 포획장치에 흙 부스러기 등을 붙이지 않기 때문이다. 대신에 점착성을 갖고 있는 것은 선충 표면의 특이한 당분과 결합하는 렉틴(lectin) 같은 물질일 것이다. 이것은 *A. oligospora*와 부생영양성 선충 *Panagrellus redivivus*의 사이의 상호작용에서 연구되었는데, *N*-아세틸갈락토사민이 있으면 이 균의 선충에 대한 결합 능력이 상실된다(Tunlid *et al.* 1992).

아마도 이 당유도체화합물은 이 균의 렉틴과 결합하여 점착과정을 방해할 것이다. *Panagrellus*는 이 당유도체를 인식하는 상용렉틴(밀배아응집소)과 결합하기 때문에 그 표면에 *N*-아세틸갈락토사민 성분을 갖고 있는 것으로 알려졌다. 이런 결합 성질을 갖는 당단백질이 *A. oligospora*에서 분리되었는데 포획장치의 표면에서 발견되었지만 보통 균사 위에서는 발견되지 않았다. 따라서 그것은 아마도 분화 특이적 유

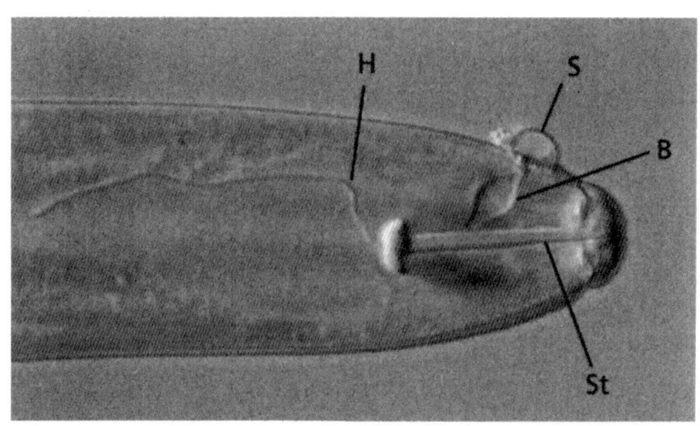

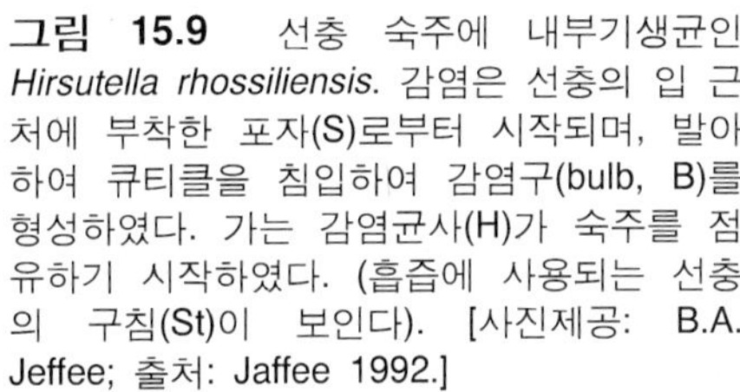
그림 15.9 선충 숙주에 내부기생균인 *Hirsutella rhossiliensis*. 감염은 선충의 입 근처에 부착한 포자(S)로부터 시작되며, 발아하여 큐티클을 침입하여 감염구(bulb, B)를 형성하였다. 가는 감염균사(H)가 숙주를 점유하기 시작하였다. (흡즙에 사용되는 선충의 구침(St)이 보인다). [사진제공: B.A. Jeffee; 출처: Jaffee 1992.]

전자의 생성물일 것이다. 다른 균과 선충의 조합 역시 점착을 차단하기 위해 당류를 사용함으로써 결합 특이성에 대한 연구를 수행하여 왔다. 이러한 연구에서 *Arthrobotrys conioides*는 α-D-포도당(glucose) 또는 α-D-만노스(mannose) 잔기를 인식하는 렉틴을 가지며, *Monacrosporium endermatum*에는 L-fucose를 인식하는 렉틴을, *Drechmeria coniospora*는 시알산을 인식하는 렉틴을 가지고 있는 것으로 판단된다. 따라서 점착은 어느 정도 선충 특이적이라 할 수 있다. 예를 들면 *Monacrosporium ellipsosporum*은 *Xiphinema* spp.(많은 식물의 뿌리끝을 섭식함)을 포획하지 못하지만 이들 선충류는 *Monacrosporium*의 다른 종과 *Arthrobortys* 및 *Dactylaria*에 의해서 포획된다. 그러나 Tunlid *et al.* (1992)은 렉틴의 결합에 근거한 단순한 해석에 대해서 주의를 요하였다. 왜냐하면 미세구조의 연구에서 선충류가 포획장치에 달라붙게 되면 균의 포획장치 위의 점착물이 변화할 수 있음이 나타났기 때문이다: 즉 좀 더 끈끈한 점착물이 배출되거나, 아니면 점착물이 재배열되어 그 중에 다른 결합부위들이 노출될 수도 있다.

어떤 목재부후균류에 의한 선충의 포획은 선충류가 목재의 매우 낮은 질소함량을 극복하기 위해서 추가적인 질소원의 확보라는 역할에 주의가 집중되었다(제11장). 목재부후성 '느타리' *Pleurotus ostreatus*(담자균문; 그림 2.30 참조)는 점착성 포획장치를 형성할 뿐만 아니라, 특수화한 세포로부터 독소를 가진 작은 물방울을 생성한다. 이 독소에 의해 마비된 선충을 그 후에 균이 침입하여 소화시킨다.

내부기생균류

선충포획균류와는 달리 내부기생균류(endoparasitic fungi)는 선충 표면에 포자가 부착하고 이어서 발아하여 숙주를 침입한다. 즉 포자로부터 감염을 시작하는 것이다. 렉틴은 초기 부착과정에 관여하는 것으로 여겨지나 내부기생균류는 잘 떨어지는 점착성 포자만을 형성하고 따라서 그들이 숙주를 점유하여 내용물을 섭취하면 토양으로 자라나와 포자를 더 생산하여 감염주기를 반복하게 된다. *Hirsutella rhossiliensis*가 이것의 좋은 예라 할 수 있다(그림 15.9, 15.10).

내부기생균류는 포획균류와 다른데 그 이유는 비록 많은 종류가 실험실 배양에서 생장될 수 있다고 해도 자연에서의 내부기생균류는 주요하거나 유일한 먹이공급원으로 선충류에 의존하고 있는 것으로 보이기 때문이다. 이와 일치하는 특성으로 이 균류는 숙주에 대해 강한 밀도의존도를 나타낸다 (Jaffee 1992). 다시 말해, 이 균류의 밀도는 선충의 개체군 밀도에 달려 있다. 선충류를 침범할 수 있는 유주포자성 균 *Castenaria anguillulae*(병꼴균)의 경우에는 자연에서 간흡충의 알을 비롯하여 여러 유형의 유기물에서 자라기 때문에 선충방제제로서 가장 특화되지 않은 예이다. 또한 이 균의 유주포자는 수막 내에서 움직이는 선충류에 쉽게 정착하지 않는 대신 움직임

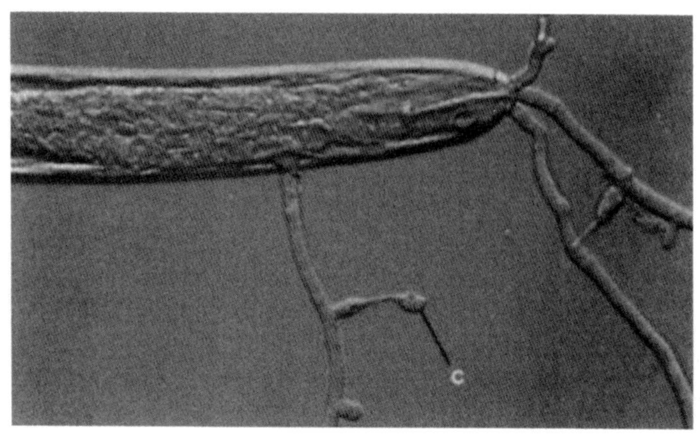

그림 15.10 그림 15.9보다 감염 후기에 선충의 몸 내용물이 *Hirsutella rhossiliensis* 균에 의해 완전히 점유되어있다. 균사가 죽은 선충으로부터 자라나오고 점질성 분생포자를 형성하였다. [사진제공: B.A. Jeffee; 출처: Jaffee 1992.]

이 없거나 죽어가는 선충류 체공(body orifices)에 모인다(그림 2.2 참조). 이와는 대조적으로 *Myzocytium humicola* (난균)와 같이 유주포자를 또한 형성하지만, 방출되면 곧 피낭체로 변하고, 그 후에 발아하여 지나가는 선충류에 부착하는 점착성봉오리를 만드는 경우도 있다.

또 다른 내부기생균—예를 들어 *Hirsutella rhossiliensis*(그림 15.10)와 *Drechmeria coniospora*—에 있어서는 화학적 구배의 수단에 의해 선충류를 유인하여 부착을 확보하는 데 도움을 주는 것으로 여겨진다. 그런 다음 부착된 포자는 빠르게 발아하고 균사는 숙주를 채우고 며칠 내에 선충을 죽인다. 결국 균사는 숙주 벽을 통해 밖으로 자라고 일단의 포자를 더 형성한다. 기생당한 선충 한 개체로부터 *Hirsutella*는 포자를 700개까지 형성할 수 있고, *Drechmeria*는 10,000개까지 포자를 형성한다고 보고되었다.

선충 알과 시스트의 기생균

시스트선충은 유럽에서 곡류, 감자, 사탕무 등 여러 작물에 큰 골칫거리이다. 이 선충은 암컷이 뿌리 끝의 바로 뒷부분에 침입하여 머리를 안쪽에 틀어박고 있다는 사실이 특징적이다. 이에 반응해서 숙주세포는 부풀어 영양이 풍부한 거대세포로 되고, 여기에서 선충이 숙주의 영양분을 빨아들인다. 암컷이 자라서 레몬 모양으로 부풀면 뿌리의 피층이 파열됨으

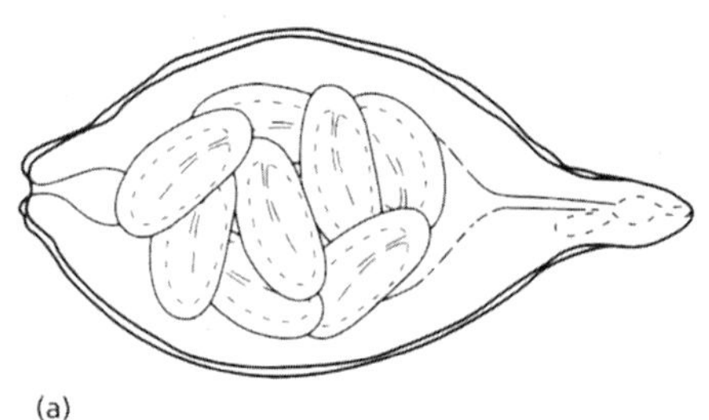

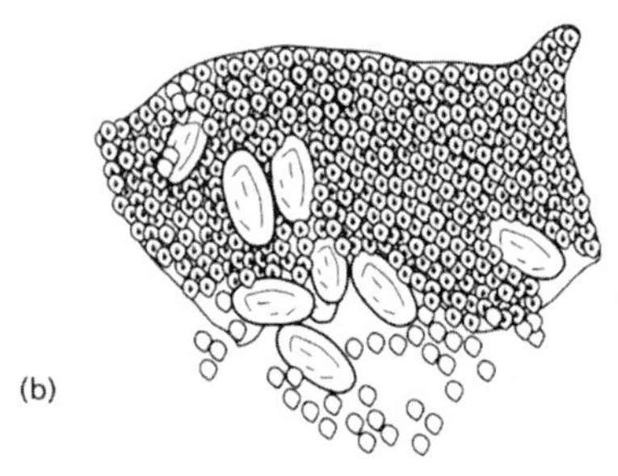

그림 15.11 곡류 시스트선충 *Heterodera avenae*의 암컷과 시스트기생균 *Nematophthora gynophila*(난균). (a) 수태한 난을 함유한 성숙하고 건강한 선충; 암컷의 체벽은 그 후에 가죽 같은 각피로 변하고 토양에서 오래 존속하는 시스트가 된다. (b) *N. gynophilia*의 난포자로 가득차 파열된 시스트; 대부분의 알은 감염되지 않았다. 그러나 시스트벽이 없어서 *Verticillium chlamydosporium*과 같은 알기생체가 감염하고 파괴한다. [출처: Kerry & Crump 1980.]

로써 몸의 뒷부분은 뿌리로부터 돌출된다. 그러면 배회하는 수컷에 의해 수정되고 암컷의 자궁은 유충으로 부화될 알로 가득 차게 된다(그림 15.11a). 이 단계에서 유충의 발달은 멈추고 암컷은 죽으며 그 체벽은 수년간 토양에서 견딜 수 있는 단단하고 가죽 같은 시스트(cyst)로 전환되기 때문에 이런 선충류는 제거하기가 힘들다.

Kerry & Crump (1980)에 의해 보고된 식물기생선충의 생물적 방제가 하나의 전형적인 예이다. 영국에서 일정한 지역에 귀리 작물을 연속적으로 이어짓기를 하면 곡류 시스트선충(*Heterodera avenae*)의 밀도가 점진적으로 증가하나 그 후에는 더 이상 경제적인 피해를 주지 않는 수준까지 감소하는 것을 발견하였다. 이러한 시스트선충이 감소하는 지역을 조사한 결과에서 암컷이 유주포자균 *Nematophthora gynophila*(난균)에 의한 높은 기생률과 결부하여 알(즉, 개개의 발달 정지된 유충을 포함한 낭)도 다른 유사분열 포자균 *Verticillium chlamydosporium*(불완전균)에 의해 기생되어 있음이 밝혀졌다. *Nematophthora*가 암컷을 침범하면 선충 체강의 대부분을 두꺼운 벽(후벽)을 갖는 휴면포자(난포자)로 채우므로 시스트에는 그것이 형성된다고 하더라도 상대적으로 선충 알은 별로 없고 많은 포자가 차지하는 것이다. *Verticillium*은 이것과는 다른 역할을 한다. 이 균은 선충 알의 임의기생균으로서 알이 토양에 방출된 후에 사멸시킨다.

시스트기생균과 알기생균, 이 두 균의 대단히 높은 기생 효율은 살균제나 또는 다른 방제제에 견주어보아도 "경제적 한계선" 이하로 귀리 작물의 피해 수준을 낮출 수 있다. 그러나 비록 이러한 자연적인 방제 효과가 높다 하더라도, *N. gynophila*를 생물적 방제에 광범위하게 사용하는 수준에는 이르지 못하고 있다. 이 균은 선충의 절대기생체이므로 순수배양에서는 자랄 수 없다는 것이 하나의 이유이고, 또한 어느 경우에서나 유주포자가 활동을 좋아할 만큼 충분한 습기가 있는 토양에서만 효과적이기 때문이다. 알기생균 *V. chlamydosporium*은 쉽게 배양할 수 있지만 생물적 방제제로서 효과가 낮은데, 특히 단독으로 작용할 때는 더욱 그렇다.

온라인 자료

LUBILOSA (biological control of locusts and grasshoppers). http://www.lubilosa.org/exsumm.htm

참고문헌

Anke, H. & Sterner, O. (2002) Insecticidal and nematicidal metabolites from fungi. In: *The Mycota X. Industrial Applications* (Osiewacz, H.D., ed.), pp. 109–127. Springer-Verlag, Berlin.

Barron, G.L. (1977) *The Nematode-destroying Fungi*. Canadian Biological Publications, Guelph, Ontario.

Butt, T.M. (2002) Use of entomogenous fungi for the control of insect pests. In: *The Mycota XI. Agricultural Applications* (Kempken, F., ed.), pp. 111–134. Springer-Verlag, Berlin.

Butt, T.M., Jackson, C.W. & Magan, N., eds (2001) *Fungi as Biocontrol Agents, Problems, Progress and Potential*. CABI Publishing, Wallingford, Oxon.

Charnley, A.K. (1989) Mechanisms of fungal pathogenesis in insects. In: *Biotechnology of Fungi for Improving Plant Growth* (Whipps, J.M. & Lumsden, R.D., eds), pp. 85–125. Cambridge University Press, Cambridge.

Feng, M.G., Poprawski, T.J. & Khachatourians, G.G. (1994) Production, formulation and application of the entomopathogenic fungus *Beauveria bassiana* for insect control: current status. *Biocontrol Science and Technology* **4**, 3–34.

Hall, R.A. & Burges, H.D. (1979) Control of aphids in glasshouses with the fungus *Verticillium lecanii*. *Annals of Applied Biology* **102**, 455–466.

Jaffee, B.A. (1992) Population biology and biological control of nematodes. *Canadian Journal of Microbiology* **38**, 359–364.

Kerry, B.R. & Crump, D.H. (1980) Two fungi parasitic on females of cyst-nematodes (*Heterodera* spp.). *Transactions of the British Mycological Society* **74**, 119–125.

Kerry, B.R., Crump, D.H. & Mullen, L.A. (1982) Studies of the cereal cyst nematode, *Heterodera avenae*, under continuous cereals, 1975–1978. II. Fungal parasitism of female nematodes and eggs. *Annals of Applied Biology* **100**, 489–499.

Tunlid, A., Jansson, H.-B. & Nordbring-Hertz, B. (1992) Fungal attachment to nematodes. *Mycological Research* **96**, 401–412.

Vey, A., Hoagland, R.E. & Butt, T.M. (2001) Toxic metabolites of fungal biocontrol agents. In: *Fungi as Biocontrol Agents* (Butt, T.M., Jackson, C. & Magan, N., eds), pp. 311–346. CAB International, Wallingford, Oxon.

Whisler, H.C., Zebold, S.L. & Shemanchuk, J.A. (1975) Life history of *Coelomomyces psorophorae*. *Proceedings of the National Academy of Sciences, USA* **72**, 693–696.

Wilding, N. & Perry, J.N. (1980) Studies on *Entomophthora* in populations of *Aphis fabae* on field beans. *Annals of Applied Biology* **94**, 367–378.

제16장

사람에 기생하는 균류

이 장은 다음과 같은 주요 부분으로 구성되어있다:

- 사람과 그 밖의 포유동물의 주요 병원성 균류
- 피부사상균
- *Candida albicans* 및 기타 *Candida* spp.
- 기회감염균과 우발성 병원균: 아스페르길루스증
- 풍토병을 일으키는 이형성 균류: *Coccidioides, Blastomyces, Histoplasma, Paracoccidioides*
- *Cryptococcus neoformans*
- *Pneumocystis* species

수많은 균류가 식물을 감염하는 것과는 달리, 사람과 그 밖의 온혈동물에 질병을 일으키는 균류는 200~300가지 정도만 보고되어 있다. 이러한 질병을 통칭 **진균증**(眞菌症; **mycoses**)이라고 한다. 진화적인 관점에서 충분히 설명되어야 하겠지만 우리는 이 사실에 감사한다. 사람과 그 밖의 온혈동물을 감염시키는 균류도 대부분 기회감염이거나 건강한 정상인에게는 가벼운 증상만 일으킨다. 그러나 최근 들어 장기이식 및 암 치료를 위한 면역억제제의 사용 증가와 HIV/AIDS의 만연으로 인하여 상황이 급격하게 변하였다. 이러한 상황에서는 진균감염이 생명을 위협할 수도 있으며, 제17장에서 볼 수 있듯이 사실상 부작용 없이 이를 치료하는 만족할만한 약이 없다.

침입적인 진균증 이외에도 균류는 식품과 사료에서 균독소(mycotoxins)를 생성하여 건강을 위협할 수 있으며(제7장), 공기 중의 포자는 천식, 건초열 그리고 제10장에 다루어진 심각한 직업병의 주요 원인이 될 수도 있다. 이런 모든 요인을 고려해 볼 때, 균류는 사람과 동물의 건강에 심각한 영향을 끼칠 수 있다.

이 장에서는 사람과 그 밖의 온혈동물을 감염하는 주요 균류를 다룬다.

사람과 그 밖의 포유동물을 감염하는 주요 균류

사람을 감염하는 진균은 숙주로의 주요 침입경로, 발병유형, 전염원(inoculum)의 원천에 따라 5가지로 분류될 수 있다(표 16.1). 이들 그룹의 개요는 다음과 같으며 더 자세히 다루어질 이 장의 뒷부분에 대한 토대를 마련해준다.

1. 백선균류(ringworm fungi)라고도 불리는 **피부사상균**(皮膚絲狀菌; **dermatophytes**)은 피부의 죽은 케라틴화 조직, 손발톱, 체모에서 자란다. 이들은 매우 흔하고 사람과 동물의 여러 신체 부위에 침범한다. 이들이 일으키는 질병은 죽은 조직에만 해당되는 표면적인 것이지만 그 밑의 살아있는 조직을 심하게 자극함으로써 세균에 의한 2차감염을 초래할 수 있다. 대부분의 이러한 균류는 특정 숙주(사람, 고양이, 가축 등)에 대해 감염을 나타내지만 다른 숙주에도 교차 감염할 수 있다. 전염원의 원천은 보통 균류가 휴면상태로 생존할 수 있는 탈락된 케라틴화 조직(피부 박편, 체모

표 16.1 사람에서 진균증을 일으키는 주요 균류.

주요 침입경로	*균류*	*유성 단계*	*질병*	*자연적 분포*
피부	*Trichophyton* (22종) *Microsporum* (19종) 그러나 9종만 감염과 연관됨 *Epidermophyton* (2종)	*Arthroderma* (자낭균류)	피부진균증: 버짐, 백선, 무좀 등	케라틴화 조직, 사람과 야생동물 및 가축
점막	*Candida albicans* 몇몇 다른 *Candida* 종들	최근 보고됨 (본문 참조)	칸디다증: 아구창, 외음부-질염, 구내염	점막에서 편리공생균으로
폐	*Aspergillus fumigatus*	없음	아스페르길루스증: 침입적인(전신성) 또는 폐의 육아종	토양이나 유기물(퇴비)에서 부생영양성
	Blastomyces dermatitidis	*Ajellomyces* (자낭균류)	블라스토마이세스병: 폐, 피부병변, 뼈, 뇌	부생영양성
	Coccidioides immitis	없음	콕시디오이데스진균증: 폐, 전신	토양에서 부생영양성
	Cryptococcus neoformans	*Filobasidiella* (담자균류)	크립토코커스증: 폐, 뇌, 수막	새 배설물, 식물(유칼리나무)
	Hitoplasma capsulatum	*Ajellomyces* (자낭균류)	히스토플라즈마증: 폐, 드물게 전신	새와 박쥐 배설물
	Paracoccidioides brasiliensis	없음	파라콕시디오이데스진균증: 폐, 표피, 림프절	토양?
창상/병변	*Phialophora, Cladosporium,* *Sporothrix* 등	흔히 없음	피하 진균증: 색소진균증, 스포로트릭스증 등	토양, 죽은 식물에서 부생영양성
	Rhizopus, Absidia 등	접합균류	접합균증	부생영양성
폐	*Pneumocystis* species	없음	악성 폐렴	사람, 다른 포유류

등)이다. 피부사상균이라는 집단은 확실하게 제한된 서식장소를 갖는 성공적인 기생균이다.

2. 몇몇 *Candida* 종은 건강한 사람의 점막에 정상적으로 서식하는 **편리공생균**(片利共生菌; **commensals**)으로 자라지만 어떤 조건에서는 병원성을 나타낼 수 있다. 대표적인 예가 이배체 효모 *Candida albicans* 인데, 이 효모는 장, 구강, 외음부-질 경로의 점막에서 흔히 발견된다. 그러나 환경적인 변화에 대응하여 효모 세포는 점막을 침범할 수 있는 균사 상태로 전환하여 질병을 일으킬 수 있다. 예를 들어 "아구창(thrush)"은 목에 하얀 작은 농포가 생기는 병변을 일으키는데, 신생아나 AIDS 및 암 환자와 같이 면역력이 떨어진 사람들, 당뇨가 많이 진행된 사람들에게 흔하다. *Candida*는 생리를 하거나 임신한 여자의 외음부-자궁 경로에 심한 감염을 일으킬 수 있을 뿐만 아니라 의치를 착용하는 사람들에서는 흔히 구내염을 일으킨다.

3. 보통 흙이나 동식물의 잔해에서 부생균으로 자라는 다양한 균류의 포자는 흡입되어 폐에 감염을 일으킬 수 있다. 이러한 감염은 직접적인 환자-환자 전염보다는 주변 환경에서 유래된 포자에 의해 일어난다. 폐포에 도달할 수 있을 만큼 작은 포자(약 3~4μm)를 만들며 37℃에서도 자랄 수 있고 숙주의 세포방어를 견딜 수 있는 균류는 거의 대부분 건강에 잠재적인 위협이 된다. 그러나 이러한 감염은 보통 오래된 당뇨나 암을 가진 환자들처럼 면역력이 저하되거나 억제된 사람들에게만 국한된다. 이러한 감염증에서 한 가지 주목할 만

한 특징은 이 질병이 지리적으로 특정지역에 국한된다는 점이다. 다시 말해서 **풍토병**(風土病; **endemic**)이라는 것이다. 예를 들어, *Coccidioides immitis*(실험실 종사자 한 사람의 사망 원인으로 알려진 균)는 미국 남서부와 북부 멕시코의 건조한 사막지역에만 나타난다.

4. *Phialophora, Cladosporium, Sporothrix* 등 멜라닌화 균사벽을 갖는 몇몇 균류는 깊은 상처와 같은 손상된 조직에 침입하여 조직을 분해하는 병변을 일으킬 수 있다. 이러한 균류는 특히 후진국의 농민들에게 감염을 일으키는 주요 원인이 될 수 있지만, 이들은 기본적으로는 **상처 또는 손상된 조직의 병원체(pathogens of wounds or traumatized tissues)**이다. 이 장에서는 더 이상 이들에 관해 다루지 않을 것이다. 제2장에서 다루었듯이 흔한 접합균류 중에서도 당뇨병성 케토산증(diabetic ketoacidosis)을 앓는 사람들에게 이와 유사한 외상성 감염을 일으키는 종이 있다.
5. 원시적인 유사균류로서 지금은 *Pneumocystis*에 속하는 특별한 그룹은 사람과 광범위한 포유동물의 폐에서 발견된다. 이들은 숙주특이적인 성질을 가진 것으로 보이는데, 그 이유는 서로 다른 숙주에서 분리한 *Pneumocystis* 균주의 DNA 염기서열을 비교하면 상당한 유전자의 다양성을 보이지만 한 종류의 숙주에서 분리된 균주를 보면 서로 같은 점이 있기 때문이다. 사람을 감염하는 *Pneumocystis jiroveci*(전에는 *P. carinii* 로 알려짐)는 특히 어린이들에게 흔한 것으로 보이는데, 80% 이상의 어린이들이 피부테스트에서 *Pneumocystis* 항원에 대한 항체반응을 보이기 때문이다. 어린이들이 나이가 들면 이 균은 없어지지만, AIDS 환자들에서는 다시 발견되며 포자가 공기로 전파되어 환자로부터 환자로 퍼지는 악성 폐렴을 일으킨다. HIV 환자에서 *P. jiroveci*에 의해서 생기는 폐렴은 흔히 "AIDS를 규정하는" 첫 질병들 중 하나로 간주된다.

피부사상균류

피부사상균류는 약 40종의 명확하게 규정된 균이다. 이들은 분생포자세대의 특성에 따라 전통적으로 *Trichophyton, Microsporum, Epidermophyton* 등 3속의 유사분열포자균류에 소속된다(그림 16.1, 16.2a).

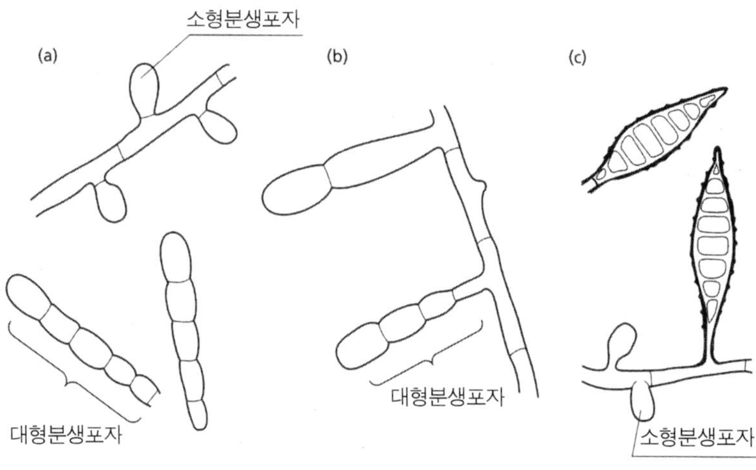

그림 16.1 피부사상균속의 세 가지 흔한 포자 (a) *Trichophyton* spp.의 대형분생포자(길이 약 50µm)와 소형분생포자(약 4µm). (b) 소형분생포자를 만들지 않는 *Epidermophyton* spp. 의 대형분생포자. (c) *Microsporum* spp.의 방추형 대형분생포자와 소형분생포자.

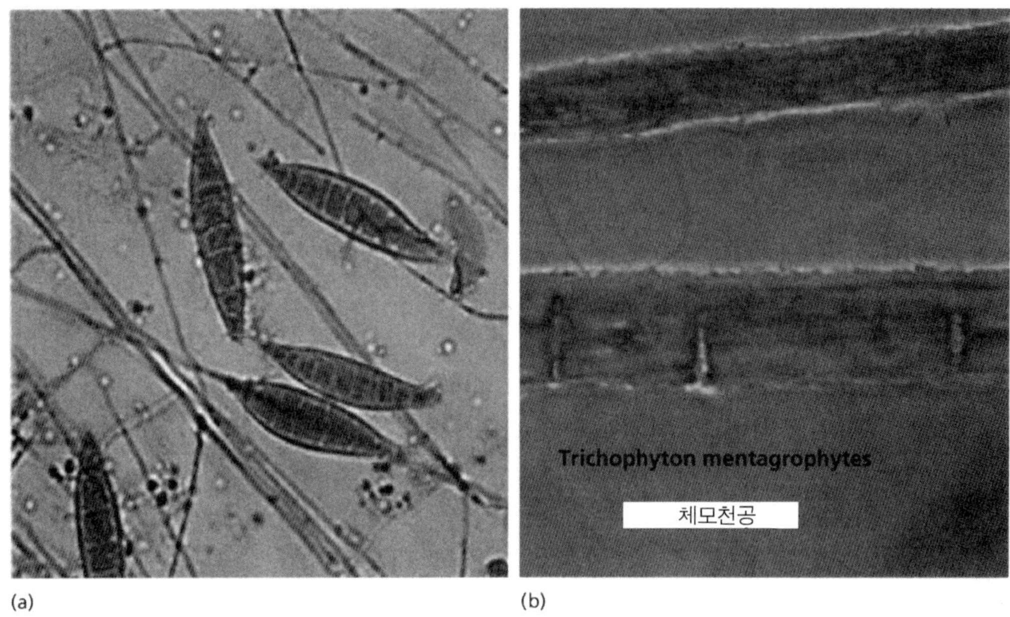

그림 16.2 (a) *Microsporum* spp.의 방추형 대형분생포자와 소형분생포자. (b) *Trichophyton mentagrophytes*의 균사가 효소 매개로 체모에 침투. [출처: the Canadian National Centre for Mycology; http://www2.provlab.ab.ca/bugs/webbug/mycology/dermhome.htm]

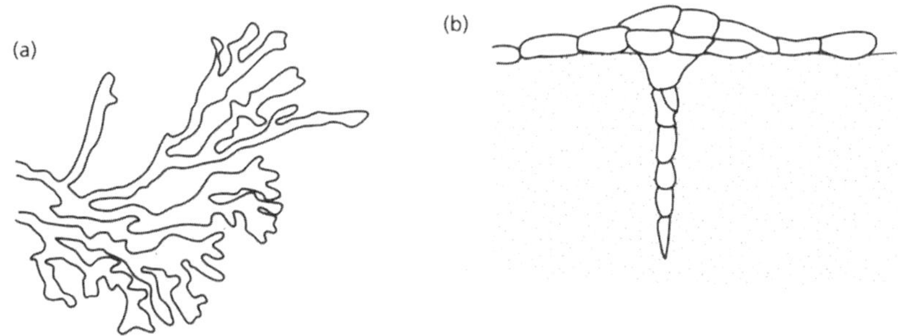

그림 16.3 (a) 피부사상균 균사의 평편한 엽상체로서 떨어진 피부조각 같은 층을 이룬 기질 내의 약한 평면에서 자란다. (b) 그림 16.2b와 비슷하게 장기를 뚫는 모식도.

*Trichophyton*의 몇몇 종은 (*Microsporum*도 마찬가지로) 실험실 배양에서 서로 다른 교배형의 균주를 교배하면 유성세대를 형성하는 것으로 알려졌다. *Arthroderma* 라는 유성세대는 자낭과 자낭포자를 가지는 폐쇄자낭과(cleistothecium)를 형성한다. 유행병에서 유성세대의 역할이 있더라도 아직 알려지지 않았으므로 대부분의 의균학자들은 친숙한 "무성세대" 이름을 쓰는데, 이 이름들이 특정질병과 지역분포에 연관되어있기 때문이다.

피부사상균류의 특징은 피부, 손발톱, 체모의 죽은 케라틴 조직(그림 16.2b, 16.3)에서 자랄 수 있다는 것으로, 여기서 그들의 대사물이 염증반응을 일으킬 수 있다. 피부사상균은 37℃에서 자랄 수 없기 때문에 살아있는 조직을 침범할 수 없다. 그럼에도 불구하고 피부사상균에 의해서 생긴 자극을 긁어 상처를 내고 조직에 손상을 더 가하면 세균이 침범할 수 있게 된다. 피부를 긁으면 피부사상균으로 들끓는 피부와 모발이 떨어지므로 동물들이 같은 기둥에 몸을 긁음으로써 전염이 일어난다. 이와 유사하게 사람사회에서 목욕탕이나 탈의실 같은 공동시설이나 집안의 카펫은 전염원으로 작용한다. 이러한 간접 전염은 숙주-숙주간의 직접 감염보다 더 중요하다고 생각된다. 분생포자 단계 전염에 얼마만큼의 일을 하는지는 이견이 있지만, 이것들이 숙주에 붙어있을 때에 감염조직에서 항상 발견되는 것은 아니기 때문에 착색균사(pigmented hyphae)와 무성증식의 분절포자(균사분절에 의해 만들어지는 두꺼운 세포벽의 포자)는 이러한 조직에서 발견될 수 있다.

피부사상균류의 병원성과 독성결정인자

병원성(pathogenicity)은 질병을 일으키는 능력인데 반해서 독성인자(virulence)는 질병의 심한 정도를 결정한다. 이러한 구별이 원리적으로는 분명하나 질병과 병원성/독성인자의 역할을 직접적으로 연결시킬 수 있는 특정 유전자와 유전자 산물에 대한 지식 없이는 실제적으로 항상 쉽지만은 않다. 하지만 피부사상균에 의한 질병에 기여하는 두 가지 중요한 특징이 있다고 생각된다: (i) 케라틴이 풍부한 기질에서 자랄 수 있는 능력과 (ii) 절대적이지는 않지만 중요한 숙주특이성의 정도이다.

케라틴(keratin)은 피부, 손발톱 그리고 체모의 주요 단백질이다. 이것은 분해되기 힘든 기질이고, 특히 황 함유 아미노산 사이의 수많은 이황화 결합을 가지는 "딱딱한 케라틴"(예, 손톱, 발굽)의 형태일 때는 더욱 그렇다. 실험실 배양에서 피부사상균류는 **케라틴분해효소**(keratinases)라는 단백질분해효소를 생성하여 오직 케라틴을 탄소원과 에너지원으로 이용하여 자랄 수 있다. 이것은 이들 균류의 특유성이라고 할 수 있다. 왜냐하면 기타 어떤 균류도 단백질만으로 자랄 수 있다고 보고된 바 없기 때문이다. 따라서 케라틴분해효소는 피부사상균의 독성결정인자로 볼 수 있고 이러한 효소들의 이해가 백신의 개발로 이어질 수 있을 것이다. 최근의 보고(Brouta *et al.* 2002)에서 연관성 없는 균 *Aspergillus fumigatus*의 금속단백질분해효소(metalloprotease, MEP) 유전체 서열이 *Microsporum canis*의 유전체 라이브러리에서 세 가지 *MEP* 유전자를 규명하는 탐침자로 사용되었다. 세 가지 유전자 중 하나인 *MEP3* 는 43.5-kDa의 케라틴분해 금속단백질분해효소를 암호화 하는 것으로 밝혀졌고, 기니피그를 대상으로 수행한 실험적 감염연구에서는 이 protease와 다른 protease(MEP2로 명명)가 생성된다는 것이 밝혀졌다. 이 연구가 피

해설 16.1 사람을 감염하는 주요 피부사상균류.

사람기호성	동물기호성	토양기호성
Epidermophyton floccosum	*Microsporum canis* (고양이, 개)	*Microsporum gypseum* (흔히 사람을 감염함)
Microsporum audouinii	*Microsporum equinum* (말)	*Trichophyton terrestre*
Microsporum ferrugineum	*Microsporum nanum* (토양/돼지)	
Trichophyton mentagrophytes var. *interdigitale*	*Microsporum persicolor* (설치류)	
Trichophyton ruburum	*Trichophyton equinum* (말)	
Trichophyton tonsurans	*Trichophyton mentagrophytes* var. *mentagrophytes* (생쥐, 설치류)	
	Trichophyton verrucosum (소)	

부사상균의 잠재적인 독성결정인자를 암호화하는 유전자 집단에 대한 첫 번째 보고이다.

피부사상균은 아주 의미있는 숙주특이성 또는 서식지 특이성을 보이며, 이에 따라 흔히 세 가지 범주로 분류된다(해설 16.1):

- **사람기호성**(人體嗜好性; **anthropophilic**) 종들은 주로 사람에 기생하며 다른 종들을 거의 감염하지 않는다. 이들은 전형적으로 지속적이지만 비교적 가벼운 감염을 일으킨다. 이러한 균류의 예를 들면:
  - *Epidermophyton floccusum*은 전 세계적으로 분포하며 사타구니, 몸 그리고 발(무좀)에 감염을 일으킨다.
  - *Trichophyton mentagrophytes*와 *T. rubrum*은 아마도 가장 흔한 종들로서 전 세계적으로 분포하며 몸의 다양한 부위에 감염을 일으킨다.
- **동물기호성**(動物嗜好性; **zoophilic**) 종들은 야생동물이나 소, 고양이, 개, 말 등의 가축을 감염한다. 또한 동물과 가까이 접촉하는 사람에게도 전파되지만, 보통 사람인 경우에는 강한 염증반응을 일으킨 후에 자연적으로 낫는다. 전형적인 예가 *Microsporum canis*로 고양이와 개 등의 애완동물과 가까이 접촉한 사람들에서 흔히 발견된다.
- **토양기호성**(土壤嗜好性; **geophilic**) 종들은 토양에서 살며 보통 깃털이나 털 등의 케라틴 함유물질을 분해하지만 때때로 사람을 감염한다. 한 예로 *Microsporum gypseum*은 전 세계적으로 발견되지만 남미에 흔하다. 이 균은 흔히 흙에서 유래하지만 때때로 동물로부터 감염되기도 한다.

피부사상균 감염을 억제하는 방법은 제17장에서 다루었다. 간단히 말해서 이러한 균류는 표재적인 감염을 일으키므로 산화제나 항생제(예; nystatin, amphotericin B)를 도포하여 치료할 수 있다. 만약 감염이 지속적이면 항생제 griseofulvin의 경구 복용이나 terbinafine 같은 새롭고 독성이 낮은 약으로 치료할 수 있다(제17장).

Candida albicans 및 기타 *Candida*

*Candida albicans*는 사람과 그 밖의 온혈동물의 점막에서 **이배체 출아 효모**(二倍體 出芽 酵母; **diploid budding yeast**)로서 자연적으로 나타난다. 이 효모는 사람에게 흔한 편리공생균으로서 절반 이상의 건강한 사람도 구강, 장, 질의 점막에서 발견된다. 이들은 보통 해가 없지만, 다양한 요인으로 인하여 침입할 수 있는 환경이 주어지면 **칸디다증**(**candidosis**)이라고 알려진 상태로 만든다. *C. glabrata, C. tropicalis* 같은 몇몇 다른 *Candida* 종도 비슷한 상태를 초래하지만 그 빈도가 낮다. Brown & Gow(2001), Calderone & Fonzi(2001), Douglas (2003) 등 최근의 몇몇 총설에서 *Candida* 생물학의 중요한 면을 다루고 있다.

*C. albicans*의 임상적인 발병사례는 광범위하다. 이 균은 신생아에게 "아구창(thrush)"이라는 질병을 일으키는데, 이는 이 균이 구강과 인후의 점막에 침투하여 작은 반점의 하얀 농포를 만드는 증상에서 유래하였다. 이것은 흔히 감염된 산도를 통한 분만과 연관되는데, 정상적이고 균형 잡힌 미생물 군이 생기기 전에 이 균이 점막에서 증식한다. 칸디다는 방광염도 일으키고 의치를 착용하는 많은 사람들에서 구강염증(구내염)을 일으킬 수도 있다. 이것은 의치에 의해 생기는 찰과상, 의치 플라스틱에 칸디다 세포의 부착, 의치 플레이트 아래의 세척이 잘 안되고 폐쇄된 환경 등 몇 가지 인자들과 관계가 있다.

손이 물에 자주 노출되는 사람들은 피부와 손톱에 칸디다 감염이 발생할 수 있다. 칸디다는 도관이나 기타 외과적 수술과정을 통해 혈액에 들어올 수도 있으나 도관이 제거되면 효모 개체수가 이내 감소한다. 내장의 칸디다 감염은 흔히 장기적인 항생제 치료, 특히 세균군을 억제하는 테트라사이클린 항생제와 연관된다. 스트레스도 칸디다 감염의 인자가 될 수 있다. 예를 들면 우주 비행 중인 우주비행사들에게서 *C. albicans* 개체군이 크게 증가하는 것이 알려졌다. 진행된 당뇨, 호중구나 대식구 질환, 면역질환, 암 등의 극단적인 소인이 있으면 칸디다는 전신적으로 자랄 수 있고 생명에 위협을 줄 수 있다. 이러한 여러 사례에서 볼 수 있듯이 칸디다가 사람의 건강에 항상 존재하는 잠재적인 위협임을 알 수 있다. 이들의 독성결정인자에 대하여 이해하면 이러한 감염을 조절할 수 있는 새로운 접근이 가능할 것이다.

*Candida albicans*의 독성결정인자

*C. albicans*에 두 가지 뚜렷한 독성결정인자가 있음을 보여주는 많은 증거가 있다. 이는 상피와 몇 가지 다른 표면에 강하게 **부착할 수 있는 능력**과 환경인자에 반응하여 효모상과 균사 또는 위균사상 사이의 **이형성 전환**(二型性 轉換; **dimorphic switch**)을 할 수 있는 능력이다.

부착소 Adhesins

칸디다 세포의 부착에 대한 시험관 내 (*in vitro*) 및 생체 내 (*in vivo*) 연구가 오랜 동안 이루어졌음에도 불구하고 칸디다 감염에서 부착의 역할이 정확히 정의되지 못하고 있는데, 이것은 상호작용하는 많은 인자들이 관여하기 때문이다. 시험관 내 부착 연구에 의하면 *C. albicans*의 효모 세포는 질의 탈피한 상피세포에 강하게 달라붙고 임산부의 세포에는 더 강하게 부착한다고 알려졌다. 질 상피의 두 가지 흔한 세포 형은 중간세포와 표면세포이다. 칸디다는 시험관 내에서 중간세포에 가장 강하게 붙고 이 세포들은 황체호르몬(progesterone)이 높을 때 증가된다(예, 임신 또는 경구피임제를 복용하는 여성들). 황체호르몬이 직접적인 영향을 주는 것으로 보는데, 이는 칸디다가 시험관 내에서 임신하지 않은 여성들의 상피세포에 황체호르몬을 가하면 더 강하게 붙기 때문이다. 더욱이 시험관 내 연구에서 활동성 질 감염으로부터 분리한 *C. albicans* 균주들은 건강한 사람의 것보다 더 강하게 부착한다는 것이 밝혀졌다. 이 사실은 성교를 통한 질 칸디다증의 전염이 강한 부착성 균주의 전염과 연관된다는 가능성을 시사해준다.

이러한 시험관 내 부착과 비교적 가벼운 임상적 감염 경로와의 일반적인 상호관계는 다른 연구에 의해서도 지지된다. 예를 들면 *C. albicans*는 구강 세포, 의치의 메틸 아크릴레이트 수지, 카테터 표면에 부착한다. 시험관 내에서 모델 시스템으로서 구강상피나 의치 레진을 사용했을 때, 포도당에서 자랄 때보다는 높은 수준의 갈락토스, 맥아당, 자당에서 자랐을 때에 칸디다의 부착이 더 강하게 증진된다는 것을 알았다. 이 사실은 효모 세포 표면에 **만노단백질 부착소**(**mannoprotein adhesins**)가 있는 것과 연관된다. 그럼에도 불구하고 당류의 서로 다른 효과는 균주와 관련된 것으로 보인다. 왜냐하면 활동성 감염증으로부터 얻은 칸디다 균주는 빈번히 보이는 반면에 무증상 보균자로부터의 균주는 훨씬 덜 보이기 때문이다. 또한 부착은 일반적인 *Candida* spp.보다는 *C. albicans*의 고유한 특징으로 볼 수 있는데, 비병원성 *Candida* spp.나 비병원성 *Saccharomyces cerevisiae*의 부착은 다른 당류에서 자랄 때에 현저하게 달라

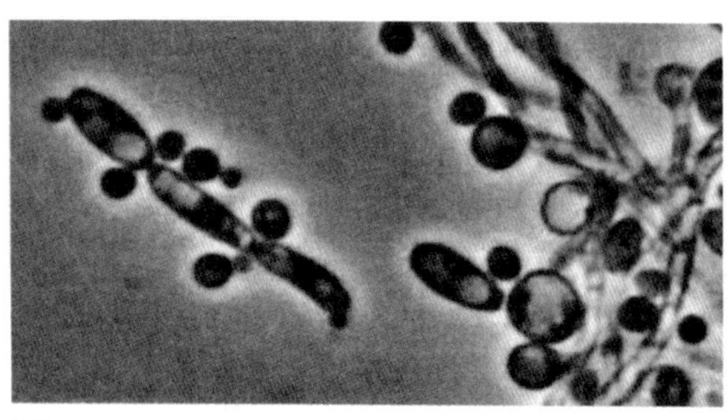

(a)

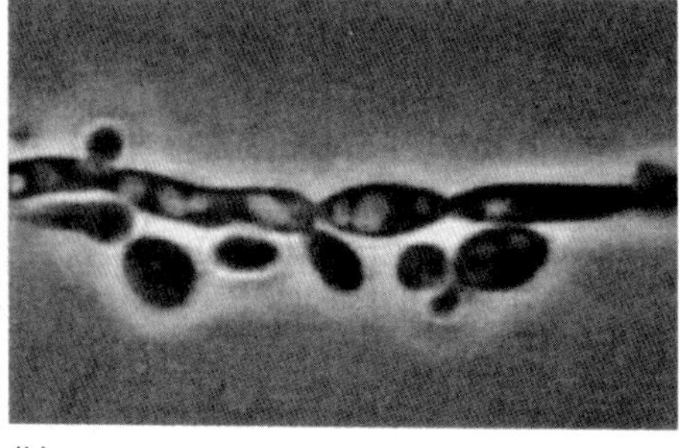

(b)

그림 16.4 (a, b) 영양제한 조건에서 *Candida albicans*의 위균사체. 격벽에서 균사 가지 대신에 효모세포가 만들어진다.

지지 않기 때문이다.

이형성 전환

*Candida albicans*는 **이형성 진균**(二型性 眞菌; **dimorphic fungus**)이다. 이것은 보통 출아효모로 자라지만 영양제한에 반응하여 효모 세포는 균사 생장으로 전환할 수 있다(그림 1.4). 이러한 이형성 전환은 *C. albicans*의 병원성의 핵심인데, 이는 점막의 침입이 항상 균사 생장에 의해서 이루어지기 때문이다. 사실 이것이 임상적인 시료에서 *C. albicans*를 다른 모든 (병원성이 없는) *Candida* spp.와 구별하고 간단한 진단적 테스트에서 이용된다: 효모를 선택배지에서 배양하고 말혈청을 함유하는 유리병에 한 루프를 접종하여 37℃에서 4~5시간 동안 배양한다. 비록 사람 이외의 서식지에서 얻은 몇몇 다른 *Candida* spp.도 형성할 수 있지만 임상시료 중에서 생기는 모든 *Candida* 균주 중에서 *C. albicans* 만 이런 조건에서 발아관을 형성한다. 균사 단계는 일시적인 것이며 더 오랜 시간 배양하면 **위균사체**(僞菌絲體; **pseudomycelium**)를 형성한다. 위균사체는 격벽에서 출아효모세포를 만드는 소시지 모양 세포의 끈으로 이루어진 균사이다(그림 16.4).

*C. albicans*가 구조적으로 이배체이므로 돌연변이를 얻기 힘들다는 사실은 이들의 성질을 밝히는 연구를 진행하는데 제한점이 되어왔다. 몇몇 동형접합성 열성균주는 자외선 조사 같은 반복적인 돌연변이 처리에 의해 생겼다. 또한 준유성 유전학(제9장) 덕분에 돌연변이체 생성이 가능했다. 이를 위해 영양요구성 돌연변이를 갖는 균주는 원형질체 융합에 의해 합쳐진 후에 세포벽을 재생하도록 하였다. 그 결과 얻어진 균주 중 몇몇은 4배체 잡종이나 염색체 수가 다른 이수체(aneuploids)로서, 최소배지에서 자라고 열충격이나 항(抗) 미세소관 제제를 가했을 때 염색체를 잃어서 변경된 배수체(diploid) 상태로 되돌아 갈 수 있다. *C. albicans*에 대한 분자유전학적 방법의 발달도 곤란을 겪고 있다. *C. albicans*로 부터 유래한 많은 유전자는 *Saccharomyces cerevisiae*에서 형질전환되거나 발현될 수 있으나 역으로는 성립되지 않는데, 이는 *C. albicans*가 비표준적인 코돈을 사용하기 때문이다: 대부분의 다른 생물에서는 CUG 코돈이 leucine을 암호화하는 반면에 *C. albicans*는 serine을 암호화한다. *C. albicans*의 수많은 독성결정인자는 병원균 자체의 배경지식만으로는 쉽게 연구될 수 없기 때문에 이러한 점이 큰 문제로 남아있다.

교배형 유전자의 발견

제9장에서 설명한 바와 같이 자낭균 효모 *Saccharomyces cerevisiae*의 교배양식은 세 가지의 교배형 유전자(*Mata1, Mata1, Mata2*)를 포함하며, 균주의 교배형은 *MATa* 나 *MATα* 유전자가 특정한 변환에 의해서 표현 위치로 이동함에 따라 변할 수 있다. 하지만 아무도 이에 해당하는 *Candida albicans*의 교배형 유전자들을 규명하지 못했다. 따라서 이 진균은 유성 재조합의 능력이 없는 복제생물로 추정되어 왔다. 그러나 1998년에 단일 교배형 유사 유전자(mating type-like; MTL) 위치가 *C. albicans*의 실험실 균주에서 발견되었다. 오직 하나의 *MTL* 위치가 있으므로 세포는 유사분열 재조합이나 유전자 변환에 의해서 **a** 또는 α로 동질접합체가 되어야만 한다. 각 균주가 교체하는 *MTL* 대립유전자(allele)를 잃었으므로 **a 균주**(**a**/**a**)는 α(α/α)로 변환될 수 없다. 이는 *C. albicans*의 정상균주는 교배할 수 없음을 의미한다. 그러나 두 *MTL* 대립유전자 중 하나를 제거함으로써 a/- 또는 α/- 인 교배균주를 생성할 수 있게 되며 적절한 조건에서 서로 융합할 수 있다. 이것은 주로 더 이상 발달하지 않는 4배체(tetraploids)에 의해 유도되는 아주 드문 일이라는 것이 밝혀졌다. 그러나 몇몇의 a/- 와 α/- 균주는 그들의 표현형을 정상적인 하얀 콜로니에서 불투명한 콜로니 형태로 바꾸는 것이 발견되었고 이러한 불투명한 균주는 약 백만배의 교배 효율을 가진다. 따라서 *C. albicans*는 접합을 할 수 있으나 오직 불투명한 콜로니 형태에서만 가능하다는 것을 시사한다. 불투명기의 세포는 25℃에서는 안정적이지만 37℃ 에서는 그렇지 않다. 따라서 이들은 피부 표면에서 콜로니 형성에 훨씬 큰 효율을 갖는다. 그러므로 이 진균의 교배는 피부표면 또는 환경적 병원저장소 같은 체외에서 일어난다는 것을 알 수 있다.

*C. albicans*에 의한 전신감염

혈액과 림프조직 내에서 *C. albicans*가 드물게 전신적으로 확산되는 환자들은 항상 백혈병, 진행성 당뇨, 지속적 부신피질호르몬 치료 등 심각한 유발인자와 연관되어있다. 그러나 이상하게도 *C. albicans*는 다른 전신 진균 감염을 일으키는 AIDS 환자에서는 **전신적으로(systemically)** 잘 자라지 않는다. 칸디다는 체액에서 효모의 형태로 전신적으로 자라지만 이형성은 한 가지 측면에서 중요한 역할을 한다. 만일 *C. albicans*의 세포가 시험관 내에서 백혈구(대식세포와 다형핵 백혈구)와 혼합되면 효모 세포는 포식되어 파괴 될 수 있으나 그들 중 몇몇은 균사로 전환되어 대식세포를 파괴하고 나온 후 더 많은 효모를 형성한다. 이러한 조건에서 숙주방어체계의 효력이 감염을 저지시키는 데 중요하다. 제17장에서 전신 칸디다증을 치료하는 데 사용되는 주요 약품들(억제 ketoconazole의 현대적 유도체와 그와 연관된 화합물들)은 낮은 농도에서 조차 효모에서 균사체 생장으로의 전환을 억제하기 때문에 숙주 방어체계와 상승적으로 작용한다는 것을 볼 것이다.

기회적 및 우발성 병원균

이론적으로 37℃에서 자랄 수 있는 어떠한 균류도 사람의 잠재적인 병원균이 될 수 있지만 실제 그 범위는 이보다 훨씬 좁다(표 16.1). *Phialophora, Sporothrix, Cladosporium, Acremonium* 등 몇몇 흔한 부생영양성 종들은 상처에 감염될 수 있고 염증을 일으키는 피하 진균증을 일으킬 수 있다. 이것의 많은 예는 Kwon-Chung & Bennett(1992)에 의해서 기술되었다. 다른 범주의 균류는 특징적으로 폐를 통해서 감염된다. 왜냐하면 이들의 공기전파성 포자는 폐포에 도달할 만큼 충분히 작기 때문이다(제10장). 이 모든 균류 중에서 가장 심각한 위협은 *Aspergillus* spp.에 의한 것으로 특히 *A. fumigatus*를 들 수 있고 좀 덜한 것으로는 *A. flavus*를 들 수 있다. *Aspergillus* 감염은 심각하고 흔히 생명에 위협을 줄 수 있으므로 이 부분에서는 이것들과 관련된 균류에 초점을 맞출 것이다.

아스페르길루스증

Aspergillus fumigatus, A. flavus 및 *A. niger*는 다양한 유기물에서 자라는 매우 흔한 부생균으로 수많은 공기전파성 분생포자를 만드는데, 분생포자는 폐로 들어갈 만큼 작다(제10장). 호흡기능이 손상된 사람들에서 이 포자들은 발아하여 **아스페르길루스종[육아종(肉芽腫; aspergilloma)]** (그림 8.4 참조)이라는 치밀하고 국소적인 부생성 콜로니들을 만들 수 있다. 보통 이들은 숙주의 섬유성 조직에 둘러싸여서 비침입적이다. 아스페르길루스[육아]종은 곰팡이 핀 곡류를 먹이로 하는 가금류에 아주 흔하고 그런 재료들을 정규적으로 다루는 농업종사자에게도 생길 수 있다. 폐의 감염은 균류에 관한 한 전적으로 우발적이다. 왜냐하면 그들은 부생균으로서 식물성 유기물질에서 자라고(제10장) 폐에서 다른 숙주로 감염을 전파할 자연적인 방법이 없기 때문이다.

*Aspergillus fumigatus*는 인간의 공기전파성 병원성 균류 중 가장 많은 피해를 입히는 균이며, 아스페르길루스증의 약 90%는 이 균이 원인이 된다. 이들 포자는 흔히 흡입되어 폐로 들어가지만 정상적으로는 몸의 선천적 방어체계에 의해서 파괴된다. 그러나 면역이 저해된 환자의 호흡기 감염이나 수술 창상을 통해서 들어간 후에 *A. fumigatus*는 침입적이 될 수 있고 전신적으로 자랄 수 있다. 환자의 면역체계가 인공적으로 억제되는 이식 수술에서는 이것이 문제가 될 수 있다.

*A. fumigatus*에 의한 침입에는 두 가지 주요 경로가 있다고 생각되는데, 호흡기의 상부를 싸는 섬모상피를 통해서 또는 폐포를 통해서 이루어진다. 섬모 상피세포는 *A. fumigatus*의 분생포자를 포식할 수 있고 포식된 포자의 몇몇은 숙주세포 내에서 살아날 수 있다. 부신피질호르몬 치료는 내벽을 싸는 상피에서 생성되는 항진균 펩타이드의 방출이나 효능을 감소시켜서 **침습적 아스페르길루스증**(侵襲的 아스페르길루스症; **invasive aspergillosis**)에서 위험인자로 알려져 있다. 내벽 상피에 의해서 포식되지 않은

포자는 폐포로 들어가서 발아할 수 있지만 다형핵 호중구에 의해서 빠르게 파괴된다. 하지만 화학요법에 의해서 호중구 수가 낮아지면 이러한 방어체계의 효율을 감소시킬 수 있다. 포자는 또한 폐포 대식자에 의해서 빠르게 포식될 수 있고 반응성 산소 종에 의해서 죽게 된다. 그러나 치사속도는 느려서 호흡기에 대한 공격을 없애는 데는 2~3일이 걸릴 수 있다. 이러한 인자들이 감염의 결과를 결정하는 데 중요할 수 있다.

지금까지 *A. fumigatus* 와 연관된 특정 독성인자가 발견되지 못했고 이 균의 거의 모든 균주가 면역억제된 사람에게 감염될 수 있다고 여겨진다. 이것을 위해 사용되는 가장 흔한 모델 시스템은 소위 murine이라고 부르는 쥐 접종이다. 하지만 이것이 사람의 아스페르길루스증에 가장 적절한 모델은 아닐 수 있다. *A. fumigatus*의 유전체 염기서열이 완전히 밝혀졌다 (http://www.tigr.org/tdb/e2k1/afu1). 따라서 시험관조건(*in vitro*)에서 자란 균주의 transcriptome(messenger RNA)이나 proteome(단백질 프로파일)을 생체 내(*in vivo*)에서 자란 것과 비교할 수 있게 되었으므로 숙주 환경에서 특정하게 표현되는 가능한 독성 결정인자를 규명할 수 있게 되었다. 인체 병원균으로서의 *Aspergillus* spp.의 역할에 대해서는 Domer & Kobayashi(2004)의 책에 있는 몇몇 저자에 의해서 상세하게 소개되어있다.

풍토병을 일으키는 이형성 균류

C. albicans 뿐만 아니라 일부 다른 균류도 건강한 사람이나 면역이 저해된 사람들에게서 전신적 감염을 일으킬 수 있다. 이 균류가 특히 흥미로운 것은 지리적으로 국한되어있는 풍토병균이며 온도변화에 대하여 한 가지 생장 형태에서 다른 형태로 전환하는 이형성 균류라는 것이다. 이 균류는 모두 공기전파성 포자가 폐로 들어가서 감염을 일으킨다. 호흡기능이 떨어진 사람들에서는 특히 폐감염을 일으키기 쉽고 진행된 당뇨, 백혈병, 면역억제 질환이 있는 사람들에서는 흔히 전신질환을 일으킬 수 있다. 그렇지만 몇몇 균류의 항원으로 시행된 피부테스트를 보

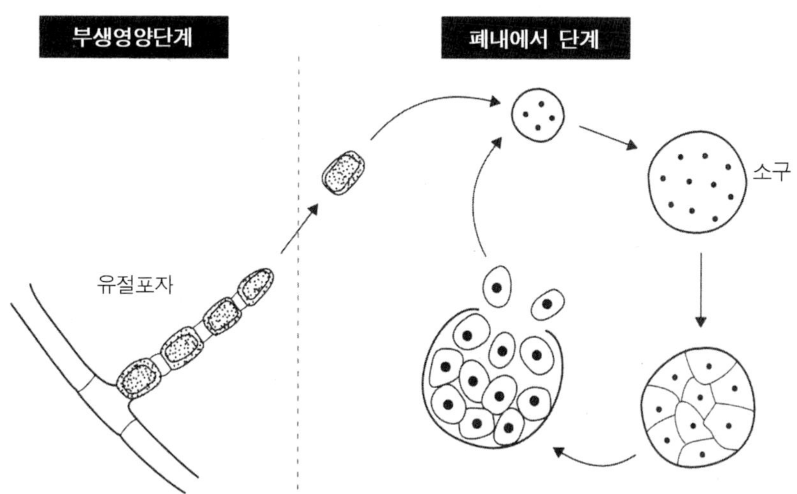

그림 16.5 사막 토양에서 자라는 *Coccidioides immitis*의 감염환. 부생영양단계에서는 균이 균사 가지를 만드는데, 이것은 여러 개의 격벽으로 나누어져서 세포 사슬을 형성한다. 그 후 한 세포씩 걸러서 영양을 빼서 두꺼운 세포벽을 만드는 나머지 세포들(분절포자)에게 영양을 공급한다. 바람에 날린 토양에 의해서 운반된 분절포자는 폐로 들어가서 발아하고 다핵의 소구(小球)를 만든다. 성숙하면 세포질이 각 핵 둘레로 분리되고 소구는 단핵 세포를 방출하여 이것은 또 다른 소구를 형성할 수 있다.

면 그 지역의 상당수의 인구가 어느 시기에 이미 감염에 노출되었고 감염이 자연적으로 치유되기 전에 가벼운 감기와 같은 증상을 앓았을 것으로 보인다. 따라서 이 균류는 인구의 한 영역에게는 심각하고 지속적인 위협이 된다. 이러한 질병의 원인이 되는 4가지 주요 병원균을 소개하면 다음과 같다.

Coccidioides immitis

Coccidioides immitis 및 유사종 *C. posadasii*는 캘리포니아, 아리조나, 텍사스에 위치한 건조한 사막의 알칼리성 토양에서 자라고 중앙과 남아메리카 지역까지 퍼져있다. 이 균류의 균사는 분해되어 작고 두꺼운 세포벽을 가지는 포자(분절포자 또는 유절포자)를 형성하는데, 이것은 건조하고 바람에 날리는 먼지와 함께 퍼져서 폐로 들어갈 수 있다. 대부분의 이런 세포들은 폐의 대식구에 의해서 포식되고 파괴되며 감기나 폐렴과 유사한 감염을 일으키지만 자연적으로 치유된다. 이런 사막지역에 사는 사람들에게 이런 일은 상당히 흔하며, 건강한 사람들의 50%까지도 실험실 배양에서 얻어진 *Coccidioides* 항원 피부테스트에 양성반응을 보인다.

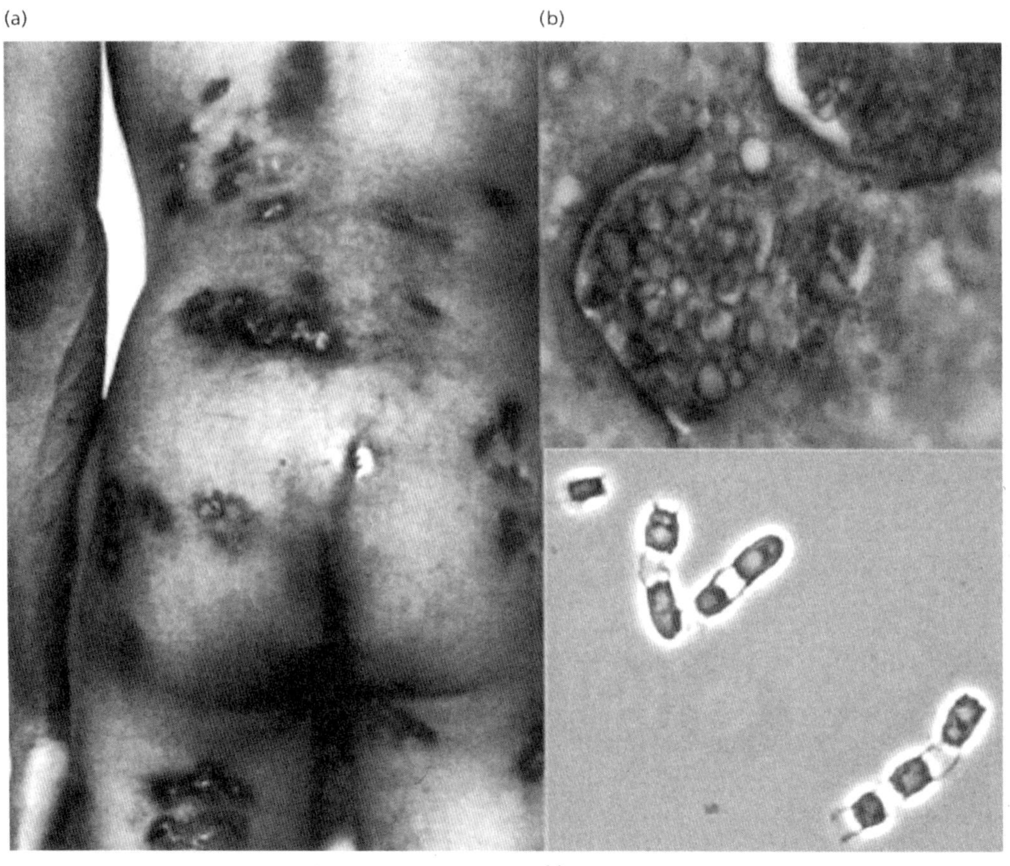

그림 16.6 (a) 질병(콕시디오이데스진균증)이 퍼져나간 단계를 보이는 환자. (b) 소구. (c) 빈 세포 구획을 가지고 산재된 분절포자 사슬. [출처: Doctor Fungus website; http://www.doctorfungus.org/]

그렇다 해도 어떤 사람들 특히 면역이 저하된 사람들에서는 균이 대식구에 의해서 저지되지 않고 폐 안으로 퍼져나가고 혈류 안으로 들어갈 수 있으므로 뼈, 피하조직, 수막과 주요 장기의 심각한 전신감염을 일으킨다. 이러한 질병을 **콕시디오이데스진균증(coccidioidomycosis)**이라고 부른다.

그림 16.5와 16.6에서 보는 바와 같이, 콕시디오이데스진균증의 공격적이고 전신적인 단계에서는 분절포자가 부풀고 다핵 분열을 일으켜서 폐에서 **소구**(小球; **spherule**)라고 불리는 다핵의 부푼 구조체를 만든다. 소구는 세포질 분할이 일어나 작은구상체(subspherules)를 만들어서 폐조직 내에서 감염환을 반복한다.

Coccidioides immitis 는 몇 가지 흥미있는 양상을 갖는다. 첫째로 25℃ 같은 보통 주위의 온도에서는 정상 균사로 자랄 수 있고 전파시킬 수 있는 분절포자를 만드는 반면에 숙주 환경의 전형적인 높은 온도(37~40℃)에서는 소구를 형성한다. 그렇지만 온도 변화 만으로는 소구를 만들 수 없는데 *in vitro* 연구에서 높은 CO_2 농도와 특정 배지에서만 생성된다는 것으로 밝혀졌다. *C. immitis* 및 유사종 *C. posadasii* (후술)만 소구를 만드는 이형성 균류이다; 사람의 모든 다른 풍토성 병원균류는 숙주조직에서 효모와 유사한 출아세대로 자란다. 그림 16.6에서 나타낸 바와 같이 감염이 진행된 단계에서는 *C. immitis*가 많은 신체조직으로 퍼진다.

콕시디오이데스진균증의 지리적 분포는 충분히 알려지지 않았으며, 풍토지역 내에서도 부분적인 발생을 보인다. 토양에 사는 설치류의 굴 근처에서 가장 흔하다는 보고가 있다. 대조구 실험에서 개, 고양이 설치류 및 기타 작은 동물들이 감염되기 쉽다고 알려졌다(그러나 병코돌고래와 말에서도 그렇다!). 야생의 사막 동물들이 사람감염의 자연적인 병원소를 제공한다고 생각되어 왔다. 최근에 캘리포니아/애리조나에서 분리된 균주의 microsatellite DNA 서열을 텍사스, 중미, 남미의 균주와 분자비교한 결과 두 가지 구별되는 *Coccidioides* 종(*immitis*와 *posadasii*)이 있다는 것이 밝혀졌고, 이 두 가지는 같은 질병을 일으킨다. 가장 염려되는 점은 아마도 *Coccidoides*가 치명적인 병원균이 될 수 있다는 원천적인 잠재성을 가진다는 점일 것이다. 이것은 건강한 실험실 종사자를 죽인다는 것이 알려졌고, 미국정부의 직업안전보건행정부에서는 이것을 "공중보건과 안전에 심각한 위협을 가할 수 있는 생물체로서 테러리스트들에 의해서 이용될 가능성이 있는 병원균"으로 분류하고 있다. 간단하게 말해서, *C. immitis*는 심각한 생물학적 테러의 위협이 될 수 있다고 알려진 유일한 균이다. 이 균에 대한 더 자세한 정보는 "Doctor Fungus" 웹사이트에서 찾을 수 있다(온라인 자료 참조).

Histoplasma capsulatum

*Histoplasma*는 "전형적인" 사상균-효모의 이형성을 가진 균이다. 이 균은 25~30℃의 실험실배지에서 균사로 자라지만 37℃의 cysteine이 풍부한 배지에서는 출아효모로 자란다. 균사는 짧은 가지 끝에 단일 분생포자를 형성한다. 일부 분생포자는 크고 표면 돌기가 있는 **대형분생포자**(大形分生胞子; **macroconidia**)(8~15μm)인 반면에, 다른 것들은 **소형분생포자**(小形分生胞子; **microconidia**)(2~4μm)로서 폐 내에서 주요 감염원이라고 생각된다. 포자는 발아해서 발아관을 형성하고 적절한 조건에서 빠르게 출아효모단계를 만든다. 이 효모 단계는 전 감염 과정을 통하여 거의 변함없이 발견되지만 균사는 죽은 신체조직이나 자연적인 기질에서의 부생성 단계에서 보인다.

*Histoplasma capsulatum*은 광범위한 지리적 분포를 보이는데, 미국 동부와 라틴아메리카의 대부분, 그리고 동남아시아, 아프리카, 유럽(예, 이탈리아)의 일부에서 발견된다. 이들은 가금류 축사근처의 배설물이 풍부한 토양, 동굴 안의 박쥐 배설물, 마을과 도시의 찌르레기 배설물에서 자연적으로 부생균으로 존재한다. 새 자체는 감염되지 않으며 신선한 배설물에서는 이 균이 발견되지 않는다. 하지만 박쥐는 자연적으로 *H. capsulatum*에 감염되어 장병변을 가지는 것으로 알려졌다. 배변물에서 형성된 포자가 사람 감염의 가장 가능성 있는 전염원이라고 여겨지는데, 이는 동굴학자들이 동굴을 방문한 후에 **히스토플라스마증(histoplasmosis)**을 일으킨 사례에서 알 수 있

다. 배지에서 얻어진 항원 hystoplasmin을 사용한 피부테스트에 따르면 대부분의 사람들이 풍토성 지역 내에서 감염에 노출되었다는 것을 시사한다; 한 연구에서는 미국 내에서 모든 사람의 20%가 공기전파성 포자로 감염된 적이 있다고 추정한다.

가벼운 감염에서조차 이 균은 소변에서 검출되었고 이것은 대다수 경우에서 자연적으로 치유되긴 하지만 흔히 전신적이 될 수 있음을 시사한다. *Coccidioides*와 같이 *Histoplasma*도 실험실에서 감염될 수 있는데, 교실에서 학생들이 배양실험을 한 후에 양성반응을 보인 사례가 있다. 공기전파성 포자는 폐로 쉽게 들어갈 수 있고 급성 폐 히스토플라스마증을 일으킬 수 있다. 그러나 만성 폐감염은 다른 원인으로부터 폐기능 장애가 있는 사람들에게만 해당되고 다른 신체조직으로 퍼질 수 있다. 이 전파는 림프계 내에서 효모 세포의 운반에 의해 일어나고 면역결핍자나 인구 중 아주 어린(1세 미만) 또는 나이 많은(50세 이상) 사람들에게 매우 흔하다. Magrini & Goldman(2001)은 *H. capsulatum*의 병리생물학을 연구하기 위해 사용되는 분자유전기법의 발달을 기술하고 있다.

Blastomyces dermatitidis

*Blastomyces dermatitidis*는 미시시피와 오하이오 강을 따라 미국의 동남부 및 중남부 지역에서 발견되는 토착성 이형성 균으로서 북미 블라스토마이세스병(北美分芽菌症; North American blastomycosis) 또는 시카고병(Chicago disease)이라고 불리는 질병을 일으킨다. 이 균은 아프리카 일부와 인도 아대륙의 사람들로부터도 분리되었다고 보고되었다. 그러나 이 균주들은 *B. dermatitidis*의 특징적인 항원이 없으며 다른 종일 수도 있다. 북미에서의 감염은 유기물과 썩은 나무가 풍부한 축축한 토양과 연관이 있으나 이 균의 기본적인 생태에 대해서는 거의 알려지지 않았다. 실험실 배양에서 자랄 때 이 균은 가는(약 2 µm 지름) 균사를 가지며 짧은 균사 가지 끝에서 지름 2~5µm의 구형 분생포자를 하나씩 형성하는 등 *Thermomyces lanuginosus*(그림 5.18 참조)와 비슷하지만 조금 더 작다. 이것은 공중 분생포자로부터 사람을 감염시키고 폐로 들어가서 **두꺼운 세포벽을 가지는** 효모상의 출아단계로 변환한다. 감염증의 약 50%가 무증상이지만 다른 감염증에서는 30~45일 간의 증식기간을 거쳐서 급성 폐렴 단계로 발전하여 세균성 폐렴과 매우 비슷한 증상을 나타낸다. 이 감염증은 만성기로 발전하여 폐, 피부, 골격계, 비뇨생식계 및 기타 장기에 피부의 궤양성 병변, 폐의 육아성 염증, 기타 많은 조직과 장기로의 전파 등의 영향을 끼칠 수 있다.

Brandhorst *et al.* (2002)은 온도에 의해 조절되는 이형성이 *Blastomyces*의 가장 분명하고 단일한 특성이라고 보고하였고, 이것은 *BAD1*(*Blastomyces* 부착소)라고 명명된 *B. dermatitidis*의 상(相)특이성 유전자와 연관된다고 하였다. 이 균은 Y-단계의 표면에서만 발견되고 저온에서 자라는 균사에서는 발견되지 않는다. 효모 단계 세포의 세포벽 글루칸은 90%의 α-글루칸으로 이루어져있는 반면에 균사체 단계 세포는 대개 같은 양의 α-글루칸과 β-글루칸을 가지고 있다. 이것은 *Paracoccidioides brasiliensis*(아래 참조)와 *Histoplasma capsulatum*에서도 마찬가지이다. 이 세 가지 경우 모두에서 저하된 양의 α-글루칸은 동물 모델에서 독성의 소실과 관련된다. *B. dermatitidis*에서 α-글루칸과 독성의 관계는 BAD1을 암호화하는 유전자를 제거함으로써 확인되었다. 이 제거된 균주는 대식세포 또는 쥐의 폐조직에 결합하는 능력이 감소되었고 실험쥐에서는 많이 약화되었다. 형질전환에 의한 *BAD1* 유전자의 회복으로 *B. dermatitidis*의 독성이 되살아났고 균의 부착능력이 회복되었다. BAD1 단백질은 칼슘이온이 있는 상태에서 스스로와 결합하는 것이 나타났고, 이는 폐에서는 카이틴과 결합한 BAD1 분자가 더 많은 BAD1 분자를 잡기 시작함으로써 효모세포벽에 더 많은 α-글루칸층을 생성한다는 것을 보여준다.

Paracoccidioides brasiliensis

*Paracoccidioides brasiliensis*는 또 다른 풍토성 균으로 중미와 남미의 아열대 밀림에서 주로 발견되는데,

특히 브라질, 베네수엘라 그리고 콜롬비아에서 발견된다. 이 균은 몇몇 동물의 소화기[예, 아르마딜로(빈치목 동물 라틴아메리카산); Silva-Vergara *et al.* 2000]와 단백질이 풍부한 축축한 토양에서 분리되었으나, 이 균의 자연적 생태에 대해서는 거의 알려지지 않았다. 이 균은 유성세대가 알려지지 않은 불완전균이며 한천배지에서 매우 느리게 자란다. *P. brasiliensis*는 이형성 균으로 저온에서는 균사체로 자라지만 37℃나 신체조직에서는 출아효모로 자란다. 효모 세포는 난형 또는 구형으로서 크기는 2~10μm이나 최대 30μm 또는 그 이상일 수도 있다. 이 효모는 흔히 단일의 큰 중앙세포로서 선원의 핸들처럼 생긴 모습으로서 좁은 목에 의해 여러 개의 봉오리가 붙어서 자란다. 이 봉오리는 스스로 발아할 때까지 모세포에 붙어있다(그림 16.7).

*P. brasiliensis*는 파라콕시디오이데스진균증(paracoccidioidomycosis) 또는 남미 blastomycosis라고 불리는 질병을 일으킨다. 감염은 폐로 들어가는 공중 포자로 인해 일어난다고 추정되나 진균 항원 피부테스트에서 보이듯이 대부분 감염은 무증상이다. 다른 경우에 감염은 처음 노출되고 몇 년 지난 후에 일어나는데, 이 균이 림프절에서 휴지기를 가져서 긴 잠복기를 가진다는 것을 말해준다. 이러한 감염은 면역결핍과 연관되어 있을 것이라고 추정된다. 이 병의 특징적 형태는 입, 코, 후두, 피하조직에 심한 궤양성 병변을 일으켜서 심각한 안면손상을 일으킨다. 극단적인 경우에 이 균은 비장, 간, 뼈, 중추신경계 같은 기타 장기에도 영향을 끼친다. paracoccidioidomycosis의 주목할 만할 점은 주로 남자에게 일어난다는 것이다. 여자와 비교해서 남자의 감염비는 약 15:1 이지만 78:1 까지 커질 수 있다. 반면에 paracoccidioides 항원에 대한 피부테스트 양성반응은 남자와 여자의 수가 같다. 이는 에스트로겐이 분생포자 또는 균사 형태에서 조직에 콜로니를 만드는데 필수적인 효모상으로의 전환을 억제하기 때문이다(Borges-Walmsley *et al.* 2002).

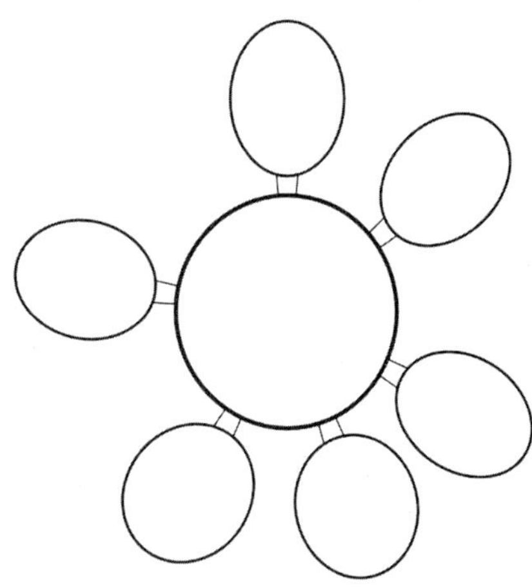

그림 16.7 *Paracoccidioides brasiliensis*의 출아 단계의 전형적인 모습: 커다란 효모상의 세포는 모세포에 부착되어있는 여러 개의 봉오리를 만든다.

Cryptococcus neoformans

*Cryptococcus neoformans*는 위에 언급한 균류와 다른데, 이는 풍토성이 아니고 **세계적인 분포**를 갖기 때문이다. 이 균은 부생균으로서 흔하며 도시의 오래되고 풍화된 비둘기 배설물이나 새의 배설물이 풍부한 토양으로부터 쉽게 분리된다. 하지만 이 균은 세균이 생장저해 수준으로 pH를 올릴 수 있는 젖은 배설물에서는 잘 경쟁하지 못하고 새 자체를 감염시키지도 않는다. 뉴욕시에서 수행한 연구에 의하면 대부분의 어린이들이 이 균에 노출되었다고 하는데, 이는 *Cryptococcus* 항원 피부테스트에서 반응을 보이기 때문이지만 어떠한 증상도 일으키지 않았다. 효모 *Cryptococcus* 에는 30종 이상이 있지만 오직 *C. neoformans*만 사람에 병원성을 나타내며 **크립토코커스증(cryptococcosis)**이라는 질병을 일으킨다.

크립토코커스증은 희귀한 질환으로 본래 면역결핍이 있거나 면역억제제를 사용하는 이식수술을 한 사람에게 주로 발견되었다. 그러나 1980년대와 1990년대에 HIV/AIDS가 증가하면서 크립토코커스증이 크게 증가하여 전 세계적으로 AIDS 환자의 7~10%가 감염되었다. 이 질환은 일상적인 항진균제의 투여로 치료될 수 있으나 개발도상국에서는 이것이 거의 불가능하다. 감염의 전형적인 경로는 포자나 효모세포

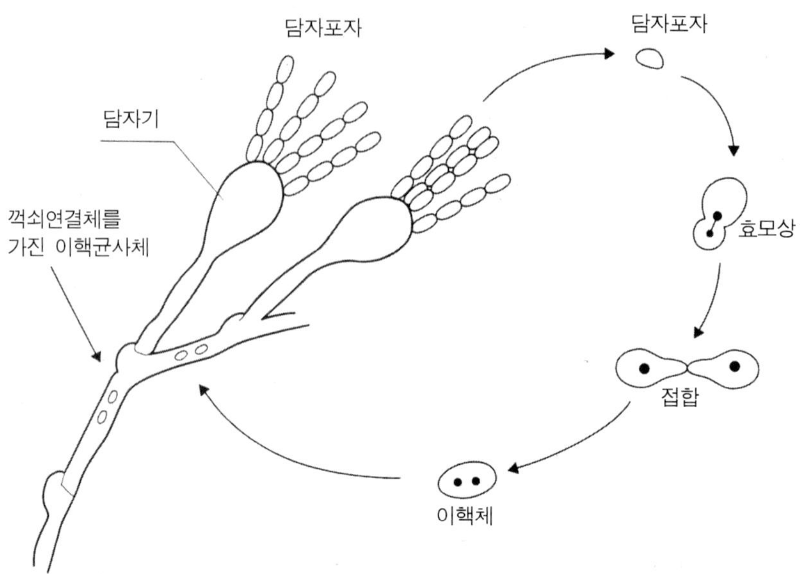

그림 16.8 *Cryptococcus neoformans*와 이의 유성세대 *Filobasidiella neoformans*. 대응하는 교배형의 출아효모세포(Y-phase)가 접합하여 이핵세포를 만든다. 이것은 균사체를 형성하고 여기서 부푼 담자기가 만들어진다. 담자기에서는 감수분열이 일어나서 4개의 반수체 핵을 만들고 담자기의 말단으로 이동한다. 그 후 4개의 반수체 담자포자로 이루어진 사슬이 만들어지고, 이것은 발아하여 반수체 효모상 세포를 만든다.

가 흡입되었을 때 폐를 통해서이다. 초기 무증상 폐감염 후 진균은 만성 폐감염을 일으킬 수 있고 중추신경계로 전파되어서 대뇌피질, 뇌간, 소뇌 그리고 뇌수막에서 자라는 것이 선호됨을 보인다. 이것은 치료하지 않으면 반드시 치명적이며 AIDS 환자들에서 흔한데, 아마도 폐의 1차 병변이 수년간 활동이 없다가 면역체계가 기능을 하지 못할 때 2차전파를 하기 때문이라고 생각된다.

감염예방이나 치료를 도울만한 *C. neoformans*의 몇 가지 특성은 아직 해결되지 않았다. 보통 이 균은 환경시료에서 반수체 효모로 분리됐고, 흔히 탈수된 효모세포가 감염의 주요 원천이라고 추정된다. 지름 2.5~10μm 범위를 가진 몇몇 세포는 폐포에 도달하기에 충분히 작고 재수화(rehydrate)하여 감염을 시작한다. 그렇다 해도 더 최근에 *C. neoformans*가 *Filobasidiella* 속 (담자균; 그림 16.8)내에서 유성세대를 갖는다는 것을 발견하였다. 이들 지름 1.8~3.0μm의 공기전파성 담자포자를 형성한다. 이것은 폐포에 정착하기에 이상적인 크기이다(제10장). 담자포자는 실험실 배양에서 두 교배형 "a" 와 "α" 를 짝지어서 만들 수 있다. 그러나 α 균주만 가지고 담자포자를 (각 세포에 단일 반수체 핵을 가지는) 형성시킬 수 있는데, 질소가 결핍된 배지와 수분 스트레스가 가해진 조건에서 배양할 때이다. α 교배형 위치(*MATα*)는 복제되었고 페로몬 같은 펩타이드를 암호화 하는 것으로 알려졌다. 임상시료에서 α 균주가 교배형보다 훨씬 더 자주 나타나고 쥐에 접종했을 때에 α 교배형 균주보다 훨씬 더 빨리 사멸한다. 따라서 α 교배형 균주의 유전자산물이 독성에 기여하는 듯하다.

이러한 점들 이 외에도 *C. neoformans*에는 두 가지 구별되는 형태가 있고 변종으로 분류되는데, *C. neoformans* var. *neoformans* 와 *C. neoformans* var. *gattii* 이다. 첫 번째 것은 유럽과 북미의 AIDS 감염과 흔히 연관되며 새의 배설물에서부터 나온다고 추정된다. 반면에 변종 *gattii* 는 AIDS 환자에서 거의 발견되지 않는다. 대신에 이것은 호주, 파푸아뉴기니, 아프리카 일부, 인도, 동남아시아, 중앙아메리카와 남미의 면역이 결핍되지 않은 사람들의 풍토병과 연관된다. 변종 *gattii*의 자연적인 원천은 유칼리나무와 썩어가는 나무의 공동이라고 여겨진다.

*C. neoformans*의 병원성과 독성결정인자

이 장의 처음 부분에서 주목했듯이 병원성 결정인자는 침입적인 균체가 숙주 환경에 살게 할 수 있는 모든 인자를 포함한다. 독성 결정인자는 질환의 심한 정도를 결정하는 인자들을 포함한다. *C. neoformans*의 경우 주요 **병원성 결정인자**(病原性 決定因子; **pathogenecity determinants**)는 37℃에서 5% CO_2의 대기와 약 pH 7.3의 환경에서 자랄 수 있는 능력이다. 이것의 핵심은 **칼시뉴린 A(calcineurin A)**를 암호화하는 유전자에 있는 것으로 보이는데, calcineurin A는 특정 타입의 단백질 인산가수분해효소(phosphatase)로서 Ca^{2+}- calmodulin에 의해서 활성화 되며 효모의 스트레스 반응에 관여한다. calcineurin A가 손상된 돌연변이는 24℃에서 자랄 수 있지만 37℃에서는 자라지 못하며 5% CO_2나 알칼리성 pH에서는 살지 못한다.

*C. neoformans*가 갖는 **독성결정인자**(毒性決定因子; **virulence determinants**)에는 몇 가지가 있다. 이 중 실험실 배양과 임상시료 모두에서 가장 두드러진 것은 그림 16.9에서 볼 수 있는 캡슐과 같이 효모세포를 둘러싸는 두껍고 단단한 다당류 협막이 있다는 것이다. 협막은 고분자 다당류와 α-1,3-연결된 D-mannose 단위와 D-xylose와 D-glucuronic acid의 single units로 된 골격으로 이루어져있다. 이것이 *C. neoformans*의 주요 독성 결정인자로 여겨지는데, 왜냐하면 본래 협막이 없는 균주나 협막이 결핍된 돌연변이는 독성이 없기 때문이다. 협막이 없는 세포에 비해서 협막이 있는 세포는 호중구, 단핵세포, 대식세포에 의해서 쉽게 포식되거나 죽지 않고 그들의 높은 순 음전하가 cryptococci를 제거하기 위한 세포-세포 상호작용을 감소시킬 수 있다.

C. neoformans 의 병원성 균주는 또한 diphenolic 화합물을 포함하는 갈색이나 검정색소를 생성한다. Phenoloxidase의 작용에 의해서 이 화합물들은 산화되고 중합되어 **멜라닌(melanin)**을 생성하는데 이는 효모세포에 저장되어서 아마도 숙주 조직에 있는 반응성 산화제에 대해서 보호하는 데 도움을 준다고 여겨진다. *Cryptococcus*에서 생성되는 D-mannitol에 대해서도 유사한 방어 역할이 제시되었는데, 이는 특히 수산화기의 포착제로서 효과적이다. 따라서 전체적으로 *C. neoformans* 에는 비록 몇몇의 정확한 역할이 현재 완전히 이해되지 않았을지라도 몇 가지 잠재적 독성 결정인자들이 있는 것으로 보인다. *Cryptococcus*의 독성 결정인자는 Perfect (2004)의 총설에 잘 정리되어있다.

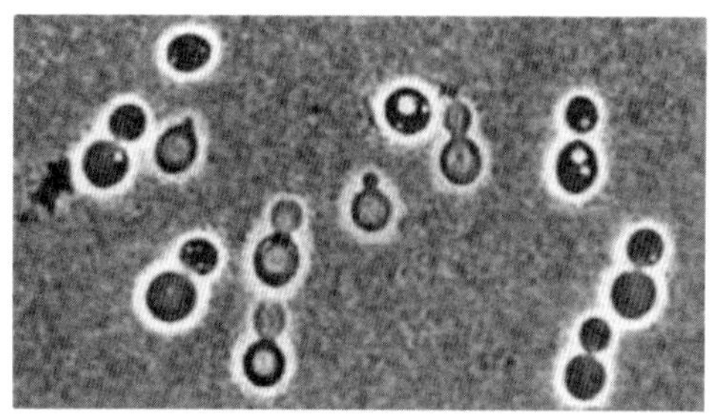

그림 16.9 먹물과 위상차현미경으로 관찰한 *Cryptococcus albidus*의 세포들로 단단한 다당류 협막을 명확히 보여준다.

Pneumocystis 종

지금까지 이 장에서 흔히 기회감염이나 우발적인 병원균으로서 사람에게 심각한 질환을 일으키는 균류의 놀라운 예들을 보아왔다. 이들에는 유칼리나무, 비둘기 배설물, 동굴에 서식하는 박쥐의 배설물이 자연서식지인 균류와 지구의 특정지역의 풍토병인 토양 균류를 포함한다. 우리는 또 사람 조직에서 "조용히" 퍼지는 균류와 신체의 특정장기를 선호하는 균류를 보았다. 하지만 이러한 공격적인 많은 균류가 한 숙주로부터 다음 숙주로 전파되는 자연적인 수단이 명확하지 않다. 많은 경우에서 사람 숙주의 감염은 순수하게 우발적인 것으로 보인다.

이제 우리는 모든 균류 중 아마도 가장 놀라운 균으로 관심을 돌릴 것이다. 이것이 바로 AIDS와 면역억제치료와 연관된 유독한 폐렴유사증상을 일으키는 많은 *Pneumocystis* 종이다. 이 유기체들은 100년 이상 전에 *Pneumocystis carinii* 라는 이름으로 처음에 원생동물(원생생물)로 기술되었고 전형적인 균류보다는 원생생물과 더 유사한 생활사를 가졌다. 계통발생 분석(18S ribosomal DNA 서열에 기초한)에 따르면 분열효모 *Schizosaccharomyces pombe*와 함께 초기 자낭균에 가장 가깝게 위치한다. 그러나 그들은 하나의 독특한 점이 있다: 그들은 세포막에 콜레스테롤이 있는 유일한 균이다. 반면에 거의 모든 다른 균류는 (몇몇 접합균류를 제외하고는) 특징적인 막 스테롤로 에르고스테롤을 갖고 있다. 이 사실이 중요한 점의 하나는 에르고스테롤을 겨냥한 일반적인 항진균제가 듣지 않는다는 것이다. 대신에 *Pneumocystis*는 몇몇의 항원생동물제제로 치료한다.

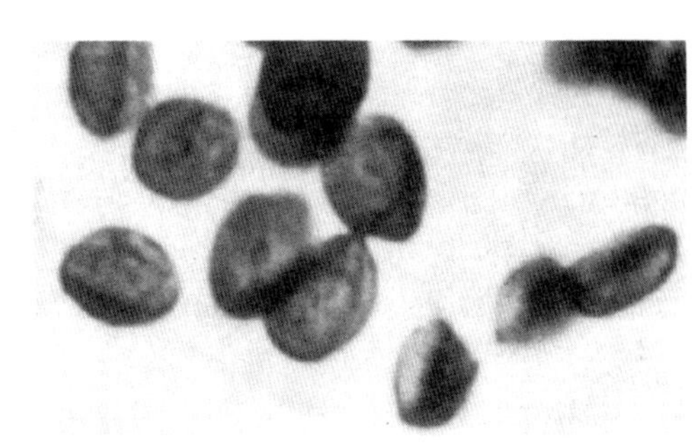

그림 16.10 접시 모양의 *Pneumocystis jiroveci* 낭포. [출처: Centers for Disease Control and Prevention, Image Library; http://www.dpd.cdc.gov/dpdx/HTML/ImageLibrary/Pneumocystis_il.htm]

Pneumocystis 종의 자연적 출현

Pneumocystis 종은 전 세계적으로 사람숙주에서 발견되며 여러 야생 포유류의 폐에서도 발견된다. 그렇지만 1980년대 AIDS가 광범위하게 퍼지기 전에는 *Pneumocystis*는 ***Pneumocystis carinii*** **pneumonia** (PCP) 라고 불리는 폐렴의 원인으로서 드물게 발견되었다. 처음에는 영양결핍 아동들에서 발견되었지만, 면역억제 치료를 받는 환자들에서도 발견되었다. 이제 PCP는 AIDS 환자들에서 흔한 사망원인 중의 하나이고, PCP 발병 위험과 순환하는 $CD4^+$ T 림프구의 직접적인 관계가 있다. 혈액 1$\mu\ell$ 중에 200개 이하의 세포수가 임계 하한이다.

유럽과 미국의 어린이들이 4살이 되기 전에 높은 비율로 *Pneumocystis* 항원에 대한 혈청테스트가 양성이라는 것은 이 균에 대한 노출을 의미하며 주목할 만한 사실이다. 이것은 대부분 다른 나라에서도 마찬가지 일 것이라 여겨진다. 그렇지만 *Pneumocystis*는 폐로부터 사라지는 것처럼 보이며, 오직 노화 또는 면역억제 시에는 재발한다. 따라서 *Pneumocytis* 감염은 크게 나이와 상관이 있으며 노년의 재감염은 아마도 이 균에 대한 광범위하고 지속적인 재노출에 의한 것으로 보인다.

*Pneumocystis carinii*가 정식으로 진균계로 이동한 후에 바로 시행된 DNA 염기서열 분석에 따르면, 서로 다른 동물숙주에서 얻어진 균주가 매우 다양하며 각각은 개개의 숙주 종에 대하여 특이적이라는 것이다. 중합효소연쇄반응(PCR)을 통해 알려진 *Pneumocystis*의 모든 종들의 DNA를 증폭하기 위한 프라이머가 만들어졌고 각각은 서로 별개로 각각의 숙주에 고유하다는 것이 밝혀졌으며 한 숙주의 종으로부터 다른 종으로의 교차 감염의 증거는 없었다. 몇 가지 연구에서 확인된 이러한 사실로 모든 고유의 숙주를 가지는 *Pneumocystis*는 서로 다른 종으로 간주한다는 제안이 이루어졌다. 따라서 사람-숙주-특이성 진균은 *P. jiroveci* 로 명명되고 본래의 이름 *P. carinii* 는 쥐에서 알려진 두 종의 *Pneumocystis* 중 한 종에만 유지되었다. 쥐, 생쥐, 흰족제비(ferret), 돼지, 원숭이에서 얻어진 *Pneumocystis* 균체들은 모두 각각의 숙주에 특이성을 보였으며, 이들에 대하여 새로운 이름이 제안될 것이다. 기생체와 숙주의 공진화처럼 사람의 *Pneumocystis* 종은 구분하지 못할 정도는 아니지만 다른 영장류의 것과 아주 유사하다.

*Pneumocystis*의 전파양식, 병리학 및 생활사

*Pneumocystis*는 실험실 배양에서 오래 유지될 수 없으므로 기본적으로 절대기생체로 여겨진다. *P. jiroveci*의 DNA가 공기 중의 포자 시료와 연못을 포함하는 환경 시료에서 소량 검출된 바 있지만, 이미

존재하던 잠복감염의 활성화나 흡입된 포자에 의한 재감염이 감염을 일으키는 가장 가능성 있는 전염원으로 여겨진다. 이 균이 상기도의 방어체계를 벗어나면 폐포 내에서 감염을 일으키는데, type1 상피세포에 달라붙는 것은 확실하다.

*Pneumocystis*의 생활사는 복잡하며 아직 충분하게 알려지지 않았다. 무성의 영양형으로 유사분열에 의해 폐에서 증식한다. 이 균은 유성세대도 있는데 반수체 세포가 접합하여 배수체 pre-cyst를 형성한다. 이것은 감수분열을 일으키고 이어서 유사분열을 일으켜서 "후기 낭" 안에 8개의 반수체 핵을 형성한다. 성숙한 낭포는 형태가 다양하지만 흔히 받침접시 같은 모양을 갖는다(그림 16.10). 그들은 터져서 반수체 영양 세포들을 방출한다고 생각된다.

면역이 약화된 사람들에서 *Pneumocystis* 세포는 증식하여 폐포의 내강에서 세포층을 네층까지 이룰 수 있고 이것은 산소결핍을 초래한다. 거품이 이는 폐포 삼출물이 생성되고 질환이 진행된 단계에서는 균이 인체의 모든 주요 장기에서 검출될 수 있다. 특히 림프절, 골수, 간, 비장에서 검출된다.

사람 병원체 *P. jiroveci* 균주에서 자주 발견되는 DNA 서열 다형성은 이들 종족 내에 많은 균주가 있다는 것을 시사한다. 예를 들면 다형성은 미토콘드리아 18S ribosomal RNA 유전자 내에서 발견되었고, 미토콘드리아의 작은 소단위의 rRNA 유전자, 핵 rRNA 유전자의 internal transcribed spacer(ITS) regions, dihydropteroate synthase(DHPS) 유전자에서 발견되었다. 이러한 다형성이 사람에서 *Pneumocystis* 감염의 역학을 연구하는 데 기초를 제공한다. AIDS가 유행하기 시작하기 전 (1968~1981년)과 후(1982년부터 지금까지) 의 수집된 균주를 비교하면 AIDS와 연관된 폐렴이 대규모 증가한 것을 설명할 수 있는 *Pneumocystis* 균의 많은 변화가 일어나지 않았음을 보인다. DNA 염기서열 다형성은 또한 PCP(폐렴)가 인간에서 장기간 잠복기 형태로 존재하는지 아니면 지속적이거나 주기적인 병원균으로의 노출 중에 얻어진 것인지를 아는 데 사용된다.

장기간의 잠복기 감염의 재활성화는 배제될 수 없는 것이 이론적으로 단 하나의 잠복기 *Pneumocystis* 세포라도 숙주의 면역이 약화되면 감염을 일으킬 수 있기 때문이다. 하지만 집단유전학 연구가 출생지에서 가까이 사는 성인환자에서 발견된 균주와 출생지로부터 멀리 이동한 환자에서 발견된 균주를 비교함으로써 이 논쟁을 다루는 것을 도왔다. 자료는 성인환자는 출생지보다도 현재 거주지의 균주와 더 비슷한 균주를 얻는다는 것을 보여주며 이것은 감염이 초기 아동기부터 있었던 것이라기보다 재획득된다는 것을 강하게 시사한다.

다음은 *Pneumocystis*의 최근 지식에 대한 요약이다:

- *Pneumocystis*는 전 세계적인 분포를 가지는 속이다. 이는 서로 다른 숙주특이성이 있는 종으로 많이 존재하며 서로 다른 숙주간에 교차감염의 증거는 없다.
- *Pneumocystis*는 원시적인 유사균류로서 균류의 가장 초기의 기본계통의 하나를 대표하며 사람을 포함하는 많은 포유류를 감염하는 절대기생체로 분화하였다.
- 사람 군에서 어린이들은 자주 감염되나 전형적으로 일시적인 감염만을 보이고 그 결과로 면역성을 획득한다. 아동은 감염의 일차 병원소일 수 있다.
- 어른은 그들의 거주지에 가까운 환경적 원천에서 감염을 획득한다고 보이나 면역이 억제되거나 약화될 때에만 감염을 일으킨다. 이러한 경우 감염은 빠르게 진행되고 순환하는 $CD4^+$ T 림프구 수의 저하와 밀접하게 연관된다.

제17장에서는 사람을 감염하는 균류병원체를 좀 더 언급하게 되며, 사람의 진균증을 치료할 수 있는 방법을 고찰한다.

온라인자료

Aspergillus fumigatus genome sequence. http://www.tigr.org/tdb/e2k1/afu1

Centers for Disease Control and Prevention, USA, Image library. http://www.dpd.cdc.gov/dpdx/HTML/ImageLibrary/Pneumocystis_il.htm

Doctor Fungus website. http://www.doctorfungus.org. [An excellent, comprehensive source of up-to-date information on all the human mycoses]

참고도서

Evans, E.G.V. & Richardson, M.D., eds (1989) *Medical Mycology: a practical approach*. Oxford University Press, Oxford.

Kwon-Chung, K.J. & Bennett, J.E. (1992) *Medical Mycology*. Lea & Febinger, Philadelphia.

Sutton, D.A., Fothergill, A.W. & Rinaldi, M.G., eds (1998) *Guide to Clinically Significant Fungi*. Williams & Wilkins, Baltimore.

참고자료

Borges-Walmsley, M.I., Chen, D., Shu, X. & Walmsley, A.R. (2002) The pathobiology of *Paracoccidioides brasiliensis*. *Trends in Microbiology* **10**, 80–87.

Brandhorst, T.T., Rooney, P.J., Sullivan, T.D. & Klein, B.S. (2002) Using new genetic tools to study the pathogenesis of *Blastomyces dermatitidis*. *Trends in Microbiology* **10**, 25–30.

Brouta, F., Descamps, F., Monod, M., Vermout, S., Losson, B. & Mignon, B. (2002) Secreted metalloprotease gene family of *Microsporum canis*. *Infection & Immunity* **70**, 5676–5683.

Brown, A.J.P. & Gow, N.A.R. (2001) Signal transduction and morphogenesis in *Candida albicans*. In: *The Mycota VIII. Biology of the Fungal Cell* (Howard, R.J. & Gow, N.A.R., eds), pp. 55–71. Springer-Verlag, Berlin.

Calderone, R.A. & Fonzi, W.A. (2001) Virulence factors of *Candida albicans*. *Trends in Microbiology* **9**, 327–335.

Domer, J.E. & Kobayashi, G.S., eds (2004) *The Mycota XII. Human Fungal Pathogens*. Springer-Verlag, Berlin.

Douglas, L.J. (2003) *Candida* biofilms and their role in infection. *Trends in Microbiology* **11**, 30–36.

Kwon-Chung, K.J. & Bennett, J.E. (1992) *Medical Mycology*. Lea & Febinger, Philadelphia.

Magrini, V. & Goldman, W.E. (2001) Molecular mycology: a genetic toolbox for *Histoplasma capsulatum*. *Trends in Microbiology* **9**, 541–546.

Perfect, J.R. (2004) Genetic requirements for virulence in *Cryptococcus neoformans*. In: *The Mycota XII. Human Fungal Pathogens* (Domer, J.E. & Kobayashi, G.S., eds), pp. 89–112. Springer-Verlag, Berlin.

Silva-Vergara, M.L., Martinez, R., Camargo, Z.P., Malta, M.H., Maffei, C. M. & Chadu, J.B. (2000) Isolation of *Paracoccidioides brasiliensis* from armadillos (*Dasypus novemcinctus*) in an area where the fungus was recently isolated from soil. *Medical Mycology* **38**, 193–199.

제17장

균류의 생장을 제어하는 원리와 실제

이 장에서는 아래와 같은 제목으로 균류를 방제하기 위한 실제적 주요 방법에 대해서 다루기로 한다.

- 환경 및 생물적 요소들의 관리를 통한 방제
- 생물적 및 종합적 방제
- 균류의 화학적 방제
- 항진균제의 세포내 중요 목표물
- 식물병의 방제를 위한 살균제의 사용
- 식물병의 방제를 위한 항진균성 항생물질의 사용
- 사람에 감염을 일으키는 진균의 방제

환경 및 생물적 요소들의 제어를 통한 균류의 관리

우리는 물리적 및 환경적 요인의 관리를 통해 어떻게 균류를 방제할 수 있는가 하는 몇 가지 좋은 예를 보아왔다. 예를 들면, 수분포텐셜의 관리가 곡류의 저장에 가장 핵심적인 요소이고, 온도와 수분포텐셜의 조합은 저장식품에서 균독소를 생성하는 진균의 생장을 억제하므로 안정성의 한계를 예측하는데 사용될 수 있다(그림 8.10 참조). 과일 같은 신선한 상품을 저장하거나 선박으로 수송할 때에는 낮은 온도와 높은 이산화탄소 농도를 조합시킨 **CA저장**(CA貯藏; **controlled atmosphere storage**)이 이용된다. 이는 숙성과 노화의 시작을 지연시키므로 이 두 가지를 병행처리 하는 것이 각각 단독 처리했을 때에 비해 비용이 저렴하다. 이와 유사하게 바나나는 관행적으로 중남미에서 유럽의 시장으로 선박으로 수송될 때에는 덜 익은 녹색과(green fruit) 상태이지만 나중에 인공적으로 에틸렌을 발생하는 화학물질에 노출시켜 후숙시킨다. 녹색과는 장거리의 선박수송(2~3주)을 잘 견디어 이 기간 동안 녹색을 유지하며 과일의 표피에 잠재감염 상태로 존재하는 바나나 탄저병균(*Colletotrichum musae*)의 병반형성을 억제한다(그림 5.3 참조).

과일에 상처가 나면 상처호르몬인 에틸렌이 방출됨으로써 과일을 조숙시켜 부패균류의 침입을 유발한다. 이러한 문제점에 대응하기 위해 몇몇 종류의 과일은 살균제를 처리하거나 왁스로 도포하여 저온에서 저장한다. 제12장에서 보았듯이 현재 몇 종류의 세균 및 효모가 살균제 대신 과일보호제로 시장에서 판매되고 있다. 이때 반드시 살아있는 미생물을 사용할 필요는 없는데, 그 이유는 *Saccharomyces cerevisiae*를 포함한 많은 종류의 효모 세포벽 단편들이 식물의 방어기작을 유도하는 물질로 작용할 수 있기 때문이다. 이와 유사하게, 식물을 병원균의 공격으로부터 보호하기 위해서 키토산의 이용에 대한 관심이 높아지고 있다. 현재 키토산은 상업적으로 게 껍질에서 화학적으로 아세틸을 제거하여 얻는다. 키토산은 시험관 시험에서 몇몇 균류의 생장을 교란하고, 과도하게 균사를 분지하게 하여 세포벽을 변형시키고, 세포질의 파괴를 유발한다. 카이틴은 진균의 전형적인 세포벽 성분이며, 몇 종류의 진균 특히 접합균문에 속하는 진균은 자연적으로 카이틴 탈아세틸화효소(chitin deacetylase)를 이용하여 카이틴에서 아세틸을 제거한다. 이들은 식물의 방어반응을 유발하는 키토산의 새로운 자원의 대안으로 이용될 수 있다.

위생, 검역 그리고 생물학에 기초한 유사한 전략들

윤작(輪作; **crop rotation**)은 기주작물이 없는 상태에서 오랜 기간 동안 생존하지 못하는 많은 토양 식물병원균을 방제할 수 있는 매우 효과적인 전통적 방법이다. 이 방법은 밀 마름병균(*Gaeumannomyces graminis*)의 경우에서 잘 알려져 있다. 만일 곡류가 아닌 다른 작물을 재배하면 1년 내에 밀 마름병균의 전염원 밀도가 곡류에 피해를 주지 않을 수준으로 감소하기 때문이다(그림 9.11 참조). 우리가 제12장(그림 12.2 참조)에서 보았듯이 토양이 자연적으로 밀 마름병을 억제할 수 있을 때까지 매년 계속해서 곡류를 재배하는 것도 대안이 될 수 있다.

작물관리방법(作物管理方法; **crop management practices**)은 병을 회피하기 위해서 변형될 수 있다. 여러 나라의 경우에서는 밀 비린깜부기병(*Tilletia caries*에 의해 발생, 제14장)이 종자를 통해 전염되기 때문에 살균제의 종자처리에 의해서만 방제할 수 있다. 그러나 미국의 태평양 서북부지역에서는 대체로 토양 전염병이며, 만일 가을밀을 일찍 파종하면 밀은 깜부기균에 대해서 가장 감염되기 쉬운 상태가 되지만, 토양의 수분이나 온도가 이 균의 포자 발아에 적합하지 않으면 밀은 이 병을 피할 수 있게 된다. 다른 간단하고 효과적인 병의 회피 방법은 *Plasmodiophora brassicae*에 의해 발생하는 십자화과 작물의 무사마귀병을 막기 위해 토양에 석회를 시용하는 것이다. **인산결핍증**(燐酸缺乏症; **phosphate deficiency**)은 수확량 감소의 주요 원인이 될 수 있다. *Pythium*(난균류)에 의한 밀 뿌리 갈색썩음병은 북미 대평원에서 1940년대까지 피해가 가장 심했던 병의 하나였으나 인산비료가 널리 사용된 이후에는 북미의 평원에서 사실상 사라지게 되었다.

기상예보(氣象豫報; **meteorological forecasting**)는 병을 관리하는 도구로서 여러 해 동안 이용되어 왔다. 이 방법은 최초로 **감자 역병**(late blight of potato)(제14장)의 방제를 위해서 1947년 Beaumont에 의해서 개발되었다. 그는 날씨와 감자 역병 대발생의 관계를 연구하여 지역에 따라 다르지만 온도가 10℃ 이상이며 상대습도가 75% 이상인 상태가 이틀 이상 지속되면 2~3주 내에 역병의 대유행이 발생한다는 것을 확립하였다. 이 이틀의 기간은 **'Beaumont 기간'**이라고 알려져 있는데, 이는 재배자들이 시간을 갖고 살균제를 살포할 수 있어서 이 병의 대유행을 피할 수 있게 되었다. 현재 이러한 기상예보는 더욱더 다듬어져 유사한 예보체제가 다른 작물체제에서도 널리 이용되고 있다. 한 예가 *Pithomyces*에 대한 안면습진의 경보체제이다(그림 7.20 참조).

위생(衛生; **sanitation**)은 병의 방제 또는 회피 전략으로 매우 효과적인 방법이 될 수 있다. 균류기생균 *Trichoderma harzianum*와 *Pythium oligandrum*의 경우에서 알려진 바와 같이 매우 효과적인 병의 방제 또는 회피 전략이 될 수 있다. 이들 균류는 식물병의 방제에 매우 큰 가능성을 갖고 있으나(제12장), 양송이의 상업적 생산에 있어서 *Agaricus bisporus*의 균사를 공격하고 파괴하기 때문에 문제가 되고 있다. 영국에서는 *T. harzianum*의 특이적인 한 계통(strain)의 포자가 버섯재배사의 퇴비상자를 오염시켜 문제가 되고 있다. *P. oligandrum*도 일부의 버섯생산 재배시설에서 심각한 손실을 일으키고 있다. 예를 들면 최근 뉴질랜드에서는 *P. oligandrum*의 리보좀 DNA의 ITS(internal transcribed spacers)(제9장)가 양송이의 치명적인 병을 일으키는 *P. oligandrum*의 특이적인 계통을 동정하는 데 사용되었다고 보고하였다(Godfrey *et al.* 2003).

*Amorphotheca resinae*와 *Paecilomyces varioti* 같은 균류가 항공연료 저장탱크에서 자라는 것을 방제하기는 특히 어렵다. 이들은 **항공연료**(航空燃料; **aviation kerosene**)의 *n*-alkane(제6장)에서 생장하며 필터를 막거나 대사부산물로 산을 생성하여 항공연료 저장탱크의 벽을 부식시키는 등 문제를 일으킨다. 이러한 문제점의 심각성이 인식되기 전인 1960년대의 항공기 추락사고 중 적어도 한번은 *A. resinae*에 의해서 일어났다. 이론적으로 이들 균류는 물을 필요로 하기 때문에 항공연료 속에서는 생장할 수 없다. 그러나 물이 연료의 저장탱크로 스며들어오는 것을 막

는 것은 거의 불가능하고 대기 온도의 변화 과정에 물이 응축될 수도 있다. 이들 균류는 연료와 물의 계면에서 생장한다. 이러한 문제점은 현재 여러 가지 조치를 조합해서 제어하고 있는데, 연료탱크 벽에 고무로 된 물질을 덧붙여서 부식을 막고 주기적으로 필터를 검사하고 청소함으로써 균이 생장하여 연료관을 막는 것을 방지하고 연료에 살균제를 첨가하는 것이다. 이러한 살균제로는 유기붕소제와 에틸렌 글리콜 모노에틸 에테르(ethylene glycol monoethyl ether)가 있다.

검역(檢疫; **quarantine**)은 병원균의 확산을 막기 위한 중요한 방법의 하나이지만, 국제 무역의 증가와 함께 점차 시행하기가 어려워지고 있다. 균류에 의해 대규모로 발생하는 병의 대부분은 다른 나라로부터 부주의하게 유입된 병원균에 의한 것이다. 대표적인 예로 **감자 역병**(제14장)과 북미와 서유럽에서 대발생하였던 여러 건의 **느릅나무 마름병**(**Dutch elm disease**)이 있다. 느릅나무 마름병의 매개충인 딱정벌레를 제거하기 위해서는 느릅나무 목재의 수피를 벗겨야 하는데 이 조치를 하지 않은 유럽 느릅나무 목재의 수입과 관련이 있다(그림 10.9 참조). 밤나무 줄기마름병(*Cryphonectria parasitica*)에 의한 미국밤나무의 전멸은 1904년에 아시아로부터 관상용 밤나무를 뉴욕동물원에 도입한 시기까지 추적이 가능한 것으로 보이나(그림 9.13 참조), 이처럼 광범위하게 북미에서 밤나무가 전멸하였던 것은 이 균이 이미 이전부터 북미에 존재했었기 때문이라는 견해가 최근에 제시되었다.

인간병원성 진균 *Cryptococcus neoformans*의 한 특이 계통이 후천성면역결핍증(AIDS) 환자로부터 분리되는 사례가 증가하고 있는데, 열대지방에서 그 기원을 추적할 수 있다. 이와 동일한 계통이 호주의 특정한 종류의 유칼리나무에서 생장하고 있는 것이 발견되었다. 그리고 이 병원성 계통이 발생하는 호주 이외의 지역은 이 종류의 나무가 도입된 지역과 일치하였다. 그러나 이것은 검역의 목적을 미리 예견할 수 없었던 것과 연관성이 있다고 할 수 있다(제16장). 세계의 대부분 바나나 재배지역으로 확산되고 있는 바나나의 파나마병 (*Fusarium oxysporum* forma specialis *cubense*, 제14장)은 번식묘의 수송에 의한 것이 거의 확실하다. 즉, 상업적으로 재배되는 바나나는 불임성인 3배체이므로 종자로는 번식될 수 없기 때문에 줄기 밑의 구경(corm)으로 증식한다. 이 병원균은 기원의 중심을 동남아시아 반도로 보고 있는데, 19세기에 무역업자들에 의해서 전 세계로 전파되었다. 무균조직배양으로 식물체를 키워내는 기술의 개발, 즉 **생장점배양**(生長點培養; **meristem culture**)을 통하여 장래에는 이러한 문제점을 극복할 수 있을 것이다.

좀 더 어려운 최근 문제점의 예를 들어보기로 한다. *Phytophthora fragariae* var. *rubi*에 의한 나무딸기의 뿌리썩음병이 세계 대부분의 나무딸기(raspberry) 생산지역에서 발생하는 것으로 알려졌다. 이 병은 새로 개량된 품종의 영양번식체(줄기)에 의해서 퍼진 것으로 보인다. 최근에 이 병원균이 일관되게 한 출처로부터 전파가 시작되었다는 것이 제한효소단편다형성(RFLPs, 제9장)에 의해서 확인되었는데, 이는 전 세계에서 실제로 이 병원성 계통이 모두 동일하다는 것이다(Stammer *et al.* 1993). 이는 과거 딸기의 붉은 속병(red core disease)의 원인균 *Phytophthora fragariae* var. *fragariae*와 포도나무의 뿌리혹병 병원체 *Agrobacterium tumefaciens*의 특이한 균주인 biovar 3의 전파의 경우에 있어서도 동일한 것이 사실이었다. 최근에 이 병원균이 전신적이고 병징이 없는 내생균으로 자라는 것이 발견되었기 때문에 과거에 눈으로 보기에 깨끗하게 영양번식시킨 포도나무 중에는 이 병원균의 검출을 피한 것도 있었을 것으로 생각된다.

이 예를 든 목록은 중요한 요점을 구체적으로 설명한 것이다: 많은 병은 독성이 있는 화학물질 없이 쉽고 값싸게 방제할 수 있으며, 특히 단순히 좋은 관리를 통해서도 가능하다.

생물적 방제 및 종합적 방제

이 책에서 생물적 방제의 몇 가지 예에 관해서 논의

온도 (℃)	Rhizoctonia solani에 의한 병 면적 (cm²)	선형전파 (cm)	토착성 Pythium에 의한 병 (cm²)
무처리	없음	<1	103
100℃	253	18	0
71℃	65	9	0
60℃	3	2	0

표 17.1 유묘상자의 토양에 자연적으로 서식하는 *Pythium* 집단을 박멸하기 위하여 이 토양을 서로 다른 온도로 처리한 후에 상자의 한쪽 귀퉁이에 도입한 *Rhizoctonia solani*에 의해 발생한 병. [출처: Olsen & Baker 1968.]

했기 때문에 여기에서는 광범위한 범위의 용어를 개관하기로 한다. **생물적 방제(biological control, biocontrol)는 다른 미생물의 활동을 이용해서 유해한 미생물을 방제하는 방법이나 과정이라고 할 수 있다.** 이 정의는 자연적으로 발생하는 생물적 방제와 다음과 같이 방제를 달성하기 위해서 실제적으로 이용되는 방법들을 포함한다:

- 어떤 미생물을 방제하기 위해서 인위적으로 다른 미생물의 도입;
- 자연적으로 존재하는 생물적 방제 체계의 인위적인 이용과 관리;
- 자연에 존재하는 생물적 방제 미생물의 활동을 증진시키기 위해 몇 가지의 환경 요인을 인위적으로 변화시킴;
- 위에서 언급한 방법들의 조합, 즉 도입된 생물적 방제 미생물의 작용을 촉진시키기 위해서는 대체로 몇 가지 환경요인의 변화가 필요하다.

인위적인 생물적 방제 미생물의 도입의 예로서 소나무 뿌리썩음병(그림 12.9 참조)을 방제하기 위해서 *Phlebiopsis gigantea*를 이용하였고, 밤나무 줄기마름병(그림 9.15 참조)을 방제하기 위해서 저병원성 균주를 이용하였고, *Trichoderma* spp. 같은 균류기생균을 유묘의 보호제(그림 12.5 참조)로 이용하였고, 해충을 방제하기 위해서 여러 종류의 균류를 이용한 것이 있다(제15장).

자연적으로 발생하는 생물적 방제의 사례로 곡류의 시스트선충 감소를 보았으며(제15장), 목화의 *Pythium*병을 자연적으로 억제하는 토양을 이용한 것(제12장)과 잔디 마름병을 방제하기 위해 잔디밭의 산도(pH)를 조절한 것이 있다(그림 12.16~12.18 참조).

생물적 방제의 세 번째 접근방법은 자연적으로 존재하는 생물적 방제요소의 활동을 증진시키기 위해 환경요소들을 변화시키는 것과 관련되어있다. 하나의 고전적인 예가 표 17.1에 온실에서 작물을 재배할 때 토양을 저온살균한 Olsen & Baker(1968)의 연구결과에 나타나있다. 식물병원균은 온실 내의 재배기간 중에 증가되는 경향이 있기 때문에 새로운 작물을 심기 전에 토양 속에 있는 이들 병원균의 박멸처리가 필요하다. 전통적으로 온실에서 토양을 살균할 때에는 100℃의 수증기살균보다는 공기와 수증기(**공기를 함유한 수증기**)가 혼합된 65~70℃의 저온살균법이 널리 이용되어 왔다. 수증기-공기 혼합체의 사용은 저렴할 뿐만 아니라 표 17.1과 그림 17.1의 실험결과에 나타난 것처럼 매우 효과적이다. 이 실험에서는 자연적으로 유묘병원균 *Pythium ultimum*에 오염되어 있는 여러 상자 속의 토양을 서로 다른 온도로 처리하고 고추의 유묘를 밀식하였다. 그리고 상업용 온실 내에서 아주 적은 양의 다른 병원균인 *Rhizoctonia solani*를 각각의 상자 한쪽 귀퉁이에 접종하였는데, 이는 각각의 상자에서 접종원이 살아있는 곳은 처리한 바로 바깥쪽에서도 발견될 수 있다는 것을 가정한 것이다. 그리고 각각의 상자에서 병든 식물의 면적을 사정하였다. 흙을 30분간 각각 61, 70, 100℃에서 처리하면 그곳에 살고 있던 *Pythium*의 집단은 제거되었다. 그러나 100℃로 처리한 토양은 살균되었지만 *Rhizoctonia*가 전파되는 데에는 도리어 유리하게 작용하였고, 반면에 61℃로 처리한 토양에서는 어떠한 병도 발생하지 않았다. 이러한 사실은 토양에 자연적으로 존재하는 *Bacillus* spp.의 휴면포

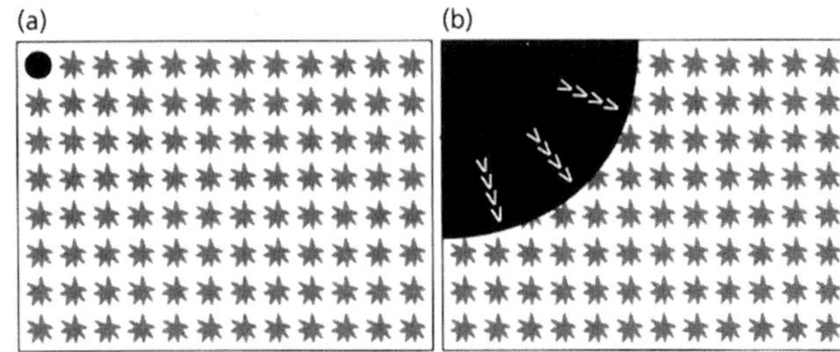

그림 17.1 살아남은 *Rhizoctonia*의 한 집단이 병을 일으키며 귀퉁이로부터 퍼지고 있는 모식도 (a, b)

자는 저온살균에도 살아남을 뿐만 아니라 이 온도에 의해 발아가 유발되는 계기가 주어졌기 때문이다. 자연적으로 발생하는 이들 생물적 방제 미생물은 빠르게 생장해서 생물학적 "진공"을 메우고 또한 새로 심은 작물들을 보호하는 여러 항진균성 항생물질을 생성한다.

온실작물에 수증기와 공기의 혼합체를 사용하는 것이 최근에 *Trichoderma* spp.와 이와 유사한 길항균을 이용하는 것으로 바뀌고 있다. 그러나 세계의 따뜻한 지역에서는 **태양열처리**(太陽熱處理; **solarization**)하여 경제적 가치가 있는 **농작물**을 키우는 것이 일반적인 경작법이 되었다. 이는 얇은 폴리에틸렌 시트로 토양을 20~30일 동안 덮어두는 방법이다. 이 방법은 "온실효과"를 일으키므로 토양 표면의 온도는 40℃ 이상으로 오르고, 50cm 깊이의 토양도 30℃ 이상이 된다. 대부분의 토양병원균 포자는 시험관에서 이 정도의 온도에는 생존할 수 있으나 습하고 태양열로 뜨거워진 토양에서는 높은 온도에서 번성하는 경쟁균와 길항균의 활동에 의해서 점차 제거된다 (Katan 1987).

균류의 화학적 방제

균류에 독성이나 살균성을 나타내는 화학물질은 균류의 생장을 제어하기 위해서 흔히 사용되나 일반적인 독성물질과 선택적인 독성물질과는 반드시 구별되어야 한다.

일반적인 독성물질

균류에 독성을 나타내는 물질은 화장품, 녹말에 기초한 물질, 면섬유, 재목 등을 포함하는 여러 가지 생산품의 부패를 방지하는 데 있어서 중요한 역할을 한다. 이들 각각의 경우에서 화학제의 선택은 구체적인 필요성에 달려있다. 예를 들면 화장품이나 연고에 사용하는 방부제는 반드시 무독성, 무자극성이고 주성분과 조화를 이루어야 한다. 이러한 경우에는 흔히 저분자의 알코올, *p*-히드록시벤조익산(**parabens**)의 에스테르가 사용된다. 다른 극단적인 예로 바다에서 사용하는 목재, 나무 울타리 및 전봇대는 안정적인 화학물질로 처리하여 부후와 곤충의 침입에 대해 수십년 동안 보호되어야 한다. 일반적으로 가장 많이 사용되는 세 가지의 목재방부제에는 콜타르 크레오소트(**coal-tar creosote**), 펜타클로로페놀(**pentachlorophenol**)과 크롬산구리비산염 같은 무기비소화합물(**inorganic arsenicals**)이 있다. 이들 화학물질이 목재에 깊이 침투하여 보존되는 것을 확실하게 하기 위하여 압력을 이용해 처리한다. 이렇게 처리된 목재 제품은 분명히 건강에 해가 끼칠 우려가 있다. 펜타클로로페놀은 잘 알려진 발암물질이고 폐와 피부를 통해 흡수되며 매우 적은 양의 **다이옥신**(**dioxin**)을 함유하고 있다. 비소를 함유한 목재처리제는 독성이 있는 것으로 널리 알려져 있으며, 최근 미국 환경보호청에서는 앞으로 비소화합물을 사용할 수 없다고 발표하였다 (2003). 이러한 여러 목재보존제의 맹독성으로 인하여 생물적 방제 미생물을 목재의 보호를 위해 대신 사용할 수 있는 가능성에 대한 관심을 불러일으키게 되었다. 유망한 생물적 방제 미생물 중에서 *Trichoderma*는 잘려진 목재의 표면에 정착하여 목재를 부후시키는 균류에 길항작용을 나타낸다는 것이 실험실 실험에서 밝혀졌다(Vanneste *et al*. 2002).

인간과 작물의 병원균의 방제: 선택적 독성의 원리

일반적인 독성물질과는 달리 살아있는 세포조직 내의 균류를 방제하기 위해서 사용되는 화합물은 반드시 **선택독성**(選擇毒性; **selective toxicity**)을 나타내야 한다. 이 장의 나머지 부분은 먼저 식물병의 방제 그리고 인간의 진균증을 다루는 논제에 집중할 것이다. 이 분야는 생각하기에 따라 좀 더 가깝게 관련되어있다고 생각되는데, 이는 같은 유형의 화합물이 식물과 인간 병원성 균류에 사용되기 때문이다. 예를 들면, **아졸계 살균제**(**azole fungicides**; imidazoles과 triazoles)는 처음에는 식물의 병을 방제하기 위해서 개발되었으나 현재는 이들 살균제를 변형시켜 사람의 진균감염증 치료에 널리 사용되고 있다. 이와 유사하게, 자연에서 발견되는 항진균성 항생제인 **griseofulvin**은 처음에는 식물병원균인 *Botrytis allii*의 포자 발아관을 비뚤어진 나선형 모양으로 자라게 하는 "곱슬거리는 요인"(**curling factor**)으로 발견되었으나 현재는 피부 진균증을 치료하기 위한 경구투여용 항생제로 개발되었다. 이 약제는 균류의 미세소관을 붕괴시키는 작용을 하며, 이는 형태발생 (morphogenetic)의 효과로 설명할 수 있는데 왜냐하면 미세소관들은 세포내의 성분들을 생장하고 있는 균사선단에 전달하는 것과 관련이 있기 때문이다(제4장).

항진균제의 주요 세포표적

최근 **식물과 사람의 병**을 방제하기 위한 **주요 표적**을 그림 17.2에 나타내었다. 처음 보면 병의 방제를 위해 이용할 수 있는 많은 수의 세포표적이 있는 것 같이 생각되지만 실제로 그 범위는 제한되어있다. 그림 17.2에 나타난 많은 화합물은 매우 제한된 사용방법(R로 표시)을 갖고 있으며 주로 일본의 농업에서 사용된다. 만일 우리가 이들 화합물을 제외한다면, 단지 **5가지 주요 유형의 항진균 표적**만 남게 된다:

1. **세포막**, 균류는 특이하게 **에르고스테롤**(ergosterol)을 세포막의 스테롤로 갖고 있기 때문;
2. **미세소관**, **미세소관과 결합된 단백질**, griseofulvin 항생제와 benzimidazole 항진균제(현재는 시장에서 철수)에 의해 기능이 저해 받음;
3. **미토콘드리아 호흡**, 몇 종류의 식물 살균제에 의해 표적이 됨;
4. **균류의 세포벽**, 특히 β-1-3 glucan을 표적으로 개발된 새로운 그룹의 의약품인 echinocandins가 최근 사용되고 있음(2002);
5. 여러 관점에서의 **일반적인 대사**.

균류에 의해 발생하는 병의 방제에 광범위한 선택권을 제공하기 위해서는 새로운 화합물(새로운 작용기작)과 새로운 세포 표적의 발견이 긴급히 필요하다.

식물병의 방제에 사용되는 살균제

넓은 의미의 "살균제(fungicide)"라는 용어는 균류를 죽이거나 또는 비활성화하는 화합물을 말한다. 거의 대부분 이들 화합물은 화학적으로 합성되지만 몇 종류는 자연에 생성되는 화합물을 변형시킨 유도체이다.

모든 살균제를 사용하기 위해서는 어떤 작물에 사용할 것인가와 살균제를 마지막 뿌린 시기와 작물의 수확기 사이에 어느 정도의 "보류기간"이 있어야 되는지에 대해 구체적으로 국가의 감독기관으로부터 공식적인 승인을 받아야 한다. 현재 약 80 종류의 서로 다른 살균제 그룹(여기서 하나의 그룹은 pyrimidines, imidazoles, triazoles 등 특정한 유형의 화합물로 정의된다)이 있다. 이들은 그림 17.2와 같이 기본적으로 **세포표적** 또는 **작용양식**에 따라 12개의 범주로 구분할 수 있다. 실제로 식물의 병을 방제하는 데 있어서 살균제는 그들의 서로 다른 역

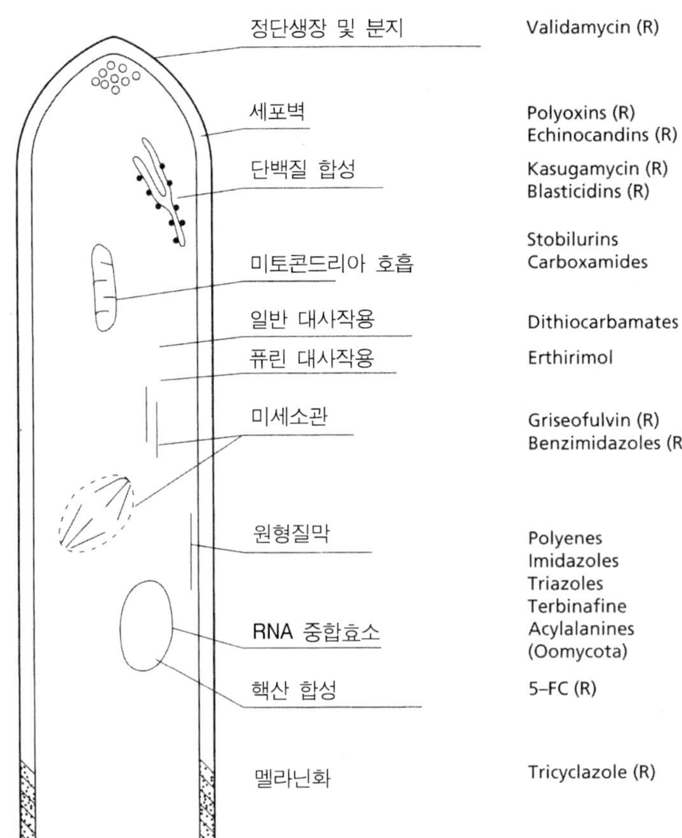

그림 17.2 사람과 식물에 병을 일으키는 균류를 화학적으로 방제하기 위한 세포내 중요 표적. "(R)"로 표시된 제제는 제한적으로만 사용되고 있다.

할을 반영해서 **무기살균제**, **유기접촉살균제**(**보호살균제**), 그리고 **침투성 살균제** 등 3개의 큰 범주로 묶을 수 있다.

무기살균제

무기살균제(inorganic fungicide)는 식물의 병을 방제하기 위하여 처음으로 사용된 살균제였으며, 유황이 1846년, 구리염이 1882년, 수은이 1920년경 개발되었다 (1992년 이후에 수은은 맹독성 때문에 사용이 금지되었지만 영국은 수은의 사용금지를 맨 마지막으로 수용한 산업국가라는 특별한 기록을 갖고 있다).

무기유황은 항상 그 비용해성 때문에 사용의 제한을 받아왔지만, 유황가루는 흰가루병의 방제를 위해 널리 사용되었다. 왜냐하면 흰가루병균의 균사체와 포자는 잎 표면에 발달하기 때문이다. 유황은 전적으로 자연생산물이기 때문에 유기농업을 하는 사람들에게 사용가능한 얼마 안 되는 살균제 중의 하나이다. 구리를 함유한 여러 살균제는 폭넓은 항진균성과 항세균성 범위 때문에 광범위하게 사용되었다. 이들 살균제는 1800년대 말에 포도나무 노균병(*Plasmopara viticola*, 난균)을 방제하기 위해 Burgandy액과 보르도액(Bordeaux mixtures)을 개발되었을 때 눈부실 정도로 성공적이었다. 일반적으로 구리살균제는 **유산동과 석회의 복합체**(Bordeaux mixture)이거나 또는 **수산화동**과 **copper oxychloride**에 기초하고 있다. 이들 살균제는 많은 종류의 잎과 과일의 병을 방제하고 있으나 잠재적으로 식물에 독성이 있다. 이들 살균제의 작용기작은

표 17.2 주요 작용 위치 또는 작용기작에 따른 살균제의 분류.

작용위치 / 기작	*비고*
핵산 합성	*Phytophthora infestans* 등 난균류에 의한 병을 방제하는 **acylalanines** 등 몇몇 살균제
미세소관(유사분열 및 세포분열)	**benzimidazoles** 등 이행성 살균제
호흡	미토콘드리아 전자수송의 단계를 방해하거나 ATP합성을 저해하는 여러 살균제
아미노산 및 단백질 합성	blasticidin-S, kasugamycin 등의 항생제 및 몇몇 살균제
신호전달	세포신호전달에 관여하는 G 단백질 또는 MAP protein kinase에 영향을 주는 몇몇 살균제
지질 및 원형질막 합성	지질 과산화, 인지질 생합성, 세포막 투과성에 영향을 주는 몇몇 살균제
스테롤 생합성	스테롤 생합성 경로에서 특정 단계를 방해하는 여러 살균제
글루칸 및 세포벽 합성	몇몇 살균제 및 항생제 (polyoxin, validamycin)
멜라닌 합성	멜라닌 생합성을 방해하는 몇몇 살균제
작용부위 여러 곳	기본적인 대사경로를 저해하는 각종 무기살균제(황제, 동제) 및 보호(접촉성)살균제
기주저항성 유도	기주식물의 방어기작을 활성화하는 몇몇 화합물(예, 살리실산, 키토산)
기타; 작용기작 불명	인산염, fosetyl-aluminium 등 *Phytophthora* 뿌리썩음병을 방제하는 몇몇 화합물

균류의 몇 가지의 기본적인 대사과정을 간섭하는 데 기반을 두었기 때문에 균류는 이들에 대해서 쉽게 저항성을 일으키지 못하고 있다.

유기접촉살균제(보호살균제)

유기살균제(organic fungicide)는 1930년대에 개발된 이래 무기살균제를 빠르게 대체하게 되었다. 이들 살균제는 식물의 표면을 보호하고 또는 이미 감염이 일어난 것을 방제하기 위해서 뿌린 부위 근처에서만 작용하기 때문에 보호살균제(protectant) 또는 접촉살균제(contact fungicide)로 불린다. 따라서 이들 살균제는 식물의 표면 전체에 살포하는 것이 필요하고 새로 자라나는 잎과 줄기를 보호하기 위해서는 재살포가 필요하다. 하지만 이들 살균제는 내구성이 있어서 그들 중 많은 종류가 오늘날까지 아직 사용되고 있다. 이들 살균제에 대해서 균류가 쉽게 저항성을 획득하지 못하는 것은 이들 살균제가 균류의 기본적인 대사경로 과정에 간섭하거나 대체로 균류 세포의 복합적인 부위(multiple sites)에 작용하기 때문이다.

이들 보호살균제의 예에는 **maneb**(그림 17.3)와 **thiram**(그림 17.3) 같은 **dithiocarbamates**가 있다. 살균제에는 한 개 또는 한 개 이상의 유항을 함유한 thiol 기를 갖고 있으며 아미노산, 단백질 및 효소의 sulfydryl(-SH) 기를 불활성화한다. 이들 살균제는 잎에 발생하는 각종 병의 방제에 사용되고 있다. **dinocap**(그림 17.3)와 같은 dinitrophenols를 포함한 다른 보호살균제는 ATP의 합성으로부터 호흡이 결합하는 것을 저지한다.

침투성 살균제

침투성 살균제(systemic fungicide)는 식물에 의해서 흡수되고, 일반적으로 살포한 곳으로부터 내부적으로 목부(xylem)를 통해 위쪽으로만 이동하기 때문에 식물의 새로운 생장을 보호할 수 있게 되었다. 1960년대에 이 살균제가 개발되면서 식물을 보호하는 데 혁명이 일어나게 되었다. 왜냐하면 이 살균제는 식물체 속에 깊이 침투한 병원균을 박멸할 뿐만 아니라 병원균에 의해서 계속적으로 일어나는 감염을 막을 수 있었기 때문이다. 이들 살균제의 대부분은 사부(phloem)를 통해 아래로는 이동하지 않기 때문에 중요한 토양전염성 병균에 대해서는 거의 보호해주지 못하지만 지금도 널리 사용되고 있다. 이들 살균제의 사용은 다른 문제점을 일으키고 있다. 이 살균제의 활성성분은 일반적으로 독성물질은 아닌 대신 한 가지 효소경로의 한 단계나 또는 균류 세포의 특수한 구성성분에 결합하는 매우 특이한 작용기작을 갖고 있다. 이러한 점 때문에 균류는 흔히 한 개의 유전자를 돌연변이 시켜 침투성 살균제에 대한 저항성을 매우 쉽게 갖게 되었다. 이런 저항성이 일어나면 균류는 흔히 이 침투성 살균제와 같은 그룹에 속한 다른 살균제에 대해서도 교차저항성을 나타낸다. 이런 이유로 침투성 살균제는 **저항성 관리전략**과 연계하여 사용할 필요가 있다. 이 전술은 서로 다른 작용기작을 가진 침투성 살균제를 교대로 사용하거나 침투성 살균제와 넓은 작용기작을 갖는 보호살균제와 연계하여 사용할 수 있다. 우리는 아래에 몇 가지의 대표적인 예를 고려하였다.

벤지미다졸 살균제

벤지미다졸(Benzimidazoles)은 최초의 침투성 살균제로서 thiabendazole이 1964년, benomyl이 1967년 그리고 나중에 carbendazim(1970)과 thiophanate-methyl이 도입되었다(그림 17.4). 역설적으로 thiabendazole은 1962년에 구충제(antihelminth)로 개발되어 판매되었으나 후에 살균성이 발견되었다. 이 살균제를 개발하는 경험적인 접근방법은 아직도 흔히 있는 일이다. 전형적인 예로 곡류의 녹병균, 흰가루병균, 역병균(예, *Phytophthora infestans*), 벼 도열병균 (*Magnaporthe grisea*) 등이 포함된 몇 종류의 중요한 병원균에 대해서 효과가 있을 가능성이 있는 수천가지의 화합물질을 선발하는 것이 포함되어있다. 초기의 선발실험에서 가능성을 보인 화합물은 살균효과를 증진시키고 바람직하지 않은 부작용은 최소화하여 추후 실험을 위한 일련의 이성체를 제조하기 위하여 화학적으로 변형시켰다. 이러한 접근 방법은 최초의 화합물인 thiabendazole에서 benomyl과 carbendazim이 각각 독자적으로 특허를 받게 되었다. 지금 우리는 이들 살균제가 유사하거나 동일한 작용기작을 갖고 있다. 이들 살균제는 methyl benzimidazole-2-yl-carbamate(MBC)로 전환되고 방추체 미세소관과 결합하여 유사분열을 방해한다. 이들 살균제는 생장하고 있는 균사 선단에 구성성분을 전달하는 세포질의 미세소관과 결합하여 균의 선단생장에 영향을 미치고 있다(제4장).

벤지미다졸계 살균제는 식물이나 동물의 세포가 미세소관을 갖고 있음에도 불구하고 식물이나 동물의 세포에 대해서는 효과가 거의 없거나 또는 전혀 없는 선택적인 살균제이다. 이러한 효과를 나타낼 수 있는 이유는 시험관 연구를 통해 밝혀졌다. 미세소관은 β-tubulin이 α-tubulin과 이량체(dimer)를 형성하여 만들어지고, 이들 이량체가 연속적으로 덧붙

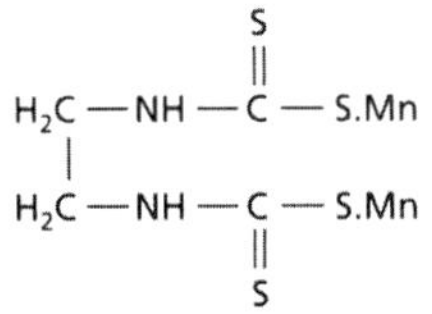

Maneb **(dithiocarbamate)**

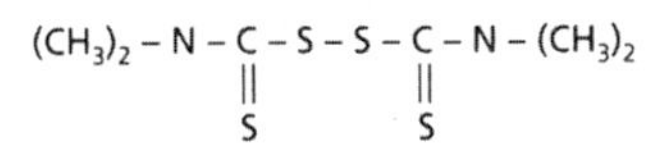

Thiram **(dimethyldithiocarbamate)**

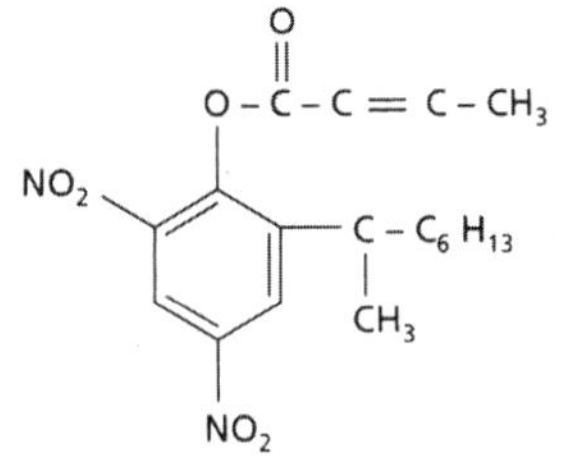

Dinocap **(dinitrophenol)**

그림 17.3 보호 살균제의 예: maneb, thiram, dinocap.

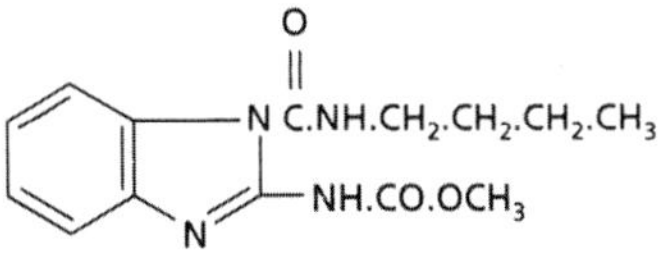

Benomyl **(benzimidazole)**

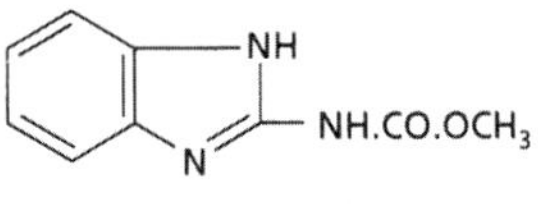

Carbendazim **(MBC)**

그림 17.4 두 종류의 침투성 benzimidazole계 살균제.

여지면서 생장한다. MBC는 균류의 β-tubulin과 강하게 결합하여 β-tubulin이 α-tubulin과의 결합을 방해하기 때문에 미세소관의 자체조립을 방해한다. MBC는 고등동물이나 식물의 tubulin 뿐만 아니라 난균류의 tubulin과도 강하게 결합하지 않기 때문에 이들 살균제는 선택적인 항진균제이다(Davidse 1986).

Benzimidazole계 살균제는 몇 종류의 병원균을 방제하기 위해서 성공적으로 사용되고 있으나 연용하면 균류는 이 살균제에 대해 내성(저항성)을 발현하게 된다. 이것은 아마도 기능적인 미세소관에 필요한 β-tubulin 유전자의 여러 곳에 점 돌연변이가 발생해서 살균제가 β-tubulin과 결합하는 것을 감소시키고, 때로는 β-tubulin과 α-tubulin의 상호작용과 tubulin과 결합된 단백질에 영향을 미치고 있기 때문이다. 살균제로 benomyl(Benlate)이 사용되기 시작한 지 30년이 지난 후 산모가 임신 초기단계에 benomyl에 노출되면 동공이 없는 아기를 출산할 수 있는 선천적 결손증과 연관되어왔다. Observer지(2003년 12월 21일자)는 새끼를 밴 쥐에 고농도의 benomyl을 먹이면 뱃속 새끼의 40% 이상이 눈에 심한 결함을 갖는다고 보도하였다. 최근 Benlate 제조회사는 이 살균제를 세계의 시장에서 철수하였다.

스테롤 합성 저해제

스테롤은 모든 진핵생물과 일부의 고세균(메탄균) 세포막에서 발견되나 세균의 세포막에는 존재하지 않는다. 스테롤은 인지질 이중막 속으로 삽입되어 세포막의 안정성과 유동성을 유지하는 데 도움을 준다. 서로 다른 그룹의 생물체는 서로 다른 형태의 세포막 스테롤을 갖고 있다. 균류는 특징적으로 **에르고스테롤(ergosterol)**을 세포막의 스테롤로 갖고 있으며, 반면에 콜레스테롤은 동물의 특징적인 스테롤이고, 사이토스테롤(sitosterol)과 유사한 파이토스테롤(phytosterol)은 식물과 난균류에서 발견된다.

모든 스테롤은 제7장에서 서술한 것처럼 복잡한 다단계 경로를 통해 합성된다(그림 7.15 참조). 그 개요를 보면 스테롤은 3분자의 acetyl coenzyme이 축합하여 **isoprene units**(5개 탄소화합물)를 형성하고 3개의 isoprene units가 축합하여 15개 탄소 화합물인 **farnesyl pyrophosphate**를 만든다. 두 분자의 farnesyl pyrophosphate가 합쳐서 30개 탄소 화합물인 **squalene**을 만들고, 이 화합물이 일련의 여러 단계 순환반응과 고리폐쇄를 거쳐 최종적으로 스테롤인 **lanosterol**이 만들어진다. 이것이 모든 다른 스테롤이 만들어지는 스테롤의 전구체이다. lanosterol로부터 마지막 스테롤에 이르기까지 몇 단계의 중간과정이 있으나 **ergosterol**로 가는 가장 핵심 단계는 스테롤 전구체의 14번 탄소(C-14) 위치에서 메틸그룹을 제거하는 것이다. 이 과정은 **lanosterol 1,4 α-demethylase** 효소에 의해서 촉매 되는데, 이 효소는 자신의 조효소로 철을 함유하고 있는 cytochrome P-450을 갖고 있다. 이 탈메틸화 단계는 균류의 스테롤 합성과정에서만 일어나고 식물이나 동물의 스테롤에서는 일어나지 않기 때문에 항진균제의 이상적인 표적을 제공한다.

몇 종류의 침투성 살균제는 특이하게 스테롤의 탈메틸화 반응을 저해하는데, 그 결과 균류는 자신의 정상적인 스테롤을 합성할 수 없게 되고 대신 lanosterol 같은 다른 스테롤을 균류의 세포막에 삽입시키게 된다. 이러한 현상은 세포막에 누출을 일으키고 궁극적으로는 세포의 사멸을 가져온다. **Imidazole**(예, **imazalil**, 그림 17.5)과 **triazole**(예, **propiconazole**, 그림 17.5)은 이와 같은 작용을 하는 살균제의 중요한 예이다. 그들의 공통적인 특징은 2개(**imidazole**) 또는 3개(**triazole**)의 질소원자가 포함된 5개 구성단위로 이루어진 복소환식 고리로 구성되어있다. 이들 azole 살균제는 azole 약제가 사람의 진균감염증을 통상적으로 치료했던 것과 같은 방법으로 작용한다고 생각된다(아래 참조). 살균제의 친지질성 부분은 탈메틸화효소와 결합하는 것으로 생각되는 반면에 철을 함유한 조효소와 결합되어 있는 복소환식 고리의 질소는 탈메틸화를 봉쇄한다.

특정한 균류군에 효과가 있는 침투성 살균제

특정한 균류군에 대해서 다소간 특이하게로 작용하

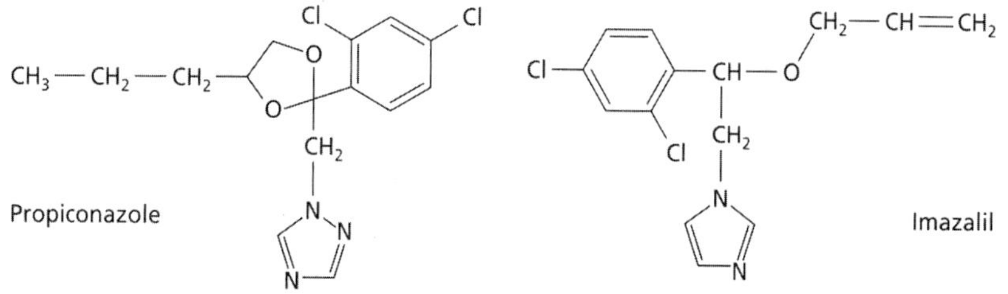

Propiconazole

Imazalil

그림 17.5 Azole계 살균제의 예: propiconazole은 복소환식 고리에 3개의 질소원자가 함유된 triazole이고, imazalil은 복소환식 고리에 2개의 질소원자가 함유된 imidazole이다.

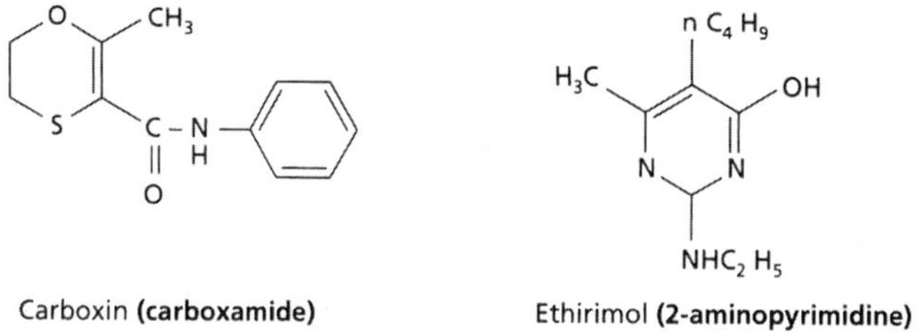

Carboxin **(carboxamide)**

Ethirimol **(2-aminopyrimidine)**

그림 17.6 Carboxymide와 2-aminopyrimidine 계열의 침투성 살균제.

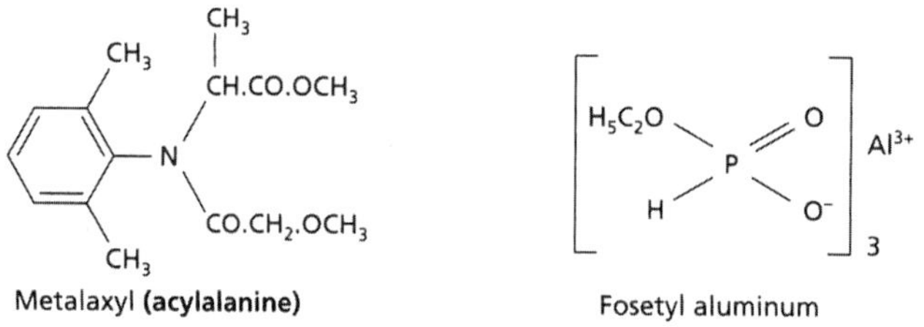

Metalaxyl **(acylalanine)**

Fosetyl aluminum

그림 17.7 난균류에 특이적으로 작용하는 metalaxyl과 fosetyl-aluminum 살균제.

는 몇 가지의 침투성 살균제가 있다. 예를 들면 **carboxin**(그림 17.6) 같은 **carboxamide**계 살균제는 담자균류(녹병균, 깜부기병균, *Rhizoctonia solani*)의 호흡에 간섭하여 해롭게 작용하며; 이들은 3탄당 회로(TCA cycle)의 succinate가 탈수소화되어 fumarate로 되는 단계(그림 7.2 참조)를 저해한다. **Ethirimol**(그림 17.6) 같은 **2-aminopyrimidine**계 살균제는 퓨린 대사에 관여하는 효소(adenosine deaminase)를 저해해서 흰가루병균에 특이적으로 작용한다. 이 경우에 이들 살균제에 내성인 돌연변이 균주는 대체로 효소의 변이를 보여주고 있지 않는데, 이는 내성 균주가 숙주로부터 퓨린을 얻음으로써 살균제의 저해를 회피한다고 생각된다.

Acylalanine계 살균제(예, **metalaxyl**, 그림 17.7)는 난균류에 특이적으로 작용하는데, 이는 리보핵산(RNA)의 중합효소를 저해함으로써 RNA의 합성을 봉쇄한다. 이들 살균제는 진균에는 효과가 없지만 *Phytophthora infestans*를 포함한 *Pythium*과 *Phytophthora* spp.의 방제에는 매우 효과적이다. Acylalanine에 대한 저항성은 포장에서 매우 빠르게 발생할 수 있으며 이들 살균제는 난균류에 특이적으로 작용하는 또 다른 살균제이고, 사부에서 잘 이동하는 주목할 만한 특성을 갖고 있다. 따라서 이 살균제는 경엽에 처리할 수 있고, 뿌리 속으로 이동해서 뿌리를 감염시키는 *Phytophthora cinnamomi* 같은 *Phytophthora* spp.를 방제하는 데 있어서 매우 큰 가치가 있다. 이 살균제는 실험실에서 배양한 난균류에 대해서는 거의 살균력을 나타내지 않고 있어서, 처음에는 이 살균제가 기주의 저항성을 유발하는 것이 아닌가 하는 견해가 있었다. 계속된 연구 결과

fosetyl-aluminum은 식물체 내에서 쉽게 분해되어 인산(H_3PO_4)으로 되고, 이 무기산의 낮은 농도는 배지에서 난균류의 생장을 저해하는 것을 보여주고 있다.

몇 가지의 살균제는 **멜라닌 합성저해제(melanin synthesis inhibitors)**로 작용한다. 멜라닌 합성저해제는 배지 내에서 균류의 생장을 저해하는 효과는 없지만, 이들 저해제는 특히 균류가 멜라닌화한 부착기로 기주를 감염할 때 특이적으로 감염과정에 간섭할 수 있다(그림 5.2 참조). 이들 살균제는 *Colletotrichum* spp.와 특히 *Magnaporthe grisea*(도열병균)의 방제에 제한적으로 사용되고 있다. 부착기는 기주의 표면에 강하게 달라붙은 후에 멜라닌화 하고 8 MPa(megaPascal)에 상당하는 놀랄만한 삼투압을 발생시킨다. 이것은 기주와 접촉해서 세포벽이 멜라닌화 되지 않은 부착기의 작은 부위에서 발달한 좁은 침입균사가 초점을 맞추는 데 필수적이다. 만일 균류가 멜라닌을 합성할 수 없으면 기주와 접촉하는 넓은 지역이 있게 되고 침입의 시도는 실패한다. 이들 병원균 중 멜라닌 합성결여 돌연변이체는 기주를 침입하지 못하는 유사성을 보여주고 있다. 벼 도열병균을 포함한 주요 목표가 되는 병원균은 이들 살균제에 대해 저항성을 나타낼 수 있는데, 그 작용기작은 멜라닌 합성경로의 특이한 효소인 reductase 또는 dehydratase 둘 중 하나의 작용에 기반을 두고 있다(Wolkow *et al.* 1983).

스트로빌루린 살균제

스트로빌루린 A(Strobilurin A)와 **우데만신 A (oudemansin A)**는 수목에 부후를 일으키는 담자균 버섯인 *Strobilurus tenacellus*와 *Oudemansiella mucida* (그림 17.8)에서 발견된 천연산물이다. 이 두 가지 물질은 독자적으로 발견되었으나, 후에 화학적으로 동일하고 공통의 작용기작을 갖고 있어서 전자전달계 cytochrome bc1 복합체의 특정한 위치의 ubiquinol의 산화를 봉쇄하여 미토콘드리아의 호흡을 저해한다는 것이 밝혀졌다. 이들 살균제는 ATP의 생성을 저해한다. 이 화합물은 오래전에 알려졌지만 상업적

그림 17.8 썩은 나무에서 자라는 *Oudemansiella mucida* (끈적긴뿌리버섯)는 stribilurin계 살균제를 처음 발견한 생물이다. [출처: Marek Snowarski, Fungi of Poland; www.grzyby.pl]

으로 개발된 것은 1980년대 초에 농약관련 회사가 **strobilurin**이라고 알려진 합성 유사체를 제조함으로써 시작되었다. 이 화합물은 광화학적으로 안정하고 포유동물에 대한 낮은 독성, 식물 내에서의 적절한 이동성 및 작물의 안전 등 바람직한 여러 특성을 갖고 있다. 최초의 상업적인 strobilurin 살균제 **azoxystrobin**과 **kresoxim methyl**(그림 17.9)은 1996년에 출시되었는데, 현재 주요 농약회사들이 이들 화합물에 대해 700가지가 넘는 특허를 출원하였다.

Strobilurin계 살균제는 놀랍게도 모든 주요 분류군의 식물병원균에 대해 폭넓은 살균작용을 나타내고 있다. 예를 들면 azoxystrobin은 400 가지가 넘는 식물병원균에 대해 등록되어있다. 이 물질은 포자발아를 강하게 억제하며, 탁월한 감염 예방작용을 나타내고, 병원균의 근절 및 포자형성 억제 등의 특징을 갖고 있다. 곡류의 모든 주요 병을 포함한 많은 다른 종류의 작물을 위해 특정하게 처방된 이들 살균제가 시장에서 판매되고 있다. 왜 이들 화합물이 균류나 식물의 미토콘드리아에 대해서 표적장소를 갖고 있지만, 균류에 대해서만 독성이 있고 식물 기주에 대해서는 독성을 갖고 있지 않는가에 대해 의문이 생긴다. 제시된 설명은 식물은 균류에 비해 이 살진균의 차별적인 침투와 분해가 있다는 것이다. 특정한 대사 표적에 작용하는 다른 살균제와 같이

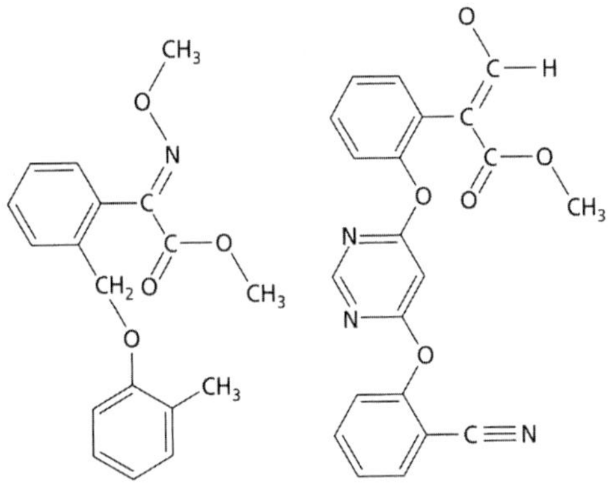

Kresoxim-methyl Azoxistrobin

그림 17.9 두 종류의 stribilurin계 살균제 구조.

균류는 strobilurin계 살균제에 대해 저항성을 갖는다는 강력한 증거가 있다. 그래서 저항성 관리 전략적 차원에서 다른 살균제와 혼합하거나 또는 교대로 사용해야 할 필요가 있다.

식물병의 방제에 사용되는 항생제

여러 종류의 항생제가 있지만 그 중에서 단지 몇 가지만 병의 방제에 사용될 수 있는 선택성을 갖고 있다(표 17.3). 예를 들면, **cyclohexamide**는 폭넓은 항진균성을 갖고 있어서 실험실 연구에서는 널리 사용되고 있으나, 진핵생물의 80S 리보솜의 단백질 합성을 저해하기 때문에 진핵생물에 대해 독성이 있다. 따라서 이 살균제는 병의 방제에 사용될 수 없다. 주로 *Magnaporthe grisea*에 의한 벼 도열병과 *Rhizoctonia solani*에 의한 벼 잎집마름병을 방제하기 위해 상업적으로 사용해 온 몇 종류의 항생물질이 일본에서 개발되었다. 발효기에서 생산된 이들 항생제 외에도 몇 가지의 생물적 방제 미생물이 항진균성 항생물질을 생성하는 것으로 알려져 있다. 그러나 이들 화합물은 까다롭고 값비싼 독성검사를 피하기 위한 전략으로 이 생물적 방제 미생물을 미생물 접종제로 판매하여 간접적으로 활용된다.

일본의 농업용 항생제

5가지의 새로운 항진균성 항생제가 일본에서 발견되고 상업화 되었다. 이들에 대해서는 아래에서 간략히 검토하였고 이들의 구조는 그림 17.10에 나타나 있다.

Polyoxin 및 nikkomycin

Polyoxin D를 포함한 polyoxin계에 속하는 항생제는 카이틴의 합성을 특이적으로 저해하는 독특한 작용기작을 나타낸다. 1965년 발견된 이래 고등동물이나 식물에는 저해효과를 갖고 있지 않으나, 카이틴을 지닌 두 종류의 주요 생물군인 균류와 해충의 방제에 이들 물질이 중요한 역할을 할 수 있을 것이라는 희망을 불러 일으켰다. Nikkomycin은 polyoxin과 같은 방법으로 작용하는 유사한 물질이다. 이 두 가지 물질은 카이틴합성효소(chitin synthase)의 활성부위에 강하게 달라붙어서 카이틴이 합성되는 정상적인 기질인 (UDP)-*N*-acetylglucosamine과 경쟁한다(그림 7.11 참조). 특히 일본에는 실제로 벼 잎집마름병(*Rhizoctonia solani*)과 배나무 검은무늬병(*Alternaria*)을 방제하기 위해서 사용되었다. 그러나 포장에서 항생제의 흡수를 감소시키는 이들 병원균의 돌연변이 균주들이 발견됨에 따라 빠르게 내성(저항성)을 획득하게 되었다. 이들 항생제를 사람이나 동물숙주의 진균병의 방제에 사용하려는 시도는 실패하였다. 실험실의 시험관 시험에서 polyoxin계 항생제는 카이틴 합성의 강력한 저해제인 것을 보여주었다. 그러나 이들 항생제는 통상적으로 균류세포 내로 dipeptides를 끌어들이는 데 이용되는 세포막 단백질에 의해서 흡수되기 때문에 사람이나 동물조직 속의 수많은 작은 펩티드는 이들 항생제가 세포 내로 흡수되는 것을 경쟁적으로 막고 있다.

Blasticidin-S, kasugamycin 및 validamycin

Blasticidin, kasugamycin, validamycin 등 3가지 항생제는 일본의 농업에 어느 정도의 역할을 해온 것

표 17.3 식물 또는 사람의 진균감염증 방제를 위해 사용하는 몇 가지의 항진균성 항생제.

화합물	*생성하는 미생물*	*영향을 받는 균류*	*부위/작용기작*
Griseofulvin	*Penicillium griseofulvum*	모든 균류	미세소관
Ployene macrolides	*Streptomyces* spp.	많은 균류 (난균류는 제외)	세포막
Ployoxins	*Strep. cacaoi*	많은 균류 (난균류는 제외)	카이틴 합성
Validamycin A	*Strep. hygroscopicus*	일부의 식물병원균	Morphogen
Blasticidin-S	*Strep. griseochromogenes*	일부의 식물병원균	단백질 합성
Kasugamycin	*Strep. kasugaensis*	일부의 식물병원균	단백질 합성
Streptomycin	*Strep. griseus*	난균류	칼슘?
Pyrrolnitrin	*Pseudomonas* spp.	각종 식물병원체	영양경쟁, 항생작용, 기생작용 등 식물병의 생물적 방제와 관련됨
Pyoluteorin	*Pseudomonas* spp.		
Gliotoxin	*Trichoderma virens*		
Gliovirin	*T. virens*		
Viridin	*T. virens*		
Viridiol	*T. virens*		
Heptelidic acid	*T. virens*		
Trichodermin	*Trichoderma* spp.		
6-pentyl-α-pyrone	*Trichoderma* spp.		
Suzukacillin	*Trichoderma* spp.		
Alamethicine	*Trichoderma* spp.		

으로 밝혀졌다. **Blasticidin-S**는 세균의 70S와 몇 종류의 진균 80S 리보솜의 큰 subunit에 결합하여 단백질 합성을 저해한다. Blasticidin-S는 벼 도열병(*M. grisea*)의 방제를 위해서 개발되었으나, 나중에 포유동물에 독성이 낮은 단백질합성 저해제인 kasugamycin으로 대체되었다. 포장에서 이 두 가지 항생제에 대한 저항성이 나타났는데, 이는 도열병균에 blasticidin의 흡수가 감소된 것과 도열병균의 리보솜에 kasugamycin의 결합이 감소된 것이 원인이었다.

Validamycin A는 유묘의 병, 감자 검은썩음병, 벼 잎집마름병 등 *Rhizoctonia solani*에 의해 발생하는 병의 방제에 사용되고 있으나 대부분의 세균이나 진균에는 작용하지 않는다. 이 항생제는 영양이 풍부한 배지에서는 *Rhizoctonia*에 대해서는 효과가 없으나 영양이 빈약한 배지에서는 균사의 비정상인 가지치기와 생장중단을 일으킨다. Validamycin은 균류 내에서 validoxylamine으로 전환된다는 것이 발견되었는데 이 물질은 trehalase의 강력한 저해제이다. Trehalase는 이탄당인 균당(trehalose)을 2개의 포도당으로 분해하는 효소이다(그림 7.6 참조).

생물적 방제에 있어서 항생제의 관련성

균류의 상호작용에 있어서 항생제의 역할은 제12장에서 논의한 바 있어서, 여기에서는 병의 방제에 있어서 이들 물질의 실제적인 적용만을 고려하기로 한다. 몇 가지의 새로운 생물적 방제제가 포장실험 중에 있거나 또는 지난 수년간 농약시장에서 판매되고 있다. 이들 중 하나가 GlioGard™로서 최근에는 SoilGard™로 판매되고 있는데, 이것은 공기에 건조시킨 작은 알긴산 구슬 속에는 발효조에서 키운 *Trichoderma virens*의 생체와 이 미생물의 기본영양원인 밀기울이 들어있다. 이 제품은 기본적으로 항생물질인 gliotoxin을 생성함으로써 효과를 나타낸다. 건조한 알긴산 입자를 흙이 들어있지 않은 발근배지에 섞어 수분을 공급한 후 유묘나 발근 삽목묘를 묘판에 이식할 때까지 수일 동안 온실 안에 놓아둔다. 이러한 작업을 하는 시기의 포착은 매우 중요하다. 왜냐하면 균류는 반드시 밀기울 기질에서 생장하여 gliotoxin을 생성해야만 gliotoxin이 발근배지 속으로 스며들어가 식물을 병원균의 침입으로부터 보호할 수 있기 때문이다. 만일 식물의 이식이 지체되면 항

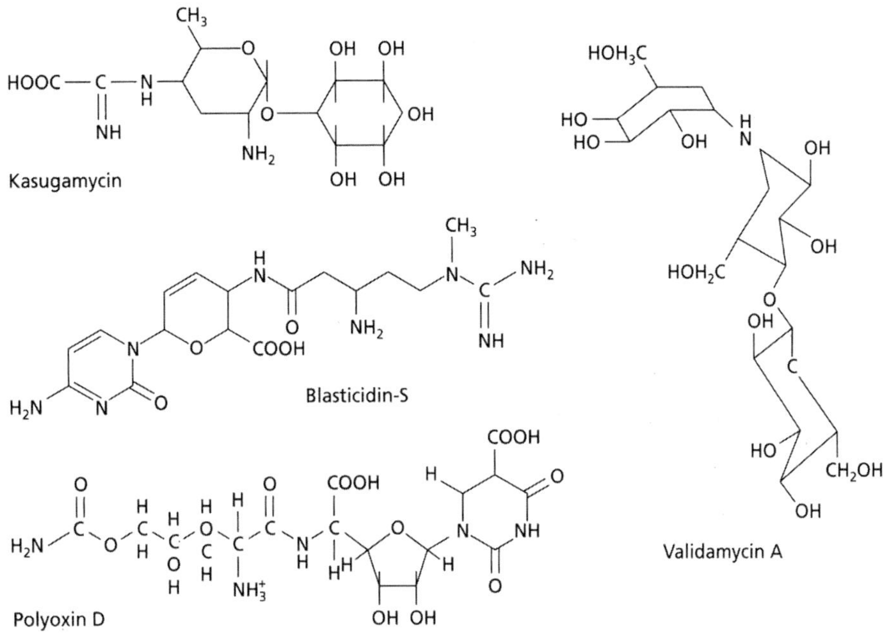

Kasugamycin

Blasticidin-S

Polyoxin D

Validamycin A

그림 17.10 일본의 농업용 항생제.

생제 양의 감소가 시작되고 식물보호의 효과도 감소한다.

근권세균도 많은 항진균 물질을 생성한다. 표 17.4는 민간회사에서 식물의 주변에서 우점종인 세균을 trypticase soy agar에서 비선택적으로 선발한 결과를 보여주고 있다(Leyns *et al.* 1990). 항생물질을 생성하는 가장 흔한 세균은 *Pseudomonas* spp.를 포함하여(이들 중 몇 종류는 항생물질인 pyrrolnitrin, pyoluteorin, phenazines 및 diacetylphloroglucinol을 생성), *Xanthomonas maltophila* (알려지지 않은 항생물질 생성), *Bacillus subtilis*와 다른 *Bacillus* spp. (이들 중 몇 종류는 iturins, mycosubtilins, bacillomycin, fengymycin, mycobacillin 및 mycocerein을 생성)와 *Erwinia herbicola*(이 종류는 herbicolin을 생성)이다. 이들 중 몇 종류는 상업적인 생물적 방제제로 사용되고 있다. 예를 들면 *B. subtilis*는 목화와 콩에 모잘록병을 일으키는 병원균을 방제하기 위한 종자처리제로 판매되고 있다. 다른 미생물 중 포장에서 자연적인 생물적 방제와 관련된 미생물의 고전적인 예로는 곡류의 마름병(*Gaeumannomyces graminis*)을 억제하는 형광성 *Pseudomonas* spp. (*P. fluorescens*와 *P. putida*)가 있다.

인체 진균증의 치료

사람에 병을 일으키는 진균증의 치료는 이제까지 우리가 생각했던 것 이상으로 어려움을 주고 있는데, 이는 환자가 흔히 위독하거나 면역체계가 약화된 상태에 있기 때문이다(제16장). 또한 Penicillin과 cephalosporin 같은 일반적인 항세균 항생제가 독자적으로는 효과를 나타내기는 어렵고 숙주의 정상적인 방어기작과 함께 작용한다는 사실에도 주목할 필요가 있다. 그렇지만 사람의 진균감염증에 성공적으로 사용할 수 있는 몇 가지 항진균제가 있다(Odds *et al.* 2003). 이에 대해 아래에서 생각해 보고자 한다.

작물	조사한 식물의 수	분리한 세균의 우점종 수	항진균성을 갖는 세균(%)
사탕무	1550	6780	38
옥수수	503	1508	27
콩	450	1139	21
해바라기	450	1119	22
보리	36	175	92
포도	36	231	100

표 17.4 식물의 근권에서 비선택적인 방법으로 분리한 항진균 물질보유 세균. [출처: Leyns *et al.* 1990.]

Griseofulvin

Griseofulvin(그림 17.11)은 자연 유래의 살진균 항생물질로서 *Penicillium griseofulvum*이라는 균에 의해서 생성된다. 이 항생제는 물에는 불용성이지만 미소결정체의 형태로 경구투여하면 피부, 손톱, 머리의 케라틴 전구세포에 축적된다. 이 항진균제는 거의 모든 케라틴화 조직의 피부 진균증의 치료에 폭넓게 사용되며 살균성이기 보다는 정균성이므로 심하게 감염된 사상균을 치료할 때에는 모든 감염 조직이 허물을 벗을 때까지 치료를 계속해야 한다.

앞에서 설명한 대로 griseofulvin은 균류의 포자발아 실험에서 글루칸의 과도한 침착과 관련되어 세포벽이 두꺼워지는 등 균사의 생장을 뒤틀리게 한다. 그렇지만 현재로 이런 현상은 이차적인 효과로 알려져 있으며 griseofulvin의 일차적인 역할은 미세소관들의 결합 또는 tubulin과 결합하는 단백질의 조립에 간섭하는 것이다. Griseofulvin은 비정상적인 핵분열을 일으켜 방추미소세관들과 균사의 정상적인 생장을 붕괴시키고, 균사선단의 미세소관과 관련된 물질의 수송을 저해한다고 추정할 수 있다. 이런 관점에서 griseofulvin의 역할은 미세소관들의 조립을 봉쇄하기 때문에 식물병의 방제에 사용된 benzimidazole과 역할이 유사하다. 그러나 benzimidazole계 살균제는 분명히 미세소관에 작용하는 위치가 다르기 때문에 benzimidazole에 저항성을 나타내는 돌연변이균주는 griseofulvin에는 저항성을 나타내지 않으며, 그 반대의 경우에도 결과는 같다. Griseofulvin에 대한 시험관 내에서 저항성은 매우 높은 빈도로 나타나지만 임상치료에서는 그다지 중요한 문제가 되지 않기 때문에 이 항생제는 오랜 기간 동안 진균에 의한 피부감염증 치료에 주요 약제로 사용되어왔다. 그렇지만 griseofulvin은 지금 독성이 적고 치료시간이 짧아진 terbinafine와 itraconazole을 포함한 새로운 합성 살균제에 의해 점진적으로 대체되고 있다.

Terbinafine

Griseofulvin과 같이 terbinafine(그림 17.11)는 경구투여 (또는 국소투여)가 가능하고 피부, 손톱 및 지방

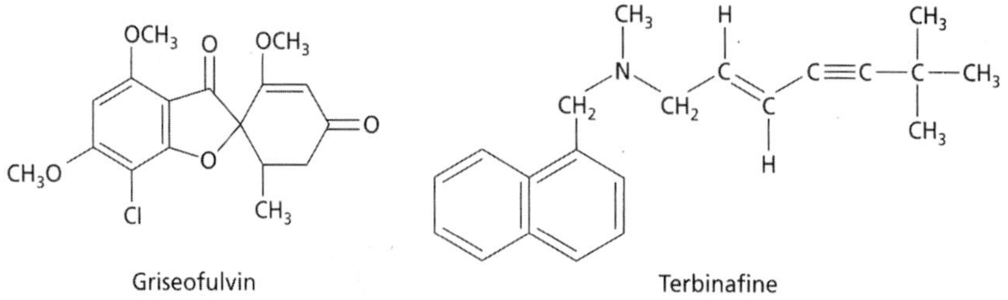

그림 17.11 피부의 진균감염증을 치료하기 위해서 사용되는 항진균 항생제 griseofulvin과 terbinafine의 구조.

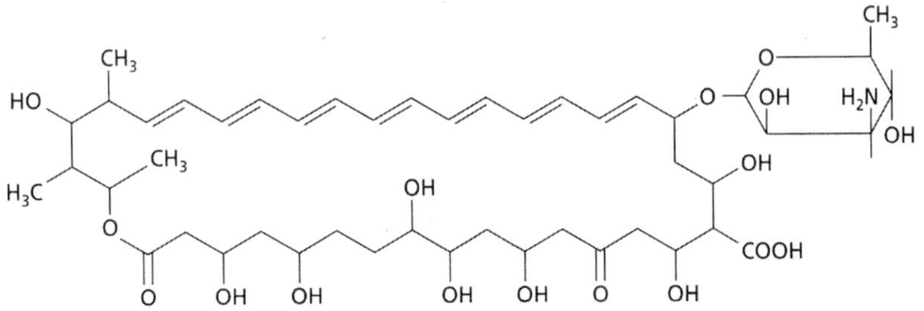

그림 17.12 Polyene macrolide 계열에 속하는 항진균성 항생제 amphotericin B.

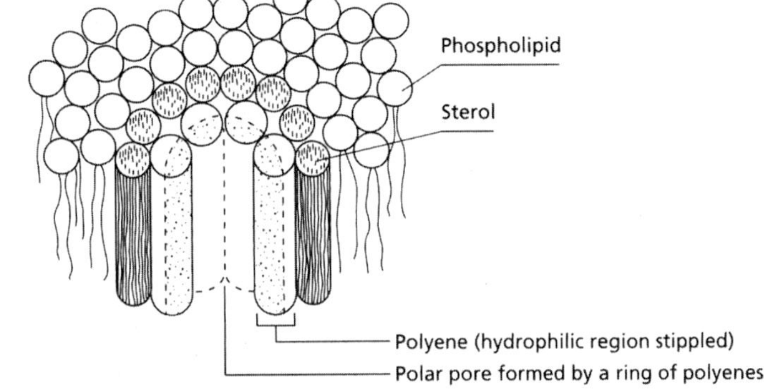

그림 17.13 Amphotericin B와 이와 유사한 거대한 polyene 항생제의 작용기작 모식도. 이 항생제는 균류의 세포막 스테롤인 에르고스테롤에 강한 친화력을 갖고 있어서 에르고스테롤 분자들이 세포막 내에서 재배치되는 원인이 되기 때문에 polyene-sterol 복합체는 polar pores를 형성하고 이를 통해 작은 이온들은 자유롭게 확산된다. 인지질 이중층 중 단지 한층만 그림에 나타났음. [출처: Gale *et al.* 1981.]

조직에 축적되는 경향이 있다. 이 물질은 squalene epoxidase라는 효소가 lanosterol에 이르는 환식 과정을 시작하는 스테롤 합성의 초기 단계에 간섭하여 에르고스테롤의 합성을 저해한다.

Polyene macrolide 항생제

Polyene macrolide 항생제는 몇 종류의 *Streptomyces* spp.에 의해 생산된다. 이들 항생제의 전형적인 구조의 예가 amphotericin B이다(그림 17.12). 한 개의 아미노당 그룹이 한쪽에 이중결합이 연속되어 있는 큰 락톤고리(lactone ring)에 붙어있으며 (따라서 polyene이라는 용어가 생겼음), 다른 쪽에는 히드록실그룹이 붙어있다. 그래서 이 분자는 소수성 및 친수성의 양면을 갖고 있다. X-ray chrystallography에 의하면 amphotericin B와 같은 분자는 약 2.1nm 길이의 막대와 같은 구조를 갖고 있어서 세포막의 인지질과 유사하다. Polyene은 스테롤 (소수성 면)과 제휴하여 세포막에 삽입되고 스테롤 재배열의 원인이 된다고 생각되며, 8개의 polyene 분자가 모인 하나의 그룹이 스테롤의 중심에 있는 친수성면과 고리를 형성한다(그림 17.13). 따라서 작은 이온(K^+, H^+)이 그곳을 자유로 통과하기 때문에 세포 내의 이온 조절을 붕괴시킬 수 있는 polar pore를 형성한다.

몇 종류의 난균류는 스테롤을 생성하지도 않고 생장에 필요하지도 않지만 거의 대부분의 진핵세포는 세포막에 스테롤을 갖고 있다. 따라서 polyene 항생제는 처음 보기에는 선택적 항진균제로 생각되지 않았다. 그렇지만 polyene에는 고리의 크기가 다르거나 아미노당 그룹이 존재하거나 또는 서로 다른 여러 범주에 드는 polyene이 있으며, 이들은 서로 다른 종류의 스테롤과 선택적으로 결합한다. 이들 중 3 종류의 항생제인 amphotericin B, nystatin, pimaricin은 포유류의 세포막 스테롤인 콜레스테롤

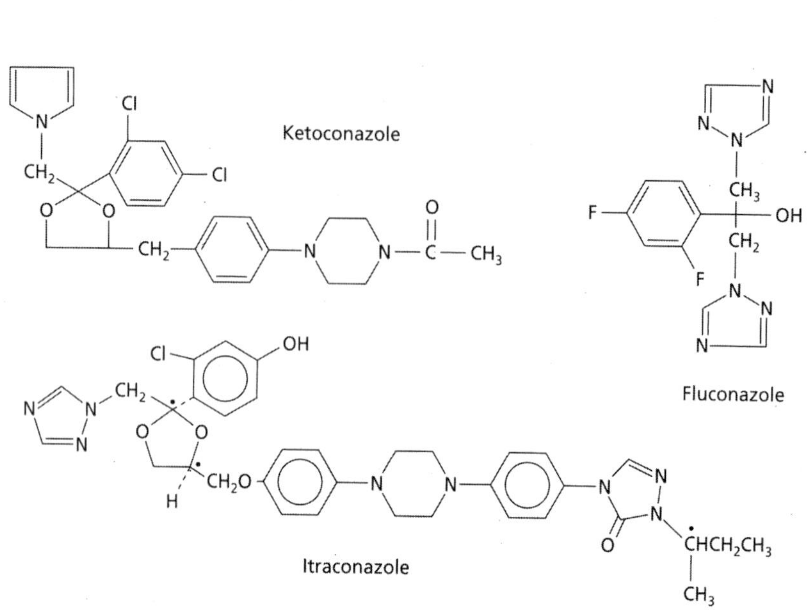

그림 17.14 Imidazole과 triazole 항진균제.

보다 에르고스테롤에 대해서 한층 높은 친화력을 갖고 있어서 선택적인 항진균성을 나타낸다. Nystatin과 pimaricin은 *Candida* 감염증에 의한 질의 감염 등을 방제하기 위해서 연고의 형태로 국소에 바르거나 또는 무좀을 방제하기 위해서 분말의 제제로 사용된다.

Amphotericin B는 nystatin과 pimaricin보다 포유동물에 대한 세포독성이 약할 뿐만 아니라 약간의 수용성도 있다. 이 항생제가 처음으로 개발된 1950년대와 1960년대 당시에는 amphotericin B는 어느 정도 경구투여가 가능하다고 여겼다. 그러나 모든 polyene계 항생제는 만성 신장독성과 같은 해로운 부작용이 있어서 연구의 추진방향은 이러한 부작용을 최소화하는 제제를 개발하는 것이었다. 최근 사람에게 사용할 수 있도록 승인되었거나 개발 단계에 있는 몇 가지의 amphotericin B 지질제제가 있다. 예를 들면 AmBisome이란 상업적 제제는 작은 liposome(<100 nm)들로 구성되어 있으며 이 liposome은 amphotericin B와 결합하는 외겹의 인지질로 구성되어있다. 생쥐에 대한 1회 분량의 정맥주사 독성검사에서 AmBisome은 LD_{50} (50%의 치사율을 유발한 1회 투여량)의 값은 175 mg/kg 이상으로 amphotericin B를 sodium deoxycholate에 혼합해 제조한 표준 콜로이드 제제의 LD_{50} 2~3 mg/kg에 비해 높았다. 새로운 Amphotericin B 제제는 *Candida, Cryptococcus, Aspergillus, Blastomyces, Coccidioides*와 *Histoplasma*를 포함한 몇몇 진균감염증의 치료에 가능성이 있다. 더 상세한 약제 전달시스템에 관한 내용은 Adler-Moore & Proffitt (2004)에서 발견할 수 있다.

Azole계 항진균제

Azole계 항진균제는 식물병의 방제를 위해 사용되는 에르고스테롤 합성저해제와 유사하지만 사람의 전신성 진균증의 치료를 위해 구조가 특이하게 고안되었다. 이들 항진균제는 lanosterol에서 에르고스테롤의 합성과정에 C-14 위치의 스테롤 탈메틸화 작용을 봉쇄한다(그림 7.15 참조). 이 항진균제는 5개로 이루어진 heterocyclic 고리에 2개 또는 3개의 질소를 갖고 있는가에 따라 imidazoles나 triazoles로 불린다.

이들 항진균제 중에서 **ketoconazole**(imidazole; 그림 7.15)은 사람의 치료를 위해 최초로 개발된 것이다. 이 항진균제는 *Candida*와 *Cryptococcus neoformans*에 강력한 활성을 나타내며, *Aspergillus, Blastomyces dermatitidis*와 *Coccidioides immitis*를 포함한 다른 전신성 병원균에도 효과가 있지만 *Aspergillus*에 대해서는 효과가 거의 없다. 그렇지만 ketoconazole은 몇 가지의 해로운 부작용을 갖고 있어서 좀 더 독성이 약한 최신의 **fluconazole**(그림 17.14)과 **itraconazole** (그림 17.14) 같은 triazole 항진균제로 대체되었다. Ketoconazole이 아직 사용이 가능하기는 하지만, triazole이 듣지 않는 감염증에 대해 주로 2차적인 약제로 사용된다.

Fluconazole은 주로 *Candida*나 *Cryptococcus*에 주로 사용되며 경구투여 및 정맥주사 제제로 이용이 가능하다. 이 항생제는 *Histoplasma*와 *Blastomyces*에 다소 효과가 있지만 다른 인체병원균에는 전혀 효과가 없다. 이 항생제는 많은 *Candida albicans*의 감염증의 치료를 선도하는 약제이지만 흔치 않은 *C. krusei*나 *C. glabrata* 같은 *Candida* 종들에는 효과가 없다.

Itraconazole은 정맥주사제나 경구투여제의 형태로 이용이 가능하고 효모류, 이형성 균류 그리고 사상균류를 포함한 많은 균류에 효과가 있다. 이 약제의 범위는 *Candida* spp., *Cryptococcus, Aspergillus, Histoplasma, Blastomyces, Coccidioides*와 피부진균증 균류를 포함하고 있다. 그렇지만 itraconazole에 대한 저항성은 많은 균류 중에서 보고되었고 이런 현상은 때때로 유사한 작용기작을 갖고 있는 다른 약제에 대해 교차저항성을 생기게 한다. 한 예로 2002년 시장에 출시된 voriconazole이 있으며, 다른 2가지 항진균제인 ravuconazole과 posaconazole이 임상시험의 최종 단계에 있다. 그래서 20년 전 ketoconazole만을 항진균제로 선택할 수밖에 없었던 상황과 비교해 보면 지금은 특정한 진균감염증의 치료를 위해 작용범위가 넓은 azole계 살균제의 이용이 가능하다. 모든 이들 Azole계 항진균제는 에르고스테롤 생합성 과정에서 탈메틸 단계를 봉쇄하기 때문에 균류는 에르고스테롤이 부족하게 되어 다른 종류의 스테롤의 세포막에 첨가해야 한다. 이러한 효과는 *Saccharomyces cerevisiae*가 혐기성 또는 호기성의 양 조건에서 자랄 수는 있다는 사실을 model system으로 이용해 연구할 수 있다. *Saccharomyces cerevisiae*는 호기성 조건에서 키우면 에르고스테롤을 합성하지만, 혐기성조건에서 키울 때에는 스테롤의 첨가가 필요하다. 그 이유는 이들 물질이 호기성 대사과정의 생성되는 물질이기 때문이다(제7장). 만일 호기성 균류 세포에 lanosterol 같은 서로 다른 종류의 스테롤이 투여되면 균류 세포벽은 정상적으로 합성되지 못하여 쉽게 새게 된다. 이러한 점에서 중요한 세포벽합성 효소인 카이틴합성효소와 글루칸합성효소는 필수적인 세포막 단백질(제3장)이기 때문에 세포벽 구성성분의 어떠한 변화도 효소의 기능에 영향을 줄 수 있다고 추정할 수 있다. Azole 항진균제의 *Candida*에 대한 한 가지 효과는 *Candida*가 효모 형태에서 균사형태로 전환하는 것을 저해하는 것이다. 제16장에서 이미 언급한 바와 같이 이러한 형태전환은 *Candida*가 숙주세포를 침입할 때는 물론이고, 탐식세포(macrophage)에 의해서 삼켜진 *Candida*가 탐식세포로부터 탈출하는 데 매우 중요하다.

5-Fluorocytosine (5-FC)

5-FC는 불소로 치환된 뉴클레오시드로서 원래는 항종양제로 개발되었으나 전신성 감염을 일으키는 *Candida*와 *Cryptococcus*의 치료를 위한 항진균제로서의 역할도 갖고 있다. 이 항진균제의 작용기작은 그림 17.15에 나타나 있다. 이 약제는 세포막의 **cytosine permease**에 의해서 흡수된 후에 탈아미노되면서 5-fluorouracil로 되고 다시 일련의 단계를 거쳐 RNA의 uracil 위치에 대신 결합되어 RNA의 기능을 손상시키는 원인이 된다. 또한 5-FC의 한 가지 산물은 DNA의 합성을 손상시키는데, 그 이유는 thymidine nucleotide를 생성하는 과정에 관여하는 thymidylate synthase 효소를 저해하기 때문이다.

5-FC는 균류에 대해서 선택적인 독성이 있다. 왜냐하면 포유동물의 세포는 이 약제의 흡수율이 낮고 cytosine deaminase가 부족해서 5-fluorouracil로 전환하는 능력이 낮거나 없기 때문이다(그림 17.15). 그러나 5-FC는 특히 *Candida, Cryptococcus, A. fumigatus* 등 몇 종류의 균류에만 효과를 나타내고

Georgopapadakou, N.H. & Walsh, T.J. (1994) Human mycoses: drugs and targets for emerging pathogens. *Science* **264**, 371–373.

Mintz, A.S. & Walter, J.R. (1993) A private industry approach: development of GlioGard™ for disease control in horticulture. In: *Pest Management: biologically based technologies* (Lumsden, R.D. & Vaughn, J.L., eds), pp. 398–404. American Chemical Society, Washington.

Shepherd, M.C. (1987) Screening for fungicides. *Annual Review of Phytopathology* **25**, 189–206.

Trinci, A.P.J. & Ryley, J.F. (1984) *Mode of Action of Antifungal Agents*. Cambridge University Press, Cambridge.

참고문헌

Adler-Moore, J.P. & Proffitt, R.T. (2004) Novel drug delivery systems for antifungal agents. In: *The Mycota XII. Human Fungal Pathogens* (Domer, J.E. & Kobayashi, G.S., eds), pp. 339–362. Springer-Verlag Berlin.

Davidse, J.C. (1986) Benzimidazole fungicides: mechanisms of action and biological impact. *Annual Review of Phytopathology* **24**, 43–65.

Gale, E.F., Cundcliffe, E., Reynolds, P.E., Richmond, M.H. & Waring, M.J. (1981) *The Molecular Basis of Antibiotic Action*, 2nd edn. Wiley, London.

Godfrey, S.A.C., Monds, R.D., Lash, D.T. & Marshall, J.W. (2003) Identification of *Pythium oligandrum* using species-specific ITS rDNA PCR oligonucleotides. *Mycological Research* **107**, 790–796.

Katan, J. (1987) Soil solarization. In: *Innovative Approaches to Plant Disease Control* (Chet, I., ed.), pp. 77–105. Wiley, New York.

Leyns, F., Lambert, B., Joos, H. & Swings, J. (1990) Antifungal bacteria from different crops. In: *Biological Control of Soil-borne Plant Pathogens* (Hornby, D., ed.), pp. 437–444. CAB International, Wallingford.

Magee, M. & Cox, R.A. (2004) Vaccine development for Coccidioidomycosis. In: *The Mycota XII. Human Fungal Pathogens* (Domer, J.E. & Kobayashi, G.S., eds), pp. 243–257. Springer-Verlag, Berlin.

Odds, F.C., Brown, A.J.P. & Gow, N.A.R. (2003) Antifungal agents: mechanisms of action. *Trends in Microbiology* **11**, 272–279.

Olsen, C.M. & Baker, K.F. (1968) Selective heat treatment of soil and its effect on inhibition of *Rhizoctonia solani* by *Bacillus subtilis*. *Phytopathology* **58**, 79–87.

Stammler, G., Seemuller, E. & Duncan, J.M. (1993) Analysis of RFLPs in nuclear and mitochondrial DNA and the taxonomy of *Phytophthora fragariae*. *Mycological Research* **97**, 150–156.

Travassos, L.R., Taborda, C.P., Iwai, L.K., Cunha-Neto, E.C. & Puccia, R. (2004) The gp43 from *Paracoccidioides brasiliensis*: a major diagnostic antigen and vaccine candidate. In: *The Mycota XII. Human Fungal Pathogens* (Domer, J.E. & Kobayashi, G.S., eds), pp. 279–296. Springer-Verlag, Berlin.

Vanneste, J.L., Hill, R.A., Kay, S.J., Farrell, R.L. & Holland, P.T. (2002) Biological control of sapstain fungi with natural products and biological control agents: a review of the work carried out in New Zealand. *Mycological Research* **106**, 228–232.

Wolkow, P.M, Sisler, H.D. & Vigil, E.L. (1983) Effect of inhibitors of melanin biosynthesis on structure and function of appressoria of *Colletotrichum lindemuthianum*. *Physiological Plant Pathology* **22**, 55–71.

Sources

Chapter 1

Fig. 1.1 (Based on a diagram in Woese (2000) but showing only a few of the major groups of organisms.) Woese, C.R. (2000) Interpreting the universal phylogenetic tree. *Proceedings of the National Academy of Sciences, USA* **97**, 8392–8396.

Fig. 1.3 (Based on a drawing from: http://microscope.mbl.edu/scripts/microscope.php?func=imgDetail&imageID=4575)

Fig. 1.7(a,b) (Courtesy of Robert L. Anderson (photographer) and USDA Forest Service; www.forestryimages.org)

Chapter 2

Fig. 2.2 (From Deacon & Saxena 1997.) Deacon, J.W. & Saxena, G. (1997) Orientated attachment and cyst germination in *Catenaria anguillulae*, a facultative endoparasite of nematodes. *Mycological Research* **101**, 513–522.

Fig. 2.4 (Reproduced by courtesy of Schuessler *et al.* 2001, and the British Mycological Society.) Schuessler, A., Schwarzott, D. & Walker, C. (2001) A new fungal phylum, the Glomeromycota: phylogeny and evolution. *Mycological Research* **105**, 1413–1421.

Fig. 2.6 (Courtesy of Dirk Redecker and the AAAS; see Redecker *et al.* 2000.) Redecker, D., Kodner, R. & Graham, L.E. (2000) Glomalean fungi from the Ordovician. *Science* **289**, 1920–1921.

Fig. 2.7 (Courtesy of Redecker *et al.* 2000 and the AAAS.) Redecker, D., Kodner, R. & Graham, L.E. (2000) Glomalean fungi from the Ordovician. *Science* **289**, 1920–1921.

Fig. 2.13 (Courtesy of N. Read; from Read, N.D. & Lord, K.M. 1991 *Experimental Mycology* **15**, 132–139.)

Fig. 2.35 (Courtesy of Florian Siegert ©) (From: http://www.zi.biologie.unimuenchen.de/zoologie/dicty/dicty.html)

Fig. 2.37 ((a,b) Courtesy of J.P. Braselton, Ohio University; see http://oak.cats.ohiou.edu/~braselto/plasmos/)

Chapter 3

Fig. 3.2 (Courtesy of C. Bracker; from Grove & Bracker 1970.) Grove, S.N. & Bracker, C.E. (1970) Protoplasmic organization of hyphal tips among fungi: vesicles and Spitzenkörper. *Journal of Bacteriology* **104**, 989–1009.

Fig. 3.3 (Courtesy of C. Bracker; from Grove & Bracker 1970.) Grove, S.N. & Bracker, C.E. (1970) Protoplasmic organization of hyphal tips among fungi: vesicles and Spitzenkörper. *Journal of Bacteriology* **104**, 989–1009.

Fig. 3.4 (Courtesy of R. Roberson; see Roberson & Fuller 1988, 1990.) Roberson, R.W. & Fuller, M.S. (1988) Ultrastructural aspects of the hyphal tip of *Sclerotium rolfsii* preserved by freeze substitution. *Protoplasma* **146**, 143–149. Roberson, R.W. & Fuller, M.S. (1990) Effects of the demethylase inhibitor, Cyproconazole, on hyphal tip cells of *Sclerotium rolfsii*. *Experimental Mycology* **14**, 124–135.

Fig. 3.6 (From McCabe *et al.* 1999.) McCabe, P.M., Gallagher, M.P. & Deacon, J.W. (1999) Microscopic observation of perfect hyphal fusion in *Rhizoctonia solani*. *Mycological Research* **103**, 487–490.

Fig. 3.9 (Based on Hunsley & Burnett 1970.) Hunsley, D. & Burnett, J.H. (1970) The ultrastructural architecture of the walls of some hyphal fungi. *Journal of General Microbiology* **62**, 203–218.

Fig. 3.10 (Based on Trinci 1978.) Trinci A.P.J. (1978) *Science Progress* **65**, 75–99.

Fig. 3.13 (Courtesy of C.E. Bracker; from Bartnicki-Garcia *et al.* 1978.) Bartnicki-Garcia, S., Bracker, C.E., Reyes, E. & Ruiz-Herrera, J. (1978) Isolation of chitosomes from taxonomically diverse fungi and synthesis of chitin microfibrils *in vitro*. *Experimental Mycology* **2**, 173–192.

Fig. 3.14 (Photographs courtesy of B. Rees, V. Shepherd and A. Ashford; from Rees *et al.* 1994.) Rees, B, Shepherd, V.A. & Ashford, A.E. (1994) Presence of a motile tubular vacuole system in different phyla of fungi. *Mycological Research* **98**, 985–992.

Fig. 3.15 (Courtesy of N.D. Read; from Fisher-Parton *et al.* 2000.) Fisher-Parton, S., Parton, R.M., Hickey, P., Dijksterhuis, J., Atkinson, H.A. & Read, N.D. (2000) Confocal microscopy of FM4-64 as a tool for analysing endocytosis and vesicle trafficking in living fungal hyphae. *Journal of Microscopy* **198**, 246–259.

Fig. 3.17 (Courtesy of N.D. Read; from Fisher-Parton *et al.* 2000.) Fisher-Parton, S., Parton, R.M., Hickey, P., Dijksterhuis, J., Atkinson, H.A. & Read, N.D. (2000) Confocal microscopy of FM4-64 as a tool for analysing endocytosis and vesicle trafficking in living fungal hyphae. *Journal of Microscopy* **198**, 246–259.

Fig. 3.18 (From Fisher-Parton *et al.* 2000.) Fisher-Parton, S., Parton, R.M., Hickey, P., Dijksterhuis, J., Atkinson, H.A. & Read, N.D. (2000) Confocal microscopy of FM4-64 as a tool for analysing endocytosis and vesicle trafficking in living fungal hyphae. *Journal of Microscopy* **198**, 246–259.

Fig. 3.19 (Courtesy of H.C. Hoch; from Hoch & Staples 1985.) Hoch, H.C. & Staples, R.C. (1985) The microtubule cytoskeleton in hyphae of *Uromyces phaseoli* germlings: its relationship to the region of nucleation and to the F-actin cytoskeleton. *Protoplasma* **124**, 112–122.

Fig. 3.20 (Courtesy of R. Roberson; from Roberson & Fuller 1988.) Roberson, R.W. & Fuller, M.S. (1988) Ultrastructural aspects of the hyphal tip of *Sclerotium rolfsii* preserved by freeze substitution. *Protoplasma* **146**, 143–149.

Chapter 4

Fig. 4.6 (Based on a diagram in Wessels 1990.) Wessels, J.G.H. (1990) Role of cell wall architecture in fungal tip growth generation. In: *Tip Growth in Plant and Fungal Cells* (Heath, I.B., ed.), pp. 1–29. Academic Press, New York.

Fig. 4.7 (Based on Anderson & Smith 1971.) Anderson, J.G. & Smith, J.E. (1971) The production of conidiophores and conidia by newly germinated conidia of *Aspergillus niger* (microcycle conidiation). *Journal of General Microbiology* **69**, 185–197.

Fig. 4.8 (Redrawn from Robinson 1973.) Robinson, P.M. (1973) Oxygen-positive chemotropic factor for fungi? *New Phytologist* **72**, 1349–1356.

Fig. 4.9 (From Allan *et al.* 1992.) Allan, R.H., Thorpe, C.J. & Deacon, J.W. (1992) Differential tropism to living and dead cereal root hairs by the biocontrol fungus *Idriella bolleyi*. *Physiological and Molecular Plant Pathology* **41**, 217–226.

Fig. 4.10 (Mitchell & Deacon 1986.) Mitchell, R.T. & Deacon, J.W. (1986) Chemotropism of germ-tubes from zoospore cysts of *Pythium* spp. *Transactions of the British Mycological Society* **86**, 233–237.

Fig. 4.11 (Based on a drawing by Hartwell 1974.) Hartwell, L.L. (1974) *Saccharomyces cerevisiae* cell cycle. *Bacteriological Reviews* **38**, 164–198.

Fig. 4.12 (Reprinted from Mata, J. & Nurse, P. 1998, copyright 1998, with permission from Elsevier.) Mata, J. & Nurse, P. (1998) Discovering the poles in yeast. *Trends in Cell Biology* **8**, 163–167.

Fig. 4.14 (Courtesy of D.J. Read; from Read 1991.) Read, D.J. (1991) Mycorrhizas in ecosystems – nature's response to the "Law of the Minimum". In: *Frontiers in Mycology* (Hawksworth, D.L., ed.), pp. 29–55. CAB International, Wallingford, Oxon, pp. 101–130.

Fig. 4.17 (From Trinci 1992.) Trinci, A.P.J. (1992) Myco-protein: a twenty-year overnight success story. *Mycological Research* **96**, 1–13.

Chapter 5

Fig. 5.1 (Based on Bartnicki-Garcia & Gierz 1993.) Bartnicki-Garcia, S. & Gierz, G. (1993) Mathematical analysis of the cellular basis of dimorphism. In: *Dimorphic Fungi in Biology and Medicine* (Van den Bossche, H., Odds, F.C. & Kerridge, D., eds), pp. 133–144. Plenum Press, New York.

Fig. 5.5 (Courtesy of N.D. Read; from Read *et al.* 1992.) Read, N.D., Kellock, L.J., Knight, H. & Trewavas, A.J. (1992) Contact sensing during infection by fungal pathogens. In: *Perspectives in Plant Cell Recognition* (Callow, J.A. & Green, J. R., eds), pp. 137–172. Cambridge University Press, Cambridge.

Fig. 5.6 (Courtesy of N.D. Read; from Read *et al.* 1992.) Read, N.D., Kellock, L.J., Knight, H. & Trewavas, A.J. (1992) Contact sensing during infection by fungal pathogens. In: *Perspectives in Plant Cell Recognition* (Callow, J.A. & Green, J.R., eds), pp. 137–172. Cambridge University Press, Cambridge.

Fig. 5.7 (Based on a drawing by H.C. Hoch & R.C. Staples; see Hoch *et al.* 1987.) Hoch, H.C., Staples, R.C., Whitehead, B., Comeau, J. & Wolfe, E.D. (1987) Signaling for growth orientation and differentiation by surface topography in *Uromyces*. *Science* **235**, 1659–1662.

Fig. 5.8 (Based on Allen *et al.* 1991.) Allen, E.A., Hazen, B.A., Hoch, H.C., *et al.* (1991) Appressorium formation in response to topographical signals in 27 rust species. *Phytopathology* **81**, 323–331.

Fig. 5.9 ((c,d) Courtesy of F.M. Fox; see Fox 1986.) Fox, F.M. (1986) Ultrastructure and infectivity of sclerotia of the ectomycorrhizal fungus *Paxillus involutus* on birch (*Betula* spp.) *Transactions of the British Mycological Society* **87**, 627–631.

Fig. 5.10 (From Christias & Lockwood 1973.) Christias, C. & Lockwood, J.L. (1973) Conservation of mycelial constituents in four sclerotium-forming fungi in nutrient-deprived conditions. *Phytopathology* **63**, 602–605.

Fig. 5.12 (Courtesy of F.M. Fox; from Fox 1987.) Fox, F.M. (1987) Ultrastructure of mycelial strands of *Leccinum scabrum*, ectomycorrhizal on birch (*Betula* spp.). *Transactions of the British Mycological Society* **89**, 551–560.

Fig. 5.13 (Courtesy of F.M. Fox; from Fox 1987.) Fox, F.M. (1987) Ultrastructure of mycelial strands of *Leccinum scabrum*, ectomycorrhizal on birch (*Betula* spp.). *Transactions of the British Mycological Society* **89**, 551–560.

Fig. 5.16 (Courtesy of C.E. Bracker; from Bracker 1968.) Bracker, C.E. (1968) The ultrastructure and development of sporangia in *Gilbertella persicaria*. *Mycologia* **60**, 1016–1067.

Fig. 5.19 (Based on Suzuki *et al.* 1977.) Suzuki, Y., Kumagai, T. & Oka, Y. (1977) Locus of blue and near ultraviolet reversible photoreaction in the stages of conidial development in *Botrytis cinerea*. *Journal of General Microbiology* **98**, 199–204.

Fig. 5.21 (Based on a diagram in Wessels 1996.) Wessels, J.G.H. (1996) Fungal hydrophobins: proteins that function at an interface. *Trends in Plant Science* **1**, 9–15.

Chapter 6

Fig. 6.3 ((a) From Gow 1984. (b) Based on Kropf *et al.* 1984.) Gow, N.A.R. (1984) Transhyphal electric currents in fungi. *Journal of General Microbiology* **130**, 3313–3318. Kropf, D.L., Caldwell, J.H., Gow, N.A.R. & Harold, F.M. (1984) Transhyphal ion currents in the water mould *Achlya*. Amino acid proton symport as a mechanism of current entry. *Journal of Cell Biology* **99**, 486–496.

Chapter 7

Fig. 7.7 (Based on Brownlee & Jennings 1981.) Brownlee, C. & Jennings, D.H. (1981) The content of carbohydrates and their translocation in mycelium of *Serpula lacrymans*. *Transactions of the British Mycological Society* **77**, 615–619.

Chapter 8

Fig. 8.1 (From Henry 1932.) Henry, A.W. (1932) Influence of soil temperature and soil sterilization on the reaction of wheat seedlings to *Ophiobolus graminis* Sacc. *Canadian Journal of Research* **7**, 198–203.

Fig. 8.6 (Based on Edwards & Bowling 1986.) Edwards, M.C. & Bowling, D.J.F. (1986) The growth of rust germ tubes towards stomata in relation to pH gradients. *Physiological and Molecular Plant Pathology* **29**, 185–196.

Fig. 8.8 (After Trinci *et al.* 1994.) Trinci, A.P.J., Davies, D.R., Gull, K., *et al.* (1994) Anaerobic fungi in herbivorous animals. *Mycological Research* **98**, 129–152.

Fig. 8.9 (Reproduced from Akhmanova *et al.* 1998, with permission; copyright Macmillan Publishing.) Akhmanova, A., Voncken, F., Van Alen, T., *et al.* (1998) A hydrogenosome with a genome. *Nature* **396**, 527–528.

Fig. 8.10 (Data from Ayerst 1969, for *Aspergillus* spp., and from Magan & Lacey 1984, for *F. culmorum*.) Ayerst, G. (1969) The effects of moisture and temperature on growth and spore germination in some fungi. *Journal of Stored Products Research* **5**, 127–141. Magan, N. & Lacey, J. (1984) Effect of temperature and pH on water relations of field and storage fungi. *Transactions of the British Mycological Society* **82**, 71–81.

Fig. 8.11 (From Northolt & Bullerman 1982.) Northolt, M.D. & Bullerman, L.B. (1982) Prevention of mould growth and toxin production through control of environmental conditions. *Journal of Food Production* **45**, 519–526.

Fig. 8.12 (Adapted from Hallsworth & Magan 1994.) Hallsworth, J.E. & Magan, N. (1994) Effect of carbohydrate type and concentration on polyhydric alcohol and trehalose content of conidia of three entomopathogenic fungi. *Microbiology* **140**, 2705–2713.

Chapter 9

Fig. 9.3 (Based on Oliver 1987.) Oliver, S.G. (1987) Chromosome organization and genome evolution in yeast. In: *Evolutionary Biology of the Fungi* (Rayner, A.D.M., Brasier, C.M. & Moore, D., eds), pp. 33–52. Cambridge University Press, Cambridge.

Fig. 9.4 (Courtesy of Rawlinson *et al.* 1975.) Rawlinson, C.J., Carpenter, J.M. & Muthyalu, G. (1975) Double-stranded RNA virus in *Colletotrichum lindemuthianum*. *Transactions of the British Mycological Society* **65**, 305–308.

Fig. 9.8 (Courtesy of M. Sweetingham; from MacNish & Sweetingham 1993.) MacNish, G.C. & Sweetingham, M.W. (1993) Evidence of stability of pectic zymogram groups within *Rhizoctonia solani* AG-8. *Mycological Research* **97**, 1056–1058.

Fig. 9.9 (After MacNish *et al.* 1993.) MacNish, G.C., McLernon, C.K. & Wood, D.A. (1993) The use of zymogram and anastomosis techniques to follow the expansion and demise of two coalescing bare patches caused by *Rhizoctonia solani* AG8. *Australian Journal of Agricultural Research* **44**, 1161–1173.

Fig. 9.17 (From Peter *et al.* 2003, with permission from the New Phytologist Trust.) Peter, M., Courty, P.-E., Kobler, A., *et al.* (2003) Analysis of expressed sequence tags from the ectomycorrhizal basidiomycetes *Laccaria bicolor* and *Pisolithus microcarpus*. *New Phytologist* **159**, 117–129.

Fig. 9.18 (From Freimoser *et al.* 2003; with permission from the Society for General Microbiology.) Freimoser, F.M., Screen, S., Bagga, S., Hu, G. & St Leger, R.J. (2003) Expressed sequence tag (EST) analysis of two subspecies of *Metarhizium anisopliae* reveals a plethora of secreted proteins with potential activity in insect hosts. *Microbiology* **149**, 239–247.

Chapter 10

Fig. 10.4 (Data from Deacon *et al.* 1983.) Deacon, J.W., Donaldson, S.J. & Last, F.T. (1983) Sequences and interactions of mycorrhizal fungi on birch. *Plant and Soil* **71**, 257–262.

Fig. 10.12 (Courtesy of M.S. Fuller; from Reichle & Fuller 1967.) Reichle, R.E. & Fuller, M.F. (1967).

Fig. 10.14 (Courtesy of M.S. Fuller; from Cho & Fuller 1989.) Cho, C.W. & Fuller, M.F. (1989) Ultrastructural organization of freeze-substituted zoospores of *Phytophthora palmivora*. *Canadian Journal of Botany* **67**, 1493–1499.

Fig. 10.16 (Photographs courtesy of F. Gubler & A. Hardham; (a) from Hardham 1995; (b–d) from Gubler & Hardham 1988.) Hardham, A.R. (1995) Polarity of vesicle distribution in oomycete zoospores: development of polarity and importance for infection. *Canadian Journal of Botany* **73**(suppl.) S400–407. Gubler, F. & Hardham, A.R. (1988) Secretion of adhesive material during encystment of *Phytophthora cinnamomi* zoospores, characterized by immunogold labeling with monoclonal antibodies to components of peripheral vesicles. *Journal of Cell Science* **90**, 225–235.

Fig. 10.17 (From Deacon & Mitchell 1985.) Deacon, J.W. & Mitchell, R.T. (1985) Toxicity of oat roots, oat root extracts, and saponins to zoospores of *Pythium* spp. and other fungi. *Transactions of the British Mycological Society* **84**, 479–487.

Fig 10.21 (All data from Warburton & Deacon 1998.) Warburton, A.J. & Deacon, J.W. (1998) Transmembrane Ca^{2+} fluxes associated with zoospore encystment and cyst germination by the phytopathogen *Phytophthora parasitica*. *Fungal Genetics and Biology* **25**, 54–62.

Fig. 10.25 (From Lacey 1988; based on the work of P.H. Gregory and J.L. Monteith.) Lacey, J. (1988) Aerial dispersal and the development of microbial communities. In: *Micro-organisms in Action: concepts and applications in microbial ecology* (Lynch, J.M. & Hobbie, J.E., eds), pp. 207–237. Blackwell Scientific, Oxford.

Fig. 10.27 (From Carter 1965.) Carter, M.V. (1965) Ascospore deposition of *Eutypa armeniacae*. *Australian Journal of Agricultural Research* **16**, 825–836.

Chapter 11

Fig. 11.11 (Based on Chang & Hudson 1967) Chang, Y. & Hudson, H.J. (1967) The fungi of wheat straw compost: paper I. *Transactions of the British Mycological Society* **50**, 649–666.

Fig. 11.14 (From Krauss & Deacon 1994.) Krauss, U. & Deacon, J.W. (1994) Root turnover of groundnut (*Arachis hypogea* L.) in soil tubes. *Plant & Soil* **166**, 259–270.

Fig. 11.15 (From Krauss & Deacon 1994.) Krauss, U. & Deacon, J.W. (1994) Root turnover of groundnut (*Arachis hypogea* L.) in soil tubes. *Plant & Soil* **166**, 259–270.

Fig. 11.16 (From Lascaris & Deacon 1991.) Lascaris, D. & Deacon, J.W. (1991) Comparison of methods to assess senescence of the cortex of wheat and tomato roots. *Soil Biology and Biochemistry* **23**, 979–986.

Fig. 11.17 (Based on Waid (1957) but with additional information and interpretation.) Waid, J.S. (1957) Distribution of fungi within the decomposing tissues of ryegrass roots. *Transactions of the British Mycological Society* **40**, 391–406.

Chapter 12

Fig. 12.3 (Reproduced from Raaijmakers & Weller 1998.) Raaijmakers, J.M. & Weller, D.M. (1998) Natural plant protection by 2,4-diacetylphloroglucinol-producing *Pseudomonas* spp. in take-all decline soils. *Molecular Plant–Microbe Interactions* **11**, 144–152.

Fig. 12.4 (From Wood *et al.* 1997.) Wood, D.W., Gong, F., Daykin, M.M., Williams, P. & Pierson, L.S. (1997) *N*-acyl-homoserine lactone-mediated regulation of gene expression by *Pseudomonas aureofaciens* 30–84 in the wheat rhizosphere. *Journal of Bacteriology* **179**, 7663–7670.

Fig. 12.5 ((a) Courtesy of Samuels, G.J, Chaverri, P., Farr, D.F. & McCray, E.B. Trichoderma Online, Systematic Botany and Mycology Laboratory, ARS, USDA; from http://nt.ars-grin.gov/taxadescriptions/keys/TrichodermaIndex.cfm)

Fig. 12.10 (Courtesy of P. Jeffries; from Jeffries & Young 1976.) Jeffries, P. & Young, T.W.K. (1976) Ultrastructure of infection of *Cokeromyces recurvatus* by *Piptocephalis unispora* (Mucorales). *Archives of Microbiology* **109**, 277–288.

Fig. 12.11 (From van den Boogert & Deacon 1994.) van den Boogert, P.H.J.F & Deacon, J.W. (1994) Biotrophic mycoparasitism by *Verticillium biguttatum* on *Rhizoctonia solani*. *European Journal of Plant Pathology* **100**, 137–156.

Fig. 12.19 (Data from Deacon 1985.) Deacon, J.W. (1985) Decomposition of filter paper cellulose by thermophilic fungi acting singly, in combination, and in sequence. *Transactions of the British Mycological Society* **85**, 663–669.

Chapter 13

Fig. 13.4 (From van der Heijden *et al.* 1998, with permission from the publisher.) van der Heijden, M.G.A., Wiemken, A. & Sanders, I.R. (1998) Mycorrhizal fungal diversity determines plant diversity, ecosystem variability and productivity. *Nature* **396**, 69–72.

Fig. 13.5 (Data from van der Heijden *et al.* 1998, with permission from the publisher, but only some of the plant species are shown in this figure.) van der Heijden, M.G.A., Wiemken, A. & Sanders, I.R. (1998) Mycorrhizal fungal diversity determines plant diversity, ecosystem variability and productivity. *Nature* **396**, 69–72.

Fig. 13.25 (Image courtesy of A. Scheussler & M. Kluge; from Schuessler & Kluge 2001.) Scheussler, A. & Kluge, M. (2001) *Geosiphon pyriforme*, an endocytosymbiosis between fungus and cyanobacteria, and its meaning as a model system for AM research. In: *The Mycota*, vol. IX. *Fungal Associations* (Hoch, B., ed.), pp. 151–161. Springer-Verlag, Berlin.

Fig. 13.26 (Courtesy of M.P. Coutts, J.E. Dolezal and the University of Tasmania; see Madden & Coutts 1979.) Madden, J.L. & Coutts, M.P. (1979) The role of fungi in the biology and ecology of woodwasps (Hymenoptera Siricidae). In: *Insect–Fungus Symbiosis* (Batra, L.R., ed.), p. 165. Allanheld, Osmun & Co., New Jersey.

Chapter 14

Fig. 14.9 (Based on Wastie 1960.) Wastie, R.L. (1960) Mechanism of action of an infective dose of *Botrytis* spores on bean leaves. *Transactions of the British Mycological Society* **45**, 465–473.

Fig. 14.14 (Based on Beckman & Talboys 1981.) Beckman, C.H. & Talboys, P.W. (1981) Anatomy of resistance. In: *Fungal Wilt Diseases of Plants* (Mace, C.E., Bell, A.A. & Beckman, C.H., eds), pp. 487–521. Academic Press, New York.

Fig. 14.18 (Source: http://www.aphis.usda.gov/vs/ceah/Equine/eq98endoph.htm)

Fig. 14.20 (Images courtesy of Joseph O'Brien, USDA Forest Service, www.invasive.org; accessed 22 March 2004.)

Fig. 14.21 (Based on a diagram in Voegele & Mendgen 2003.) Voegele, R.T. & Mendgen, K. (2003) Rust haustoria: nutrient uptake and beyond. *New Phytologist* **159**, 93–100.

Chapter 15

Fig. 15.2 ((a),(b) Courtesy of G.L. Barron; (c) courtesy of Shirley Kerr; http://www.kaimaibush.co.nz/; (d),(e) courtesy of Louis Tedders (photographer) and USDA, Agricultural Research Service, www.invasive.org)

Fig. 15.3 (Based on Charnley 1989.) Charnley, A.K. (1989) Mechanisms of fungal pathogenesis in insects. In: *Biotechnology of Fungi for Improving Plant Growth* (Whipps, J.M. & Lumsden, R.D., eds), pp. 85–125. Cambridge University Press, Cambridge.

Fig. 15.5 (Adapted from Whisler *et al.* 1975.) Whisler, H.C., Zebold, S.L. & Shemanchuk, J.A. (1975) Life history of *Coelomomyces psorophorae*. *Proceedings of the National Academy of Sciences, USA* **72**, 693–696.

Fig. 15.6 (Based on data in Wilding & Perry 1980.) Wilding, N. & Perry, J.N. (1980) Studies on *Entomophthora* in populations of *Aphis fabae* on field beans. *Annals of Applied Biology* **94**, 367–378.

Fig. 15.7 (Courtesy of Marlin E. Rice, University of Ohio.)

Fig. 15.8 (Courtesy of B.A. Jeffee; from Jaffee 1992.) Jaffee, B.A. (1992) Population biology and biological control of nematodes. *Canadian Journal of Microbiology* **38**, 359–364.

Fig. 15.9 (Courtesy of B.A. Jeffee; from Jaffee 1992.) Jaffee, B.A. (1992) Population biology and biological control of nematodes. *Canadian Journal of Microbiology* **38**, 359–364.

Fig. 15.10 (Courtesy of B.A. Jeffee; from Jaffee 1992.) Jaffee, B.A. (1992) Population biology and biological control of nematodes. *Canadian Journal of Microbiology* **38**, 359–364.

Fig. 15.11 (Drawn from photographs in Kerry & Crump 1980.) Kerry, B.R. & Crump, D.H. (1980) Two fungi parasitic on females of cyst-nematodes (*Heterodera* spp.). *Transactions of the British Mycological Society* **74**, 119–125.

Chapter 16

Fig. 16.2 (Reproduced by courtesy of the Canadian National Centre for Mycology; http://www2.provlab.ab.ca/bugs/webbug/mycology/dermhome.htm)

Fig. 16.6 (Reproduced by courtesy of the DoctorFungus website; http://www.doctorfungus.org/)

Fig. 16.10 (Reproduced with permission from Centers for Disease Control and Prevention, Image Library; http://www.dpd.cdc.gov/dpdx/HTML/ImageLibrary/Pneumocystis_il.htm)

Chapter 17

Fig. 17.8 (Courtesy of Marek Snowarski, Fungi of Poland; www.grzyby.pl)

Fig. 17.13 (Based on a diagram in Gale *et al.* 1981.) Gale, E.F., Cundcliffe, E., Reynolds, P.E., Richmond, M.H. & Waring, M.J. (1981) *The Molecular Basis of Antibiotic Action*, 2nd edn. Wiley, London.

국문색인

영문색인

역　　　자

김규중 (강릉대학교)
김대혁 (전북대학교)
김성환 (단국대학교)
김영호 (서울대학교)
김종국 (경북대학교)
김홍기 (충남대학교)
박희문 (충남대학교)
신광수 (대전대학교)
신현동 (고려대학교)
심미자 (서울시립대학교)
심재욱 (동국대학교)
엄안흠 (한국교원대학교)
오덕철 (제주대학교)
유승헌 (충남대학교)
유영복 (농촌진흥청 농업과학기술원)
윤권상 (강원대학교)
이윤수 (강원대학교)
이종규 (강원대학교)
이태수 (인천대학교)
이향범 (전남대학교)
정학성 (서울대학교)